洗涤剂

——原理·原料·工艺·配方

XIDIJI YUANLI YUANLIAO GONGYI PEIFANG

刘 云　编著

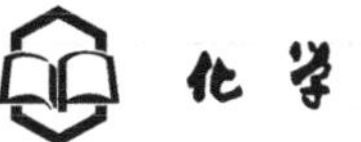

化学工业出版社

·北京·

本书是一本关于洗涤剂的综合性专论，全书分4篇，第1篇全面、深入地阐述了洗涤剂的基本原理；第2篇介绍了多种原料的性质、作用机理、使用要点和复配规律；第3篇介绍了粉状洗涤剂、液体洗涤剂和肥皂的生产工艺和质量控制方法；第4篇介绍了20多类专用洗涤剂、洗涤预处理剂、洗涤增强剂和后处理剂的配方设计策略和配方实例。

本书坚持洗涤化学与工艺并重、理论与应用并重的原则，在第一版的基础上增补了洗涤剂行业近10年来的新方法、新工艺、新配方，删除了部分过时的原料和配方信息。

本书可作为大专院校精细化工、洗涤剂等专业的研究生或本科生教材，也可供洗涤剂、油脂、表面活性剂、化妆品等精细化工领域的研发和生产技术人员参考。

图书在版编目（CIP）数据

洗涤剂——原理·原料·工艺·配方/刘云编著.—2版.
北京：化学工业出版社，2012.10（2023.10重印）
ISBN 978-7-122-15118-6

Ⅰ.①洗… Ⅱ.①刘… Ⅲ.①洗涤剂 Ⅳ.①TQ649.6

中国版本图书馆CIP数据核字（2012）第193029号

责任编辑：傅聪智 王 丽　　文字编辑：颜克俭
责任校对：徐贞珍　　装帧设计：王晓宇

出版发行：化学工业出版社（北京市东城区青年湖南街13号 邮政编码100011）
印　　装：涿州市般润文化传播有限公司
787mm×1092mm 1/16 印张18 字数515千字 2023年10月北京第2版第16次印刷

购书咨询：010-64518888　　售后服务：010-64518899
网　　址：http://www.cip.com.cn
凡购买本书，如有缺损质量问题，本社销售中心负责调换。

定　　价：68.00元

前　　言

本书第一版于1998年出版，自第一版发行以来，受到了行业内外读者的欢迎，作者和出版社接到大量的来信、来电对书中内容进行讨论。除了科研技术人员使用本书以外，一些生产企业也将其作为职工技术培训和提高专业素质的基本材料，本书还被许多大专院校选为精细化工、应用化学、轻化工等专业的教材，多次重印，成为广泛应用的畅销书。

在本书第一版出版后的这十几年来，作为日化产品中最大宗的产品，洗涤剂对于健康和增进寿命的意义越来越受到重视。人们对于日用品的需求呈现更冷静、更客观、更健康的态势，具体表现为对于清洁类消费品的需求量更大，要求品种更加齐全，要求洗涤剂原材料更无毒化、更功能化，洗涤剂排放更无害化，包装更紧密化。

2000年以前，我国对于洗涤剂的浓缩化还处于宣传阶段，这十多年来，消费者的消费意识从注重感官的“堆大”，到注重本质、注重环保，从而促进了浓缩化的逐步实现。当今，我国洗涤剂的产量已经占到世界第一位，洗涤剂的产品结构与十年前相比也发生了很大变化，液体洗涤剂的产量增长迅猛，在行业中的比重增长至近50%。这期间，洗衣粉和液体洗涤剂设备也从简易设备向更专业化、电子化、高效化的方向发展。

为了及时反映洗涤剂行业的上述变化，为相关领域提供更新颖、更实用、更全面系统的洗涤剂知识，化学工业出版社委托本人对本书修订再版，作者欣然受命。本书第一版包括四篇九章，四篇依次为洗涤原理、洗涤剂原料与复配、洗涤剂的生产、洗涤剂分论。第二版保留了第一版的篇章框架，删除了第一版的一些过时的、与环保有悖的和冗赘的内容，顺应节约能源、绿色化的发展趋势，以及消费者对于洗涤剂的时尚需求，增补了一些新的内容：在原理部分增补了去污力的研究方法；原料部分增补了各类原料这些年出现的新品种及其性能；工艺部分增补了计算机模拟技术的引进、设备的选型等；配方部分增补了大量新型、实用配方。修订之后，使得本书更能满足本学科和相关学科的理论、工艺和配方的研究与教学实践。

此次修订，是在总结多年教学、科研工作的基础上，参阅了近年出版的国内外大量文献完成的，在此衷心感谢行业内外的老师和朋友们对于本人和本书的支持与厚爱，衷心感谢读者与本人进行的交流和沟通，由于时间及水平所限，书中难免有未尽之处和不足之处，敬请读者批评指正。

刘云

2012年8月

目　录

第1篇　洗涤原理

第2篇　洗涤剂原料与复配

第 3 篇 洗涤剂的生产

第4篇 洗涤剂分论

第1篇　洗涤原理

第1章　洗涤原理简介

洗涤剂（detergent）就是按专门拟订的配方配制的产品，配方的目的在于产生和提高去污以及与之相关的性能，如增加观赏价值、使被洗涤物柔软、增加光泽、保持性能、延长使用等。

1.1　污渍

1.1.1　污渍的种类和性质

1.1.1.1　按被洗涤体划分污渍

（1）人体污渍

人体污渍和被服污渍主要是从人身体皮肤分泌出来的油性污渍和皮脂。皮脂是游离脂肪酸、三甘酯、蜡、烃（主要是三十碳五烯）、胆固醇及其脂肪酸酯以及游离脂肪醇等复杂的混合物。人的皮脂含有大量的三甘酯和少量的游离脂肪酸。表1-1是测得的内衣污渍的成分。

表1-1　内衣污渍的成分　　单位：%

污渍成分 \ 污布	领	贴身衬衣	下身衣服	污渍成分 \ 污布	领	贴身衬衣	下身衣服
游离脂肪酸	20.4	14.6	30.2	二甘酯			2.3
轻蜡	1.0	0.7	2.1	单甘酯	14.2	11.7	2.8
角鲨烷	4.2	2.6	10.6	脂肪醇			0.9
胆固醇酯类	13.2	10.0	2.3	蜡	—	—	21.0
胆固醇	1.7	2.2	1.5	含氮化合物	12.0	21.5	—
三甘酯	18.0	18.4	23.0	不明	—	—	3.4
灰分	3.8	3.3	—	NaCl	11.6	15.3	—

皮脂污渍在常温下是半透明的淡黄色膏状物质，进行热的曲线分析，吸热范围可到48℃，其中90%在37℃下融解。从衬衣上萃取下来的皮脂污渍与水的界面张力减少到$(1\sim3)\times10^{-5}$N/cm，相当于极性高的表面活性剂。从这些污渍中分离出1%极性物质，将这些极性物与0.7%的橄榄油混合，橄榄油与水的界面张力从11.6×10^{-5}N/cm降低到1.6×10^{-5}N/cm，接近于皮脂污渍。皮脂油污的介电常数与油酸接近。

当皮脂成膜时还和汗形成油包水型（W-O）或水包油型（O-W）乳液。通常，有约10%移到内衣上。皮脂由皮脂腺分泌，难以除去。皮脂中有70%为皂化物、30%为脂肪酸以外的物质。脂肪酸是由皮脂中的三甘酯受到吸附于皮肤细胞或皮肤上的细菌脂肪酶水解而成。

皮脂的脂肪酸组成与体脂脂肪酸不同之处在于含奇数碳和支链酸。当去污不彻底时，由于这些酸的氧化聚合而使衣服泛黄。蜡脂的组成相当复杂，含有$C_{26}\sim C_{42}$的酯，其种类达50种以上。表1-2是T恤衫回收的皮脂种类和脂肪酸组成；表1-3是T恤衫回收的皮脂中蜡脂的脂肪醇组成。

表 1-2 T恤衫回收的皮脂种类和脂肪酸组成[1] 单位：%

脂肪酸碳原子数	三甘酯	二甘酯	单甘酯	脂肪酸	蜡	胆固醇酯
12：0[2]	1.0	1.2	0.5	1.0	痕量	痕量
12：1	0.4	0.4	0.3	0.3	痕量	痕量
i 13：0[3]	痕量	痕量	—	痕量	—	—
13：0	0.5	0.3	0.4	0.2	0.2	痕量
13：1	0.2	0.3	痕量	痕量	痕量	0.5
14：0	10.5	9.4	10.8	8.3	3.8	3.1
14：1	5.2	3.9	3.6	2.0	9.0	8.2
i 15：0[3]	3.0	2.0	2.5	1.8	2.0	1.6
15：0	6.1	5.6	4.3	5.2	4.0	4.6
15：1	2.9	2.0	2.4	2.3	4.9	3.7
16：0	21.4	23.1	22.7	33.0	10.0	14.3
16：1	22.4	22.5	15.4	16.0	39.0	30.0
i 17：0[3]	4.0	3.5	2.0	2.5	3.0	2.5
17：0	2.0	2.4	1.3	3.5	5.1	7.1
17：1	2.3	2.2	1.4	2.4	4.6	2.7
18：0	2.2	4.2	4.6	5.0	1.7	2.6
18：1	12.0	14.5	25.4	13.5	8.5	12.7
18：2	3.2	2.0	1.2	1.2	1.5	2.2

① 穿着1天后的T恤衫，用氯仿/甲醇1：1的混合溶液萃取回收的物质。

② 表示双键；：0双键数为0；：1双键数为1；以此类推。

③ i表示支链酸。

表 1-3 T恤衫回收的皮脂中蜡脂的脂肪醇组成 单位：%

碳原子数	饱和	不饱和	合计	碳原子数	饱和	不饱和	合计
12	0.5	0.3	0.8	20	8.0	14.0	22.0
13	0.2	痕量	0.2	21	0.5	6.2	6.7
14	5.8	0.2	6.0	22	4.1	6.0	10.1
15	2.3	0.2	2.5	23	1.0	3.2	4.2
16	7.4	0.6	8.0	24	2.7	6.0	8.7
17	5.0	1.5	6.5	25	1.2	0.7	1.9
18	13.5	0.5	14.0	26	痕量	痕量	痕量
19	0.7	4.5	5.2	27	痕量	痕量	痕量

从外部来的尘埃附着在皮肤保护膜的皮脂膜上，进而与皮肤表面的角质片混在一起成W-O型的乳化，附着在贴身穿的衣服上。在出汗多的时候，转换成O-W型乳化，这样反复形成W-O型⇌O-W型的可逆变化，但主要是W-O型。

皮脂膜可以使皮肤滑润，由皮脂和汗液组成。但是，皮脂膜受空气和紫外线作用可能发生氧化变性。当表皮抗氧化能力下降时，皮脂中的过氧化脂质的含量就可能升高。过氧化脂质与蛋白质亲和力强，可使蛋白质和细胞膜变性，引起上皮细胞变性和破裂。皮脂膜中过氧化脂质过高是黑皮病、变态性皮炎等皮肤病的致病因素之一。如不经常清洗皮肤，皮肤表面的皮脂量就要不断增多，使毛孔堵塞发生痤疮。

皮脂膜附上尘土、油污或其他化学物质时，也可能变性。长期使用的某些化妆品，受空气和紫外线作用也有可能变质而刺激皮肤。

皮肤老化物也是一种人体污渍，它是由于皮肤细胞的老化、脱落而形成的。一般常人每天可脱落1～14g。脱落的皮肤细胞中含有细胞色素，其主要成分是胡萝卜素、氧血红蛋白、黑色素等，往往是这些物质与外界来的污渍粒子形成有色污渍。

从皮肤的表面不断地分泌出的汗是另一类人体污渍。汗本身不是严重污渍，但是它可以促进其他污渍的吸附。汗中的水分占99%，残留蒸发物占1%，在残留物中，有机物和无机物各半。无机物中氯化钠占50%，其余是钙、铜、铁、镁、钾、铵盐、硫、磷等物；有机物中尿素占一半，还有肌酸、肌酸内胺、葡萄糖、乳酸、脲酸、丙酮酸、精氨酸、亮氨酸、异亮氨酸、赖氨酸、苯基丙氨酸、苏氨酸、色氨酸、酪氨酸、缬氨酸以及一些维生素等。

汗由汗腺和大汗腺分泌，但是大汗腺分泌的汗黏度大且浑浊，内含蛋白质、碳水化合物、氨及少量铁离子。这种汗是人体体臭的来源，这是因为汗中的有机物被微生物分解成低碳数的脂肪酸之故。

(2) 被服污渍

① 油性污渍　油性污渍是纤维织物的主要污渍成分，这类污渍大都是油溶性的液体或半固体：动植物油脂、脂肪酸、脂肪醇、胆固醇、矿物油及其氧化物等。其中脂肪醇、胆固醇、矿物油不为碱所皂化，它们的憎水基与纤维作用力较强。

② 固体污渍　固体污渍是指煤烟、灰尘、泥土、沙、水泥、皮屑、铁锈和石灰等。它们与油脂、水混在一起黏附于织物的表面，其粒径一般在10～20μm。

③ 硅污渍　硅污渍的主要来源是表土的泥污，粒度的大小为10～2000μm、粒径在0.1μm以下的污渍吸附在衣服上时，用普通的洗涤剂不可能将其完全祛除。

④ 炭质污渍　其代表是烟尘，汽车的轮胎是炭质污渍的发生源之一，普通汽车轮胎的炭黑含量是30%～40%，烟尘粒子的大小为40～200μm，容易吸附在疏水性的合成纤维衣服上。

⑤ 特殊污渍　这类污渍有食品污渍及人体分泌物，如汗、尿、血液、蛋白质、无机盐等。在常温下它们能被渗透而溶于纤维中，其中有的能与纤维发生化学作用而形成化学吸附，难以脱落。

(3) 住宅污渍

住宅污渍包括厨房、餐室、盥洗室、日常用具、地毯和地板污渍等。

(4) 餐具污渍

除了以上所述污渍外，还可能有肥料、农药、寄生虫卵甚至病菌的污染。

(5) 工业污渍　范围比较广泛，而且概念也是相对的。如铁锈及原棉的胶质并不是外来物，正常使用的防锈油在电镀前就成了污渍。

1.1.1.2　按污渍的化学成分划分

按照污渍的化学成分划分，污渍可分为以下几类：①水溶性污渍，无机盐、糖类、汗及尿等；②色素类，金属氧化物、碳酸盐、硅酸盐和炭黑（煤烟）等；③脂肪，动物油、植物油、矿物油和蜡等；④蛋白质，血液、蛋、奶和皮屑等；⑤碳氢化合物，淀粉；⑥来自水果、蔬菜、啤酒、咖啡和茶等可漂性污渍。

1.1.2　污渍的黏附

污渍在被洗涤物的表面上的黏附多种多样，大致有以下几种。

① 机械黏附　机械黏附力与污渍的性质及被洗涤物表面的特征（比如织物的粗细、纹状）和纤维特性相关。以机械力结合的污渍几乎可以用单纯的机械方法去掉。但当污渍的粒子小于0.1μm时，就很难去掉。夹在纤维中间和凹处的污渍有时也难以祛除。

② 分子间力黏附　被洗涤物和污渍以分子间Van der Waals力（包括氢键）结合，如浆糊在玻璃上的黏附情况。衣料纤维中含羧基、羟基、酰胺基等活性基团和污渍中的脂肪酸、脂肪醇形成氢键而吸附油性污渍，油性污渍又吸引固体粒子，特别是容易黏附易聚合的不饱和油脂和易固化的流动态塑料类，使得污渍的祛除变得相对困难。

③ 静电力黏附　纤维素或蛋白质纤维表面在中性或碱性溶液中带有负电（静电），与一些在一定条件下带有正电的如炭黑、氧化铁等固体污渍粒子有着强静电吸引力而产生黏附。另外，水中含有的钙、镁、铁、铝等金属离子在带负电的表面（如纤维）和带负电的污渍粒子之间形成多

价阳离子桥，从而使带负电的表面黏附上带负电的污渍。静电结合力相对比机械力强，可用表面活性力及溶解力除掉。

④ 化学结合力 污渍和被洗涤体发生化学结合，形成离子键或共价键，比如铁锈。这类污渍需要采用特殊的化学处理方法使之溶解去掉。

1.2 污渍的祛除

1.2.1 油污-油腻污渍的祛除

油腻性污渍是含酯、羧基的脂肪物质。主要是脂肪酸三甘酯、二甘酯和单甘酯、脂肪酸等。碳链在至少12个碳的饱和脂肪酸三甘酯在室温下成半结晶状。

油腻性污渍是以小结晶粒子的形式存在于基质上（中）的。对于一个给定的三甘酯，如果结晶粒子大，即结晶得好，则其熔点随之增加。融化油腻污渍所需的温度显然也随着物质结晶的程度趋好而增加。油腻污渍结晶得越好，越难以祛除。链中至少含有一个碳碳双键，如油酸三甘酯的油腻分子，其熔点较低。但由于不饱和键的存在，使其容易参与化学反应。在加热时，双键会氧化和聚合而成为不溶物质而不容易祛除。

柴油等污渍，其油和水之间的表面张力可高达50mN/m，这就意味着如果迫使油水界面接触需要大量的能量。

另一种油性污渍是存在于皮肤中的一种低熔点的30碳的不饱和烃，它对皮肤有润滑作用，如果祛除，将对皮肤产生刺激。这是在设计人体洗涤剂时应该考虑到的。

对于油污-油腻性污渍的祛除可从以下几个方面进行解释。

1.2.1.1 卷缩与润湿

大部分油污和油腻污渍在40℃以上时是液体。热分析研究表明，即使在室温下，固体的油污也含有相当数量的液体物质。而这些液体物质可润湿大部分织物，具有扩散到整个表面的倾向，它们或多或少能形成一个严密的覆盖层。对于液体油污，洗涤时的卷缩（rolling-up）机理是最重要的洗涤机理。

可以把被洗的衣服简化成平滑的固体表面，上面附着的是液体的油性污渍。在衣物的固体、油、空气三相的界面上，油的接触角是0°，将这个固体上的油垢放在洗涤浴中（表面活性剂的稀溶液）浸渍后，就发生了变化，如图1-1所示，从左向右随着时间进行而卷缩。

在卷缩过程的某时刻，卷缩如图1-2所示。油滴O的接触角是θ，在平面固体S上由水相W围绕。在固相、油相、水相的界面线上（在断面图上是点）油滴受挤压，其卷缩力是R。

$$R = \gamma_{OS} - \gamma_{WS} + \gamma_{OW}\cos\theta \tag{1-1}$$

$$\Delta j = \gamma_{OS} - \gamma_{WS}$$

式中，Δj是固体上的油相在每单位面积上的水相上放置时表面力减少的量，油的卷缩力由式(1-1)直接写成式(1-2)。

$$R = \Delta j + \gamma_{OW}\cos\theta \tag{1-2}$$

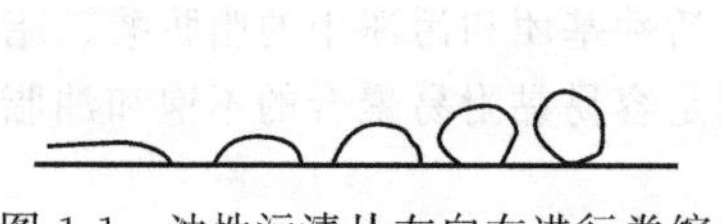

图1-1 油性污渍从左向右进行卷缩

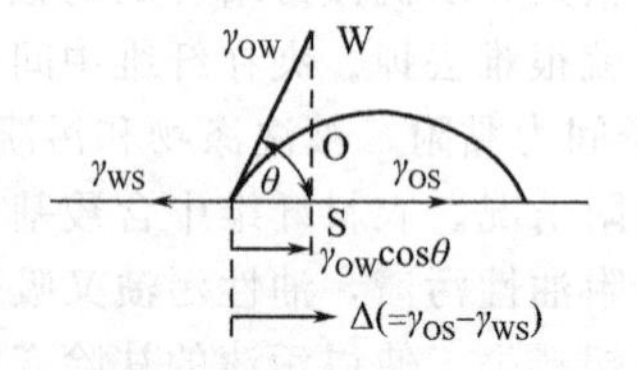

图1-2 卷缩过程中的断面图

γ—表面张力；下角标表示每个表面张力的表面；

S—固体基质；O—油污；W—洗涤浴

在空气中，油的接触角几乎是近似于0°，但在洗涤过程的洗涤浴中，由于衣服吸附了表面活性剂，γ_{WS}变小，而 Δj 变大。R 是正值时，油滴被挤压，θ 随着时间进程而增加，θ 超过 90°，式(1-2) 的第二项是负值，随着 θ 的增大第二项的绝对值变大。此时，两种情况有所区别：①$\Delta j > \gamma_{OW}$时，接触角 θ 从 0°变到 180°，R 均为正值，且逐渐减小，当 $\theta=180°$时，则完全变成球形而卷离；②$\Delta j < \gamma_{OW}$时（实际上这种情况多），随着接触角增加 R 逐渐减小，直到接触角到达某一个值 θ_0 时。$R=0$，卷离停止，即式(1-2) 变成式(1-3)，θ_0 是水溶液前进、油后退时的平衡接触角。

$$-\cos\theta_0=\Delta j/\gamma_{OW} \tag{1-3}$$

卷离时，被洗衣物的表面亲水性越强越容易洗涤。接触角为 180°时，油性污渍容易脱离，达不到 180°卷离则不完全。平衡接触角 θ_0 比 90°大时，在洗浴中按照水力动力学的规律，由流动而产生的相对密度差产生了浮力，油滴则如图 1-3 中按从左向右的状态进行，而 θ_0 几乎保持一定。油在衣服上附着的面积逐渐变小。

根据水力动力学规律，油滴容易发生变形，由于吸附表面活性剂 γ_{OW} 显著降低。但是在亲油性的衣服表面的油性污渍，平衡接触角 θ_0 保持在 90°以下时，由于水力学的作用油滴被拉长、接触角变小，从这里破碎，大部分油被除去，接触角 θ_0 范围内的小油滴残留在衣物上，从卷缩理论上看油污的除去并不完全（图 1-4）。

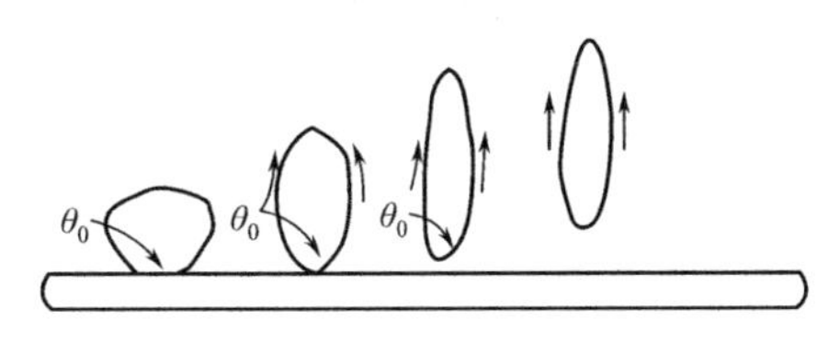

图 1-3　由于水的流动和浮力油滴的完全除去（$\theta_0>90°$时）

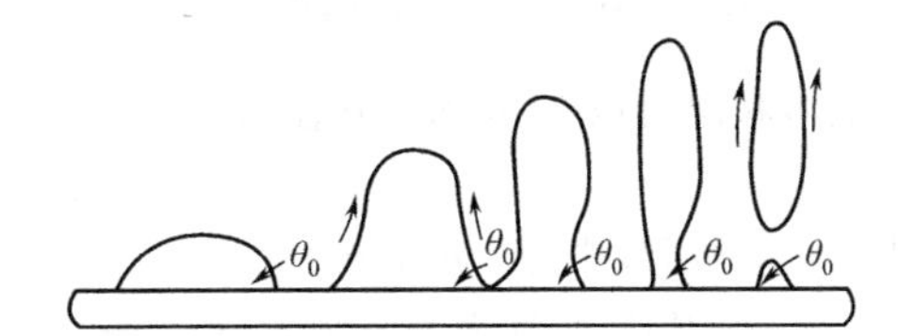

图 1-4　由于水的流动和浮力作用大油滴不完全除去（$\theta_0<90°$时）

油滴达到平衡接触角时，洗涤是自动进行的，油滴完全被置换必须做功。在不完全的卷缩下达到平衡时，油滴是凹进的球体部分的底面积 A_0 与衣物接触。将球体凹进的曲面表面积叫 A_1，这个油滴成球形时表面积为 A_2 时，则除掉油滴所需的功为 W_R。

$$W_R=A_0(\gamma_{OS}-\gamma_{WS})+(A_1-A_2)\gamma_{OW} \tag{1-4}$$

而

$$\gamma_{OS}-\gamma_{WS}=-\gamma_{OW}\cos\theta_0$$

从以上得到：

$$W_R=[-A_0\cos\theta_0+(A_1-A_2)]\gamma_{OW} \tag{1-5}$$

A_0、A_1、A_2 可用油滴的体积 V 与平衡接触角 θ_0 的几何计算推出，于是：

$$W_R=\pi^{1/3}(3V)^{2/3}[4^{1/3}(2-3\cos\theta_0+\cos^3\theta_0)^{1/3}]\gamma_{OW} \tag{1-6}$$

在被洗衣物与油性污渍一定的状况下，W_R 是受表面活性剂影响的，任意情况下，$\pi^{1/3}\ (3V)^{2/3}=1$，即 $V=\dfrac{1}{3\sqrt{\pi}}$时油滴除去的功：

$$W_R(V)=[4^{1/3}(2-3\cos\theta_0+\cos^3\theta_0)^{1/3}]\gamma_{OW} \tag{1-7}$$

由式(1-7) 看出 $W_R(V)$ 就是表面能力（N/cm），这个值越小，除掉油污越容易。

在尼龙纤维薄膜上流动的轻蜡油，在洗涤时把洗涤剂溶液的浓度增加，γ_{OW}、$W_R(V)$、Δj 的情况如图 1-5 所示。洗涤剂浓度增加时 γ_{OW} 减少，Δj 增加，$W_R(V)$ 降低，促进油污的除掉。

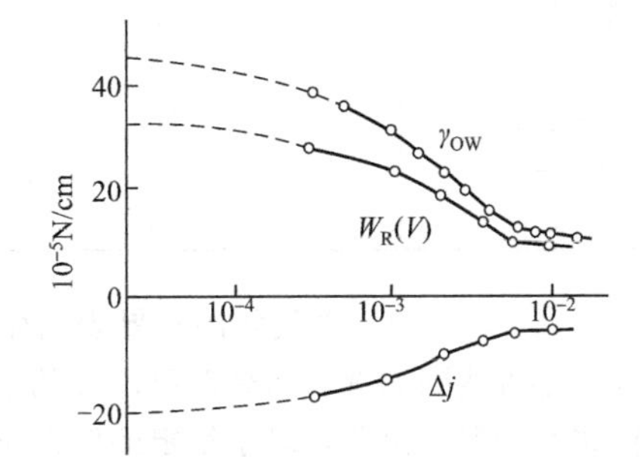

图 1-5　在尼龙薄膜上流动的轻蜡油与洗涤浓度（mol/L）及 γ_{OW}，Δj，$W_R(V)$ 之间的关系

在卷缩理论中，衣服和油性污渍对表面活性剂的吸附量以及被洗衣物的材料都与去污效果有关。衣物表面不平

滑，像图1-6那样垂直的圆形变扁的时候，特别是油污进入穴孔时，即使θ_0在180°油滴也不会被除掉。此时，在γ_{OW}高的地方由于水力学的作用，油污从穴孔里被除掉是有可能的。亲水性纤维的衣物在洗涤时膨胀湿润的时候，卷缩现象会显著加速。水在纤维上浸透时，纤维被水合，γ_{WS}值降低，θ_0值增大，此时，γ_{OS}值与γ_{OW}值相近。

衣物上油污太多，在衣物上完全形成油膜时，衣物、油污、洗涤液三相没有界面线，则不发生卷缩。

如果从润湿的角度来分析，洗涤是一个润湿竞争的过程。固体和油滴与表面之间的夹角可作为润湿的量度。图1-7描绘了这个角随着表面张力的降低而减小的情况。

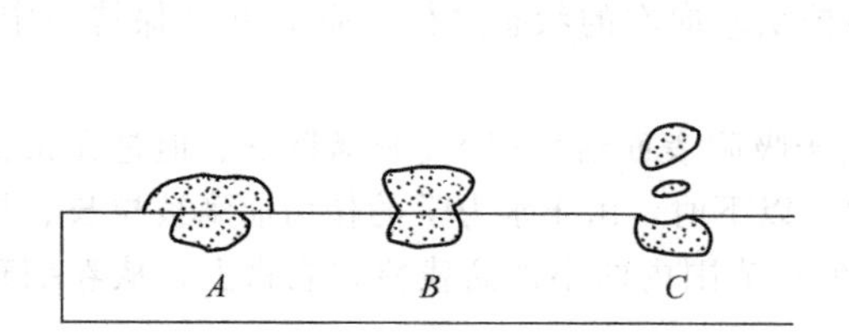

图1-6　进入纤维穴孔中的油滴污渍不完全除去

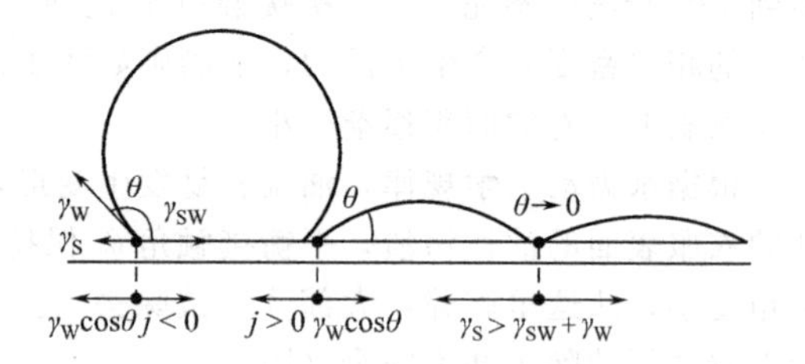

图1-7　固体表面润湿图示

润湿状况可以YOUNG方程来描绘：

$$j=\gamma_S-\gamma_{SW}=\gamma_W\cos\theta \tag{1-8}$$

式中　j——润湿张力，mN/m；

γ_S——基质-空气表面张力，mN/m；

γ_{SW}——基质-液体表面张力，mN/m；

γ_W——液体-空气表面张力，mN/m；

θ——在润湿液体中的接触角，度（°）。

由式(1-8)可知，只有当θ为零、$\cos\theta$为1时，即只有当液滴自发在固体表面扩散时才能实现固体表面全部润湿。对于给定的一个具有低表面能的固体表面，各种液体在$\cos\theta$和表面张力之间有一个线性联系。

当$\cos\theta=1$时，γ_S有极值，这是一个固体常数，此时表面张力γ_C为临界表面张力。这意味着只有当液体的表面张力等于或低于给定的固体的临界表面张力时，其在固体表面上的扩散才可以自发进行，才可能彻底润湿。表1-4综合了几种合成物质的临界表面张力数据。

表1-4　几种合成物质的临界表面张力

聚合物	20℃临界表面张力 γ_C/(mN/m)	聚合物	20℃临界表面张力 γ_C/(mN/m)
聚四氟乙烯	18	聚乙烯醇	37
聚三氟乙烯	22	聚氯乙烯	39
聚氟乙烯	28	乙二醇-对苯二甲酸共聚物	43
聚乙烯	31	己二酸-己二胺共聚物(聚酰胺)	46
聚苯乙烯	33		

在表1-4中，聚酰胺的临界表面张力γ_C为46mN/m，这样大的表面张力使得一般的表面活性剂都可达到润湿。而聚四氟乙烯的临界表面张力仅为18mN/m，只有用特殊的氟表面活性剂才能将其润湿。由此，对于给定的润湿条件，式(1-8)可以用来简化选择适当表面活性剂的过程。

严格地说，上述所谓表面全部润湿的情况只有在通过吸附、γ_{SW}趋于零时才会发生。在实际的洗涤和清洁过程中，因为固体表面不规则地覆盖有油污和油腻，情况要复杂得多。图1-8描绘了在润湿表面上洗涤液与油污竞争的情形。

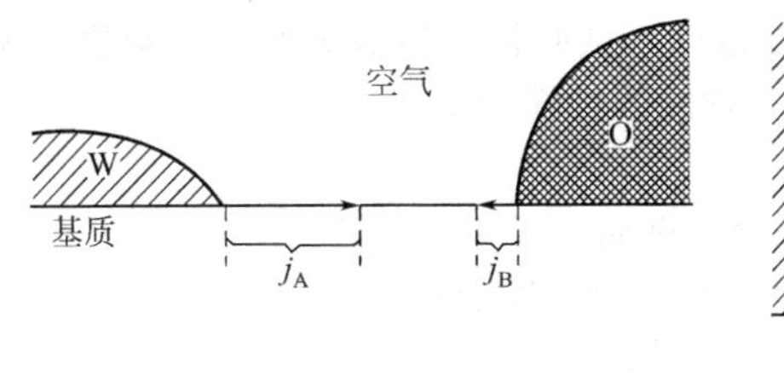

(a) 两种液体分开的情形

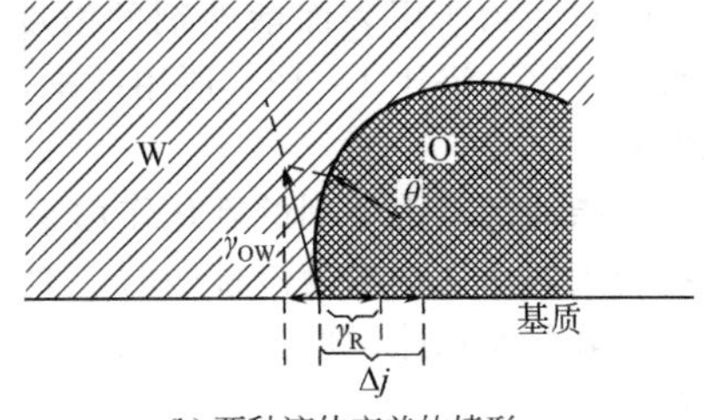

(b) 两种液体交盖的情形

图 1-8　两种液体在润湿表面上竞争吸附

（W 为洗涤液；O 为油污）

如果这两种液滴在固体表面上彼此接近，那么就有两种润湿张力作用于固体表面上。如果两种液滴直接接触，就形成了一种普通的洗涤表面。两种液体的表面张力之差 Δj，即所谓油污偏差张力，在接触的方向起作用。而表面张力 γ_{OW}在基质表面上发挥作用，但是取相反的符号，其幅度为 $\gamma_{OW}\cos\theta$，θ 是油污 O 的接触角。总作用力，即接触力 R 由式(1-9) 表示［即为式(1-2)]：

$$R=\Delta j+\gamma_{OW}\cos\theta \tag{1-9}$$

当两种液滴之间的接触张力 Δj 值增加时，γ_{OW}值减少。当接触角为钝角时，$\gamma_{OW}\cos\theta$ 值为负值。从方程（1-2）来看，有两种因素对油污液滴的穿透都起作用。在这个过程中，一个表面先由油污液滴润湿，而后再被水润湿，这个复杂的过程就是所谓的“卷缩”过程。但是在许多人为的情况下，卷缩并不是一种自发的现象。而更多的情况，则只有施加机械能时才能使得油污液滴卷缩。所需要的能量与表面张力 γ_{OW}成正比，随着表面活性剂的浓度的增加而减少。

业已证明，液体油污的祛除中，表面活性力是一个基本作用力，而且，这个力越小洗涤越有效。比如，减少表面活性力的方法之一就是建立一个由不同表面活性剂组成的吸附层。图 1-9 就是当阴离子表面活性剂和非离子表面活性剂的总值为一定时，各自不同比例对表面张力的影响（浓度为 1mmol/L，30℃，水硬度 1.424mmol/L)。甚至在一种表面活性剂中加入少量的另一种表面活性剂也可以引起表面张力的很大变化。当阴离子表面活性剂与非离子表面活性剂之比为 4∶1 时，表面张力达到最小值。这是因为，在表层存在小量的非离子表面活性剂，减少了阴离子基团的负电荷的相互排斥，因而导致吸附增加。当表面活性剂的浓度较低时，也就是在临界胶束浓度之下时，这种现象尤其明显和重要（图 1-10)。任何纤维、任何含颜料和油污的疏水性污渍，都存在上述现象，所以，在研究洗涤剂的配方时，应精心考虑表面活性剂和助剂的组成，以降低表面张力。

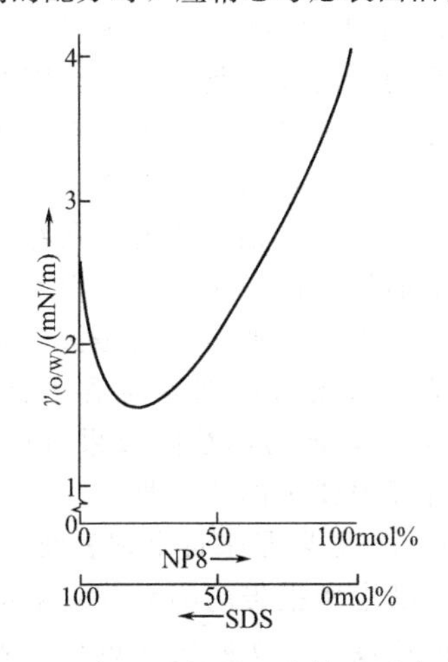

图 1-9　表面活性剂混合体系对水-橄榄油系统表面张力的影响

SDS—十二烷基硫酸钠；

NP8—壬基酚聚氧乙烯醚（EO8）

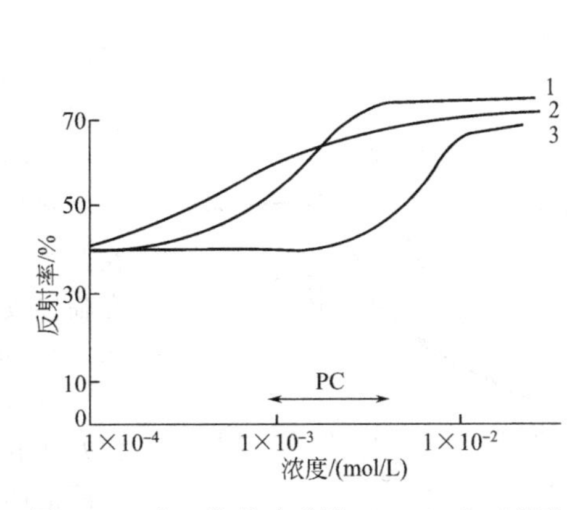

图 1-10　十二烷基硫酸钠（SDS）和壬基酚聚氧乙烯醚（NP8）(EO8）混合表面活性剂对于洗涤效率（反射率）的影响

1—NP8；2—SDS；3—SDS∶NP8=4∶1

（图中以 NP8 浓度表示）

图 1-10 中 PC 表示所用表面活性剂的浓度范围，试验污渍组成为脂肪、炭黑、煤烟和氧化铁，去离子水，30℃，浴比 1∶12，所用纤维为树脂改性棉纤维。

1.2.1.2　乳化

乳化去污是指油污靠洗涤剂的乳化作用去污。例如，脂肪酸、脂肪醇、胆固醇等极性油和矿物油的混合物与表面活性剂水溶液接触时，油水界面能接近于零或等于零（$10^{-2}\sim10^{-3}$ mN/m）。此时能发生自发乳化而祛除，但一般乳化去污法全辅以机械力，并且乳化机理与卷缩机理和润湿竞争机理相辅相成。

1.2.1.3　溶解与增溶

当增加表面活性剂的浓度时，导致表面上的张力和溶液表面张力降低，直到达到一个重要的时刻：表面活性剂胶束的形成，此时的浓度称作临界胶束浓度。

油性污垢在任何临界胶束浓度以上的表面活性剂的水溶液中都被溶解。被溶解油的量与油的种类和表面活性剂的胶束构造（即形成胶束的表面活性剂分子的数目与排列）有关。一般胶束是50～400个表面活性剂分子，疏水基（亲油基）在内侧，亲水基向着水溶液中的方向成为球形的整体。图 1-11 是表面活性剂胶束溶解油增溶的概念图。

脂肪烃、芳香族或者卤族烃类等烃类在胶束内的疏水部分被溶解［图 1-11(a)］，高级醇、脂肪酸等极性油在胶束中与表面活性剂分子平行或者形成混合胶束被溶解［图 1-11(b)］，一些两个极性基的化合物在胶束外部的极性部分被溶解［图 1-11(c)］，极性物质在聚氧乙烯型非离子表面活性剂的亲水基聚乙烯的部分溶解［图 1-11(d)］。

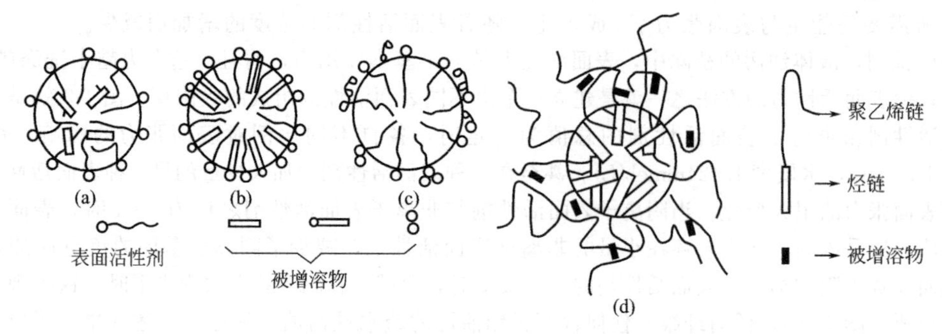

图 1-11　表面活性剂胶束解油增溶的概念图

在祛除油污时，增溶作用的重要性相对比较大。对于阴离子表面活性剂，通常使用时都不超过临界胶束浓度，供给增溶的胶束是很少的，因此，油污并不期待用增溶办法除掉。可是，非离子型表面活性剂临界胶束浓度很小，大量的油污是由于增溶作用除掉的。在去污的实际过程中，增溶作用是很重要的，在卷缩和乳化作用下没有除掉的少量油污被进一步除去。它不要求洗涤时必须保持一定温度，也不要求油污一定是液体状态。但在此浓度之上，溶液表面和溶液内部界面活性变化很小。在临界胶束浓度（cmc）时，油污的祛除效果也达到上限。图 1-12 描绘了油污从羊毛纤维上的祛除曲线。

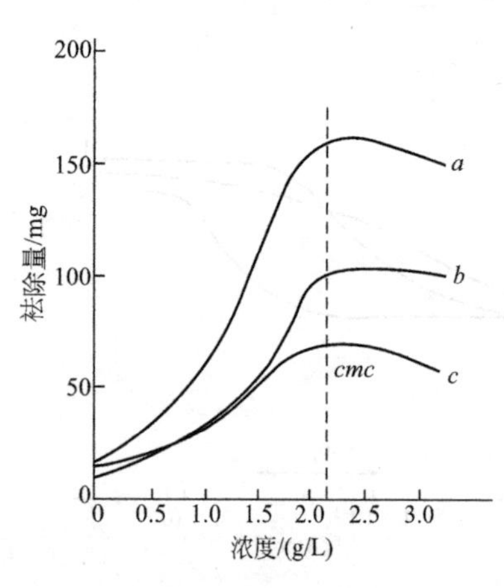

图 1-12　油污从羊毛纤维上的祛除曲线

a—4.6%油污涂布；b—3.3%油污涂布；c—2.2%油污涂布

可以推论，有效的污渍祛除是来自个别表面活性物质，而并非胶束的作用。文献中所报告的临界胶束浓度是基于纯溶液的表面活性剂的浓度，而实际洗涤过程中表面活性剂总是无一例外地吸附于各种表面上，这就意味着在溶液中表面活性剂的浓度是相应减少的。溶液中的表面活性剂的浓度才是真实浓度。

1.2.1.4 混合相的形成

洗涤剂的个别组分（主要是表面活性剂）穿透到油污相中，形成一种新的各相异性的混合相，也引起水-油界面张力的变化，此时可见到液晶混合相（Liquid-crystalline Mixed Phases）的成长。比如，在橄榄油-油酸-十二烷基硫酸钠的体系中，液晶的形成可促进污渍从织物表面上祛除。条件是需加入电解质。

当表面活性剂从水溶液中结晶时，它们之间强烈地相互作用形成常见的液晶。此时表面活性剂的结晶中夹带一些溶剂，它们以极性基结合的形式存在于晶体之中，形成水合物。水合物常有一定的组成和形态，它们是晶体，但与晶体又不同，称为液晶（Liguid Crystal）或介晶相（Mesophase），兼具晶体和流体性质。通过 X 光观察，至少有一个方向高度有序。

在液晶存在下，油的融点（穿透温度）和表面活性剂的 Krafft 点降低了。也就是说，固体油污没有必要融化就可被祛除。

图 1-13 显示了十二醇-辛酸钾液晶混合相的形成对于污渍祛除的效应。如果在洗涤物品的表面形成液晶的条件下洗涤，则十二醇可从纤维表面完全祛除。如果不能形成液晶，根据缓慢的卷缩作用，有少量的污渍从聚酯纤维祛除。

图 1-13 中曲线 a 的前段无液晶混合相形成；曲线 a 的后段有液晶混合相形成（在 90min 后加入 0.5mol/L KCl）。

1.2.1.5 结晶集合体的破坏

这种机理认为黏附于被洗涤物表面上的混合污渍形成结晶集合体，它不能与表面活性剂形成液晶，它的祛除是由于洗涤剂水溶液深入结晶集合体内部，使结晶破坏而导致污渍的分散而祛除。

1.2.1.6 特殊电解质的影响

一般来说，电解质仅具有间接作用，即只有当阴离子表面活性剂吸附于洗涤物品表面时才有这个可能。电解质的加入导致洗涤物品表面的双电层的压缩，但需注意到，在有的电解质（如氯化钠、氯化钾）中，能形成络合物的三聚磷酸钠和柠檬酸钠对洗涤效果的影响存在很大差别。图 1-14 明显描绘了这些电解质的区别。

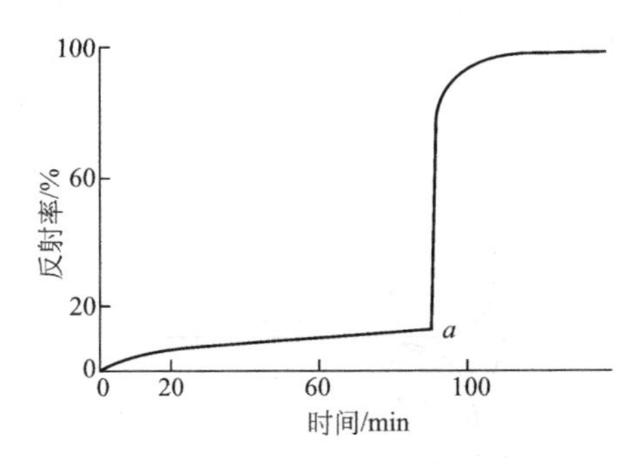

图 1-13 2%的辛酸钾对于涂有十二醇的聚酯纤维的清洗效果

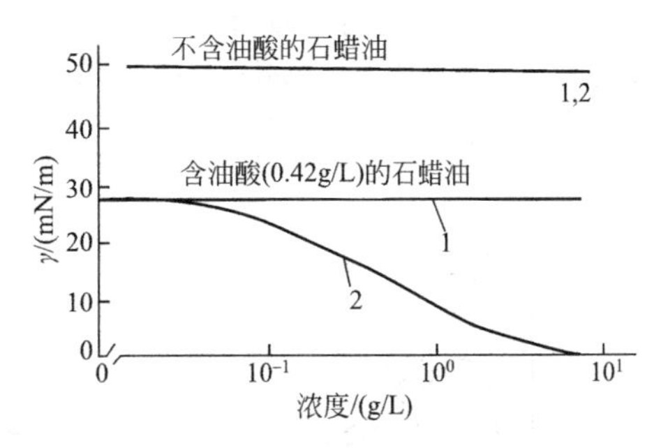

图 1-14 电解质对于石蜡油-二次蒸馏水系统的表面张力的影响（25℃）

1—Na_2SO_4；2—$Na_5P_3O_{10}$

在含高度非极性油污的体系中，硫酸钠和三聚磷酸钠在对表面张力的作用上没有区别。而当向石蜡油中加入少量油酸时，区别就明显了。硫酸钠对表面张力无影响，而三聚磷酸钠大大地减少了表面张力。看来，形成络合物的电解质有利于通过界面穿透脂肪酸，使得液-液表面张力减少。这些物质激活了表面活性剂，这对于除去脂肪（即富于脂肪酸的物质）非常有效。表 1-5 的结果说明，这不仅是在碱性介质中形成肥皂的作用，比如，在用氢氧化钠和氢氧化钾的情况下，表面张力明显比用三聚磷酸钠大，而在后者的情况下，pH 值还低一些。

表 1-5 无表面活性剂的碱溶液和三聚磷酸钠溶液的表面张力

物　质	浓度/(g/L)	表面张力/(mN/m)	pH值	水硬度/°d
NaOH	0.14	0.8	10	16
KOH	0.21	0.9	10	16
$Na_5P_3O_{10}$	2.0	0.09	9	16
$Na_5P_3O_{10}$	2.0	0.07	9	0

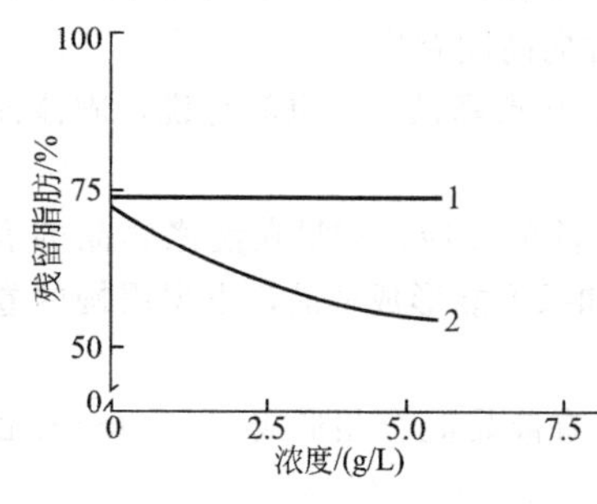

图 1-15 脂肪污渍从聚酯-棉混纺纤维上的祛除是电解质浓度的函数
1—Na_2SO_4；2—$Na_5P_3O_{10}$

图 1-15 是电解质引起的油-水表面张力的变化对于液体油污祛除的影响，模拟洗涤试验采用脂肪-聚酯/棉纤维体系进行。图中横坐标是以电解质浓度表示的。试验条件：脂肪污渍量为 $12g/m^2$，浴比 1∶30，洗涤 30min，40℃。

硫酸钠的水溶液对油腻污渍的祛除率为 25%，而三聚磷酸钠可将油腻祛除至 45%，可见这类可减少表面张力的络合剂加入到洗涤剂中有利于增强洗涤效应。

1.2.2 颜料污渍的祛除

1.2.2.1 黏附和取代理论

这种理论认为固体粒子或多或少黏附于平滑表面。该理论起始于 Der jaguin-Landau-Verwey-Overbeek 理论（DLVO）。这个理论本来是用于解释絮凝和凝聚作用的，但也可以以修正的形式说明洗涤过程。根据这个理论，势能是粒子与纤维的距离的函数，由图 1-16 可以看出，势能存在极大值。

势能曲线上的最小值相当于粒子与纤维处于可能的最近的距离，并由此可确定这个距离。势能的最大值是将粒子从纤维上除去，或是将其移至一定距离必须越过的能垒。如果势能能垒较小，则黏附的粒子容易祛除。相反，如果能垒较高，已经在洗涤液中的粒子也较少，可能重新黏附于纤维上。

如果粒子黏附在纤维上，则在整个外表面上形成一个普通的双电层。但在洗涤过程中，会形成一个扩散双电层，使得体系中的自由能减少。双电层的自由能是距离的函数，当两个双电层之间趋近于无相互作用力时，自由能趋近极值。由于双电层的两个表面的存在，必须施加两倍的力，使得粒子与基质接触。如图 1-17 中的 $2F$。

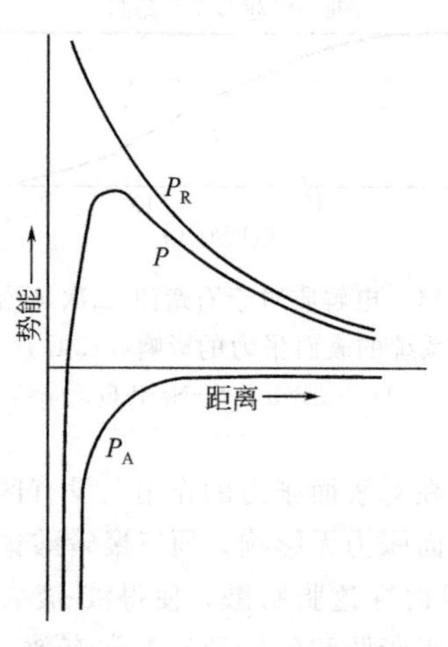

图 1-16 吸引势能 P_A、排斥势能 P_R 和总势能 P 与粒子到纤维表面距离的函数关系

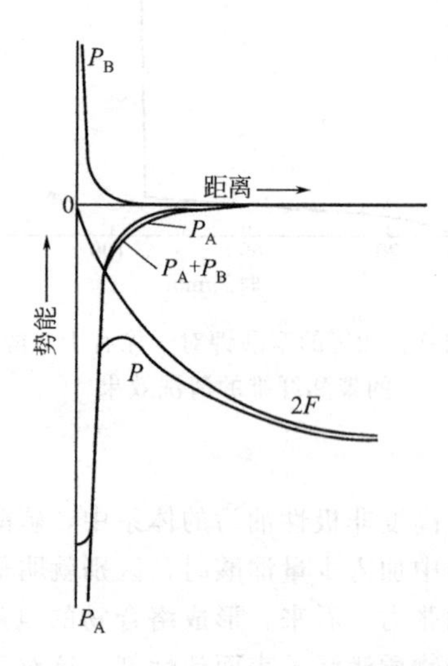

图 1-17 除去黏附的粒子的势能图
P_B—Born 排斥能；P_A—Van der Waals 吸引能；
F—双电层自由能；P—总自由能曲线

由于开始没有双电层存在，两个黏附的表面的分离初始以 Van der Waals-London 吸引力和 Born 排斥力为特征。在图 1-17 中，相当于势能的最小值的平衡点设于横轴上的零点。随着粒子和接触面的距离的增加，就产生了一个对抗性的双电层。这个双电层有利于形成排斥，使得两个表面分离。电解质溶液中黏附的粒子分离的表观势能曲线来自于 Van der Waals-Born 势能和双电层形成的自由能之和。从图 1-16 和图 1-17 得到一条重要的结论，就是当双电层的势能增加时，增加了粒子沉积的能垒，但却减少了粒子祛除的能垒。

水中的钙离子的副作用可以借助于势能理论来说明。显然，双电层的压缩作用随着阳离子化合价的增加而迅速增加，这样，高浓度的钙离子产生吸引力，而成为主导作用的因子。在含高浓度钙离子的水中要比在蒸馏水中大大降低洗涤效率。

1.2.2.2　电荷效应

表面势能不能进行测定，但是粒子的 ζ-势能或电泳流动性可以作为势能的量度。一般来说，纤维和颜料在水溶性介质中获取负电荷，电荷的多少随着 pH 值的增加而增加。图 1-18 是各种纤维的电荷对 pH 值作图，可作为 ζ-势能的量度。

对于各种常见的颜料污渍得到了本质上类似的结果。比如，在洗涤中简单地加入碱就可以提高洗涤效果。然而即使在高 pH 值下，污渍和纤维之间的排斥作用也并不能使得洗涤效率完全达到满意。

另一种显著改变纤维和颜料污渍之间的表面电荷的方法就是加入表面活性剂。加入表面活性剂后，电荷的符号取决于表面活性剂的阴离子。图 1-19 给出了几种水溶性表面活性剂对于炭黑表面电荷的影响。所选择的表面活性剂都有相同的疏水基，但是亲水基不同。图中将电泳流动性（*EM*）作为表观势能的量度。

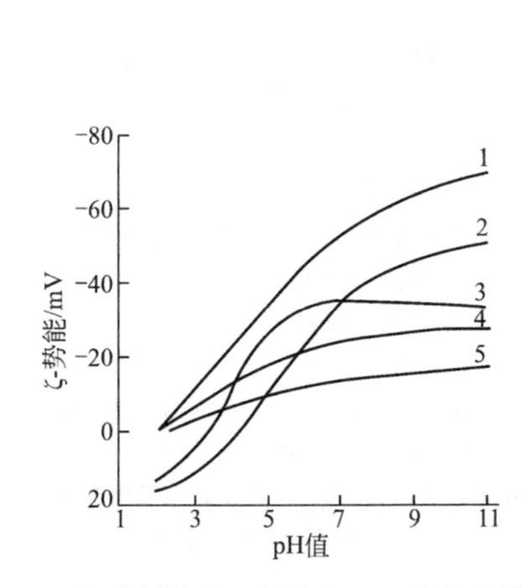

图 1-18　各种纤维的 ζ-势能与 pH 值的函数关系

1—羊毛；2—尼龙；3—丝；

4—棉；5—黏胶纤维

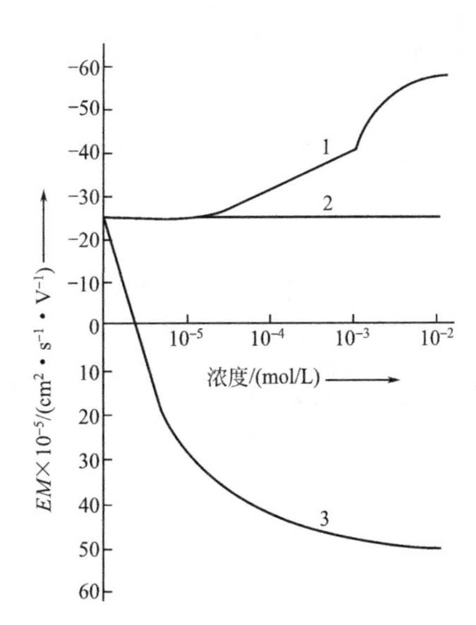

图 1-19　炭黑在含几种表面活性剂的溶液中的电泳流动性（35℃）

1—$C_{14}H_{29}OSO_3Na$；2—$C_{14}H_{29}O(CH_2CH_2O)_9H$；3—$C_{14}H_{29}N(CH_3)_3Cl$

炭黑在水溶液中也获取负电荷。炭黑和纤维获取的负电荷在吸附阴离子表面活性剂后会增加较多，从而引起排斥力的增加，最终导致洗涤效果的加强。随着颜料的分散力增加，污垢的再沉积可能性减少。

与阴离子表面活性剂相反，阳离子表面活性剂却减少表面负电荷。这使得污渍和纤维之间的排斥力降低了，所以用阳离子表面活性剂进行洗涤时的效率要低于不含其他添加剂的纯水洗涤的效率。只有在这种表面活性剂的浓度非常高时，才能去除污渍。此时在纤维污渍表面发生了完全的电荷翻转。但是当漂洗时，在纤维上又发生了第二次电荷翻转。在电荷中和点，预先除去的污渍发生再沉积，所以，在洗涤剂中很少应用阳离子表面活性剂。

当阴离子和阳离子表面活性剂吸附在疏水性表面上时，络合剂就可以被吸附在具有局部电荷的表面上。这种吸附主要是化学吸附，具有金属氧化物和某些纤维的特征。络合剂的吸附产生一种类似于阴离子表面活性剂的特征，赤铁矿的ζ-势能的变化就是一例，如图1-20所示（阴离子浓度均为2.5mmol/L，25℃）。

相当于金属氧化物的络合物吸附的特效性非常大，甚至在吸附能较低时，也会发生阴离子表面活性剂从洗涤物品表面上解析的现象。图1-21显示柠檬酸钠（曲线2）要比三聚磷酸钠（曲线1）吸附程度低，从而从洗涤物品表面取代较少的阴离子表面活性剂（曲线3和4）。那么，柠檬酸钠较弱的吸附就是比三聚磷酸钠的洗涤效果差的直接原因（图1-21试验条件为pH值7，表面活性剂浓度0.15mmol/L，70℃）。

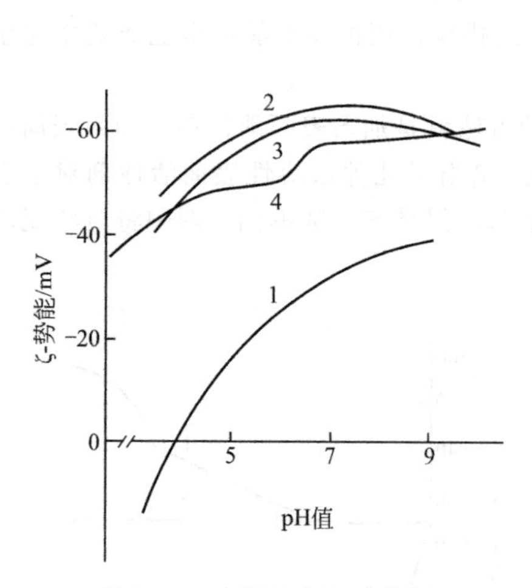

图1-20 赤铁矿的ζ-势能与pH值的函数关系

1—氯化钠溶液；2—三聚磷酸钠溶液；3—苯六甲酸钠溶液；4—1-羟乙基-1，1-二膦酸溶液

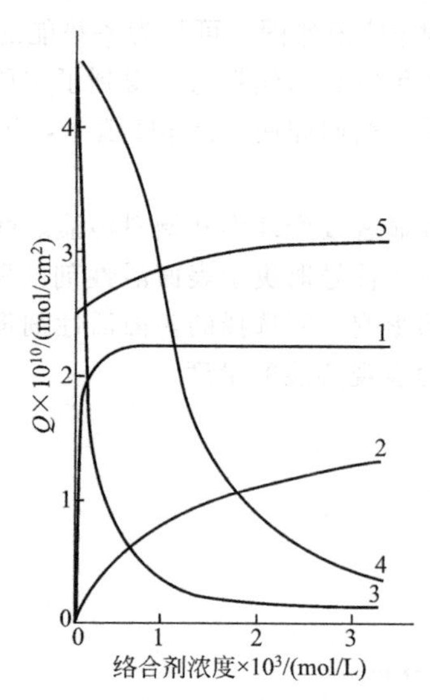

图1-21 络合剂和阴离子表面活性剂在炭黑和γ-氧化铝上的竞争吸附量Q

1—三聚磷酸钠在γ-氧化铝上的吸附；2—柠檬酸钠在γ-氧化铝上的吸附；3—三聚磷酸钠对预先吸附在γ-氧化铝上的表面活性剂正十二烷基硫酸钠的解析作用；4—预先吸附的表面活性剂正十二烷基硫酸钠由柠檬酸钠从γ-氧化铝解析的作用；5—正十二烷基硫酸钠与柠檬酸钠在炭黑上的竞争吸附

虽然络合剂抑制了阴离子表面活性剂在金属氧化物上的吸附，但在炭黑和合成纤维上的吸附却是增加的（图1-21曲线5），这是由于络合剂的电解质的特性所致。洗涤过程包括从纤维表面上除去亲水和疏水混合污渍，这样，具有不同特性的络合剂和表面活性剂在这两类基质上可显示互补功能。

1.2.2.3 吸附层

与阴离子表面活性剂和阳离子表面活性剂相反，非离子表面活性剂对表面电荷没有贡献。因此，其作用模式不能归因于颜料污渍和纤维表面上电荷的变化，而只能用吸附层的性质来说明。

以固体表面和吸附分子间作用力的性质区分，吸附作用大致可分为物理吸附与化学吸附两类。发生物理吸附的吸附力是物理性的，即主要是 Van der Waals 力的作用，发生物理吸附时吸附分子和固体表面组成都不会改变。发生化学吸附时吸附分子与固体表面间有某种化学作用，即它们之间有电子的交换、转移或共有，从而可导致原子的重排、化学键的形成或破坏。

由于吸附力本质不同，物理吸附和化学吸附在吸附热、吸附速度、吸附的选择性、吸附层数、发生吸附的温度、解析状态等方面都有明显的差异。

物理吸附通常进行得很快，并且是可逆的，化学吸附常常不可逆，解析困难，并常伴有化学变化的产物析出。物理吸附是放热过程；化学吸附热与化学反应热相近，大多仍为放热过程。

物理吸附可单层，也可多层；化学吸附总是单层吸附，并有明显的选择性。物理吸附之所以可以多层，是因为在一层分子之上仍有 Van der Waals 力的作用。而化学吸附的作用力来自化学键力，因而具有饱和性。

引起物理吸附的 Van der Waals 力普遍存在于各种原子和分子之间，来源于色散力、静电力和诱导力三种作用，它无方向性和饱和性，在非极性不大的分子间主要是色散力的作用。原子或分子中的电子在轨道上运动时产生瞬间偶极矩，它又引起邻近原子或分子的极化，这种极化作用反过来又使瞬间偶极矩变化幅度增大。色散力就是在这样反复作用下产生的。

当温度一定时，吸附量与平衡压力的关系曲线为吸附等温线（Adsorption Isotherm）。

正如阴离子表面活性剂在极性表面上一样，非离子表面活性剂在疏水性表面上吸附非常强烈，而在极性洗涤物品的表面上则弱得多。这一点可以由图 1-22 的十二烷醇聚氧乙烯醚（EO12）和十二烷基硫酸钠在活性炭上的相对吸附来说明（活性炭的比表面积为 $1150m^2/g$，25℃）。

对于正十二烷基硫酸钠，亲水性的表面活性剂基团和基质表面都有着相同的电荷，所以要达到吸附必须克服比电中性的非离子表面活性剂更高的电势能垒。在非离子表面活性剂的情况下，在较低的浓度就可达到吸附平衡和最大面积覆盖。图 1-23 是在基质和污渍粒子上的吸附图示。从图中看到，两个表面活性剂层指向颜料污渍表面接触点。

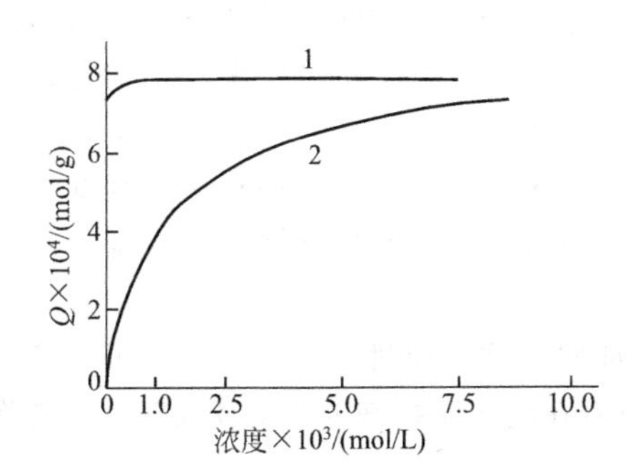

图 1-22 表面活性剂在活性炭上的吸附等温线

1—$C_{12}H_{25}O(CH_2CH_2O)_{12}H$；

2—$C_{12}H_{25}OSO_3Na$

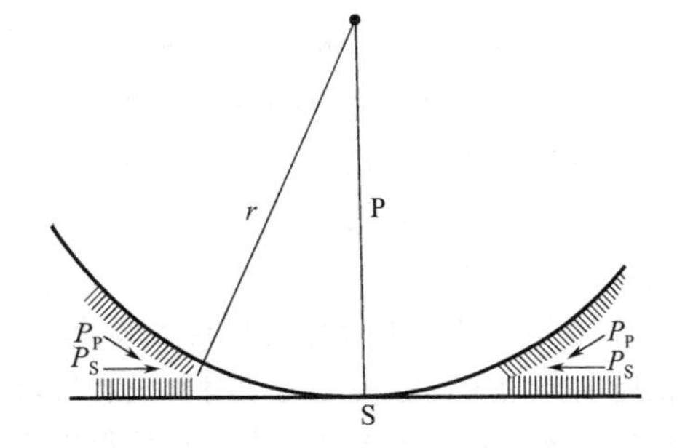

图 1-23 由吸附诱导的球形粒子从硬表面分离图示

S—表面；P—粒子；P_S—表面活性剂层在表面上的分压；

P_P—表面活性剂层在粒子上的分压

对于阴离子表面活性剂，可以明显看到，分压的走势可导致污渍粒子从表面上分离。而对于非离子表面活性剂，这个分压更是决定性因素，这是由于不存在任何排斥性静电因素之故。对于非离子表面活性剂来说，亲水基团的水合极其重要。被吸附的表面活性剂的分子排列成使其亲水基团直接朝向水相。污渍和基质都被水合球所包围。由于巨大的水合球减少了短程 Van der Waals 吸附力，污渍粒子的再沉积倾向性减少。这可由在其亲水基含有不同数量的乙氧基基团的非离子表面活性剂的疏水溶胶的凝聚来说明。

图 1-24 描绘了烷基醇醚对石蜡油溶胶的稳定效果，是将凝聚的溶胶浊度 ΔT 的减少（氯化钠 0.5mol/L）对含不同乙氧基醇醚的浓度作图。凝聚作用是由对双电层产生压缩作用的氯化钠而引起的。当分子中的乙氧基数目增加时，浊度减少值增大，曲线向低浓度偏移。

1.2.2.4 流体力学的影响

以上讨论的物理-化学原理用动力学理论的研究可得到补充说明。动力学效应很大程度上取决于粒子的大小。当粒径增大时，用动力学理论来说明污渍溶胶从纤维表面上祛除的意义更大。在每一种表面上，即使用最强的机械搅拌，都存在无流动发生的厚度非常小的薄膜。这种流动梯度随着与表面距离的增大而增加，正如图 1-25 所示。

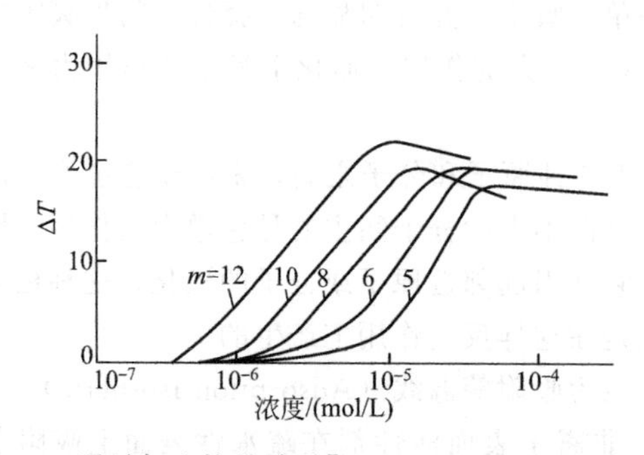

图 1-24 通过加入烷基醇醚[$C_{12}H_{25}O(CH_2CH_2O)_mH$]使得石蜡油的浊度 ΔT 减少

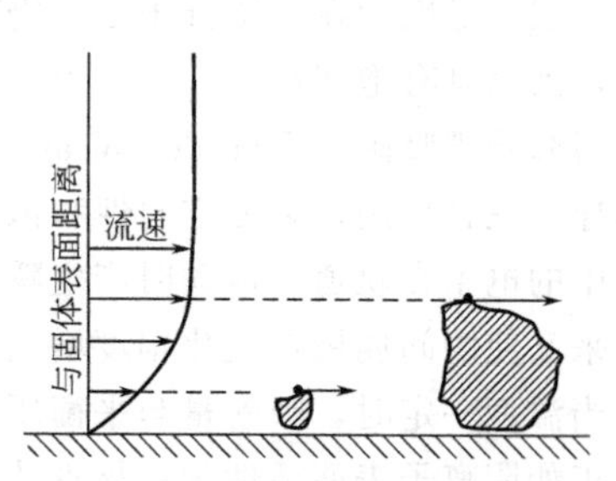

图 1-25 流速对于黏附的不同粒径粒子的效应

可见，机械力的加强对于除去大粒子污渍具有重大的作用。在紧贴着表面的流体场内，不会有高流速。因此，洗衣机采用突然变换方向的方法，以在接近表面处达到一个适度的湍流。即使如此，比 0.1μm 小的粒子单纯用机械力仍很难将其祛除。

1.2.3 含钙污渍的祛除

以上讨论的原理无例外地适于含钙的颜料性污渍。但含钙污渍还具有一些其他特点。在织物表面的污渍中总是存在多价离子盐类，尤其是碳酸钙、磷酸钙和硬脂酸钙的存在非常普遍，这些钙盐常常形成阳离子桥，将污渍组分黏附于纤维上。这类阳离子桥可能来自于棉花纤维的氧化产物羰基，也可能来自与金属氧化物相关的反应，或者产生于由脂肪而来的肥皂，特别是在硬度大的水溶液中。由于溶解平衡移动的原因，在蒸馏水中的溶解度要高得多。因此，对于洗涤剂配方工作来说，需要建立一个在洗涤过程中污渍和水相之间的最高钙离子浓度梯度的设想模式。

图 1-26 用一种水不溶性交联丙烯酸盐的洗涤效率证明了这个原理。显然，在离子交换剂的浓度仅能主要用于排除硬度离子时并没有洗涤效果，只有在离子交换剂的浓度较高时才有洗涤作用。如果加入适量的水溶性络合剂可使得洗涤加速。

在微溶性阳离子从污渍和纤维中溶出之前，络合剂在表面上，特别是在含有多价离子的领域内发生吸附。在水溶性多价阳离子络合物解析的过程中，许多污渍-纤维的结合键被打碎，显示溶解度增大效果。通过吸附-解析过程和溶解度平衡移动使得阳离子从污渍和纤维上去除，通常伴随着洗涤过程中的络合剂和离子交换剂的作用，这是一个很重要的现象。

络合剂和水不溶性离子交换剂的作用是互相补偿的。

图 1-27 说明少量水溶性络合剂能够增加水不溶性的离子交换剂 4A 沸石的洗涤效率。近年来，4A 沸石-三聚磷酸钠和 4A 沸石洗涤剂也像含三聚磷酸钠的洗涤剂那样在商品上得到广泛的应用。

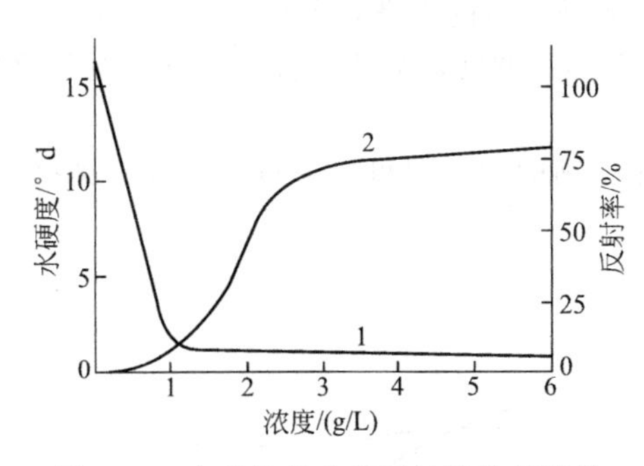

图 1-26　水的软化和污渍祛除的相关性
（水软化剂为水不溶性交联丙烯酸盐，90℃）
1—水的软化曲线；2—污渍从被灰尘-脂肪混合物污染的棉纤维上祛除曲线
（1°d=0.178mmol/L）

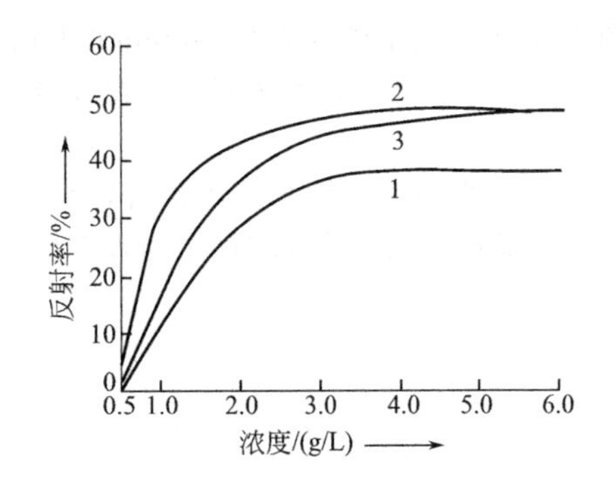

图 1-27　去污效率的比较
1—4A 沸石；2—三聚磷酸钠；3—4A 沸石-三聚磷酸钠混合物（质量比 9∶1）

水溶性络合剂的作用是将钙离子从沉积污渍中运送到水不溶性的离子交换剂中去。在这个过程中，存在着有效的吸附、解析和交联，从而加速钙离子在溶液中的分布。参见图 1-28（基质为非树脂处理的棉纤维，洗涤时间 30min，90℃，水硬度 2.848mmol/L）。

表 1-6 说明络合剂和离子交换剂的有效性与钙离子的存在密切相关。试验中先将试验用棉织物进行脱钙处理，而后用人造污渍污染。对于这种无钙织物，在无钙蒸馏水中洗涤时，不论三聚磷酸钠还是 4A 沸石，都没有表现出任何更有效的洗涤作用。这个试验可作为在洗涤中钙离子从污渍和纤维中溶出的重要性的间接证明。用水溶性络合剂时，络合剂的浓度和温度一般是除去多价离子的决定性因素，其束缚钙离子的能力随着温度的增高而降低。

表 1-6　无钙体系洗涤实验

污渍组成	洗涤液	反射率/%
80.2%经渗析的高岭土，16.5%炭黑，3.3%黑色氧化铁	H_2O	65.5
	$H_2O+2gNa_5P_3O_{10}/L$	66.0
	H_2O+2g4A 沸石/L	66.0
89.7%经渗析的高岭土，5.9%炭黑，2.9%黑色氧化铁，1.5%黄色氧化铁	H_2O	59.5
	$H_2O+2gNa_5P_3O_{10}/L$	58.0
	H_2O+2g4A 沸石/L	59.0

水不溶性的离子交换剂对于浓度的依赖关系也是如此，但是对于温度的依赖关系则相反，如图 1-29 中的束沸石和斜方沸石（洗涤时间 30min，95℃，沸石浓度 1g/L，水硬度 5.34mmol/L）。由此，在洗涤剂配方中，可溶性和不溶性络合剂可以混合调配，如将 4A 沸石和三聚磷酸钠混合使用，在重垢洗涤剂的配制中起互补作用。

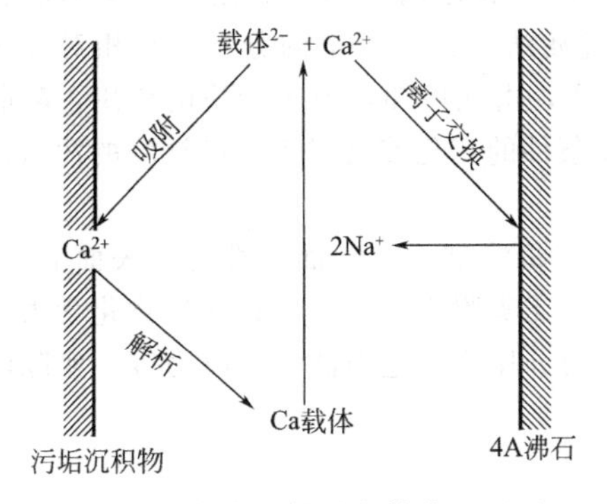

图 1-28　钙离子转移载体作用图示

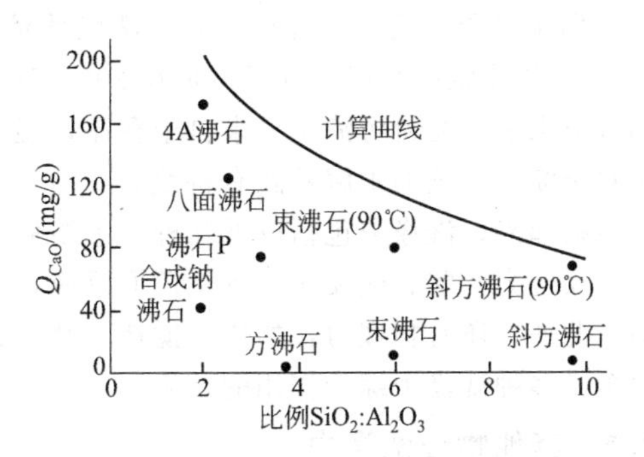

图 1-29　几种沸石对于钙的束缚能力 Q

图 1-30 说明在水硬度为 2.848mmol/L 的情况下，各种沸石的洗涤效率是浓度的函数（洗涤时间 30min，温度 95℃，非树脂改性棉纤维）。其中 4A 沸石的洗涤效率最高，而方沸石的效果最差。

图 1-31 说明表面活性剂、盐和络合剂的互补作用。钙的副作用可以通过三聚磷酸钠排除。钠的作用可通过向烷基苯磺酸钠中加入硫酸钠来体现。

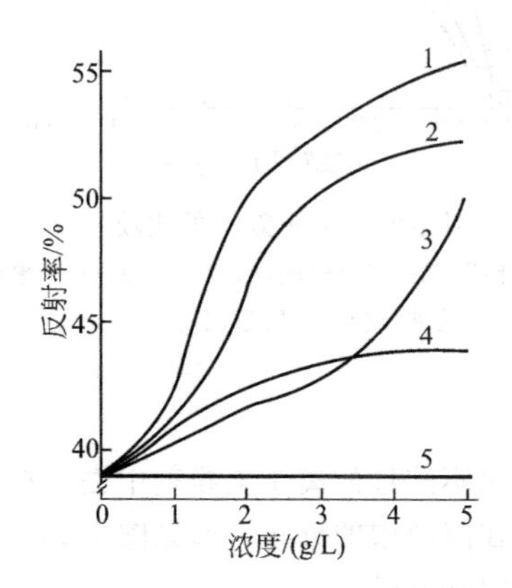

图 1-30 几种沸石的洗涤效率比较

1—4A 沸石；2—八面沸石；3—束沸石；4—钠沸石；5—方沸石

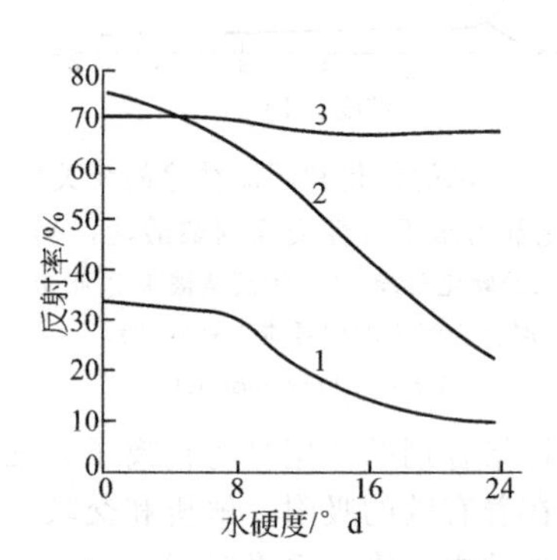

图 1-31 在不同的水硬度下羊毛上的污渍祛除结果

1—烷基苯磺酸钠（0.5g/L）；2—烷基苯磺酸钠（0.5g/L）和硫酸钠（0.5g/L）；3—烷基苯磺酸钠（0.5g/L）和三聚磷酸钠（0.5g/L）

（1°d＝0.178mmol/L）

1.2.4 可漂性污渍、蛋白和淀粉污渍的祛除

一些可氧化或可漂性污渍，主要是来自果汁、血液、酒、咖啡和茶等颜色很深的物质。这些颜色来自共轭双键，或来自卟吩化合物，它们可以通过次氯酸、过氧化氢或过氧酸氧化成无色碎片。这些碎片不一定在本次洗涤时除去，但用肉眼已经看不到，在下次洗涤时一定会除去。

在衣服上附着的血液、角质片、奶等蛋白质污渍在纤维上凝固或引起变性，一般的变成水不溶性，属于难除去的污渍。十二烷基苯磺酸钠比非离子表面活性剂对蛋白质洗涤效果好，这是因为带 SO_3^- 及 SO_4^{2-} 基的阴离子表面活性剂与蛋白质进行静电结合生成洗涤剂——蛋白质的络合物之故。

蛋白酶已经广泛地用于对血液、奶、动物胶污渍的洗涤。蛋白酶对蛋白污渍的祛除来自于对蛋白质的分解作用。有力的证明是用肽键内断酶（A）以及肽键内断酶和肽键端解酶的混合系（B）对酪蛋白质污渍进行洗涤，对于洗涤残液用凝胶过滤法研究分子量的分布，在相对分子质量 2×10^6 的酪朊中有相对分子质量在 200～50000 的物质，由此可知，由于朊酶的作用，酪朊的一部分被水解。淀粉污渍主要来自于食品，温度等外界条件的变化使其成为难以祛除的污渍。淀粉酶对于淀粉污渍的水解祛除有特效。

概括起来，洗涤力包括以下几种。①溶解力：水、有机溶剂；②表面活性力：表面活性剂；③化学反应力：酸、碱反应，氧化还原反应，络合反应；④吸附力：吸附剂；⑤生物化学力：酶制剂。此外，还有物理力：如热、搅拌、摩擦力、研磨力、压力、超声波、电解力等。实际洗涤过程多是多种洗涤力综合作用的结果。

1.2.5 其他物理洗涤力

除了以下介绍的以外，荧光增白剂的作用实为物理作用，将在第 3 章中进行介绍。

（1）加热　温度对于洗涤效果有着鲜明的作用。化学反应力一般是温度每升高 10℃，反应速度提高一倍。水和溶剂的溶解力随温度的升高而升高，表面活性力也因温度升高而加强。另外，酶的最适宜的温度为 30～60℃，在 10℃以下或更高的温度时，酶的活力会急剧下降。

加温可能改变污渍的物性，如沥青油类、脂肪、蜡等在熔点以下不能和表面活性剂作用而被乳化，但在加热时会融化为液体或变为液滴而分散。一些被洗涤物如天然纤维在高温溶液中浸泡而膨胀，从而利于黏附于表面和渗透入纤维内部的污渍的祛除。黏附于金属表面比如铜导线上的污渍可以用燃烧法祛除。

（2）搅拌　搅拌使被洗涤体与新鲜洗液保持良好接触，加速被洗涤体表面、液体、污渍之间的作用力达到最终平衡，从而使污渍从洗涤体上剥离。搅拌方式决定于洗衣机类型。

（3）超声波　超声波是依靠给被洗涤体和污渍的界面施加强声波震动而产生气穴效果，即在液体中产生负压，使液体分裂而产生空穴的现象。由于这种存在负压的气穴而有利于污渍的剥离。超声波一般不单独使用，而是作为洗涤的辅助手段。

超声波虽然使污渍在界面上的结合变得松弛，但若洗涤介质对污渍没有足够的分散保持力，一度剥离下来的污渍还可能再沉积在被洗涤体上。所以一般在使用超声波法时，总是结合使用溶剂洗涤、合成洗涤剂洗涤与化学洗涤法。超声波是由装在洗涤槽外的超声波装置中的声波震子发出，再传送至洗涤介质的。频率在 27～28kHz 的单频声波多用铁氧体或镍震子，频率在 100kHz 以上的多频声波用钛酸钡或陶瓷震子。超声波洗涤的典型例子是在煤油介质中洗涤轴承。它在光学透镜、眼镜、精密机械零件、电子线路等洗涤中也得到了应用。光学零件在冷加工过程后，尚有 CeO_2、沥青、虫胶漆、有机溶剂、手印、唾液以及碳酸气引起的腐蚀，有些形成难以清除的色斑。在配置过程中，如果仅注意洗涤力则可能出现光学零件反被污染的情况，而且发现洗涤剂在超声波条件下浊点温度较在静态温度下提高 5～8℃，而出现的浊点可能会破坏洗涤剂的稳定性，而且会在光学零件表面留下小白点类的污渍。

（4）加压冲洗和减压去污　船舶、油槽、大型化工设备及汽车与零件的冲洗就是加压冲洗的例子。喷射的液体可使用热水、蒸气或低泡的合成洗涤剂溶液。对于喷射洗涤后的水膜可用压缩空气吹除。有时也用减压祛除污渍。如把难以祛除污渍的金属小零件放在高压釜中浸泡，而后迅速置于常压之下，减压作用会使污渍膨胀而祛除。

（5）打磨　打磨有利于祛除顽固性污渍。手工打磨的器具有手锉、砂纸、砂轮、钢绒等。机械打磨有风力、水力法等，即用压缩空气或高压水（或含洗涤剂）将固体粒子加速，使它们直接冲击固体表面而祛除污渍。前者为干法，后者为湿法。固体粒子可为木屑、石英砂、铁砂等。打磨法普遍用于家用和工业清洗中。

1.3　洗涤剂去污力的评定

以下是研究设计洗涤剂可选择的方法，商品设计需按照国家或企业相应标准。

1.3.1　衣料用洗涤剂去污力的测定

（1）光学白度法　这是许多国家评定衣料用洗涤剂采用的标准方法。整个实验过程包括白布处理、标准污渍液的配制、污布染制、白度测定、洗涤、计算等步骤。

所谓光学白度是指在可见光区域内污布表面相对完全反射漫射面的漫反射辐射能的大小的比值，即白的程度。用白度计以 D65 光源照射，经用标准白板校准白度计后，测得试样的三刺激值 X、Y、Z，由甘茨（Ganz）白度公式计算白度。为了测定方便，可用表面平整、无刻痕、无裂纹的标准白瓷板作为日常测定白度实物标准（白度计的附件）。

用白度计测定用人工污渍染过的污布洗涤前后的白度，经计算即得到所用洗涤剂的去污率。需按不同种类的污布试片分别计算，判定洗涤剂的去污值 R 和去污比值 P。

$$污布的去污值\ R(\%)=\sum(洗后白度值-洗前白度值)/3$$

相对标准洗涤剂的去污比值 $P=R_{样品去污值}/R_{标样去污值}$

洗涤剂的去污力的判定是采用如果样品对于某种污布去污力相当或优于标准洗涤剂（P≥1.0），就认为其去污力合格。

人工污渍选取具有代表性的材料，以炭黑、皮脂、黏土、蛋白等作为指示剂。油污布人工污渍可以按如下组成：混合油［蓖麻油：液体石蜡：羊毛脂=1：1：1（质量比）］5g；卵磷脂10g；炭黑污液500mL；50%乙醇50mL。炭黑污液的组成为：炭黑2.3g，阿拉伯树胶3.2g，95%乙醇760mL，水750mL。

蛋白污布人工污渍可以按如下组成：鸡蛋水，含25g鸡蛋液（蛋清：蛋黄=3：2）和水120mL；炭黑污液，含阿拉伯树胶2.4g，炭黑1.6g和少量水；乳化液，含奶粉13.8g和120mL水。

皮脂污布人工污渍可以按如下组成：三乙醇胺4.8g、油酸2.4g、灰尘炭黑污渍10.2g、融化混合油60mL，加水至600mL。其中的灰尘炭黑污渍：炭黑2.5g、乙醇10mL、氧化铁黄1g 、氧化铁黑2g、水15mL。其中的混合油：棕榈酸30g、硬脂酸15g、椰子油45g、液体石蜡30g、橄榄油60g、角鲨烯15g、胆固醇15g、棉油酸45g，将其融化。

染制污布可以采用以下4种方法：①连续污染法，即将污布均匀连续地通过配好的污渍液；②全部吸收法，即将待污染布完全吸附已知量的污渍液；③平衡污染法，即将待污染布浸没于适量的污染液中，待吸附达到平衡取出；④辊染法，该法类似于染织行业的机械法，又有所改进。第3种方法的误差比较小一些。

标准洗衣粉配方（需关注即时法则）：烷基苯磺酸钠17份，三聚磷酸钠17份，硅酸钠10份，碳酸钠3份，羧甲基纤维素钠（CMC）1份，硫酸钠58份（均为质量份）。

测定洗涤污布的设备主要有：立式去污机（Terg-o-tometer，是仿照美国家庭洗衣条件设计的去污机，靠搅动去污）；卧式去污机（Launder-o-meter，恒速单向转动，靠重球撞击污布去污）。在机械转动下，人工污布受到擦洗，在规定温度下洗涤一定时间后用白度计在457nm的光源下测定污染棉布试片洗涤前后的光谱反射率，并与标准进行对照。

但是总体上，光学白度法仍然具有一些不足之处：误差范围较大；污布污染的经纬度的一致性很难；不能如实有效地反映各种污渍从基质上的祛除率，对于炭黑污渍，祛除污垢前后白度差别比较明显，但对于某些油性污渍则不大敏感，这是因为某些油性污垢颜色太浅之故；不适于作快速分析。

也可以在洗涤过程中放入再沉积布，用Kubelka-Munk方程计算去污率。首先将白度测定值R转换成Kubelka-Munk方程中的K/S值，而后将K/S值代入kubelka-Munk方程算出实际污渍除去值。

$$SR\%=\frac{(K/S)_{S_0}-(K/S)_{S_f}+(K/S)_{\bar{R}_f}-(K/S)_{\bar{R}_0}}{(K/S)_{S_0}-(K/S)_{\bar{R}_0}}\times 100 \quad (1\text{-}10)$$

在式(1-10)中，$SR\%$为去污率，$K/S=\frac{1-R^2}{2R}$，R为白度测定值，K为反射系数，S为光栅常数。下角标S_0、S_f、$\bar{R}_0$、$\bar{R}_f$分别表示洗前污布、洗后污布、洗前再沉积布和洗后再沉积布。

改进的方法又加进了对于光学增白作用的考虑，从而增加了方法的合理性：

总去污率=污渍祛除率－污渍再沉积率＋光学增白值

(2) 自然污渍评定法　方法是用白衬衫假领子（由两块白布做成）缝在工作服衣领上；穿1周后，收集大量污染假领进行洗涤实验；将假领左右二片拆开，编上同样号码，用不同洗涤剂作对比实验，对不同季节、不同穿着时间进行评价。

(3) 放射化学法

① 示踪原子法　该方法中，污布的染制和洗涤过程与光学白度法大致相同。其特点是利用示踪原子放出的β射线强度来决定污渍的祛除率，同位素^{14}C、^{3}H能够被检出。若用多边检测头

还能作多种示踪原子检测。如果同时检测洗涤水还可以提高可信度。

原子示踪法的准确性、精密度、灵敏度都比较高，重复性也较佳；便于自动化；利于检测光学白度法中不易检测的无色污渍；可以选择测定污渍中任一组分，而在不破坏污渍共存条件下进行研究。

但是示踪原子法仍摆脱不了污布制造不均匀带来的偏差。而且深色布不宜作示踪原子分析；另外实验前必须测定示踪原子的纯度。示踪原子一般只选 ^{3}H 与 ^{14}C，选择余地尚小，且需要特殊仪器。

② 中子活化法　中子活化法适于尘垢的去污分析。已发现天然粒垢中炭黑并不是主要成分，而以尘埃占多数，其结构为 $[Al_2(Si_2O_5)(OH)_4]$，比较高岭土中各种元素可能进行的反应，其中以 $^{27}Al \Rightarrow ^{28}Al$ 的热中子辐射反应最合适，因为同位素丰度 100%，半衰期 2.3min，辐射能量 1.782meV。这个反应的同位素丰度高、反应大、半衰期短，不会因残余量而对下一步实验发生影响，同时辐射需要的时间也短。中子活化法是一种非破坏性的方法，同示踪原子法类似，灵敏度较高。但是难扩展到其他非尘垢的污渍，因为其他形式污渍中核衰变反应的强度非常小，如 ^{13}C，同位素丰度太小，仅为 1.03%。

(4) 电化学法

① 电导法　该法是在洗涤剂溶液中根据污渍电极所覆盖的污渍变化时引起电导强度的变化来测定污渍祛除率。将覆盖了污渍的针状电极（炭黑电极或铂电极）置于洗涤剂溶液中，污渍变化可由电极电导强度的变化观察到。

该法不仅可以测定去污的平衡状态，也可以测定去污的动力学过程。因为炭黑电极和铂电极表面远比污布表面均匀，简化了体系的复杂因素，因而可以用于去污理论的研究，从体系的模型化角度也是成功的。电极表面如果涂污不均匀会导致误差。

② 电渗法　电渗法是指根据电渗原理除去棉织物表面及内部毛细通道上吸附的污渍的方法。将污布夹在两块塑料片之间，浸入洗涤剂溶液中，垂直于污布平面施加的电场就会在污布上发生电渗现象，导致污渍离子从污布的毛细管壁中除去。这种方法能除去覆盖在无规则表面上的或不规则表面上的污渍粒子，这是一般机械方法不能实现的。但是该法运用了电渗析，可能影响到反应去污的真实情况。

(5) 比色法　比色法测定的原理与结果与光学白度法大致相同。

(6) 浊度法　该法通过测定去污仪中洗涤液浑浊度以确定去污效率。与测定污布比较，该法具有污渍分布均匀、无须考虑基质表面影响等优点。

(7) 重复洗涤法　该法是通过建立一个表示去污力（Y）和洗涤次数间关系的函数来考察去污次数与去污力之间的相关性。

$$Y(x)=C(1-e^{-bx}) \tag{1-11}$$

式中　x——洗涤次数；

b——达到最大去污时需要的洗涤次数有关参数；

C——洗涤次数无限多时所能达到最大的去污力（实际上只要有限次数）。

(8) 重量分析法　除了金属洗涤剂，织物也可以采用重量分析法。将预处理的白布样置于一只 50mL 烧杯中，用吸有定量污渍液的毛细管接触布样中心，使污渍沿布样中心向四周扩散，洗涤后布样用索式提取器用 1∶1（体积比）氯仿/甲醇萃取，真空蒸去溶剂，衡重，从污染量和萃取液中污渍残余量即可算出污渍祛除率。

毛细管污染法可以严格控制污染量，但是仅靠扩散作用不能使污渍在整块布样上分布均匀，扩散源对误差的影响比较大；因为是微量操作，机械摩擦引起毛边脱落，影响测定准确度。

1.3.2　抗再沉积力（或称白度保持力）的测定

有些国家的衣料用洗涤力的测定还包括抗再沉积力的测定。测定洗涤剂的抗污渍再沉积能力可以采用荧光白布。就是将洗涤后的白布放入含有0.4%的荧光增白剂溶液3500mL中浸泡30min，干燥后使用。测试方法是将标准黄土尘（SiO_2、Al_2O_3、CaO与Fe_2O_3混合物）和荧光白布放入在去污力测定后的去污缸内洗涤，而后测定其白度变化：

$$某样品白度保持值\ T=\sum(洗后白度值-洗前白度值)/6(有效测定次数)$$

某样品相对标准洗涤剂对于白布的白度保持值：

$$B=T_{样品对白布的白度保持值}/T_{标样对白布的白度保持值}$$

依据B值来判定洗涤力保持力，当$B\geqslant 1.0$，就认为样品保持力相当于标准洗涤剂，简称样品白度保持合格。

1.3.3 手洗餐具用洗涤剂去污力的评定

(1) 去油率法　将标准人工污垢均匀附于载玻片上，用规定浓度的餐具洗涤剂在规定条件下洗涤后，测定污垢的去除百分率。餐洗剂去污力的测定包括人工污渍的配制、盘上涂污、洗涤和去污力计算几个步骤。

人工污渍的配方（质量分数/%）为：牛油∶猪油∶植物油＝0.5∶0.5∶1，加入其总质量5%的单硬脂酸甘油酯。将其冷冻6个月后，在180℃融化后涂布载片。

标准餐具洗涤剂配方：烷基苯磺酸钠14份，乙氧基化烷基硫酸钠1份，无水乙醇5份，尿素5份，加水至100份，用盐酸或氢氧化钠调pH值为7～8备用。

通过计算去油率来判定去污力的大小：

$$去油率\ R(\%)=(m_1-m_2)/(m_1-m_0)\times 100$$

式中，m_0为涂污前载玻片质量；m_1为涂污后载玻片质量；m_2为洗涤后污片质量。

如果被测餐具洗涤剂的去油率不小于标准样品，则认为其去污力合格。

(2) 泡沫位法　是根据洗涤剂从涂布人工污渍的盘子上洗下的污渍能够消除洗涤剂的泡沫的原理而设计。以表面泡沫层消失至一半作为洗涤的终点，洗盘的个数作为去污力的评判。该方法对于低泡型餐具洗涤剂的去污力测定的误差较大。

人工污渍的配方：混合油15份，小麦粉15份，全脂奶粉7.5份，新鲜全鸡蛋液30份，蒸馏水32.5份。将污渍涂布于盘子内凹下的中心面上，洗涤结果与标准餐洗剂的洗盘数比较，从而得出去污力是否合格的判断。

餐具洗涤剂的评判还包括对于荧光增白剂、甲醇和甲醛的限量试验。荧光增白剂的测定采用紫外分析仪或紫外灯，甲醇的测定采用气相色谱法，甲醛的测定是根据其与乙酰丙酮在乙酸铵的存在下生成黄色络合物，用分光光度计在410nm处测定。

1.3.4 金属清洗剂去污力的测定

该法属于重量法。它包括金属试片的制备、打磨、清洗，人造油污的配制、涂覆、在摆洗机上浸泡、摆动、漂洗、干燥、称重，最后计算称重。

人造油污的配方（质量分数/%）为：石油磺酸钡8份，羊毛脂镁皂3.5份，羊毛脂2份，工业凡士林30份，20号机油24.5，30号机油12份，钙基脂2份，三氧化二铝（层析用，中性，80～320目）8份。

$$洗涤力\ R=\frac{涂污试片质量-涂污试片清洗后质量}{涂污试片质量-试片质量}\times 100\%$$

1.3.5 其他专用洗涤剂的评价方法

一些专用洗涤剂如洗发香波常常用泡沫的大小来评判，玻璃清洗防雾剂可用规定的污渍涂于玻璃表面，清洗后在水的冻点以下测定其透光度，来确定产品的去污和防雾综合效果等。

第2章　污渍载体

污渍的载体涉及非常广泛，限于篇幅，本章仅叙述纤维、皮肤及少量的硬表面材料（如玻璃和水泥）。

2.1　纤维

洗涤剂的洗涤能力与被洗涤织物的类型，如亲水-疏水程度、润湿能力有关，还与纤维的钙含量有关。图2-1可以说明污渍载体对于洗涤效果的影响。

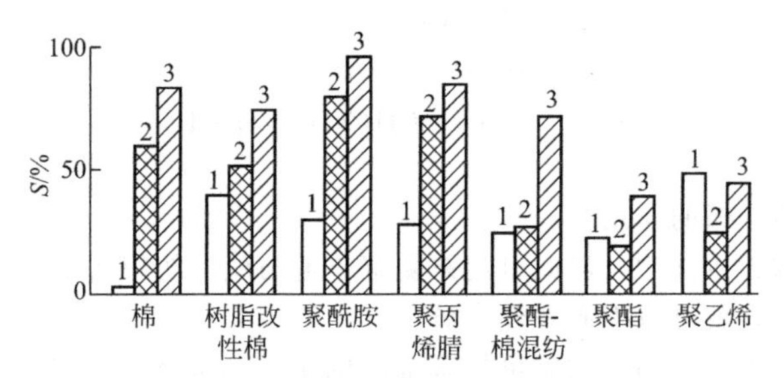

图2-1　污渍载体对于洗涤效果的影响

洗涤剂组成：1—1g/L烷基苯磺酸钠和2g/L硅酸钠；2—2g/L三聚磷酸钠；3—1g/L烷基苯磺酸钠和2g/L三聚磷酸钠

纺织纤维按其来源可分为两大类，即天然纤维和化学纤维，其中化学纤维又分为人造纤维和合成纤维。

- 纺织纤维
  - 天然纤维
    - 纤维素纤维　棉、亚麻、黄麻、大麻、苎麻等植物纤维
    - 蛋白质纤维　羊毛、兔毛、驼毛、蚕丝、柞蚕丝等动物纤维
  - 化学纤维
    - 人造纤维　黏胶纤维、铜铵纤维、乙酸纤维（二乙酸及三乙酸纤维）、酪素纤维
    - 合成纤维　涤纶（聚酯纤维，聚对苯二甲酸二乙酯）、锦纶（聚酰胺纤维）、腈纶（聚丙烯腈化合物）、维尼龙（维纶，聚乙烯醇缩甲醛纤维）、氯纶（聚氯乙烯纤维）

2.1.1　天然纤维

2.1.1.1　棉

棉纤维化学组成是纯纤维素（含量在90%），其结构为$(C_6H_{10}O_5)n$，即为许多葡萄糖缩合而成的多糖，棉纤维的亲水特性来自多羟基的亲水性。

纤维含有中空部分，也称内腔，可以隐藏少量脂肪，吸附污渍和流体。

典型的棉纤维含有以下组分（质量份）：

纤维素	88～96	有机酸	0.5～1
蛋白质	1～2	糖、胶质、蜡	1.5～2.5

纤维素膜在逐步升温的过程中可能被氧化成带色物质。还可能发生本质上属于脱氢反应的裂解反应，产生颜色和丙烯醛臭气，或类似的降解产物。洗涤过程中，在高温、空气和洗涤产品的加和作用下，洗涤剂可能有不同程度的作用。

2.1.1.2　麻

麻纤维主要由纤维素组成，一般强度很高，不易腐烂，是纺织夏令衣物的原料。麻纤维的亲

水性与棉纤维一样，来自纤维素的多羟基基团。

2.1.1.3　丝

蚕丝（蚕茧中抽出的丝）是蚕吐出的一种胶体凝固物，它具有极优良的各种纺织工艺要求的使用性能（如强度、柔软性、弹性即伸缩性、光泽度）及染色性能。蚕丝有家蚕丝与野蚕丝之分，以家蚕丝的性能最佳，应用最广泛，其光泽与柔软性均优于羊毛。

（1）丝的组成　蚕丝主要由丝质，即丝素和丝胶构成，丝质和丝胶全是蛋白质。桑蚕丝中丝胶占总质量的20%～25%，它构成蚕丝的外层，对丝有保护作用。由两根被覆着丝胶的丝纤维构成茧丝，通过丝胶的作用，两根纤维粘在一起。丝质是丝的本体，丝胶和其他少量色素、蜡质及矿物质均视为蚕丝的杂质。丝质亦是属于多缩氨基酸蛋白质结构，在丝的支链上含有氨基、羧酸基，具有两性性质，但丝的酸性较羊毛要大，因此蚕丝的等电点较低，约为3.9～4.3。

生丝的中丝质（丝朊）包含有α-氨基酸，通过水解可证实其主要是如下衍生物：

甘氨酸	$CH_2(NH_2)COOH$	38
丙氨酸	$CH_3CH(NH_2)COOH$	22
丝氨酸	$HOCH_2CH(NH_2)COOH$	15
酪氨酸	$HO-C_6H_4-CH_2-CH(NH_2)COOH$	9
其他氨基酸		16

（2）蚕丝纤维对酸、碱的作用

蚕丝易溶于冷的浓无机酸中，以此可用来测定羊毛与丝混纺织物中丝的含量。在硝酸中，甚至在浓度很小的情况下，就可以引起蚕丝变黄色。

弱碱对蚕丝的损坏不大，稍强的碱可损害蚕丝的手感与光泽。蚕丝长时间用冷苛性钠浸洗，可导致丝朊溶解，并最后水解为α-氨基酸钠盐。表2-1所列是丝的溶解特性。

表2-1　丝的溶解特性

试　　剂	浓度/%	温度/℃	时间/min
可溶于：			
NaClO	5	20	20
H_2SO_4	59.5	20	20
不溶于：			
CH_3COOH	100	20	5
HCl	20	20	10
CH_3COCH_3	100	20	5
HCOOH	85	20	5
DMF	100	90	10

经过脱胶处理会使丝的质量损失22%～25%，使得纺织品过于轻飘、过于柔软、不挺括，所以往往对丝进行加重或增重。蚕丝浸入氯化锡水溶液中之后，会吸收氯化锡，经水解、磷酸氢二钠处理，变为不溶性的氧化锡磷酸盐，再经水洗就变成了碱性磷酸锡盐而固着在丝纤维中达到增重的目的。增重反应如下：

$$SnCl_4+4H_2O \longrightarrow Sn(OH)_4+4HCl$$
$$Sn(OH)_4+Na_2HPO_4 \longrightarrow Sn(ONa)_2HPO_4+2H_2O$$
$$Sn(ONa)_2HPO_4+2H_2O \longrightarrow Sn(OH)_2HPO_4+2NaOH$$

柞蚕丝是野蚕丝的一种，机械强度高、耐酸并耐碱。其含胶质量比家蚕丝为低，且其胶质在热水中不易软化溶解，脱胶较困难。柞蚕丝所含的杂质种类多，如茶褐酸色的色素、蜡质、单宁酸、脲酸盐、钙盐等，这些杂质及色素含在丝胶及杂质中，使得柞蚕丝较难漂白。

2.1.1.4　羊毛

（1）羊毛的结构　羊毛内部结构复杂，它有蛋白质构成的纵向层，一是内皮层（造成结构和强度的主要因素），二是外部角质层（使得纤维具有定向性的一种鳞状物质）。所谓定向力是指羊毛的摩擦力在由顶部到根部比从相反方向大得多。羊毛在洗涤时的机械伸缩引起个别纤维互相以相反的方向移动，使得鳞状物质强烈相互交织，纤维结构也要受到影响。

羊毛与蚕丝的结构相似，均属于纤维蛋白类，构成羊毛的蛋白为羊毛角朊，其分子很大，平均相对分子质量为 60000 左右。其基本结构为缩氨基酸结构，主链为肽链。长链中间的侧链互相连接，形成交联或桥键，主要有盐键、胱氨酸键和氢键等。图 2-2 所示为羊毛分子结构。

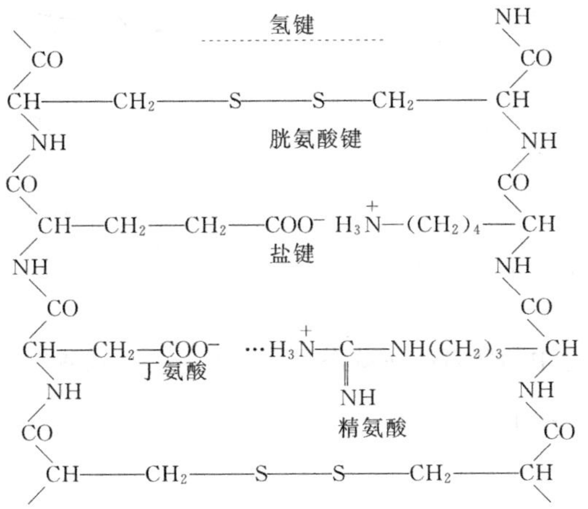

```
 \                    氢键                 NH
  CO              ..............             \
 /                                            CO
CH———CH₂———S———S———CH₂——— CH                 /
 \              胱氨酸键                  CH
  NH                                        \
 /                                           NH
CO                                          /
 \                           +             CO
  CH—CH₂—CH₂—COO⁻  H₃N—(CH₂)₄— CH
 /              盐键                        /
NH                                         NH
 \                                           \
  CO                                          CO
 /                +                          /
CH—CH₂—COO⁻  …H₃N—C—NH(CH₂)₃— CH
 \     丁氨酸           ‖                     /
  NH                    NH                  NH
 /                    精氨酸                  \
CO                                            CO
 \                                           /
  CH———CH₂———S———S———CH₂———CH
 /                                            \
```

图 2-2　羊毛分子结构

羊毛的构造分为鳞片、中层及毛髓。如果鳞片重叠松弛，与纤维主体结合不十分紧凑，则其弹性强，手感柔软，易形成绒。羊毛的微观结构如图 2-3(a) 所示，羊毛的基本构造如图 2-3(b) 所示。

（2）羊毛在水溶液中的伸展　羊毛具有良好的吸水性，羊毛分子中盐键在水中解离，较固体状态时离子间的作用力要小，但干燥后可恢复原状：

$$R—CH_2—S—S—CH_2—R \xrightarrow{H_2O} R—CH_2—SOH + R—CH_2—SH$$

$$R—CH_2—SOH \longrightarrow R—CHO + H_2S\uparrow$$

同时与邻位的伯氨基相互作用并导致生成新的侧链键：

$$R—CH_2—SOH + H_2NR' \longrightarrow RS—CH_2—NH—R' + H_2O$$

羊毛的盐键通常在 pH 值 4～8 范围内存在，超过此范围则被过量的 H^+、OH^- 所破坏：

$$R—\overset{+}{N}H_3 \cdot \overset{-}{O}OC—R \xrightarrow{H^+} R—\overset{+}{N}H_3 + R—COOH$$

$$R—\overset{+}{N}H_3 \cdot \overset{-}{O}OC—R \xrightarrow{OH^-} R—NH_3(OH) + R—COO^-$$

$$\downarrow$$

$$R—NH_2 + H_2O$$

羊毛中水分的存在也可以降低盐键束缚力的大小，这是由于正负电荷间形成了介电层的原因。图 2-4 为不同含湿量的英国 Cotswold 羊毛在 25℃ 下随负荷的增加而引起的伸展百分率变化的特性。

（3）酸、碱对羊毛的作用　羊毛抗酸性优于抗碱性，稀的无机酸对羊毛影响很小，对有机酸亦很稳定，高温下浓无机酸可使羊毛肽链的酰胺键水解破坏。以 20% 的盐酸煮沸，经 16h，则可分解为多种氨基酸。用浓硫酸在低温下亦可使丝朊溶解，稀硝酸会将导致羊毛变黄色。

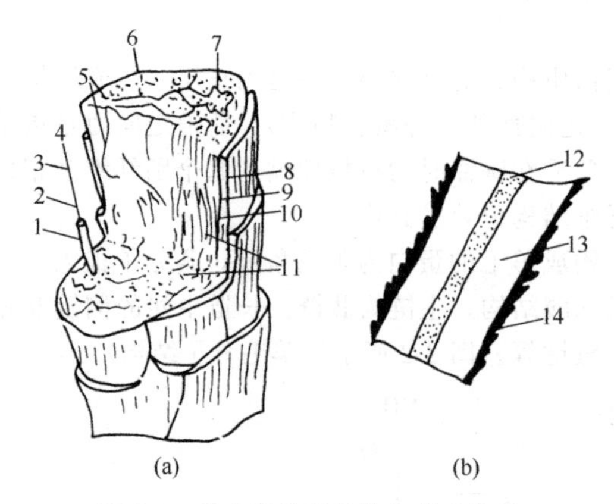

图 2-3　羊毛的微观结构和基本构造

1—粗纤维；2—微纤维；3—原纤维；4—α-螺旋形物；5—细胞膜；6—表皮；7—微纤维；8—表角质层；9—外角质层；10—内角质层；11—蛋白质；12—毛髓层；13—角质层；14—鳞片层

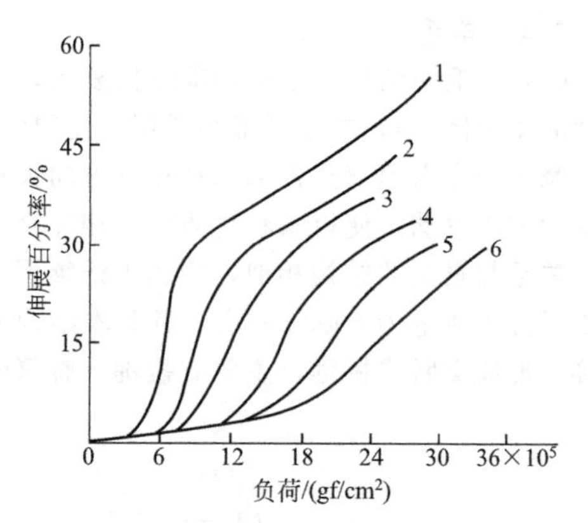

图 2-4　不同湿度下羊毛纤维伸展率与负荷的关系

($1gf/cm^2=98.0665Pa$)

湿度：1—100%；2—84.4%；3—68%；4—41%；5—20.7%；6—0

羊毛对碱很敏感，羊毛中的胱氨酸在碱作用下变为羊毛硫氨酸：

$$
\begin{array}{c}
\text{—NH—CH—CO—} \\
| \\
CH_2 \\
| \\
S \\
| \\
S \\
| \\
CH_2 \\
| \\
\text{—NH—CH—CO—} \\
\text{胱氨酸}
\end{array}
\xrightarrow{\text{碱}}
\begin{array}{c}
\text{—NH—CH—CO—} \\
| \\
CH_2 \\
| \\
S \\
| \\
CH_2 \\
| \\
\text{—NH—CH—CH} \\
\text{羊毛硫氨酸}
\end{array}
$$

在pH值为10以上，羊毛的机械强度随着洗浴温度的升高而成比例地减弱，见表2-2所列。

表 2-2　碱对羊毛纤维的损伤

pH值	机械强度减少率/%	胱氨酸变化率/%	羊毛硫氨酸生成率/%
7.0～9.0	0	0	0
10.0	0	0	0
11.0	13	5～10	5～10
11.5	17	15～25	15～25
12.25	36	35～45	30～40

碱性增强时，不仅使盐键断开，而且破坏酰胺键，致使胱氨酸、精氨酸、丝氨酸分解。碱对胱氨酸键（即二硫键）的作用可用下式表示：

$$
\begin{array}{c} \diagup \\ CO \\ CH \\ NH \\ \diagdown \end{array}\text{—}CH_2\text{—S—S—}CH_2\text{—}\begin{array}{c} \diagdown \\ CO \\ CH \\ NH \\ \diagup \end{array}
\longrightarrow
\begin{array}{c} \diagdown \\ CO \\ CH \\ NH \\ \diagup \end{array}\text{—}CH_2\text{—SH}+\text{HOS—}CH_2\text{—}\begin{array}{c} \diagdown \\ CO \\ CH \\ NH \\ \diagup \end{array}
$$

亚磺酸

分解生成的亚磺酸在碱性介质中继续分解成为醛和硫化氢：

$$R—CH_2—SOH \longrightarrow R—CHO + H_2S\uparrow$$

(4) 氧化还原剂对于羊毛的作用　还原剂在碱性介质中对羊毛有明显的破坏作用。在酸性亚

硫酸钠作用下，也发生盐键、胱氨酸键的破坏

$$R—S—S—R + NaHSO_3 \longrightarrow R—SH + R—S—SO_3Na$$

羊毛及蚕丝的肽链也不耐强氧化剂的作用，纤维极易变为黄色，甚至导致肽链的降解。但是用弱氧化剂如过氧化氢可在适当的条件下处理。过氧化氢在一定条件下亦可以氧化纤维分子中的硫，形成磺酸衍生物；如过氧乙酸（CH_3COOOH）亦可以使肽链氧化，经双硫键再经水解而生成磺酸衍生物：

$$\begin{array}{l} NH \\ \quad\diagdown \\ \quad CH—CH_2—S \\ \quad\diagup \\ CO \\ \quad\diagdown \\ \quad NH \\ \quad\diagup \\ H_2C \\ \quad\diagdown \\ \quad R \end{array} \xrightarrow[\text{[O]}]{\text{过氧乙酸}} \xrightarrow{\text{水解}} \begin{array}{l} H_2N \\ \quad\diagdown \\ \quad CH—CH_2—SO_3H \\ \quad\diagup \\ COOH \end{array}$$

磺基丙氨酸

(5) 羊毛纤维的两性及等电点　蛋白质与酸碱作用的两性可表示如下：

$$\begin{array}{c} NH_3^+ \\ W \\ COOH \end{array} \overset{H^+}{\rightleftharpoons} \begin{array}{c} NH_2 \\ W \\ COOH \end{array} \overset{OH^-}{\rightleftharpoons} \begin{array}{c} NH_2 \\ W \\ COO^- \end{array}$$

$$\begin{array}{c} \updownarrow \\ NH_3^+ \\ W \\ COO^- \end{array}$$

当在角朊分子中所有的酸性基团及碱性基团数目相等时，在平衡状态下的 pH 值称为等电点(Isoelectric Point)。

当过量的质子存在时，羊毛分子中羧基负离子将在获得正电荷之后使整个羊毛分子显正电性。同样，当氢氧负离子过量存在时，中和了分子中氨基正电荷之后使羊毛带负电荷。

通常羊毛的等电点均在 pH 值为 4.5～5.0 范围；蚕丝要稍低些，pH 值为 3.9～4.3。

等电点即是该化合物分子所带的正、负电荷相等时的 pH 值，此时可表示为：

$$\overset{+}{H_3}N—CH_2—COOH \xrightarrow[k_1]{-H^+} {}^{+}H_3N—CH_2—COO^- \xrightarrow[k_2]{-H^+} H_2N—CH_2—COO^-$$

$$k_1 = \frac{[\overset{+}{H_3}N—CH_2—COO^-][H^+]}{[{}^{+}H_3N—CH_2—COOH]}$$

$$k_2 = \frac{[H_2N—CH_2—COO^-][H^+]}{[{}^{+}H_3N—CH_2—COO^-]}$$

处于等电点时

$$[\overset{+}{H_3}N—CH_2—COOH] = [H_2N—CH_2—COO^-]$$

因为
$$k_1 \cdot k_2 = [H^+]^2$$

$$-\lg k_1 = pK_1，\ -\lg k_2 = pK_2$$

所以
$$pH = \frac{pK_1 + pK_2}{2}$$

测定乙氨酸　$pK_1 = 2.34$，$pK_2 = 9.60$

所以　$pH = 5.97$

2.1.2　人造纤维

人造纤维是天然纤维（植物及动物纤维原料）经过化学方法机械加工方法而制得的纤维。于人造纤维的基本原料本身也具有纤维的基本化学结构，化学加工的作用只是改变纤维物理特性的

再生成型过程，因此，人造纤维亦称为再生纤维。较多的称呼是人造棉、人造丝（黏胶人造丝、乙酸人造丝、铜氨人造丝）。

2.1.2.1 黏胶纤维

黏胶纤维（Viscose Fibre）的产量在人造纤维中居首位。它的原料是木材，竹、甘蔗渣、麦秆和芦苇等。

它可以由将木材除去非纤维成分制得的纤维素浆经 $NaOH\text{-}CS_2\text{-}H_2SO_4$ 处理得到。化学反应如下：

① $C_6H_9O_4{-}OH + NaOH \longrightarrow \begin{cases} C_6H_9O_4{-}ONa + H_2O \\ C_6H_9O_4{-}OH \cdot NaOH \end{cases}$

② $C_6H_9O_4{-}ONa + CS_2 \longrightarrow C_6H_9O_4{-}O{-}C({=}S){-}SNa$

③ $C_6H_9{-}O{-}C({=}S){-}SNa + H_2SO_4 \longrightarrow C_6H_9O_4{-}OH + CS_2 + NaHSO_4$

普通黏胶纤维的性能与棉纤维相比，除吸湿性高、耐磨性好以外，其他如强度、延伸、耐光与耐化学性等均较差。在显微镜下，黏胶纤维的纵向剖面一般呈圆柱形，也有特别制成竹节状和麦秆状的。截面有各种形状，普通黏胶纤维为锯齿形，强力黏胶纤维等呈圆形或接近圆形。

2.1.2.2 铜铵纤维

铜铵纤维（Cuprammonium Fibre）的制法是将由天然纤维素溶于铜铵溶液中，制成浓度很高的纤维素浆，而后拉伸而成，反应如下：

① $C_6H_7O_2(OH)_3 + Cu(NH_3)_n(OH)_2 \longrightarrow C_6H_7(OH)_3{\cdot}Cu(NH_2)_m(OH)_2 + (n-m)NH_3$

② $C_6H_7O_2(OH)_3{\cdot}Cu(NH_2)_m(OH)_2 + H_2SO_4 \longrightarrow C_6H_7O_2(OH)_3 + CuSO_4 + (NH_4)_2SO_4 + 2H_2O + (m-2)NH_3$

铜铵纤维的截面不分皮芯层，可将二根或多根单丝粘在一起，制成无捻丝。其截面呈圆形。铜铵纤维的外观和手感与蚕丝类似，富于柔韧性、弹性和悬垂性，其他性质类似于黏胶纤维。

2.1.2.3 乙酸酯纤维

乙酸酯纤维（乙酸纤维）是由纤维素与乙酸酐反应，得到在一个葡萄糖单元上具有2～3个乙酰基团的产品，而后将所得到的片状物质溶于丙酮或乙酸甲酯（即所谓的“干抻拉”）而成，即当溶解蒸发时，纤维就形成了。对于合成纤维，其交联链界和形状，可以进行控制。再抻拉可以增加强度，纤维可以得到所需要的扭曲性能。

乙酸酯纤维的密度很大，没有孔隙。添加剂（如二氧化钛）可混入黏性溶液，以增加不透明性，同样，颜料也可以加入到“干纺”纤维中。

根据人造纤维的化学结构，在洗涤中，应该避免类似丙酮和酯类的极性溶解，因为这些溶剂对这些纤维有一定的溶解性。

2.1.3 合成纤维

合成纤维是基本有机原料经过聚合反应而制成的高分子化合物。

涤纶也称聚酯纤维，即聚对苯二甲酸二乙酯。腈纶是聚丙烯腈。这些纤维与天然纤维的区别在于聚合物分子的疏水性，因而更适宜于用醇系表面活性剂和常温洗涤。

（1）聚酰胺纤维 锦纶为聚酰胺纤维，其分子链端含有一定数量的氨基和羧基，具有氨基和羧基化合物的反应特性，和蛋白质纤维有一定的相似之处。

聚酰胺纤维的商品名为尼龙（Nylon），并用数字代表其化学成分，这已成为通用命名法。例如尼龙66表示它由己二胺与己二酸缩合而成；尼龙610由己二胺及癸二酸制备；尼龙11即由ω-氨基十一碳羧酸制备；尼龙6由己内酰胺制备。

尼龙11(Rilsan)是由ω-氨基十一烷酸自身聚合的产物：

$$\left[NH—(CH_2)_{10}—CONH—(CH_2)_{10}—CONH \right]_n$$

比起其他的聚酰胺纤维，活性基团更少一些。

还有一种所谓酸性聚酰胺纤维，是在聚合之前添加了含有磺酸基单体而成，因而增加了亲水性。

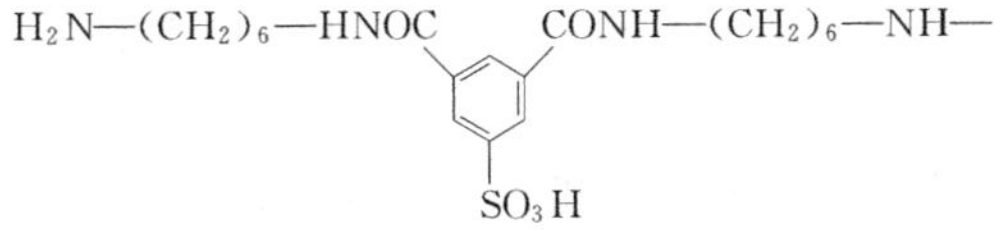

$H_2N—(CH_2)_6—HNOC$　　$CONH—(CH_2)_6—NH—$

SO_3H

聚酰胺纤维具有较好的化学稳定性，在100℃以下水中很稳定。在10%氢氧化钠溶液中，85℃下浸渍4h，纤维的强度损失仅5%。但对酸的作用敏感，在较浓的酸中（如90%的甲酸）温度较低时也会溶解。在5%的盐酸中煮沸会发生酰胺链的水解。

像其他合成纤维一样，聚酰胺纤维也不需要重垢洗涤剂。

（2）聚丙烯腈纤维　聚丙烯腈纤维由丙烯腈聚合而成，为了容易染色，加入15%的共聚物。在聚合中，往往加入氧化还原催化剂。聚丙烯腈纤维织物可以可以干洗，也可以一般方法洗涤，洗涤很容易进行。

改性聚丙烯腈是丙烯腈与氯乙烯的共聚物，一般作为毛的代用品，比如毛衣、围巾、大衣毛里子，甚至还可以作为较便宜的假发。改性聚丙烯腈纤维对酸、碱和氧化还原剂都很稳定，但对于极性溶剂（如丙酮）却不稳定。同多数合成纤维一样无需用重垢洗涤剂洗涤。

（3）聚酯纤维　聚酯来自邻苯二甲酸和其内酯，与乙二醇酯化缩合。工业上常用邻苯二甲酸二甲酯进行内部酯交换。当甲醇得到回收时，融化的聚合物就抻拉形成了纤维。

与其他的合成纤维一样，聚酯纤维不像天然纤维那样容易携载污渍。它的疏水性表面拒绝亲水性污渍，但是油污的确容易造成斑点，甚至能渗入到纤维的内部，使得洗涤有难度。

（4）聚烯烃纤维　聚烯烃包括聚乙烯和聚丙烯，后者在纺织上应用较多。

地毯用纤维具有抗水和抗油的特性。聚丙烯纤维具有疏水性，对水具有抗阻性。低分子量的酯、石油醚类物质和氯化烃等接触这类纤维时，首先是吸附，而后润湿，最后可逐渐溶解之。与其他的合成纤维相同，聚烯烃也不容易携带污渍，但油污除外。如果油污较多，可用高pH值洗涤液。如用一般性的洗涤剂，可用HLB值为13或稍大一些的非离子表面活性剂与螯合剂配合。

2.2 皮肤

（1）皮肤结构　皮肤由表皮、真皮和皮下组织等三部分组成，表皮是真皮的最外层，由角质层、透明质层等5层重叠而成。角质层常呈片状脱落，形成鳞屑。表皮是身体的第一屏障。

（2）皮肤的功能　皮肤具有以下五大功能：①保护作用；②调节体温；③排泄系统；④感觉作用；⑤吸收作用。

（3）皮肤的类型　①干性皮肤　干性皮肤的特点是毛孔不明显，皮脂腺的分泌少而均匀，没有油腻感。这种皮肤的角质层含水量在10%以下。但这种皮肤对外界的刺激抵御能力差，保护不好容易出现早期衰老。②油性皮肤　油性皮肤的特点是皮肤毛孔明显，皮脂腺分泌特别多，有油腻感，易造成内衣，特别是衣领、枕巾等有较重油污。这种皮肤对外界刺激抵御能力特别强，不易衰老。

（4）皮肤的pH值　皮肤的pH值为4.5～6.5，一般人皮肤的pH值为5.75。皮肤的pH值主要由皮脂膜决定，而皮脂膜主要由皮脂和汗腺组成。如果皮肤接触了碱性物质，强迫其呈碱性时，因为皮肤表面乳酸和氨基酸以及皮肤表面呼出的二氧化碳起的缓冲作用，使得皮肤一般在皮肤脱离碱性条件1～2h后可以恢复酸性的特点。

（5）皮肤的清洁与保护 皮肤除了受外界污染外，本身还分泌、排泄一些物质，成为污渍，只有及时清除这些污物，才能保持皮肤正常生理活动，才能舒适。在设计洗涤剂，特别是涉及皮肤或手洗洗涤剂时，宜尽可能避开不利于皮肤的化合物或添加保护皮肤的组分。

2.3 硬表面

硬表面洗涤剂的基质涉及的面最为广泛，它包括各种金属与许多非金属类。在非金属中，玻璃、混凝土和塑料最常见。

在金属中最为敏感的是铝，因为铝的氧化膜在酸性和碱性介质中都会溶解。在洗涤铜-锌合金时，有锌被优先溶出、制品强度下降的危险。在本书第3章缓蚀剂一节中将讨论金属的电化学腐蚀过程，本节仅讨论一些非金属基质的性质。

2.3.1 玻璃

玻璃是一种非晶无机非金属材料，是熔化的无机物，冷却未经过结晶而形成的刚体。常常认为玻璃较金属耐蚀，认为它是惰性的，但这是一种误解。实际上，在大气和弱酸等介质中，用肉眼就可以观察到玻璃表面的污染、粗糙和斑点腐蚀迹象。

玻璃由氧化物组成，按功能这些氧化物分成以下3类。

① 玻璃形成体 主要是B_2O_3、SiO_2、GeO_2、P_2O_5等，它们形成玻璃的三维网格。

② 溶剂 Na_2O、K_2O、B_2O_3等，加入以降低玻璃的熔点和黏度。

③ 稳定剂 CaO、MgO、Al_2O_3等可以改进玻璃的稳定性。

按照成分的不同，玻璃可分成以下6类。

① 二氧化硅玻璃 由熔融的SiO_2构成四面体的无规则网格，这种玻璃的热膨胀系数小，耐化学腐蚀。

② 碱金属硅酸盐玻璃 加入Na_2O，破坏了Si—O—Si键，降低了黏度，但也降低了化学稳定性，增大了热膨胀系数。

③ 钠钙玻璃 在玻璃中加入CaO，可提高化学稳定性。加入Al_2O_3也可以进一步提高其化学稳定性，并减小晶化趋势。这种玻璃做灯泡用。

④ 硼硅酸盐玻璃 B_2O_3作为玻璃形成体，因其周围仅有三个氧原子，因而热膨胀系数有所增加，化学稳定性降低。这种玻璃用来封装钨丝。

⑤ 铝硅酸盐玻璃 在玻璃中加入Al_2O_3，铝进入四面体顶角，增加了化学稳定性和抗晶化能力。

⑥ 铅玻璃 PbO，一般是网格复型体。加入PbO使玻璃的折射系数及密度增大，化学稳定性与PbO的关系不大。这种玻璃做电器用。

在光学玻璃中，加进大量的Ba、Pb及其他金属氧化物，使得这类玻璃易受醋酸、硼酸、磷酸等弱酸腐蚀。另外氢氟酸极易破坏Si—O—Si键而腐蚀玻璃。

当pH值<8时，SiO_2在水溶液中溶解很少，但当pH值>9以后，溶解量迅速加大。这是因为在酸性介质中破坏酸性硅烷桥困难，而在碱性介质中，Si—OH容易形成之故。不同类型玻璃在酸性介质和碱性介质中的溶解量（mg/cm^2）如下。

玻璃类型	5%HCl（100℃，24h）	5%NaOH（100℃，5h）
钠钙玻璃(灯泡)	0.01	1.1
铅玻璃(电器用)	0.02	1.6
耐碱玻璃	0.01	0.09

不少玻璃具有相分离及选择性腐蚀的性能。比如，在 SiO_2-B_2O_3-Na_2O 三元系中，经过热处理，形成双相组织，硼酸盐弥散于高 SiO_2 基体之中。于是发生选择性腐蚀——富 B_2O_3 的硼酸盐受腐蚀，而成为疏松玻璃，孔洞直径为 3～6nm。再经过弱碱处理，溶去孔洞内高 SiO_2 的残存区，孔洞直径更加扩大。简单的钠玻璃也发生如此选择性腐蚀的情况。

2.3.2　混凝土

混凝土（水泥）是一种人造石材，在家用洗涤剂中涉及的是混凝土地面，工业洗涤剂涉及的是楼面、地面与物料用池。水泥的主要组分是氧化物 CaO、SiO_2、Al_2O_3、MgO、Na_2O、K_2O、P_2O_5、TiO_2、Fe_2O_3 和 FeO 等。

水泥结构中有孔隙，因而介质可在水泥表面反应，也可以渗入发生溶解或化学反应，作用的产物顺孔隙流出。水泥的孔隙半径对介质渗透率及迁移机理的影响很大（表 2-3）。

表 2-3　水泥的孔隙半径对介质渗透率及迁移机理的影响

孔隙半径/cm	渗透率/(cm/s)	迁移机理
$<10^{-5}$	$<10^{-8}$	分子扩散
$10^{-5}\sim10^{-3}$	$10^{-8}\sim10^{-7}$	分子流动
$>10^{-3}$	$>10^{-7}$	黏滞流动

可溶性硫酸盐可与水泥中水合产物发生化学反应，导致体积膨胀或崩解，Na_2SO_4 腐蚀水泥水合物的反应如下：

$$Ca(OH)_2+Na_2SO_4+2H_2O \longrightarrow CaSO_4\cdot 2H_2O+2NaOH$$

$$4CaO\cdot Al_2O_3\cdot xH_2O+3CaSO_4\cdot 2H_2O+H_2O \longrightarrow 3CaO\cdot Al_2O_3\cdot 3CaSO_4\cdot 32H_2O+Ca(OH)_2$$

硫酸铵也腐蚀 $Ca(OH)_2$。硫酸镁对水泥的腐蚀反应如下：

$$Ca(OH)_2+MgSO_4+2H_2O \longrightarrow CaSO_4\cdot 2H_2O+Mg(OH)_2$$

$$3CaO\cdot Al_2O_3\cdot xH_2O+3CaSO_4\cdot 2H_2O+H_2O \longrightarrow 3CaO\cdot Al_2O_3\cdot 3CaSO_4\cdot 32H_2O+Ca(OH)_2$$

尽管硫酸盐腐蚀水泥产物溶解度很小，但它们沉淀所导致的应力可加剧混凝土的破坏。

第 2 篇　洗涤剂原料与复配

第 3 章　洗涤剂原料

合成洗涤剂是由表面活性剂及一些洗涤辅助成分按照一定配方组合而得的复配物。洗涤剂的原料主要包括：溶剂（水或有机溶剂）、表面活性剂、助剂、漂白剂、荧光增白剂和小料（辅助剂）。所谓助剂实际上是传统上的称谓，现实中它们可能是洗涤剂的主体成分。一些原料之间还可能存在协同效应，许多原料具有多功能性。所谓小料，如香精、色素、酶，加入的目的是为了加强洗涤或改善产品感观。

狭义上讲，表面活性剂常常被称为活性成分，而将一些碱性物质（如碳酸钠和硅酸钠）；降低硬度的物质，如离子交换剂（如水溶性的聚丙烯酸盐和水不溶性的4A沸石）、螯合剂（柠檬酸钠、EDTA、偏磷酸钠、三聚磷酸钠、次氨基三乙酸等）、沉积剂（碳酸钠）等称为助剂。广义上讲，凡是有助于洗涤作用的物质都统称作洗涤助剂。这样，活性成分除了表面活性剂外，洗涤助剂也是活性剂，即还有抗再沉积剂、稳泡抑泡剂、增稠剂、荧光增白剂、织物调理剂、杀菌剂、缓蚀剂、吸附剂和酶等。

表面活性剂在洗涤中所起的作用是润湿、增溶、分散和乳化污渍等作用，有的品种还具有其他功能作用，比如烷醇酰胺，它的基本作用是稳泡作用。在有的洗涤剂（特别是工业洗涤剂）配方中可能不存在表面活性剂，而是以一些无机盐作为洗涤剂的主成分，如以碱性物质，或螯合剂、络合剂、漂白剂作为洗涤剂的主成分。

总之，洗涤剂的原料应该至少具备以下某些功能：①从水、织物、污垢中排除碱土金属离子；②在洗涤过程中发挥或加强洗涤作用；③在多次洗涤循环中发挥抗再沉积能力；防止污垢在织物上结壳；防止污垢在洗衣机中沉积；④商品性，包括化学稳定性、工业上易处理性、无吸水性、色泽和气味符合要求、与其他洗涤剂组分可复配、储存稳定、确保原料来源等；⑤确保人体安全；⑥环境性质，通过生物降解、吸附和其他机械作用可以代谢，对于生物处理体系和地表水无负影响，无不可控性的积聚，无对于重金属的促进流动作用，不会引起富营养化，对于饮用水质无坏影响。

3.1　水

洗涤大部分是以水为介质，在液体洗涤剂中，水是一种原料。水在洗涤中的基本作用是作为溶解可溶性污垢、分散溶解性差的污垢的溶剂，并作为介质传递其他洗涤力。

作为洗涤剂的溶剂，水的特点是有非常宽的溶解力和分散力，有适度的熔点、沸点和蒸气压。水的比热容和汽化热很大，见表3-1和表3-2所列。水的比热容比乙醇和石油类溶剂高约两倍，汽化热高达2.26kJ/g，这是利用热物理洗涤力时的洗涤介质最优良的性质。水还有个突出的优点，就是不燃性。

表 3-1　各种物质的比热容

物　质	温度/℃	比热容/[J/(g·℃)]	物　质	温度/℃	比热容/[J/(g·℃)]
水	20	4.163	正己烷	2～100	2.75
甲醇	20	2.458	苯	6～60	1.746
石油	20	1.958	甲基乙基酮	20～78	2.287
三氯乙烯	20	0.929	乙醇	16～21	2.404
甘油	20	2.408	丙酮	3～22.6	2.142

表 3-2 各种物质的汽化热

物 质	温度/℃	汽化热/(J/g)	物 质	温度/℃	汽化热/(J/g)
水	100	2245.8	氮	−195.8	203.3
乙醇	78.6	833.3	苯	86.1	392.1
甲醇	64.8	1095.8	碘	184.4	100.0
乙醚	34.5	350.0	硫	444.6	325.0
四氯化碳	26.5	193.3	氯	61.7	237.5

洗涤是从对脏污衣物的润湿开始，但是水的表面张力相当高，在25℃时为71.96mN/m；80℃时为62.60mN/m；100℃时为58.84mN/m，而同样在接触气相的条件下，乙醇的表面张力约为24mN/m，丙酮为31mN/m，苯为30mN/m。大表面张力致使水是浸透润湿性极差的液体，水的极性强，对于油脂类污垢的溶解力差，但水的这些不足，可通过往水中添加微量表面活性剂使表面张力显著降低来弥补，如表3-3所列。

表 3-3 添加微量表面活性剂后水的表面张力

表面活性剂	浓度/%	温度/℃	表面张力/(mN/m)	表面活性剂	浓度/%	温度/℃	表面张力/(mN/m)
月桂酸钠	0.05 0.50 1.00	60 60 60	45.9 21.2 28.3	油酸钠	0.05 0.50 1.00	25 25 25	30.5 26.4 26.8
月桂醇硫酸酯钠盐	0.10 0.10	45 25	55.0 26.0	油醇硫酸酯钠盐	0.10 0.10	25 45	36.5 35.4
烷基苯磺酸钠	0.10 0.50	30 30	41.0 37.0	烷基酚聚氧乙烯醚	0.01 0.50	30 30	32.0 31.0

地下水中含有钙和镁的重碳酸盐，水从地层深处取出后，空气的氧化使其溶解成分发生变化。水中大量溶解的亚铁盐会变成不溶性的三价铁盐，有时以胶状物溶于水中，使水带有微量红、黄色。水中的其他微量重金属离子对漂白剂产生催化分解作用，会显著降低洗涤效果。

硬度离子对洗涤剂的去污效果影响非常显著。水中二价以上的金属杂质会和洗涤剂中的表面活性剂生成金属盐，使得表面活性剂失活。例如，当使用1L含0.2%棕榈酸钠的水溶液（肥皂液）时，设水中的Ca^{2+}浓度为100mg/kg，换算为$CaCO_3$量为0.1g，根据反应式生成的棕榈酸钙沉淀为0.556g，而整个肥皂液中的棕榈酸钠为2g，因而有1/4的肥皂变成了不溶性盐。即使是含有很强亲水基——磺酸基的表面活性剂，水中的硬度离子同样也会使得部分表面活性剂失活。

水的硬度定义为水中钙盐和镁盐的存在量，以mmol/L来表示。1mmol/L钙的水的硬度相当于每升水中含有40.08mg钙离子。表3-4中列出了水的硬度单位及换算关系。

表 3-4 水硬度的单位及其换算关系

单位名称	定 义	符 号	转换因子						
			Ca^{2+}		CaO	$CaCO_3$			
			mmol/L	meq/L	°d	mg/kg	°e	°a	°f
毫摩尔每升	1mmol Ca^{2+}/L H_2O	mmol/L	1	2.00	5.600	100	7.020	5.8500	10.00
德国硬度	10mg CaO/L H_2O	°d	0.178	0.357	1	17.8	1.250	1.0440	1.78
毫克每千克	1mg $CaCO_3$/L H_2O	mg/kg	0.010	0.020	0.056	1	0.070	0.0585	0.10
美国硬度	1gal $CaCO_3$/gal(美)H_2O	°a	0.171	0.342	0.958	17.1	1.200	1	1.71
英国硬度	1gal $CaCO_3$/gal(英)H_2O	°e	0.142	0.285	0.798	14.3	1	0.8290	1.43
法国硬度	1mol(100g)$CaCO_3$/10m³ H_2O	°f	0.100	0.200	0.560	10.0	0.702	0.5850	1

在不同国家和地区，水的硬度差别很大，见表3-5所列。我国北方地区水的硬度为300×10^{-6}左右，南方一些地区要低得多。

表3-5　不同国家的水的硬度　　单位：%

国家和地区 \ 水的硬度	$0\sim(90\times10^{-6})$	$(90\times10^{-6})\sim(270\times10^{-6})$	$>270\times10^{-6}$	国家和地区 \ 水的硬度	$0\sim(90\times10^{-6})$	$(90\times10^{-6})\sim(270\times10^{-6})$	$>270\times10^{-6}$
美国	92	8	0	英国	1	37	62
日本	60	35	5	意大利	9	75	16
澳大利亚	2	75	23	挪威	5	76	19
比利时	3	23	74	西班牙	33	24	43
法国	5	50	45	瑞士	2.8	80	17
德国	10	42	48				

水中钙含量高会以不溶盐沉积到物品上，影响洗涤，并有损设备；而痕迹量的铁、铜、镁离子也对洗涤效果有着严重的影响。例如，铁离子可催化漂白剂，影响洗涤。所以，在洗涤剂中加入螯合剂或离子交换树脂等以去除碱土金属和重金属是必不可少的。在制备洗涤剂时，一般要对水进行软化处理，常用的方法有离子交换树脂法、蒸馏法或电渗析法。

3.2　碳酸钠

在100多年前，除了肥皂以外所有洗涤剂的基本组成只是氢氧化钠、碳酸钠和硅酸钠等，仅仅这些碱性组分就占洗涤剂的50%以上。其作用主要有：一是使污渍和纤维在pH值增加时，带有更多的负电荷，从而增加污渍与纤维之间的排斥性；二是沉淀水中的硬度离子；三是皂化油脂。直到现在，碱性助剂还是工业洗涤剂配方的主要成分。

碳酸钠属于沉淀型软水剂。不溶性盐易沉积在基质和洗衣机上，特别是棉织物，洗后手感非常粗糙，还缺乏必要的分散和胶溶作用。因此，它不适于单独作为洗涤剂助剂，必须辅助以其他助剂。

碳酸氢钠不能将水软化，其作用是使洗涤剂呈碱性。

倍半碳酸钠的化学式为：$Na_2CO_3\cdot NaHCO_3\cdot 2H_2O$，其性质介于碳酸钠和碳酸氢钠之间。倍半碳酸钠呈弱碱性，可使硬水软化，也具有使碱性减弱的性质，无吸湿性。

油脂与脂肪酸在碱存在的状态下能发生皂化反应，水溶性增强，从而被洗干净。碱性物质使被洗衣物的液体表面和固体表面吸附着过剩的OH^-，促进洗涤过程中的乳化与分散。

一些碱性物质具有pH值的缓冲作用，这种缓冲作用使得洗涤液保持碱性，保持去污能力。其中碳酸钠和硅酸钠还是很好的缓冲剂。

3.3　硅酸盐

由于硅酸盐在洗涤剂中的重要性，以及它们的多功能性，在这里将硅酸盐另编一节。大批量生产的硅酸钠结晶形式有以下几种，其分子内两种小分子的分子比例称作模数，工业上也常常将二氧化硅与氧化钠的摩尔比的值称作模数。

原硅酸钠　　Na_4SiO_4 或 $2Na_2O:SiO_2$　　2∶1

倍半硅酸钠　　$Na_6Si_2O_7$ 或 $1.5Na_2O:SiO_2$　　1.5∶1

偏硅酸钠　　Na_2SiO_3 或 $Na_2O:SiO_2$　　1∶1

层状硅酸钠　　$Na_2OSi_2O_5$ 或 $Na_2O:2SiO_2$　　1∶2

从与洗涤相关的性质来看，由Na_2O碱性基因提供的性质有：①碱性；②缓冲能力，pH值持续在9.5或高一些，直到硅酸盐耗尽（这种性质是连同SiO_2基团发挥的）；③酸性污垢的皂化（中和作用）；④油脂的乳化。

由二氧化硅（SiO_2）基团提供的性质有：①污垢的抗絮凝；②抗再沉积；③软水；④腐蚀抑制作用。即在金属（黑色金属和有色金属）上、在釉瓷上、在瓷器上形成单分子膜，在金属的情况下，形成金属硅酸盐的单分子膜；⑤在喷雾干燥粉剂中，硅酸盐使空心颗粒粉具有松脆性；⑥在块状合成洗涤剂中，硅酸盐使物料具有可塑性而外观均匀，并且容易挤出。

在硅酸盐中应用最多的为偏硅酸钠，层状硅酸钠为新兴的产品。

3.3.1　偏硅酸钠

偏硅酸钠是分子比组分的真正的化学化合物，它多以五水合物提供，熔点 72℃。无水偏硅酸钠熔点高达 1087℃。无水偏硅酸钠生产成本太高；五水偏硅酸钠是水合偏硅酸钠中应用最普遍的一种；九水偏硅酸钠吸潮性大，易结块。

偏硅酸钠具有良好的分散性和乳化性，在合成洗涤剂配方中，硅酸盐作为助洗剂同其他助剂一起应用时还有去污的协同作用。它具有悬浮污渍和 pH 值的缓冲能力，从表 3-6 明显看出偏硅酸钠保持溶液的碱性能力最好，因而很有利于油污的皂化。

表 3-6　一些碱性助剂的 pH 值缓冲能力

助剂(0.4%)	残留 pH 值				
HCl(0.5mL/L)/mL	0	5	10	15	20
偏硅酸钠	12.3	12.2	12.0	11.7	11.0
Na_3PO_4	11.9	11.5	10.4	7.1	6.3
Na_2CO_3	11.0	10.6	10.0	9.3	7.0
水玻璃(模数①3)	10.2	9.3	8.6	2.6	—
焦磷酸钠	9.7	8.5	7.0	5.9	2.7
STPP	9.4	7.6	5.6	2.6	—

① 产品中二氧化硅与氧化钠摩尔比。

偏硅酸钠还有软化硬水的作用，尤其去除 Mg^{2+} 效果很好。与 4A 沸石和非离子表面活性剂都有很好的复配效果。

偏硅酸钠还具有缓蚀剂的作用，这个作用来源于可溶性二氧化硅组分，在洗涤中当与腐蚀性较强的碱性物质一起使用时，将提供缓蚀作用，特别是减少对于锡、铝、铜以及软金属合金的腐蚀。因而是金属清洗剂的理想助剂。

3.3.2　水玻璃

当二氧化硅摩尔比大于 1（二氧化硅的相对分子质量是 60，氧化钠的相对分子质量是 62，所以二者之比几乎是相等）时，硅酸钠不再是结晶体，硅酸盐离子聚合成带多电荷的聚电解质，称为胶体，这是硅酸盐区别于普通碱类之处。物料在炉内熔融，冷却后转变为以下两种形式。一是将上述的小块或片状在加热加压下溶解成浓溶液后，过滤掉不溶性的二氧化硅砂粒，该溶液称为水玻璃。二是将以上溶液喷雾干燥成空心颗粒（可溶性粒子），使能用于干燥混合操作来生产洗涤剂。

可溶性水玻璃和可溶性粒子一般都制成模数 1∶2 和 1∶3.3 的产品，前者称为碱性水玻璃，后者称为中性水玻璃。其他模数的有（1∶1.6）～（1∶1.38）的，称为水玻璃。在洗衣粉中应用多是 1∶2.4 的产品。应用于洗涤剂的各种（干基）硅酸盐的性质见表 3-7 所列。

表 3-7　洗涤剂规格的各种（干基）硅酸盐性质

硅酸盐	1%溶液 pH 值	活性碱度(以 Na_2O 计)/%	总碱度(以 Na_2O 计)/%	摩尔比	硅酸盐	1%溶液 pH 值	活性碱度(以 Na_2O 计)/%	总碱度(以 Na_2O 计)/%	摩尔比
原硅酸钠	13.0	58.5	60.5	2∶1	中性水玻璃	10.5	21.6	28.2	1∶3.3
倍半硅酸钠	12.6	54.3	56.0	1.5∶1	硅酸钾	10.1	15.5①	20.3①	1∶3.5
偏硅酸钠	12.5	49.0	51.5	1∶1	二硅酸钠②	11.2	23.5	27.5	1∶2
碱性水玻璃	11.3	29.5	34.0	1∶2	三硅酸钠②	10.4	16.5	21.5	1∶33
硅酸钾	11.2	22.2①	25.6①	1∶2.5					

① 以钠盐计算。

② 这些产品以各种不同的商品名出现。

制造空心洗衣粉（喷雾干燥法生产）几乎都是用胶体硅酸盐。这种溶液很容易用液体密度计来测定，其相对密度与液体浓度之间的关系见表3-8所列。

表3-8 碱性和中性硅酸盐溶液的浓度

相对密度 d_4^{20}	波美度	特瓦德尔度	碱性硅酸盐1∶2			中性硅酸盐1∶3.3		
			Na_2O/%	SO_2/%	Na_2SiO_3/%	Na_2O/%	SO_2/%	Na_2SiO_3/%
1.014	2	2.8	0.5	1.0	1.5	0.4	1.3	1.7
1.029	4	5.8	1.05	2.05	3.1	0.77	2.53	3.3
1.045	6	9	1.55	3.15	4.7	1.15	3.75	4.9
1.060	8	12	2.1	4.2	6.3	1.55	5.15	6.7
1.075	10	15	2.6	5.3	7.9	1.95	6.45	8.4
1.091	12	18.2	3.15	6.35	9.5	2.4	7.8	10.2
1.108	14	21.6	3.7	7.4	11.1	2.8	9.2	12.0
1.125	16	25	4.25	8.55	12.8	3.2	10.6	13.8
1.142	18	28.4	4.8	9.6	14.4	3.65	12.05	15.7
1.162	20	32.4	5.35	10.65	16	4.05	13.35	17.4
1.180	22	36	5.9	11.8	17.7	4.45	14.75	19.2
1.200	24	40	6.4	12.9	19.3	4.9	16.2	21.1
1.220	26	44	7.0	14	21.0	5.3	17.6	22.9
1.241	28	48.2	7.6	15	22.6	5.75	18.95	24.7
1.263	30	52.6	8.15	16.35	24.5	6.15	20.3	26.5
1.285	32	57	8.75	17.45	26.2	6.6	21.7	28.3
1.308	34	61.6	9.3	18.7	28.0	7.0	23.1	30.1
1.332	36	66.4	9.9	19.9	29.8	7.4	24.5	31.9
1.357	38	71.4	10.6	21.1	31.7	7.85	25.85	33.7
1.383	40	76.6	11.2	22.4	33.6	8.25	27.25	35.5
1.410	42	82	11.8	23.7	35.5			
1.438	44	87.6	12.5	25.0	37.5			
1.468	46	93.6	13.2	26.4	39.6			
1.498	48	99.6	13.8	27.8	41.6			
1.530	50	106	14.6	29.1	43.7			
1.563	52	112.6	15.3	30.6	45.9			
1.592	54	119.4	16.0	32.1	48.1			
1.635	56	127	16.8	33.6	50.4			
1.672	58	134.2	17.6	35.1	52.7			
1.710	60	142	18.3	36.7	55			

喷雾干燥法生产洗衣粉几乎都是用胶体硅酸盐。这种溶液很容易用液体密度计来测定，其相对密度与液体浓度之间的关系可以通过工业用表查到。粉状硅酸钠又称粉状泡花碱，是一种具有耐寒性、均匀的白色粉末状物料，又称为粉状速溶硅酸钠。

3.3.3 层状结晶二硅酸钠

层状结晶二硅酸钠（δ-$Na_2Si_2O_5$）可以作为一种有效的软水剂被放入无磷助洗剂部分。生态学上和毒理学上对于江河湖泊的水质无影响，无毒无味。

3.3.3.1 层状结晶二硅酸钠（简称层硅）的结构

硅氧四面体是硅酸盐的基本结构单元。它们可以互相连接起来，组成更加复杂的络合阴离子。硅氧四面体之间只能以共顶点，不能以共棱或共面来连接，每个 O^{2-} 只能最大为两个 SiO_4^{4-} 所共用。这样硅和氧的比例就可以由1∶4过渡到1∶2。如果两者之比大于或等于1∶4，则生成孤立的硅氧四面体，如果之比小于1∶2，则生成自由的二氧化硅。

它有同质异相的现象，有四种 α、β、γ、δ 结晶，其中 δ 结晶作为洗涤助剂最好。它的结构中 SiO_2 ∶ Na_2O＝2，称为 δ 相的层状结晶二硅酸钠（SKS-6）的产品具有优良的钙镁交换性能，又有稳定的碱度，可以替代三聚磷酸钠。表 3-9 列出 SKS-6 的钙交换能力明显比 SKS-7 和 SKS-5 要强。

表 3-9　几种层状二硅酸盐的钙交换容量比较

实验样品	SKS-6	SKS-7	SKS-5
钙交换容量(以 $CaCO_3$ 计)	305	212	176
pH 值	11.5	10.5	11.2

3.3.3.2　层状结晶二硅酸钠的性能

① 水溶性　层硅的水溶性大于 4A 沸石，溶解速度受产品粒度影响不大。在水中，层硅中的钠离子很快被钙、镁等离子置换，交换后稳定了层硅的网络结构，成为细小颗粒分散在水中，也促进了层硅在水中溶解。

② 吸水性能　层硅晶体中的 Si—O 共价键对于水和其他不饱和键的物质具有较好的吸附力，最大吸水量可达到 90％。

③ 软化水的能力　在室温下层硅 SKS-6 就能够迅速放出钠离子，并同时结合钙、镁离子。交换后的碱土金属离子稳定了硅酸盐骨架。它对水的软化很彻底，水中含 0.15％ 的 SKS-6，就可以使水软化到 17.8mg $CaCO_3$/L 的水平。随着 pH 值的上升，去污效果增加。

④ 与漂白剂有很好的相容性　SKS-6 本身不含水，还能吸水，所以它不会引起过碳酸钠类漂白剂分解，而且与之产生协同效应。它还具有缓蚀能力，所以适于用于自动洗碗机清洗剂中。

⑤ 稳定性　层硅 SKS-6 在洗涤时间内结晶度变化不大，但是长时间浸泡会引起晶体结构崩塌。粒度 40～200 的 SKS-6 在 80℃、30min 后，相对结晶粒度保持在 70％以上。

常用的表面活性剂 K12、LAS、AEO*n* 等在洗涤剂应用的时间和温度范围内应该对层硅结晶度影响不大。但 SKS-6 与 CMC 混合效果不大好，而与 AA-CO-MA 较好相容。

⑥ 洗涤能力与抗再沉积能力　在下列的洗涤剂配方中，助剂分别为 SKS-6、STPP、4A 沸石、无水硅酸钠时该配方的去污指数分别为：SKS-6，1.06；STPP，0.97；4A 沸石，0.78；无水硅酸钠，0.59。

助剂	22.0	$NaSO_4$	50.7
LAS	12.0	荧光增白剂	0.2
AEO9	4.0	香精	0.1
$NaCO_3$	11.0		

SKS-6 在洗涤液中快速、完全崩解，形成约 5μm 大小的颗粒，基本不会在织物上沉积，改善了织物的矿化和板结现象。用 EDX 光谱发现，用层硅后生成的焦硅酸钙/镁极少。

针对起初的层状二硅酸盐在塔式喷雾干燥中会分解，只能用于无塔生产工艺，以及水分如果超过 5％就会分解的局限性，通过探索 δ-$Na_2Si_2O_5$ 的生成规律及条件，寻求最佳原料路线，研究相关工艺体系，层硅助洗剂正在向着工业化和商品化进展。

3.4　溶剂

就溶剂去污而言，溶剂除了具有直接作用于溶质的溶解力外，还能对不能溶解的固、液体具有分散力和悬浮力。另外，溶剂还能作洗涤介质，将洗涤剂中化学物质的作用力传递到污垢的界面上。

3.4.1　溶解规律

（1）溶解的本质

溶解力实质上是一种分子间力，即范德瓦耳斯力。在溶解开始时，多个溶剂分子作用于溶质分子，也许每个分子的作用力较弱，但多个作用力积累起来，就能提供足够的力去克服溶质的晶格能，使其溶解。如果水作为溶剂，则为水化。

（2）液-液溶解规律

从分子间力来表达液-液溶解的规律，即是当分子间力的类型和大小差不多相同的液体可按任一比例彼此相溶。这与结构“相似相溶”的规律相吻合。即使溶质与溶剂的极性相差很大，但分子间力接近相等，则同样可以混溶。甲醇与乙醇可以按任意比例与水混合，这是因为它们的液体与水分子一样存在着氢键缔合，但当醇的链长加长时，溶解力下降，这是因为一个长链分子若要进入水结构，必须打开许多氢键之故。

（3）固-液溶解规律

固体在液体中的溶解具有以下规律：①低熔点的固体比具有高熔点的物质易于溶解；②非极性或弱极性的固体易溶于非极性或低极性溶剂，而难溶于氢键型溶剂。

3.4.2 有机无机性溶剂理论

有机无机性溶剂理论能够解释极性“相似相溶”规律和“分子间力相似相溶”规律能解释的现象，还能解释大量的用上述规律不能解释的溶解现象，在表3-10中，分子间力以分子内压来表示，表中的分子内压和介电常数解释不了对二溴苯在苯与二硫化碳中具有最高溶解度的事实，而有机无机性溶剂理论却可以。

表3-10 对溴二苯在各种溶剂中溶解度和分子内压、介电常数及I/O的关系

溶　剂	有机性	无机性	I/O	对二溴苯溶解度	分子内压	介电常数
己烷	120	0	∞	0.08	0.56	1.85
苯	120	15	8.0	21.7	0.96	2.29
对二溴苯	240	35	7.0	∞	1.09	4.57
二硫化碳	120	20	6.0	22.4	1.18	2.67
四氯化碳	180	40	4.5	19.3	0.81	2.24
乙醚	80	20	4.0	18.3	0.62	4.33
硝基苯	190	85	2.4	17.4	1.07	35.7
苯胺	120	85	1.4	10.7	1.4	7.0
苯酚	120	115	1.0	4.6	1.4	9.68
乙醇	40	100	0.4	1.9	2.9	25.8

有机无机性溶剂理论中引用一个新的概念I/O用以表示无机性和有机性之比。从表3-10可见，I/O的相似性很好地解释了苯与二硫化碳为对二溴苯最佳溶剂的事实。

按照有机无机性溶剂理论法将有机化合物置于直角坐标系内，它不像量子力学那样从物质的微观结构，也不像热力学那样从宏观统计规律来研究化合物，而是将有机化合物溶解性不同所产生的根源抽象成为与碳原子数有关的有机性（共价键）和与置换基有关的无机性（离子键性），并加以数量化，分别作为直角坐标系内两个轴的坐标，而将大量化合物定位于坐标系内，概括出化合物的性质与这两个数值相对大小的关系。

现代分子价键理论指出，不存在纯粹的共价键及离子键化合物。例如，氯化钠中也存在共价键，而甲烷中也存在小部分离子键，并用A原子与B原子间的波函数ψA-B表示A、B间共价键波函数ψA：B和A、B间离子键波函数ψA^+B^-的线性组合。

$$\psi A\text{-}B = m\psi A:B + n\psi A^+B^-$$

双键、苯环等置换基团向烷基分子的引入加大了波函数中ψA^+B^-的分量。根据有机无机性溶剂理论，当两个化合物的共价键性（有机性）与离子性（无机性）之间存在某种相关性（即化合物在有机无机概念图中处于某种相关位置）时，尽管两种化合物在结构上可能不相似，但在性质上定会有共同之处。

在有机无机性溶剂理论中，以化合物的有机性这个词近似代替化合物的共价性，把化合物的离子键性以无机性来代替。有机性基团即指共价键基团，近似地把化合物的共价键看作全部来自烃基；认为离子键性来自置换基，这些置换基团称为无机基团，分子中的烯键、苯环规定为无机性基团。

3.4.2.1　有机性与无机性的定量化

选择沸点作为两种基团定量化的基础。沸点随分子中亚甲基的增加而增加，而置换基团的离子键性越大沸点越高，而且沸点是最易得的物理常数。

对于化合物或基团的有机性与无机性的数值规定如下。

① 一个碳原子的有机性数值定为 20（包括亚甲基、次甲基及季碳），这来自碳原子数为 5～10 的直链烃每增加一个碳原子，其沸点增加 20℃。

② 一个羟基的影响力定为 100，这来自碳原子数 5 时，直链醇的沸点与直链烃的沸点相差 100℃，即 5 个碳原子相当于一个羟基的影响力。

③ 有机性和无机性全具有加和性，但是无机基团越是群集，与实际值相差越远。

④ 一些置换基团的有机性和无机性见表 3-11 所列。

表 3-11　一些置换基团的有机性和无机性数值

无　机　性　基	数　值	有机性兼有无机性基	数　值	
			有机性	无机性
轻金属(盐)	500 以上	$R_4Bi—OH$	80	250
重金属(盐),胺及 NH_4 盐	400 以上	$R_4Sb—OH$	60	250
$—AsO_3H_2$， $>AsO_2H$	300	$R_4As—OH$	40	250
$—SO_2—NH—CO—$，$—N{=}N—NH_2$	260	$R_4P—OH$	20	250
$—SO_3H$，	250	$—OSO_3H$	20	220
$—NH—SO_2—NH—CO—NH—CO—$ $\overset{\displaystyle NH}{\underset{\displaystyle CO—}{\vert}}$	250	$>SO_2$	40	170
$>S—OH$ ，$—CO—NH—CO—NH—$	240	$>SO$	40	140
$—SO_2—NH—$	240	$—CSSH$	100	80
$—CS—NH—$①，$—CO—NH—CO—$①	230	$—SCN$	90	80
$—N—OH$，$—NH—CO—NH—$①	220	$—CSOH$，$—COSH$	80	80
$—N—NH—$①，$—CO—NH—NH_2$	210	$—NCS$	90	75
$—CO—NH—$①	200	$—Bi<$	80	70
$>N\rightarrow O$	170	$—NO_2$	70	70
$—COOH$	150	$—Sb<$	60	70
内酯环	120	$—As<$ ，$—CN$	40	70
$—CO—O—CO—$	110	$—P<$	20	70
蒽核，菲核	105	$—O—[—CH_2—CH_2—O—]—CH_2—$②	30	60

续表

无机性基	数值	有机性兼有无机性基	数值	
			有机性	无机性
—OH	100	—CSSϕ	130	50
>Hg（共价键）	95	—CSOϕ，—COSϕ	80	50
—NH—NH，—O—CO—O—	80	—NO	50	50
—N<（—NH_2，—NHϕ，—Nϕ_2）胺基	70	—O—NO_2	60	40
>CO	65	—NC	40	40
—COOϕ，萘核，喹啉核	60	—Sb—Sb—	90	30
>C—NH	50	—As—As—	60	30
—O—O—	40	—P—P—，—NCO	30	30
—N—N—	30	—O—NO，—SH，—S—	40	20
—O—	20	—I	80	10
苯核（一般芳香族单环）	15	—Br	60	10
环（一般非芳香性单环，不管角多少）	10	—S	50	10
三重键	3	—Cl	40	10
二重键	2	—F	5	5
		分权③ >—	−10	0
		分权③ >—<	−20	0

① 适用于非环式部分。

② 为［　］内基的值。

③ 适用于末端部分。

注：上述无机基团中的碳原子要加算有机性，但是兼有有机性基团中的碳已计算了有机性。

3.4.2.2　作图

以有机性作横轴，以无机性作纵轴，两轴间的区域称为物质域。

按求得的有机性、无机性数值，将该化合物置于直角坐标内，即获得了该化合物在有机无机概念图上的位置，称为定位。图3-1中标出了某些醇、醚化合物的位置。

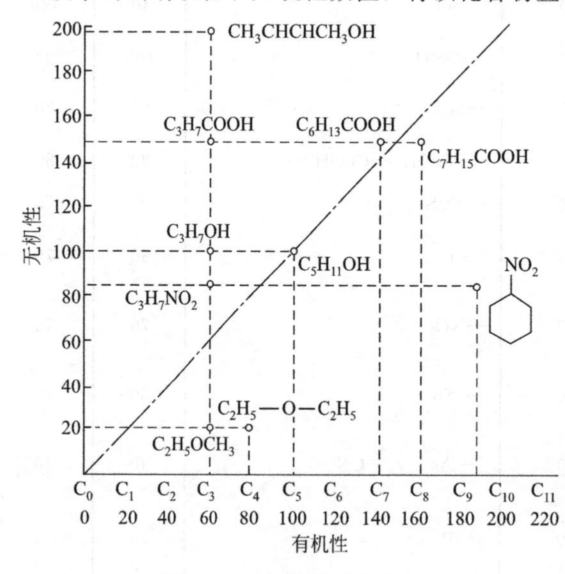

图3-1　一些化合物在有机无机性概念图上的位置

对有机无机性概念图进行分析得出以下规律。

① 有机性占优势的化合物靠近有机轴，烷烃的无机性为零，故都在有机轴上；

② 无机性占优势的化合物靠近无机轴，只具有无机性的化合物在无机轴上；

③ 有机性与无机性相等的化合物位于和两轴相等的坐标角平分线上；

④ 在平行于有机轴的任一平行线上，排列着与该线起点相对应的同系物，故称为同系物线；

⑤ 通过无机轴和有机轴交点（即原点）的任意倾斜的放射线上，排列着无机性和有机性比率相同的化合物，称作同比率线。

3.4.2.3 依据有机无机性概念图的溶解规律

依据有机无机性概念图有以下溶解规律。

(1) 在同系物线上的化合物易互溶　如同系醇 $C_nH_{2n+1}OH$，这些化合物处于距横轴100的平行线上，它们可以无限地互溶，但如果仅两个化合物，相距越远，相溶性越差，如 $n=0$ 与 $n=5$ 的两种醇已很难互溶。

氯仿、溴仿和碘仿三个化合物也位于同系物线上，它们也互溶。

项目	$CHCl_3$	$CHBr_3$	CHI_3
有机性	140	200	260
无机性	30	30	30

(2) 同在一无机有机两性比率（I/O）线上的化合物易互溶　如甲醇、乙二醇、丙三醇同在I/O=5∶1的比率线上，极易互相溶解。

项目	甲醇	乙二醇	丙三醇	己六醇
有机性	20	40	60	120
无机性	100	200	300	600
I/O	5∶1	5∶1	5∶1	5∶1

己六醇虽然也与以上三个化合物在同比例线上，但由于与它们距离太远，所以在互溶性上已有下降。

有些化合物在结构上看不出类似，但同在一I/O比率线上也互溶，如吡咯烷、戊醇、草酸二乙酯看不出化学结构上近缘关系，介电常数也相差悬殊，但其共同点是I/O相同。见表3-12所列。还有硝基纤维溶于丙酮、吗啡溶于苯酚也是这种情况。

表3-12　几种化合物有机和无机性数值表

名　　称	结　构　式	介电常数	无机性	有机性	I/O
吡咯烷	$CH_2—CH_2$ \ NH ／ $CH_2—CH_2$（环状）	6.3	80	80	1∶1
戊醇	$C_5H_{11}OH$	4.7	100	100	1∶1
草酸二乙酯	$COO—C_2H_5$ | $COO—C_2H_5$	8.0	120	120	1∶1

必须注意到，在同一比率线上，相距越远，其相溶性越差。如上述甘露糖醇就不能无限地溶于甲醇与乙醇之中。

(3) 同系关系与I/O比率相近性的累加性　由于同系关系与I/O比率关系本质上的独立性，因此两个关系可以累加。

① 越接近两线之间夹角角顶的化合物对两种亲缘关系的累加结果越大，则越易互溶；

② 随着该化合物的位置向无机轴靠近，两线间夹角越来越大，到达无机轴时，两条线互相垂直，两种关系的累加性为零，此时极限无机轴上的化合物之间的类似性越来越小。

化合物越靠近有机轴，即随着同比率线逐渐靠近有机轴，两种亲缘关系的累加性逐渐增高，位于有机轴侧的化合物类似性大得多，比如石蜡就可以无限制地溶解于汽油。

3.4.2.4 溶剂的溶解域

任何一个溶剂在有机无机性概念图上都有它的位置，称作溶剂的溶解域。通过该点作出

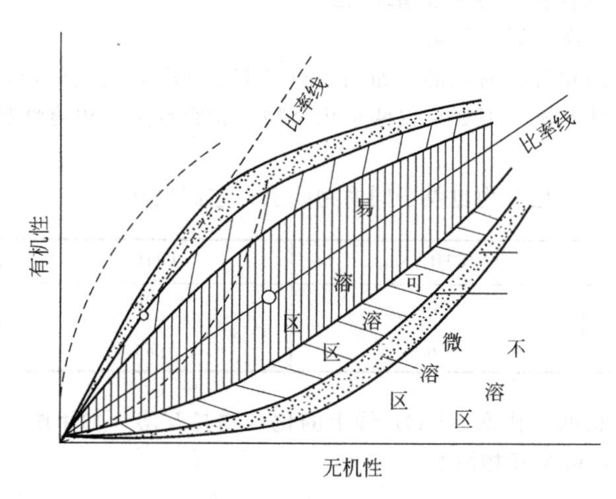

图 3-2　溶剂的溶解域

同比率线，在该线的两侧有相当宽的溶解区域。混合溶剂可以看做是一种溶剂，可认为它是进一步选择溶剂的基础。如图 3-2 所示，这个区域呈纺锤形，越接近原点，溶解域急剧变窄，最后在原点缩为一点。在远离原点的方向，溶解域也呈变窄的趋势。通常在该溶剂位置处的宽度最大。

3.4.2.5　求解混合溶剂的最佳坐标

如果选择不到合适单组分的溶剂以溶解成分复杂的污渍，那么必须依靠混合溶剂的溶解力。混合溶剂可以像单一溶剂一样在有机无机性概念图上找到位置（图 3-3）。

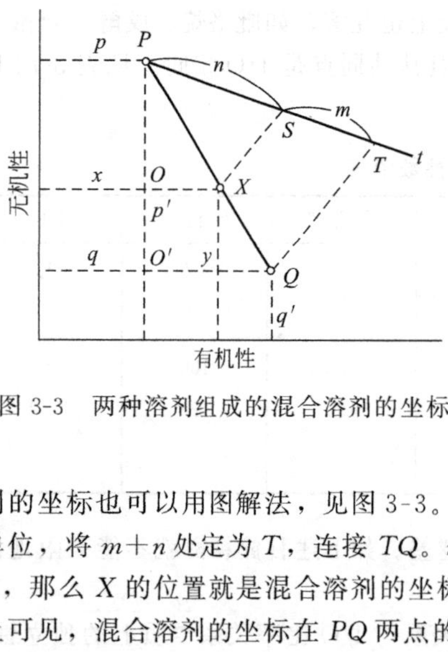

图 3-3　两种溶剂组成的混合溶剂的坐标

（1）二元混合溶剂坐标的求法

①计算法　设混合溶剂的坐标为(x,y)，组分溶剂 P、Q 的有机性、无机性分别为 p、p'、q、q'，二者的摩尔数分别为 m 和 n，则有：

$$x=\frac{mp+nq}{m+n} \tag{3-1}$$

$$y=\frac{mp'+nq'}{m+n} \tag{3-2}$$

将其表示在有机无机性概念图上，如图 3-3。

②作图法　求 m 摩尔 P 溶剂 n 摩尔 Q 溶剂的混合溶剂的坐标也可以用图解法，见图 3-3。从 P 点任意方向引辅助线 Pt，并在此直线上取 n 单位和 m 单位，将 $m+n$ 处定为 T，连接 TQ。m、n 的交点定为 S，从 S 引平行于 TQ 的线 SX 交 PQ 于 X，那么 X 的位置就是混合溶剂的坐标，可见，摩尔数 m、n 与 P、Q 的位置呈反比关系。从图上可见，混合溶剂的坐标在 PQ 两点的连线上。

证明：设 X 的坐标为 x、y，有：

$$x=p+OX$$

因为

$$\frac{PS}{PT}=\frac{PX}{PQ}=\frac{OX}{O'Q}=\frac{n}{m+n}$$

$$OX=\frac{n}{m+n}\cdot O'Q$$

$$=\frac{n}{m+n}(q-p)$$

所以

$$x = p + OX = p + \frac{n}{m+n}(q-p)$$

$$= \frac{pm + pn + nq - np}{m+n}$$

$$= \frac{mp + nq}{m+n}$$

同理可以求得：$y=\dfrac{mp'+nq'}{m+n}$

例：求 3mol 乙醇和 2mol 乙醚的混合溶剂的坐标，并使用单一溶剂代替这种混合溶剂。

解：乙醇的有机性、无机性分别为 40、100，乙醚的有机性、无机性分别为 80、20，式(3-1) 和式(3-2) 求混合溶剂的坐标。

① 计算法　按式(3-1) 和式(3-2) 求得：

$$x=56 \qquad y=68$$

② 作图法　按上述方法作图，得到相同的最佳混合溶剂坐标。

已知丙酮的有机性为 60、无机性为 65，与所求混合溶剂有类似性，所以可用丙酮代替这种混合溶剂。

(2) 三元混合溶剂坐标系统求法

①计算法　设混合溶剂系统坐标为(x,y)，组分溶剂 P、Q、N 的有机性与无机性分别为 p、p'、q、q'、n、n'，摩尔比为 m_1、m_2、m_3，则有：

$$x = \frac{m_1 p + m_2 q + m_3 n}{m_1 + m_2 + m_3} \qquad y = \frac{m_1 p' + m_2 q' + m_3 n'}{m_1 + m_2 + m_3} \tag{3-3}$$

②作图法　在无机有机性概念图上，点出 P、Q、N 三种溶剂的位置 P、Q、N，连接三点，分 PQ 为 m_2 和 m_1，交点为 S，连接 SN，以 $m_3:m_1$ 的比例分割 PN 线于 S'，连接 S'与 Q，与 SN 交于 X，则 X 就是混合溶剂坐标。可见混合溶剂假想坐标必定在 PQN 三角形内。所求出的坐标与计算法一致，如图 3-4。

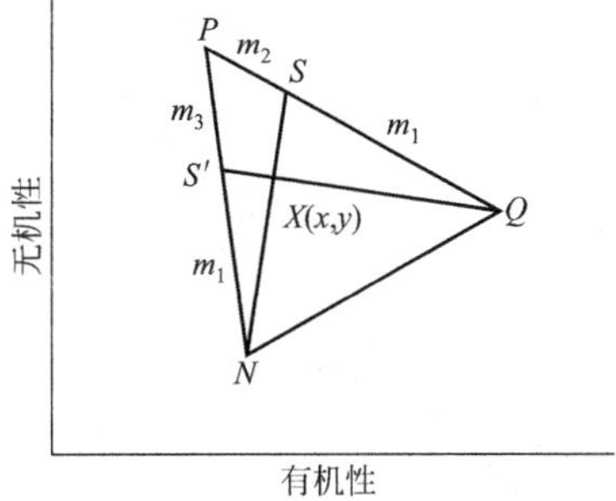

图 3-4　三元混合溶剂的坐标

3.4.2.6　求解混合溶剂最佳混合比

若为二元溶剂系统，设溶质 A 在无机有机性概念图上的坐标为 A (a, b)，混合溶剂中 P 溶剂与 Q 溶剂的有机性与无机性分别为 p、p'、q、q'。设 P 溶剂取 1mol，Q 溶剂取 $n$mol。

寻找最佳溶剂的基础应为有机性与无机性同比率溶剂体系。那么有：

$$\mathrm{I/O} = b/a = \frac{p' + nq'}{p + nq} \tag{3-4}$$

$$n = \frac{ap' - bp}{bq - aq'} \tag{3-5}$$

混合溶剂可依式(3-6)求得其坐标：

$$\begin{cases} x = a\dfrac{p'(p-q) - p(p'-q')}{b(p-q) - a(p'-q')} \\ y = b\dfrac{p'(p-q) - p(p'-q')}{b(p-q) - a(p'-q')} \end{cases} \tag{3-6}$$

有下面两种特殊情况。

① $bq-aq'=0$，此时 n 不能求得，但有 $b/a=q'/q$

此式表示溶质 A 与 Q 溶剂在同一比率线上，即不加 P 溶剂也能溶解该溶质。

② $ap'-bp=0$，此时 P 溶剂就可以溶解 A 溶质，无需混合溶剂。

例1：以乙酸乙酯和乙醇调配乙酸纤维的最佳混合溶剂，求其容量比。

解：在无机有机概念图上，乙酸纤维这种高分子化合物处于其单体结构的同比率线上，但其位置离图的坐标原点很远。其单体的结构的有机性和无机性为：

有机性：$a=(5+2\times3)\times20+20=240$

无机性：	—COO—	$60\times3=180$
	—O—	$20\times2=40$
	环	$10\times1=10$
		$b=230$

对于乙醇　$p=40$，$p'=100$

乙酸乙酯　$q=80$，$q'=60$

① 计算法　设乙酸乙酯的摩尔数为 n，则

$$n=\frac{ap'-bp}{bq-aq'}=3.7$$

即当乙醇和乙酸乙酯的摩尔比为1∶3.7时对乙酸纤维的溶解性最大。

② 作图法　基点为：一、混合溶剂在无机有机概念图上的位置必在两种溶剂的连线上；二、混合溶剂的I/O值与溶质一致时为最佳。

作图：

a. 在有机概念图上标出 P、Q 两种溶剂位置 P、Q，连接 PQ；

b. 从原点引比率线，$I/O=b/a=230/240$，交 PQ 于 S，S 点即为溶质的位置；

c. 量出 PS 与 SQ 之比，求出两溶剂摩尔比：

$$PS/SQ=3.7/1$$

即乙酸乙酯和乙醇的摩尔比为3.7/1。如图3-5。

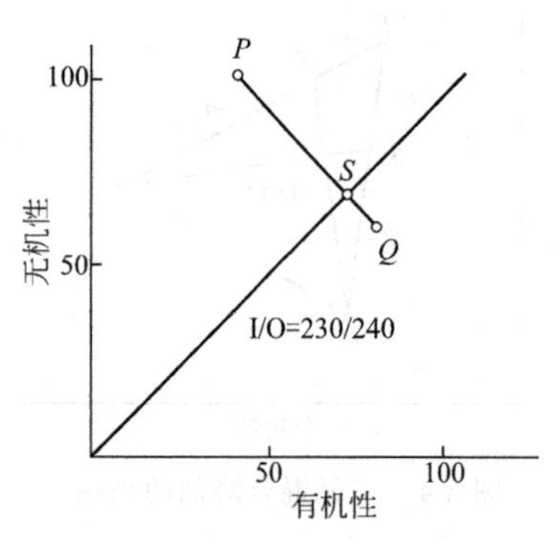

图3-5　混合溶剂最佳混合比的图解求法

例2　实验后发现乙酸乙酯的溶解性符合要求，但由于来源问题，需要找一个代用溶剂，可否找到一个混合溶剂来代替乙酸乙酯？

解：①作图法

a. 在有机无机性概念图上标出乙酸乙酯的位置（80，60）；

b. 画出比率线，$I/O=60/80$；

c. 在比率线两侧，发现有许多溶剂，比如戊醇和氯仿：$C_5H_{11}OH(100,100)$，$CHCl_3(140,30)$，连接两个溶解点；

d. 找到乙酸乙酯的比率线与以上两溶剂定位点的交点，量出交点左右比率，此即为相应的混合溶剂之比。注意该比例与两溶剂之比呈反比。即戊醇与氯仿摩尔比为3∶1时，混合溶剂代替乙酸乙酯最好。

②计算法　设戊醇为 P 溶剂，氯仿为 Q 溶剂，n 为 Q 溶剂的摩尔数。

$$n=\frac{ap'-bp}{bq-aq'}=1/3$$

即3mol戊醇和1mol氯仿组成的混合溶剂可代用乙酸乙酯。

3.4.3　洗涤用有机溶剂的基本要求

（1）强洗涤力、宽溶解范围、多用混合溶剂。

（2）适当的溶解选择性　能洗掉污渍，而不损坏被洗涤物。

（3）合适的熔点和沸点　如熔点不宜高，以保证在洗涤条件下为液体；沸点不宜高，以免难以干燥和难以回收；但沸点又不宜太低，以免挥发性大，造成污染和易燃。

(4) 可靠的安全性　溶剂的不安全性涉及到可燃性、爆炸性、腐蚀性和毒性等方面。

① 可燃性　是以溶剂的闪点、燃点和自燃点来衡量的。

a. 闪点　又称闪燃点，是溶剂表面上的蒸气和空气的混合物与火接触而发生蓝色闪光的最低温度，在标准仪器中测定。

b. 燃点　又称着火点，是溶剂表面蒸气和空气的混合物接触发生火焰能开始燃烧不少于5s时的温度。燃点比闪点高，可在测定闪点后用同一仪器测量。从避免着火危险性出发，要求闪点在37.7℃以上。

c. 自燃点　是不用火点燃，溶剂自己起火的最低温度，比燃点高得多。

② 爆炸极限　是指溶剂的蒸气和空气的混合物遇到火星即可引起爆炸性燃烧的浓度范围，大于或小于这个浓度范围全没有爆炸危险。在空气中发生爆炸的最低溶剂蒸气浓度百分数称为爆炸极限下限。如汽油的闪点为－20～－10℃，爆炸下限为39g/m^3，属于易燃、易爆溶剂。1,1 ,1-三氯乙烷没有闪点和燃点，是不燃溶剂，但在空气中蒸气浓度达到10%～15%时，仍有被火点着发生爆炸的危险。除了明火引起爆炸外，以下因素如局部加热、接触高温固体、高温气体混入、电火花等均会引起爆炸、燃烧。烃类溶剂有可能产生起电性，而引起火灾。

③ 腐蚀性　如果在有机清洗剂中含有含硫化合物、酸性杂质或水分会加速金属的腐蚀。值得注意的是“不燃溶剂”卤代烃（如1,1,1-三氯乙烯）在干燥和常温条件下对碳钢、不锈钢、铜等金属不发生腐蚀，而在含水和高温下，或在铝镁合金及金属盐存在下，会发生水解。

④ 溶剂的生理毒性及大气污染　溶剂对人体毒害有三条途径：一是通过皮肤吸收，二是误食，三是吸入。比如氟利昂（氟化碳氢物）广泛用于制冷和喷雾剂，但其蒸气可破坏大气臭氧层，使大量紫外线到达地表，造成一系列严重后果。

3.4.4　洗涤中常用的有机溶剂

(1) 煤油　煤油是石油经过炼油厂的常压蒸馏塔将110～330℃馏分切割出来的，常常不进行精制处理，没有除掉如硫化物（硫醇），胶质及稠环芳烃类杂质。

煤油含有大量的芳烃（10% ～15% ）、硫化物（硫醇）、氮化物、胶质等，会引起吸入性中毒。煤油的闭口闪点较低（38～45℃），在正常的生产条件下，很容易达到闪点温度。其中不挥发组分含量越高，在清洗后工件表面的残留物就越多，难以做到真正的循环清洗利用。

(2) 碳氢清洗剂　也称烃清洗剂（hydrocarbon cleaning agent ）。其相对优点是溶油能力强、安全、气味小、净洗力高、可以完全挥发、可以蒸馏回收反复使用等。

碳氢清洗剂的主要成分是烷烃，是石油经过炼油厂精馏塔专门切割出来的150～190℃的窄馏分，然后再经过如加氢、脱硫、脱芳烃、除杂质、脱色等精制处理，得到饱和烷烃，再复配以稳定剂、抗氧化剂、洗涤助剂，制备成为碳氢清洗剂。现在工业上大量使用的碳氢清洗剂主要成分是C_9～C_{11}的饱和直链烷烃或者支链很少的饱和烷烃。

碳氢清洗剂的闭口闪点≥52℃。这个温度在工厂正常的生产条件下，是达不到的，即使局部温度能达到，在没有足够的溶剂蒸气条件和明火的存在，也不会发生闪火危险。碳氢清洗剂属无毒级产品。

溶剂型清洗剂产品不含有水分，或者只含有极少量的水分，而且不含有防锈添加剂，不会给工件造成生锈的条件。但是在湿度大的情况下，清洗后的工件还需要做防锈处理。

(3) 烃类其他溶剂　烃类溶剂也称石油系溶剂，因为烃类溶剂很多是石油的分馏物和衍生物，比如石脑油为各类50～220℃宽范围沸点馏分的烃类混合物的总称。在烃类溶剂中，溶解力按下列顺序递减：芳香烃＞环烷烃＞石蜡烷烃。

闪点在38℃以上、初馏温度在150℃以上、50%馏出温度在180℃以上、馏出终点在210℃以下的烃类溶剂也被用于干洗剂的配方中。

汽油主要为己烷、庚烷、戊烷、癸烷等脂肪烃，溶剂用汽油含有较多的芳香烃。粗汽油为庚烷和辛烷。环己烷的溶解力近似于己烷和苯，但毒性比苯低，可作其代用品。甲苯的溶解力类似于苯，但沸点和闪点比苯高，而毒性比苯低。萘满（1,2,3,4-四氢化萘）几乎能和水以外的所有有机溶剂混合，属于溶解范围非常广的溶剂，可用于纤维工业中的脱脂洗涤，也可以用作树脂污渍的洗涤。

（4）卤代烃　氯烃类溶剂由于其着火性、燃烧性大大减少，被称为不燃溶剂。

四氯化碳由于其对人体的毒性和对设备的腐蚀性，现已停止使用。1,1,1-三氯乙烷和全氯乙烯仍然存在不稳定性和毒性问题。

三氯乙烯的溶解力强，对油脂、树脂、蜡类溶解性好，对焦油、口香糖都能溶解。四氯乙烯几乎适用于所有的天然纤维和合成纤维干洗。与三氯乙烯相比，其溶解力适中，在普通的使用条件下，即使与水接触，也不生成氯化氢。但是纯的三氯乙烯在空气中可慢慢氧化，生成氯化氢、一氧化碳和光气：

$$CHCl{=}CCl_2+O_2 \longrightarrow HCl+CO+COCl_2$$

四氯乙烯对人体仍然有毒性，还有麻醉性。对金属有轻微的腐蚀作用。全氯乙烯在空气及紫外线存在下也会慢慢分解：

$$2CCl_2{=}CCl_2+O_2 \longrightarrow 2CCl_3COCl$$

热、光、金属等均对以上反应有催化作用。工业三氯乙烯和四氯乙烯中均添加有少量的有机胺或四氯化碳等作为稳定剂。长期接触200mg/m^{3}或以上浓度的四氯乙烯，可引起慢性神经系统损伤，如记忆力减退、肢体震颤、手指麻木、黏膜刺激、皮肤干燥、脱皮及皮炎等。

1,1,1-三氯乙烷（CH_3CCl_3，沸点74.1℃）毒性要低一些，其蒸气容许浓度350mg/m^3，而三氯乙烯和四氯乙烯的允许浓度均为100～200mg/m^3。它可以在常温时作为非密闭性的脱脂洗涤。但它的稳定性较差，比四氯乙烯易水解，即使加入稳定剂，当与水接触时也会分解，生成盐酸，有腐蚀设备的危险。但在通常条件下加入少量稳定剂可以放心地使用。

氟氯烃的毒性很小，属于宽溶解范围溶剂，而且具有不燃性，可以与二氯甲烷、丙酮、乙醇和异戊醇复配作为非密闭型洗涤溶剂。但它逸入大气中可破坏臭氧层，从而使大量紫外线到达地面，诱发皮肤癌，带来一系列环境和生态问题。表3-13所列为氯化溶剂性质汇总。

表3-13　最重要的氯化溶剂的性质

溶　剂	分 子 式	相对分子质量	相对密度（20℃）	沸点/℃	水在溶剂中溶解度(25℃)/(g/100g)
四氯化碳	CCl_4	153.84	1.59	76.5	0.013
三氯乙烯	$ClCH{-}CCl_2$	131.40	1.46	86.9	0.032
全氯乙烯	$Cl_2C{-}CCl_2$	165.85	1.62	121.2	0.015
二氯甲烷	CH_2Cl_2	84.94	1.326	40.1	0.18
1,1,1-三氯乙烷	$CCl_3{-}CH_3$	133.42	1.304	74.1	—
1,1,2-三氯乙烷	$CHCl_2{-}CH_2Cl$	133.42	1.44	113.5	0.24
二氯乙烷	$CH_2Cl{-}CH_2Cl$	98.95	1.256	87.1	0.16
邻二氯苯	$C_6H_4Cl_2$	147.01	1.306	180.4	—

（5）醇类溶剂　由于其羟基的作用，和水配合使用时，醇类有扩大水的溶解范围的作用。需注意甲醇的毒性大，如误食会引起麻醉及失明，甚至死亡。

（6）醚类　具有横跨亲水亲油两区的很宽的溶解范围。但乙醚具有很强的麻醉性，沸点低（34.6℃），不适合于大规模使用。

（7）酮类　具有类似于醚的溶解性，低级酮具有着火性和爆炸性，高级酮需注意其毒性。

（8）多羟基醇　其分子内的羟基或分子内羟基以醚键相连，显示很强的亲水性特点。

卡必醇（$HOCH_2OCH_2CH_2OCH_2CH_2OH$）是由1mol甲醇和2mol环氧乙烷制得，它既有羟基又有醚基，具有极好的溶解特性，是最典型的洗涤用溶剂。

乙基溶纤剂（乙二醇-乙醚）　是由 1mol 乙醇与 1mol 环氧乙烷制得，其毒性比甲基溶纤剂（乙二醇-甲醚）小，亲油性更大，多作为油漆的溶剂与去除剂。丁基溶纤剂（乙二醇-丁醚）在 46℃以上完全不溶于水，除用作涂料的溶剂外，还用作金属清洗剂、油漆去除剂、脱脂溶剂和干洗溶剂。

（9）二甲基甲酰胺　能溶解水与石油醚以外的低沸点有机溶剂，特别是能溶解其他有机溶剂不能溶解的高分子化合物，但对酸碱不稳定。二甲亚砜与二甲基甲酰胺极为类似，常作为特殊洗涤剂使用，但其毒性要低一些。

（10）松油　是介于松节油和树脂之间的过渡阶段产物，馏程为 190～220℃。松油虽不溶于水，但能促使溶剂和水相互混合，其中萜烯醇越多，这种效应越显著。

松油具有杀菌效应。对伤寒杆菌试验，较酚强 1.5～4 倍。这一性质使松油成为多种液体洗涤剂的重要组分。表 3-14 为常用水溶性溶剂性质汇总。

表 3-14　常用水溶性溶剂的性质

溶　剂	分　子　式	相对分子质量	沸点馏程 起始点温度/℃ 终馏点温度/℃	闪点/℃	相对密度(20℃)
甲醇	CH_3OH	32.03	64.5	15.6	0.792
乙醇(纯)	C_2H_5OH	46.05	77,79	18.33	0.791
异丙醇(纯)	$(CH_3)_2CHOH$	60.06	82,83	19.44	0.786
异丁醇(纯)	$(CH_3)_2CH_2CHOH$	74.08	107,111	43.89	0.803
丙酮	CH_3COCH_3	58.05	55,57	−17.78	0.793
甲基乙基甲酮	$CH_3COC_2H_5$	72.06	77,82	−1.11	0.809
乙酸乙酯(纯)	$CH_3COOC_2H_5$	88.06	70,80	1.67	0.886
甲基溶纤剂	$CH_3OCH_2CH_2OH$	76.06	121,126	40.56	0.966
溶纤素	$C_2H_5OCH_2CH_2OH$	90.08	133,137	43.87	0.931
异丙基溶纤剂	$(CH_3)_2CHOCH_2CH_2OH$	104.09	140,143	51.67	0.906
丙二醇甲基醚	$CH_3OC_3H_6OH$	90.08	117,125	94	0.919
丁基溶纤剂	$C_4H_9OCH_2CH_2OH$	118.11	163,172	73.87	0.902
二甘醇单甲醚	$CH_3OCH_2CH_2OCH_2CH_2OH$	120.09	190,194	93.33	1.035
二甘醇单乙醚	$C_2H_5OCH_2CH_2OCH_2CH_2OH$	134.11	189,203	96.11	1.027
二甘醇单丁醚	$C_4H_9OCH_2CH_2OCH_2CH_2OH$	162.14	220,231	110.00	0.955
苄基溶纤剂	$C_6H_5CH_2OCH_2CH_2OH$	152.09	254,258	129.44	1.070
二丙二醇甲基醚	$CH_3O(CH_2CH(CH_3)O)_2H$	148.13	184,193	175.00	0.950
乙二醇	$HOCH_2CH_2OH$	62.10	194,200	115.56	1.113(25℃)
二甘醇	$HOCH_2CH_2OCH_2CH_2OH$	106.10	240,251	135.00	1.116(25℃)
三甘醇	$HOCH_2CH_2OCH_2CH_2OCH_2CH_2OH$	150.20	275,295	154.44	1.124(25℃)
工业丙二醇	$CH_3CHOHCH_2OH$	76.10	185,190	101.67	1.036(25℃)
二丙二醇	$CH_3CHOHCH_2CH_2CHOHCH_3$	134.20	220,240	121.11	1.023(25℃)
己二醇	$CH_3-C(CH_3)(OH)-CH_2-CH(OH)-CH_3$	118.17	195,199	96～99	0.922

3.5　表面活性剂

分子中同时含有亲水基和亲油基两部分，通常称为两亲结构，通常将具有这种结构的化合物称作表面活性剂。表面活性剂的分子结构特征赋予它两个基本性质：一是可以在溶液表面形成吸附膜（一般为单分子吸附）；二是在溶液内部发生分子自聚，形成多种分子有序聚集体（称为胶束或胶团），在互不混溶的两种液体组成的液体中集中在界面区，如图 3-6 所示。这种性质使得表面活性剂具有许多诸如乳化、润湿、增溶、保湿、杀菌、柔软、抗静电、发泡和消泡、分散、絮凝、破乳等功能。

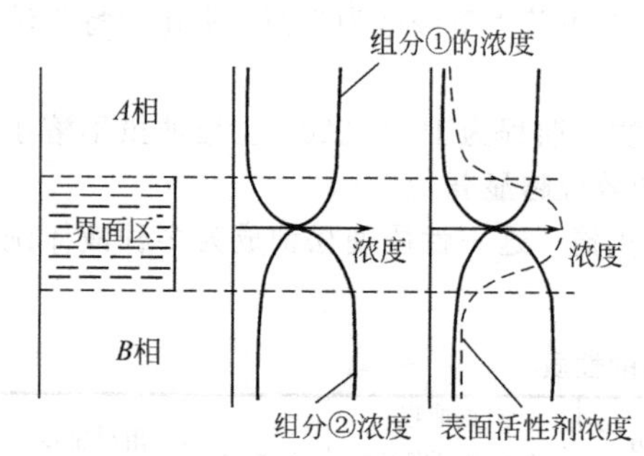

图 3-6　在互不混溶的两种液体组成的液体中加入的表面活性剂集中在界面区

3.5.1　表面活性剂的类型

表面活性剂包括传统表面活性剂和新型表面活性剂。传统表面活性剂主要是以碳氢基团为疏水基构成的简单两亲结构，其唯一的衡量标准是在较低浓度时是否能显著降低表（界）面张力。

图 3-7 是按离子性对传统表面活性剂的分类。作为表面活性剂，分子内含有亲水基和疏水基是其必要条件，充分条件是亲水基必须足够大，亲水力和疏水力需保持适当的平衡。一般情况下，表面活性剂分子中的直链亲油基为碳原子数 8 个以上的烷基或其衍生物。还有些亲油基，如环氧丙烯和环氧乙烯嵌段共聚物，其间还有醚键—O—。比如，脂肪酸钠盐要作为有效的表面活性剂，其亲油基直链烃的碳原子数不能少于 10。但是如果碳原子数超过 20，相对来说其亲水基又显得太弱，从而也没有表面活性。

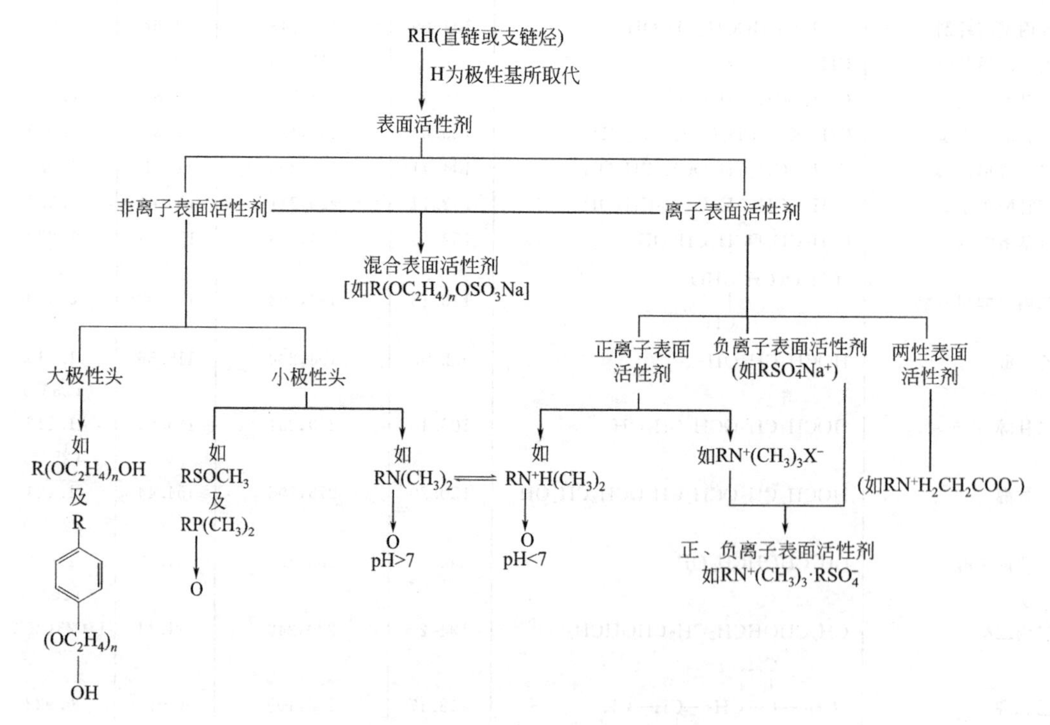

图 3-7　按离子性对传统表面活性剂的分类

（特殊表面活性剂如氟表面活性剂、硅表面活性剂、冠醚类大环化合物表面活性剂未计入）

现代概念已经不再绝对以在很低浓度是否显著降低表（界）面张力来作为表面活性剂的唯一衡量尺度。而是认为，在较低浓度能显著降低溶剂表（界）面性质或与此相关，由此派生的性质的物质，都可归表面活性剂的范畴。其结构特性仍然可以用传统表面活性剂的棒状图来描述，但所包括的类型却有较大的扩展。

① 根据疏水基分类（元素表面活性剂）　氟系表面活性剂、硅系表面活性剂、硫系表面活性剂、硼系表面活性剂等。②根据来源分类　生物表面活性剂、反应型表面活性剂、天然及天然改性表面活性剂等。③根据结构特征改变　冠醚表面活性剂、Gemini 表面活性剂（双子表面活性剂）、高分子表面活性剂、双头型表面活性剂、分子叉型表面活性剂等。

3.5.2　传统表面活性剂的去污作用

3.5.2.1　吸附性质与去污

（1）在空气-水界面的吸附　表面活性剂在水中，其疏水基受到水的排挤，逐步向水与空气的界面移动，亲水基留在水中，使得界面上表面活性剂的浓度高于水溶液中的浓度，这样的分布正是最稳定的状态。表面活性剂这种在界面富集的性质称作吸附性。吸附量最大值为饱和吸附量。当达到饱和吸附时，疏水基在界面取紧密的直立排列状态，从而使水的表面覆盖了一层由碳氢链构成的表面层，于是改变了水的表面性质，这时溶液有低表面张力、较好的润湿性和起泡力等。图 3-8 是十二烷基硫酸钠的溶液表面吸附等温线（25℃，在 0.1mol/L NaCl 中）。

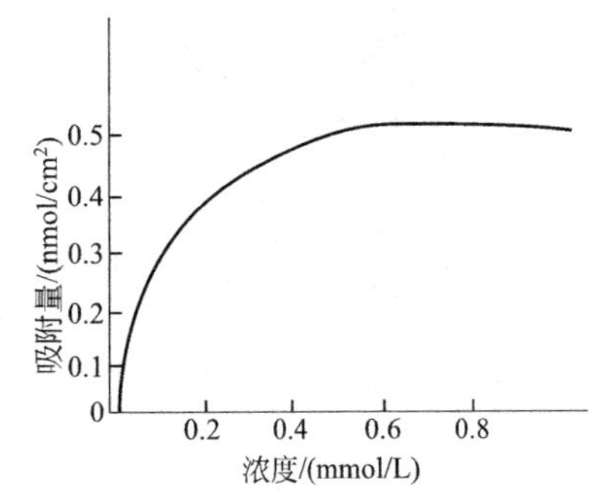

图 3-8　十二烷基硫酸钠的溶液表面吸附等温线

（2）在固-液界面的吸附　一般表面活性剂在固体表面的吸附机理有：离子交换吸附；离子对吸附；氢键吸附；富电子吸附。色散力吸附，这种作用力随分子的增大而增大，而且无处不在，作为其他吸附力的补充。影响表面活性剂吸附性质的因素有以下几方面。

① 链长度　表面活性剂的疏水基链越长，其吸附力越大。

② 温度的影响　离子型表面活性剂的吸附随温度的升高而降低；而非离子表面活性剂则随温度的升高而增加，因为温度升高破坏了亲水基与水形成的氢键之故。

③ pH 值的影响　pH 值较高时，固体表面带负电荷，阳离子表面活性剂易吸附；当 pH 值较低时，固体表面带正电荷，易吸附阴离子表面活性剂；在中性水溶液中，一般吸附剂表面带有负电荷，所以易于吸附阳离子，不易吸附阴离子。

④ 电解质的影响　电解质浓度增加，使表面双电层压缩，被吸附的表面活性剂离子的相互斥力减弱，使得易于吸附更多的表面活性剂离子。

⑤ 固体表面的性质　对于表面有较高电位的固体，表面活性剂首先通过离子交换吸附，接着是通过憎水链的相互吸附，而这种碳氢链的吸附使得吸附量显著增加。对于极性固体，其表面上的吸附力主要是色散力和分子间氢键。而不能形成氢键的聚丙烯腈和聚酯，则主要通过色散力发生吸附。对于非极性固体，主要靠色散力发生吸附。

3.5.2.2　胶团化能力与洗涤

当表面活性剂的浓度达到一定值时，分子会形成聚集体，以便尽可能减少分子疏水基的界面能。这个浓度称作临界胶束浓度（*cmc*）。这种分子集合体称为表面活性剂的胶团。胶团的形成是熵增加的过程，即属于自发过程，形成胶团的体系具有热力学稳定性。

胶团的形状与溶液的浓度密切相关。图 3-9 是胶团的形状示意。在表面活性剂的浓度超过 *cmc* 不多，且没有其他添加剂和加溶溶剂时，胶团大多呈球状。当相当于 10 倍 *cmc* 或更高的浓度时，胶团呈棒状，其热力学更加稳定。当浓度更大时，成为巨大的层状胶束。溶液进一步增浓时，可得到光学特性为各向异性的液晶。图 3-10 是球状胶束的结构。

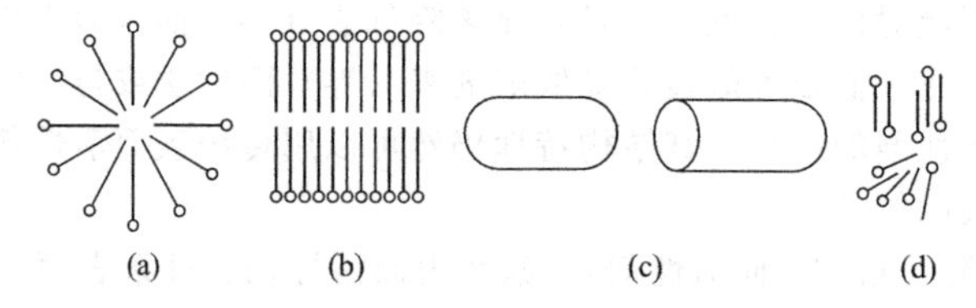

图 3-9 胶团的形状

(a) 球状胶团；(b) 层状胶团；(c) 棒状胶团；(d) 小型胶团

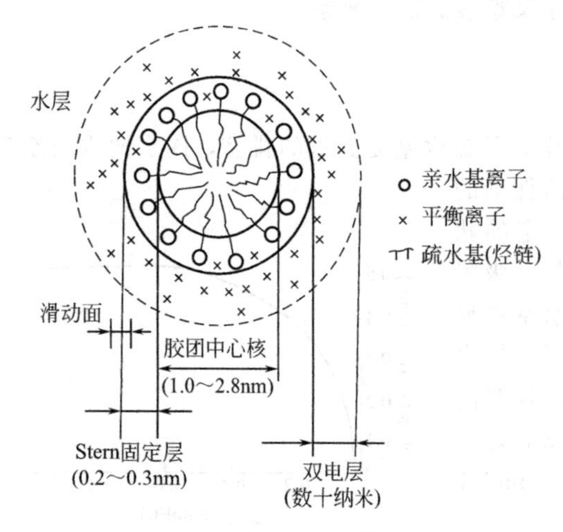

图 3-10 球状胶束结构示意

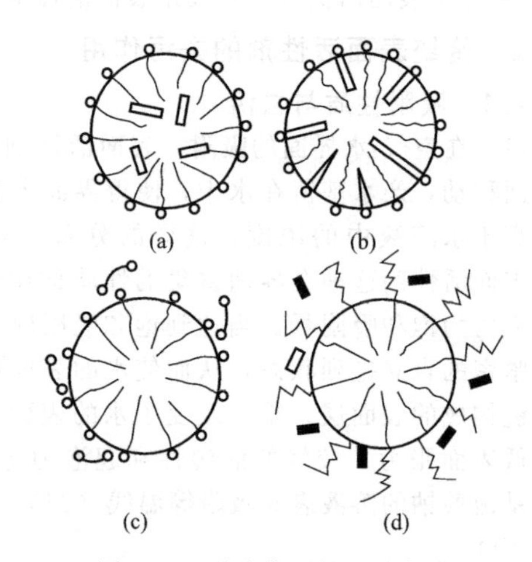

图 3-11 增溶作用的几种方式

(a) 增溶于胶团内核；(b) 增溶于胶团定向的表面活性剂分子之间，形成栅栏结构；(c) 增溶于胶团表面；(d) 增溶于非离子表面活性剂聚氧乙烯亲水基之间

胶团的一个重要性质是增溶性。增溶是不溶于水的液体物质溶入表面活性剂胶团中的现象，增溶的结果使这些物质的表观溶解度明显高于在纯水中的溶解度。这种现象发生在表面活性剂的浓度高于其 *cmc* 以后。增溶液不是真溶液，其增溶量一般并不大。

增溶是表面活性剂胶团引起的，不同于混合溶剂的增溶作用。如苯在乙醇水溶液中溶解度增大，叫做水溶助长作用，此时溶液的性质发生了变化，而表面活性剂引起的增溶溶液的性质并未发生变化。增溶的方式如图 3-11 所示。增溶量按（d）>（b）>（a）>（c）的顺序。但对于某种化合物来说，增溶的方式并不是唯一的，增溶量加大后可按（c）甚至（b）进行。

对于一般洗涤剂来讲，胶团的作用并不是洗涤力的主要因素。油污主要还是经卷缩机理脱离织物表面。通常在洗涤时，溶液的浓度并未达到表面活性剂的 *cmc*。此时，表面活性剂是以独立的分子或离子发挥作用，而且随浓度的增大，洗涤力加强，达到 *cmc* 时，洗涤力达到最大值。图 3-12 是表面活性剂的吸附现象图以及其浓度对于表面张力的影响。

随着表面活性剂浓度的变化，其起泡力、渗透力等性质也相应变化。图 3-13 是表面活性剂的浓度与溶液各项性质的相关性综合图示。这些物理性质在一个不大的浓度范围内发生急剧的变化，是由于表面活性剂超过一定浓度时，从单个离子或分子缔合成胶束或胶团。

表面活性剂从某一温度开始，其溶解度显著增大，该温度称为克拉夫点（krafft point）。它是表面活性剂的固有特征值。当表面活性剂溶液的温度高于克拉夫点时，胶束发生溶解。

与此相反，非离子表面活性剂的溶解度随温度的升高而降低。当达到某一温度时，溶液发生白浊化，此温度称为浊点（cloud point）。

有时增溶作用在洗涤中起主要作用：如衣服的领口或袖口用过量洗涤剂搓洗时；用增溶有机溶剂的洗涤液对织物进行水洗，或是用增溶有水的溶剂对织物进行干洗时。

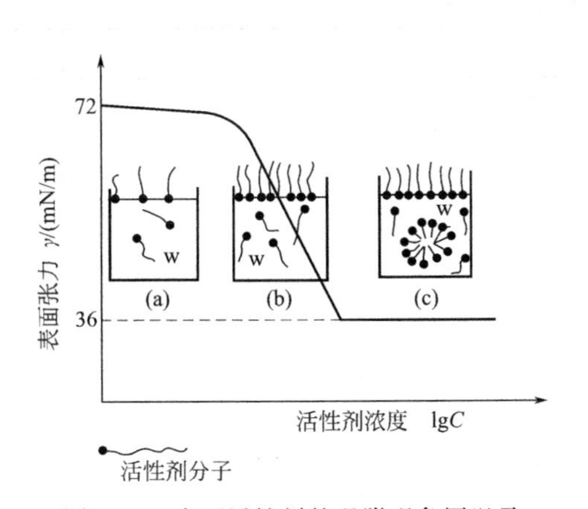

图 3-12　表面活性剂的吸附现象图以及其浓度对表面张力的影响

(a) 表面活性剂稀溶液；(b) 表面张力明显降低；(c) 表面吸附已达到饱和，溶液中胶束形成，表面张力保持常数

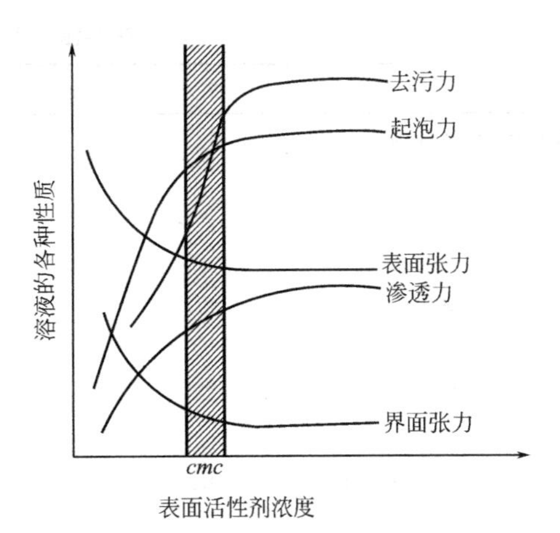

图 3-13　表面活性剂的浓度与溶液性质的相关性

另外，表面活性剂的润湿、乳化、分散等性质对洗涤都有促进作用。

3.5.2.3　化学结构与洗涤力

表面活性剂的吸附性和洗涤效果随着链长的增加而增加。烷基链中没有支链的表面活性剂显示较好的洗涤性能，但润湿性较差；而多支链的表面活性剂则显示较好的润湿性和不能令人满意的洗涤性能。在含有相等碳数烷基的表面活性剂中，当疏水基移向碳链的中心时，其润湿力显著增加，而吸附性和洗涤性明显下降。如图 3-14（25℃，吸附剂活性炭量 0.05g，粒径 0.84mm，表面活性剂浓度 1×10^{-4}mol/L）和图 3-15（90℃，浴比 1：12.5，水硬度 16°d，表面活性剂浓度 2.91mmol/L）。两图中所用表面活性剂结构式为：

$$\begin{matrix} C_nH_{2n+1} \\ \quad\diagdown \\ \quad\quad CHCH_2OSO_3Na \\ \quad\diagup \\ C_mH_{2m+1} \end{matrix}$$

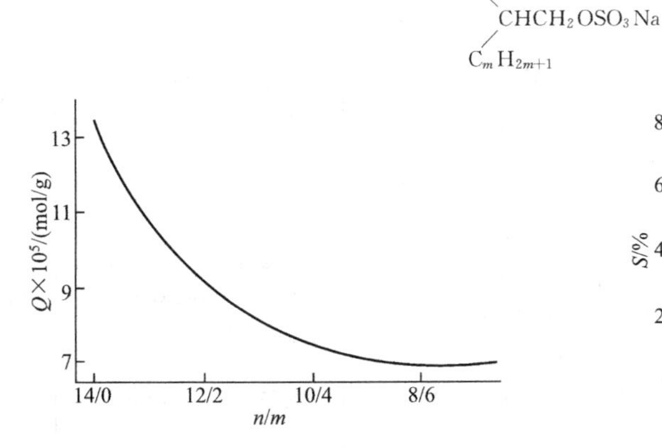

图 3-14　在吸附平衡时，随着疏水基中支链的增加表面活性剂在活性炭上的吸附量 Q 随之降低

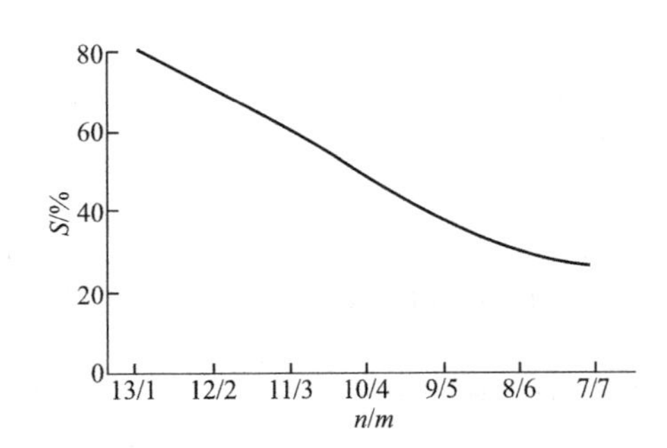

图 3-15　随着疏水基链上支链的增加，从脏污的棉纤维上去除污垢能力 S 降低

来自链长引起的吸附、润湿和洗涤力的变化，对于离子型表面活性剂的影响远大于非离子表面活性剂。阴离子表面活性剂由于支链引起在洗涤效果上的损失可由将其链长增加到适量程度而得到补偿。

在传统表面活性剂中，阴离子表面活性剂是洗涤剂中应用最多的一种；洗涤剂中也是主要应用阴离子和非离子表面活性剂作为洗涤剂的组分。阳离子表面活性剂被大量用于洗涤后处理；两性离子表面活性剂在妇幼洗涤剂中得到应用。表 3-15 所列为主要表面活性剂类型。

表3-15　主要的表面活性剂类型

化学结构		化学名称	简称
阴离子表面活性剂			
$R-CH_2-C(=O)ONa$	$R=C_{10\sim16}$	肥皂	
$R-C_6H_4-SO_3Na$	$R=C_{10\sim13}$	直链烷基苯磺酸盐	LAS
$(R^1)(R^2)CH-SO_3Na$	$R^1+R^2=C_{11\sim17}$	烷基磺酸盐	SAS
$H_3C\leftarrow CH_2\rightarrow_m CH=CH\leftarrow CH_2\rightarrow_n SO_3Na$ + $R-CH_2-CH(OH)\leftarrow CH_2\rightarrow_x SO_3Na$	$n+m=9\sim15$ $n=0,1,2\cdots$ $m=1,2,3\cdots$ $R=C_{7\sim13}$ $x=1,2,3$	α-烯基磺酸盐	AOS
$R-CH(SO_3Na)-C(=O)OCH_3$	$R=C_{14\sim16}$	α-磺基脂肪酸甲酯	SES，MES
$R-CH_2-O-SO_3Na$	$R=C_{11\sim17}$	脂肪醇硫酸盐	FAS
$R^2-CH(R^1)-CH_2-O\leftarrow CH_2CH_2O\rightarrow_n SO_3Na$	①$R^1=H,R^2=C_{10\sim12}$ ②$R^1+R^2=C_{11\sim13}$ $R^1=H,C_1,C_2\cdots$ $n=1\sim4$	烷基醚硫酸盐(脂肪醇醚硫酸盐，羰基醇醚硫酸盐)	FES，AES
$R-O\leftarrow CH_2CH_2O\rightarrow_n CH_2COONa$	$R=C_{10\sim13}$	醇醚羧酸盐	AEC
$C_9H_{19}-C_6H_4-O\leftarrow CH_2CH_2O\rightarrow_n CH_2COONa$		壬基酚聚氧乙烯醚羧酸盐	APEC
阳离子表面活性剂			
$[R^1R^2R^3R^4N^+]Cl^-$	$R^1,R^2=C_{16\sim18}$ $R^3,R^4=C_1$	季铵盐化合物(四烷基氯化铵)	QAC
非离子表面活性剂			
$R^2-CH(R^1)-CH_2-O\leftarrow CH_2-CH_2-O\rightarrow_n H$	①$R^1=H$　$R^2=C_{6\sim16}$ ②$R^1+R^2=C_{7\sim13}$ $R^1=H,C_1,C_2\cdots$ $n=3\sim15$	烷基聚乙二醇醚(脂肪醇聚乙二醇醚，羰基合成醇聚乙二醇醚)	AEO
$R-C_6H_4-O\leftarrow CH_2-CH_2-O\rightarrow_n H$	$R=C_{8\sim12}$　$n=5\sim10$	烷基酚聚乙二醇醚	APEO
$R-C(=O)-N[\leftarrow CH_2-CH_2-O\rightarrow_n H][\leftarrow CH_2-CH_2-O\rightarrow_m H]$	$R=C_{11\sim17}$ $n=1,2$　$m=0,1$	脂肪酸烷醇酰胺	FAA
$RO\leftarrow CH_2CH_2O\rightarrow_n (CH_2-CH(CH_3)-O\rightarrow_m H$	$R=C_{8\sim18}$ $n=3\sim6$　$m=3\sim6$	脂肪醇聚乙二醇和聚丙二醇嵌段聚合物(EO/PO加和物)	FEP

续表

化学结构		化学名称	简称
非离子表面活性剂			
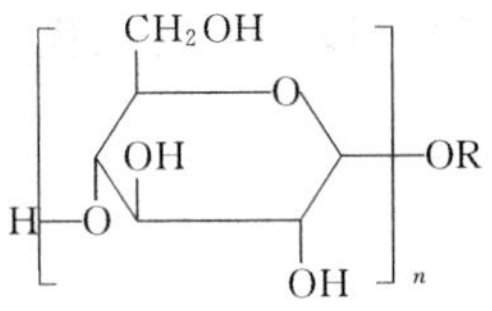 葡萄糖苷环结构：CH_2OH，OH，OH，$-OR$，$H\!-\!O$，$[\ ]_n$	$R=C_{8\sim16}$ $n=1.1\sim3$	烷基多苷	APG
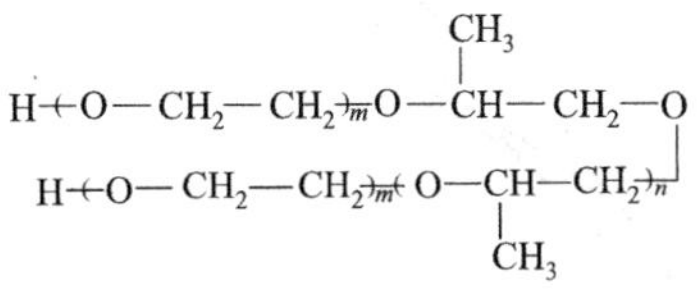 $H\!+\!O-CH_2-CH_2\!\rightarrow_m\!O-\underset{}{CH}(CH_3)-CH_2-O$ $H\!+\!O-CH_2-CH_2\!\rightarrow_m\!O-CH(CH_3)-CH_2\!\rightarrow_n$	$n=2\sim60$ $m=15\sim80$	氧化乙基-氧化丙基接枝共聚物	EPE
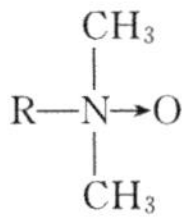 $R-N(CH_3)_2\rightarrow O$	$R=C_{12\sim18}$	烷基二甲基氧化胺	
两性表面活性剂			
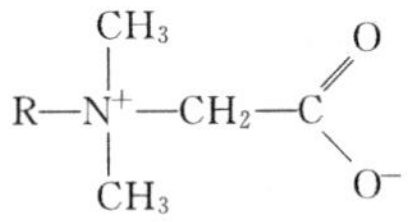 $R-N^+(CH_3)_2-CH_2-C(=O)O^-$	$R=C_{12\sim18}$	甜菜碱	
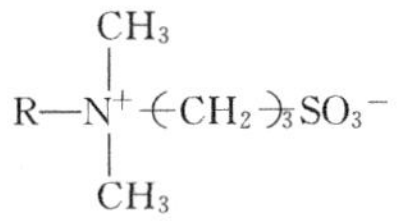 $R-N^+(CH_3)_2\!\leftarrow\!CH_2\!\rightarrow_3\!SO_3^-$	$R=C_{12\sim18}$	烷基磺基甜菜碱	

3.5.3　主要洗涤用表面活性剂

3.5.3.1　阴离子表面活性剂

(1) 有机羧酸系表面活性剂　肥皂作为洗涤产品，在消费市场中仍然具有一定的地位，所以在本书第7章中将进行专门讨论。

醇醚羧酸盐表面活性剂简称AEC，它是在亲油基和亲水基之间嵌入了一定加成数的环氧乙烷（EO）的烷基醚羧酸盐。这类表面活性剂温和、多功能、易生物降解，适宜做温和型浴液、香波和洗涤剂。

通常以脂肪醇为起始原料，经乙氧基化和羧甲基化制备AEC。合成反应如下。

$$ROH \xrightarrow{nEO} R(OCH_2CH_2)_nOH \xrightarrow[NaOH]{ClCH_2COONa} R(OCH_2CH_2)_nOCH_2COONa$$

AE9C-Na具有一定的耐温、抗盐及抗硬水能力，可以作为液体洗涤剂的主活性剂及循环泡沫流体的助剂。

(2) 有机磺酸系表面活性剂

① 烷基苯磺酸钠（ABS）　最先出现的四丙基苯磺酸钠（TPS）的支链影响化合物的降解，代之以直链衍生物LAS。

LAS具有高洗涤力，又有优良的泡沫，且可以用泡沫稳定剂给予稳定，或用泡沫抑制剂进行控制。但是LAS对水的硬度敏感，图3-16示出了各种表面活性剂的洗涤效率受水硬度的影响（洗涤时间15min，30℃，浴比1∶50，浓度为0.5g/L表面活性剂+1.5g/L硫酸钠）。在众多的表面活性剂中，肥皂的洗涤力随水硬度的变化最大。但是磷酸盐或4A沸石的螯合作用或离子交换作用，使它对硬水的敏感度大大地缩小了。图3-17是各种表面活性剂在无螯合剂存在时对羊毛的洗涤力，从该图可见，在不含螯合剂情况下，对硬水敏感度低的表面活性剂表现出洗涤优越性（图中样品为25%表面活性剂+75%硫酸钠，温度30℃，洗涤时间15min，浴比1∶30，水硬度16°d）。

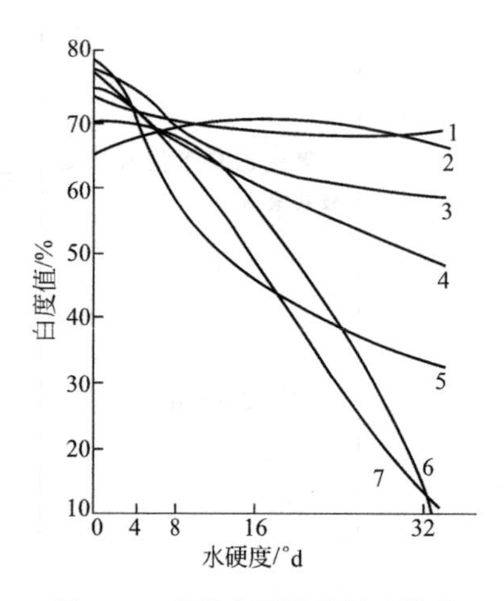

图3-16　各种表面活性剂对羊毛的洗涤效率与水硬度的关系图

1—壬基酚（EO9）；2—$C_{12\sim14}$脂肪醇（EO2）；3—$C_{15\sim18}$α-烯基磺酸盐；4—α-磺基脂肪酸酯；5—$C_{12\sim18}$脂肪醇硫酸盐；6—$C_{10\sim13}$烷基苯磺酸盐；7—$C_{13\sim18}$烷基磺酸盐

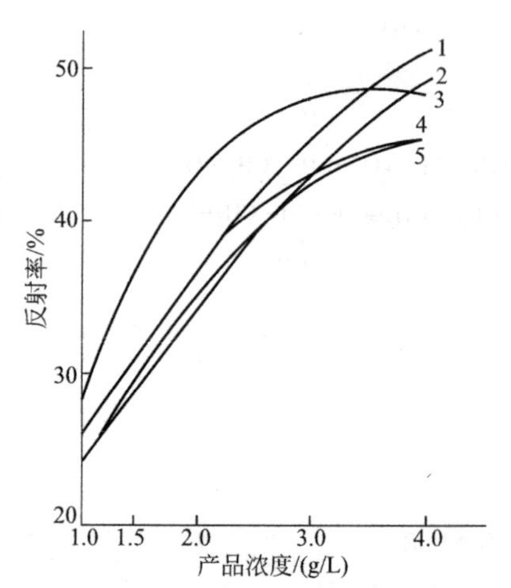

图3-17　各种阴离子表面活性剂洗涤羊毛时对浓度的依赖关系

1—$C_{12\sim14}$脂肪醇（EO2）；2—$C_{15\sim18}$α-烯基磺酸盐；3—α-磺基脂肪酸酯；4—$C_{13\sim18}$烷基磺酸盐；5—$C_{10\sim13}$烷基苯磺酸盐

洗涤后有机沉积物主要是阴离子表面活性剂的钙盐和皂，水硬度离子会起到二价电解质的桥梁作用，加剧了吸附。在棉织物上要比在聚酯-棉混纺织物上的沉积要严重。阴离子表面活性剂的存留不取决于它们的钙盐的溶解度，而取决于其吸附力，LAS比脂肪醇硫酸盐（FAS）对棉的黏合度大。但即使加入助剂或用后面将讨论到的钙皂分散剂（LSDA），也不能将钙皂的沉积问题完全解决。

② 烷基磺酸盐（SAS，AS）　从洗涤性能角度来讲，烷基磺酸盐大多数情况下它可以代替LAS。与烷基硫酸盐不同，它即使在高碱性下对水解仍然不敏感，这是由于分子中碳-硫键稳定之故。在泡沫性能和对硬水的敏感性上，也类似于LAS，只是程度略有区别。

$$R^1—\underset{\underset{SO_3Na}{|}}{CH}—R^2 \qquad R^1+R^2=C_{11\sim17}$$

③ α-烯基磺酸盐（AOS）　AOS对硬水非常不敏感。烯基磺酸盐从α-烯烃制备。中间体磺内酯的碱性水解产生60%～65%的烯基磺酸盐和35%～40%的羟基烷基磺酸盐，还有小部分磺酸盐。由于利用烯烃作为原料，所以称作α-烯基磺酸盐。

$$R^1—CH_2—CH═CH\!\left(CH_2\right)_nSO_3Na \qquad 烯基磺酸盐$$

$$R^2—CH_2—\underset{\underset{OH}{|}}{CH}\!\left(CH_2\right)_mSO_3Na \qquad 羟基烷基磺酸盐$$

$$R^1=C_8\sim C_{12}\quad n=1,2,3;\ R^2=C_7\sim C_{13}\quad m=1,2,3$$

AOS的生成有磺化和水解两步，产物结构上很复杂。磺化反应产物中含有：烯基磺酸40%，二磺内酯 20%，1,3-磺内酯和 1,4-磺内酯 40%。

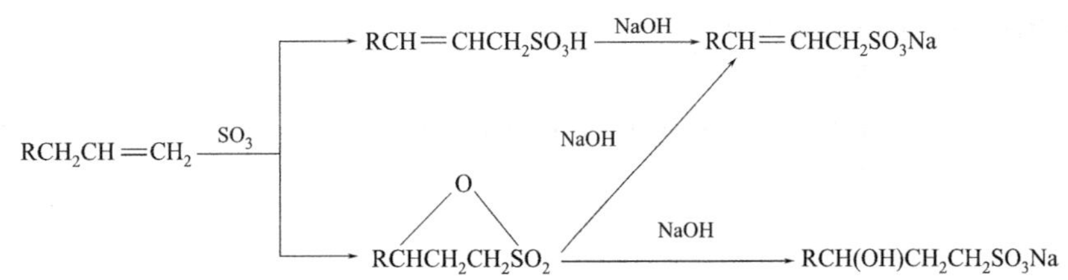

除 AOS 以外，磺酸盐还可以从中间位置双键烃制备，有亲水基遍布整个疏水链，不利于洗涤，但可赋予织物很好的润湿性。

④ α-磺基脂肪酸酯（SES，MES）　α-磺基脂肪酸酯有很强的钙皂分散的能力，生物降解性好，是早年的一种表面活性剂和钙皂分散剂。生产上可用甲醇对天然油脂进行酯交换得到脂肪酸甲酯，再将其磺化即可。副产物二钠盐使得表面活性降低。

$$R-\underset{\underset{SO_3Na}{|}}{CH}-C(=O)OCH_3 \qquad R=C_{14\sim16}$$

MES 的钙皂分散力在 LAS 的 4 倍以上。MES 在其分散过程中并不能防止钙皂的形成，而是 MES 和肥皂协同作用的结果。两者有一个最佳配比可以获得最好的钙皂分散效果（表 3-16）。

表 3-16　几种表面活性剂的钙皂的分散力

钙皂分散力	C_{14}MES	C_{16}MES	C_{18}MES	牛油 MES	牛油乙酯磺酸钠	LAS
LSDR	9	9	9	8	10	40

温度和 pH 值影响 MES 的水解稳定性。MES 中的酯键在碱性中易水解，如表 3-17 所列。其二钠盐质量分数随存放时间的延长而增加，储存环境温度越高，MES 水解速度也越快。而且，MES 随碳链的增长抗水解能力有增大的趋势（表 3-17）。

表 3-17　α-磺基月桂酸甲酯水解度与 pH 值关系①

pH 值	2	4～9	10	12
水解度/%	8	无	2	30

① 回流 1h，1%活性物；温度 50℃，6 周。

添加不同阴离子表面活性剂的无磷洗衣粉见表 3-18 所列。

表 3-18　添加不同阴离子表面活性剂的无磷洗衣粉　　单位：%

阴离子表面活性剂	洗净力	钙皂分散能力	半年后洗净力	半年后钙皂分散能力
MES	35.25	69.9	34.66	74.75
LAS	34.25	147.72	33.55	155.84
AOS	34.68	77.05	34.38	91.81
AES	35.08	79.35	34.45	93.65

生产 MES 的主要原料是棕榈油，在不同链长的 MES 中，C_{16} 的去污力最强，浓度为 150×10^{-6} 的 MES 去污力与 300×10^{-6} 的 C_{12}LAS 去污力相当。在水中的硬度增加时，LAS 与 MAS 的去污力显著下降，而 MES 却难与钙盐形成沉淀。用光散射法测定胶束大小，发现 MES 比 LAS 能形成更大的胶束。一般说来，胶束的直径大，胶束的增溶能力相应加大。

在 LAS、AS 和 MES 这三种表面活性剂中，MES 对蛋白质结构影响最小，故酶在 MES 中的活性较稳定。

(3) 有机硫酸系表面活性剂

① 烷基硫酸盐（FAS，AS）　烷基硫酸盐也称为脂肪醇硫酸盐，有较强的洗涤力。

$$R-CH_2-O-SO_3Na \qquad R=C_{11\sim17}$$

② 烷基醚硫酸盐（FES，AES）

$$R^2-\underset{|}{\overset{R^1}{C}}H-CH_2-O-(CH_2-CH_2-O)_n-SO_3Na$$

$R^1=H$，$R^2=C_{10\sim12}$

$R^1+R^2=C_{11\sim13}$，$R^1=H$，C_1，$C_2\cdots$

$n=1\sim4$

烷基醚硫酸盐通过天然或合成醇的乙氧基化，而后硫酸化制得。与烷基硫酸盐比较，它具有对水的硬度的低灵敏性、高水溶性、在液体配方中以及在低温下的稳定性的特点。就对硬水的敏感性来说，$C_{12}\sim C_{14}$正烷基乙二醇醚硫酸盐对羊毛的洗涤力实际上是随着水的硬度增加而增加的，这是电解质效应作用的结果。如图3-18所示。因此，如果选用对水的硬度不敏感的表面活性剂，就要小心选择匹配盐类，因为螯合剂的存在以及在配方中的高比例并不总是合理的。

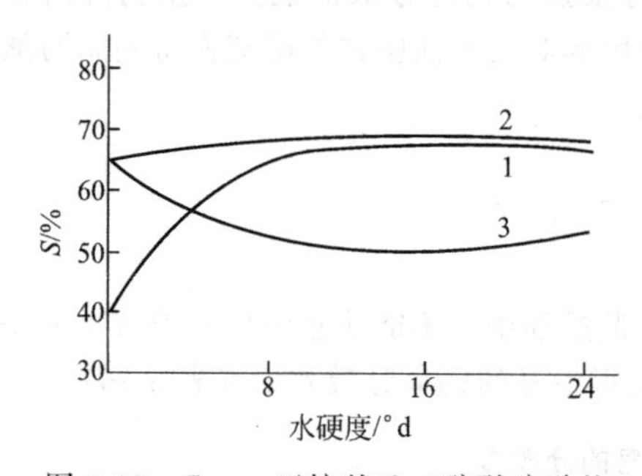

图3-18　$C_{12\sim14}$正烷基乙二醇醚硫酸盐将污垢从羊毛上的去除率S与水硬度的关系（30℃）

1—无电解质；2—硫酸钠1.5g/L；3—1.5g/L三聚磷酸钠

烷基醚硫酸盐适于配制高泡洗涤剂，适于易护理型或羊毛洗涤剂，或作泡沫浴液、洗发香波、手洗餐洗剂等。最佳碳链的长度为$C_{12\sim14}$，氧化乙烯基（EO）的摩尔数为2～3。其临界胶束的浓度比LAS低得多，在低含量下，其洗涤力都很高。

（4）有机磷酸系表面活性剂　有机磷酸酯表面活性剂具有优良的抗静电性、乳化性、洗涤性、泡沫性、分散性、防锈性、螯合性、润滑性、加溶性、缓蚀性，并且毒性低、生物降解性好。它们是由含羟基化合物如脂肪醇、烷醇酰胺、乙氧基醇、烷基酚等与磷化剂P_2O_5、$POCl_3$、PCl_3反应而成。聚磷酸也是一种磷化剂，它是溶有游离P_2O_5的磷酸溶液。最常用的115%聚磷酸对应无水磷酸及82%～84%的P_2O_5，摩尔质量为169～173g。不同的磷化剂得到的磷酸酯产品中各个组分不同，见表3-19。

表3-19　磷化剂与磷酸酯产物组成的对应关系

原　　料	磷化剂	磷酸酯产物组成
脂肪醇，烷基酚，醇醚，酚醚，聚醚	P_2O_5	单酯、双酯为主，含少量三酯
	聚磷酸，焦磷酸	单酯占98%以上，含少量磷酸
	$POCl_3$	单酯、双酯、三酯含量取决于物料比
	PCl_3	双酯占90%以上

以P_2O_5作为磷酸化试剂的反应中，从理论上讲，当醇（醇醚或酚醚）与P_2O_5的摩尔比为3∶1时，产生等摩尔的单酯和双酯；摩尔比为2∶1时，主要产生单酯；4∶1时主要产生双酯。而实际上，不论哪种摩尔比，均不可能产生纯的单双酯，而是各类酯的混合物。

磷酸酯表面活性剂与其他表面活性剂一样，如果引入硅原子会降低表面张力，而如果引入氯原子，则增加阻燃功能。

3.5.3.2　非离子表面活性剂

非离子表面活性剂是在水中不离解成离子状态的两亲结构。其表面活性高，水溶液的表面张力低，临界胶束浓度低，胶束聚集数大，增溶性强，乳化力和去污力都比较好。由于在水溶液中不离解，它们不存在静电作用，在电解质存在下有着特殊行径；其疏水-亲水参数具有可调节性；具有不正规的溶解性。

非离子表面活性剂的吸附性与其疏水基的作用有关。不同于离子型表面活性剂，电解质对其吸附性无直接影响。

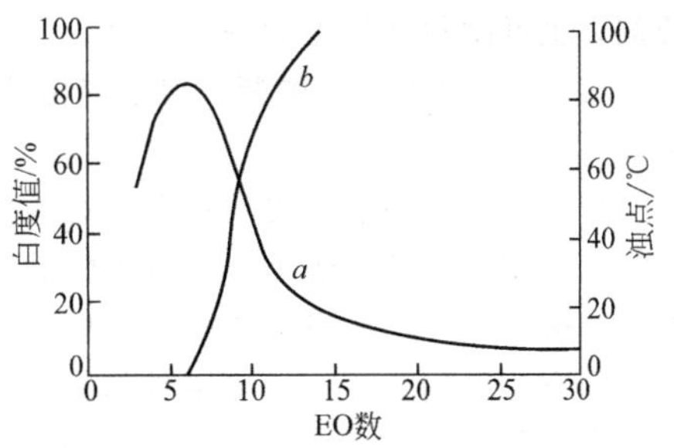

图3-19　$C_{13\sim15}$羰基合成醇的浊点和洗涤力（白度）与乙氧基化度（EO数）的关系
曲线a：对羊毛洗涤力30℃；水硬度16°d，浴比1∶30，30min；浓度0.75g/L表面活性剂+2.25g/L硫酸钠；
曲线b：浊点（表面活性剂浓度10g/L）

（1）聚乙二醇非离子型表面活性剂　逐步增加氧化乙烯基的数量导致分子的亲水性增加，溶解度增大。而对于离子型表面活性剂，即使有一个亲水基，就可能使得整个分子的亲水性极强，再导入一个亲水基会使其失去与疏水基的平衡，导致洗涤力迅速降低。对于一种含有两个离子型亲水基的表面活性剂，要使其显示较好的洗涤力，必须使得疏水基的碳数在20以上才可以。

对于一个疏水基已经确定的非离子表面活性剂，可通过调节乙氧基数目来调节其对于各类基质适宜的最佳洗涤力。当乙氧基数增加时，起初洗涤力随之增加，但是，乙氧基继续增加则使得洗涤力显著降低。如图3-19所示，在乙氧基化度非常高时，织物的润湿力常常下降，而疏水性极强的非离子表面活性剂的润湿力可随着乙氧基数的增加而急剧增加。

浊点是给定的非离子表面活性剂的特性，分子中乙氧基数增加时，其浊点增高。对于一个给定的非离子表面活性剂，当温度超过浊点太多时，其吸附力（实际表现在洗涤力上）呈下降趋势。其原因在于洗涤活性物从水溶液中分离出来，在水中的溶解度减少。常温洗涤中，浊点低的非离子表面活性剂的洗涤力要比浊点较高的表面活性剂的洗涤力要好，表3-20说明，当使用温度接近浊点时，可得到最佳洗涤力。

表3-20　醇醚的浊点与其洗涤力（反射率/%）的依赖关系

表面活性剂	浊点/℃	棉纤维		树脂改性棉纤维		聚酯-棉纤维	
		60℃	90℃	60℃	90℃	60℃	90℃
$C_{11\sim15}$仲醇9EO(EO9)	59	71	53	69	55	65	48
$C_{9\sim11}$羰基合成醇(EO7)	61	57	44	66	52	53	43
油醇-鲸蜡醇(EO10)(碘价45)	89	60	68	70	72	57	67
$C_{13\sim15}$羰基合成醇(EO11)	88	54	69	67	69	53	58

注：表面活性剂浓度0.75g/L，水硬度16°d，30min。

电解质使非离子表面活性剂的浊点降低。对于非离子-离子表面活性剂的二元体系，甚至极少量的离子型表面活性剂就可以使非离子表面活性剂的浊点大幅度地增加或减少。

非离子表面活性剂取得高洗涤活性的原因在于有较低的临界胶束浓度（*cmc*）和洗涤合成纤维时的抗污垢再沉积特性。临界胶束浓度低意味着在低浓度下仍然有着高洗涤力。表3-21是这些非离子表面活性剂的临界胶束浓度与阴离子表面活性剂的比较。

表3-21　几种表面活性剂的临界胶束浓度（*cmc*）的比较

表面活性剂	*cmc*/(g/L)	表面活性剂	*cmc*/(g/L)
LAS($C_{10\sim13}$烷基)	0.65	$C_{12\sim14}$脂肪醇(EO2)硫酸盐	0.30
$C_{12\sim17}$烷基磺酸盐	0.35	壬基酚(EO9)	0.049
$C_{15\sim18}$α-烯基磺酸盐	0.30	油醇-鲸蜡醇(EO10)(碘值45)	0.035

烷基酚聚氧乙烯醚（APEO）主要是辛基、壬基和十二烷基酚聚氧乙烯醚，其特点是对于油污和脂肪的清除率高。但是它们的生物降解程度低，对鱼和水生物有毒性，甚至已经有一些国家开始在洗涤剂配方中禁用APEO。

聚氧乙烯醚的分子中的一个或多个乙氧基被丙氧基来代替，就增加了分子的亲油性，并且改善了泡沫性能，这种结构见于环氧乙烷和环氧丙烷嵌段共聚物。对于低浊点的产品，添加水溶助长剂，也可制得高浊点的洗涤产品。

（2）聚氧乙烯脂肪酸酯　聚乙二醇脂肪酸酯具有良好的去污力、较低的泡沫和较好的生物降解性。

生产方法有肪酸直接与环氧乙烷反应，或脂肪酸与聚乙二醇反应，这两种方法都易于得到的单酯、双酯、聚乙二醇为 2∶1∶1 的混合物。其中双酯和聚乙二醇全属于副产品。将聚乙二醇首先制成硼酸酯，然后再与脂肪酸反应，最后将硼酸酯水解，得到较高纯度的单酯产品。还有相对简便的方法是用聚乙二醇单甲醚与脂肪酸脂反应，合成较高纯度单酯。

在20℃时洗涤20min对含不同EO数的聚乙二醇和不同脂肪酸所生成的脂肪酸酯与去污力之间的比较说明，硬脂酸酯的去污力稍低。

月桂酸酯、棕榈酸、和硬脂酸的PEG 600酯的浊度都在50℃以下。而泡沫均比AEO9要低。这些对于作为低温、低泡洗涤剂的主原料都是很有利的。起泡力依次降低的次序为：AEO9＞CMEE＞月-600＞棕-600＞硬-600。AEO9和月-600的泡沫稳定性较好。

在低含量（质量浓度＜4%）时，PE-3的去污力较其他样品的去污力好；棕-600和月-600在质量浓度小于3%时比AEO9的去污力要好；但在高含量（质量浓度＞5%）时，月-600的去污力比AEO9效果好；而棕-600在高含量时则比AEO9去污效果差。因此在实际应用过程中，月-600既适合低浓度的洗涤剂配方，也适于高含量的配方中；棕-600则比较适于低浓度配方。

（3）烷基苷型非离子表面活性剂　烷基苷型非离子表面活性剂（APG）是以可再生原料为基础而制得的非离子表面活性剂。

通常，APG可用缩醛结构来表述。式中R为C_8～C_{16}的脂肪醇基。葡糖苷化度（即每个烷基所结合的葡萄糖单元平均数）在1.1～3之间，实际产物是烷基低聚葡糖苷的混合物。

APG既可用一步法（即用葡萄糖或一水葡萄糖的糖苷化方法）制得，也可用比较简单的糖苷交换法（即用合适的长链醇与短链APG进行糖苷交换）来制备，如图3-20所示。APG的三大类不同异构体决定了它是一种组成很复杂的产品：α-和β-立体异构体、1,6键和1,4键的键异构体以及环的异构体。

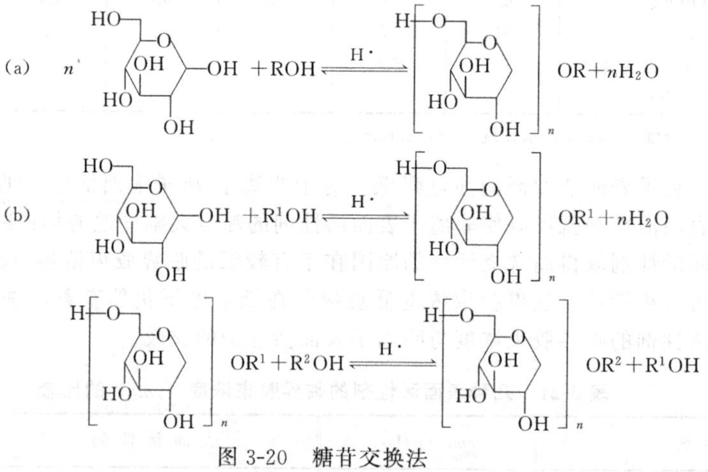

（a）n 葡萄糖 + ROH ⇌(H⁺) [糖单元]$_n$OR + nH_2O

（b）葡萄糖 + R^1OH ⇌(H⁺) [糖单元]$_n$$OR^1$ + nH_2O

[糖单元]$_n$$OR^1$ + R^2OH ⇌(H⁺) [糖单元]$_n$$OR^2$ + R^1OH

图3-20　糖苷交换法

（a）一步法；（b）糖苷交换法

APG兼有非离子和阴离子表面活性剂的特征。0.1%十二烷基苷水溶液的表面张力为22.5mN/m，而同样条件下的TX-10（聚氧乙烯辛基酚醚）的表面张力为29.5mN/m。脂肪醇聚氧乙烯醚不溶于碱溶液，在10%的碱溶液中分成两相；而APG在浓碱和电解质溶液中仍然保持较高的表面活性。APG泡沫丰富，与阴离子表面活性剂类似，受水的硬度影响比较大，这点有别于聚氧乙烯醚非离子表面活性剂。它的去污力与LAS和TX-10接近，也受水的硬度影响。它与阴离子、非离子、阳离子表面活性剂复配具有协同效果，还能降低其他表面活性剂的刺激性。

APG在某些阴离子表面活性剂（如FAS和AES）中，其不对称的胶束形状使其具有异常高

的黏度。因此，将 APG 与其他表面活性剂（特别是那些能被电解质增稠的表面活性剂）一起复配，就容易配制成高黏度的产品。同样，APG 与水溶性聚合物也可得到高黏度产品。

APG 与聚氧乙烯脂肪醇醚不同，它没有凝胶现象，它还具有杀菌、提高酶活力的性能。APG 可用于手洗餐具洗涤剂、液体洗涤剂、织物洗涤剂、香波、浴液中。

(4) 脂肪酸烷醇酰胺（FAA）　这一类最重要的是脂肪酸的乙醇酰胺：

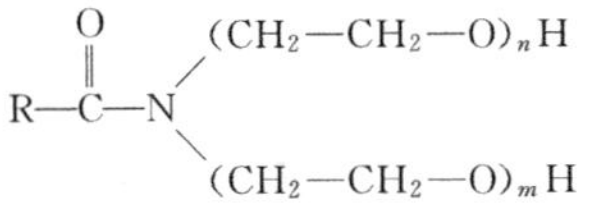

$$R-\overset{O}{\overset{\|}{C}}-N\begin{cases}(CH_2-CH_2-O)_nH\\(CH_2-CH_2-O)_mH\end{cases}\quad R=C_{11\sim17},\ n=1,2,\ m=0,1$$

高碳脂肪酸衍生的产品熔点高，不容易溶解，而在脂肪基相同时，单乙醇酰胺不易溶解。但是在有其他表面活性剂共存时，它们都容易溶解。这类产品没有浊点，能够使得表面活性剂水溶液变稠。它还能够稳定洗涤剂的泡沫，提高洗涤剂的洗涤力和携污能力，还能防止皮肤干燥，对于动植物油脂、矿物油污垢都有较好的祛除能力，它还具有抑制烷基苯磺酸钠氧化变质的功效。另外，还能抑制钢铁生锈，使纤维织物柔软和具抗静电性。

1mol 脂肪酸同 2mol 二乙醇胺反应的烷醇酰胺产品称作 Ninol。2∶1 型烷醇酰胺产品除了含有烷醇酰胺（60%）之外，还有胺的单酯和双酯（10%）、酰胺的单酯和双酯（10%）、游离酸（作为二乙醇胺盐，5%），还有二乙醇胺分子间缩合物 *N*,*N*-二（2-羟乙基）哌嗪。如果采用脂肪酸甲酯替代脂肪酸与二乙醇胺反应可以得到高含量的产品。

(5) 氧化胺　有时将其放入阳离子表面活性剂部分。氧化胺的一般制造工艺是用双氧水对各种烷基胺进行氧化。氧化胺对皮肤温和。尽管具有很好的洗涤力，但成本高、热稳定性不好，具有过高的泡沫稳定性，使其常用于洗发香波等产品。氧化胺还有如下几种：

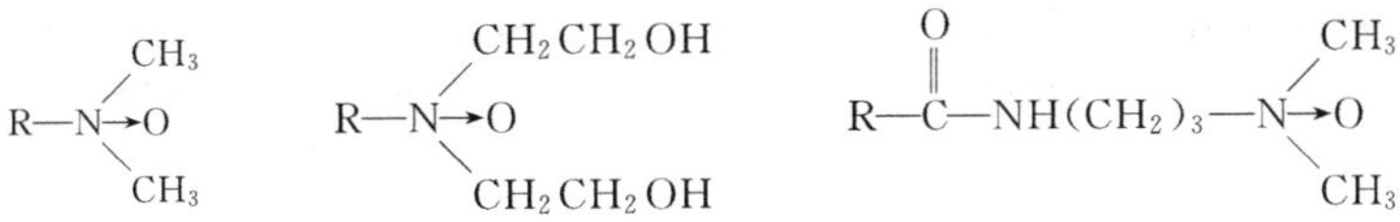

$$R-N(CH_3)_2\rightarrow O$$

二甲基氧化胺

$$R-N(CH_2CH_2OH)_2\rightarrow O$$

烷基二乙醇基氧化胺

$$R-\overset{O}{\overset{\|}{C}}-NH(CH_2)_3-N(CH_3)_2\rightarrow O$$

烷酰丙胺二甲基氧化胺

氧化胺的 N→O 结构，使其具有较高的离子化倾向，在酸性溶液中作为阳离子，在中性或碱性水溶液中由于离子化倾向减弱，则为非离子。因而氧化胺适于广泛的 pH 值范围。

氧化胺与阴离子表面活性剂 LAS 以摩尔比 3∶2 混合时，可降低单个物质的临界胶束浓度，具有增黏、使泡沫细腻稳定的效果。当它与 AOS 或 AES 复配时，在较宽 pH 值范围内保持透明。

当 pH 值≤5 时，可使用烷基酰胺丙基二甲基氧化胺；当 pH 值≥7 时，使用烷基二甲基氧化胺，在最佳 pH 值（6.4～7.5）条件下，它可使黏度达到非常高。

在加有氧化胺的产品中，要慎用 NaCl，否则会使黏度下降。这是由于氧化胺增黏作用机理为使 AES 的胶束增大，而氧化胺本身又是弱带电粒子，加入强离子性电解质 NaCl 后，破坏了氧化胺的电黏性作用，从而使黏度下降。

3.5.3.3　阳离子表面活性剂

具有亲水基和亲油基两亲结构，且具有表面活性、在水中能离解出阳离子的一类表面活性剂称为阳离子表面活性剂。其特性是抗静电性和柔软功能，有些还具有抗菌性。其亲水基主要为提供正电荷的氮原子或磷、硫、碘等原子。

(1) 季铵盐系阳离子表面活性剂　叔胺与烷基化试剂反应制得的含氮鎓盐称作季铵盐。

氯化铵长链阳离子表面活性剂在各种表面上显示极强的吸附特性，如图 3-21 所示（时间 20min，23℃，浴比 1∶10）。吸附性随浓度的增加而达到饱和。

阳离子表面活性剂分子带有正电荷，可减少水溶液中固体物质的负 ζ-电势，因而减少了固体-纤维之间的电荷排斥作用。如果表面活性剂的浓度较高，使得纤维表面和污垢粒子表面的电荷成为正电荷，则会重新引起污垢与纤维之间的排斥作用，从而达到去污的目的。但在后来的漂洗过程中，溶液被稀释，又引起电荷向负的方向转化。刚刚洗掉的污垢又被吸附于纤维的表面上。

由定量的阴离子表面活性剂和阳离子表面活性剂组成的混合物复配得当也可以增加洗涤效果，这一点在洗涤剂的复配规律一章再作叙述。

阳离子表面活性剂可与非离子表面活性剂混合使用制作柔软剂。但在后者的存在下，阳离子表面活性剂的吸附性大大减少，这可从图 3-22 得到证明（时间 20min，23℃，浴比 1：10)。

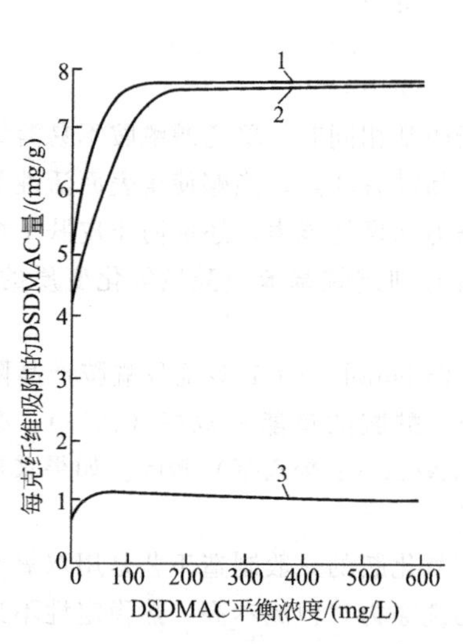

图 3-21　双十八烷基二甲基氯化铵（DSDMAC）的吸附

1—羊毛；2—棉；3—聚丙烯腈

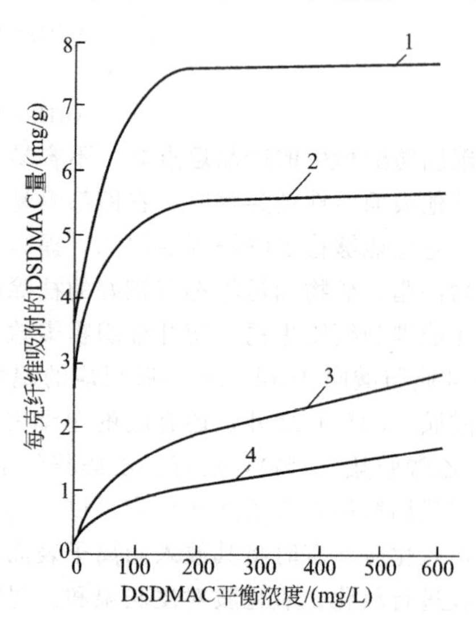

图 3-22　双十八烷基二甲基氯化铵（DSDMAC）在棉纤维上的吸附等温线

烷基聚乙二醇醚：DSDMAC：

1—0：1；2—1：1；3—8：1；4—16：1

烷基二甲基苄基氯化铵在作为柔软剂时效果很有限，但却可以作为洗涤剂中的杀菌组分，可以杀死革兰阳性菌和阴性菌，它的强吸附力使其可用于后处理剂中作为抗静电剂。

$$\left[\begin{matrix} R & & CH_3 \\ & \overset{+}{N} & \\ R & & CH_3 \end{matrix}\right] Cl^- \qquad R=C_{16\sim18}$$

(2) 有机杂环阳离子表面活性剂　典型的是咪唑啉型。它是由五元杂环咪唑啉季铵化而得，主要用于纤维柔软剂、抗静电剂和缓蚀剂等。如 1-（酰胺乙基）-2-烷基-3-甲基咪唑啉硫酸酯盐是用于漂洗中的柔软剂：

$$\left[\begin{matrix} & CH_3 & \\ & | & \\ & N—CH_2 & \\ R—C\overset{+}{\ } & & | \\ & N—CH_2 & \\ & | & \\ & CH_2—CH_2—\overset{H}{\underset{|}{N}}—\overset{O}{\overset{\|}{C}}—R & \end{matrix}\right] CH_3O—SO_3^- \qquad R=C_{16\sim18}$$

在第 9 章中织物调理剂部分将继续讨论阳离子表面活性剂。

3.5.3.4　两性表面活性剂

两性表面活性剂兼有阴离子和阳离子两种基团，既有阴离子表面活性剂的洗涤作用，又具有阳离子表面活性剂的对织物的柔软作用。它易溶于水、耐硬水、对皮肤刺激小，有较强的杀菌力和发泡力，适宜做泡沫清洗剂，多用于洗涤丝毛织物和洗发香波中。

两性离子表面活性剂的性能取决于自身结构与溶液的酸碱度。在酸性溶液中，它显示阳离子性；在碱性溶液中，显示阴离子性；在“中性”，即两性表面活性剂溶液中呈现中性的 pH 值

——等电点时，显示非离子性质。因为分子中阴、阳离子强度不一定平衡，所以等电点时，未必是 pH 值为 7。根据等电区域的不同，两性表面活性剂分为 4 类。

① AC类型　强阳离子-强阴离子型，等电区在 pH 值为 7 附近，等电区较窄。

② aC类型　弱阴离子-强阳离子类型，等电区的 pH 值>7，等电区较宽。

③ Ac类型　强阴离子-弱阳离子类型，等电区的 pH 值<7，等电区较宽。

④ ac类型　弱阴离子-弱阳离子类型，等电区的 pH 值在 7 附近，等电区最宽。

羊毛本身就是两性化合物，在等电点洗涤比较有利，称之为等电点洗涤。

(1) 甜菜碱类两性表面活性剂　甜菜碱类两性表面活性剂最早是从甜菜起始得到的，工业上采用烷基二甲基叔胺与卤代乙酸盐反应制得。

$$RN(CH_3)_2 + ClCH_2COONa \longrightarrow RN^+(CH_3)_2CH_2COO^- + NaCl$$

常用的还有十八烷基二甲基甜菜碱和十二烷基二羟乙基甜菜碱。

十二烷基甜菜碱的等电区域 pH 值为 6～8，其增泡、稳泡性能比烷醇酰胺强得多，而且对酸、碱稳定，耐硬水，广泛用于高级洗涤剂和高级洗发香波中。

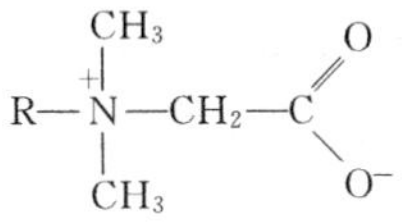

$$R-\overset{+}{N}(CH_3)_2-CH_2-C(=O)O^- \quad R=C_{12}\sim C_{18}$$

烷基甜菜碱

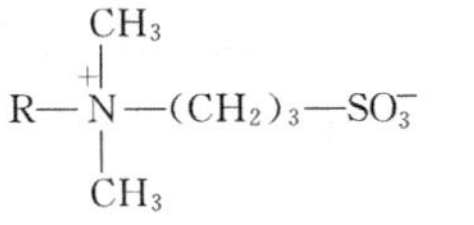

$$R-\overset{+}{N}(CH_3)_2-(CH_2)_3-SO_3^- \quad R=C_{12}\sim C_{18}$$

烷基磺基甜菜碱

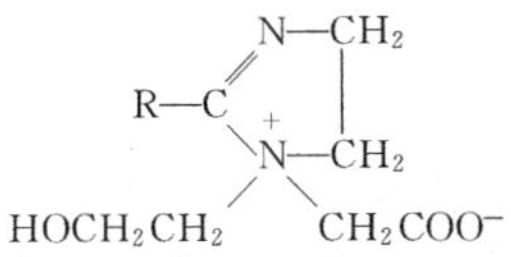

$$R-C\!=\!N-CH_2-CH_2-\overset{+}{N}(CH_2CH_2OH)(CH_2COO^-)\ (\text{环})$$

羧酸咪唑啉

由于分子中存在内季铵盐，其溶解度不随着 pH 值下降。另外，它们有别于一般属于外季铵盐的季铵盐阳离子表面活性剂，其正电荷不会被中和而形成沉淀。例如十二烷基甜菜碱(C12BE)与阴离子表面活性剂十二烷基硫酸钠复配体系中，其界面活性表现出突出的增效效应。椰油基磺丙基甜菜碱(CoSB)对皂基混合物的去污力呈现出增效作用。

在润湿力和乳化力上，甜菜碱表面活性剂一般不具有突出的作用。

(2) 咪唑啉型两性表面活性剂　咪唑啉型两性表面活性剂具有优异的表面活性、皮肤相容性及环境的友好性。当代对咪唑啉两性表面活性剂的结构认识也由环状走向开链结构。只是由于中间体咪唑啉环的形成，习惯上仍沿用此名。其中 1-羟乙基-2-烷基咪唑啉衍生物是合成咪唑啉两性表面活性剂的重要中间体，也是后者以此命名的原因。

羧基咪唑啉的制法通常是将脂肪酸与多胺缩合，消除 2mol 水形成咪唑啉环，再进一步烷基化引入羧酸基、磺酸基或磷酸基等阴离子基团。

由于无机盐 NaCl 的存在，使两性咪唑啉的刺激性增强，于是促进了无盐型产品的发展。无盐型咪唑啉可以用无水丙烯酸或丙烯酸甲酯与 2-烷基-1-羟乙基咪唑啉反应而得。

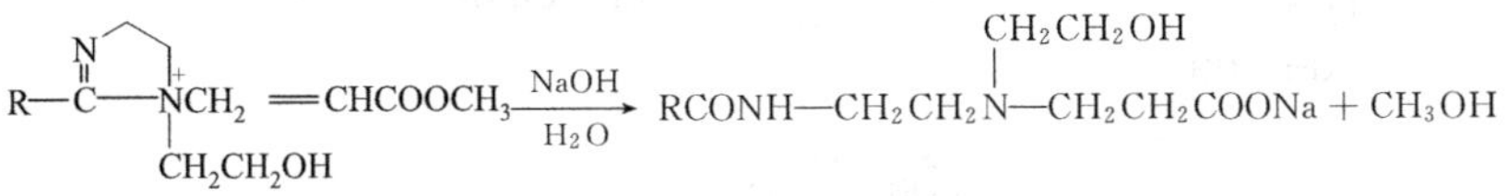

$$R-C(=N)-\overset{+}{N}(CH_2CH_2OH)\ (\text{环}) + CH_2=CHCOOCH_3 \xrightarrow[H_2O]{NaOH} RCONH-CH_2CH_2N(CH_2CH_2OH)-CH_2CH_2COONa + CH_3OH$$

无盐型咪唑啉两性表面活性剂安全性高、毒性低、刺激性小。还不受水的硬度影响，能溶解钙皂，在低浓度下具有除去沥青和煤焦油的能力。而且它还具有较强的防锈能力和缓蚀能力。它在 12h 内可降解 90%以上，而 LAS 要 30 天才降解 60%。它在仅仅含量 1%的情况下也显示出抗菌作用。

对于咪唑啉两性表面活性剂的改进品种还有硫酸型、磺酸型和磷酸型的结构。

(3) 氨基酸两性离子表面活性剂　当氨基上的氢原子被长链烷基取代后就成为氨基酸型表面活性剂。带 N 原子的亲水基阳离子携带正电荷，羧基、磺酸基、磷酸基等携带负电荷，它们在水中有明显的等电点。如以N-烷基-β氨基丙酸为例：

$$\mathrm{R\overset{+}{N}H_2CH_2CH_2COOH} \underset{H^+}{\overset{OH^-}{\rightleftharpoons}} \mathrm{R\overset{+}{N}H_2CH_2CH_2COO^-} \underset{H^+}{\overset{OH^-}{\rightleftharpoons}} \mathrm{RNHCH_2CH_2COO^-}$$

$$\underset{(阳离子型)}{pH<4} \qquad \underset{(两性型)}{pH=4} \qquad \underset{(阴离子型)}{pH>4}$$

氨基酸型两性表面活性剂包括氨基羧酸型、氨基磺酸型、氨基硫酸型和氨基磷酸型，其中以氨基羧酸型种类最多，数量最大。

十二胺与丙烯酸甲酯反应生成十二烷基丙酸甲酯，之后水解制得十二烷基氨基丙酸。

$$\mathrm{RNH_2 + CH_2{=}CH{-}COOCH_3 \longrightarrow RNHCH_2CH_2COOCH_3 \xrightarrow[OH^-]{H_2O} RNHCH_2CH_2COO^- + CH_3OH}$$

磷酸型氨基酸型表面活性剂被认为从皮肤溶出的氨基酸量少，脱脂量低，毒性和刺激性特别低，表面活性、乳化润湿性能良好。一种合成方法是以脂肪酸与二乙醇胺反应后，经过磷酸化得到磷酸-单-2-[2-(脂肪酰氧基) 乙氧基] 乙酯二甲盐。其表面性能、柔韧性、抗静电性以及对织物抗泛黄的影响与脂肪酸结构有关。月桂酸产品的*cmc*、抗静电性、抗静电半衰期、抗泛黄程度（白度）分别为42.3×10^{-4} mol/L、20V、0.9s和104.5%，而硬脂酸产品分别为40.2×10^{-4}mol/L、65V、1.0s和103.5%。

$$\mathrm{RCOOH + HOCH_2CH_2NHCH_2CH_2OH \xrightarrow{H_3PO_4} RCOOCH_2CH_2NHCH_2CH_2OH \xrightarrow{磷酸化试剂}}$$

$$\mathrm{RCOOCH_2CH_2NHCH_2CH_2O\overset{O}{\overset{\|}{P}}(OH){-}OH \xrightarrow{KOH} RCOOCH_2CH_2\overset{+}{N}H_2CH_2CH_2O\overset{O}{\overset{\|}{P}}(OK){-}O^-}$$

3.5.3.5 天然表面活性剂

（1）茶皂素　民间早有使用茶饼粕泡水洗衣、洗发的习惯。茶皂素又名茶皂苷，是从山茶科植物（如茶、山茶、油茶）中提取出来的一类皂苷类化合物，属于非离子型天然表面活性剂。茶籽榨油后的饼粕是提取茶皂素很经济的原料，油茶饼中含有10%～15%的油茶皂素。

茶皂素分子式$C_{57}H_{90}O_{26}$，分子量1191.28，熔点224℃，表面张力为47～51mN/m，活性物含量≥60%时的pH值为5.0～6.5。油茶皂素由葡萄糖醛酸、阿拉伯糖、木糖及半乳糖组成，结构酸是由反顺白芷酸及醋酸组成。茶皂角苷一端为疏水的脂肪酸基团，另一端为结构糖，结构酸亲水基团，具有吸附和胶团化能力。茶皂素的HLB值为10.6，在分散、发泡、去污等方面均有较好的性能，是制备水包油型（O/W）乳液的良好乳化剂，可用来做乳化剂、洗涤剂、发泡剂、分散剂、润湿剂、洗发剂、清洗剂、柔软剂等。

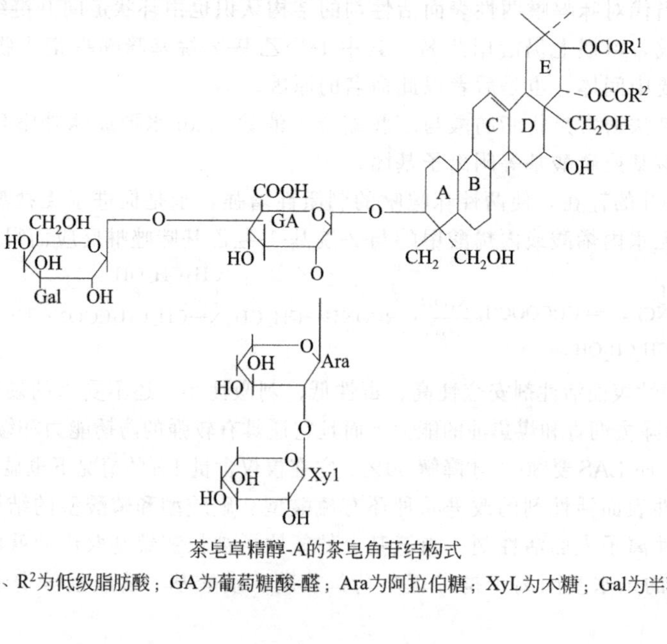

茶皂草精醇-A的茶皂角苷结构式

(R^1、R^2为低级脂肪酸；GA为葡萄糖酸-醛；Ara为阿拉伯糖；XyL为木糖；Gal为半乳糖)

茶皂角苷属于三萜类皂角苷，对甲基红明显呈酸性。它在碱性和酸性中的水解产物不同。在乙醇溶液中，在210nm、270nm、358nm有较强的紫外吸收。

茶皂素的起泡能力和泡沫稳定性随溶液的pH值的增加而增加，在酸性较强（pH＜4）的溶液中，茶皂素的泡沫性能较差。茶皂角苷的起泡能力几乎与水的硬度无关。

油茶皂素生产一般采用有机溶剂提取和热水浸出两种办法，用溶剂提取油茶皂素一次浸出的皂素含量高于热水浸出法。溶剂提取中饼粕含水量宜小于7%。溶剂温度40～50℃。

在热水浸出法中，浓缩、精制皂苷溶液，除去其他小分子物质，如游离糖、盐等。

茶皂素水溶液呈微酸性，复配后的茶皂素洗涤剂适合于含天然蛋白质的丝、毛、发、绒等物的洗涤。油茶皂素洗发剂具有抗静电易梳理、止痒、去头屑、消炎以及光亮柔软、护发护肤性。由于茶皂素具有浅部抗真菌作用，可用它制成茶皂素营养霜、花露水、奶液等系列化妆品。用低分子有机硅改性茶皂素可以做成低表面活性的可降解表面活性剂，用于护肤化妆品、餐具洗涤剂等。

（2）磷脂型两性表面活性剂　磷脂是存在于生物界的一类天然表面活性剂，是人体细胞膜的重要组分，是生命的基础物质。人脑组织中含有约30%左右的磷脂，其中60%为脑磷脂，20%为卵磷脂，20%为神经磷脂。磷脂具有良好的表面活性，特别在脂质介质中具有特有的表面性质与功效。表3-22是一些磷脂型表面活性剂的结构与分布。

表3-22　几种磷脂型两性表面活性剂的结构及分布

名　称	结　构	分　布
α-磷脂酰胆碱（卵磷脂，PC）	$R^1—C(=O)—OCH(CH_2O—COR^2)—CH_2OP(=O)(O^-)—OCH_2CH_2\overset{+}{N}(CH_3)_3$	动植物及微生物体内，大豆中占21%，卵黄中占8%～10%
α-磷脂酰乙醇胺（脑磷脂，PE）	$R^1—C(=O)—OCH(CH_2O—COR^2)—CH_2OP(=O)(O^-)—OCH_2CH_2\overset{+}{N}H_3$	动物脑、心脏、肝脏中，动物脑中占4%～6%
磷脂酰-*N*-(2-羟乙基)丙氨酸磷脂	$R^1—C(=O)—OCH(CH_2O—COR^2)—CH_2OP(=O)(O^-)—OCH_2CH_2—\overset{+}{N}H_2—CH(CH_3)COOH$	原虫类体内
磷脂酰丝氨酸	$R^1—C(=O)—O—CH(CH_2OCOR^2)—CH_2OP(=O)(O^-)—OCH_2CH(^+NH_3)COOH$	动植物及微生物中
氨基酰磷脂酰甘油酯	$R^1—C(=O)—O—CH(CH_2OCOR^2)—CH_2O—P(=O)(O^-)—OCH_2CHOH—CH_2—O—C(=O)—CH(R)—\overset{+}{N}H_3$	微生物中

续表

名　　称	结　　构	分　布
N-酰鞘氨醇磷脂酰胆碱（神经鞘磷脂）	$HO-CH-CH=CH-(CH_2)_{12}CH_3$ $R^1-\overset{O}{\overset{\|}{C}}-NH-CH$ $CH_2-O\overset{O}{\overset{\|}{P}}(O^-)-OCH_2CH_2-\overset{+}{N}(CH_3)_3$	动物中常见
N-酰鞘氨醇磷脂酰乙醇胺	$HO-CH-CH=CH-(CH_2)_{12}CH_3$ $R^1-\overset{O}{\overset{\|}{C}}-NH-CH$ $CH_2-O\overset{O}{\overset{\|}{P}}(O^-)-OCH_2CH_2-\overset{+}{N}H_3$	昆虫及厌氧菌中

磷脂的生物活性主要在于它的有序-无序相变。它们可以形成液晶，包括热致液晶和溶致液晶。所谓脂质体就是磷脂的一种液晶，是由磷脂双分子层构成球状泡囊，中间包裹着水，利用无水磷脂的相变，可以说明磷脂泡囊的有序-无序相变过程以及水在其中所起的作用。

商品卵磷脂主要成分是甘油三酯、磷脂物［磷脂酰胆碱（PC）、磷脂酰乙醇胺（PE）和磷脂酰肌醇（PD）］，其次还有糖类、游离脂肪酸、甾醇色素等。

大豆卵磷脂的制备有油脂脱胶法和溶剂联合法制备工艺。

改性磷脂是保持磷脂的表面活性，又有一定特性的磷脂合成产物。根据商品的流动状态不同又分为膏状、粉状、流动液体状、胶丸状等。

3.5.4　新型表面活性剂

3.5.4.1　Gemini表面活性剂

Gemini在天文学上意思为双子星座，借用在此形象地表达了这类表面活性剂的分子结构特点，故称双子表面活性剂。

从分子结构看，Gemini型表面活性剂又相似于两个表面活性剂分子的聚结，故有时又称为二聚表面活性剂（dimericsurfactants），它们是由两个或两个以上相同或几乎相同的两亲分子，在其头基或靠近头基处由连接基团通过化学键连接在一起构成的。有两种类型：连接基团直接连接在两个亲水基上，另一类是连接基团在非常靠近亲水基的地方连接两条疏水基，其结构如下图所示。

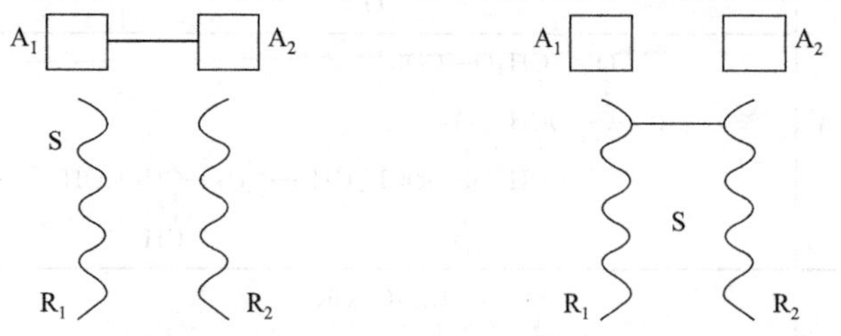

(A_1，A_2:亲水基；S:连接基团；R_1，R_2：疏水基)

传统提高表面活性剂的表面活性的方法，一是物理方法降低表面活性剂分子（离子）亲水基间的静电力与水化层斥力，如在水溶液中加入无机盐（对离子型表面活性剂效果明显）或升高体系温度（对聚氧乙烯基的亲水基效果明显）；二是利用适宜表面活性剂亲水基之间的吸引作用促进两者之间的相互作用，典型的例子是正/负离子表面活性剂按一定比例复配。但是后者由于亲水基的电性中和易产生沉淀。而Gemini表面活性剂结构恰似这种复配作用。

增加传统表面活性剂的链长可提高表面活性，但会导致其Krafft点上升，水溶性下降；而要降低Krafft点和提高水溶性，往往要牺牲一定的表面活性。而Gemini表面活性剂的结构带有柔性隔离基团，使其可以同时具有高表面活性、低Krafft点和好的水溶性。

同样，Gemini表面活性剂与具有相同亲水基的传统表面活性剂相比，具有更好的润湿能力和快速的润湿能力。其溶油能力也较传统表面活性剂强，起泡力和泡沫稳定力也更好。但 Gemini 表面活性剂联结基团中的氧原子有降低表面活性剂复配体系协同效应的作用。

最早工业化的阴离子 Gemini 表面活性剂是烷基二苯醚磺酸盐，属于刚性基团联结。它们的合成工艺包括烷基化和磺化两部分反应如下。

$$RCH{=}CH_2 + \text{C}_6\text{H}_5\text{—C}_6\text{H}_5 \xrightarrow{AlCl_3} RCH{=}CH_2\text{—C}_6\text{H}_4\text{—C}_6\text{H}_4\text{—}CH_2{=}CHR$$

$$R\text{—Ph—Ph—}R + 2ClSO_3H \longrightarrow R\text{—Ph}(SO_3H)\text{—Ph}(SO_3H)\text{—}R$$

C_{16}-MADS（单烷基二苯醚双磺酸盐）在硬水中的洗涤能力最强。（$C_{10}\sim C_{12}$）-MADS（双烷基二苯醚单磺酸盐）居中，在较高水硬度下，以上两种的洗涤能力均强于 LAS。

向酒石酸衍生物分子中引入疏水链，再水解得到即可得到 Gemini 羧酸型表面活性剂：

$$ROOCCH(OH)\text{—}CH(OH)COOR \xrightarrow{R'O\text{—C}_6\text{H}_4\text{—Br}} ROOCCH(O\text{—C}_6\text{H}_4\text{—}OR')\text{—}CH(O\text{—C}_6\text{H}_4\text{—}OR')COOR \xrightarrow[H_2O]{NaOH} NaOOCCH(O\text{—C}_6\text{H}_4\text{—}OR')\text{—}CH(O\text{—C}_6\text{H}_4\text{—}OR')COONa$$

$$ROOCCH(OH)\text{—}CH(OH)COOR \xrightarrow{R'OCH_2Cl} ROOCCH(OCH_2OR')\text{—}CH(OCH_2OR')COOR \xrightarrow[H_2O]{NaOH} NaOOCCH(OCH_2OR')\text{—}CH(OCH_2OR')COONa$$

磷酸盐型 Gemini 表面活性剂的合成，可将二元醇与 $POCl_3$ 反应，而后与脂肪醇反应，水解脱氯，最后用 NaOEt/EtOH 处理，如双十二烷氧基双磷酸盐 Gemini 表面活性剂的合成：

$$HO(CH_2)_nOH \xrightarrow[NEt_3,\ THF]{POCl_3,\ 30min} Cl\text{—}P(O)(Cl)\text{—}O(CH_2)_nO\text{—}P(O)(Cl)\text{—}Cl \xrightarrow[THF,\ N_2]{NEt_3,\ C_{12}H_{25}OH}$$

$$Cl\text{—}P(O)(OC_{12}H_{25})\text{—}O(CH_2)_nO\text{—}P(O)(OC_{12}H_{25})\text{—}Cl \xrightarrow{H_2O} HO\text{—}P(O)(OC_{12}H_{25})\text{—}O(CH_2)_nO\text{—}P(O)(OC_{12}H_{25})\text{—}OH \xrightarrow{NaOEt/EtOH} NaO\text{—}P(O)(OC_{12}H_{25})\text{—}O(CH_2)_nO\text{—}P(O)(OC_{12}H_{25})\text{—}ONa$$

由亚甲基连接的烷基酚聚氧乙烯醚与原料烷基酚聚氧乙烯醚相比去性质有了明显的变化：去污力提高了，表面张力降低了，泡沫减少了，浊点降低了去污力提高了。

它可以采用直接用烷基酚聚氧乙烯醚与甲醛催化缩合，也可以首先烷基酚醚进行亚甲基化，而后进行乙氧基化。

$$C_9H_{19}\text{—C}_6\text{H}_4\text{—}O(CH_2CH_2O)_{10}H + CH_2O \xrightarrow{缩合} [C_9H_{19}\text{—C}_6\text{H}_3\text{—}O(CH_2CH_2O)_{10}H]_2CH_2$$

阳离子型 Gemini 表面活性剂的合成方法有疏水链加入法、极性头加入法和间隔链联结法等。用二溴取代烷烃可以把两个单长链烷烃二甲基叔胺分子连接起来；在已有的 N,N,N',N'-四甲基烷基二胺中可以引入疏水基，可得到季铵盐型 Gemini 表面活性剂：

$$(CH_3)_2N\text{—}CH_2CH_2\text{—}N(CH_3)_2 + 2C_{16}H_{33}Br \longrightarrow [C_{16}H_{33}\text{—}N^+(CH_3)_2\text{—}CH_2CH_2\text{—}N^+(CH_3)_2\text{—}C_{16}H_{33}]\cdot 2Br^-$$

3.5.4.2 高分子表面活性剂

传统表面活性剂的相对分子质量为100左右，当分子质量增大到一定程度（一般1000以上），并具有表面活性剂的性质被称为高分子表面活性剂或聚合物表面活性剂。高分子表面活性剂也有两亲结构，在一个分子中，亲水基与疏水基可能有上千个，其分布也不规则，因此不能用棒状示意来描述高分子表面活性剂。

高分子阳离子表面活性剂也称聚皂，又称做氮鎓盐，主要用于织物与发用的抗静电剂。羧甲基纤维素钠（CMC）、聚乙烯吡咯烷酮（PVP）、聚羧酸盐（PAA）等高分子表面活性剂在洗涤剂中用作抗再沉积剂或螯合剂。这些品种在洗涤剂原料组成部分将进一步论述。

（1）有机糖系高分子表面活性剂

① 植物多糖系表面活性剂　纤维素是自然界储量最大的多糖高聚物，化学式为$(C_6H_{10}O_5)n$，经过化学改性，在分子中增加亲水基，可以制成多种衍生物。羧甲基纤维素钠（CMC）简称羧甲基纤维素，是经适当醚化，破坏其对称的氢键体系，而成为水溶性并且具有表面活性的产品，其表面张力见表3-23。由纤维先与碱性水溶液反应生成碱纤维素，再与醚化剂环氧乙烷反应得到的羟乙基纤维素醚（HEC），是水溶性纤维素改性物质的非离子型产品的典型代表。

表3-23　水溶性羰甲基纤维素钠的表面张力

性质项目	表面张力/(mN/m)	石蜡油中界面张力/(mN/m)
羧甲基纤维素(CMC)(1%溶液)	71	
甲基纤维素(MC)	47～53	19～23
羟丙基甲基纤维素(HPMC)	45～56	18～30
羟丁基甲基纤维素(HBMC)	49～55	20～22
羟乙基纤维素(HEC)(MS=2.5,0.1%)	66.8	25.5(0.001%矿物油)
羟丙基纤维素(HPC)(0.1%)	43.6	12.5(矿物油)
乙基羟基纤维素(EHEC)(0.1%,20℃)	55	40(石蜡-水)

淀粉与纤维素具有同样的化学式。但是淀粉与纤维素不同的是具有直链［D-葡萄糖经α-(1,6)-糖苷键联结］和支链［在支链交叉处为D-葡萄糖经α-(1,6)-糖苷键联结，其余部分为α-(1,4)-糖苷键联结］两种结构，而纤维素只有直链结构。

淀粉中的葡萄糖的羟基或羟甲基在碱性条件下与氯乙酸或其钠盐作用，发生醚化，生成阴离子型羧甲基淀粉（CMS，工业品取代度小于0.9）。

阳离子淀粉因其对于负电荷的亲和性可以作为染整剂、头发定型剂和餐具洗涤剂添加剂，其中叔胺烷基醚和季铵烷基醚性能更优越。

高纯燕麦衍生物能够成为皮肤和头发的有效调理剂。燕麦β-葡聚糖和水解蛋白质可用于香波和护肤制品中。

② 海洋生物多糖系表面活性剂　海藻多糖是红藻和褐藻中含量较高的多糖类代谢物，将其用碱处理，除去天然藻表皮纤维后，中和，精制得到海藻酸钠。海藻酸钠与钙离子发生不可逆凝胶化，但是与镁不反应。可以作为化妆品、食品的增稠剂和稳定剂。

羧甲基甲壳素是甲壳素改性产品，有保湿性和吸湿性，对皮肤和头发亲和性好，还可以加速伤口愈合，季铵化的羟丙基壳聚糖（甲壳胺）的调理性、成膜性、配伍性和稳定性更好。

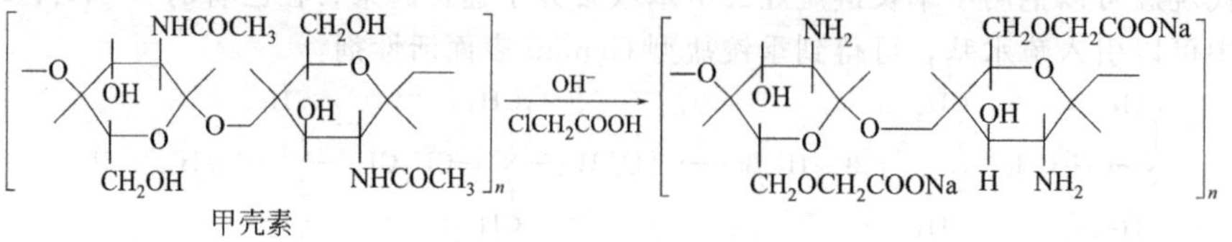

NHCOCH$_3$　CH$_2$OH　—O　OH　O　OH　O　CH$_2$OH　NHCOCH$_3$　$\xrightarrow[ClCH_2COOH]{OH^-}$　NH$_2$　CH$_2$OCH$_2$COONa　—O　OH　O　OH　O　CH$_2$OCH$_2$COONa　H　NH$_2$

甲壳素

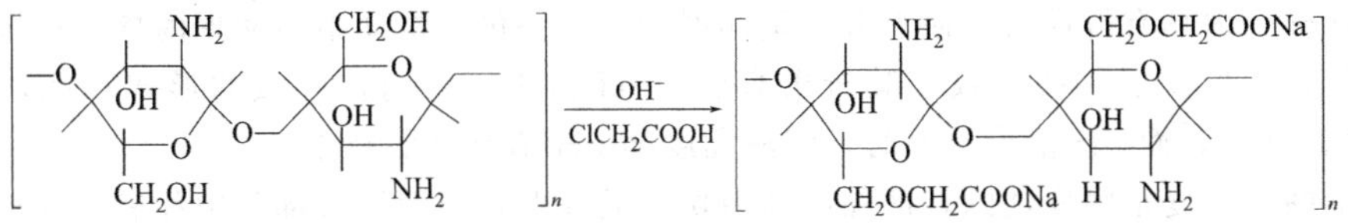

甲壳胺　　　　　　羧甲基甲壳素钠

③ 动物多糖系表面活性剂　透明质酸是一种由β-D-N-乙酰氨基葡萄糖和β-D-N-葡萄糖醛酸交互联结而成的连锁状黏多糖，属于聚氨基葡萄糖，或称聚糖胺，GAG，存在于软骨、角膜、骨髓、皮肤和血管壁等结缔组织中，是细胞外间质的主要成分。硫酸软骨素也属于这一类物质。它们是护发和护肤用品的有效成分。2%的透明质酸水溶液能牢固地保持98%的水分，生成类凝胶，能被稀释，表现出黏弹的流动液体，并具有假塑性，形成具有黏弹性的聚合物网络。

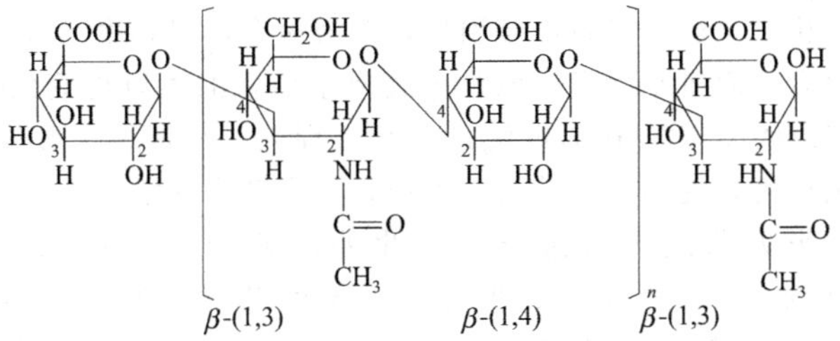

β-(1,3)　　β-(1,4)　　β-(1,3)

透明质酸

M=10000～50000

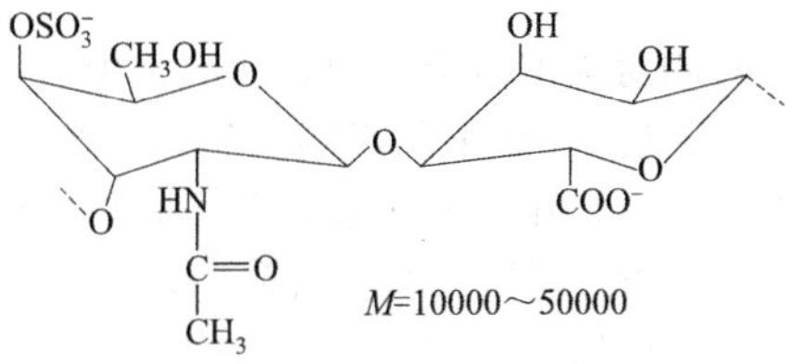

N-乙酰-β-D-氨基葡糖-4-硫酸　　β-D-葡萄糖醛酸

硫酸软骨素A的双糖重复单元

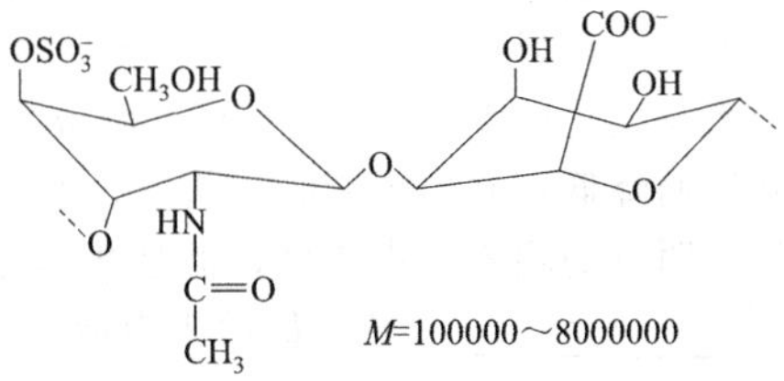

M=100000～8000000

硫酸软骨素B(即硫酸皮肤素)的双糖重复单元

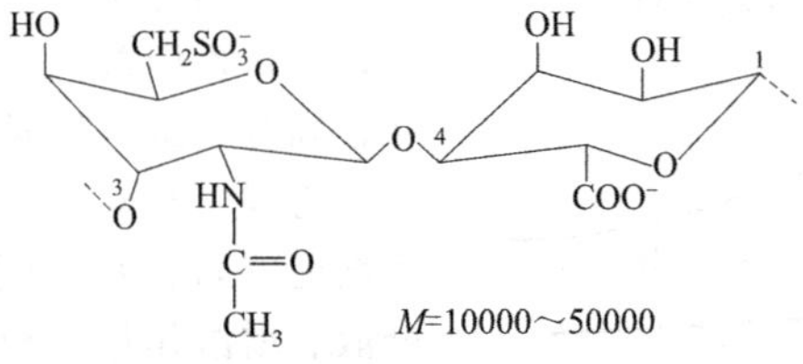

M=10000～50000

N-乙酰-β-D-葡萄糖-6-硫酸　　β-D-葡萄糖醛酸

硫酸软骨素C的双糖重复单元

(2) 有机羧酸系高分子表面活性剂　有机羧酸系高分子表面活性剂的亲水基是多个羧基（—COOH）、羧酸根（$—COO^-$）或经过水解后形成多个羧基或羧酸根的基团，如氰基（—CN）、酰胺基（$—COONH_2$）、酯基（—COOR）等。它们能够降低水的表面张力或油水界面张力，溶于水后带有大量电荷，又有聚电解质或水溶性高分子之称。聚丙烯酸钠水溶液的黏度不同于一般性高分子，η_{sp}/c（η为比浓黏度，c 为聚皂浓度）与 c 成线性关系，这是由于高分子表面活性剂所带电荷在分子内具有排斥力，使得分子呈伸展状态。一价无机盐不会使聚丙烯酸钠沉淀，但使其黏度降低，二价以上的盐可致使其析出凝胶。pH值小于9时，以酸的形式存在，其黏度随pH值升高而增大，而pH值大于9时，溶液黏度随pH值升高而减小。

聚丙烯酸的浓度是触变性的，即黏度经剪切后而降低，当溶液被部分中和后，这种触变性尤为明显。但聚甲基丙烯酸具有负的触变性，即连续剪切后溶液的黏度增大，有时甚至可以增加到几百倍，这在聚合物溶液中是罕见的。

聚丙烯酸盐分子链上多羧酸根负离子—COO^-与阳离子的亲和力大于单体的—COO^-与相同阳离子的亲和力，且对于阳离子的螯合作用随皂化程度增大而增大。

因此这类高分子表面活性剂的分散、悬浮、增稠、絮凝、成膜、黏结等性质应用得很广泛，不同的分子量适宜不同的用途。

马来酸盐均聚物是由马来酸酐经自由基引发，溶液聚合而得到聚马来酸酐，再经水解得到产物。采用先水解，后聚合，双氧水引发，微量金属离子催化的可以得到低分子量窄分布M约为400～800的酸型聚马来酸酐，适合作为助洗剂和水处理剂。在聚马来酸分子中引入疏水基团可以降低聚电解质的电荷密度，使亲水亲油得到平衡，提高其表面活性。

聚马来酸的表面张力曲线出现最低点，此处的低分子表面活性剂的浓度较高（约10^{-6}）；又有最高点（约10^{-5}），其表面张力随着温度升高而升高，而加入电解质后下降。不同的引发剂和引发剂的含量对于碳酸钙垢的分散力有影响。引发剂含量增加，即分子量降低，分散作用增强。

聚马来酸水溶液中和时，其相对黏度将会增加，达到半中和点时，黏度达到极大值，然后又下降。其黏度受到多种因素，如温度、pH值的影响，具有触变性。

加入电解质使体系的等电点降低，压缩双电层，分子间作用增强，黏度增大。温度升高，分子运动加快，活性物与溶剂分子作用减弱，黏度下降。按使活性物黏度下降的顺序电解质排序为：$Al_2(SO_4)_3 > NaCl > CaCl_2$。剪切速度加快，共聚物黏度降低，具有触变性。

(3) 高分子表面活性剂的性质　高分子表面活性剂的性质与其分子量密切相关。

在$M \geqslant 10^{-4}$时，单个分子高分子表面活性剂就能起到与小分子胶束相同的作用，可以形成与小分子相同的胶团。当浓度增加时，可形成“聚集体”，呈杂乱的无序状态。

离子型高分子表面活性剂没有明显的Kraft点，甚至聚醚或聚酯型高分子表面活性剂存在着逆溶性，其溶解度随温度的升高而降低，并出现凝胶状析出，发生相的变化。

高分子表面活性剂一般没有明显的临界胶束浓度，但是并不是降低表面活性的能力越大就是越是好的表面活性剂。图3-23是几种表面活性剂的表面活性的比较。

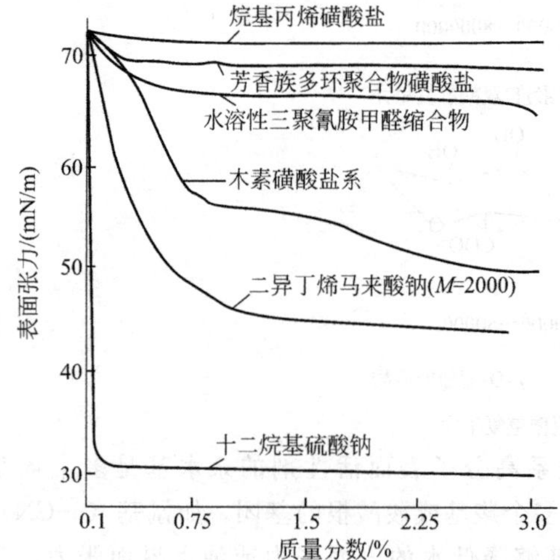

图3-23　几种高分子表面活性剂水溶液的表面张力与浓度的关系

一般高分子表面活性剂的起泡性差，渗透力小，去污作用差；在较低分子量时分散作用较强；在较高分子量时絮凝作用明显，胶体稳定作用强，乳化力强。相对分子质量较低时，高分子表面活性剂能够阻止粒子间的缔合所产生的絮凝，起到分散、增溶作用。相对分子质量较高的高分子表面活性剂可以吸附较多的粒子，在粒子之间产生絮凝而起到絮凝的作用。

但它们却在复配时可以提高本身和相应的普通表面活性剂的效率和效能。部分高分子表面活性剂与十二烷基硫酸钠（SDS）与聚乙二醇（PEG）或聚乙烯吡咯烷酮（PVP）作用，十二烷基磺酸钠（AS）与PEG或PVP作用时，当高分子表面活性剂的分子量适当时（PEG≥2000、PVP≥15000、1500<PEO<4000），其 γ-lg*C* 曲线均存在双拐点，并且第一拐点的浓度低于小分子的 *cmc*，第二拐点高于 *cmc*。当高分子表面活性剂的分子量较低时，AS-PEG2000 体系、AS-PEG4000 体系、SDS-PEG400 体系等的 γ-lg*C* 曲线仍保持单拐点特征，其浓度低于小分子的 *cmc*。十二烷基硫酸钠（SDS）与烷基乙烯（PEO）之间的相互作用中，只有分子质量在 1500～4000 时两者才能有明显的相互作用，表面张力曲线呈现双拐点。见图 3-24～图 3-26。

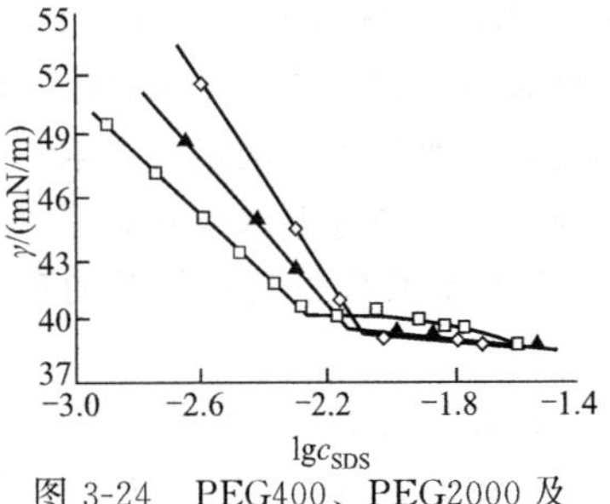

图 3-24　PEG400、PEG2000 及 SDS 体系的 γ-lg*c* 曲线

□ ρ（PEG2000）＝1g/L；
▲ ρ（PEG400）＝1g/L；
◇ SDS

双拐点的出现是低分子表面活性剂通过疏水基的色散力结合到高分子表面活性剂的分子上，二者形成了吸附复合物所致。第一个拐点浓度为 T_1，表示形成复合物的开始。再加入更多的小分子活性剂时，就会导致正常胶束形成。此时浓度为 T_2。

离子型高分子表面活性剂和带相反电荷的表面活性剂胶束间存在作用临界点。它们的体系中没有双拐点现象，但存在吸附"复合物"，在拐点处小分子的浓度（*CAC*）低于其 *cmc*，该拐点称为离子型表面活性剂和带相反电荷表面活性剂胶束间的相互作用临界点。

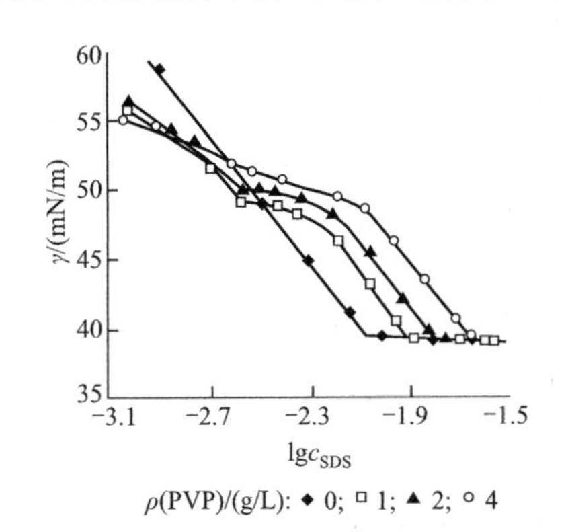

图 3-25　SDS-PVP 体系的 γ-lg*c* 曲线

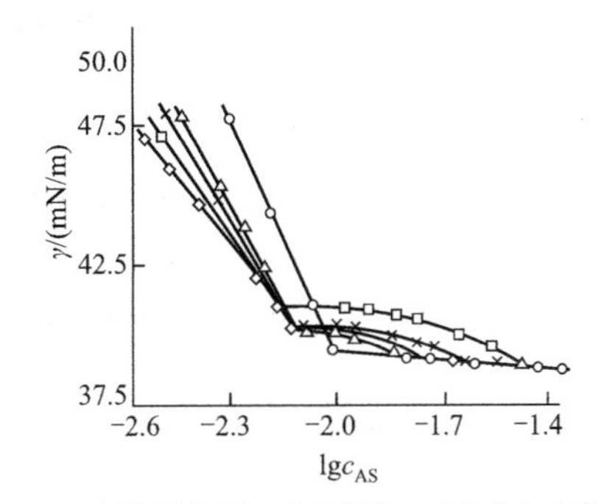

图 3-26　AS-PEG 体系的 γ-lg*c* 曲线

高分子表面活性剂具有独特的流变特性，在溶于水后，其黏度随着浓度、温度、电解质、搅拌速度而改变。有的具有假塑性，或具有牛顿力学特性，或属于非牛顿流体。其中多数具有增稠性，常作为胶体保护剂。另外还具有成膜、成丝、增强、润滑、保湿等诸多实用功能。

3.5.4.3　元素表面活性剂

（1）有机氟系表面活性剂　具有碳氟疏水基的表面活性剂称作有机氟系表面活性剂。如果碳氢链中的氢全部被氟代替，称作全氟化，也可以部分氟化。目前大量应用的是全氟表面活性剂，全氟烷基可用三种方法制备：①电化学法；②四乙烯齐聚法；③调聚反应。之后进行相应的反应得到阴离子、非离子或阳离子全氟表面活性剂。比如用电化学法得到全氟磺酰氯，可以进而水解成磺酸型全氟表面活性剂：

$$C_7F_{15}SO_2F \xrightarrow{H_2O} C_7F_{15}SO_3F$$

有机氟表面活性剂可以有效地提高普通阴离子表面活性剂的表面活性。例如：在 LAS 中添加千分之一的有机氟表面活性剂剂，在 25℃时，可以使 LAS 水溶液的临界胶束浓度由 0.3‰降到 0.5‰。将其作洗涤剂的添加剂有显著的助洗效果。有报道在传统洗衣粉配方中，加入 2‰的含量为 80％的本制剂，可减少 LAS 用量五成或在不增加表面活性剂用量的情况下，可完全取消螯合剂，而不降低去污力比值。

（2）有机硅系表面活性剂　有机硅系表面活性剂的分子的疏水基中含有硅元素，如果硅-碳连接，就叫做硅烷基型，还有硅氧烷型。有机硅表面活性剂表面活性也很高，如非离子表面活性剂 $(CH_3)_3Si(CH_2)_2O(CH_2CH_2O)_6OH$ 的表面张力为35mN/m，这是目前除有机氟表面活性剂以外的最佳品种。如果仅仅要求降低表面张力，硅取代数无需要多大，若要满足分散、润湿等要求，可以适当增加硅取代数，同时平衡疏水基或进行侧链取代。含有2～5个硅原子的聚甲基硅氧烷的环氧乙烷加成物的表面张力可以达到20～21mN/m，具有良好的润湿性。

有机硅表面活性剂具有消泡性及稳泡性。聚硅醚型活性剂在浊点以上具有消泡作用，在浊点以下具有稳泡作用。将碱性源和非离子烷氧基化表面活性剂和非离子烷氧基化聚硅氧烷表面活性剂混合在一起，有增强清洗含蜡脂肪污垢的结果。

有机硅起始原料在有机硅工厂完成，之后接上亲水基团则成为有机硅表面活性剂。下面是有机硅羧酸表面活性剂的结构类型。

① 羧酸系有机硅阴离子表面活性性：$(C_2H_5)_3Si(CH_2)_2COOM$。

② 季铵盐类有机硅阳离子表面活性剂：$[(RO)_3Si(CH_2)_3N(CH_3)_2R']^+X^-$。R表示甲基、乙基等；R′表示长链烷基。

③ 甜菜碱型有机硅两性表面活性剂：

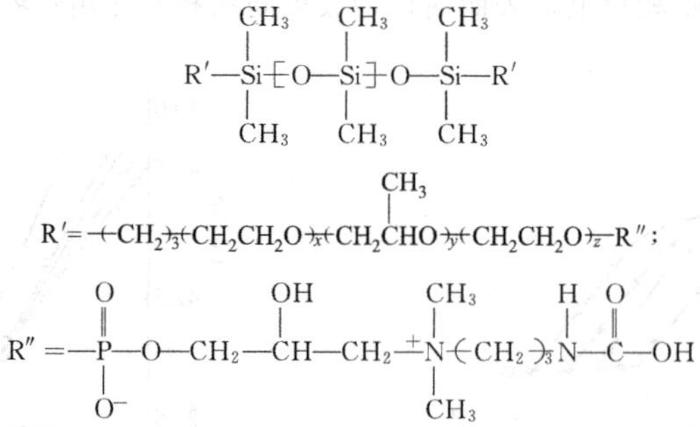

$$R'\text{—}Si(CH_3)_2\text{—}[O\text{—}Si(CH_3)_2]\text{—}O\text{—}Si(CH_3)_2\text{—}R'$$

$$R'=\text{—}(CH_2)_3\text{—}(CH_2CH_2O)_x\text{—}(CH_2\underset{\displaystyle CH_3}{C}HO)_y\text{—}(CH_2CH_2O)_z\text{—}R'';$$

$$R''=\text{—}\overset{O}{\overset{\|}{\underset{O^-}{P}}}\text{—}O\text{—}CH_2\text{—}\overset{OH}{CH}\text{—}CH_2\text{—}\overset{+}{N}(CH_3)_2\text{—}(CH_2)_3\text{—}\overset{H}{N}\text{—}\overset{O}{\overset{\|}{C}}\text{—}OH$$

④ 非离子型有机硅表面活性剂：

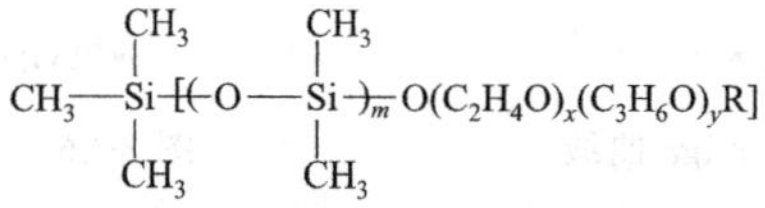

$$CH_3\text{—}Si(CH_3)_2\text{—}[O\text{—}Si(CH_3)_2]_m\text{—}O(C_2H_4O)_x(C_3H_6O)_yR]$$

在聚氧乙烯型硅表面活性剂中，表面张力的下降只受疏水基的影响，而与环氧乙烷加成数的大小关系不大。在疏水基两端或在一端加成环氧乙烷，对于加成物的表面张力的影响也不大。硅系表面活性剂中疏水基对于表面张力的影响是，硅原子取代碳原子的位置距离亲水基越远，表面张力越小；对于聚硅烷疏水基，硅取代数等于1或大于1时，对于表面张力影响不大。对于聚硅氧烷疏水基，硅取代数在2～5时，其环氧乙烷加成物的表面张力最低。

疏水基有无侧链及环氧乙烷加成数的大小主要影响胶束浓度、分散性和润湿性，对于表面张力影响不大。

3.5.4.4 生物表面活性剂

这是采用生物技术提取的一种两亲结构的物质，主要由发酵法和酶法两条并列途径生产。目前生物表面活性概念已经扩展到由整胞生物和酶促反应合成的所有生物表面活性剂。按用途分类，可将广义生物表面活性剂分为生物表面活性剂和生物乳化剂。前者是一些低分子量的小分子，能显著改变表面张力或界面张力；后者是一些大分子，不能显著改变表面张力或界面张力，但对油/水界面表现出很强的亲和力，可以使乳液稳定。

按照化学结构不同，生物表面活性剂可以分为中性类脂类、磷脂系、脂肪酸系、糖脂系、酰基缩氨酸系、高分子生物表面活性剂、特殊型等类。

其中用微生物培养制得的脂肪酸系表面活性剂有两种——覆盖霉菌酸和青梅孢子酸：

$$R^1-\underset{H}{\overset{OH}{C}}-\underset{R^2}{\overset{H}{C}}-\overset{O}{\overset{\|}{C}}-OH$$

覆盖霉菌酸

其中，R^1，R^2 均为碳数大于 16 的烷基。

$$CH_3(CH_2)_9\overset{HOOC}{CH}-\underset{COOH}{\overset{OH}{C}}-CH_2-CH_2-COOH \rightleftharpoons CH_3(CH_2)_9\overset{HOOC}{CH}-\underset{COOH}{C}(-O-)-CH_2-CH_2-CO \ (\text{环内酯})$$

青霉孢子酸

青梅孢子酸与烷基胺盐的表面活性和洗涤能力比 LAS 等合成表面活性剂高出一个数量级，*cmc* 比 LAS 低，脱除甘油三油酸酯等油脂的能力与 LAS 相近。

生物表面活性剂葡萄酰胺（APA）能赋予厨房洗涤剂良好的温和性和脱脂性。采用直链烷基苯磺酸盐（LAS）/葡萄酰胺（APA）混合物表现出优异的协同效应，不仅自身没有刺激性，而且还可以降低与其复配的表面活性剂的刺激性，成为新一代厨房用洗涤剂。

采用酯酶可以合成氨基酸系表面活性剂：

$$\sim\!\sim(CH_2)_n\sim\!\sim COH-\underset{\underset{OR}{|}}{\underset{CH_2}{\underset{|}{CH}}}-COONa$$

氨基酸系表面活性剂的乳化作用好，去污力强，与其他表面活性剂的相容性好，其基本结构主要有如下 4 种。

① *N*-酰化氨基酸系生物表面活性剂

$$R^1CONH-\overset{R^2}{\overset{|}{CH}}-COO^-$$

② 羰基改造的氨基酸系生物表面活性剂

$$R^1NHCO-\overset{R^2}{\overset{|}{CH}}-\overset{+}{N}H_3$$

③ 碳烷基化氨基酸系生物表面活性剂

$$R^1\underset{\overset{+}{N}H_3}{\overset{R^2}{CH}}-COO^-$$

④ *N*-烷基化氨基酸系生物表面活性剂

$$R^1\overset{+}{N}H_2-\overset{R^2}{\overset{|}{CH}}-COO^-$$

比如对第一类引入羟基或烷基基团，形成如下结构，就显著提高了抗微生物活性。

$$R^1CONH-\underset{\underset{OR}{|}}{\underset{CH_2}{\underset{|}{CH}}}-COONa$$

3.5.5　表面活性剂的亲水亲油平衡值

表面活性剂两亲基团的亲水亲油平衡值（hydrophile lipophile balance number，缩写为 HLB）的定义是"分子中亲油的和亲水的两种相反基团的大小和力量的平衡。"

3.5.5.1　HLB 值的设定与计算

（1）HLB 值的设定　规定表面活性剂的 HLB 数值为 1～40，其中非离子表面活性剂的 HLB 数值为 1～20。HLB 值越大，亲水性越强。从亲油性到亲水性的转变点约为 10，完全没有亲水基的石蜡HLB值为0，油酸的HLB值为1，油酸钾为20，十二烷基硫酸钠为40。

作为油包水（W/O）型乳化剂的表面活性剂HLB值为3.5～6.0，而作为水包油（O/W）型的为8～18。其中1.5～3.0为消泡剂，7.0～9.0为润湿剂，13～15为洗涤剂，15～18为加溶剂。

（2）HLB值的经验测定法　常用的实际经验法是将待测物分散于水中，观察其混合状态，确定其HLB值。估算关系如表3-24。

表3-24　化合物在水中状态及其HLB值的范围

化合物在水中状态	HLB值范围	化合物在水中状态	HLB值范围
不分散	1～4	分散不好	3～6
剧烈振荡后成乳白色分散体	6～8	稳定的乳白色分散体	8～10
半透明至透明分散体	10～13	透明溶液	>13

（3）HLB值的计算法

通过计算来估算HLB值也是常用的方法。

① Griffin法　该法适于非离子表面活性剂，是以亲水基团的质量百分数来计算HLB值。

a. 对于聚乙二醇型和多元醇型非离子表面活性剂

$$\mathrm{HLB}=\frac{\text{亲水基质量}}{\text{亲水基质量}+\text{憎水基质量}}\times\frac{100}{5} \tag{3-7}$$

其中只含有 $(C_2H_4O)_n$——亲水基的非离子表面活性剂的HLB为

$$\mathrm{HLB}=E/5 \tag{3-7a}$$

式中　E——环氧乙烷质量分数。

如聚氧乙烯（EO10）硬脂酸酯：$C_{17}H_{35}\overset{\overset{\displaystyle O}{\|}}{C}—O(CH_2CH_2O)_{10}H$

$$E=\frac{M\text{（聚）}}{M\text{（总）}}=\frac{44\times10}{44\times10+284}=60.8\%$$

则

$$\mathrm{HLB}=\frac{E}{5}=12.2$$

b. 对于多元醇脂肪酸酯

$$\mathrm{HLB}=20\times(1-S/A) \tag{3-8}$$

式中　S——酯的皂化值；

A——脂肪酸的酸值。

如单硬脂酸甘油酯 $S=161$　　$A=198$

则 $\mathrm{HLB}=20(1-161/198)=3.8$

c. 对于皂化值难测的表面活性剂

$$\mathrm{HLB}=(E+P)/5 \tag{3-9}$$

式中　E——环氧乙烷的质量分数；

P——多元醇的质量分数。

如吐温20（失水山梨醇月桂酸单酯聚氧乙烯醚EO10）：

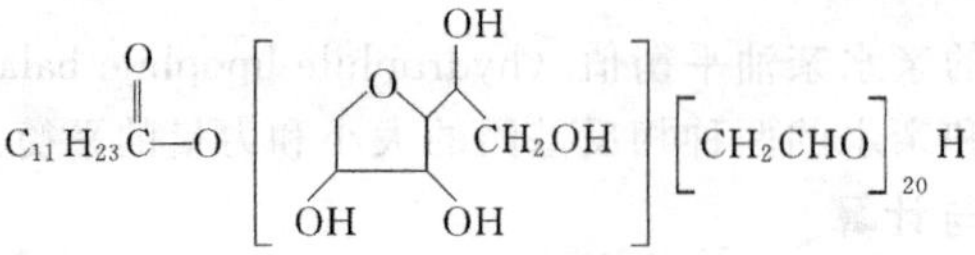

$C_{11}H_{23}\overset{\overset{\displaystyle O}{\|}}{C}—O$ [失水山梨醇环（OH，CH_2OH，OH，OH）] $[CH_2CHO]_{20}H$

$$E=\frac{44\times20}{44\times20+164+200}=70.7\%\qquad P=\frac{164}{44\times20+164+200}=13.2\%$$

则 $$HLB=\frac{E+P}{5}=\frac{70.7+13.2}{5}=16.8$$

当亲水部分是环氧丙烷、环氧丁烷或存在S、N、P等基团时，或乳化剂带来了电荷、分子中亲水亲油平衡不再成质量的分数，就不能使用上述公式了。

② Davies法 该法基于组成分子单元结构的HLB值的对整体HLB的特定贡献和加和性，各基团的HLB值由实验求得，称为HLB值的基团数。表3-25为一些基团的HLB值的基团数。

表3-25 一些基团的HLB值的基团数

亲水的基团数		亲油的基团数		亲水的基团数		亲油的基团数	
—SO_4Na	38.7	—CH—	−0.475	酯(自由)	2.4	—CF_2—	−0.870
—COOK	21.1	—CH_2—		—COOH	2.1	—CF_3	
—COONa	19.1	—CH_8		—OH(自由)	1.9		
—SO_3Na	11	=CH—		—O—	1.3		
—N(叔胺)	9.4			—OH(失水山梨醇环)	0.5		
酯(失水山梨醇环)	6.8	$\leftarrow C_3H_6O \rightarrow$ 氧丙烯基	−0.15	$\leftarrow C_2H_4O \rightarrow$	0.33		

根据各基团的HLB基团数，可以求出表面活性剂的HLB值：

$$HLB=7+\sum(亲水基团数)+\sum(亲油基团数) \tag{3-10}$$

③ J. C. MeGowan法

$$N(HLB\text{-}7)=-0.337\times10^5V_x+1.50n \tag{3-11}$$

式中 V_x——表面活性剂在绝对零度时的分子体积，由组成分子的原子体积V_x加和而得，如表3-26所列；

n——每个表面活性剂溶剂化的水分子数目；

N——非离子表面活性剂为1，离子型表面活性剂为2。

表3-26 表面活性剂在绝对零度的分子体积

原 子	$V_x\times10^5$	原 子	$V_x\times10^5$	原 子	$V_x\times10^5$	原 子	$V_x\times10^5$	原 子	$V_x\times10^5$
H	0.871	O	1.243	N	1.439	F	1.047	Br	2.621
C	1.635	S	2.291	P	2.487	Cl	2.095	键	0.656

注：两个原子之间的任何一个键（单、双或三键）都要减去一个数值$0.656\times10^{-5}m^3/mol$。

用MeGowan法计算的HLB值见表3-27所列。相比之下，Davies和MeGowan方法具有相似的结果，而与Griffin方法差距比较大。比如，用HLBG处理的HLB等于3～6的作为W/O的乳化剂，相当于HLBD等于2.5～2.9，LBM等于2.2～2.6，前者变化了3个HLB单位，而后者变化了0.4个HLB单位，其相对变化率为7.5倍。

表3-27 MeGowan计算的基团HLB值

基 团	$V_x\times10^5$ /(m^3/mol)	$-0.337\times10^5\times V_x$	n	HLB值	基 团	$V_x\times10^5$ /(m^3/mol)	$-0.337\times10^5\times V_x$	n	HLB值
C_6H_5—	6.621①	−2.231	0	−2.231	—CH_2—CH_2O—	3.405	−1.147	1	+0.353
CH_3—	1.952	−0.658	0	−0.658	—CH_2CHO—(—CH_3)	4.814	−1.622	1	−0.122
—CH_2—	1.409	−0.475	0	−0.475	—$CONH_2$	3.107	−1.047	2	+1.953
＞CH—	−0.866	−0.292	0	−0.292	—CONH—	2.564	−0.864	2	+2.136

续表

基团	$V_x \times 10^5$ /(m^3/mol)	$-0.337 \times 10^5 \times V_x$	n	HLB值	基团	$V_x \times 10^5$ /(m^3/mol)	$-0.337 \times 10^5 \times V_x$	n	HLB值
—OH	1.130	−0.381	1	+1.119	$C_5H_6O_4$（戊糖基）	8.307	−2.799	2	+0.201
—O—	0.587	−0.198	1	+1.302	$C_6H_{10}O_5$（己糖基）	10.303	−3.472	3	+1.028
>C=O	1.566	−0.528	1	+0.972	$—CHCOO^-$ 与 $\overset{+}{N}H_3$ 相连	5.103	−1.720	4	4.280
—C(=O)—O	2.153	−0.726	1	+0.774					

① C_6H_5— 基团的计算举例如下：
原子值：6×C+5×H=14.165 共有 11.5 个键，基值为 11.5×0.656=7.544；
基团值：14.165−7.544=6.621。

三种计算法的计算结果比较如图 3-27 所示。

对非离子表面活性剂中的二大系列高级醇 EO 加成物和烷基酚 EO 加成物，分别以十二烷基醇醚和辛基酚醚为例用上述三种方法计算它们的 HLB 值，为此把式(3-9) 改写成：

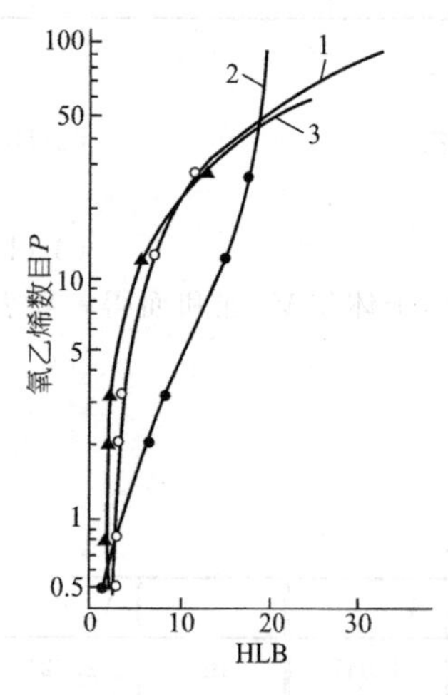

图 3-27 三种方法对辛基酚醚的 HLB 值计算的结果比较
1—HLB_D；2—HLB_G；3—HLB_M

$$HLB_G = \frac{881P}{44.05P + A}$$

式中 下角 G 表示用 Griffin 方法计算的结果；
P——氧乙烯基的数目；
A——亲油基的分子量，辛基酚为 206.3，十二醇为 186.3。

把式(3-10) 改写为：

$$HLB_D = 0.33P + B$$

式中 下角 D 表示用 Davies 方法计算的结果；
P——氧乙烯基的数目；
B——对辛基酚聚醚，$B=2.25$，对十二醇醚 $B=3.2$。

把式(3-11) 改写为：

$$HLB_M = 0.353P + C$$

式中 下角 M 表示用 MeGowan 方法计算的结果；
P——氧乙烯基的数目；
C——对辛基酚醚 $C=1.9$，对十二醇醚 $C=2.24$。

从图 3-27 可以看到，三种方法计算的结果有很大差距。但是在 HLB 值 3～20 的整个应用范围内，三种方法对于聚氧乙烯醚非离子表面活性剂都类似，而这类物质占非离子的 70%。在应用时，使用基于实验基础的 Griffin 方法计算这类表面活性剂的 HLB 值比较方便。

3.5.5.2 混合乳化剂的 HLB 值——HLB 值的加和性

对于混合表面活性剂可以用加和关系求得。

比如含 30% Span80（HLB=4.3）和 70% Tween8（HLB=15）的混合乳化剂的 HLB 值为：

$$HLB = 0.30 \times 4.3 + 0.70 \times 15.0 = 11.8$$

3.5.5.3 HLB 与 *cmc*

通过引入有效碳数 n_{eff}，对 Davies 公式提出修正：

$$HLB = 7 + \sum(\text{亲水基数}) - (0.475 \text{ 或 } 0.870) \times n_{eff} \tag{3-12}$$

$0.475 \times n$ 或 $0.870 \times n$ 为亲油基中 $—CH_2—$ 或 $—CF_2—$ 基的数目，长链烃类在水溶液里的 *cmc* 为有效链长的函数。如果不加入无机盐，*cmc* 与 n_{eff} 的变化关系如下式：

$$\lg cmc = -(0.475 \text{ 或 } 0.870) \times n_{eff} / [2.303 \times kT(1 + kg)] + \text{常数} \tag{3-13}$$

k 为 Boltzmann 常数，kg 为胶束中平衡离子对长链离子的比例数，T 为绝对温度。

cmc 和 HLB 之间的相互关系可以依方程(3-12)和方程(3-13)求得，即：

$$\lg cmc = a + b \times (\text{HLB}) = a + \text{HLB}/(1+kg) \tag{3-14}$$

式中，*a* 和 *b* 是在恒温下用于某一均匀体系的常数。

伯烷基醚硫酸钠盐的 *cmc* 值，在亲水基链长不变的情况下，随着疏水基链长的增加而减少。非离子和离子表面活性剂中表现出类似的性质。

伯烷基醚硫酸钠 $C_nE_mOSO_3Na$ 的 *cmc* 数值与 HLB 值的关系，满足下列方程

$$\lg cmc = -37.14 + 0.866 \times (\text{HLB}) \tag{3-15}$$

又如，对于 RSO_3Na (35℃)，$\lg cmc = -8.28 + 5.10(\text{HLB})$　(3-16)

$RCOONa$ (25℃)，$\lg cmc = -16.33 + 0.718(\text{HLB})$　(3-17)

式中 $R = C_nH_{2n+1}$

3.5.5.4 HLB 与浊点和水数

HLB 值与浊点和水数都有着密切的联系。将水滴入含有表面活性剂的某种混合溶剂中，以溶液出现浑浊为滴定终点，所耗用水量的毫升数称为“水数”(water number)，多元醇酯等系列表面活性剂的 HLB 值与水数之间存在着良好的线性关系。

在研究破乳剂时，如用 Griffin 公式计算 HLB 值，由于它没有包括起始剂对结果的影响，结果有离散性；而水数测定的结果表明了起始剂对 HLB 值有影响，这种影响决定了对应规律之间的差异。图 3-28 中的破乳剂系列分别是多元醇烷氧乙烯聚氧丙烯嵌段聚醚系列 (1)、壬基酚烷氧乙烯聚氧丙烯嵌段聚醚系列 (2) 和烷基酚醛树脂烷氧乙烯聚氧丙烯嵌段聚醚系列 (3) 破乳剂，其 HLB 值和水数具有直接的相关性。

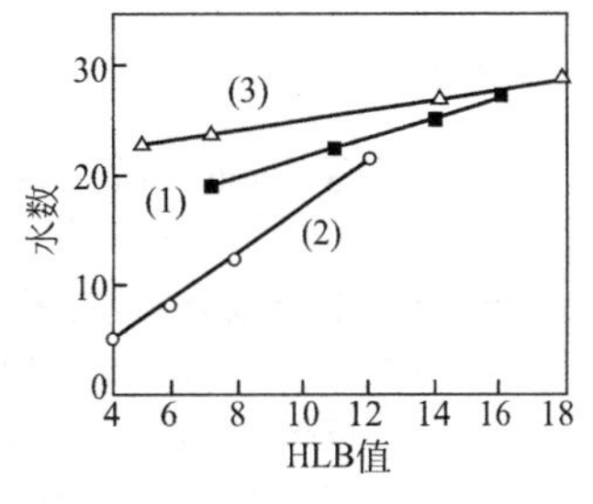

图 3-28　不同破乳剂的水数与 HLB 值之间的关系

3.5.5.5 HLB 与 PIT

随着温度的变化乳液类型可以从 O/W 变为 W/O，在这个转化温度存在一个含有水、油和表面活性剂的三相区，这个温度为乳液的相转型温度 (PIT，phase inversion temperature)。在此温度表面活性剂亲水-亲油性质正好平衡，所以又把它称作亲水-亲油平衡温度 T_{HLB}。

PIT 是针对一个特定的体系，它随油的类型和添加剂的改变而改变，表面活性剂的亲水链越长，PIT 越高。混合表面活性剂的 PIT 随表面活性剂/水/油体系中表面活性剂含量的减少而升高。对于 O/W 型乳状非离子表面活性剂，温度越高，HLB 值越低。

由 $R_{12}(EO)_n$ 构成的体系 T_{HLB} 与 Griffin 的 HLB 值 (用 N_{HLB} 表示) 间存在线性关系：

$$T_{\text{HLB}} = K_{\text{oil}}(N_{\text{HLB}} - N_{\text{oil}}) \tag{3-18}$$

对于给定的组分来说，K_{oil} 和 N_{oil} 是常数，$K_{\text{oil}} = 17℃/\text{HLB}$。

表 3-28 是乳状液 (水/环己烷) 中乳化剂的 PIT 和 HLB 值。显示出在 25℃时，每增加 1 份氧乙烯基、增加 2～2.7 份亚甲基时表面活性剂的亲水-亲油性质在水/环己烷界面的平衡特性。

表 3-28　乳状液 (水/环己烷) 中乳化剂的 PIT 和 HLB 值

乳化剂	PIT/℃	HLB 值
$R_6C_6H_4O(CH_2CH_2O)_{7.5}H$	52	13.0
$R_9C_6H_4O(CH_2CH_2O)_{8.6}H$	50	12.4
$R_{12}C_6H_4O(CH_2CH_2O)_{9.7}H$	51	12.2
$R_{16}C_6H_4O(CH_2CH_2O)_{12.4}H$	48	12.6
$R_8O(CH_2CH_2O)_{4.3}H$	25	11.9
$R_{12}O(CH_2CH_2O)_{5.8}H$	25	11.6
$R_9C_6H_4O(CH_2CH_2O)_{6.2}H$		11.1
$R_9C_6H_4O(CH_2CH_2O)_{4.5}H$	25	9.5(液体石蜡)

注：1. 这些乳化剂的 HLB 值在室温下测定，在 50℃时实际的 HLB 值比它们小一个单位。

2. 当乳化剂的 HLB 值在 PIT 为 25℃等于 10 时，如果增加 1 份氧乙烯基，同时增加 3.15 份亚甲基 (二者质量增加相等)，则 PIT 将保持不变。

3.6 抗再沉积剂

抗再沉积是指增加洗涤次数后防止积垢和再沉积（泛灰）能力。抗再沉积剂（antiredeposition agents）的功能，一是防止重金属无机盐沉积；二是防止已经洗掉的污渍再沉积到织物上。

图3-29和图3-30是两种结构不同的颜料性污渍的沉积体积与分散剂浓度之间的关系。如果分散剂的效果差，则会形成大体积的沉积物；如果其吸附作用不足以产生有效的负电荷，就会使得沉积物积聚。该图显示，硫酸钠和非离子表面活性剂无明显作用，而阴离子表面活性剂只有在高浓度时有作用，而这样大的浓度，在实际中并无意义。

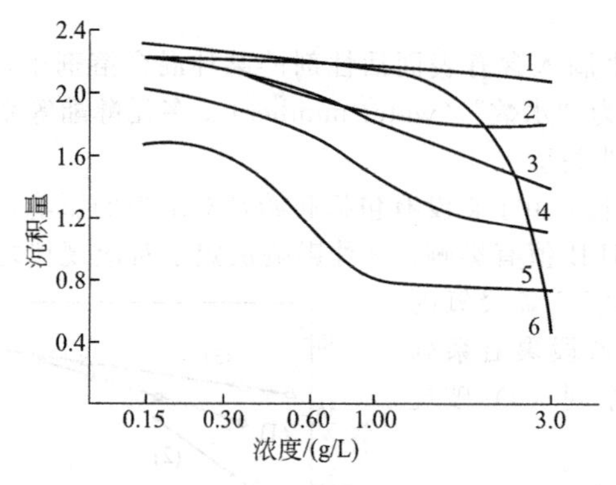

图3-29 洗涤剂原料与高岭土沉积量的关系

1—硫酸钠；2—$C_{16\sim18}$醇醚（EO10）；3—羟乙基亚胺二乙酸钠；4—次氮基三乙酸钠；5—三聚磷酸钠；6—十二烷基硫酸钠

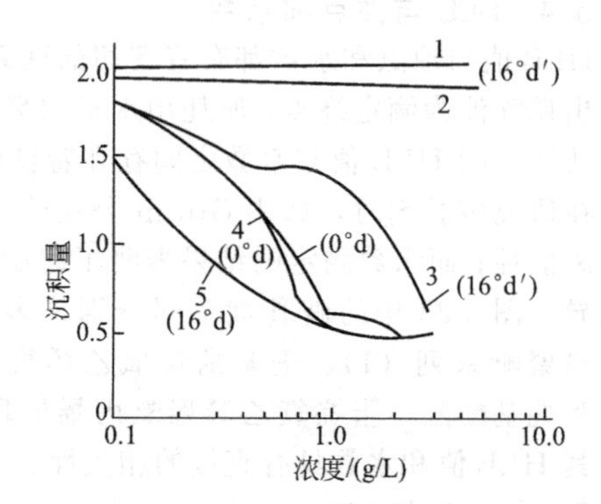

图3-30 洗涤剂原料与石墨沉积量的关系

1—硫酸钠；2—三聚磷酸钠；3—十二烷基硫酸钠；4—十二烷基硫酸钠+1.5g/L硫酸钠；5—十二烷基硫酸钠+1.5g/L三聚磷酸钠

石墨与高岭土的结果不同。三聚磷酸钠与硫酸钠类似（曲线1和2），单独使用作用较小。而十二烷基硫酸钠却有着稳定的作用。但十二烷基硫酸钠对水的硬度敏感，所以随着水硬度的减少其分散效果增加，沉淀物质减少。

3.6.1 聚合物的抗再沉积性

一般抗再沉积剂带有多量的负电荷，或与织物、污垢间有较好的亲和力，使得它能够吸附在污垢粒子及织物的表面上。尤其是在液体中有活性物及其他碱性盐类存在时，其吸附量更大。并进一步通过这种吸附作用而使得污垢粒子与织物之间产生静电排斥力或电位效应，使得污垢粒子充分悬浮，而不会沉积到织物上。抗再沉积剂多属于聚合物，如羧甲基纤维素钠（CMC）、羟丙基甲基纤维素钠（HPMC）、羟丁基甲基纤维素（HBMC）、聚乙烯醇（PVA）、聚乙烯吡咯烷酮（PVP）、醇溶性朊（一种蛋白质）、聚乙烯噁唑烷酮、聚乙二醇（PEG）、聚丙烯酸（PAA）与丙烯酸/马来酸酐共聚物（PAA/MA）、聚天冬氨酸（PASP）等。

在洗涤过程中，对于污垢与基质的吸附，存在着几种竞争吸附：①抗再沉积剂与污垢的竞争；②抗再沉积剂与表面活性剂的竞争；③抗再沉积剂对不同基质的适应性。

污垢中高分子物质，如血液和含蛋白质会吸附到纤维上，而洗涤是使其从纤维上解析。在洗涤中，污垢聚合物与抗再沉积剂之间存在着竞争吸附。如果前者占优势，则抗再沉积剂无效。在无表面活性剂的存在下，大部分高分子物质吸附到固体表面的过程是非可逆的，是很牢固的。其原因是在高分子和基质之间有着大量的接触点。

在含表面活性剂和高分子物质的多元体系中，在基质表面也存在竞争吸附。这就使得表面活性剂有可能破坏高分子的接触点，从而取代之，如图 3-31 所示。在非离子表面活性剂存在时常常发现这种现象。例如，CMC 抗再沉积剂对于亲水性棉纤维的作用是非常有效的；纤维素醚（如甲基羟丙基纤维素）就不仅对亲水性的纤维有效，而对于疏水性的纤维（如聚酯纤维）更有效。表 3-29 是从所观察到的润湿张力对纯水润湿张力的变化为特征来说明不同基质对于不同再沉积剂的吸附影响。羧甲基纤维素钠对于聚酯纤维全无作用。羟乙基纤维素虽然可以很容易被吸附于水溶液之外，在纯水中显示很强的抗再沉积能力，但是在洗涤剂中，在与表面活性剂竞争吸附中，却可以被代替而失去其大部分抗污垢作用。

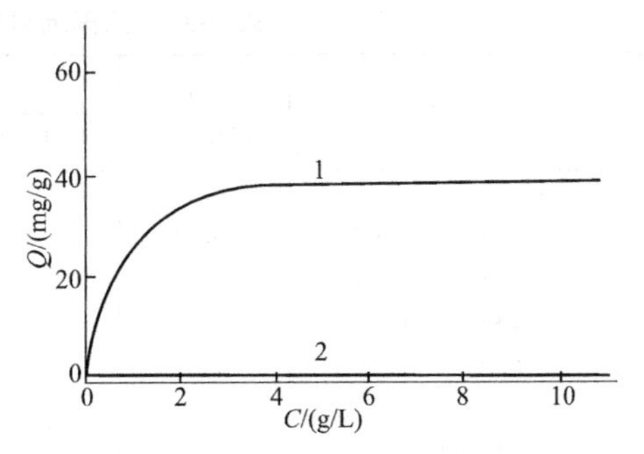

图 3-31　明胶在粉状玻璃上的吸附（25℃）
1—不含烷基苯磺酸钠；2—含烷基苯硫酸钠
[明胶：表面活性剂＝1：1.44（质量比）]

表 3-29　聚合物对于重垢洗涤剂和低温重垢洗涤剂对聚酯润湿张力和反射率变化的比较

洗涤剂/(g/L)		抗再沉积剂(洗涤剂中%)			润湿张力变化[①] Δj_v/(mN/m)		反射率变化 ΔR/%（3 次洗涤后）	
重垢型Ⅰ	低温重垢型Ⅱ	羧甲基纤维素钠	甲基羟丙基纤维素	羟乙基纤维素	Ⅰ	Ⅱ	Ⅰ ΔR	Ⅱ ΔR
7.4	4.5	0	0	0	0	−1		
0	0	0.5	0	0	1	1		
7.4	4.5	0.5	0	0	2	0	3	−1
0	0	0	0.5	0	22			
7.4	4.5	0	0.5	0	14	17	17	16
0	0	0	0	0.5	21			
7.4	7.4	0	0	0.5	2	5	5	0

① Δj_v 指用于计算受力接触角的润湿力的变化。

但如果水的硬度太大，碳酸钙的形成导致织物变灰和发硬。而聚丙烯酸和聚天冬氨酸等聚合物可以作为碳酸钙晶体成长改进剂和正在成长的晶核的分散剂，它们引起结晶的变形，防止晶体成长，使晶体不大容易黏附于洗涤基质上。表 3-30 示出了聚合物与几种无机助剂的抗再沉积力（灰分沉积量）。

表 3-30　聚合物与几种无机助剂的抗再沉积力（灰分沉积量）（95℃，洗涤 50 次）　单位：%

聚合物与无机助剂用量						灰分沉积量
STPP	4A 沸石	聚合物	NTA	Na_2CO_3	柠檬酸盐	
40	—	—	—	—	—	0.4
20	—	—	—	—	—	3.1
20	—	E，2	—	—	—	2.1
20	20	E，2	—	—	—	1.9
20	20	E，4	—	—	—	0.8
—	20	—	—	10	—	4.6
—	20	E，4	4.5	10	—	1.7
—	20	E，2	4.5	—	10	0.8

注：E 代表丙烯酸/马来酸酐共聚物。

3.6.2　羧甲基纤维素钠及其他改性纤维素钠

羧甲基纤维素钠（CMC）是由纤维素与碱和氯乙酸反应制得的一种聚合物；而纤维素系脱水葡萄糖制得的聚合物。表 3-31 为应用羧甲基纤维素钠对混纺布洗涤的抗再沉积的结果。

表 3-31 抗再沉积剂对混纺布的循环洗涤实验结果

样品号	样品	洗前平均白度/%	洗后白度保持/%				洗20次后白度排序
			洗5次	洗10次	洗15次	洗20次	
1	基粉(对照)	66.38	101.64	96.31	92.94	90.48	⑧
2	基粉+0.5%CMC	66.61	103.00	99.98	97.46	90.08	④
3	基粉+0.8%CMC	66.46	104.09	100.61	98.76	97.50	③
4	基粉+1%CMC	66.22	104.08	101.48	100.28	97.80	②
5	基粉+1%CMC +0.7%LAS	66.25	104.01	101.57	100.42	98.62	①
6	基粉+1%SP-60	66.39	103.39	99.89	98.21	95.73	⑤
7	基粉+1%PAA-70	66.76	102.33	99.34	96.70	94.48	⑦
8	标粉	66.43	98.46	98.43	96.91	95.43	⑥

在洗衣粉配方中，CMC加入量在0.5%～1%均有较好的抗再沉积作用。

CMC的溶解度取决于纤维上羟基被羟基乙酸取代的多少。每一个脱水葡糖单体引进的羧甲基钠值或羟基乙酸的个数，称为取代度（DS）。DS数值为0.4～0.8时，抗再沉积性能好。

CMC的黏度和抗再沉积性取决于CMC聚合度，通常要求其聚合度为200～500。洗涤用的CMC通常无需纯化，而且容许含40%的盐，主要是氯化钠、羟基乙酸钠以及硫酸钠。CMC对于抗再沉积能力适于棉织物，而对化纤及丝毛织物弱得多，对于合成纤维及混纺织物效果不好。

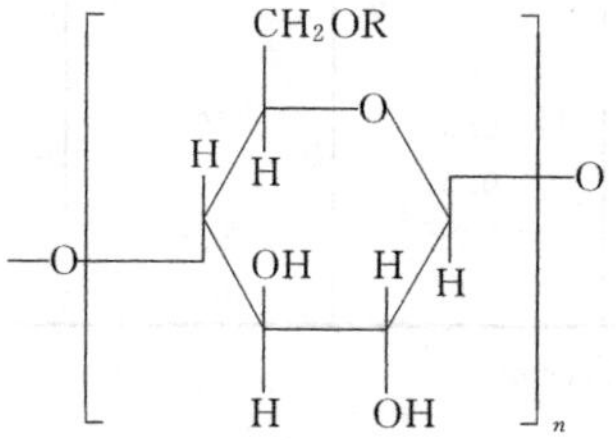

其中：羧甲基纤维素钠（CMC）的R为CH_2COONa；

羟丙基甲基纤维素（HPMC）的R为CH_3或$CH_2CH(OH)CH_3$；

羟丁基甲基纤维素（HBMC）的R为CH_3或$CH_2CH_2CH(OH)CH_3$。

HPMC和HBMC对亲水性基质吸附性差，而对聚酯纤维类的疏水基基质吸附性好。兼具有增稠、悬浮、黏合、乳化、成膜、分散和保护胶体等多种功能。

3.6.3 聚乙烯吡咯烷酮（PVP）

PVP作抗再沉积剂优于CMC，但价格高。如果将CMC与聚乙烯吡咯烷酮按一定比例混用，可提高二者对于污垢的抗再沉积性。相对分子质量为10000～40000的PVP用于化纤织物的抗再沉积作用较好。

表3-32说明用加有1%PVP及1%CMC的烷基苯磺酸钠洗涤剂洗涤效果比较。

表 3-32 1%PVP与1%CMC的烷基苯磺酸钠洗涤剂洗涤效果比较

纤维名称	反射光强度/%			纤维名称	反射光强度/%		
	PVP *K*-20	CMC	未加		PVP *K*-20	CMC	未加
棉花	70.3	67	56.2	氯乙烯丙烯腈共聚	61.2	47.5	49.4
聚丙烯腈	86.7	58.4	58.9	黏胶纤维	63.4	49	40.7
尼龙	69.0	37.2	37.0	羊毛	94	85	84.9

PVP是由许多相同结构单元组成的线型聚合物，整个分子有很大的柔顺性，在水溶液中具有显著的内部自由度。每个大分子通常含有许多与外相（特别是固体）可能贴接的位置，所以PVP易吸附在许多界面上，并能形成稳定的界面吸附膜，具有保护胶体的作用。PVP具有弱的阳离子性，通常带负电的固体微粒或分子基团就容易吸附PVP。

PVP极易溶于水，如图3-32所示。溶液的黏度几乎不受pH值的影响，但浓盐酸会使溶液黏度增高，强碱能使PVP从溶液中析出。大多数无机盐对PVP水溶液不产生影响。

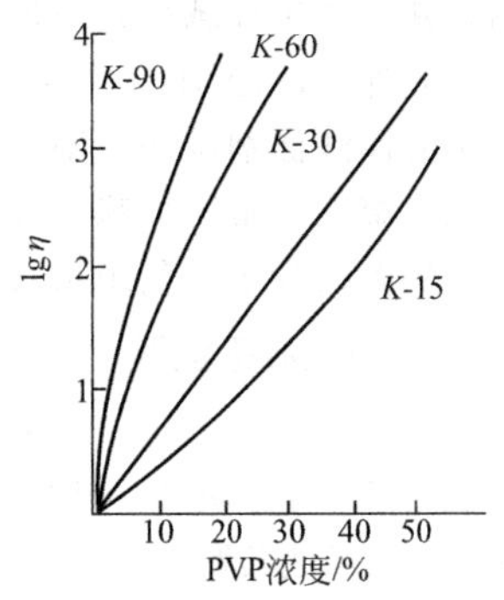

图3-32　PVP水溶液黏度

PVP能与许多水溶性高分子和非水溶性高分子物质互溶，可利用PVP与其他高分子物质的混溶以进行改性。K值是与PVP水溶液的相对黏度有关的特征值，而黏度是与高分子化合物分子量有关的物理量。

K值与相对黏度η有如下关系：

$$\frac{\lg\eta}{C}=\frac{75K_0^{\ 2}}{1+1.5K_0C}+K_0$$

$$K=1000K_0$$

式中　C——PVP水溶液的浓度，g/100mL；

η——PVP溶液相对于纯溶剂的黏度。

可以用K值来表征PVP的平均分子量。一般习惯以K-15、K-30、K-60及K-90表示，它们分别代表PVP的平均相对分子质量范围为10000、40000、160000以及360000。

PVP还是复合皂及皂片的良好胶黏剂，可以提高皂片的强度及泡沫的稳定性。PVP在卫生药皂中能与消毒杀菌剂氯酚形成复合物，从而降低了氯酚对皮肤的刺激性。

3.6.4　丙烯酸均聚物（PAA）和丙烯酸/马来酸酐共聚物（PAA/PMA）

有代表性的聚羧酸盐结构主要有以下几种：

$$CH_2=CH-COOH \xrightarrow{聚合} \left[CH_2-\underset{\displaystyle COONa}{\underset{|}{CH}}\right]_n$$ 丙烯酸共聚物

$$\begin{matrix} CH-C(=O) \\ \| \quad\quad\ \ \ \ O \\ CH-C(=O) \end{matrix} \xrightarrow{聚合} \left[\underset{\displaystyle COONa}{\underset{|}{CH}}-\underset{\displaystyle COONa}{\underset{|}{CH}}\right]_n$$ 马来酸酐共聚物

$$CH_2=CH-COOH+\begin{matrix} CH-C(=O) \\ \| \quad\quad\ \ \ \ O \\ CH-C(=O) \end{matrix} \longrightarrow \left[CH_2-\underset{\displaystyle COONa}{\underset{|}{CH}}\right]_m \left[\underset{\displaystyle COONa}{\underset{|}{CH}}-\underset{\displaystyle COONa}{\underset{|}{CH}}\right]_n$$ 丙烯酸/马来酸酐均聚物

这些聚合物的相对分子质量的范围是1000～10000。聚合物的效能是由每个结构单元的羰基数，即电荷密度决定的。马来酸酐（MA）属于高电荷密度单体，所以丙烯酸/马来酸酐共聚物和马来酸酐共聚物分子中的电荷密度相对要高。

洗涤剂中的CO_3^{2-}和水中的Ca^{2+}形成碳酸钙颗粒，并会向织物表面沉积，还会进入纤维的网络结构。聚合物吸附于粒子污垢表面，增加了其表面的负电荷，减少了污垢再沉积于洁净表面的倾向。一般来说，在一定限度下，聚合物的分子量越低，其洗涤能力越好；而聚合物的分子量越高，其可加工性越好，但加工问题可通过设备的改进来解决。

此外，PAA还有一些其他功能：①污垢释放作用　如果聚酯纤维用含有非离子接枝共聚物的水溶性洗涤剂洗涤，则其表面可被湿润，并增强洗涤效果。②防止染料转移　聚合物（如聚乙烯吡咯烷酮、聚乙烯咪唑啉等）可在水溶液中与染料通过氢键、范德华力或电荷转移形成强络合物，从而减少了深色织物对于浅色织物的污染。

3.6.5　聚天冬氨酸

聚天冬氨酸（polyaspartic acid，PASP）是一种水溶性的大分子多肽链，与蛋白质的结构类似（蛋白质的相对分子质量一般在10000以上），分子之间以—CO—NH—相连。生物酶进入聚合物的活性部位，可以使其发生水解，最终断裂成无毒的小分子，完成生物降解过程，因而属于绿色助剂。

聚天冬氨酸是天冬氨酸单体和羧基缩水而成的聚合物，它有α和β两种分子链形式。

α型：

$$\text{—(NH—}\underset{\displaystyle CH_2COOH}{\underset{|}{\text{CH}}}\text{—CO)}_n\text{—}$$

β型：

$$\text{—(NH—}\underset{\displaystyle COOH}{\underset{|}{\text{CH}}}\text{—}CH_2\text{—CO)}_n\text{—}$$

PASP可作为作为阻垢剂、缓蚀剂、分散剂等。而这些恰恰与洗涤剂的需要相耦合。在洗涤剂中PASP有效地分散无机和有机污垢，并且起到软化水的作用。

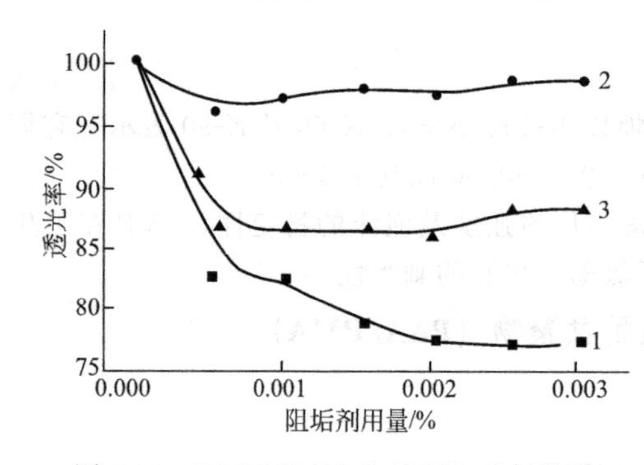

图3-33　PASP和PAA、PMA对氧化铁的阻垢性能比较

1—聚天冬氨酸；2—聚马来酸；3—聚丙烯酸

在相对分子量相近的情况下，在Ca^{2+}较高浓度时，PASP的阻垢活性比PAA和PMA要高，如图3-33所示。

PASP作为抗再沉积剂，对相对分子质量一般在1000～4000范围内，PASP要与晶体表面结合，其分子链的长度必须满足一个最小单元数目。在低浓度时，聚天冬氨酸阻碳酸钙垢的最佳相对分子质量在3000～5000，阻硫酸钡垢的最佳相对分子质量在3700左右，阻硫酸钙垢的最佳相对分子质量为4000。PASP的浓度在4mg/L时，对于浓度为1000mg/L Ca^{2+}的阻垢率为90.4%。

随着pH的增加，聚天冬氨酸抗再沉积性能呈下降趋势，在硬度250mg/L（以碳酸钙计），pH=9时，5mg/L相对分子质量为3200的PASP对于碳酸钙的阻垢率接近100%。PASP的阻止氧化铁沉积的能力也明显优于PAA和PMA。对于氢氧化镁和硅酸镁等无机盐也有着优异的分散作用。

PSI（聚琥珀酰亚胺）法是合成PASP用得最多的方法。首先制取PSI，然后在碱性条件下(pH=10～12)，50～70℃水解得到PASP盐的透明溶液，分离纯化即可。

PSI的制取方法有如下两种方法。

① 由天冬氨酸聚合合成PSI

$$\text{天冬氨酸} \xrightarrow[\triangle]{\text{催化剂}} \text{PSI}$$

② 由马来酸酐、马来酸或富马酸与无机铵盐或有机胺进行反应，聚合成PSI

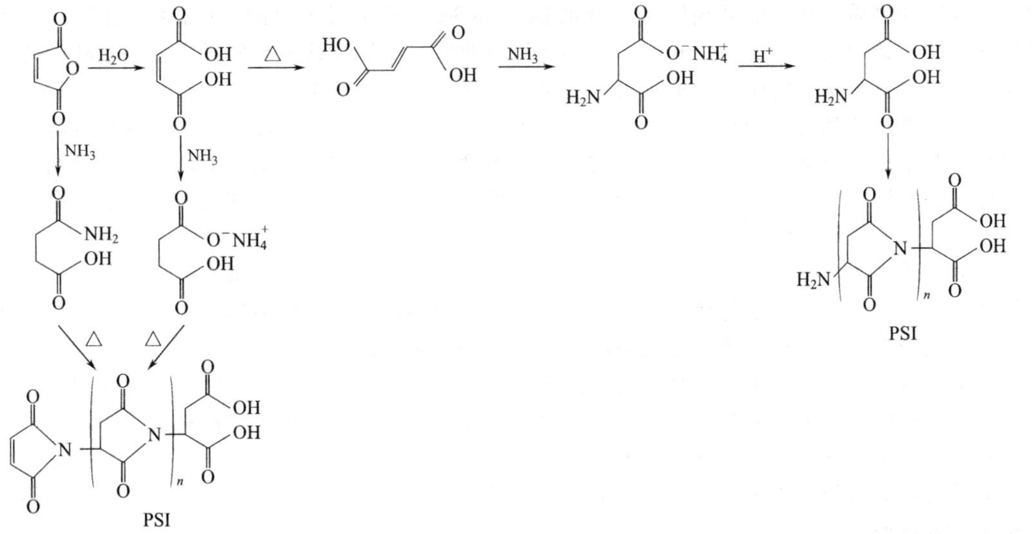

以上两种方法中，以天冬氨酸为原料制取的 PASP 的生物降解性好，以马来酸酐等为原料制取的 PASP 的阻垢能力和对颜色的分散能力较强。PASP 的优越抗再沉积机理推测如下。

① 增溶作用　聚合物分子中含有的羧基、羰基、酰胺等活性基团能够与钙离子形成可溶性的络合物，促使垢层中的钙离子向溶液中转移，促使钙垢溶解。

② 晶体的畸变作用　所谓晶体的畸变作用就是使得结晶在生成过程中发生晶格歪曲，使得生成的垢层容易被水冲刷掉。$CaCO_3$ 具有离子晶格，一般是按照严格的方向、严格的次序排列。PASP 物可以与两个或多个 Ca^{2+} 螯合形成稳定的五元环或六元环，或双五元或六元环等形式的双环或多环螯合物，它们能够分散在水中或者混入钙垢中，干扰碳酸钙晶格的生长，使其发生畸变，产生不规则的非结晶颗粒从而被软化，被水冲掉，如图 3-34 所示。

③ 分散作用　PASP 聚合物离解的负离子与成垢微晶碰撞，发生物理化学吸附，使得微晶表面形成双电层，微晶间的静电斥力阻碍其形成大的晶体，也阻碍其与物体表面之间碰撞和形成垢层。PASP 分子通过独有的 N 原子而被吸附到垢层表面，改变了垢层表面的电荷特性，从而对于垢层产生分散性能，抑制了垢层的形成和增长（图 3-35）。

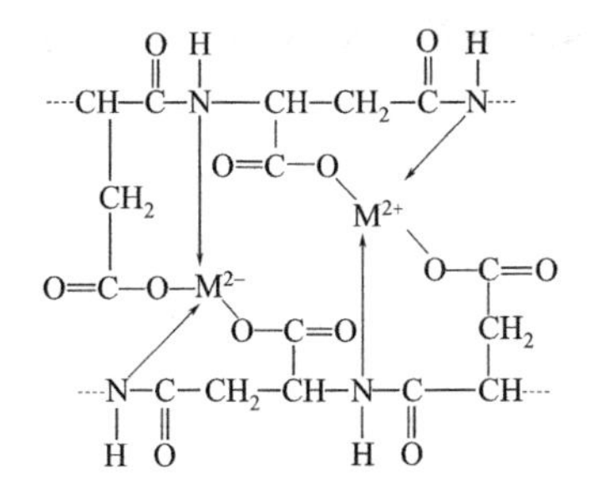

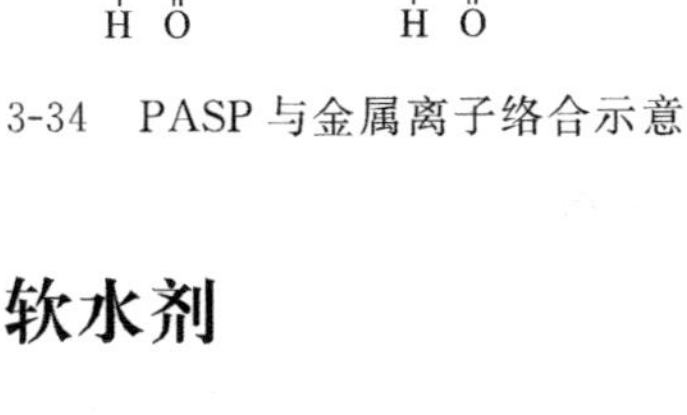

图 3-34　PASP 与金属离子络合示意图

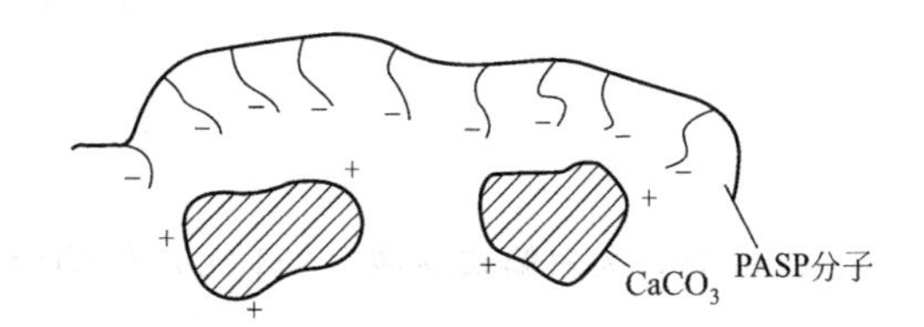

图 3-35　晶体间静电斥力示意

3.7　软水剂

软水剂（water hardness inactivater）指能去除水中硬度离子（主要是碱土金属离子）的化合物，去除硬度离子的机理包括沉淀、络合以及离子交换。可充当软水剂的化合物涉及无机盐、有机化合物以及沸石等。碳酸钠和正磷酸钠尽管能将硬度离子沉淀，但是却是沉积在被洗涤的衣物上，因而被称为沉淀型软水剂。络合剂是能与硬度离子或水中的高价金属离子形成稳定的、水溶性的络合物的物质。多功能助剂层状二硅酸钠（SKS-6）和聚天冬氨酸（PASP）也是有实用价值的软水剂，请参阅3.3硅酸盐和3.6抗再沉积剂的内容。如果软水剂的添加量小于硬度离子的摩尔浓度，仍然会有沉淀生成。痕量沉淀就会对洗涤效果有不好影响。

在络合剂发挥其功能的过程中，温度和浓度是决定性因素。缚钙能力是络合剂络合能力的定量量度，对于大部分络合剂，随着温度的上升，缚钙能力显著减小。实际上，即使络合剂的添加量合适，在漂洗过程中也可能引起络合剂的浓度低于需要量的情况，而使沉淀产生于纤维或洗衣机之上。如果在织物或洗衣机上有晶核出现，还会导致大量的结晶产生。

有的物质在低于摩尔浓度时，也可以阻止、减缓或干扰生成不溶盐沉淀，因此减少了像方解石那样的结晶形成倾向。这种结晶的角很尖，会毁坏纤维，像三聚磷酸钠这种用得最广泛的洗涤助剂，在低浓度就有这种现象，称之为域效应（threshold effect）。

如果络合剂的稳定常数非常高，会使得溶液中存留极少量的钙离子。但对于洗涤力本身，这并不是理想的状况。重要的是如何使这些钙盐的浓度保持在一个不至于在洗涤过程中沉积下来的最大程度，因为在洗涤液中存在少量的钙离子对于洗涤是有益的。

除了去除有害阳离子之外，所选择的化合物还应该具有分散污垢、防止污垢再沉积作用。

3.7.1 磷酸盐

磷酸盐的洗涤助剂性能如下。

作为洗涤助剂使用的一般为正磷酸盐和聚合磷酸盐。

磷酸三钠用于强碱性洗涤剂，它与金属离子反应，产生凝胶沉淀，起软化硬水作用。同时也可以分解污垢，并和污垢中的脂肪酸反应，将其转化为肥皂，提高去污效果。磷酸三钾吸湿性非常大，用作液体洗涤剂的助剂。磷酸氢二钠几乎不配入洗涤剂，一般在需要特别弱的碱时才配入。聚合磷酸盐的通式为 $M_n+2P_nO_{3n+1}$，$n=2$ 时，为焦磷酸四钠。

焦磷酸四钾的溶解度大于其相应钠盐，其钠盐20℃的溶解度为5%，而钾盐溶解度为60%。钾盐稳定性好，增强去污力能力更大，广泛用于液体洗涤剂，还可以与聚磷酸钠制成复盐。

$n=3$ 时，为三聚磷酸钠，$Na_5P_3O_{10}$，俗称五钠，是重垢洗涤剂中最常用的助剂。

```
          O       O       O
          ‖       ‖       ‖
Na—O—P—O—P—O—P—O—Na
          |       |       |
         ONa     ONa     ONa
```

$n=4$ 时，为焦磷酸六钠 $Na_6P_4O_{13}$。

环状聚合磷酸盐的通式为 $M_nP_nO_{3n}$，当 $n=3$ 时，为三偏磷酸钠 $(NaPO_3)_3$，结构为：

```
                    O
                    ‖
        O      O—P—ONa
         ⸗    /        \
          P              O
         / \            /
     NaO     O—P
                ‖  \
                O   ONa
```

当 $n=6$ 时，为六偏磷酸钠 $(NaPO_3)_6$ 结构为：

```
        NaO                 ONa
           \               /
          O—P——O—P—O
         /     ⸗     ⸗      \
                O   O
NaO—P═O                  O═P—ONa
         \      O   O       /
               ⸗     ⸗
          O—P——O—P—O
           /               \
        NaO                 ONa
```

磷酸盐在水中与金属产生凝胶沉淀，而聚合磷酸盐与高价金属离子形成了可溶螯合物，不会产生任何沉淀，见表3-33所列。对于钙离子的螯合，以六偏磷酸钠最强，对于镁离子的螯合力以焦磷酸四钾最强，三聚磷酸钠（五钠）对钙镁离子的螯合能力则介于两者之间。需注意六偏磷酸盐产生正磷酸盐的水解反应相当快，因而限制了其在洗涤剂中的应用。

表 3-33　100g 聚磷酸盐螯合金属离子的量（室温）　　单位：g

聚磷酸盐＼金属离子	Ca	Mg	Fe	聚磷酸盐＼金属离子	Ca	Mg	Fe
$Na_5P_3O_{10}$	13.4	6.4	0.184	$(NaPO_3)_6$	19.5	2.9	0.031
$Na_6P_4O_{13}$	18.5	3.8	0.092	$Na_4P_2O_7$	4.7	8.4	0.273

聚磷酸盐不仅显示软化硬水作用，还有把不溶性金属盐溶出的作用，即可以把吸附于纤维、污垢上的钙溶出，并将其螯合，生成的钙皂又有协助活性成分的去污作用。同时还具有解胶作用，使黏土等不溶物质悬浮，使油性物质乳化。三聚磷酸钠曾经是用得最广的重垢洗涤剂助剂。

三聚磷酸钠水合后形成六水化合物，它在室温下水蒸气压力很低，仅为 66Pa，而且稳定性很高，能使喷雾干燥所得的粉状洗涤剂有较好的流动性和比较恒定的含水量。

表 3-34 是洗涤剂为 0.2%时各种无机电解质的助洗效果比较。

表 3-34　洗涤剂[①]浓度为 0.20%时各种无机电解质对标准污布的洗净所产生的助洗作用

电解质		pH 值[②]	洗净性[③]/%
聚合磷酸盐	Na_3PO_4	11.6	77.3
	(Na_2HPO_4)	8.4	66.7
	(NaH_2PO_4)	5.4	50.2
	$Na_4P_2O_7$	9.6	79.8
	$(Na_2H_2P_2O_7)$	4.8	50.5
	$Na_5P_3O_{10}$	9.2	80.0
	$Na_6P_4O_{13}$	8.8	77.5
	$Na_7P_5O_{16}$	8.4	76.0
偏磷酸盐	$Na_3P_3O_9$	6.6	55.6
	$(Na_2HP_3O_9)$	2.9	52.8
	$Na_4P_4O_{12}$	6.9	61.9
	$Na_5P_5O_{15}$	7.1	60.3
	$Na_5P_6O_{18}$	6.7	60.1
	$(Na_3H_3P_3O_{18})$	3.0	51.0
硅酸盐	$Na_2O \cdot 0.5SiO_2$	11.8	75.0
	$Na_2O \cdot 1.0SiO_2$	11.4	76.1
	$Na_2O \cdot 2.0SiO_2$	10.5	69.4
	$Na_2O \cdot 2.5SiO_2$	10.2	68.8
	$Na_2O \cdot 3.3SiO_2$	9.9	64.9
碳酸盐	Na_2CO_3	10.8	61.9
硼酸盐	$NaBO_2$	10.3	57.8
	$NaBO_3$	10.0	52.2
	$Na_2B_2O_7$	9.1	54.4
硫酸盐	Na_2SO_4	6.2	37.9
	$Al_2(SO_4)_3$	3.8	14.0
	$K_2Al_2(SO_4)_4$	3.9	11.7
	$(NH_4)_2Al_2(SO_4)_4$	3.7	9.5
氯化钠	NaCl	6.1	31.0

① 洗涤剂配方：Na-LAS/无机电解质/Na_2SO_4 = 20/40/40（当单独用 Na_2SO_4 作为无机电解质时，Na-LAS/Na_2SO_4 = 20/80）。

② 指洗涤前 0.20%洗涤剂溶液的 pH 值。

③ 系对标准污布的洗涤试验测得。

三聚磷酸钠有两种结晶形态，即Ⅰ型（α 高温型）与Ⅱ型（β 低温型）。两者均有水合物 $Na_5P_3O_{16} \cdot 6H_2O$。在不同温度下，Ⅰ型与Ⅱ型发生晶格变化，两种构型的热稳定性见表 3-35 所列。

$$Na_5P_3O_{10} \cdot \text{Ⅱ} \xrightleftharpoons{(417\pm8)℃} Na_5P_3O_{10} \cdot \text{Ⅰ} \xrightleftharpoons{622℃} \text{熔融} + Na_4P_2O_7 \xrightleftharpoons{865℃} \text{熔融}$$

熔融 —徐冷→ （玻璃状 + $Na_3P_5O_{10}$·Ⅰ + $Na_4P_2O_7$）；（玻璃状 + $Na_3P_5O_{10}$·Ⅰ + $Na_4P_2O_7$）—250～350℃ 再加热→ $Na_5P_3O_{10}$·Ⅱ；—500～620℃ 再加热→ $Na_5P_3O_{10}$·Ⅰ

表 3-35　三聚磷酸钠两种构型的热稳定温度

温度/℃	Ⅰ型	Ⅱ型
250 以下	介稳定	稳定
300～400	不稳定	稳定
450～600	稳定	不稳定
622 以上	不稳定	不稳定

三聚磷酸钠在水中的溶解度，在室温的瞬间溶解度为35g/100g水，最终溶解度约为15g/100g水，$Na_5P_3O_{10}$·Ⅰ型在水中溶解时，很快会转为六水合物，水合时放出的热远比$Na_5P_3O_{10}$·Ⅱ型为高。Ⅰ型三聚磷酸钠溶解于水中时产生的小块，系由于$Na_5P_3O_{10}$·Ⅰ型在水中溶解迅速和水结合生成的$Na_5P_3O_{10} \cdot 6H_2O$造成的晶簇所致，Ⅱ型就没有这种现象。Ⅰ、Ⅱ型水合速度不同的事实，可作为温度上升试验的理论依据，用此方法可以大约判断Ⅰ型和Ⅱ型在生产成品中所占的比例，其中$x_{Na_5P_3O_{10} \cdot Ⅰ}=4\times$(上升温度$-6$)/100。纯Ⅱ型的温度上升试验(T.R.T)为6℃，纯Ⅰ型的T.R.T为30℃，工业上混合的$Na_5P_3O_{10}$ T.R.T为12～14℃。

20世纪70年代后，在一些人口密集地区的流水不畅水域出现了富营养化问题，即藻类过长，导致水底细菌过量繁殖、含氧量下降、水质变坏、鱼类死亡等现象，经测定此类水域含磷量高。所以，尽管三聚磷酸钠因廉价、螯合能力强，具有乳化、分散、增溶及与LAS显著的协同效应等性能，但是因为它的富营养化效应许多国家已经在洗涤剂中禁用。

3.7.2 亚胺磺酸盐

亚胺磺酸盐（TSIS）通式为$(M_1SO_3)_2NM_2$（式中M_1为NH_4^+、K^+、Na^+；M_2为K^+、Na^+、H^+），也属于络合型软水剂。在浓度为3.72×10^{-3}mol/L的硬水中，TSIS、4A沸石、STPP对Ca^{2+}的络合速度见表3-36所列。

表3-36 TSIS与各种助剂络合速度比较（助剂量0.06009g、25℃）

时间/min 残留Ca^{2+} 助剂	0		0.5min		1min		3min	
	残留Ca^{2+}/(mol/L)	络合百分数/%	残留Ca^{2+}/(mol/L)	络合百分数/%	残留Ca^{2+}/(mol/L)	络合百分数/%	残留Ca^{2+}/(mol/L)	络合百分数/%
TSIS	3.72×10^{-3}	0	5.50×10^{-4}	85.2	3.70×10^{-4}	90.1	3.70×10^{-4}	90.1
4A沸石	3.72×10^{-3}	0	1.82×10^{-3}	51.0	1.12×10^{-3}	69.9	4.13×10^{-4}	88.9
STPP	3.72×10^{-3}	0	10^{-6}①	100				

① 表示Ca^{2+}浓度很低，超出工作曲线线性范围，近似100%络合。

以TSIS部分替代STPP，取代至60%的STPP，洗涤剂仍具有良好去污性，见表3-37所列。

表3-37 TSIS取代STPP的洗涤剂的去污性能

序号	TSIS取代STPP量/%	去污力(反射率)/%	序号	TSIS取代STPP量/%	去污力(反射率)/%
1	0	66.6	5	80	42.9
2	20	65.2	6	100	36.3
3	40	62.2	7	标准洗衣粉	44.1
4	60	50.0			

TSIS的合成是以硫酸、尿素为起始原料，然后加碱中和得产品。

$$H_2SO_4 + CO(NH_2)_2 \longrightarrow (NH_4SO_3)_2NH \xrightarrow{NaOH} (NaSO_3)_2NNa + NH_3$$

3.7.3 氨基酸衍生物

氨基酸衍生物有乙二胺四乙酸（EDTA）四钠盐、次氨基三乙酸（NTA）二钠、三亚乙基三胺五乙酸（DTPA）钠盐、羟乙二胺三乙酸（HEDTA）钠盐等，其中最主要的当属EDTA和NTA，它们与钙离子螯合反应如下：

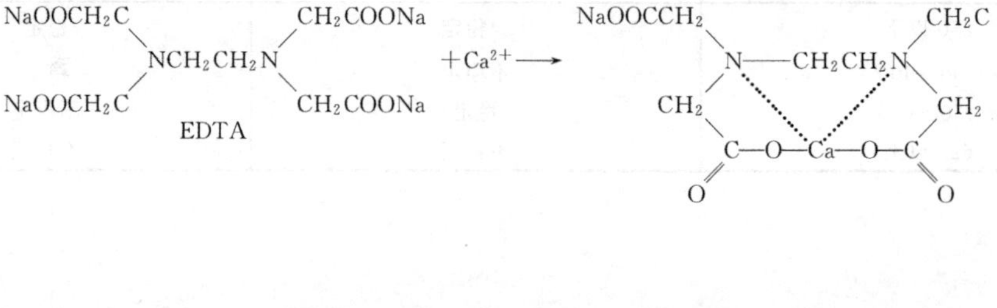

NaOOCH₂C CH₂COONa NaOOCCH₂ CH₂C
NCH₂CH₂N +Ca²⁺ ⟶ N—CH₂CH₂N
NaOOCH₂C CH₂COONa CH₂ CH₂
EDTA C—O—Ca—O—C
O O

EDTA 螯合钙离子能力极强，但是不能为洗涤剂提供碱性，使脂肪类污垢皂化。虽然价格昂贵，但它仍然是此类螯合剂中在洗涤剂中使用得最多的一种。NTA 对钙离子的螯合能力也优于 STPP，生成的螯合物非常稳定，价格上也有优势，但对污垢的分散性不如 STPP。有怀疑高浓度的 NTA 会致癌，还可能引起胎儿畸变，且含可能引起水质肥化的氮元素。

3.7.4 羟基酸及其衍生物

羟基酸及其衍生物也属于络合型软水剂，包括葡萄糖酸钠、柠檬酸钠（CA）、酒石酸钠、马来酸钠、羧甲基琥珀酸钠、*O*-羧甲基丙醇二酸（CMT）、*O*-羧甲氧基琥珀酸（CMOS）等。

CMOS 从乙二醇酸和顺丁烯二酸制得：

$$HOCH_2COOH + HOOCCH{=}CHCOOH \longrightarrow HOOCCH_2OCH(COOH)CH_2COOH$$

$$HOOCCH_2OCH_2(COOH)CH_2COOH + 3NaOH \longrightarrow \underset{CMOS}{NaOOCCH_2OCH_2(COONa)CH_2COONa} + 3H_2O$$

CMT 是在碱性条件下由 *α*-氯代丙二酸酯与 *α*-羟基乙酸酯制得：

$$ClCH(COOC_2H_5)_2 + C_2H_5OOCCH_2OH \longrightarrow C_2H_5OOCCH_2OCH(COOC_2H_5)_2 + HCl$$

$$C_2H_5OOCCH_2OCH(COOC_2H_5)_2 + 3NaOH \longrightarrow \underset{CMT}{NaOOCCH_2OCH(COONa)_2} + 3C_2H_5OH$$

3.7.5 聚合物螯合剂

是一类高分子助剂。另参阅 3.5 高分子表面活性剂和 3.6 抗再沉积剂部分。

表 3-38 是聚丙烯类化合物在不同硬度水中去污性能比较。

表 3-38　聚丙烯类化合物在不同硬度水中去污性能比较

试　料　（助剂）	去污率/%		
	3°d	50°d	50°d/3°d
空　白	75.3	65.4	86.9
$C_{12}H_{25}S{+}CH_2CH(CONH_2){+}_{20.6}H$	93.1	90.7	97.4
$(CH_3)_2C(OH){+}CH_2CH(CONH_2){+}_{6.6}$	79.7	66.9	83.9
${-}{+}CH_2CH(CONH_2){+}_{18.000}$	74.1	65.6	88.5
$C_{12}H_{25}S{+}CH_2CH(COONa){+}_{14.5}H$	85.8	72.6	84.6
$(CH_3)_2C{+}CH_2CH(COONa){+}_{4.2}H$	85.8	74.8	87.2
${+}CH_2CH(COONa){+}_3H$	79.5	65.9	82.9
$C_{12}H_{25}S{+}CH_2CH(CONH_2){+}_{21.9}{+}CH_2{-}CH(CH_2OH){+}_{4.5}H$	68.0	81.9	120.0
$C_{12}H_{25}S{+}CH_2CH(CONH_2){+}_{14.4}{+}CH_2CH(CH_2OH){+}_{8.1}H$	88.3	86.5	98.0
STPP	82.9	68.5	82.6

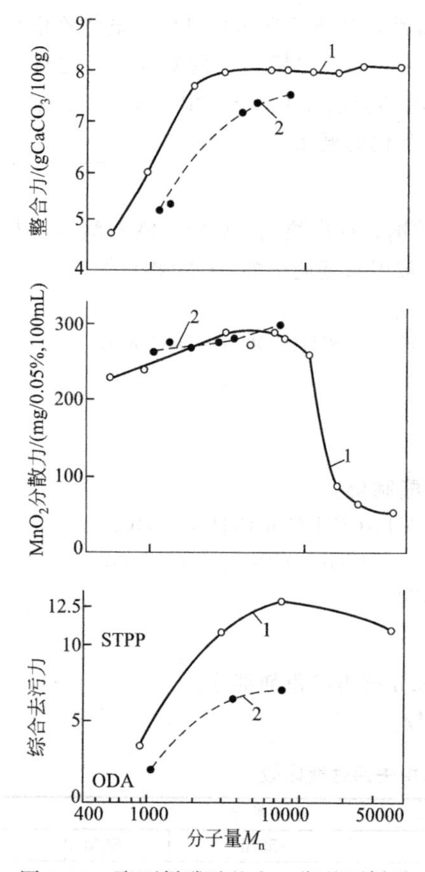

图 3-36　聚丙烯磷酸盐和 α-羟基丙烯酸 PHA 的助剂性能

1—PAA；2—PHA

在洗涤剂领域中，最主要的是丙烯酸均聚物（PAA）和丙烯酸和马来酸共聚物（PAA/MA）。图 3-36 是聚丙烯酸盐（PAA）与 α-羟基丙烯酸 PHA 的螯合力、污垢分散力与综合去污力比较，丙烯酸的去污力强于 α-羟基丙烯酸，但分散力二者相当。

3.7.6　沸石

沸石（zeolite）也称分子筛。分子筛的化学组成通式为 $M_{2/z} \cdot Al_2O_3 \cdot nSiO_2 \cdot mH_2O$，其中 z 是金属离子 M^{z+} 的价数，n 为相应于 1mol Al_2O_3 的 SiO_2 的量（mol），通称硅铝比，m 为结合水的量（mol）。

3.7.6.1　沸石的结构特点

沸石的基本结构单元是硅氧四面体和铝氧四面体，氧原子位于四面体顶角。由于硅是四价的，硅氧四面体是电中性的；铝是三价的，铝氧四面体带负电，为保持电中性，必须存在可交换的金属离子。通过共用四面体顶角的氧原子使多个四面体形成多元环。其中最常见的是四元环和六元环。多元环的元数越多围成的孔径越大，这些孔径是吸附分子进入分子筛的"窗口"，只有比"窗口"直径小的分子才能进入分子筛。多元环上的四面体还可通过顶点的氧原子做三维连接成多面体空腔，通称"笼"。笼的形式很多，其中最重要的是β笼，它由 8 个六元环和 6 个四元环构成。8 个 β 笼相互用四元环连接，围起来的空间为 α 笼。

图 3-37(a) 为 A 型分子筛的晶体结构，它由 β 笼、α 笼和立方体笼构成。X 和 Y 型分子筛的骨架结构是 β 笼按金刚石结构中碳原子的连接方式连接而成，相邻 β 笼以六方柱笼相通，这种结构类型称八面沸石型，如图 3-37(b)。X、Y 型分子筛晶体结构相同，只是硅铝比不同。硅铝比越高稳定性越好。

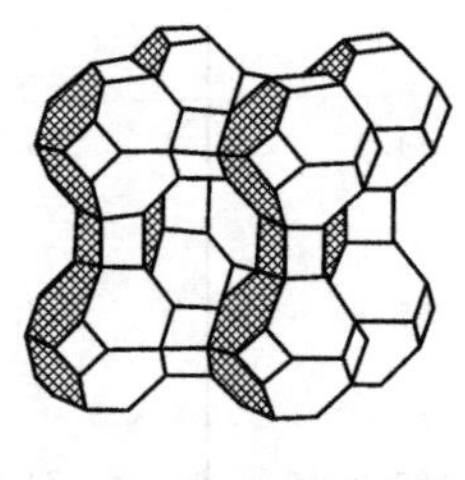

(a) A型分子筛

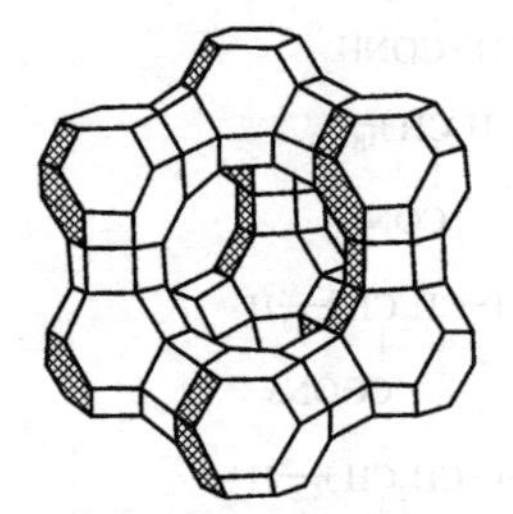

(b) X、Y型分子筛

图 3-37　分子筛的晶体结构

常用分子筛的类型、化学组成、结构特性等列于表 3-39 中。

表 3-39　几种常用分子筛的性质

类　型	组　　成	晶　系	孔容积 /(cm³/g)	孔径 /nm	硅铝比	耐酸耐热性
3A	$K_2O \cdot Al_2O_3 \cdot 2SiO_2 \cdot 4.5H_2O$	立　方		0.3	约 2	一般
4A	$Na_2O \cdot Al_2O_3 \cdot 2SiO_2 \cdot 4.5H_2O$	立　方	0.33	0.42	约 2	一般
5A	$0.66CaO \cdot 0.33Na_2O \cdot Al_2O_3 \cdot 2SiO_2 \cdot 6H_2O$	立　方		0.5	约 2	一般
13X	$Na_2O \cdot Al_2O_3 \cdot 2.5SiO_2 \cdot 6H_2O$	立　方	0.36	0.8～0.9	2.2～3.3	中强
Y	$Na_2O \cdot Al_2O_3 \cdot 5.5SiO_2 \cdot 9.4H_2O$	立　方	0.35	0.8～0.9	3.1～6.0	强
丝光沸石	$Na_2O \cdot Al_2O_3 \cdot 10SiO_2 \cdot 6H_2O$	正　交	0.14	0.66	8.3～10.7	很强

3.7.6.2　4A 沸石作为洗涤助剂的性能

① 离子交换性　4A 沸石的离子交换是在带有铝离子的骨架上进行的，每一个铝离子所带的一个负电荷不仅可以结合钠离子，也可以结合其他的阳离子。钙、镁离子进入原来钠离子占据的大晶穴。

影响离子交换的主要因素为粒度、温度和 pH 值。4A 沸石的粒度越小，交换速度越快，最适宜的粒度在 1～10μm 之间。温度从 20℃变到 60℃，沸石对钙离子的交换能力有所增加，但不显著。碱性有助于提高 4A 沸石对钙离子的交换能力，在中性溶液中，交换量为 70%～80%，而在 pH 值 9～11 范围内，可以达到 90%以上的交换量。原因是不仅钙离子参与交换，碱式 $Ca(OH)^+$ 也参与了交换。

② 离子交换的选择性　4A 沸石交换离子的程序如下：

$Ag^+ > Ti^+ > K^+ > NH_4^+ > Pb^{2+} > Li^+ > Cs^{2+} > Zn^{2+} > Ba^{2+} > Ca^{2+} > Co^{2+} > Ni^{2+} > Cd^{2+} > Hg^{2+} > Mg^{2+}$

4A 沸石交换镁离子的能力差，原因是水合镁离子的直径比 4A 沸石的直径大，离子交换难以进行。当 4A 沸石中的钠离子被钙离子交换 1/3 后，阳离子数目减少，位置空出，其空径变大到 0.5nm 左右，这时对镁离子的去除能力相应增加。因此 4A 沸石可能去除 98%钙离子、至少 50%的镁离子。图 3-38 是 4A 沸石去除 Ca^{2+}、Mg^{2+} 效率比较。

③ 对表面活性剂的吸附性　对于非离子表面活性剂的吸附，沸石是 STPP 和硫酸钠的 5 倍。这个性质对于在附聚成型洗衣粉中配入更多的表面活性剂很有意义。

④ 去污力　在无磷配方中，20%的沸石中加入 10%的碳酸钠和 4.5%的聚合物，可得到去污力十分理想的产品。

由于 STPP 溶于水，在水溶液中与钙、镁离子迅速发生络合反应，30s 就能达到平衡，在 1min 内就能将钙离子降低到 $(5\sim6)\times10^{-6}$，而沸石在 10min 才接近平衡。在工艺上先加沸石，以利于分散，而后加入非离子，尽快过滤，增加泡花碱以改善料浆的流动性。进塔温度比普通喷雾法可提高 3～5℃，塔顶温度提高 3～5℃。

⑤ 抗再沉积性　沸石的粒度 0.4～1.0μm 时分散性比较好，如图 3-39 所示，可防止在织物上附着积垢。

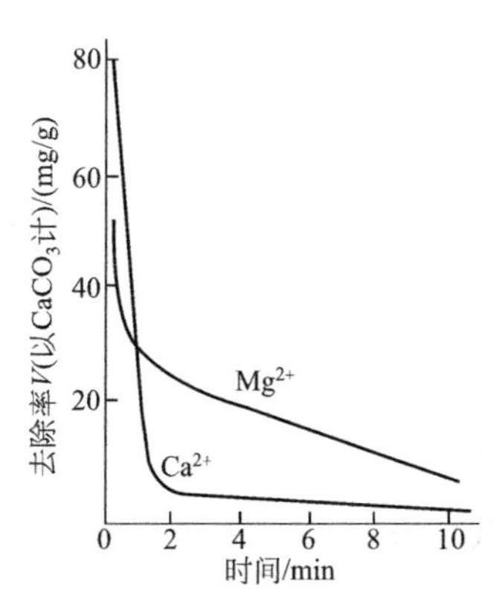

图 3-38　4A 沸石去除 Ca^{2+}、Mg^{2+} 效率比较

初始浓度：Ca^{2+} 80mg $CaCO_3$/L，

Mg^{2+} 40mg $MgCO_3$/L

沸石浓度：0.06%；温度：40℃

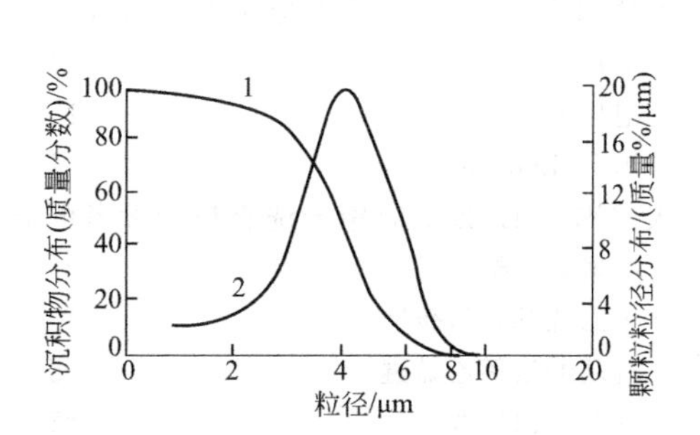

图 3-39　4A 沸石的沉积物与粒径分布曲线

1—沉积物分布；2—粒径分布

⑥ 与其他助剂的配伍性　4A 沸石与其他助剂配伍得当可以使其性能互补。STPP 能够自固体表面快速络合钙镁离子，并通过水介质传给 4A 沸石。这就是解释 4A 沸石-STPP 的协同效应

的传递理论。硅酸钠能够有效地络合镁离子，还有碳酸钠，除了去除钙镁离子，还具有 pH 缓冲作用。

但是沸石与大量硅酸钠复配，会使非溶物含量增加，使织物发硬。而少量聚丙烯酸类分散剂可以增加 4A 沸石的对污垢的分散性。

从矿物生产 4A 沸石有许多方法，如水玻璃法、高岭土高温焙烧法、膨润土法或高岭土直接法等。用导向法使得产品粒子微细均一，还有微波法、超声法、加入表面活性剂合成超细 4A 沸石法等。在合成凝胶中加入三乙醇胺、乙醇、六甲基磷酸酰胺、二甲亚砜或一些表面活性剂可以改变沸石晶化速率和物化性能。

3.7.6.3 其他沸石品种

为了弥补 A 型沸石对镁交换能力较差的缺陷，出现一些新的合成沸石和天然沸石应用。

① 高铝型沸石 NaPI 随着沸石中硅铝比的提高，即铝含量的降低，离子交换能力必然会降低。比如高铝 NaPI 型沸石的钙交换容量达到了 200～310μg $CaCO_3$/g，平均粒径 2.59μm。高铝/NaPI 沸石典型的化学组成为 Na_2O 17.9%，SiO_2 36.9%和 Al_2O_3 28.5%，具较高的铝硅比（2.5～5.0）∶1。

由 X 射线粉末衍射方法得到的 NaPI 型沸石衍射图，系假立方晶系，空间群 I_4/amd，晶胞常数 a=10.01。孔道体系为三维，这些孔道沿 3 个轴方向相互贯通；主窗孔为扭曲八元环，使其比表面积增加；阳离子位置在孔道交叉处，使 Na^+ 较容易地扩散到表面上，这些结构因素是使 NaPI 型沸石在洗涤过程中成为优良的离子交换剂的重要原因之一。

② 天然沸石 天然 LGZ 型沸石的主要理化数据如下：

项目	数值	项目	数值
Na_2O	14.48	外表面积/(m^2/g)	3.17
K_2O	0.76	粒度分布	全部通过 200 目
SiO_2	42.22	＜4μm	≥90%
Al_2O_3	22.15	＜2μm	≥70%
Fe_2O_3	0.12	平均粒径/μm	～1
CaO	0.76	钙交换容量(以 $CaCO_3$ 计)/(mg/g)	≥210
MgO	0.10	白度/%	＞85
灼烧失重/%	19.40	亚甲基吸附值	4.5
孔径/nm	0.35	pH 值	～11
密度/(g/mL)	2.36		

目前 LGZ 型沸石已经作为洗涤助剂开发利用。

天然沸石 LGZ 型在洗衣皂中的参考配方(质量分数/%)：

皂基	65	CMC	0.3
泡化碱	12	自来水	17.7
沸石(LGZ 型)	5		

天然沸石 LGZ 型应用于洗衣粉的参考配方(质量分数/%)：

三聚磷酸钠	20	硫酸钠	30
十二烷基苯磺酸钠	10	泡化碱	4
烷基酚聚氧乙烯醚	8	增白剂（31#）	0.9
沸石（LGZ 型）	15	香精	0.1
碳酸钠	12		

3.8 稳泡剂、抑泡剂和消泡剂

3.8.1 泡沫对于洗涤的作用

手洗洗涤剂、洗发香波等需要有稳定的泡沫，但是机用洗涤剂、墙面高压喷射剂则不然。

泡沫使人们感觉到洗涤剂的存在，泡沫掩盖了污垢。泡沫对于污垢，特别是固体污垢粒子有选择性的吸附和携带作用，在泡沫上的污垢浓度高得多。泡沫是洗涤是否有效的一个标志，因为油污对泡沫有抑制作用。餐具洗涤剂的洗碟评定法就是以此为依据。泡沫也是漂洗干净与否的一个指示剂。

但是，以起泡力和稳泡力的大小来评价一组洗涤剂和表面活性剂是不客观的，因为例外太多。例如，非离子表面活性剂的起泡力远不如肥皂，但去污力恰恰远优于肥皂。

可见，泡沫丰富不一定洗涤力强，漂洗时泡沫没有了也不一定就是漂洗干净了。洗涤和漂洗都是很复杂的过程，泡沫与洗涤剂去污力之间的关系不是确定的关系。

对于洗衣机来说，由于泡沫的表面张力作用，洗衣机转速降低，耗电量增加10%～20%，而且冲洗中要耗费大量的水。

3.8.2　泡沫的形成、衰减和稳定

泡沫是气体分散于液体的分散体系，即由液体薄膜或固体薄膜隔离开来的气泡聚集体。仅由气体和液体形成的泡沫为两相泡沫，当其含有固体粉末时（例如在选矿中形成的泡沫）为多相泡沫。洗涤液为液体泡沫，而面包和泡沫塑料为固体泡沫。在液体泡沫中，气体是不连续相（分散相），液体是连续相（分散介质）。由于气体和液体的密度相差非常大，所以在液体中泡沫很快上升到液面，所以这种泡沫属于不稳定体系。因为生成泡沫，液体的表面积增加，体系的能量升高。

泡沫稳定性是指生成泡沫的持久性，即泡沫存在的“寿命”。从能量观点考虑，低表面张力对于泡沫的形成有利，可以少做功。泡沫的寿命在一定程度上取决于液膜排液速度和液膜的强度，泡沫排液慢，液膜强度大，泡沫越稳定 。图3-40为AOS/CTAB不同摩尔比复配溶液泡沫的排液量随时间的变化曲线。

引起排液的除重力外还有表面张力，据Laplace公式，弯曲液面气液相间存在压力差（Δp），其值取决于液体的表面张力（γ）和液面曲率$\left(\frac{1}{r}\right)$，即下式：

$$\Delta p=\gamma\left(\frac{1}{r_1}+\frac{1}{r_2}\right)$$

式中，r_1为Plateau交界处P点的曲率半径，r_2为A点的曲率半径。

在气泡相交的Plateau交界处（如图3-41中P点）界面是弯曲的，而两个气泡的交界则是平直的（如图3-41中A点）。据上式，液膜中P处压力小于A处，液体在Laplace压力的驱动下从A流向P产生排液，使液膜逐渐变薄，导致气泡破裂。又因为Laplace压力差（Δp）与液体的表面张力（y）成正比，故y越小Δp也越小，排液就慢。

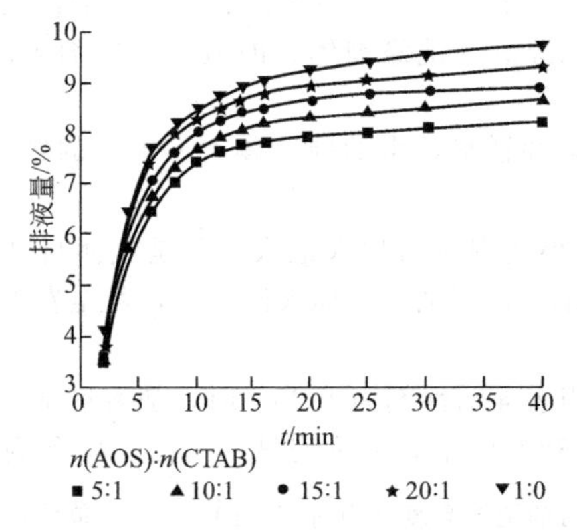

图3-40　AOS/CTAB（十六烷基三甲基溴化铵）不同摩尔比复配溶液泡沫排液量随时间变化关系

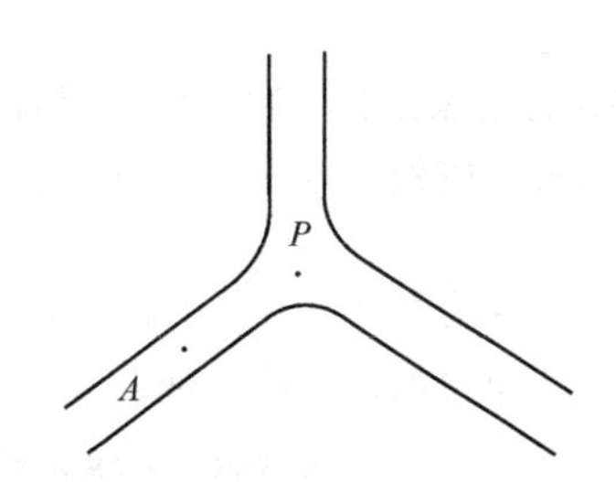

图3-41　泡沫中各个气泡相交处形成Plateau交界示意图

在液体中，形成泡沫的必要条件是：搅拌（引进空气）和存在能降低表面张力的物质。但不稳定的泡沫意义不大，比如丁醇溶液，其气泡很快消失。而平衡状态下的表面张力意义并不大，起决定性作用的是即时表面张力。

气泡液膜的排液过程是所排出的液体自由能减少的过程，是自发过程。表面活性剂的分子膜能阻挡膜上的液体运动，还对液膜起着表面修复的作用，从而使泡沫稳定。如果泡沫膜具有较大黏度，也能防止排液过程，因而常常需加入稳泡剂。常用的稳泡剂有：脂肪酸烷醇酰胺，脂肪酸单乙醇酰胺（$RCONHCH_2CH_2OH$）、脂肪酸丙醇酰胺（$RCONHCH_2CH_2CH_2OH$）、脂肪酸 N，N-二乙醇酰胺［$RCON(CH_2CH_2OH)_2$］、甜菜碱和磺基甜菜碱；氧化胺、烷基二甲基氧化胺等。棕榈酸和牛油脂肪酸的烷基醇酰胺多用于粒状洗涤剂，月桂酸、肉豆蔻酸的烷基醇酰胺用于液体洗涤剂。

用电导法测定泡沫性能主要基于泡沫是由大量被液膜隔开的气泡组成，其中液相导电而气相不导电的原理，可以用电导率作为气泡细密度和膜间厚度的量度，并由电导率的变化规律获得泡沫稳定性的信息。由下面的公式分别计算出表面活性剂溶液的发泡力和泡沫稳定性。

$$发泡力=\kappa_0/\kappa_S\times100\%$$

$$泡沫稳定性=\kappa_t/\kappa_0\times100\%$$

式中，κ_S 为溶液的电导率；κ_0 为初生（0min）泡沫的电导率；κ_t 为成泡 t_{min} 后泡沫的电导率。

通过电导法测定AOS/CTAB不同摩尔比复配溶液在不同时刻的电导率，图3-42曲线表明，泡沫随着时间逐渐变少；在同一时间，AOS/CTAB复配溶液泡沫均优于AOS溶液。

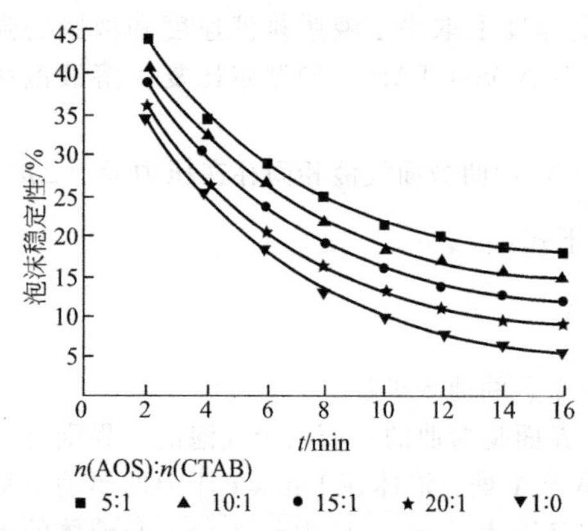

图3-42　电导法测定AOS/CTAB不同摩尔比复配溶液的泡沫稳定性随时间变化曲线

3.8.3　泡沫的抑制和消失

抑制溶液起泡和促使泡沫消失的物质称为抑泡剂或消泡剂。这类物质的共同特点是水溶性极低而且显示高表面扩展压力。尽管其物理化学性质各异，但可假设其抑泡的机理为：或是迫使表面活性剂分子脱离洗涤液的表面，或是穿透已经被表面活性剂占据的洗涤液表面，从而造成空穴，而这些空穴减弱了泡沫壁膜的机械强度，从而导致泡沫的破灭。

具有泡沫抑制能力的有油脂、脂肪酸、高级醇等。油性污垢在洗涤中生成乳浊液而使泡沫受到抑制。非离子表面活性剂多为低泡型表面活性剂，有的具有良好的抑泡、消泡能力。基于LAS/脂肪醇乙二醇醚的洗涤剂体系的泡沫抑制剂多用 C_{12}～C_{22} 的广泛分布的肥皂。

在硬水中，肥皂与水中的 Ca^{2+}、Mg^{2+} 生成钙皂和镁皂，水的硬度越大，生成的钙皂越多，抑泡力也越强。

LAS的泡沫比肥皂泡沫大，后者的小而细腻。小泡内压力比大泡大，于是气体自高压的小泡通过液膜扩散到低压的大泡中，于是小泡逐渐变小，甚至消失，而大泡变大，甚至发生破裂的现象。

在水硬度为 250×10^{-6}、温度40℃的条件下，当表面活性剂为1.25％时，随着皂基含量的增加，起泡性和稳泡性逐渐下降。当LAS：皂基达到88：12后，尤为明显，见表3-40所列。

表3-40　LAS和肥皂在不同配比时的泡沫高度（当时/5min）　　单位：mm

LAS/皂	98/2	96/4	92/6	92/8	90/10	88/12	87/13	86/14	85/15	84/16	83/17	82/18	81/19	80/20
泡沫	185/188	180/173	183/187	128/120	145/145	120/115	110/105	115/105	110/110	90/70	85/70	80/70	80/60	75/75

非离子表面活性剂在其浊点附近时抑泡能力强，但 TX-10 与 LAS 复配时效果不明显。

肥皂作为泡沫抑制剂还有以下一些局限性。

① 只有在钙离子浓度高时肥皂的泡沫抑制作用才能发挥。

② 肥皂的抑泡能力对于除了烷基苯磺酸钠以外的阴离子表面活性剂（如 α-烯基磺酸盐、脂肪醇硫酸盐和 α-磺基脂肪酸酯）的抑泡能力都比较低。

③ 肥皂作为泡沫抑制剂要求洗涤助剂有较小的络合常数，要求钙离子仍然有足够的余量来使肥皂形成钙皂。相比三聚磷酸钠，其他的络合剂如次氨基三乙酸盐（NTA）的钙盐络合常数太高，就不会产生泡沫抑制剂——肥皂的钙皂。如图 3-43 所示。

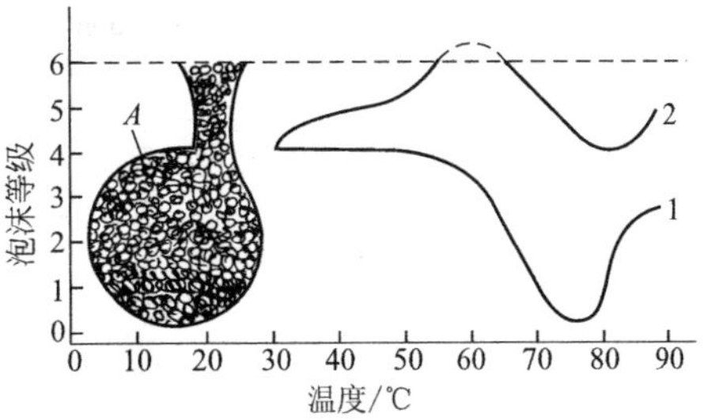

图 3-43 在滚筒洗衣机中的泡沫现象

A—滚筒洗衣机内截面（包括加料器）；1—7.5g/L 洗衣粉，内含 40%三聚磷酸钠；2—7.5g/L 洗涤剂，内含 40%NTA；泡沫等级：纵坐标 0—无泡；纵坐标 4—泡沫达玻璃镜上沿；纵坐标 5—泡沫达加料筒；纵坐标 6—泡沫逸出

有效的抑泡剂要求既能迅速破泡，又能在相当长的时间内防止泡沫生成。有时抑泡剂加入一段时间后丧失了抑泡能力，其原因是溶液中起泡剂的浓度大于其临界胶束的浓度，加入的抑泡剂后来被起泡剂的胶束所增溶，造成抑泡能力下降或消失。

一般低级醇具有较强的破泡能力。而硅油虽然具有很强的抑泡能力，但破泡能力却不强，所以，适于作为抑泡剂者未必适于作消泡剂，反之亦然。一些活性硅氧烷或石蜡油可用作泡沫抑制剂，其有效性不受水硬度的影响，也不受所涉及的表面活性剂-洗涤助剂体系的限制。

具有破泡能力的物质，其表面张力都较低（如丁醇的表面张力为 25mN/m），易于吸附铺展于泡沫的液膜上，使得液膜的局部表面张力降低，同时带走液膜上的邻近液体，导致液膜变薄而破裂。图 3-44 和图 3-45 是丁醇和硅油作为消泡剂对皂角苷溶液消泡的情形。在皂角苷溶液中加入丁醇，泡沫明显破坏；而硅油起的却是抑泡的效果。

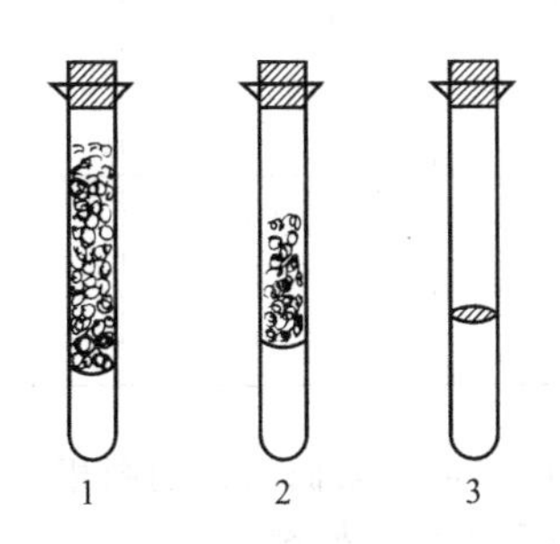

图 3-44 皂角苷水溶液（0.5%）以丁醇消泡

1—皂角苷水溶液泡沫；2—加丁醇，放置 10s 后；3—再摇动

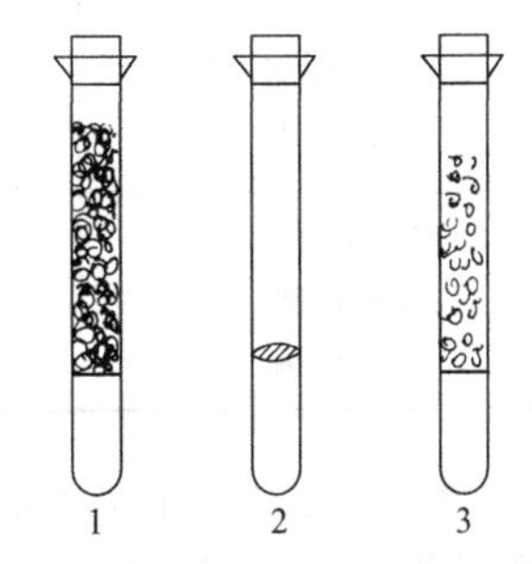

图 3-45 皂角苷水溶液（0.5%）以硅油消泡

1—皂角苷水溶液泡沫；2—加硅油，放置 60s 后；3—再摇动

3.8.4 影响泡沫大小的外界因素

（1）纤维的性质 包括纤维的类别、带电性和密度等。例如，棉纤维优先吸附十六烷基三甲基溴化铵，而尼龙纤维优先吸附十二烷基苯磺酸钠。另外，纤维的孔隙大而多时，吸附量就大。对于棉、羊毛、尼龙乙酸纤维、黏胶纤维等来讲，阳离子型表面活性剂的吸附量最大，阴离子型次之，非离子型最小，如图 3-46 所示。

（2）表面活性剂的性质 LAS 与肥皂相比，泡沫多、难漂洗。原因在于 LAS 在纤维上的吸附量大。见表 3-41 所列。

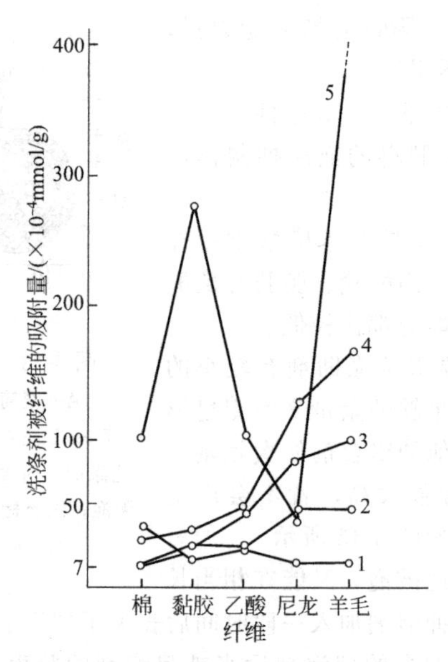

图 3-46　几种表面活性剂在不同纤维上的吸附量

1—异丁基甲酚环氧乙烷加成物；2—胰加漂 T（烷酰甲基牛磺酸钠）；3—十二烷基苯磺酸钠；4—十八烷基硫酸酯钠盐；5—十六烷三甲基溴化铵

表 3-41　LAS 和肥皂在不同硬水中的泡沫高度（当时/5min）　　单位：mm

品种		水硬度/$\times10^{-6}$ 100	200	300	400
0.625%	LAS	225/229	200/200	148/149	98/98
	硬脂酸钠	35/33	3/1(1min)	10/2(1min)	0/0
	豆油脂肪酸钠	36/12(3min)	10/0(30s)	0/0	0/0
0.20%	LAS	200/200	180/181	110/105	75/75
	硬脂酸钠	30/28	3/1	5/0	0/0
	月桂酸钠	28/25	5/0	0/0	0/0
0.05%	LAS	180/180	160/160	100/100	70/70
	硬脂酸钠	15/10	5/0	0/0	0/0
	月桂酸钠	15/0	3/0	0/0	0/0

（3）温度　离子型吸附剂的吸附量随温度升高而降低，而非离子表面活性剂则相反。

（4）pH 值的影响　高 pH 值使纤维带负电，易吸附阳离子表面活性剂。

（5）洗涤助剂的影响　例如，硫酸钠能促进表面活性剂吸附于质点表面。CMC 易吸附于洗涤物和污渍表面，使它们表面电荷增加。

3.9　荧光增白剂（FWA）

荧光增白剂使得白色被洗涤物品更显得洁白，使得有色物品更亮丽清爽。

3.9.1　荧光增白剂的增白机理

荧光是一种光致发光现象。当某种光线照射到能够发射荧光的物质时，这些物质会发射不同颜色、不同强度的光，其中大部分是可见光，也有小部分紫外光和红外光。荧光的频率总是低于入射光，即荧光波长总是高于入射光，这称作斯托克斯位移。图 3-47 为硫酸奎宁在硫酸溶液中的荧光光谱。发出荧光强度的能力以荧光效率来衡量，它表示所发出的荧光的量子数与所吸收的量子数之比：

荧光效率(φ)＝发出的量子数/吸收的量子数

一般荧光物质分子具有刚性结构和平面结构的π电子共轭体系，随着共轭体系共轭度的增大和分子平面性的增加，荧光效率也增大。荧光光谱移向长波方向。

比如在正己烷中联苯的荧光效率为0.18，荧光波长为316nm，对联三苯的荧光效率增加到0.93，荧光波长为342nm。

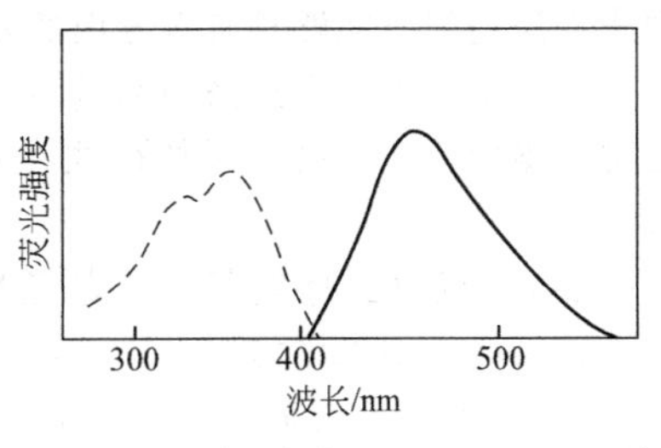

图3-47 硫酸奎宁在0.2mol/L H_2SO_4溶液中的荧光光谱（右）和吸收光谱（左）

荧光增白剂是一类吸收紫外光、发射出蓝色或紫蓝色的荧光物质。其之所以有增白的作用，原因是吸附有荧光增白剂的物质不仅能将照射在物体上的可见光反射出来，而且还将不可见的紫外线转为可见光反射出来，这样就增加了物体对光的反射率。由于反射出来的可见光量的增加，反射光强度超过了投射在被处理物体上原来可见光的强度，所以，眼睛感觉物体被荧光增白剂增白了。

荧光增白剂另一个增白的原因可借助光学中互补色原理来说明。凡是能将可见光（400～760nm）全部反射的物体被看做是白色物体。颜色的三要素含有色相、饱和度和亮度。而理想的白色没有色相和饱和度，其亮度最高，也说是白度最高。但是实质上白光并不是包括全部可见光，而是互补光色混合后而形成的颜色。换言之，如果两种色差比较大的光经过混合后产生白色，就称这两种光的颜色为互补色。比如蓝光-黄光、红光-蓝绿光就为互补色。互补色光混合后的颜色饱和度降低，可以达到零值，出现的就是白光。

天然纤维素组成的棉、麻等织物在其自然未处理的情况下含有大量的有色物质而泛黄色，由天然纤维和合成纤维组成的织物在洗涤和纺织过程中也会逐渐泛黄。白色这种复合色的变黄是由于从被照射物体上反射的光线中蓝色波段光线相对强度的缺损而形成的。因而早期人们使用某些蓝色的直接染料对织物上蓝，以在视觉上掩盖织物的泛黄，但由此而引起织物的亮度下降，在视觉上产生了暗淡的感觉。洗涤上用的荧光增白剂发出蓝色或蓝紫色的荧光，正好补其缺损，而恢复了织物的白色，如图3-48和图3-49所示。

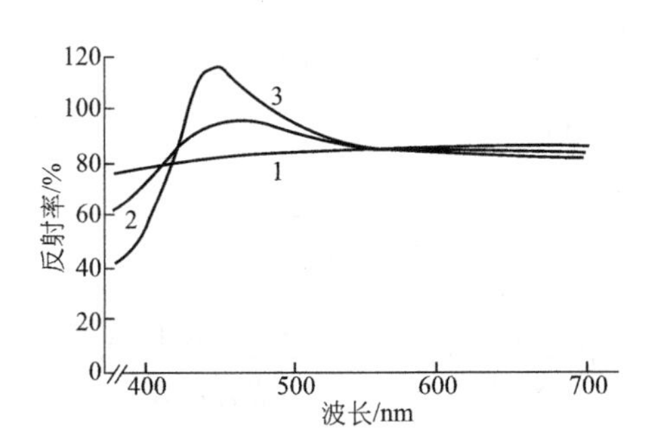

图3-48 荧光剂施于漂白后的纤维的光反射强度

1—漂白后的纤维；2—用少量荧光处理后的纤维；3—用大量荧光剂处理后的纤维

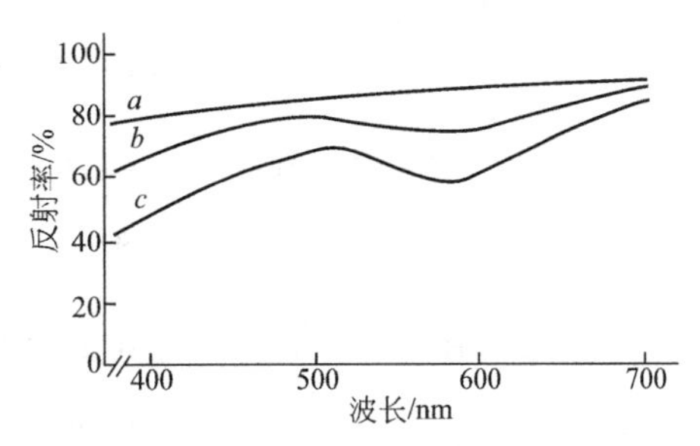

图3-49 施用湖蓝染料后漂白纤维的光反射率减弱图

a—漂白纤维；*b*—施用少量蓝染料的纤维；*c*—深蓝色纤维

3.9.2 应用于洗涤剂行业荧光增白剂的主要品种

洗涤用荧光增白剂属于直染型。具有以下几个共同特点：①具有共轭、共面的双键体系；②对织物有独立性；③能够吸收300～400nm的紫外线辐射，并在400～500nm发射可见的蓝紫色光，在430～436nm有最大发射，这种蓝色或蓝紫色的波长正好与黄色是互补色，使用之后使织物泛白；还要求累计洗涤后织物上不遗留不良色调。随着功能性洗涤剂的出现和发展，越发要求洗涤剂组分能够具有多方面的复配性能，特别是耐氯漂和氧漂。

荧光增白剂加入洗涤剂的量为0.03%～1.0%。主要取决于所用产品的增白效率。比如二苯乙烯三嗪型荧光增白剂添加往往在0.1%以上，二苯乙烯联苯型荧光增白剂添加往往在0.04%以上。

3.9.2.1　双（三嗪氨基）二苯乙烯类荧光增白剂

这类增白剂也称为双（三嗪氨基）芪衍生物。其紫外吸收峰在340～352nm之间，荧光发射峰在432～442nm之间。分子中的取代基影响它们的吸收波长和应用，有氨基或二、三烷胺基取代的化合物在低温下用于对纸、棉的增白。而苯胺对纤维素有亲和力，既有苯胺基、又有氨基的衍生物适于洗涤剂。在苯胺基或脂肪胺基基团上引入磺酸基团，使得水溶性和其他性能得到改善。其化学通式为：

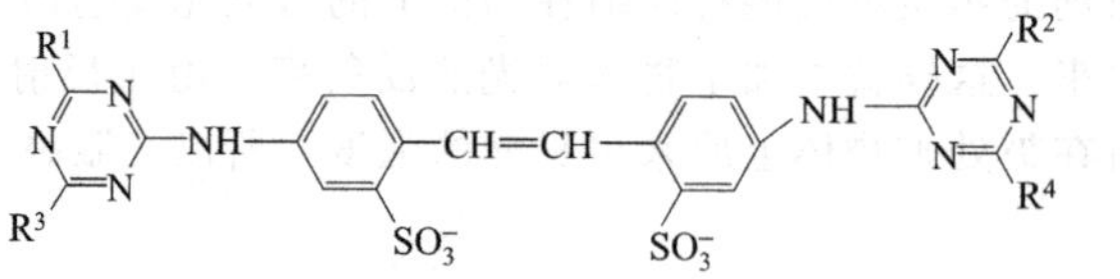

这类产品是由1mol DSD酸与2mol三聚氯氰反应物为母核，再在三聚氯氰上接上其他取代基团所组成的一类化合物。

（1）荧光增白剂VBL　荧光增白剂VBL（C.I荧光增白剂85），化学名称为4,4′-双（4-羟乙胺基-6-苯胺基-1,3,5-三嗪-2基）氨基-二苯乙烯-2,2′-二磺酸钠盐，基化学结构式为：

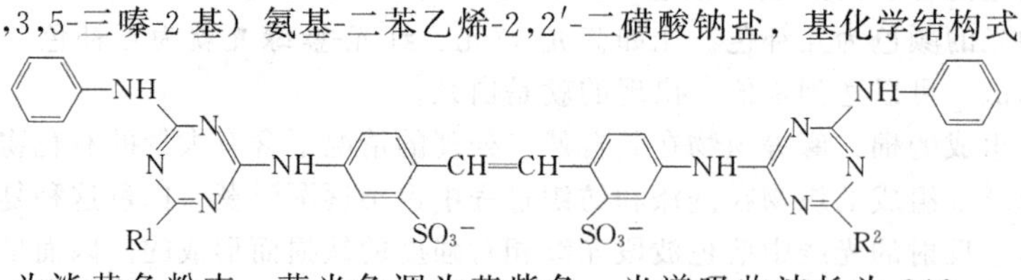

增白剂VBL为淡黄色粉末，荧光色调为蓝紫色，光谱吸收波长为346nm，荧光发射波长为434nm。

增白剂VBL的合成的主要原料是DSD酸和三聚氯氰，VBL的合成步骤如下。

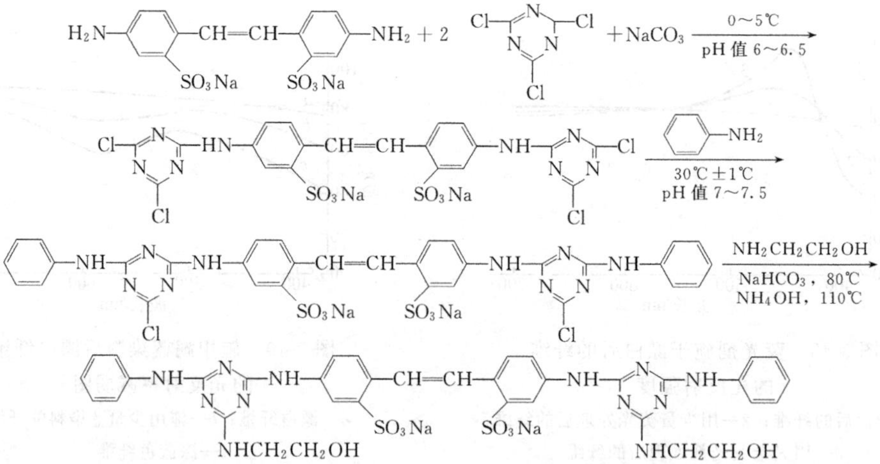

（2）荧光增白剂PRS　其化学名称为4，4′-双（6-苯胺基-4-甲氧基-1,3,5-三嗪-2-基）氨基二苯乙烯-2,2′-二磺酸钠盐，与VBL的区别在于用甲氧基取代了乙醇胺基。PRS为淡黄色粉末，溶于水，吸收波长350nm，荧光发射波长432nm，对红紫背景成强烈白色。

（3）荧光增白剂挺进33号　荧光增白剂挺进33号（C.I.荧光增白剂71，也称Tinopal DMS）的化学名称为4,4′-双（6-苯胺基-4,4-吗啉代-1,3,5-三嗪-2-基氨基）二苯乙烯-2,2′-二磺酸钠。在水中也有一定的溶解度，还能能溶于一缩二乙二醇中。可用热水调成10%的悬浮液使用。

其荧光色调为青色。由于其在分子中引入了吗啉基团，在耐氯性能上优于增白剂 VBL。合成方法如下，反应结束后得到黄色晶体，在碱性有机介质中进行高温热处理，可以使得黄色晶体转为白色晶体。

（4）荧光增白剂 BST　其化学名称为 4,4′-双［6-(2,5-二磺酸苯胺基)-4-吗啉基-1,3,5-三嗪-2-基氨基］二苯乙烯-2,2′-二磺酸钠。它对天然纤维及人造纤维均有明显的增白效果。对过硼酸盐之类的漂白剂稳定，也可以与酶复配。BST 的化学结构式如下：

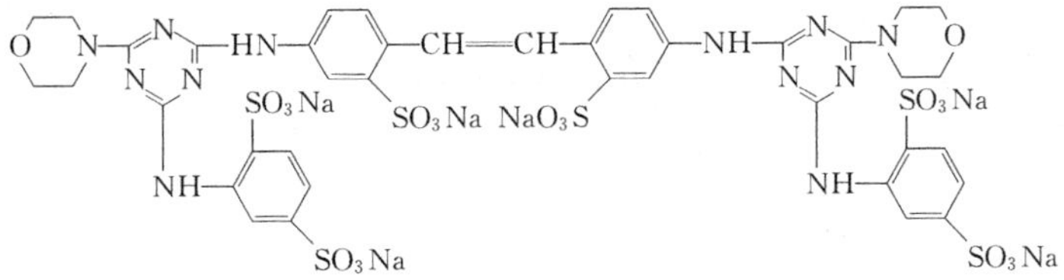

（5）荧光增白剂挺进 31 号　与 VBL 增白剂不同的是，一个苯胺基被间氯苯胺基所取代，颜色偏青，有较好的耐日光性和抗衰老性。对洗衣粉本身的增白作用比 VBL 强，洗涤效果也好。

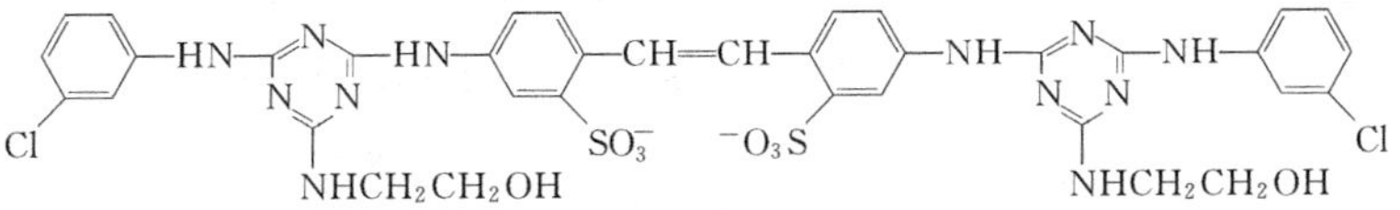

3.9.2.2　酰胺型二苯乙烯类荧光增白剂

也称作增白剂 R，该产品适于棉和锦纶的增白，可以加入洗涤剂中。可由 DSD 酸和 2-甲氧基-4-甲基苯甲酸或对甲基邻甲氧基苯甲酰氯加热制得：

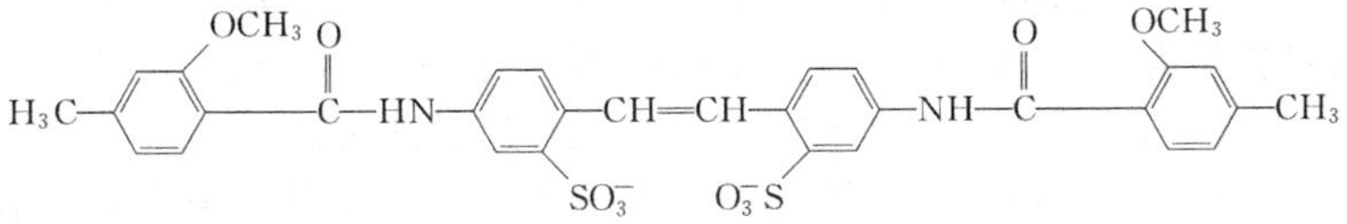

3.9.2.3　其他二苯乙烯类荧光增白剂

（1）荧光增白剂 RBS　也称 NTS，属于一种非对称二苯乙烯单三唑化合物，其化学名称为 4-［(2*H*-萘并)-1′,2′,3′-三唑］二苯乙烯-2-磺酸钠。RBS 具有天然色调，在微碱性中对纤维素和聚酰胺有良好的亲和力，而且对含氯漂白剂稳定，反应路线如下：

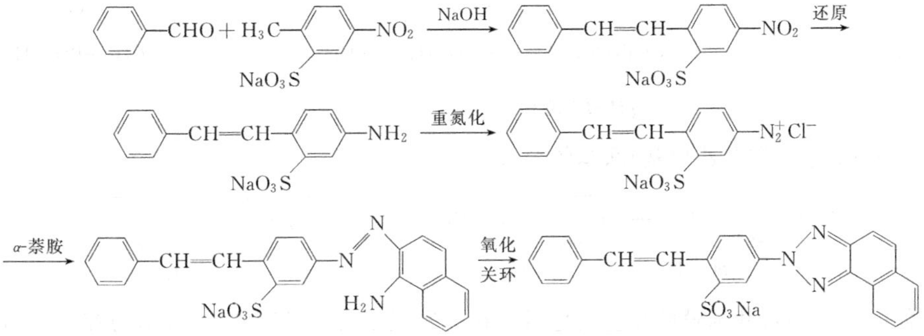

RBS

（2）荧光增白剂 GS（TA-4）　类似于增白剂 RBS，具有绿色荧光，色调柔和，对棉纤维、黏胶纤维及尼龙具有较高的亲和力。它适合于作洗涤剂添加物，特别是用于肥皂中，对氯漂白剂稳定。

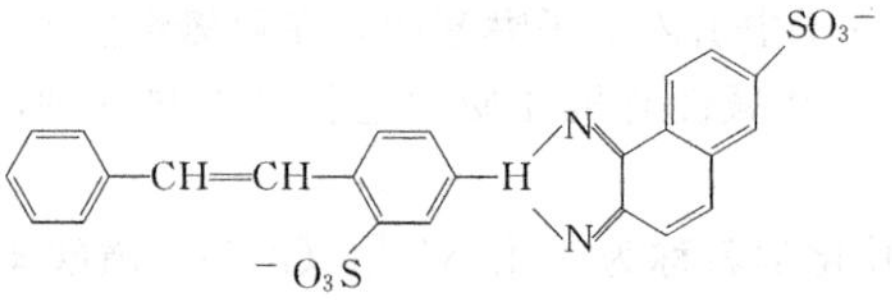

(3) 荧光增白剂 CC 也称 DPTS。对纤维素纤维和聚酰胺纤维有良好的增白作用。其化学名称为 4,4′-双（5-苯基-2H-1,2,3-三唑-2-基）二苯乙烯-2,2′-二磺酸。制备方法仍然以 DSD 酸为原料，经重氮化和还原得到 4,4′-二苯乙烯基肼-2,2′-二磺酸，再与 α-肟基乙酰苯制得 α-肟基腙化合物，然后在乙酐和少量二甲基甲酰胺存在下脱水得到产物：

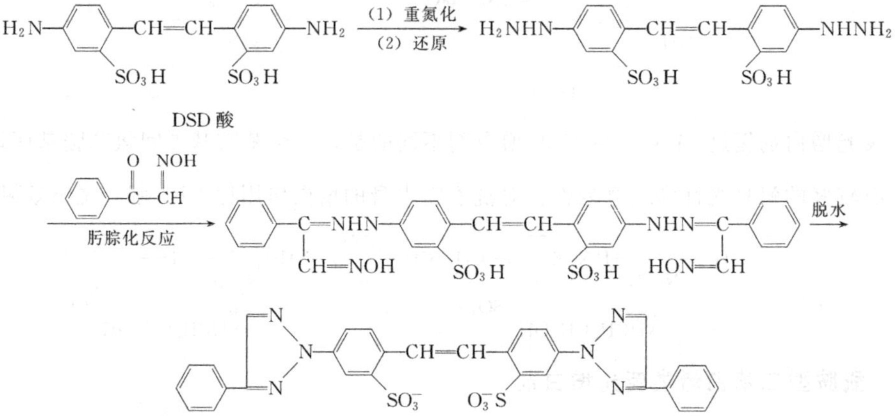

DSD 酸

肟腙化反应

脱水

3.9.2.4 二苯乙烯联苯型荧光增白剂

2 个磺酸钠基取代的二乙烯联苯（C.I 荧光增白剂 351）称作 Tinopal CBS-X 或天来宝 CBS-X，是洗涤剂用最优秀的荧光增白剂之一，天来宝 CBS-X 化学名称为 4,4′-双(2-磺酸苯乙烯基)联苯。其荧光发射波长为 435～440nm。它使洗涤后的纤维呈中性蓝色，并使洗衣粉体具有中性蓝光白度。天来宝 CBS-X 对次氯酸的稳定性很高，大量用于洗衣粉。主要有 3 种合成工艺路线。

(1) 联苯法 以联苯为起始原料，经氯甲基化制得 4,4′-二氯甲基联苯，后者再与亚磷酸三甲酯（或三乙酯）进行 Wittig 反应，产物再与邻甲酰基苯磺酸钠在 DMF 中缩合得到产品。

① 4,4′-二氯甲基联苯的合成

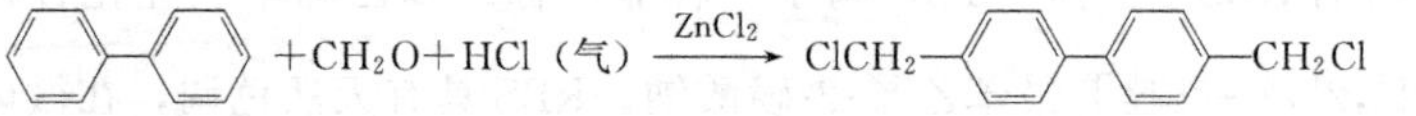

$$+CH_2O+HCl\text{（气）}\xrightarrow{ZnCl_2} ClCH_2-C_6H_4-C_6H_4-CH_2Cl$$

②4,4′-二甲氧基磷酰甲基联苯的合成

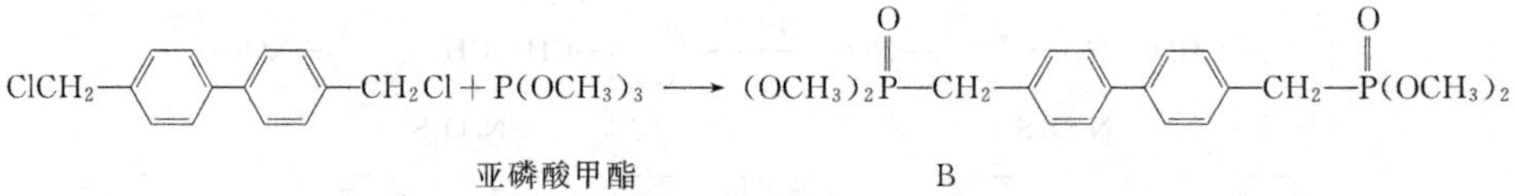

$$ClCH_2-C_6H_4-C_6H_4-CH_2Cl+P(OCH_3)_3 \longrightarrow (OCH_3)_2P(=O)-CH_2-C_6H_4-C_6H_4-CH_2-P(=O)(OCH_3)_2$$

亚磷酸甲酯 B

③4,4′-双(2-二磺酸苯乙烯基)联苯的合成

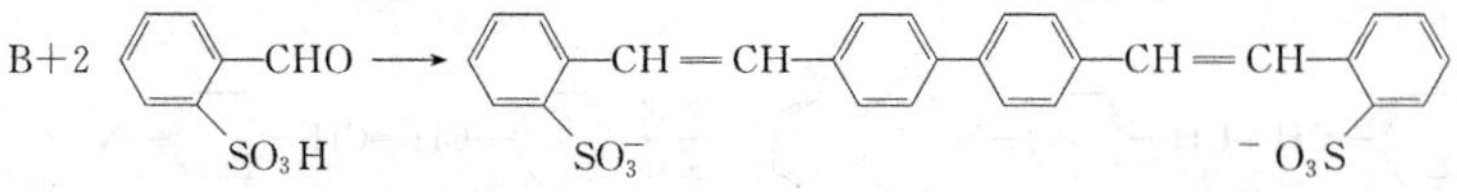

$$B+2\ C_6H_4(SO_3H)CHO \longrightarrow C_6H_4(SO_3^-)-CH=CH-C_6H_4-C_6H_4-CH=CH-C_6H_4(SO_3^-)$$

(2) 偶联法 邻氨基苯磺酸经重氮化后，在金属钯-二亚苄基丙酮配合物的存在下与 4,4′-二乙烯基联苯偶联得到天来宝 CBS-X。

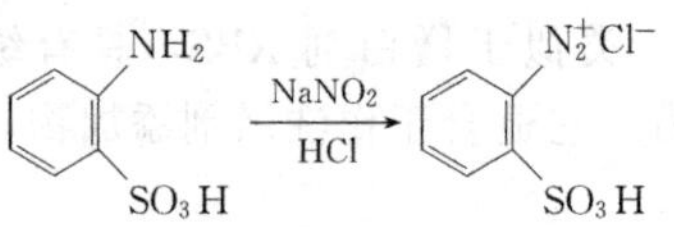

$$C_6H_4(NH_2)(SO_3H) \xrightarrow[HCl]{NaNO_2} C_6H_4(N_2^+Cl^-)(SO_3H)$$

$H_2C{=}CH-C_6H_4-C_6H_4-CH{=}CH_2 + (N_2^+Cl^-)(SO_3H)C_6H_4 \xrightarrow{Pd^{2+}}$

$(SO_3Na)C_6H_4-CH{=}CH-C_6H_4-C_6H_4-CH{=}CH-C_6H_4(NaO_3S)$

（3）联苯二甲醛法 如果用3-磺酸对氯苯甲醛作原料，可得到另一种优秀的洗涤用增白剂。

$O_2N-C_6H_3(SO_3H)-CH_3 + OHC-C_6H_4-C_6H_4-CHO \xrightarrow{\text{吡咯烷（N-H）}}$

$O_2N-C_6H_3(SO_3H)-HC{=}HC-C_6H_4-C_6H_4-CH{=}CH-C_6H_3(HO_3S)-NO_2 \xrightarrow[NaAc,\ HAc]{Fe}$

$H_2N-C_6H_3(SO_3H)-HC{=}HC-C_6H_4-C_6H_4-CH{=}CH-C_6H_3(HO_3S)-NH_2 \xrightarrow[H_3PO_2]{NaNO_2,\ HCl}$

$C_6H_4(SO_3H)-HC{=}HC-C_6H_4-C_6H_4-CH{=}CH-C_6H_4(HO_3S)$

为了解决4,4′-二氯甲基联苯强烈刺激皮肤的问题，采用氯代二苯乙烯磺酸作原料，在NaOH和金属钯催化下可制得又一种该型增白剂：

$Cl-C_6H_3(SO_3H)-CH{=}CH-C_6H_4-C_6H_4-CH{=}CH-C_6H_3(SO_3H)-Cl$

3.9.2.5 两性荧光增白剂

由于阳离子基团具有荧光抑制作用，故大部分荧光增白剂为阴离子。在含有阳离子化合物的产品中，比如在织物调理剂中，一般要减弱增白效果。有一种两性荧光增白剂，是一种联苯乙烯联二苯基的两性衍生物，含有两个两性含氮基团：

$C_6H_4(O-CH_2-CH_2-N^+(CH_2CH_3)_2-CH_2-COO^-)-CH{=}CH-C_6H_4-CH{=}CH-C_6H_4(O-CH_2-CH_2-N^+(CH_2CH_3)_2-CH_2-COO^-)$

联苯乙烯苯两性型FWA

3.9.2.6 聚合型荧光增白剂

传统的荧光增白剂大多是在固定结构上面联上磺酸基团类的亲水基团。这类荧光增白剂多适合于增白棉织物，但是对于疏水性织物，如聚酯纤维、醋酸纤维等增白效果并不好。作者合成了一类聚酯型聚合型荧光增白剂，自身有着很强的荧光，可用于疏水性织物的增白，这类化合物还具有污渍释放功能。

3.9.3 荧光增白剂的晶型的转化

3.9.3.1 荧光增白剂的同质多晶性

同质多晶性，是指同一分子在不同的环境中具有形成不同结构晶体的能力，同一分子所形成的每一种不同结构的晶体称作多晶体。这些多晶体具有不同的熔点、晶体形状、密度、表面颜色，以及对于光的反射行为等，按发现的先后称为 α-晶型、β-晶型或 γ-晶型等。与单晶X射线衍射分析方法不同，鉴别和检测同质多晶体一般使用粉末多晶X射线衍射分析。

三嗪氨基二苯乙烯系列的荧光增白剂反应结束后的产品的表观颜色都是浅黄，甚至是深黄色的。对于这类FWA，尽管洗衣粉中仅仅加0.1%，有时也会使粉体颜色加深。因此有必要进行晶型处理。

3.9.3.2 荧光增白剂合成后处理与使用前预处理

离子晶体是靠强化学离子键将各个点阵元素束缚在一起，其晶体的结构比较紧密。而有机化合物组成的晶体属于分子晶体，其晶体结构的点阵单元为一个个独立的分子，它们靠弱的物理力分子间作用力结合，比较疏松。这些分子在晶体点阵中的排列方式有很大的随机性，只要少数几个分子排列方式特殊，就产生了一种新的晶型。

有时这种转变在常温下是非常缓慢的，甚至人的肉眼是看不出来的，那么这种热力学上不稳定的晶型，在动力学上或许是稳定的。因此在产品合成后热处理，可能得到虽然名义上是热力学上不稳定的晶型，却可以在外观等物理性质上满意的商品。荧光增白剂的多晶体间晶型的转化有如下一些方法。

① 压力下高温加热法　将二苯乙烯三嗪型荧光增白剂置于在压力釜中，在34.5～1552kPa的压力下，碱性介质中加热到100～200 ℃，成品从不稳定状态黄色转变成白色的稳定状态产品。

② 滤饼回流法　将湿滤饼放在含有水溶性有机溶剂或是含电解质的水介质中回流的方法。

③ 加晶种低温热处理法　在60℃下加入一定数量的晶种进行热处理，也可以得到白色晶体。

④ 钾盐型导致晶型转变　一些FWA在处于游离酸或二钠盐型时如果加入到洗衣粉中，会导致泛黄，使得品质降低。如果将其转化成二钾盐则可以避免。这种钾盐形式的化合物有 α-晶型、β-晶型、γ-晶型三种晶型。其中 α-晶型可能为浅绿色的针状晶体。

α-晶型在碳酸钾水溶液中，在压力釜内加热到150℃经过热处理可以得到 β-晶型。

α-晶型在含醇类化合物的水溶液中，在压力釜内加热到120℃，可以得到 γ-晶型。

以上从 α-晶型得到的两种晶型虽然都显浅黄色，但是都可以赋予洗衣粉洁白的外观。

⑤ 洗衣粉添加多羟基化合物法　可以在洗衣粉的配方中添加非离子表面活性剂，或至少含3个羟基的多元醇，或次氯酸钠等都可以缓解洗衣粉的泛黄现象。但是这些简易方法只能使得洗衣粉的泛黄现象临时得到改观。

⑥ 多羟基等对荧光增白剂预处理法　用聚乙二醇400与荧光增白剂挺进33号混合使得产品转白。用甘油、乙二醇、二乙二醇、乙醇、丙二醇、1,2-戊二醇、2,6-已二醇、聚乙二醇1500、聚乙二醇400、$C_{11\sim12}(OCH_2CH_2)_8OH$、$C_{12}(OCH_2CH_2)_3OH$ 与CBS-X预混合后均能够使其转白。但是水、十二醇、聚乙二醇6000却没有引起这两种荧光增白剂的转白的效果。这样转白的产品添加到洗衣粉中后还增加了贮存稳定性。

制备N-晶型荧光增白剂CBS-X的方法：先将荧光增白剂CBS-X与乙醇混合后，再将混合物加入到多羟基化合物，如二醇类（乙二醇、丙二醇）、三醇类（丙三醇、1,2,6-己三醇）或其低聚物（如二聚丙三醇溶剂等）中充分搅拌，最后除去乙醇。制备O-晶型荧光增白剂CBS-X的方法：先将荧光增白剂CBS-X与水混合，再将其加入到多羟基化合物中，在40～50℃静置1h，冷却到20℃。制备混合N-O-混合型晶型：与制备O型方法类似，只是加热温度不要超过25℃。

3.9.4 荧光增白剂的顺反异构和反式异构化

洗涤剂用荧光增白剂多为乙烯结构型，特别是含三嗪基团的荧光增白剂明显具有顺反异构现象，顺式结构没有荧光性。由于主要原料 DSD 酸的顺式结构比反式结构具有较大的溶解性，而在生产的后期是靠盐析得到最后成品，这样由于顺式结构产品的水溶性大，在固体产品中就降低了顺式产品的比例。它们在光照下，反式构型具有顺式构型的倾向，发生的光化学反应主要有以下 3 种。

3.9.5　荧光增白剂增白效果影响因素

阴离子型 FWA 在酸性条件下的吸光度急剧降低，阳离子型 FWA 在 pH 值大于 9 时的吸光度也大大下降。而非离子型 FWA 受到 pH 值的影响就小多了。在碱性环境中阴离子型的电子有很大的离域，会促进吸光度增加；在酸性下的溶解度明显减低，甚至会产生沉积。另外 pH 值也会影响到与不同纺织品的亲和关系。

FWA 在低浓度下的增白效果与用量成正比，当超过某一浓度后有泛黄现象。

FWA 是吸附到织物上之后起到增白的作用，所以影响到 FWA 的吸附率的环境因素都会影响到它们的效果。在 FWA 的低浓度时盐析增加了它们的吸附，于是无机盐起到增白的效应，当 FWA 的浓度较高时，无机盐就会使得 FWA 的泛黄点下降，从而起到反的作用。

相同电荷的表面活性剂一般来说对于 FWA 的影响并不大，但是相反电荷的表面活性剂则存在降低吸光度，甚至引起荧光猝灭的危险。这是因为它们有形成难溶络合物的潜在可能。非离子表面活性剂对于 FWA 的增溶，或分散有着积极的作用。

另外，一般染料染色越深越能遮盖织物上的瑕疵，但是 FWA 则相反，其增白效果越好，原来的疵点就愈加明显。FWA 增白的是清洁织物，所以不能够以荧光增白剂的增白来替代洗涤。

笔者发现 FWA 与 PVP 有协同作用，原因是成了分子复合物。

3.10　漂白剂、漂白活化剂、漂白稳定剂、漂白催化剂、光学漂白剂

漂白是基质向脱色作用方向变化。化学漂白引起了色泽系统的氧化或还原降解，破坏了发色系统，使之水溶性加强，而易于从织物上除去。来自天然植物的有色物主要是含聚酚的化合物，如红色到蓝色的花色素苷（菜肴、浆果、葡萄干）、姜黄染料（咖喱、芥末）、灰色单宁（水果、茶、红葡萄酒）、腐殖酸型的有机聚合物（咖啡、可可）、吡咯衍生物（叶绿素、甜菜碱、尿液）、类胡萝卜素（胡萝卜、番茄）等，工业产品中的染料也属于可漂物。

矢车菊色素在不同的 pH 值下分子结构发生变化，导致颜色改变。

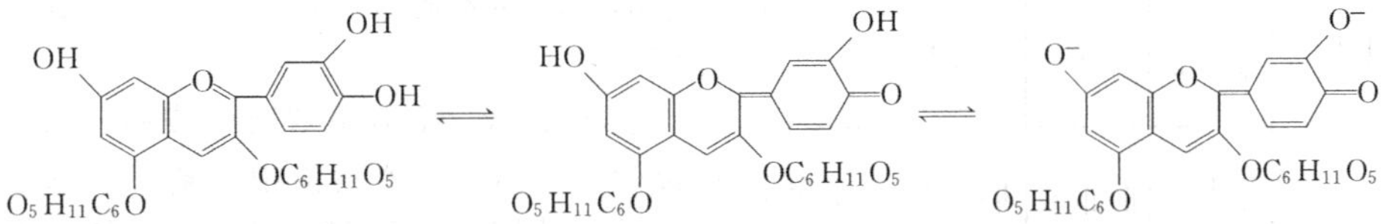

红色（pH<3.0）　　紫色（pH=8-5）　　蓝色（pH=11）

图 3-50 是类胡萝卜色素番茄红素在过氧化氢存在下的氧化过程。过氧化氢分解出的过羟离子对色素分子，尤其是双键部分进行氧化，生成无色碎片分子。

3.10.1　含氯漂白剂

次氯酸钠在冷水中有很强的漂白作用。但它稳定性差，有效氯容易损失。它对一些染料有损伤，会引起退色，与香料、酶和荧光增白剂等产生作用，因而少有直接配到洗涤剂中。

按照美国纺织染化工作者协会（AATCC）制定的灰色沉积污垢和白度等级（表 3-42）可以接受的“漂白处理”是白度大于 75%，织物的强度应保留初始值的 90%。达到这个标准时次氯酸钠浓度、温度、pH 值和时间四因素确定的区域如图 3-51 所示。

$$H_2O_2+OH^- \rightleftharpoons H_2O+OOH^-$$

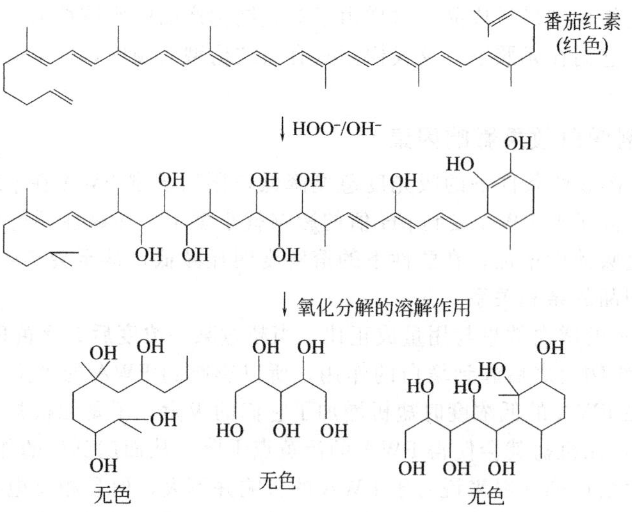

番茄红素（红色）

↓ HOO^-/OH^-

↓ 氧化分解的溶解作用

无色　　无色　　无色

图 3-50　蕃茄红素的氧化分解

表 3-42　AATCC 灰色沉积污垢和白度等级

AATCC 等级	白度值/%	术语	AATCC 等级	白度值/%	术语
5	90	无污垢	2～3	65	
4～5	85		2	45	明显污垢
4	75	轻微污垢	1～2	—	
3～4	70		1	—	重污垢
3		较明显污垢			

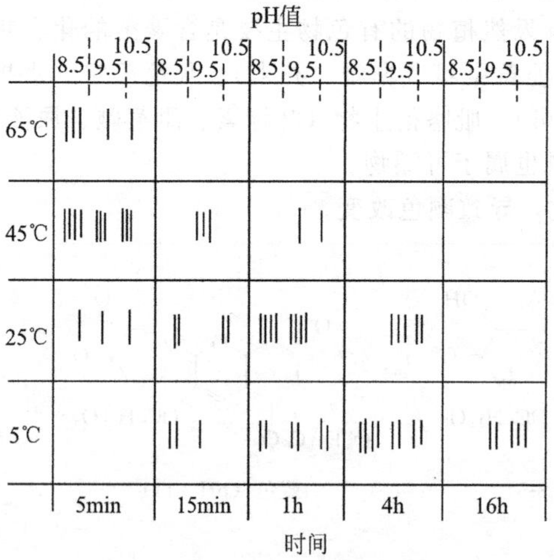

图 3-51　可以接受的漂白处理

（有效氯 1600×10^{-6}）

次氯酸钠在 pH＝9.5～10.5 时稳定，在这个范围之外分解成氢氧化物和次氯酸，后者可继续分解为氯化物、氯酸盐和氧。在 pH＜2 时，主要以氯气存在；在 pH＝4.0～6.0 时，溶液中只有次氯酸；pH＞9.5 时主要是次氯酸阴离子。

次氯酸盐的氧化还原电位为＋0.94V，可使纤维素的羟基和木质素的酚羟基氧化，对织物造成损坏。

氯胺 T（*N*-氯-对甲苯磺酰胺钠）的氧化还原电位为＋0.9V。在水溶液中，氯胺 T 水解形成次氯酸盐，同次氯酸钠相同，也有下列状态：Cl_2（pH＜2）；次氯酸（pH＝4～6）；次氯酸阴离子（pH＞9.5）。氯胺 T 的漂白副作用是不能用水将残留的氯胺 T 除去，因为它与纤维上的残存的铝形成了络合物。所以，用氯胺 T 漂白并彻底清洗后，可以施加还原剂。

二氧化氯也是一种含氯漂白剂。它的分子中有 19 个价电子，它可以形成自由基而成为不稳定状态。当它与氧混合时，会发生爆炸，但在水溶液中还是稳定的。在酸性溶液中氧化过程如下：

$$ClO_2+e^- \longrightarrow ClO_2^-$$

$$ClO_2^-+3H^++2e^- \longrightarrow HClO+H_2O$$

$$HClO+H^{+}+2e^{-}\longrightarrow Cl^{-}+H_2O$$

在碱性介质中，它与OH^-反应：

$$2ClO_2+2OH^{-}\longrightarrow ClO_3^{-}+ClO_2^{-}+H_2O$$

在pH为4时，只有10%的ClO_2分解；但在pH为7时，分解率达到90%。当pH>7时，纤维素和半纤维素都能被氧化。在pH较低条件下，溶液中存在着次氯酸、亚氯酸和元素氯的平衡。

可使用的含氯漂白剂还有氯化正磷酸盐、三氯氰脲酸、二氯氰脲酸和二氯氰脲酸钾等。后几种氯化物常常作为硬表面清洗剂中杀菌剂的组分而不是洗衣洗涤剂的漂白组分。原因一是漂白力过强，对许多有色织物不安全，二是氯气味较大。异氰脲酸盐副作用相对较小。在引起重视。

O
Cl—N N—Cl
N
O O
ONa

3.10.2 含氧漂白剂

作为漂白剂使用的过氧化物有过氧化氢、过硼酸钠、过碳酸钠以及过氧羧酸等。

（1）过氧化氢　其水溶液为弱酸，与色素作用，但是与纤维素不发生作用或作用很弱。

$$H_2O_2+H_2O\rightleftharpoons H_3O^{+}+HOO^{-}\quad 酸性常数\ pK_a\approx 12$$

其氧化能力来自过氧阴离子的氧化作用

$$HOO^{-}+H_2O+2e\longrightarrow 3OH^{-}\quad E^0=+0.88V$$

其氧化作用取决于溶液的温度和pH值，最佳pH值为9～10。某些金属离子（Fe^{3+}、Mn^{2+}、Cu^{2+}）对其漂白有明显催化作用：

$$M^{3+}+H_2O_2\longrightarrow M^{3+}+HO\cdot+OH\cdot$$

$$HO\cdot+H_2O_2\longrightarrow HOO\cdot+H_2O$$

$$M^{3+}+HOO\cdot\longrightarrow M^{3+}+2[O]+H\cdot$$

上式的HO·、HOO·和新生态氧都具有氧化作用。过渡金属催化严重的程度顺序为Co>Fe>Cu>Cr，而有认为重金属催化产生的自由基无益于产生活化氧。

（2）过硼酸钠　过硼酸钠四水合物$NaBO_3\cdot 4H_2O(PB_4)$（含活性氧10.4%）在溶液中能水解成过氧化氢，通常用简单分子式$NaBO_3\cdot 4H_2O$来表示。其分子式为：

$$Na_2[B_2(O_2)_2(OH)_4]\cdot 6H_2O$$

其结构式：

H₂O
HO O—O OH
H₂O Na⁺ B⁻ B⁻ Na⁺ H₂O
H₂O HO O—O OH H₂O
H₂O

在水溶液中生成的过氧化氢经过羟离子游离出活性氧而产生漂白作用。

$$NaBO_3\cdot 4H_2O\longrightarrow H_2O_2+Na^{+}+BO_2^{-}+3H_2O$$

过氧化氢按下式进一步分解：

$$H_2O_2+OH^{-}\longrightarrow H_2O+OOH^{-},\ OOH^{-}\longrightarrow OH^{-}+[O]$$

过硼酸盐漂白剂属于安全型漂白剂，配合添加漂白活化剂，大量应用于洗涤剂。它的缺陷是作用温度较高。

（3）过碳酸钠　过碳酸钠是以过氧化氢代替结晶水结合的过氧化物，分子式为$2Na_2CO_3\cdot 3H_2O_2$。由于含有较高的活性氧，所以又称为固体形式的过氧化氢。遇酸中和成相应的钠盐，并放出二氧化碳。30℃时浓度1%（质量分数）的PC的pH值为10.5。

过碳酸钠也是通过在水溶液中产生过氧化氢而起漂白作用的。但是对于冷水洗涤，仍然要配以漂白活化剂。在pH值为10.5左右时它的漂白作用最好。碱性过强往往发生副反应，导致漂白剂失效。

（4）过硫酸盐　过硫酸盐能在低温发挥氧化作用，还可以降低过氧化氢的使用温度。过硫酸盐属于强氧化剂，可以把 Cl^- 氧化成 Cl_2 将 Fe^{2+} 氧化成 Fe^{3+}，H_2O_2 氧化成 O_2。过硫酸盐与活性氯化合物混合，具有优异的漂白和杀菌性；与含氧漂白剂混合使用，具有协同效应：

$$HSO_5^- + 2Cl^- + 2H^+ \longrightarrow HSO_4^- + Cl_2 + H_2O$$

$$HSO_5^- + NaBO_3 \cdot H_2O \longrightarrow KHSO_4 + NaBO_2 + H_2O + O_2$$

含过硫酸氢钾、硫酸氢钾和硫酸钾的复合漂白剂（Caroat），含45%$KHSO_5$、25%$KHSO_4$和30%K_2SO_4，活性氧含量为4.5%，25℃1%水溶液的pH值为2。这种复合物在碱性配方中如保持无水，在阴凉干燥条件下，每月活性氧损失小于1%。Caroat的典型应用是与过硼酸钠一起用于假牙洗涤剂中，也可将其用于衣物洗涤剂和抽水马桶清洗剂中。

当过氧化物与单过硫酸盐的复合盐并用之比为（3∶7）～（9∶1）时，在低温下经短时间处理，就可获得充分漂白效果，并且不会发生变色和退色现象。过氧化物质量小于单过硫酸盐的1/2时，被处理物发生变色、退色现象，但大于20倍时，短时间达不到漂白处理的要求。

（5）过氧羧酸　过氧羧酸RCOOOH低温洗涤优越性突出。较早出现的十二碳烯双过酸具有不易分解、无臭、杀菌的特点，但有爆炸性。α,ω-十二（烷）二过氧羧酸（DPDDA）、邻苯二甲酸单过氧羧酸（MPPA）镁盐六水物表现出优良的漂白活性。

$$Mg\left[\text{C}_6\text{H}_4(\text{CO}_3\text{H})(\text{CO}_2^-)\right]\cdot 6H_2O$$

单过氧邻苯二甲酸镁

$$HO_3C\ (CH_2)_{10}CO_3H$$

DPDDA

N,*N*-邻苯二甲酰亚胺过氧己酸（PAP），性能较稳定，它可由邻苯二甲酰亚胺己酸氧化而成：

$$\text{C}_6\text{H}_4(\text{CO})_2\text{N}(CH_2)_5COOH \xrightarrow[H_2O_2]{MeSO_3H} \text{C}_6\text{H}_4(\text{CO})_2\text{N}(CH_2)_5COOOH$$

氧系漂白剂普遍对金属（特别是对铁）不稳定，在与金属接触时，容易分解出过氧化氢而失效。

过氧羧酸，即过氧化氢的单酰化产物在所有有机过氧化物中具有最强的氧化潜能。活性氧含量达到14%以上，一般认为是稳定的。高碳的过氧羧酸（碳数>6）大多数不溶于水，嗅味自然（碳数>10），p*K*a明显高于相应的羧酸。过氧羧酸在中性水中有充分的稳定性，在酸性范围内与水平衡形成羧酸和过氧化氢，在碱性条件下则加速分解而失去活性氧。鉴于它们或多或少地存在着敏感性，过氧酸生成和使用场合必须脱敏（添加水、无机盐等），

用 H_2O_2 催化过氧化羧酸的方法属于基本的过氧羧酸的工业化规模生产方法。操作中必须实施特殊的安全措施，并使用无机盐（如硫酸镁）脱敏。

以十二烷二酸为起始物的合成路线如下：

$$HOOC(CH_2)_{10}COOH + 2H_2O_2 \xrightleftharpoons{H^+} HOOOC(CH_2)_{10}COOOH + 2H_2O$$

DPDDA

十二烷二酸的合成也有多种路线，常用的有以蓖麻油酸甲酯、环辛二烯等为起始物。

$$CH_3(CH_2)_5\underset{\displaystyle OH}{\underset{|}{C}}HCH_2CH{=}CH(CH_2)_7COOCH_3 \xrightarrow[\triangle]{NaOH} CH_2{=}CH(CH_2)_8CO_2CH_3 \xrightarrow{1.CO/H_2,MeOH;\ 2.H^+/H_2O} \text{(环十二烷)}\begin{matrix}-COOOH\\-COOOH\end{matrix}$$

蓖麻油酸甲酯　　　　十二烷二酸

$$\text{环辛二烯} \xrightarrow{[Ni]} \text{环辛烯} \xrightarrow{C_2H_4} \text{环十二烷二烯} \xrightarrow[2.H^+/H_2O]{1.CO/H_2,MeOH} \text{(环十二烷)}\begin{matrix}-COOH\\-COOH\end{matrix}$$

环辛二烯　　　　十二烷二酸

长链脂肪族羧酸的漂白效果与分子中的碳数及活性之间的关系如图3-52所示（硬度300×10^{-6}，30min，AO 30×10^{-6}，重垢洗涤剂6g/L）。

3.10.3 漂白活化剂

漂白活化剂就是这样一类化合物，与漂白剂一起使用时，可以激活漂白剂，降低漂白剂的释氧温度。这类活化剂通常是酰化剂，它在洗浴中与—OOH发生亲核取代反应，产生过氧羧酸，一般是过氧乙酸。由于高氧化潜能的原因，过氧羧酸在低温下也明显地比 H_2O_2 的漂白性能强。

$$R-\overset{\displaystyle O}{\overset{\|}{C}}-X + {}^{-}O-OH \rightleftharpoons \left[R-\overset{\displaystyle O^-}{\overset{|}{\underset{\displaystyle O-OH}{\underset{|}{C}}}}-X \right] \rightleftharpoons R-\overset{\displaystyle O}{\overset{\|}{C}}-O-OH + X^-$$

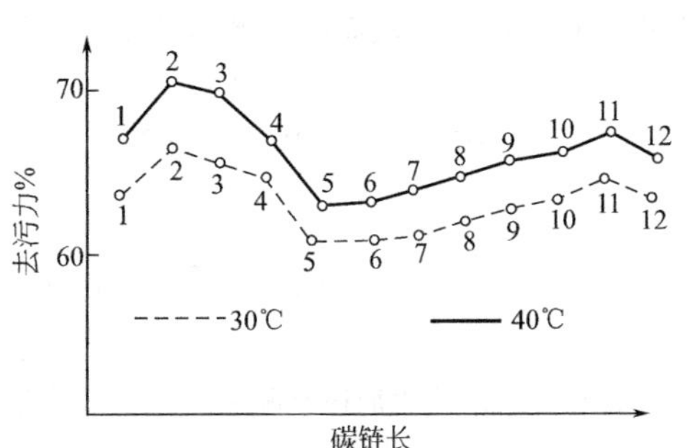

图3-52 长链脂肪族羧酸的漂白效果与分子中的碳数及活性之间的关系

1—过氯乙酸；2—过氧辛酸；3—过氧壬酸；4—过氧癸酸；5—过氧月桂酸；6—二过氧戊二酸；7—二过氧己二酸；8—二过氧辛二酸；9—二过氧壬二酸；10—二过氧癸二酸；11—二过氧十二二酸；12—二过氧十三二酸

较早的漂白活化剂有四乙酰乙二胺（TAED）、四乙酰甘脲（TAGU）、五乙酰葡萄糖（PAG）和*N*-乙酰基邻苯二甲酰亚胺（AP）等。其中TAED用得比较普遍。TAED/过硼酸系统在60℃的漂白作用相当于过硼酸盐在90℃的作用。

关于TAED漂白活化机理的一种解释是两个过氧化氢和一个TAED分子反应。每3份四水合过硼酸钠需2份TAED。典型的洗涤剂配方是过硼酸钠添加量为12%～24%，TAED为1%～3%。

$$(CH_3CO)_2N-CH_2CH_2-N(COCH_3)_2 + 2OOH^- \longrightarrow CH_3CONHCH_2CH_2NHOCCH_3 + 2CH_3\overset{\displaystyle O}{\overset{\|}{C}}-OO^-$$

过乙酸按下式反应氧化其本身阴离子：

$$CH_3\overset{\displaystyle O}{\overset{\|}{C}}OOH + CH_3-\overset{\displaystyle O}{\overset{\|}{C}}-OO^- \longrightarrow CH_3\overset{\displaystyle O}{\overset{\|}{C}}-OH + CH_3\overset{\displaystyle O}{\overset{\|}{C}}-O^- + 2[O]$$

另一个商品化的是壬酰基苯酯磺酸盐（NOBS），即链烷酸苯酯磺酸盐（AOBS）。使用NOBS的最佳条件为PB/NOBS=6/1。同类结构的还有如异壬酰氧苯磺酸钠（iso-NOBS）等。NOBS的合成反应如下。

方法一：

$$R\overset{\displaystyle O}{\overset{\|}{C}}-OH + PCl_5(\text{或}\ SOCl) \longrightarrow R\overset{\displaystyle O}{\overset{\|}{C}}-Cl \xrightarrow{HO-C_6H_4-SO_3H} R-\overset{\displaystyle O}{\overset{\|}{C}}-O-C_6H_4-SO_3H$$

方法二：$RCOOCH_3 + HO-C_6H_4-SO_3H \longrightarrow R-C(=O)-O-C_6H_4-SO_3H$

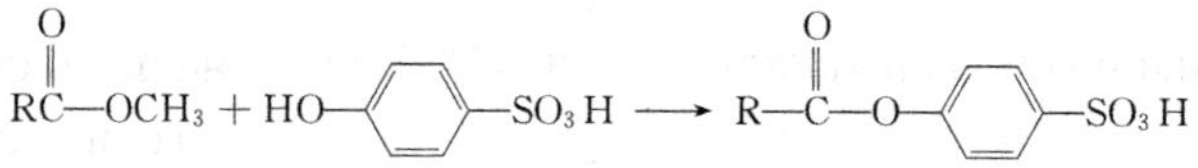

AOBS的漂白活化机理主要是AOBS作为漂白剂先导，它通过过硼酸钠释放出的过氧化氢形成活性物，即单过脂肪酸。L为过氧化氢基阴离子通过缺少电子的羰基亲核反应从活化剂分子上取代出的残基：

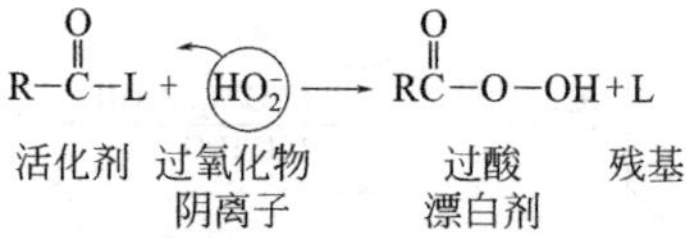

$$R-C(=O)-L + HO_2^- \longrightarrow RC(=O)-O-OH + L$$

活化剂　过氧化物阴离子　过酸漂白剂　残基

具有这类特性的离去基团的共轭酸的p*K*a范围为8～10，比如对苯酚磺酸钠就符合这个准则。

AOBS的R基团如果太短，则对亲水性污垢有效，但对织物增白或清除油性污垢效果差；如果太长，分子变得太疏水和太表面活性剂化，结果自缔合或胶束化，导致漂白剂分解，形成二酰基过氧化物DAP，从而降低漂白效果。碳链的最佳长度为$n=6\sim8$。

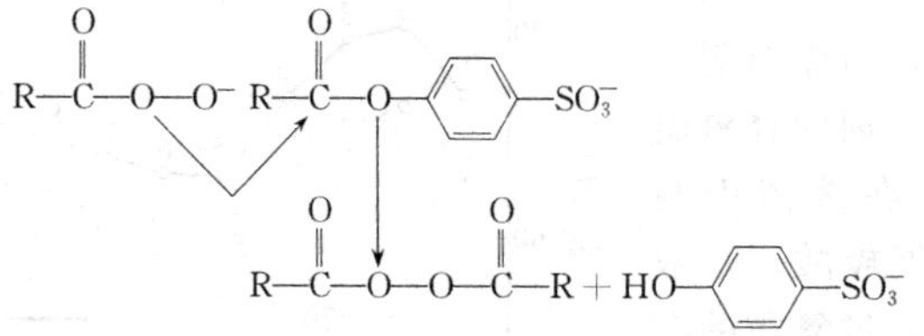

$$R-C(=O)-O-O^- + R-C(=O)-O-C_6H_4-SO_3^- \longrightarrow R-C(=O)-O-O-C(=O)-R + HO-C_6H_4-SO_3^-$$

DAP　　R为$CH_3(CH_2)_{6\sim8}$

其他的漂白活化剂还有酰氧烷基酰氧磺酸盐、亚乙基苯甲酰基乙酸酯（EBA）和聚合物PBA等。

① 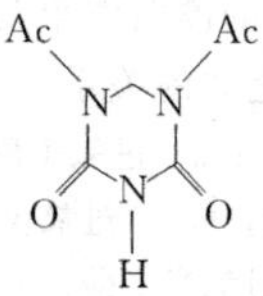 二乙酰二羰基六氢三嗪

② 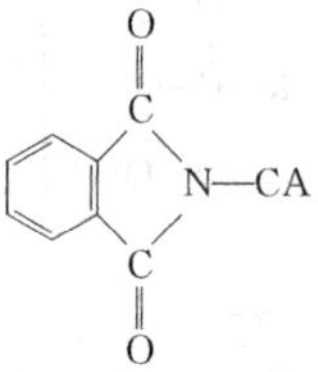 AP（*N*-乙酰邻苯二甲酰亚胺和邻苯二甲酸酐混合物）

③ $CH_3-CH(OAc)-O-C(=O)-C_6H_5$

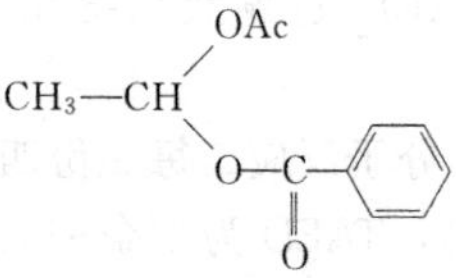

EBA（亚乙基苯甲酸乙酸酯）

④ $CA-O-CH_2-CH_2-N(Ac)_2$

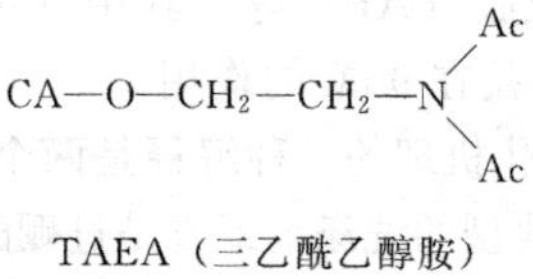

TAEA（三乙酰乙醇胺）

⑤ $-CH_2-CH(COOH)-CH_2-CH(CH(Ac)OAc)-CH_2-CH(COOH)-CH_2-CH(CH(Ac)OAC)-CH_2\cdots$

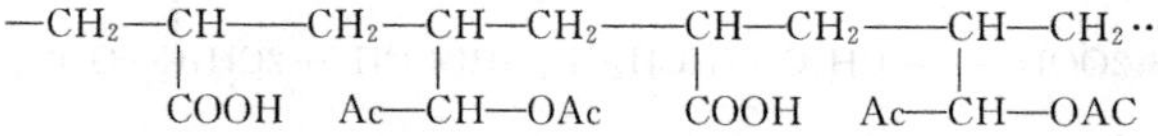

PBA

⑥ 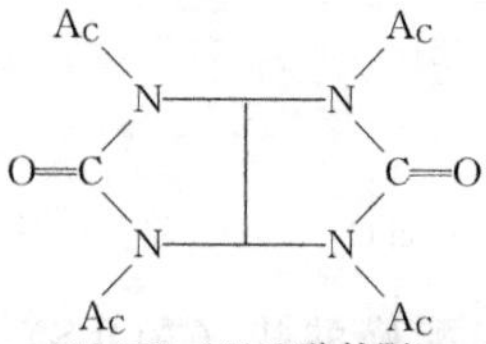 TAGU（四乙酰甘脲）

⑦ $C_6H_4(CO)_2N-(CH_2)_5-C(=O)-OOH$

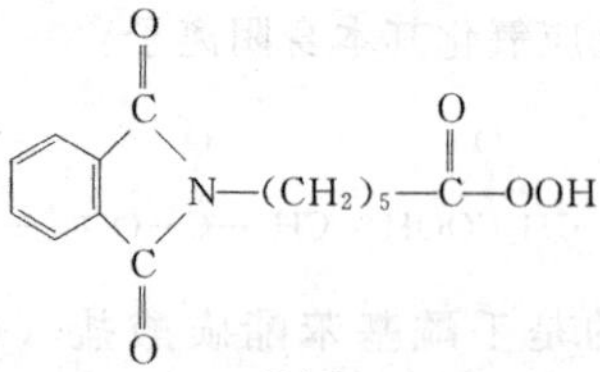

PAP

⑧ $R-C(=O)-O-(CH_2)_n-C(=O)-O-C_6H_4-SO_3Na$

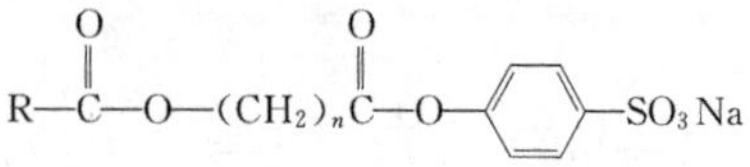

烷酰氧基烷酰苯酯磺酸盐

⑨ $R_1\overset{+}{N}(CH_3)_2(CH_2)_nC(=O)-OOH$

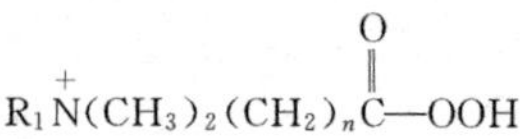

二性过酸

其他的如 N-酰基己内酰胺、糖和醋酸酐反应得到的乙酰化糖、三乙酰柠檬酸、乙酰化的羧甲基蔗糖、烯醇型漂白活化剂、反，反-二酰氧基-1,3-丁二烯等可以更有效地降低过氧化物的释氧温度，它们也是与过氧化物生成过酸前体，反应为等摩尔反应。但是在30℃以下仍然有部分活化剂没有反应。

3.10.4 过氧化物稳定剂

过氧化氢分解，导致漂白剂的损失，并使织物发生氧化降解而损伤。

$$2H_2O_2 \longrightarrow 2H_2O + O_2$$

活性氧的分解受痕量金属离子的催化而增加。这种副作用可通过添加过氧化物稳定剂来加以抑制。按稳定机理分为吸附型、络合型、吸附-络合型和吸附-屏蔽型等。

① 充分分散的硅酸镁。它通过吸附而使痕量的重金属无害。但是过多的硅酸盐引起硅垢。

② 重金属的影响可通过与螯合剂，如有乙二胺四乙酸（EDTA）等的复合作用进一步加以削弱。

③ 一些有机磷化合物能够封闭金属离子，对过氧化物漂白剂具有稳定作用。

例如，将乙二胺四甲基膦酸 EDTMP 与金属离子（Ca^{2+}、Mg^{2+}、En^{2+}、Al^{3+}）按（1～2）：1的摩尔比制成络合物，加到洗涤剂中，以避免本身的失活。它的钙络合物的结构为：

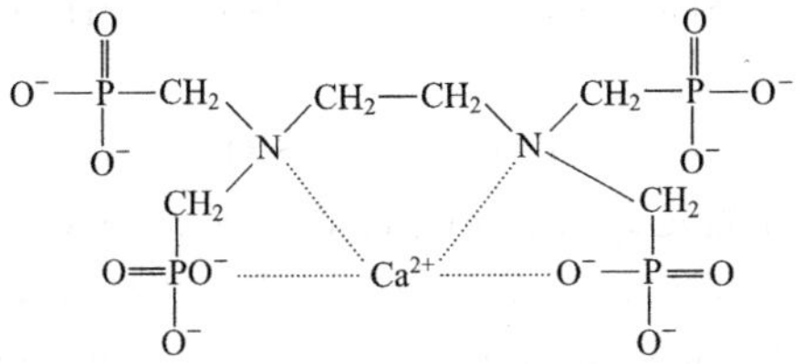

3.10.5 漂白催化剂

一些哌啶衍生物可在低温激活过氧化合物，它们先和过氧化物作用，形成一种不稳定的、具有氧化作用的中间体环氧化物，放出活性氧后，又转化为最初的形态。在此过程中哌啶化合物并不消耗，故也可称为催化剂。类似的过氧化物催化剂还有亚胺化合物等，激活过氧化物的机理如下式。

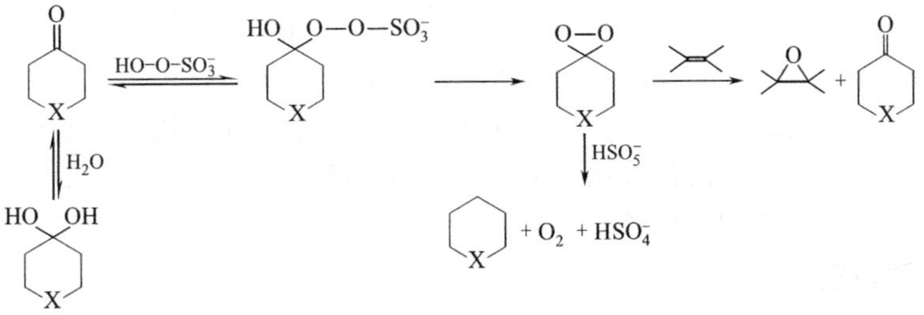

另外，过渡金属对于 H_2O_2 的催化反应可以变害为利，比如锰及其某些化合物可以用来在低温和高温下作催化剂，而且对于酶无伤害。在过渡金属中，只有锰对于蛋白污垢和茶污垢具有去除催化作用，见表3-43所列。洗涤茶污布显示明显有效。

表3-43 40℃污垢脱落效率 ΔR/%

金属离子/$\times 10^{-6}$	Mn^{2+}		Fe^{3+}		Ni^{2+}		Cu^{2+}	
	PS	TS	PS	TS	PS	TS	PS	TS
0	17	4	17	4	17	4	17	4
1	21	8	14.8	2.5	9	2.7	3.5	4.8
5	22	10.8	14.4	1.6	8	2.0	3.0	3.7
10	22	11.7	14.9	1.7	7.8	2.0	3.0	0.0

注：PS为蛋白质污垢，TS为茶污垢。

化合物 Mn（MeTACN)$(OCH_3)_3$（PF_6）漂白催化效果显著，之中的 MeTACN 为 1,4,7-三甲基-1,4,7-三氮环壬烷，其结构式为：

Me　N　N　Me
N
Me

在配方中含（质量分数）0.02%～0.08%的双核锰络合物漂白催化效果更为稳定，化学结构如下：

$$\left[LMn \begin{matrix} X \\ X \\ X \end{matrix} MnL \right]^{z} Yq$$

其中，L 是 TACN 衍生物；X 代表卤素、O^{2-}、HOO、$-NCS^-$、I_3^-、NH_3、RSO_3^- 等；Y 为反离子；z 与 q 为电平衡常数。

3.10.6　还原性漂白剂

（1）连二亚硫酸盐　连二亚硫酸盐（dithionites）含有两个 SO_3^{2-}。两个硫原子之间的距离为 0.239nm，这是整个离子不稳定的根本原因。它可以被氧化，也可以自发分解。在酸性介质中，其氧化还原电位为 $E^0=-0.08V$：

$$2HSO_3^- + 3H^+ + 2e^- \rightleftharpoons HS_2O_4^- + 2H_2O$$

在碱性介质中，$E^0=-1.12V$：

$$2SO_3^{2-} + 2H_2O + 2e^- \rightleftharpoons S_2O_4^{2-} + 4OH^-$$

应用连二亚硫酸盐漂白宜确定最佳漂白 pH 值，又称最低分解的 pH 值。对于 ZnS_2O_4，$pH_{opt}=5.5$～6.0；对于 $Na_2S_2O_4$，$pH_{opt}=5.5$～6.5。连二亚硫酸盐的还原性可以使得有机铁络合物褪色（$Fe^{3+} \rightarrow Fe^{2+}$），但是这种反应是可逆的。对于色素的漂白反应也具有可逆性，被还原了的发色团可以重新被氧化。因此，应该慎重使用。在实施氧化物漂白时，常在漂白后处理时将连二亚硫酸盐用作抗氯处理剂。

（2）四硼氢化物　四硼氢化物（tetrahydridoborates）不仅可以还原色素的发色基，也可以用作抗氯剂，施加过四硼氢化物漂白的基质增强了抗酸解性、抗光解性、抗碱性和抗紫外辐射性。在水溶液和醇溶液中，四硼氢化物会产生如下分解反应：

$$BH_4^- + 4H_2O \longrightarrow B(OH)_4^- + 4H_2$$

$$BH_4^- + 4ROH \longrightarrow B(OR)_4^- + 4H_2$$

在高 pH 值下对基质纤维损坏增加，在 pH 值 9～10 达到平衡。用四硼氢化物漂白时，高浓度比低浓度引起泛黄明显，醇溶液又比水溶液更易引起泛黄。漂白时间宜大于 10min，5～8min 的暂短作用会加速后来纤维的自然老化。

3.10.7　光学漂白剂

利用太阳光扩大其漂白效果为洗涤领域引入了新概念，这就是光漂白的概念。

光化学反应发生在分子从基态跃迁到高能态的情况下。表示分子内的光化学过程和能量相关的图称作 Jablonski 图，如图 3-53 所示，它用来表示电子从基态轨道向高能态轨道的激发状况。

纵轴表示能量增值；粗水平线表示电子状态。

S_0—基态；S_1—第一激发单线态；S_2—第二激发单线态。在激发单线态，电子自旋反平行或成对；T_1，T_2，T_3—表示三线激发态，电子自旋平行或不成对。从 S_1 到 S_0 为辐射跃迁，产生荧光；从 T_1 到 S_0 也为辐射跃迁，产生磷光。

处于激发态的分子和处于基态的分子间的反应可以导致电子激发态的减弱，产生第二个分子的激发态：$M* + Q \longrightarrow M + Q*$，称之为猝灭。而相反的过程，即一个处于基态的分子从另

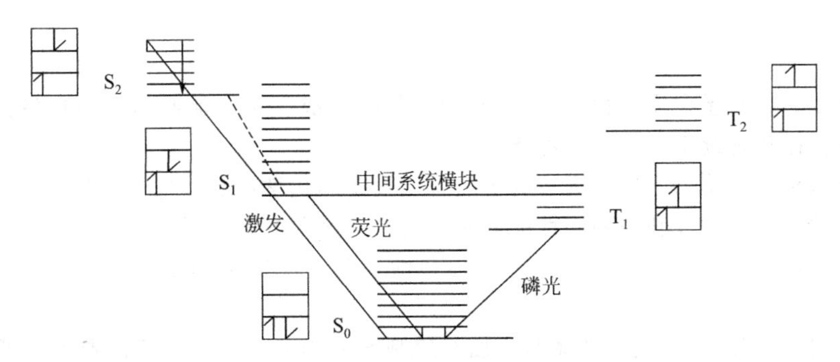

图 3-53　Jablonski图，电子从基态轨道向高能态轨道激发图示

一个受激分子通过能量转移提高到激发态，M+S*⟶M*+S，称作敏化。

猝灭/敏化在光漂中是个关键过程，由光漂白剂产生单原子氧。洗涤剂的一般组分不可能使得氧激发，单线态氧必须通过光敏化。

氧的基态是一种三线态，可以与其他分子的许多三线激发态反应，通过能量转移机理，形成激发态单原子氧。个别芳香碳氢化合物，如荧烯、9-甲基蒽醌等可以通过它们单线态的粹灭以高产率产生单原子氧，但大量激发单线态物质并不能有效地提高单原子氧的产量。单原子氧总是通过三线激发态的粹灭而产生，光学漂白剂就是能高效形成三线激发态的物质。三线激发态必须至少能量在94.5kJ/mol，这是将氧从基态提高到第一激发单线态所需的能量。

光漂白剂作用过程中，首先，光敏化合物吸收太阳能成为激发单线态，经过系统内交联成为三线态。这种三线激发态光敏化合物将能量传递给空气中的氧分子，使之成为单原子氧。这种激发态的氧分子具有很高的能量，立即与污渍和色素以及微生物作用，使之成为无色的碎片，从而使织物漂白和消毒，如下列过程。

① 光漂白剂$\xrightarrow{H_2O,\ h\nu}$光漂白剂*（激发态）

② 光漂白剂*$+O_2\longrightarrow$ 光漂白剂$+O_2$*（激发态）

③ O_2*+带色污垢⟶ 无色分解产物

光学漂白剂利用大自然中的空气和阳光，在洗涤浴中使用浓度为10^{-6}级。可以作为光学漂白剂的有曙红类、靛青类、卟啉类化合物等，但是有着铝或锌作为中心原子的卟啉化合物更为合适，如图3-54所示。取代基可以为磺酸基、羧酸基、硫酸基、琥珀酸磺酸基等阴离子；聚氧乙烯基、单乙醇胺基、二乙醇胺非离子、季铵盐型阳离子等。环上的卤素原子、烯键或稠环取代有利于增效。

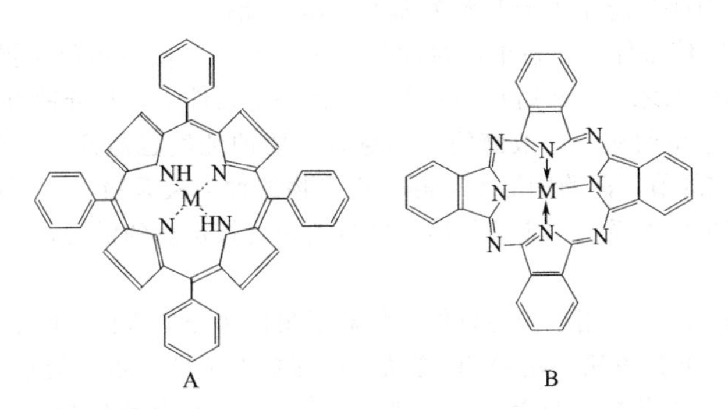

图 3-54　A和B分别为光学漂白剂的结构式骨架

3.11 酶

酶（enzyme）属于蛋白质，由20种不同的氨基酸组成。它们加速细胞中自发进行的几百种反应，是生命存在和延续不可缺少的物质。

与传统技术相比，酶的应用大大节约了能量、设备和化学原料。遗传工程和蛋白质工程的发展为具有耐碱性、抗氧化性和热稳定性的酶和加酶洗涤剂的开发提供了条件。洗涤的低温化为酶的应用又开拓了空间，酶的加入不仅弥补表面活性剂和其他助剂的不足，而且可以减少它们的用量。

加酶洗涤剂（EHDLD）是在洗涤剂中加有酶制剂的制品。洗涤剂用酶制剂几乎都是运用遗传因子转换技术制成的，代表性的品种有如下4种：蛋白质分解酶（protease）、脂肪分解酶（lipase）、淀粉分解酶（amylase）和纤维分解酶（cellulase）。最近新开发的酶制剂有：甘露聚糖酶（mail-nase）、过氧化物酶（peroxidase）、虫漆酶（laccase）和虫胶酶（pectinase）等。

3.11.1 酶的作用特点

但是酶又是具有催化活性的蛋白质。有了二、三级结构即高级结构后，酶才具有催化功能。

被酶作用的反应物称为底物，它结合到酶分子上，形成酶-底物络合物。底物分子转化为最终产物，同时与酶脱离，酶又可以结合另一个底物分子，使反应连续进行。

$$E + S \longrightarrow ES$$

酶　　底物　　酶-底物络合物

$$ES \longrightarrow E + P$$

反应产物

每一种酶的蛋白质都有一个特殊的区域，如图3-55所示，像一把钥匙开一把锁一样。

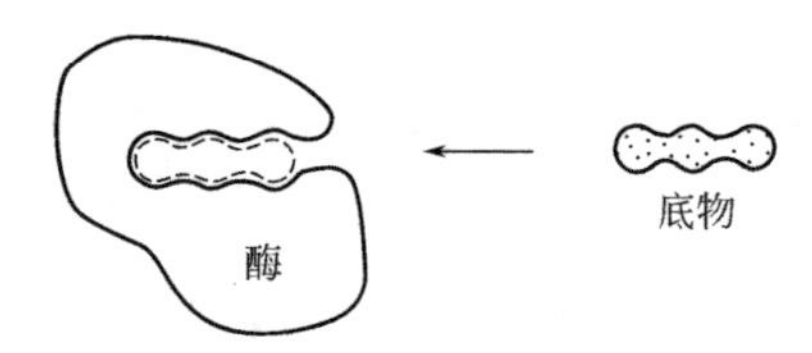

图3-55 酶及其底物作用示意

酶的作用有以下几个特点。

① 高效率的催化作用　生物体内的化学反应完成非常迅速，主要是因为酶的催化性非常高，而且要求条件比较温和。比如碳酸酐酶的催化反应比非酶反应快10^7倍。尿素被脲酶催化水解反应，一级反应速度常数为$3\times10^4 s^{-1}$，比非酶反应至少要快10^{14}倍。

② 催化作用的专一性　有的酶只作用于一种底物，这叫做酶作用的绝对专一性。例如，脲酶只能分解尿素；麦芽糖酶仅能分解麦芽糖，使其变成葡萄糖。

还有一些酶仅催化一种类型的反应，即它对反应是专一的，叫做反应专一性。例如，脂肪水解酶可以催化有机酸的酯类水解，也可以水解脂肪；蛋白酶能水解动物蛋白，也能水解植物蛋白。

某些酶只作用于一种立体异构，叫做立体专一性。大多数与氨基酸和糖起作用的酶具有这种专一性。例如，胰蛋白酶只能作用于L-型氨基酸的肽或酯键。

在一定温度和pH值条件下，在单位时间里，测定的每个质量单位酶蛋白所含活力单位数，是鉴定酶纯度的重要标志之一，常用U/mg表示。在一定条件下，每分钟引起1μmol底物变化成产物的酶就叫做一个单位的酶。一般酶的活力越强，酶的纯度也越高。一般测定酶的纯度采用25℃，pH值取最适宜的值。但酶的活力与测定用底物的种类关系极大。所以，酶的分析活力和洗涤性能之间并无简单的关系。测定酶的活力的目的一是核定酶的活力，二是进行有关酶活力储存稳定性实验。

各公司常对于不同的酶采用不同的单位。如对于蛋白酶分解蛋白质的活力有用千诺和蛋白酶单位（KNPU）表示，测定方法采用DMC方法。即在标准条件下蛋白酶水解N，N-二甲基酪蛋白（DMC）形成低分子缩氨酸，而游离氨基则与2，4，6-三硝基苯磺酸（TNBS）显色反应，由光密度和标准曲线来计算酶的活力。

另一种蛋白酶活性的测定方法依据琥珀酰-丙氨酸-丙氨酸-脯氨酸-苯丙氨酸对硝基苯酰胺（PNA）末端的酰胺键可被蛋白酶分解而产生对硝基苯胺。由此产生的黄色可用分光光度计在波长410nm测定其吸光度，吸光度与蛋白酶的活性成比例，从而求出酶活性。

脂肪酶的脂解活力用酯酶单位（LU）表示，即在标准条件下每分钟释放出1微摩尔可滴定的戊酸所需的酶量。脂肪酶测定的基本原理为测定PNP-戊酸酶（PNP-Valerate）经酶作用生成的黄色溶液的光密度，而计算酶的活力。

淀粉酶的分解淀粉的活性以千诺和α-淀粉酶单位（KNU）表示。测定原理为酶水解悬浮于溶液的Phadebs药片中的固相蓝色淀粉，从而通过光密度计算出酶的活力。

纤维素酶的分解纤维素的活力用纤维素酶黏度单位（CEVU）来表示。方法是用纤维素酶降解CMC溶液，通过测定CMC溶液黏度降低的情况来测定酶活力。

3.11.2 酶的提取和生产

酶广泛存在于生物体的组织、器官和体液中，在提取酶时往往需要大量的生物材料才能提取少量的结晶。之后发展为在大容器的水悬浮液中微生物培养法，即发酵法。

提取的目的在于去除非蛋白性物质。工业酶常常被微生物隐匿着，超滤技术和真空蒸发器用于除去水、盐和其他低分子量的杂质。提高酶的纯度主要还是通过菌株和发酵方法的选择。

发酵产量低，而通过重组DNA技术，洗涤剂许多用酶可以生产。蛋白质工程和遗传技术为洗涤剂用酶提供了改进脂肪酶活性的可能性，使其在低温（低于20℃）仍然有较高的洗涤效率。蛋白质工程替换了脂肪酶分子中脂接触区域的带负电的氨基酸。比如，96位的天冬氨酸（负电）被亮氨酸（中性疏水）所取代，这样降低了酶和污渍之间的静电排斥力，使活性位点更亲水，更利于洗涤。

3.11.3 洗涤用酶的基本要求、命名及分类

（1）洗涤用酶的基本要求　洗涤用酶必须在pH值范围（7～11）和相应的温度范围（20～60℃）有高活性，而且在洗涤和贮存过程中能与洗涤剂其他配料（如表面活性剂、助剂、漂白剂）以及其他酶相容，尤其应该抗蛋白降解。

（2）酶的命名和分类

① 酶的命名，尤其是以“ase”结尾的酶只能用于单酶，即单个催化实体。

② 根据酶催化反应来命名，该法忽略作用机理，也不表示酶的辅基。此法不能用于系统命名。

③ 根据酶催化反应类型来命名和分类。可用数字代码来表示。

因而，每个酶都有一个系统命名法和一个习惯命名法。

通常酶是根据底物的名称或根据所催化反应的类型来命名的。例如，脂肪酶是一种底物为脂肪类的酶；氧化酶是能催化氧化反应的酶。命名习惯比较简明，但不够确切。比如，促使蔗糖水解的酶，称为蔗糖酶，但促使蔗糖水解的酶不仅仅这一种酶。蔗糖酶称之为β-果糖苷键酶比较合适。

系统命名方法是以酶所催化的整体反应为基础的。例如，α-淀粉酶称为α-1,4-葡萄糖麦芽糖水解酶，说明水解过程是从各糖苷键上打开α-1,4-聚葡萄糖的连接。这样酶分为以下6大类。

① 氧化还原酶　催化发生电子（或氢原子）得失的氧化还原反应的酶，如氧化酶和脱氢酶。

② 转移酶　转移酶能把官能团从一个分子转移到另一个分子，如转氨酶。

③ 水解酶　催化水解作用，如脂肪酶、蛋白酶、糖酶。习惯命名通常加上后缀“ase”。

④ 裂解酶　催化双键断裂，如脱羧酶、醛缩酶等（脱CO_2、醛以及水分子）。

⑤ 异构酶　催化异构化反应，如葡萄糖转化为果糖。

⑥ 连接酶　催化碳原子和另一个碳原子或（氧、硫、氮）之间形成化学键，如合成酶。

洗涤剂通常使用的酶皆为水解酶，意即它们都能水解有机物的某一特定基团（表3-44）。

与表面活性剂去除污垢的方式相反，酶是将污垢降解成可较好地溶于水或能通过表面活性剂更容易地增溶的较小碎片而除去。微粒污垢常常通过蛋白质、淀粉或脂肪胶粘到纺织品纤维上，

表 3-44　洗涤剂用酶水解的有机物

酶的类别	被酶作用物	污物	酶的类别	被酶作用物	污物
蛋白酶	蛋白质	血、蛋、草、人体污物	脂肪酶	三甘酯	食用油脂、人体脂肪
淀粉酶	淀粉	可可、肉汁、浆糊	纤维素酶	纤维素	棉

通过酶降解“胶黏”物，微粒污垢得以释放，并可由洗涤剂除去。

大部分洗涤用酶是枯草菌溶素型。但不同的酶种受温度，pH值及各种影响因素的影响不尽相同，而且新型酶在不断进入市场，所以洗涤剂酶用户应该关注并遵循所用酶的具体使用条件。

3.11.4　洗涤剂用酶的主要品种

3.11.4.1　蛋白酶

蛋白酶能去除一般方法较难去除的人体污垢，如皮肤衍生蛋白质、粪便排泄物、奶汁中的蛋白质、食物残留物中的蛋白质等。基酸，其他被蛋白质污垢包裹或黏附的污垢也随着去除掉。蛋白质酶其作用是使蛋白水解成为低聚肽：

$$-NH_2-\underset{\underset{R}{|}}{CH}-\overset{O}{\overset{\|}{C}}-NH_2- \xrightarrow[H_2O]{水解} -NH_2-\underset{\underset{R}{|}}{CH}-\overset{O}{\overset{\|}{C}}-OH$$

蛋白质　　　　　　　　　　低聚肽

蛋白质酶是一种蛋白质内部肽键随机排列的 end 型酶。商品酶有从中性条件到介质 pH 值高达 12 的品种。图 3-56 和图 3-57 分别示意某些蛋白酶活性对于温度和 pH 值的依赖性。

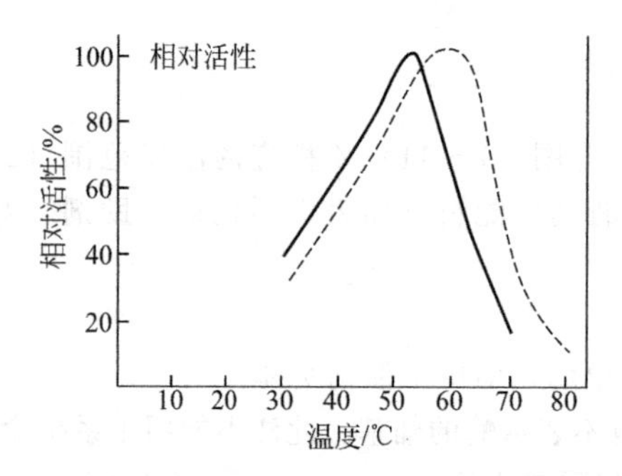

图 3-56　温度对 Alcalase（—）酶和 Savinase（┄）酶活性的影响

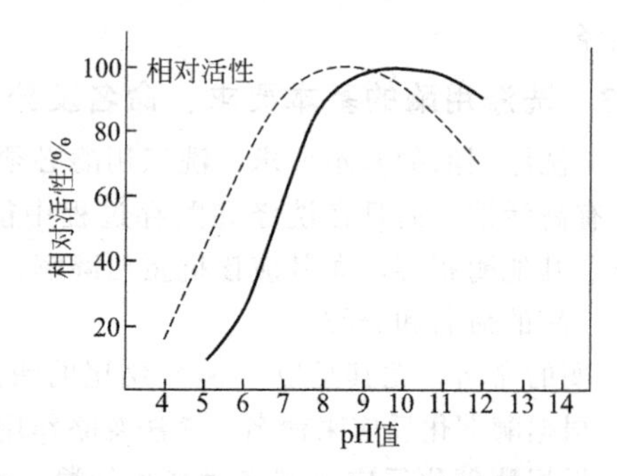

图 3-57　pH 值对 Alcalase（—）酶和 Savinase（┄）酶活性的影响

图 3-58 和图 3-59 是示意某些蛋白酶的贮存稳定性和对氯的稳定性比较。

在液体洗涤剂中的酶的稳定性有如下影响因素。

① pH 值　可用 0.1mol/L 的三羟基甲烷和 0.1mol/L 的 HCl、三乙醇胺等来调节酸碱度。

为了减少洗涤中或贮存中 pH 值的降低造成的影响，可采用三乙醇胺作为缓冲剂，加入量为 4%～8%。

② 水的含量　当水含量增加时，一般酶储存稳定性有所下降，并易产生微生物的污染。

③ 表面活性剂　阴离子表面活性剂比两性表面活性剂对于蛋白酶影响大，两者又比阳离子型表面活性剂影响大。而非离子表面活性剂和乙氧基化的烷基硫酸盐（AES）可以减少 LAS 等的负面影响。

④ 钙离子能稳定液洗中酶的活性　蛋白酶的稳定性需要少量的适度的钙离子维持。

⑤ 稳定剂　一般在含酶的液洗剂中加入稳定剂。稳定剂有以下几类：a. 甲酸盐、谷氨酸盐、乙酰胺，加入量 1%～5%；b. 琥珀酸 25%～35%、戊二酸 40%～50%以及己二酸 25%～35%组成的混合体系；c. 丙二醇、乙醇，加入量为 5%～20%；d. 甘油等多元醇和碱金属硼酸盐的混

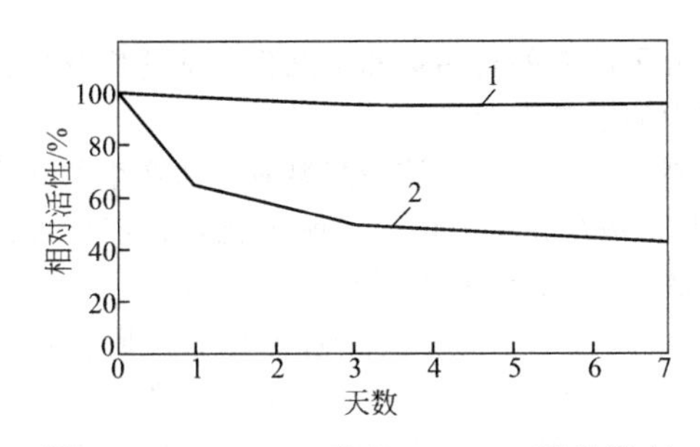

图 3-58 Durazyme 酶和 Savinase 酶的贮存稳定性（50℃）

1—Durazyme 酶；2—Savinase 酶

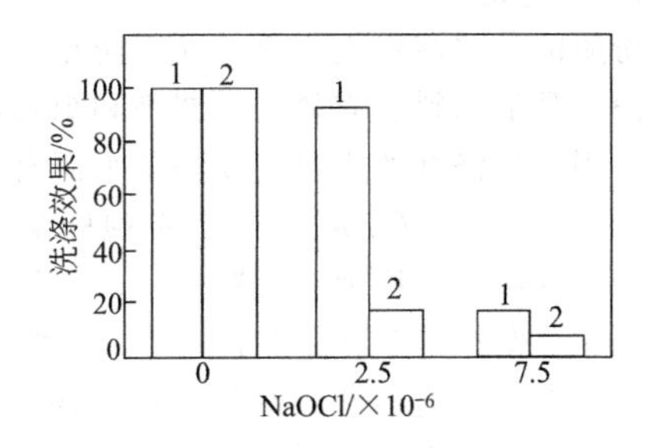

图 3-59 氯对 Savinase 酶和 Durazyme 酶洗涤性能的影响（pH 值 9.3，40℃，棉纤维上青草渍）

1—Durazyme 酶；2—Savinase 酶

合稳定体系。比如丙二醇和硼酸就是有效的搭配。

图 3-60 所示是 AES 和 LAS 对加与未加稳定剂的洗涤剂中蛋白酶稳定度的影响。

⑥ 氧化还原剂等　酶的结构是氨基酸，因此应避免与氨基酸起反应的化学物质（如甲醛、强氧化还原剂以及重金属离子等）。如果活性中心附近的蛋氨酸被对于漂白剂作用不敏感的其他氨基酸替代，则可以增加蛋白酶在贮存过程中对于漂白剂的稳定性。

至于含氯漂白剂，应该尽量与洗涤剂分别使用。在产品中应该避免高含量的溶解氧。

⑦ 离子强度　离子强度对于蛋白酶活性也有影响。

⑧ 温度　在温度高的情况下加工或贮存会使酶有严重损失。

3.11.4.2 脂肪酶

脂肪酶能将三脂肪酸甘油酯污垢分解成在碱性条件下水溶性的物质，而且还具有抑制甘油三酯对疏水性纤维的再污染的能力。脂肪酶耐碱性和耐表面活性剂的性能良好，适应于各种各样的基质。

脂肪酶只在异相系统，即在油（或脂）-水的界面上作用，所以其效果须反复多次洗涤才能显现。一些脂肪酶可以在某些干燥条件下发挥作用，比如在滚筒甩干机中，当织物的湿度在20%～30%时，Lipolase 显示出最大活性。

脂肪酶在非离子表面活性剂中起的作用比在阴离子表面活性剂中更有效。含有脂肪酶的预去斑剂是应用脂肪酶的实例，将这种液体洗涤剂在非稀释下，在洗涤前先擦到衣领上，脂肪被酶有效地水解，然后在洗涤中全部除去。

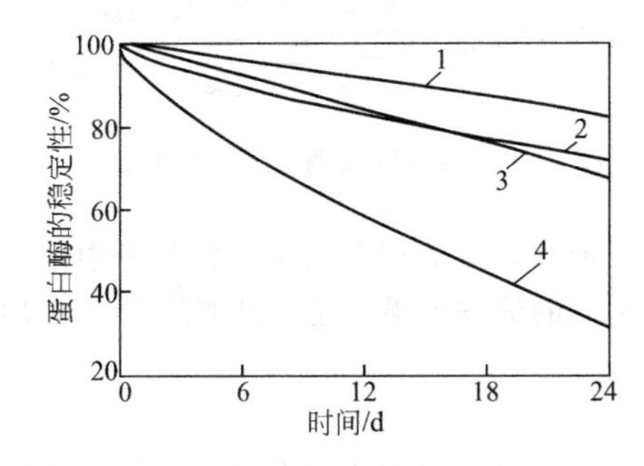

图 3-60 AES 和 LAS 对加与未加稳定剂（7.5%丙二醇，1.0%甲酸钠）的洗衣液中蛋白酶稳定度的影响（37℃）

1，3—AE25-7/AE25-35；2，4—AE25-7/C_{12}LAS；1，2 加有稳定剂；3，4 未加稳定剂

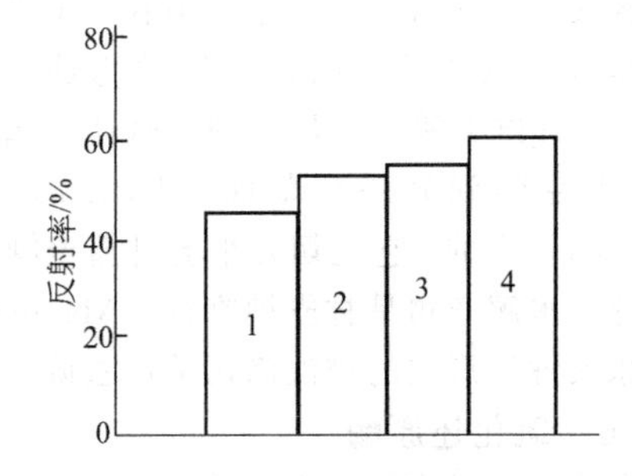

图 3-61 蛋白酶与淀粉酶的结合得到最好的洗涤效果

1—不加酶；2—加 1.0%Savinase；3—加 1.0% Termamyl；4—加 0.5%Savinase+0.5%Termamyl

3.11.4.3 淀粉酶

淀粉酶能分解淀粉类污垢，还能防止降解后的低分子淀粉的再污染和再沉积。淀粉广泛用作食品和护肤品的原料、衣料的上浆剂和织物制造工艺中的上胶剂等。

现在用于洗涤剂的主要淀粉酶的来源有两种：①制糖工业中，由淀粉高温液化所产生的芽孢杆菌 *Bacillus licheniformis*；②在芽孢杆菌 *Bacillus lichenifonnis* 上增添了耐氧化剂性能而成的变异性酶。这些酶也称为α-淀粉酶，能将淀粉分子内的α-1,4 葡萄糖苷进行随机分解。

α-淀粉酶攻击淀粉聚合体的内部，随机切割α-1,4 键产生较短的、水溶性的糊精。而β-淀粉酶和支链淀粉酶目前在洗涤剂行业应用还比较少。Termamyl 属于热稳定性酶，在较宽的 pH 值范围具有活性。在无漂白低温洗涤条件下，BAN 淀粉酶更合适。而 Natalase 在 25℃ 就能发挥作用。淀粉酶有助于使灰暗的衣物亮化，可以抑制由于淀粉及其他污渍导致的白色衣物的旧化。

蛋白酶和淀粉酶结合使用有协同效果如图 3-61 所示。

3.11.4.4 纤维素酶

纤维素酶是针对以棉纤维为主要对象的酶，按作用机制可分为：endglucanase（end-葡聚糖酶）和 cel-lobiohydrolase（纤维素水解酶）。前者能将纤维素分子链上的β-1,4 葡萄糖苷基团随机分解。后者能将纤维素分子链从末端开始分解为纤维素二糖（cel. lobiose）小分子单元。现在用于洗涤剂的纤维素酶许多是 end-葡聚糖酶，将几种不同的 end-葡聚糖酶与纤维素水解酶复合酶也有销售。

随洗涤次数的增加或甩干受到剪切力的作用，棉纤维表面上出现微细纤维。使得纤维与污渍间表面张力下降，使以污垢乳化、分散、增溶等去污机理为基础的洗衣粉效果下降。表 3-45 是含碱纤维素酶的洗涤剂和非酶洗衣粉的去污力的比较。

表 3-45 残留在洗后棉内衣上的皮脂量 单位：mg/g 纤维

洗涤剂 \ 皮脂量	累计洗涤次数	
	4 次	10 次
无酶洗衣粉	30	30
配碱性纤维素酶的洗涤剂	19	6

纤维素酶是水解纤维素构成的微细纤丝外露的β-1,4 键，能够侵入棉单纤维的非结晶区，软化由纤维素分子与水组成的胶状结晶，使被封闭在其中的污渍从纤维中流出，如图 3-62 所示。

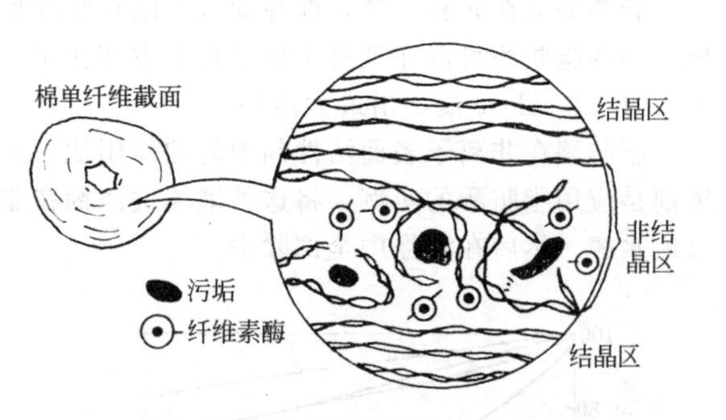

图 3-62 碱纤维素酶的去污机理

3.11.4.5 甘露聚糖酶

甘露聚糖酶 Mannaway 是一类甘露聚糖的内甘露糖苷，该产品中的甘露聚糖酶是一个 33kDa 的半纤维素酶，是从一种嗜碱性杆菌菌株 1633 中克隆到另一种菌株（*Bacillus Licheniformis*）上的。它能切开半乳甘露聚糖的β-1,4 甘露糖键，比如切开瓜尔豆树胶等中性果胶的相应键。水解产物是甘露糖寡糖。Mannaway 可以改善总的清洗效果，还可以加强对于像 BBQ 沙司、冰淇淋等形成的难洗涤污渍的去除。

3.11.4.6 氧化还原酶

这类酶与大量应用的水解酶相比，结构复杂，有着洗涤潜力。比如苷氧化酶，可原始产生过氧化物；预水解体系用酶，如蛋白酶可与一个前置体形成原始过酸。这些酶通常需要多种化合物系统，完成循环氧化过程，包括酶、中介体和过氧化物。

3.11.4.7 混合酶

常常两种或几种酶混合应用有着去污的协同作用。

不同用量的蛋白酶 MDB-1、淀粉酶 MDF-1、脂肪酶 MZF-1 和纤维素酶 MXW-2 对血污布做组合去污实验，四种酶复配的比例为蛋白酶 MDB-1∶淀粉酶 MDF-1∶脂肪酶 MZF-1∶纤维素酶 MXW-2＝2∶4∶2.5∶3（mg/mL）。得到血污布的去污值为 87.4%，ΔR 为 24.3%。各因素影响大小顺序依次为：蛋白酶 MDB-1＞脂肪酶 MZF-1＞纤维素酶 MXW-2＞淀粉酶 MDF-1。表 3-46 所列为二酶、三酶和四酶复配的结果比较。

表 3-46　不同复配体系酶作用下的血污布去污率

复配酶	二酶复配			三酶复配			四酶复配
	蛋＋淀	蛋＋脂	蛋＋纤	蛋＋淀＋纤	蛋＋淀＋脂	蛋＋脂＋纤	蛋＋淀＋脂＋纤
去污率/%	89.6	92.0	90.4	91.4	92.9	93.9	96.8

3.12　增稠剂

增稠剂（thickener，thickening agent）也称增黏剂，又称胶凝剂，它可以提高物系黏度，使物系保持均匀的稳定的悬浮状态或乳浊状态，或形成凝胶。液体洗涤剂常常要求有一定的稠度，即黏度，原因之一是感官需要，二是使用与运输方便，三是一些洗涤剂本身的要求，比如具有挂壁性，洗涤剂才能滞留并发挥有效的作用。

3.12.1　水相增稠增稠剂

水相增稠指的是增稠剂溶解于水后物理溶胀使水相黏度明显增加的过程。这类增稠剂有羧甲基纤维素、聚氧乙烯甲基葡萄糖酯、聚氧乙烯二硬脂酸酯、聚乙烯吡咯烷酮、丙烯酸树脂和瓜尔胶等。水相增稠机理主要是增稠剂与水形成氢键，从而在分子内包裹大量水，而减少了溶液中自由状态水，使高分子相互间运动的阻力大增。另外，羧基阴离子中心产生静电排斥效应，使卷曲大分子伸展开来，使其运动受阻，而达到增稠的效果。表 3-47 所列为聚乙二醇双酯水溶液的黏度随其浓度的增加而剧烈增加。

表 3-47　聚乙二醇双酯水溶液的增稠数据　　单位：mPa·s

温度＼黏度＼浓度	2%	4%	6%	8%	10%
20℃	16	5370	53200	177000	444000
30℃	9	295	3654	82000	196000

但在弱碱液中不宜采用易碱性水解的聚乙二醇二硬脂酸脂作为增稠剂；过量的二乙醇胺会导致 AESS（脂肪醇聚氧乙烯醚琥珀酸酯磺酸钠）水解。

纤维素醚及其衍生物类增稠剂主要有聚阴离子纤维素、羟乙基纤维素、甲基羟乙基纤维素、乙基羟乙基纤维素、甲基羟丙基纤维素等。疏水改性纤维素是在纤维素亲水骨架上引入少量长链疏水烷基，从而成为缔合型增稠剂，其增稠效果可与相对分子质量大得多的纤维素醚增稠剂品种相当。这类化合物兼具抗再沉积和软水剂的功能，可参阅有关章节。

非离子表面活性剂脂肪醇聚氧乙烯醚也是有效的增稠剂。在 C_{12}～C_{18} 醇的聚乙氧基化物中，平均乙氧基化数为 3EO 时，可得到最大黏度，如图 3-63 所示。

EO 分布窄的产品表现出比宽范围产品较高的增稠趋势，而且 EO 分布愈是窄的同系物分子，愈可得到大的增稠效应。如图 3-64 所示［以上两图中 C_{12}～C_{14} 醇聚氧乙烯醚 30%，作为增稠剂；标准为脂肪醇聚氧乙烯（2）醚硫酸钠溶液，10%］。

类似的化合物还有以下几种。

牛油烷基醚聚氧乙烯(60)十四烷二醇醚：

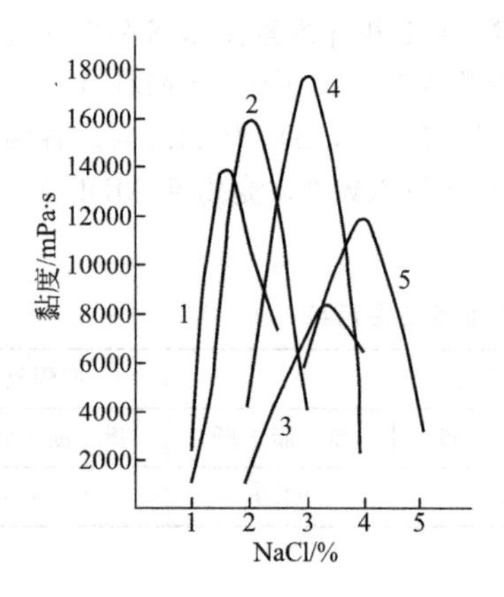

图 3-63 在标准脂肪醇醚硫酸盐溶液中聚氧

1—x=2，R 为 $C_{12\sim14}$；2—x=3，R 为 $C_{12\sim14}$；

3—x=4，R 为 $C_{12\sim14}$；4—x=3，R 为 $C_{12\sim18}$；

5—x=4，R 为 $C_{12\sim18}$

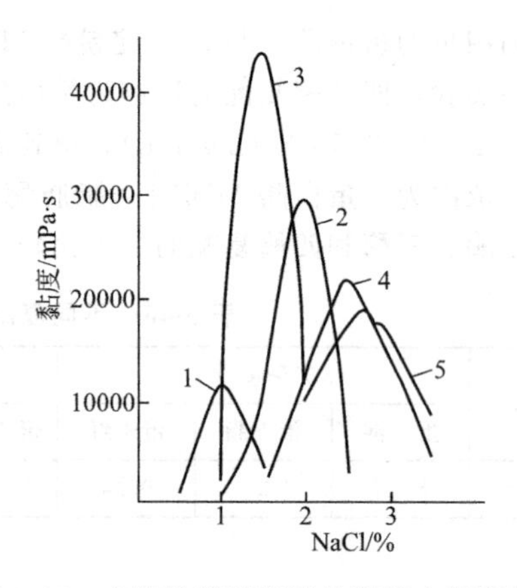

图 3-64 在脂肪醇醚硫酸盐溶液中黏度与EO分布窄范围醇聚氧乙烯醚的乙氧基化度

1—x=2.0；2—x=2.5；3—x=3.0；

4—x=3.5；5—x=4.0

$$R\text{—}(OCH_2CH_2)_nO\text{—}CH_2\text{—}CH(\text{—}(CH_2‰)_n\text{—}CH_3)\text{—}CH_3$$

R 为牛油烷基，n=60

EPE 型(环氧乙烷环氧丙烷环氧乙烷)聚醚二油酸酯：

$$R\text{—}CO\text{—}(OCH_2CH_2)_nO\text{—}CH_2\text{—}CH(\text{—}O\text{—}(CH_2CH_2O)_mOC\text{—}R)\text{—}CH_3$$

R 为油酰，$n+m$=55

聚乙二醇醚二硬脂酸酯：

$$R\text{—}CO\text{—}(OCH_2CH_2)_nO\text{—}CO\text{—}R$$

R 为硬脂酰，n=75～150

甲基葡萄糖苷聚氧乙烯醚(120)二油酸酯：

$H\text{—}(OCH_2CH_2)_mO$　　$CH_2OOC\text{—}R$

$H\text{—}(OCH_2CH_2)_nO$　　O

$R\text{—}COO$　　OCH_3

R 为油酰，$n+m$=120

硅酸镁铝是膏霜、乳液洗发膏、护发用品的增稠剂。它是复合的胶态物质，典型组成是含二氧化硅 61%、氧化镁 13.7%、氧化铝 9.3%以及小量的铁、钛、钙、钾、钠的氧化物。它在水中可以膨胀为大许多倍的膨胀体，而且膨胀是可逆的。通常添加量为 0.5%～2.5%。

3.12.2 胶束增大增稠剂

3.12.2.1 无机盐电黏性作用

无机盐的存在可使胶束缔合数增加，使球形胶束向棒状胶束转化，从而使黏度增加。液体洗涤剂常常用氯化钠作为增黏剂（1%～4%），但是如果氯化钠过量，则会压缩胶束表面的双电层厚度，破坏表面活性剂的带电黏性作用。

比如乙氧基化的脂肪醇醚硫酸盐，随着乙氧基化的加强，氯化钠的增稠效果下降，因为这类表面活性剂能够与水生成太多的氢键，如图 3-65 所示。当 AES 中加入椰子油醇酰胺或两性表面活性剂甜菜碱 BS-12 时，溶液的黏度仅为 0.04Pa·s。这是因为这些物质不能促使 AES 打开氢键，从低黏度的层状胶束转成高黏度的棒状胶束。但随着氯化钠加入量的增大，氢键被 Na^+ 和 Cl^- 离子的电斥力打开，使得上述椰子油醇酰胺或两性表面活性剂的头能够锲入 AES 的支链中，形成六角形结构。但氯化钠过量后，Na^+、Cl^- 大量集聚在棒状胶束周围，使晶相平衡受到破坏，转向层状结构，黏度下降，如图 3-66 所示。

但溶液中如果仅仅有氯化钠存在，而没有椰子油醇酰胺，同样对转相作用极微，黏度提高非常小，如图 3-67 所示。配方为 LAS 10，AES 5，Ninol 1，NaCl 0.3（%，质量分数）时，黏度为

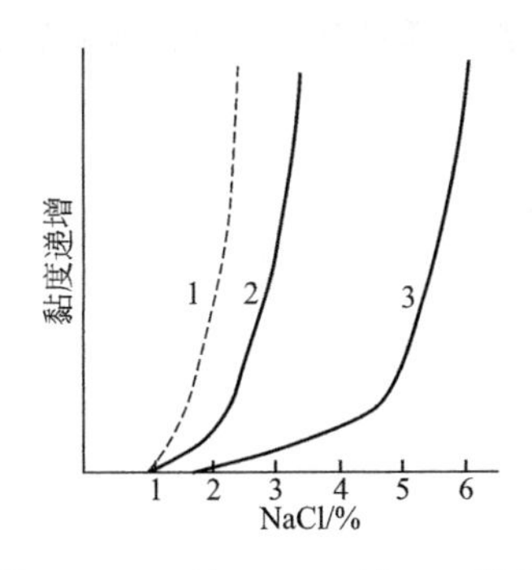

图 3-65　30%AES、4%6501 黏度
1—2EO 钠盐 AES；2—3EO 钠盐 AES；
3—3EO 铵盐 AES

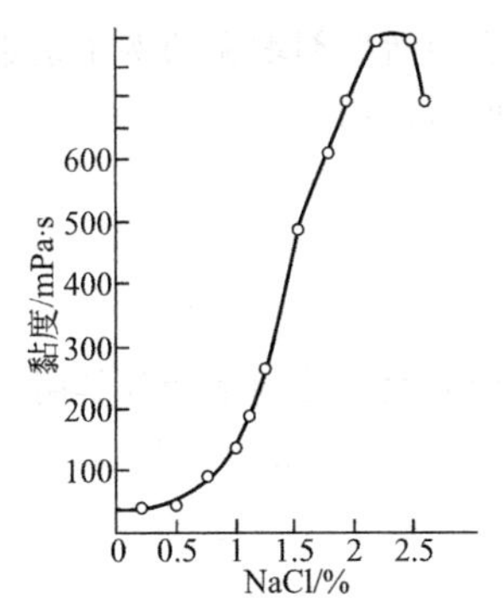

图 3-66　AES 结构中 NaCl 浓度对黏度的影响

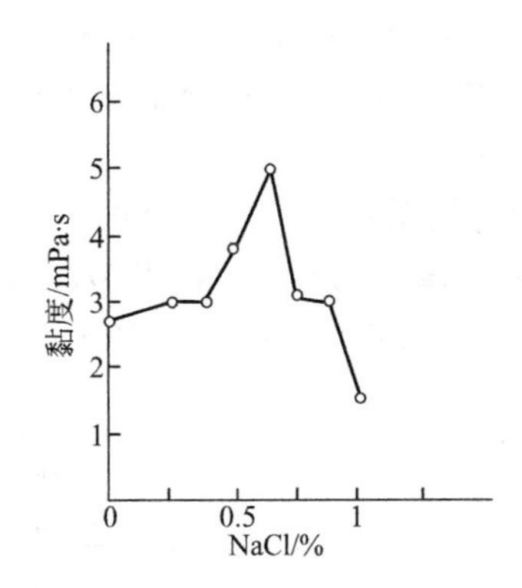

图 3-67　25%AES 中黏度和 NaCl 的关系

1.0Pa·s。如果配方中无 Ninol，NaCl 增加到 0.4，黏度为 0.55Pa·s，如果去除两个增稠成分，黏度仅为 0.05Pa·s。

所以对于 LAS、AES 体系，NaCl 与烷醇酰胺是很有效的复合增稠剂。

LAS/%	AES/%	Ninol/%	NaCl/%	黏度/Pa·s
10	5	—	—	0.05
10	5	—	0.4	0.55
10	5	1	0.3	1.0

3.12.2.2　表面活性剂混合胶束增稠

当分子结构相容的表面活性剂进入主表面活性剂的胶束中形成混合胶束时，胶束缔合数增大而导致增黏。不同的表面活性剂有一定的最佳摩尔比例，此时有 *cmc* 极小值。此时如果浓度增加，将导致黏度急剧增加。烷基醇酰胺不但可以控制产品的黏度，还兼有发泡和稳泡作用。氧化胺的增黏作用也在于使 AES 的胶束增大，但氧化胺是电性离子，当加入 NaCl 等强离子无机盐时，会破坏氧化胺的电黏性作用，而使黏度下降。表 3-48 所列是含 AES 的液洗剂配方，用氧化胺作为增稠剂。

表 3-48　氧化胺对于 AES 体系的增稠

组成/%	A	B	C	D	组成/%	A	B	C	D
有效氯	11.0	11.0	7.5	7.5	NaOH	1.0	0.5	1.0	1.0
$C_{12\sim18}N(CH_3)_2O$	4.0	5.0	3.5	4.5	香精	—	0.1	—	—
$C_{12/14}O(EO)_2SO_3Na$	2.0	2.2	2.0	3.0					
运动黏度/(mm^2/s)	190	240	100	450	浊点/℃	41	43	48	40

另一个表面活性剂增稠的例子是难以增稠的次氯酸钠体系（质量分数/%），增稠剂是一组比例适当的表面活性剂。

增稠剂
- AES（EO_5）　0.30
- 月桂酸钠　0.30
- 月桂基硫酸钠　0.97

这种复合表面活性剂增稠剂具耐氯的优越性。

其余组分(质量分数/%)为：

NaOCl	4.50	NaOH	1.80	H_2O	平衡
NaCl	3.53	Na_2SiO_3	1.20		

以上配方初始黏度为0.38Pa·s，153天以后为0.378Pa·s，NaOCl的浓度从4.50%降至3.86%，日损失0.09%。

3.12.2.3　阳离子表面活性剂的增稠

阳离子表面活性剂可以形成类似蛇状的棒状胶束，彼此缠绕成网状体，是产生黏性的原因。图3-68说明只要添加减溶性物质，使阳离子溶解性降低，棒状胶束即可形成，黏性也随之增加，但进一步加减溶性物质，黏度又会减少。

图3-69说明由乙氧基化度较高的同系物$C_{16\sim18}N(EO)_5$增溶的乙氧基化油胺$C_{16\sim18}N(EO)_2$的黏度变化[配方：10%HCl、1%～2%增稠剂$C_{16\sim18}N(EO)_2$、增溶剂$C_{16\sim18}N(EO)_5$]，原来混浊的体系经增溶变清晰，其黏度可达到700mPa·s，用2.2%的表面活性剂可获得很大的黏度。

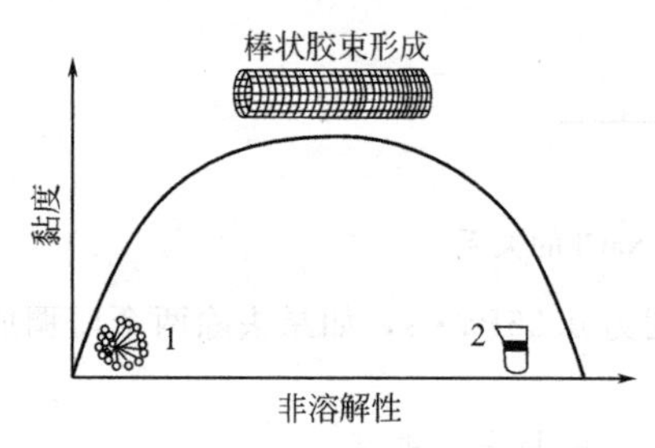

图3-68　棒状胶束的形成
1—易溶的阳离子球形胶束；2—难溶的阳离子两相分离

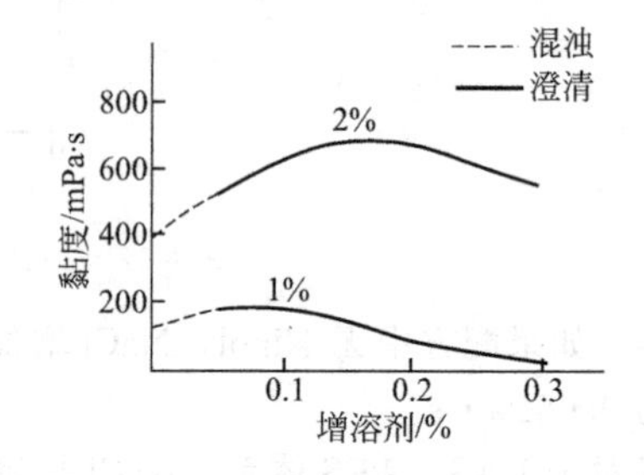

图3-69　增溶剂的增稠

用非离子表面活性剂与阳离子表面活性剂复配而成的增稠剂，可用于强酸性体系下的增稠，显著提高产品挂壁性，室温加入，即可获得良好的增稠作用。

香精也具有显著的黏度调节作用，见表3-49所列。其中香茅醇对黏度改变最为显著，其增黏机理可认为来自疏水性香精引起表面活性剂胶束的增溶，而导致胶束膨胀所致。

表3-49　试验香波中各种香料（0.5%）引起的黏度变化

香料	黏度/mPa·s	香料	黏度/mPa·s
苯乙醇	1240	二氢茉莉酮酸甲酯	1840
铃兰醛	6850	Lixetone Coeur	3120
香茅醇	8300	不加香香波	1010
己基肉桂醛	6300		

3.13　吸附剂

在家用和外墙等硬表面清洗剂、地毯清洗剂中常加入某些吸附剂以辅助去污，有时也将吸附剂用于干洗污脏溶剂的回收。

吸附剂的吸附作用来自其物理吸附和化学吸附的性质，来自其极大的比表面积。在吸附剂的粒子内具有大量的微细空穴构造，这些空穴和粒子表面的表面积极大，能选择性地大量吸附污渍。除了物理吸附之外，还存在着化学吸附，比如沸石还具有阳离子交换树脂的作用，能够吸附硬水中的金属离子 Ca^{2+} 与 Mg^{2+}。

依表面性质，吸附剂大致可分为极性和非极性两大类。前者以硅胶、分子筛、活性氧化铝为主，后者以碳质物质（如活性炭、炭黑等）为主。

几种洗涤剂中应用的吸附剂如下。

(1) 活性炭 活性炭是最常用的碳质吸附剂，由无定形碳和少量无机物灰分所组成。它的比表面积很大，一般在 500～1500m^2/g，它对气体和溶液中的某些组分有强烈的吸附能力。由于碳元素的特点，活性炭有良好的化学稳定性、热稳定性和机械强度。

活性炭是由有机物（果壳、木材、煤炭、骨、血、合成有机聚合物等）用物理碳化-气体活化法和化学浸渍-高温碳化法制造的。活性炭为含二维有序石墨微晶区和不规则交联碳六角形空间晶格的无定形结构，孔隙分为三类，见表 3-50 所列。

表 3-50 活性炭孔结构分布

孔类型	大孔	中孔	微孔
比表面积/(m^2/g)	0.5～2.0	20～70	>1000
比孔容/(cm^3/g)	0.2～0.8	0.02～0.1	0.2～0.6

活性炭表面有多种官能团，主要以含氧基团的形式存在：主要有羰基、内酯基、羧基、酚羟基、醌基等。在低于 100℃时氧与炭表面反应生成氧的络合物；在 300～500℃生成表面酸性基团；800～1000℃在真空或惰性气体中热处理，形成表面碱性基团。

对活性炭吸附起主要作用的是微孔，其机制可用微孔填充解释。活性炭上的吸附等温线大多为Ⅰ型的，即可用 Langmuir 方程处理实验结果。一般而言活性炭属非极性吸附剂，故对非极性物质及长链极性有机物都有良好的吸附能力。但是，由于活性炭表面含氧基团存在，对某些极性物质也有吸附能力。

(2) 硅胶 硅胶是无定形氧化硅水合物，化学组成可写作 $SiO_2 \cdot xH_2O$，是典型的极性吸附剂，可自非极性溶剂中吸附极性物质。硅胶的孔结构取决于形成硅胶的 SiO_2 粒子的大小和表观密度。硅胶有良好的机械强度和热稳定性。

硅胶的一般制备方法是将一定模数的水玻璃酸化，将生成的不稳定硅酸缩合成硅溶胶，在一定 pH 值下凝成水凝胶，经老化，后处理，经干燥活化而成。其结构性质见表 3-51 所列。

表 3-51 常见硅胶的孔结构性质

硅 胶	表观密度/(g/cm^3)	比孔容/(cm^3/g)	比表面积/(m^2/g)	平均孔半径/nm
大孔硅胶	0.42～0.50	0.9～1.25	300～450	4～10
中孔硅胶	0.50～0.65	0.6～0.85	500～650	2～4
细孔硅胶	0.65～0.80	0.25～0.60	400～750	0.8～2

硅胶表面的硅原子为保持氧的四面体配位，可与外界的水作用形成硅羟基；由于表面的吸附作用可存在物理吸附的水，在升温或抽真空时可全部或部分除去。硅胶表面羟基的多少常用 1nm^2 表面上羟基的个数表示，称为表面羟基浓度。表面羟基包括自由羟基和缔合羟基。在红外光谱图上自由羟基在 3750cm^{-1}处有尖峰，缔合羟基在 3450cm^{-1}处有宽峰。

当表面羟基相距大于 0.3nm 时，它们均为自由羟基；距离再近时将彼此形成氢键而形成缔合羟基。在 750℃以下处理时减少的主要是缔合羟基，自由羟基在 900℃时还不消失。表面自由羟基是对气体吸附的吸附中心，在自溶液中吸附时自由羟基也起主要作用。

(3) 分子筛 分子筛(molecular sieves),又称合成沸石,是具有均一结构,能将不同大小分子分离或作为选择性反应的固体吸附剂或催化剂,基本可分为A、X、Y、M和ZSM几种型号。

因其热稳定性好、孔径均匀,并可交换阳离子,常用作多相催化反应的催化剂,称为分子筛催化剂,常将其归入固体酸一类。它们是一种具有立方晶格的硅铝酸盐化合物,主要由硅铝通过氧桥连接组成空旷的骨架结构,在结构中有很多孔径均匀的孔道和排列整齐、内表面积很大的空穴。此外还含有电价较低而离子半径较大的金属离子和化合态的水。由于水分子在加热后连续地失去,但晶体骨架结构不变,形成了许多大小相同的空腔,空腔又有许多直径相同的微孔相连,这些微小的孔穴直径大小均匀。

因此,分子筛能把形状直径大小不同的分子、极性程度不同的分子、沸点不同的分子、饱和程度不同的分子分离开来,即具有"筛分"分子的作用。

分子筛是极性吸附剂,对于小的极性分子和不饱和分子,具有选择吸附性。吸附对象的极性越大,不饱和度越高,其选择吸附性越强。而且具有强烈的吸水性,哪怕在较高的温度、较大的空速和含水量较低的情况下,仍有相当高的吸水容量。比如4A型分子筛(化学式:$Na_2O \cdot Al_2O_3 \cdot 2SiO_2 \cdot 9/2H_2O$),其去水能力远大于活性氧化铝和硅胶,超过浓硫酸,接近五氧化二磷的水平。

分子筛可以再生;应尽量避免与油及水溶液接触。

(4) 硅藻土 硅藻土由无定形的SiO_2组成,并含有少量Fe_2O_3、CaO、MgO、Al_2O_3及有机杂质。硅藻土通常呈浅黄色或浅灰色,质软,多孔而轻。硅藻土可以作为吸附剂,也常用来作为保温、过滤、填料、研磨材料、水玻璃原料、脱色剂及催化剂载体等。

硅藻土是由单细胞水生植物硅藻的遗骸沉积所形成的,这种硅藻的独特性能在于能吸收水中的游离硅形成其骨骸,当其生命结束后沉积,在一定的地质条件下形成硅藻土矿床。它具有多孔性、较大的比表面积、相对的不可压缩性及化学稳定性,在通过对原土的粉碎、分选、煅烧、气流分级、去杂等加工工序改变其粒度的分布状态及表面性质后,可适用于多种工业要求。

(5) 活性白土 天然黏土(比如膨润土)经过精选、活化、挤压、烘干、研磨等一系列工序后,经酸处理后,称为酸性白土也称活性白土。它的主要成分是硅藻土,其本身就已有活性。活性白土的化学组成为(质量分数):SiO_2 50%~70%;Al_2O_3 10%~16%;Fe_2O_3 2%~4%;MgO 1%~6%等。它的吸附能力和化学组成关系不大。

活性白土在空气中容易吸潮而降低其吸附功能,使用时宜加热(以80~100℃为宜)复活。在300℃以上开始失去结晶水,本身结构发生变化,影响脱色效果。在化工上,用作催化剂、填充剂、干燥剂、吸附剂、废水处理絮凝剂。

活性白土可以选择性地吸附疏水有机物。将它涂抹在脏污的物体上,或置于脏污的物体中就可去污。它也可以作为石油及油脂的脱色剂,其脱色力是天然酸性白土的3~5倍。

(6) 膨润土 膨润土(bentonite)是以蒙脱石为主(含量在85%~90%)的含水黏土矿。由于它的膨润性、黏结性、吸附性、催化性、触变性、悬浮性以及阳离子交换性等等,由原来只是作为一种洗涤剂使用,到后来广泛用于诸多工业领域,被称为"万能土"。

蒙脱石结构是由两个硅氧四面体夹一层铝氧八面体组成的2:1型晶体结构。

膨润土的一些性质都是由蒙脱石所决定的。蒙脱石可呈各种颜色如黄绿、黄白、灰、白色等等。可以成致密块状,也可为松散的土状,用手指搓磨时有滑感。膨润土能吸附相当于自身体积8~20倍的水而膨胀至30倍;在水介质中能分散呈胶体悬浮液。并具有一定的黏滞性、触变性和润滑性,它和泥沙等的掺和物具有可塑性和黏结性,有较强的阳离子交换能力和吸附能力。在水中呈悬浮状,水少时呈糊状。

根据层间主要交换性阳离子的种类,通常蒙脱石分为钙蒙脱石和钠蒙脱石。后者(或钠膨润土)的性质比钙质的要好,但世界上钙质土的分布远广于钠质土,因此常常需对钙质土进行改性,使之成为钠质土。

它不仅作为吸附剂,而且本身具有很强的洗涤力,它能够吸附污垢,还能悬浮污垢。它可以作为洗发香波的主要成分，也作为洗涤剂的助剂。其悬浮液的pH值为7.5～8.5。

其他的吸附剂还有氧化铝、淀粉和纤维素等。

结晶的γ-氧化铝是由氢氧化铝及具有热分解性的铝盐加热分解制得，对气体、水蒸气和某些液体的水分有选择吸附本领。吸附饱和后可在约175～315℃加热除去水而复活。

淀粉和纤维素等同样可以作为吸附剂，也可以作为污垢悬浮剂。

3.14　防腐剂

防腐剂（preservatives）是具有杀死微生物或抑制其增殖作用的物质。从抗微生物的概念出发，可更确切地称之为抗微生物剂（antimicrobials）或抗菌剂（antiseptics）。

3.14.1　液洗剂的染菌

液洗剂的腐败变质以洗涤剂本身、环境因素和微生物三者互为条件。微生物（霉菌、细菌）的作用是引起腐败、变质的主要原因，霉菌引起腐败变质的比例较大。在密闭容器内，在缺氧的条件下，霉菌可以得到抑制。

对以烷基苯磺酸钠、烷基醇醚硫酸盐、椰子油（酸）二乙醇酰胺为主要成分的液体洗涤剂变质过程中产生的丝、团状物进行检测表明，首先发生质变的部分是烷醇酰胺。大量的菌体以及菌类生长过程中的排泄物使洗涤剂失去透明，菌体群落造成链状即丝状，无数链形成片和团，遍布液洗剂的菌类继续繁殖，直到营养吃尽，被细菌分解的物质发生链断裂，使液洗剂发臭、发黑。由于以霉菌为主的使液洗剂变质的菌类为嗜氧菌，这就使得瓶装洗涤剂比散装液洗剂质变的比例为小。一般发黑后的液洗剂的阴离子表面活性剂的含量基本不变，液洗剂仍具有洗涤去污力。

日光中的紫外线和空气中的氧皆能将中性脂肪分解为甘油和游离脂肪酸，并使其进一步断裂为酮和醛以及一些特殊臭味和有毒的物质。不饱和脂肪酸则首先成为过氧化物，而后成为小分子的醛、酮、酸等物质。

洗涤剂中的碳源、氮源、各种无机盐和微量元素都构成了微生物的营养源。液洗剂中的水分也是促成微生物生长的因素。认为防腐剂的作用机制是：①作用于细胞壁和细胞膜系统；②作用于遗传物质或遗传微粒结构；③作用于酶或功能蛋白。进一步研究发现，防腐剂主要是抑制微生物的呼吸作用，不同的抗菌剂的抗菌效力也存在差异。

任何一个活的细胞都需要维持与之生命活动相适宜的渗透压环境。在大量电解质存在的高渗透压下，细菌为了把细胞内盐分子排出细胞浆液，要消耗大量的能量，以至于影响其正常代谢及繁殖所需的代谢能量。洗涤剂的酸、碱性是制约微生物和洗涤剂腐败变质的重要因素。中性条件适合多数细菌生长。pH值为6时，有利于霉菌和酵母的生长。pH值小于4.5时，除了乳酸菌外，大多数细菌可以得到抑制。因为洗涤剂pH值大多数在6以上，所以对于抑制细菌来讲，是不利的环境。腐败菌最适宜的温度为20～40℃，一般微生物50～70℃即可死亡。

3.14.2　常用防腐剂

表3-52列举了常见的防腐剂的有关特性。表3-53所列是几种防腐剂的抗菌活性比较。

表3-52　常用防腐剂有关特性一览表

品　名	化合物类型	作用范围	使用浓度/%	最佳pH值	相容性/钝化作用	毒　性	稳定性
甲醛	醛	广（抗真菌、细菌）	0.125～0.5	3～10	被白明胶蛋白质钝化	刺激黏膜	稳定
苯甲酸钠	有机酸盐	抗酵母好，对霉菌细菌有作用	0.10～0.20	2.5～4	稍为非离子钝化	无毒	稳定

续表

品 名	化合物类型	作用范围	使用浓度/%	最佳 pH 值	相容性/钝化作用	毒 性	稳 定 性
1227	季铵盐类	对革兰阳性菌有效对革兰阴性菌有作用	0.1～0.3	4～10	与阴离子不共容	长期使用会偶有过敏	
尼泊金酯甲、乙、丙、丁	苯甲酸酯类	抗真菌和革兰阳性菌假单胞菌	0.3%的甲基	<8	与阴离子、非离子不共容	无毒	稳定
水杨酸	有机酸	抗细菌、真菌	0.1～0.5	4～6			遇铁盐褪色
丙酸	有机酸	抗霉菌	1（食品）	3～5		无毒	高温分解
山梨酸	有机酸	抗霉菌、酵母	1	2～6		无毒	稳定
脱氢乙酸钠	有机酸钠盐	抗真菌、细菌	1	2～6			稳定
亚硫酸钠	无机盐	抗真菌，对细菌和酵母有作用	0.1	低 pH 值时作用好		低毒	稳定
硼酸	无机酸	抗酵母	0.1～1.0	5～7	与碱式碳酸等和氢氧化合物不共容	按定量用无毒	pH 值<5时不稳定
二甲基噁唑烷		广	0.05～0.2	6～11	与非离子共容	按定量用无毒	
二吡咯烷基尿素	杂环氮化合物	广，尤抗革兰阴性菌	0.03～0.3	3～9	与所有化妆品原料共容	定量使用无毒 LD_{50}2570mg/kg	稳定
乙二胺四乙酸二钠	取代胺		0.1～0.5	4～8			稳定
乙醇	醇	抗真菌和细菌	15～20	<7	被非离子钝化		吸水，挥发
苄醇	醇	抗细菌	1～3	>5	被非离子钝化	LD_{50} 2.08g/kg	通常条件下稳定
甘油单月桂酸酯	单甘油酯	抗细菌、革兰阳性菌	0.1～1	<6，>7.5	被乙氧基化非离子钝化	LD_{50}> 25g/kg	
二甲酚	酚衍生物	广		pH 值范围广		LD_{50}100%时为2.6g/kg	
布罗波尔	多元醇衍生物	广，尤抗革兰阴性菌	0.02～0.05	pH 值范围广	与阴离子、非离子共容		稳定
凯松 CG	异噻唑啉酮类	抗革兰阳性、阴性菌、酵母、霉菌	0.03～0.15	4～8	被碱、胺和硫酸盐钝化	按定量用无毒	40℃以下存放

表 3-53 几种防腐剂抗菌活性比较

防腐剂名称	最低抑菌浓度/（mg/L）			
	葡萄球菌	假单胞菌	其他革兰菌	霉菌和酵母菌
甲醛	100	200	100	200
苯甲酸	100	1600	1600	800
尼泊金甲酯	3200	3200	800	1600
1227	3.1	3200	800	1600
布罗波尔	25	25	25	3200
凯松(kathon CG)	12.5	12.5	0.25	12.5

以下是一些洗涤剂常用的防腐剂的结构式：

$CH_3—CH═CH—CH═CH—COOH$

山梨酸

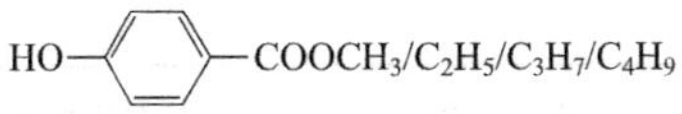

HO—⟨苯环⟩—$COOCH_3/C_2H_5/C_3H_7/C_4H_9$

尼泊金甲、乙、丙、丁酯

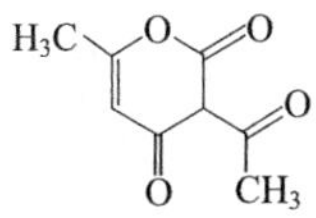

脱氢乙酸

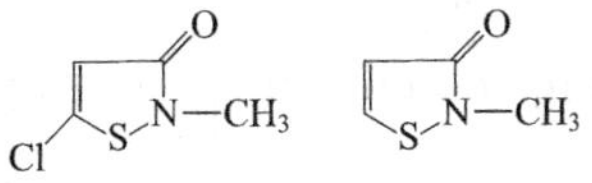

凯松

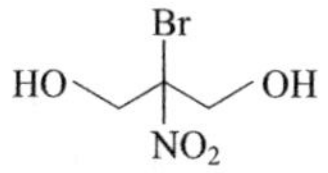

布罗波尔

凯松（kathon CG）的活性会被胺、醇胺、硫酸盐所钝化。通常的家用液洗剂以 6501、烷基苯磺酸钠作为主要的表面活性剂，6501 中游离胺、醇胺均有存在，烷基苯磺酸钠中不可避免地有硫酸盐的存在，因此在液洗剂中使用凯松作为防腐剂时应充分考虑到由上述物质导致的钝化作用。

用布罗波尔（2-溴-2-硝基-1,3-丙二醇）对霉菌和酵母菌的效果比较差，且在高温和碱性条件下不稳定。原料中含有—SH 基团的物质（如半胱氨酸等）会降低布罗波尔的抗菌性。

另外还有三溴水杨酰苯胺、二溴水杨酰苯胺、三氯碳酰苯胺等任何一种，液体洗涤剂中加入千分之几，就可以防止细菌的生长。

3.14.3　酚类香料杀菌抑菌剂

一些香料具有杀菌抑菌作用。比如香兰素对于细菌和霉菌均有很强的抑制作用。香兰素（4-羟基-3-甲氧基苯甲醛）属于酚类化合物，而苯酚是常用的杀菌抑菌剂（石炭酸）。其杀菌抑菌作用机理主要是使细菌蛋白质变性，也对菌体细胞膜有破坏作用，其表现为杀菌或抑菌，决定于使用的浓度和作用的时间。表 3-54 示出了一些苯酚衍生物杀菌抑菌效率高于苯酚若干倍。

表 3-54　常见苯酚衍生物杀菌抑菌剂

名　称	分子式	名　称	分子式
2-异丙基-5-甲基苯酚	$[(CH_3)_2CH]C_6H_3(CH_3)OH$	2-氯间甲酚	$ClC_6H_3(CH_3)OH$
邻甲氧基苯酚	$CH_3OC_6H_4OH$	邻苯亚甲基苯酚	$C_6H_5CH_2C_6H_4OH$
邻溴苯酚	C_6H_4BrOH	2,2′-亚甲基-双-3,4,6-三氯苯酚	$Cl_3OHC_6HCH_2C_6HOHCl_3$
2-氯对苯二酚	$C_6H_3Cl(OH)_2$	甲苯酚	$CH_3C_6H_4OH$
邻氯苯酚	ClC_6H_4OH	对甲苯酚	$CH_3C_6H_4OH$
邻氯汞苯酚	C_6H_5ClHgO	2,3,4,6-四氯苯酚	C_6HCl_4OH
6-氯间甲酚	$ClC_6H_3(CH_3)OH$	五氯苯酚	Cl_5C_6OH
4-氯间甲酚	$ClC_6H_3(CH_3)OH$	2,4-二甲基-6-叔丁基苯酚	$C_6H_2(CH_3)_2[C(CH_3)_3]OH$
4-氯-3,5-二甲基苯酚	$(CH_3)_2C_6H_2(OH)Cl$	3,5-二甲苯酚	$(CH_3)_2C_6H_3OH$

丁香酚和麦芽酚也具备一定的杀菌抑菌效力。麦芽酚化学名为 2-甲基焦袂康酸，常被用作增香剂和防腐剂，用（1～2）$\times10^{-6}$ 即有防腐作用，其作用是甲酚的 6 倍。乙基麦芽酚是完全由人工合成的香料化合物，应用极广，有比麦芽酚更强烈更高效的改良和增效作用，对细菌和霉菌也都有较强的杀菌抑菌能力，其效力和香兰素的效力差不太多。表 3-55 是麦芽酚衍生物。

表 3-55　麦芽酚衍生物

名　称	结　构	香味特征	名　称	结　构	香味特征
乙基麦芽酚	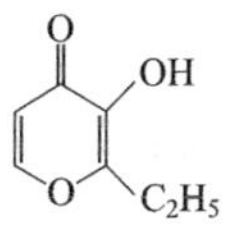 O, OH, O, C_2H_5	类似麦芽酚，水果面包味	苯基麦芽酚	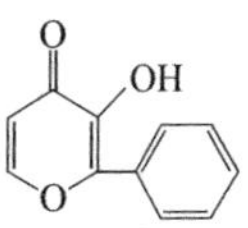 O, OH, O	牛奶类甜香味

续表

名　称	结　构	香味特征	名　称	结　构	香味特征
2-甲基戊烯酸麦芽酚酯	O; $OC(=O)—CH_2—C(CH_2)=CH—CH_3$; O; CH_3	水果类香气	异丙基麦芽酚	O; OH; $CH(CH_3)_2$; O	酱油香味
2-乙基-6-甲基焦袂康酸	O; OH; H_3C; O; C_2H_5	食品增香剂	异丁基麦芽酚	O; OH; $CH(CH_3)CH_2CH_3$; O	酱油香味
3-羟基-2,6-二甲基-4-吡喃酮	O; OH; H_3C; O; CH_3	覆盆子香气			

有不饱和香叶烯结构类型的香料也具有杀菌抑菌效能，如柠檬醛、橙叶醇、香叶醇、玫瑰醇等。

各种杀菌抑菌剂杀菌效力的比较，是以苯酚为标准来衡量的。将某一杀菌抑菌剂作不同稀释后，在一定条件、一定时间内致死全部供试微生物（一般用金黄色葡萄球菌或伤寒沙门菌）的最高稀释浓度，与达到同样效果的苯酚最高稀释度的比值，称为这种杀菌剂对该种微生物的酚系数。酚系数愈大，说明该杀菌剂杀菌力愈强。表3-56列出了已知香料杀菌抑菌剂。

表3-56　已知香料杀菌抑菌剂一览

香料名称	结构(分子式或结构式)	酚系数
茴香油	混　合　物	3.5
柠檬油	混　合　物	4.0
锡兰肉桂叶油	混　合　物	7.8
橙叶油	混　合　物	5.5
薰衣草油	混　合　物	4.4
百里香(红)	混　合　物	122
肉桂醇	$C_6H_5—CH=CH—CH_2OH$　$C_9H_{10}O$	5.0
柠檬醛	2,6-二甲基-2,6-辛二烯-8-醛　$C_{10}H_{16}O$ $CH_3—C(CH_3)=CH—(CH_2)_2—C(CH_3)=CHCHO$	18.8
香草醇	2,6-二甲基-2-辛烯-8-醇　$C_{10}H_{20}O$ $CH_3—C(CH_3)=CH—(CH_2)_2—CH(CH_3)=(CH_2)_2OH$	8.5
丁香酚	1-丙烯基-3-甲氧基-4-羟基苯　$C_{10}H_{12}O_2$ $CH_2CH=CH_2$; OCH_3; OH	14.4

续表

香料名称	结构(分子式或结构式)	酚系数
香兰素	4-羟基-3-甲氧基苯甲醛　$C_8H_8O_3$ （结构式：苯环上 CHO、OCH_3、OH）	5.4
玫瑰醇	香草醇的异构体	7.8
麦芽酚	2-甲基焦袂康酸或 3-羟基-2-甲基-γ-吡喃酮　$C_6H_6O_3$ （结构式：吡喃酮环上 O、CH_3、OH）	①

① 有资料报道为甲酚效力的 6 倍，甲酚效力比苯酚强 3 倍。

3.14.4　影响防腐剂使用效果的因素

（1）pH 值的影响　许多防腐剂（如苯甲酸及其盐、山梨酸及其盐）使用效果依赖于 pH 值。尼泊金甲、乙、丙、丁酯（对羟基苯甲酸甲、乙、丙、丁酯）的抗菌性对 pH 较稳定，在 pH 为 4～8 时有很好的防腐性。pH 值影响电离程度。防腐剂属于蛋白质变性剂，未电离分子易于通过微生物细胞，使蛋白质变性，并抑制酶活性，从而显示其防腐作用；也容易渗透通过细胞膜，干扰细胞膜；还有干扰遗传机理，未电离分子容易聚集在微生物的细胞膜周围，对细胞膜发生障碍作用，使微生物正常物质代谢受到阻碍，从而发挥其防腐作用。

（2）染菌情况　在使用等量防腐剂的条件下，洗涤剂染菌情况越重，防腐效果越差。从微生物增殖过程来看，开始是缓慢的诱导期，过了这段诱导期就急剧地进入对数期，增殖非常旺盛。图 3-70 是生长曲线，4 个时期：①滞留适应期；②对数生长期；③最高生长期；④衰亡期。防腐剂这类物质是限制用量物质，通常其功能只是抑制微生物，延缓微生物增殖过程的诱导期而已。如果已经严重染菌，再使用防腐剂已无济于事。关键是减少染菌程度。

（3）包装　产品在周转中受污染程度不等而造成变质。

（4）环境与自然条件　液洗剂包装桶宜避免阳光曝晒，钢铁贮罐应应有散热和降温措施。

（5）多种防腐剂混合使用　将各种防腐剂混合使用可发挥互补作用和协同效应。

3.15　杀菌剂

加有杀菌剂（disinfectants）的洗涤剂称作洗涤消毒剂。

（1）高效消毒剂　可杀灭各种微生物（包括细菌芽孢）的消毒剂，如戊二醛、过氧乙酸、次氯酸钠、次氯酸钙（漂粉精）、二氯异氰尿酸钠（优氯净）、三氯异氰尿酸、三氯生等。

（2）中效消毒剂　可杀灭各种细菌繁殖体（包括结核杆菌）以及多数病毒、真菌，但不能杀灭细菌芽孢的消毒剂。如含碘消毒剂（碘伏、碘酊）、醇类、酚类消毒剂等。

（3）低效消毒剂　可杀灭细菌繁殖体和亲脂病毒的消毒剂，如苯扎溴铵（新洁尔灭）等季铵盐类消毒剂，双氯苯双胍己烷（洗必泰、氯己定）等双胍类消毒剂等。预防消毒时，根据消毒对象和消毒任务的需要选择适当的消毒剂进行消毒。若有疫病发生，最好选用高效消毒剂进行扑灭，或选用已经权威机构检验鉴定杀灭效果确切的消毒剂进行扑灭。

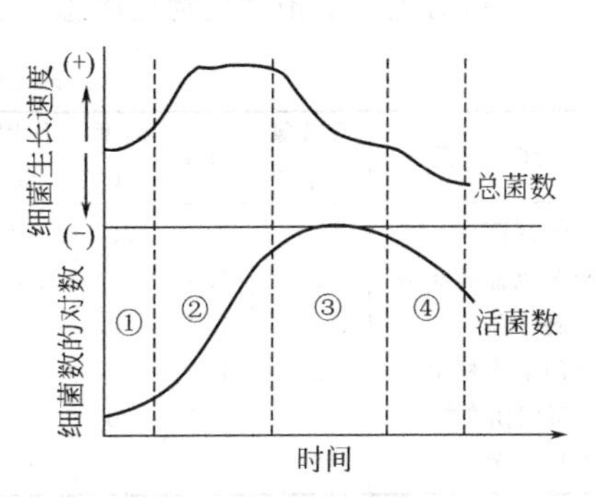

图 3-70　细菌生长曲线

3.15.1　含氯化合物

部分氯和含氯化合物的特性见表3-57所列。

表3-57　氯和含氯化合物的特性

名　　称	溶解度	状　　态	含量/%	有效氯/%	注　　释
气体氯	0.7%/20℃	气体	100	100	价廉、纯度高，有腐蚀性
初生态氯	极易溶解	水溶液			价廉，电解0.4%盐水
次氯酸钠	极易溶解	水溶液	2～15	1～7	碱性稳定
次氯酸钙	能溶解	粉状	100	35	增加水硬度
氯胺T	15%	粉状	100	25	价高、作用慢、高温稳定，腐蚀小、作用慢
二氯二甲基海因	1.2%	粉状	25	16	无刺激、稳定
三氯异氰脲酸	1.2%	粉状	100	70	同氯胺T
二氯异氰脲酸钠	25%	粉状	100	61	同氯胺T
二氧化氯	$200cm^3/100mL$	液氯或37%液体			价高，不太腐蚀，溶液无危害
氯化磷酸三钠	30%	粉状	100	3.5	

3.15.1.1　氯的杀菌机理与灭活作用

氯的杀菌机理有以下几种观点：①细胞膜效应；②疏基酶和葡萄糖代谢酶的抑制；③对细胞膜的致命反应，同时影响脱氧核糖核酸（DNA）；④同DNA反应，引起嘌呤碱和嘧啶碱的氧化变异；⑤氯可能与细菌氧化葡萄糖所需的酵素即丙糖磷化脱氢酵素的—SH基结合，发生不可逆的氧化作用，因而阻止细菌对葡萄糖的利用，抑制细菌的生长能力；⑥氯的杀芽孢效力被认为是氯同蛋白质结合，氯胺T和优氯净（二氯异氰脲酸钠）在水中均发生水解产生HOCl。进行分解后活性氧对菌体蛋白作用而杀菌。

$$\text{优氯净 (二氯异氰脲酸钠)} + 2H_2O \longrightarrow \text{异氰脲酸钠 (N—H)} + 2HOCl$$

$$\text{氯胺T } (CH_3C_6H_4SO_2N(Na)Cl) + H_2O \longrightarrow CH_3C_6H_4SO_2N(Na)H + HOCl$$

$$HOCl \longrightarrow [O]$$

3.15.1.2　几种主要氯杀菌剂

次氯酸盐对病毒、非耐酸菌、耐酸菌、细菌芽孢、霉菌、藻类和原生动物有杀菌活力，营养细菌一般对氯比成孢微生物更敏感（表3-58）。

表3-58　次氯酸盐对细菌的灭活

细　　菌	有效氯/(mg/L)	pH值	温度/℃	作用时间/s	灭活/%	细　　菌	有效氯/(mg/L)	pH值	温度/℃	作用时间/s	灭活/%
产气杆菌	0.01	7.0	20	300	99.8	(Salmonelladerby)					
金黄色葡萄球菌	0.07	7.0	20	300	99.8	大肠杆菌	12.5	7.7	25	15	>99.999
大肠杆菌	0.01	7.0	20	300	99.9	大肠杆菌	6	8.6	25	15	>99.999
沙门痢疾杆菌	0.02	7.0	20	300	99.9	乳链球菌	6	8.4	25	15	>99.999
B型副伤寒杆菌	0.02	7.0	20	300	99.9	乳链球菌	6	8.4	25	300	0
德比杆菌	12.5	7.2	25	15	>99.999	乳链球菌	6	5.0	25	15	>99.99

二氯二甲基海因（DCDMH）从20世纪开始作水冷却系统广谱型杀菌剂，性能稳定，气味小，对皮肤温和。

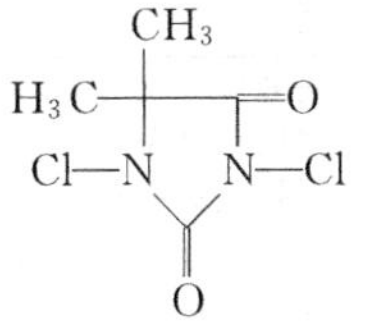

DCDMH

三氯生（也称玉洁新DP-300，2,4,4′-三氯-2′-羟基二苯醚）

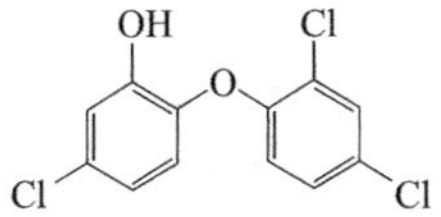

三氯生是外用高效广谱抗菌消毒剂，它可以杀灭金黄色葡萄球菌、大肠杆菌等细菌及白色念珠菌等真菌，同时对病毒（如乙型肝炎病毒等）也有抑止作用。其杀菌机理是先吸附于细菌细胞壁，进而穿透细胞壁，与细胞质中的脂质、蛋白质反应，导致蛋白质变性，进而杀死细菌。它广泛用于具有杀菌功效的日用化学品中，添加量不超过0.3%。

三氯生有较好的稳定性，200℃加热14h，有2%活性物质分解，在长时间紫外线照射下，有轻微分解。其溶液对酸、碱稳定。小鼠口服半数致死量LD_{50}为3800mg/kg，属于低毒物质，它在环境中可以迅速分解代谢。

次氯酸盐在作用时间小于15s时杀菌力与pH值有强烈的相关性，在碱性条件下，其杀菌力要小得多。表3-59显示了几种有机氯杀菌剂的杀菌性能对于pH值的相关性及其性能相互比较。pH值变化对于氰脲酸衍生物杀菌力的影响小得多。在pH值为6.5时，二氧化氯同次氯酸盐在相等浓度下具有几乎相等的杀菌效力。

表3-59　不同pH值时有机含氯化合物的杀菌力①

pH值	6	7	8	9	10
三氯异氰脲酸	125②	160	175	200	225
二氯异氰脲酸	125	200	200	200	250
二氯二甲基海因	60	150～200	400	2000	3000～4000
氯胺T		150～200	500～100	3000	3000～4000

① 用伤寒杆菌测试的有机含氯杀菌摩尔量。

② 杀菌力相当于200×10^{-6}次氯酸钠(在pH值8.5)所需提供有效氯的浓度值。

水的硬度常引起pH值的提高，而pH值的提高降低氯的杀菌效力。温度对于次氯酸钠的杀菌力影响极小。但二氯二甲基海因对温度敏感比如对绿脓杆菌，温度从45℃降至5℃时，要增加4倍的有机氯含量才能达到同样的杀灭效率。

二氯异氰脲酸钠稳定性好、杀菌力强、安全性高，广泛应用于餐具洗涤消毒剂中。纯碱、6501、硼砂和TX等化合物对二氯异氰脲酸钠有加速分解作用。而氯化钠、AES、AEO、LAS、K12、硫酸钠等对二氯异氰脲酸钠有稳定作用。

二氯异氰脲酸钠与表面活性剂及助剂复配的产品，其液状的稳定性远低于粉状。

3.15.2　碘伏

碘同氯一样，也是广谱型杀菌剂。碘伏（iodophors）能增溶碘约30%，冲稀时释放出有效活性碘。常用的有碘同聚乙烯吡咯烷酮（PVP）和碘同其他表面活性剂（如烷基酚聚氧乙烯醚）的制剂等。

碘伏的作用解释有：直接卤化蛋白质形成盐来破坏微生物；对蛋白质巯基的氧化；对酪氨酰基和组氨酰基的取代；使某些巯基酶的巯基氧化而使之失活；对乙醇脱氢酶、乳酸脱氢酶和葡糖6-磷酸盐脱氢酶的氧化作用等。碘伏的杀菌力和消毒效果见表3-60所列。

表 3-60　碘伏的杀菌力和消毒效果

微生物	浓度[①]/(mg/L)	pH值	温度/℃	作用时间/s	灭活率/%	微生物	浓度[①]/(mg/L)	pH值	温度/℃	作用时间/s	灭活率/%
大肠杆菌	6	6.9	25	30	>99.999	酵母	25	4.4	15	8	90.000
乳酸链球菌	6	5.0	25	60	>99.999	枯草杆菌	100	2.3	21	240min	99.000
胚芽乳杆菌	6	5.0	25	120	>99.999	软化芽孢杆菌	500	6.5	25	>60min	99.990
啤酒足球菌	6	5.0	25	120	>99.999	嗜热脂肪芽孢杆菌	500	6.5	25	>60min	99.990
啤酒酵母	6	6.8	25	15	>99.999	PA3679	500	6.5	25	>60min	99.990
念珠菌	25	3.1	25	15	>99.999	蜡状芽孢杆菌	100	2.3	21	12min	99.000

① 可滴定碘。

碘伏急性口服毒性 LD_{50}>20g/kg，对皮肤无刺激作用，适用于餐具用洗涤消毒剂。碘伏类餐具用洗涤消毒剂有效碘浓度为100～250mg/L时，5min时对肝炎病毒CDNA多聚酶有完全抑制作用，300mg/L时，1min作用时间即能灭杀餐具上血清滴度为1∶256的肝炎表抗原（HBSAg）。对大肠杆菌噬菌体发现只有氯和碘有效，碘伏还具有杀灭哺乳动物病毒的活力。

碘伏在很宽的pH值范围（如pH值为3～9）内有很高的杀菌力，对金色葡萄球菌、大肠杆菌、乳状链球菌等的灭活率均在99.999%以上。

碘伏比次氯酸钠的温度敏感性大，比如碘伏对大肠杆菌的效力在5℃时比在20℃或45℃时要低得多。硬水能降低碘伏的杀菌能力。

碘伏对铝、铸铁制品有不同程度的腐蚀作用，配制时应加入缓蚀剂。

3.16　缓蚀剂

缓蚀就是减缓锈蚀的过程。缓蚀剂（anticorrosion agents）是一种以适当的浓度和形式存在于环境（介质）中时，可以防止或减缓腐蚀的化学物质或几种物质的混合物。加入微量或少量这类化学物质可使金属材料在该介质中的腐蚀速度明显降低，直至为零，同时还能保持金属材料原来的物理、力学性能不变。缓蚀剂的用量一般从千分之几到百分之几。

缓蚀剂的效果以缓蚀效率 Z 来评价：

$$Z=(W-W')/W\times100\%$$

式中　W——未加缓蚀剂时的缓蚀速度，g/(cm²·h)；

W'——添加缓蚀剂后的缓蚀速度，g/(cm²·h)。

如果 $W'=0$，$Z=100\%$；若 $W'=W$，$Z=0$，即缓蚀剂无作用。

对于硬表面清洗、金属清洗和一些专用清洗，不仅酸碱介质会对金属表面造成损失，就是表面活性剂在中性条件下，也会对金属造成损失。而缓蚀剂就成了这些洗涤剂的不可或缺的助剂。一般阳离子表面活性剂腐蚀性最强，非离子表面活性剂最弱。烷基苯磺酸钠、烷基酚聚氧乙烯醚、十二烷基硫酸钠、油酰基甲基牛磺酸钠对钢有明显腐蚀。

3.16.1　金属的腐蚀

根据腐蚀过程中的不同特点主要可分为化学腐蚀和电化学腐蚀两大类，此外还有物理腐蚀和生物腐蚀。

化学腐蚀是金属和介质直接发生化学反应引起的腐蚀，其过程是氧化还原反应。带有价电子的金属原子直接与腐蚀分子的腐蚀作用，金属转变为离子态。钢铁在高温处理时生成氧化皮、在空气中久置生锈，属于空气中锈蚀；金属在石油、乙醇中所受到的腐蚀常常是硫化物的作用，属于非电解质溶液中的腐蚀。

电化学腐蚀是一种最普遍的腐蚀形式，它是指金属与周围的电解质接触的过程中，发生电化学反应而产生的腐蚀。在腐蚀的过程中，同时存在两个相对独立的反应过程——阳极反应和阴极反应。金属作为电化学反应的阳极，金属进入溶液，成为水合阳离子，或与某些阴离子结合成为腐蚀产物。阴极反应是还原反应，金属内部剩余电子在金属表面与溶液界面上被氧化剂吸收。在电化学腐蚀过程中伴有电流发生。电化学腐蚀比化学腐蚀强烈得多。

金属中的杂质电位一般都会高于金属。当金属浸在电解质溶液中时，其表面会形成许多腐蚀原电池。通过电池的作用，金属受到腐蚀。

利用标准平衡电位值固然可以判断金属的腐蚀倾向，但是在实际上腐蚀程度非常依赖腐蚀的速度。腐蚀速度与电化学反应平衡时电位、pH 值、离子活度（α）和气体分压（p）等都有关系。在电化学腐蚀微电池中，仍然遵从氧化还原反应定律。在 25℃，物质的电极电势 E 可根据奈斯特方程计算：

$$E=E_0+(0.059/n)\lg[\text{氧化态}]/[\text{还原态}]$$

E 越大表示该物质的氧化态能力越强，E 越小表示该物质的还原态的还原能力越大。

若以 pH 值为横坐标，E 为纵坐标即得铁-水体系的电势-pH 值图，如图 3-71 所示。在潮湿空气中，铁优先被氧化，但在稀酸中，当与氧隔绝或氧的分压很小时，则只能是铁被 H^+ 氧化，而放出氢气。通常，假定当与金属或其覆盖物平衡的可溶性离子浓度总和小于 10^{-6} mol/L 时，可以认为没有腐蚀性；相反，当可溶性离子总和大于 10^{-6} mol/L 时，则认为有腐蚀性。依此把铁的 E-pH 值图分成以下几个区，如图 3-72 所示。在钝化区，处于热力学稳定状态的是把金属和介质隔开的氢氧化物（或氧化物）的保护膜。

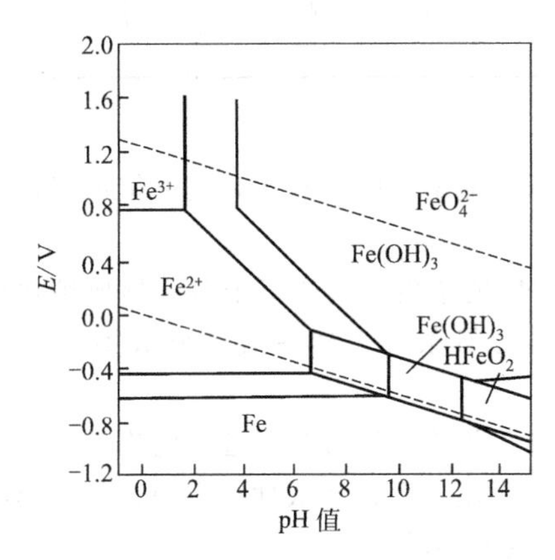

图 3-71　铁-水体系的电势(E)-pH 值图

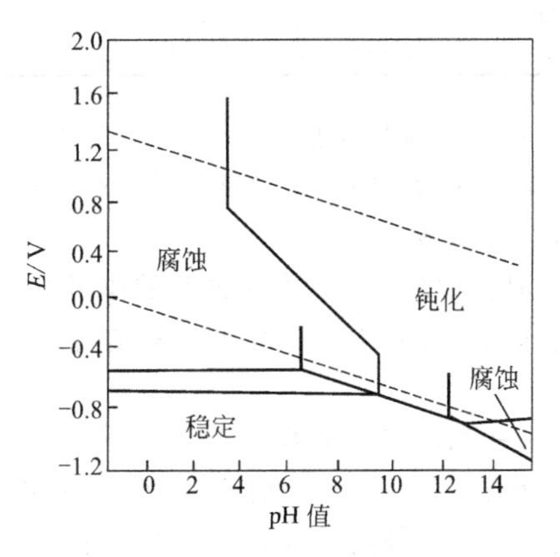

图 3-72　铁的腐蚀图

在 pH 值 5～9 之间的水介质中，铁被腐蚀。可以根据该图找出铁的防腐措施，即可以根据该图找出一定的 pH 值和电势条件，使其落在腐蚀区之外，或加入某些添加剂来缩小腐蚀区的范围，以防止金属的腐蚀。比如可以采取控制介质的 pH 值、阴极保护、金属的钝化、添加缓蚀剂等措施。

$$6Fe^{2+}+2CrO_4^{2-}+H_2O \longrightarrow 3Fe_2O_3+Cr_2O_3+8H^+$$

铝的免蚀区电位非常低（在−1.6V 以下），低于水生成氢时的电位，因而很容易腐蚀。在阳极反应中，无论生成 Al^{3+} 还是 AlO_2^-，与其对应的阴极的反应必定是发生氢的反应。铝在酸、碱介质中，既发生阳极溶解，又发生阴极析氢。当铝和其他高电位金属接触时，还会发生接触（电偶）腐蚀。但是由于其氧化膜（腐蚀产物）致密，附着力强，被视为耐腐蚀性较好的金属之一。铝及其合金的自然电位在 0.4～0.85V，但在不同的介质中的电位有所不同。

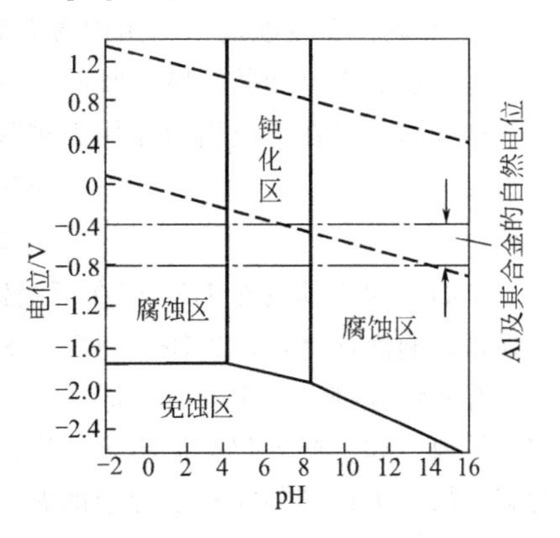

国 3-73　铝的电位-pH 平衡图

图 3-73 是铝的电位-pH 图。当标准电位处于−1.66V 以下时，铝位于免蚀区，在此之上有腐蚀区和钝化区。当 pH 在 4.5～8.5 时铝处于钝化区，在铝的表面生成了一层

钝化膜，使铝有很好的耐腐蚀性。当pH值小于4.5，或大于8.5，分别进入酸性腐蚀区或碱性腐蚀区。在酸性腐蚀区以局部腐蚀为主，在碱性腐蚀区以全面腐蚀为主。

3.16.2　缓蚀机理与缓蚀剂

3.16.2.1　电化学缓蚀机理

在电化学腐蚀时，在微原电池两极发生的化学反应是共轭过程，缓蚀剂阻断其中的一个过程，就可以使两个过程全受到阻滞，使缓蚀速度减慢。

① 阳极抑制型缓蚀　这类缓蚀剂有硝酸盐、铬酸盐、正磷酸盐、硅酸盐及苯甲酸盐等。

这类缓蚀剂宜使用足量。如果用量不足，会对金属表面阳极区覆盖不完全，形成小阳极大阴极的腐蚀微原电池，在小阳极区造成孔蚀。因此阳极缓蚀剂又称为危险性缓蚀剂，但苯甲酸钠是个例外。表3-61是某些缓蚀剂保护铜的临界浓度。

表3-61　0.05mol/L Na_2SO_4 溶液中保护铜时缓蚀剂的临界浓度 $C_{保护}$/(mol/L)

缓蚀剂	$C_{保护}$	缓蚀剂	$C_{保护}$	缓蚀剂	$C_{保护}$	缓蚀剂	$C_{保护}$
Na_2CrO_4	0.062	$NaVO_3$	0.245	$NaNO_2$	0.145	$NaBO_3$	0.314
Li_2CrO_4	0.046	NH_4VO_3	0.427	Na_2CO_3	0.075	Na_2SiO_3	0.021
$(NH_4)_2CrO_4$	0.052	Na_3VO_4	0.100	Na_3PO_4	0.026	$NaWO_4$	0.060
$K_2Cr_2O_7$	0.068	$KMnO_4$	0.126	Na_2HPO_4	0.055		
Na_2MoO_4	0.060	NaOH	0.125	NaH_2PO_4	无保护		

② 阴极抑制型缓蚀

如聚磷酸盐、酸式碳酸钙、硫酸锌、砷离子、锑离子等能增大阴极极化，使电位负移，从而使阴极过程减缓。

③ 混合型缓蚀　这类缓蚀剂的作用不仅仅是增加OH^-的浓度，其阴离子对于形成钝化层也有促进作用。而对于苯甲酸钠，氧的存在生成三价铁是必然条件。硅酸盐是形成不溶性的硅酸铁。

铝酸盐和硅酸盐这类能够形成胶性物质的物质兼具有阳极型及阴极型缓蚀剂的作用。铬酸盐在中性介质中，主要以阳极抑制为主，对铁起阻碍腐蚀的作用，但是在酸性介质中，主要起阴极去极化作用。另外还有含氮、含硫的有机化合物及琼脂、生物碱等。

3.16.2.2　物理化学机理

① 氧化膜型缓蚀　亚硝酸盐、铬酸盐、钼酸盐和钨酸盐能使金属形成致密的Fe_2O_3保护膜，从而减缓金属的损失。

② 沉淀膜型缓蚀　这类缓蚀剂能和介质中的某些离子反应，在金属表面的阴极区形成抑制腐蚀的沉淀膜。

③ 吸附膜型缓蚀剂　基团中含有氧、氮、磷、硫等元素，有物理吸附和化学吸附。

有机缓蚀剂（如胺、膦、吡啶、硫醇等）的杂原子具有孤对电子，能与酸中的H^+形成阳离子。这些阳离子在静电引力作用下被吸附于金属表面腐蚀微原电池的阴极区，形成一层保护膜。

$$RNH_2+H^+\longrightarrow(RNH_3)^+$$

$$R_3P+H^+\longrightarrow(R_3PH)^+$$

例如，四丁基胺在HS^-存在下缓蚀力加强。一般来说，阴离子使阳离子缓蚀剂的缓蚀能力加强，影响次序为：$I^->Br^->Cl^->SO_4^{2-}>ClO_4^{2-}$。

有些缓蚀剂不一定含有杂原子，它们在中性介质中的作用较差，但可通过在金属表面的吸附实现缓蚀。如一些乳化剂能防止铁腐蚀，还有油、琼脂、阿拉伯树胶、明胶等。吡啶和一些含氮的有机物则可以抑制镁和镁合金的腐蚀。

苯并三氮唑（BTA）是铜的高效缓蚀剂，与铜生成不溶性的聚合物沉淀膜。

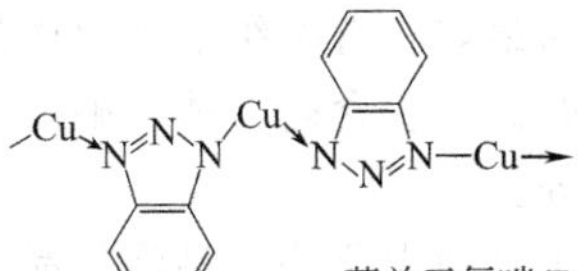

苯并三氮唑(BTA)

巯基苯基四氮唑（PMTA）是比 BTA 更好的银、铜和铜合金的缓蚀剂。它很容易在 pH 值为 5～6 的溶液中与这些金属形成致密的聚合多核表面配合物膜。

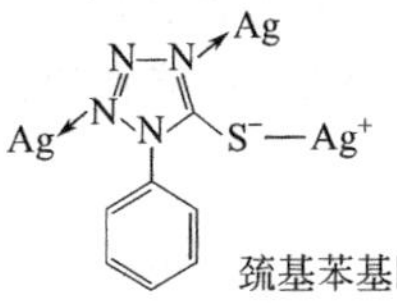

巯基苯基四氮唑(PMTA)

表 3-62 列出一些单键、倍键化合物对钢的缓蚀率对比。表 3-63 列出一些炔类化合物对钢的缓蚀性能。在酸性介质内，含三键的炔类化合物有较高的缓蚀率，炔醇类缓蚀性更好。

表 3-62　一些倍键及相应单键化合物对钢的缓蚀率（85℃，3mol/L HCl 介质）

缓蚀剂	丙　胺	丙烯胺	丙　酸	丙烯酸	乙酰胺	丙烯酰胺
缓蚀率/%	18.9	33.6	23.6	46.9	21.0	72.3

表 3-63　一些炔类化合物对钢的缓蚀率（80℃，15%的 HCl 介质）

缓蚀剂	己　炔	庚　炔	辛　炔	癸　炔	丙炔醇	己炔醇
缓蚀率/%	92.9	94.0	93.5	87.8	99.2	99.9

N、O 原子上的电负性比 S 原子更大，使相邻氢原子质子化的倾向更大，因而含 N、O 的缓蚀剂应该具有更好的缓蚀效果。

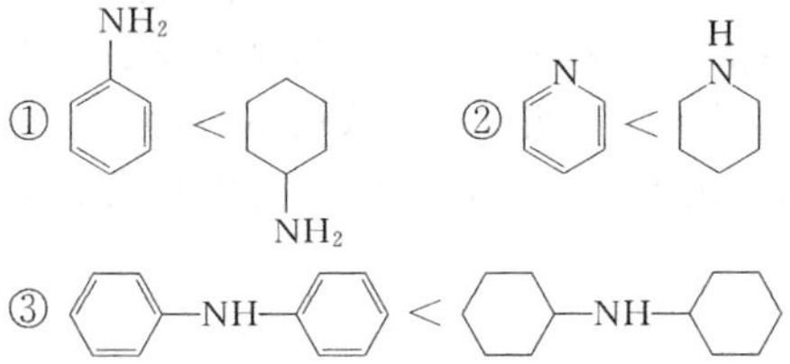

膦酸化水解马来酸酐 PHPMA（结构式 A）、异丙烯膦酸和丙烯酸的共聚物（结构式 B）和膦酰基膦酸（结构式 C）适于碳钢的缓蚀，与 Zn 盐复配有协同效应。

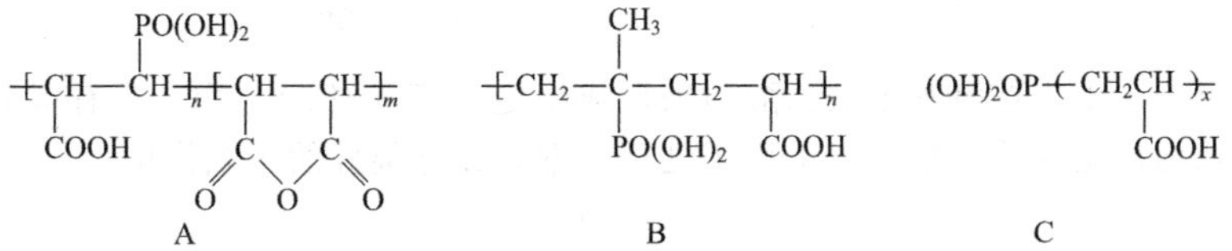

A　　B　　C

聚乙烯吡咯烷酮和聚乙二胺在酸性中对于铜有很好的缓蚀作用。而常用的铜缓蚀剂苯并三唑（BTA）在酸性中就不是很好。通过二胺、三胺和苯醌的均聚反应合成的多氨基苯醌聚合物 PAQ（结构式 D）在酸性中在金属表面有很强的亲和力，可形成保护膜，从而阻滞金属的腐蚀。聚丙烯酸（PPA）、聚丙烯酰胺等都可以在酸中阻止铁的腐蚀。

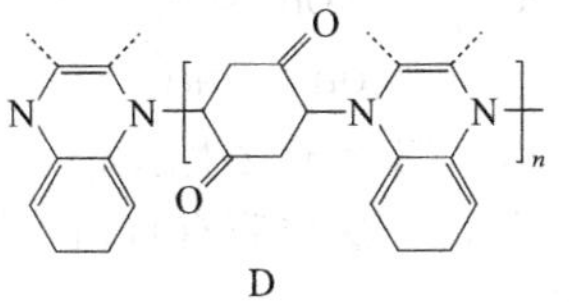

D

锌所形成的氧化物既能溶于酸，又溶于碱，它在 pH 值为 7～12.5 范围内腐蚀速率最慢。在盐酸中，锌的无机缓蚀剂中以氟化钠为最好。有机缓蚀剂以能形成吸附膜或沉淀膜的硫脲、二苄基亚砜、三苄基胺和四丁基硫酸盐为好。一些含硫、磷、硒的化合物具有同时降低阴阳两极腐蚀速率的性能，比如喹啉、吡咯、咪唑等。

在锌的硫酸缓蚀剂中，碘化钾优于其他卤化物。乌洛托品与草酸盐的混合物中加入甲醛是很好的缓蚀剂。阳离子表面活性剂，主要是吡啶的季铵盐具有优异的缓蚀性能。

三唑类衍生物 AAT 和 BAT 在不同的 pH 下对锌都有缓蚀作用。碳链长度是影响缓蚀效率的主要因素。AAT 在碳原子数小于 7 时，缓蚀效率随着碳原子数增大而增大，而碳原子数大于 9 时，缓蚀效率又随着碳原子数的增大而减小。AAT 不能在锌的表面生成超过一个单分子层厚度的保护膜时，缓蚀效果降低。

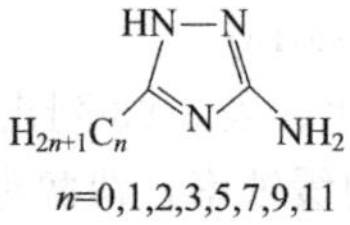

n=0,1,2,3,5,7,9,11

AAT　　　　BAT$_4$

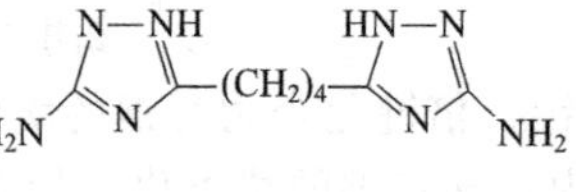

3.16.2.3　伴有化学反应的缓蚀剂

有的缓蚀剂与介质或金属发生化学反应，在金属表面形成保护膜，形成二次缓蚀保护。比如：一些缓蚀剂被金属还原，在金属表面形成保护膜；一些缓蚀剂在腐蚀介质中发生聚合，吸附形成二次缓蚀保护；有的还可以与金属表面原子进行螯合反应，形成致密的螯合膜。

(1) 还原反应　如三苯基膦离子在阴极区发生物理吸附而被还原。

$$(C_6H_5)_3P^+R + 2e^- + H^+ \longrightarrow (C_6H_5)_3P + RH$$

(2) 转化反应　乙醛在酸性条件下转化成醇醛和乙醛缩合生成的混合物——一种黏稠深棕色树脂状物质，具有缓蚀作用。—OH、C═O、—COOH 等也具有逊于三键的缓蚀作用。

(3) 聚合、缩聚反应　胺、醛类缩聚反应产物酸可溶树脂和聚乙烯吡啶都是重要的缓蚀剂。

(4) 与金属离子的反应　由阳极反应产生的金属离子与缓蚀剂反应生成的不溶物。

水杨醛肟与铜离子 Cu^{2+} 生成具有五元或六元环的稳定的配合物，在阳极极化曲线上显示钝化现象。

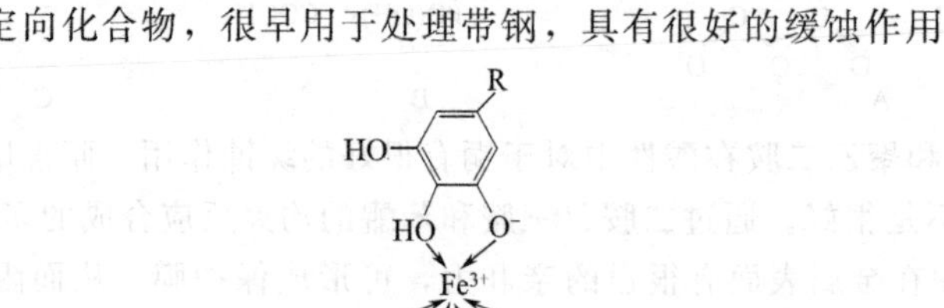

(5) 螯合反应　十二烷酰基甲胺乙酸与铁形成稳定的五元环配合物，具有很好的缓蚀效果。丹宁铁是网状八面体定向化合物，很早用于处理带钢，具有很好的缓蚀作用。

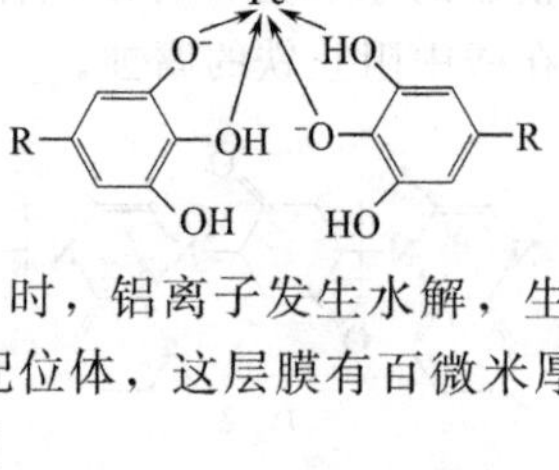

(6) 水解反应　在 pH 值低于 5 时，铝离子发生水解，生成氢离子，在铁的表面生成水合氢氧化铝保护膜，其构成是羟桥多核配位体，这层膜有百微米厚。

3.16.2.4　一些缓蚀剂的协同效应

(1) 阴离子与阳离子缓蚀剂的协同作用　一些卤素离子、有机阴离子（如 HS^-、SCN^-）与季铵盐复配，四丁基季铵盐与卤离子、磺基水杨酸等复配都能使缓蚀作用大大加强。还有能产生有机阳离子的缓蚀剂（如苯胺、吡啶衍生物、硫脲及其衍生物）和卤离子的复配，也有显著的协同作用。活性阴离子的作用顺序为：

$$SCN > I^- > C_6H_5SO_3^- > Br^- > Cl^- > SO_4^{2-} > ClO^{4-}$$

四丁基胺在铁的表面本来吸附较弱，但加入 I^- 后，改变了金属表面的双电层结构，使金属表面带负电，有利于四丁基胺的吸附，表现为铁电极的微分电容急剧降低。

如果缓蚀剂本身能在介质中离解出阳离子和阴离子，也可能能使该缓蚀剂的效果提高。

例如四烷基铵的溴化物和碘化物、碘化乙基喹啉、苯亚甲基吡啶氯化铵等，在酸性溶液中全能离解为有机阳离子和卤离子（Cl^- 和 I^-）。含 1.5% 的缓蚀剂苯亚甲基吡啶的卤化物的 2% HCl+2%HAc 的溶液缓蚀率达 99%。若再添加少量该缓蚀剂的碘化物，缓蚀性会进一步提高。这是因为 I^- 的吸附特性比 Cl^- 强，I^- 与 7701 的协同更有效的缘故。

这种缓蚀剂与乌洛托品也有较好的协同作用，能在铁的表面形成多分子络合体的吸收膜，由于 Cl^- 对铁的特性吸附，在金属表面形成了 $[FeCl^- H^+]$ 吸附层，对乌洛托品有强烈吸附作用，致使析氢反应严重受阻，而使腐蚀速度下降。

它们与硫脲也有协同作用。硫脲中 N 原子的孤对电子与 C═S 中的电子发生共轭，硫原子的电子密度增大，对金属的化学吸附加强，结果有利于缓蚀剂与有机阳离子的吸附。

（2）氢键作用　如果缓蚀剂之间能形成氢键，则可以使得吸附层更加稳定，更为厚实致密。比如，炔醇之间复配或是与单胺、二胺复配能显著提高缓蚀性，这是由于化学吸附和形成氢键叠加之故。同理，酸性介质缓蚀剂酮醛胺缩合物与丙炔醇及表面活性剂复配的结果，其缓蚀性能优于苯亚甲基吡啶的卤化物。表 3-64 所列是某些缓蚀剂的协同作用。聚天冬氨酸（PASP）是一种优良的广谱性的阳极型金属缓蚀剂。PASP 与钨酸钠、苯并三氮唑复配后缓蚀效率提高（表 3-65）。

表 3-64　缓蚀剂的协同效应

介质	缓蚀剂	浓度/(g/L)	腐蚀速度/[g/(m²·h)]			介质	缓蚀剂	浓度/(g/L)	腐蚀速度/[g/(m²·h)]		
			40℃	60℃	80℃				40℃	60℃	80℃
10%HCl	无	—	47.09	286.25	871.27	20%HCl	无	—	84.05	466.20	1848.93
	卡特平	5	0.2	0.88	7.55		卡特平	5	1.65	9.68	63.16
	聚甲醛	5	1.15	16.35	99.71		聚甲醛	5	17.86	68.90	497.21
	乌洛托品	5	1.02	4.25	15.16		乌洛托品	5	3.19	15.40	105.88
	卡特平 / 聚甲醛	2.5 / 2.5	0.2	0.61	4.88		卡特平 / 聚甲醛	2.5 / 2.5	0.24	1.18	9.39
	卡特平 / 乌洛托品	2.5 / 2.5	0.1	0.65	2.96		卡特平 / 乌洛托品	2.5 / 2.5	0.22	1.38	9.31

注：卡特平主要成分为烷基苯亚甲基吡啶的氯化物。

表 3-65　聚天冬氨酸复合缓蚀剂的对碳钢的缓蚀性能

编号	配方组成/(mg/L)				腐蚀率/%	缓蚀率/%
	聚天冬氨酸	钨酸钠	Zn^{2+}	苯并三氮唑		
1	15	15	2	1	0.1074	94.03
2	15	20	2	1	0.0403	97.76
3	20	15	2	1	0.0617	96.57
4	20	20	2	1	0.0298	98.34

第4章　洗涤剂的复配规律

洗涤剂是个混合体系，每个组分间不是机械的组合，而是存在着复杂的物理化学作用。如果复配得当，则产生协同作用，将有利于提高洗涤力和抗硬水力，或是在大大降低成本的前提下具有同样的洗涤力。但是如果搭配不当，各个组分的作用可能互相抵消，达不到复配目的，或是造成浪费。

4.1　洗涤剂配方的基本要求

（1）配方必须符合各国家和地区的即时的法规和标准。

（2）配方要符合洗涤对象的要求。

（3）配方要考虑到使用地区与使用条件。例如水的硬度与配方中螯合剂的用量；地区温度对于产品物态的稳定性的要求；活性组分的含量与使用对象的衣物换洗频率的关系等。

（4）配方要考虑到原料来源的稳定性。在选择原料上，有国产的最好不用进口的；有便宜的不用昂贵的；有易得的不用稀有的。

（5）配方应该考虑到运输的便利性与可能性。相对来说，固体便于运输，而液体便于配制，节省能源。

（6）复配的产品在变换地区、温度变化及不同运输条件下均应该具有稳定性，并符合有关法规。

4.2　洗涤剂复配的研究方法

洗涤剂复配的纯理论研究常常涉及构成洗涤剂组分单质的表面性能，如临界胶束浓度、表面张力、对固体表面的吸附行为、润湿性能、对特定油类的增溶性能、表面活性剂的Krafft点或浊点、对Ca^{2+}、Mg^{2+}的敏感性、相行为以及构成组分的单质间的互相影响等。这些研究结果对配方有一定的指导意义，但是由于洗涤对象的复杂性和基质与污渍间相互作用的复杂性，纯理论的研究结果往往不能直接应用于实际配方，即使应用也需要进行大量筛选配方的工作。

另一种研究复配的方法属于实际的方法，即确定一个或几个影响所研究性能的主要因素，在固定其他因素的前提下变换一个或几个因素的研究方法。这种实际的研究方法可以直接应用于复配。

4.2.1　复配方法的理论研究法

关于复配理论的研究本书仅就以下几个方法进行简单介绍。

（1）表面张力、吸附量研究法　具体方法是测定表面张力，计算吸附量，描绘表层分子吸附情况。用实验方法测定溶液的表面张力，绘出表面张力-浓度对数图，从曲线转折点求出表面活性剂的临界胶束浓度（*cmc*）和此时的表面张力γ_{cmc}，求出纯组分和混合组分的*cmc*与γ_{cmc}。由Gibs公式求出吸附量。

对于羧酸钠的实验表明，当pH值为13时，表面吸附层中大部分是$RCOO^-$，由于同性相斥的原因，使得表面上的碳氢链排列不够紧密，每个链所占表面积较大，因而溶液的γ_{cmc}较高。例如$C_{12}Na$的*cmc*在pH值为9.2时为9.4×10^{-3} mol/L，当pH值为13时，增加到

1.1×10^{-2}mol/L。当羧酸钠中加入了季铵盐后，就大大提高了表面活性。这项研究提示并证实了阴离子与阳离子复配的可能性。

用表面张力测定及吸附量计算法研究三乙醇胺酯的表面活性时，得出了辛酸单三乙醇胺酯、双三乙醇胺酯在不同盐的存在下与其他阴离子表面活性剂（如十二烷基硫酸钠）复配条件下的 *cmc* 与 γ_{cmc}。由 Gibs 公式求出温度 T 时的饱和吸附量 Γ_∞，求出此时每个表面吸附分子所占据的平均面积 A_m，见表 4-1 所列。

表 4-1　辛酸单三乙醇胺酯的 Γ_∞ 和 A_m(25℃)

体系	Γ_∞/(mol/cm²)	A_m/nm²
单酯	3.0×10^{-10}	0.54
双酯	2.9×10^{-10}	0.56

可见，单酯与双酯的吸附量近于相等，从而表面上每个分子所占面积也近乎相同。对吸附状态可以推论，单酯碳氢链排列疏松，而双酯较为紧密，如图 4-1 所示。这就解释了表 4-2 中双酯具有更高的表面活性的原因。表 4-3 显示将少量（约 1/10）三乙醇胺单酯加入到十二烷基硫酸钠（SDS）中，可使 *cmc* 大为降低。如将此结果应用于实际，可获得高效、经济的配方。

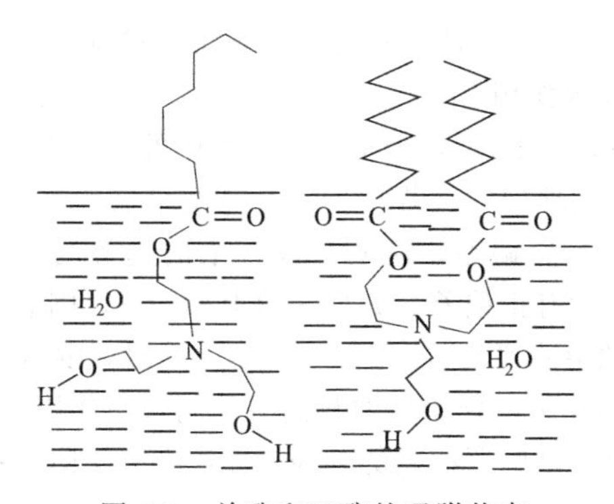

图 4-1　单酯和双酯的吸附状态

表 4-2　单酯和双酯的 *cmc* 和 γ_{cmc} 值(25℃)

表面活性剂体系	*cmc*/(mol/L)	γ_{cmc}/(mN/m)
单酯(水溶液)	4.8×10^{-3}	29.0
单酯(NaBr 0.1mol/L)	6.6×10^{-4}	30.0
双酯(水溶液)	1.2×10^{-4}	32.4
双酯(NaBr 0.02mol/L)	7.1×10^{-5}	32.2

表 4-3　单酯-SDS 体系的 *cmc* 和 γ_{cmc}(25℃)

表面活性剂体系①	*cmc*/(mol/L)	γ_{cmc}/(mN/m)
单酯	6.6×10^{-4}	30.0
SDS	1.7×10^{-3}	34.0
单酯-SDS(1∶10)	3.6×10^{-4}	22.6

① 溶液离子强度为 0.1mol/L(加 NaBr)。

表面活性剂最基本和最重要的性质是在界面上的吸附和在溶液中形成胶束。对于混合表面活性剂体系存在以下关系：

$$\frac{X^2\ln(\alpha C_{12}^0/XC_1^0)}{(1-X)^2\ln[(1-\alpha)C_{12}^0/(1-X)C_2^0]}=1 \tag{4-1}$$

$$\frac{\ln(\alpha C_{12}^0/XC_1^0)}{(1-X)^2}=\beta^S \tag{4-2}$$

$$\frac{(X^M)^2\ln(\alpha C_{12}^M/X^M C_1^M)}{(1-X^M)^2\ln[(1-\alpha)C_{12}^M/(1-X^M)C_2^M]}=1 \tag{4-3}$$

$$\frac{\ln(\alpha C_{12}^M/X^M C_1^M)}{(1-X^M)^2}=\beta^M \tag{4-4}$$

式中 α——组分1在混合物中的总摩尔分数；

X，X^M——组分1在混合吸附单层和混合胶束中的摩尔分数；

C_1^0，C_2^0，C_{12}^0——产生一定表面张力降低值所需要的纯组分1、纯组分2和混合物在溶液相中的体积摩尔浓度；

C_1^M，C_2^M，C_{12}^M——纯组分1、2和混合物的临界胶束浓度；

β^S，β^M——吸附层中和胶束中两组分间的分子相互作用参数，当β^S小于零且大于$\ln(C_1^0/C_2^0)$时，在降低表面张力方面两种表面活性剂间存在增效作用，同样，对于混合胶束有类似关系时：

$$\beta^M<0 \text{ 且 } |\beta^M|>|\ln(C_1^M/C_2^M)|$$

在形成胶束方面也存在增效作用。

β称作分子间相互作用参数，上标M表示是在胶束中的。显然，若$\beta^M=0$，两种表面活性剂的活度系数比为1，混合胶束是理想的。若$\beta^M<0$，活度系数皆小于1，胶束化作用将在浓度较低时发生，*cmc*对理想计算值有负偏差，说明形成胶束的趋势增强。$\beta^M>0$，活度系数大于1，说明形成胶束的趋势减弱，*cmc*有正偏差。如果β的上标为S，则表示两种表面活性剂在吸附层中的分子相互作用参数。其数值意义与β^M相似，即$\beta^S=0$时，混合吸附层是理想的；$\beta^S<0$时，表示两种表面活性剂分子间相互吸引作用比两相同分子间吸引作用的平均结果强，吸附趋势相应变强；$\beta^S>0$时，其吸附作用将是削弱的趋势。表4-4列出了一些体系的β^M值。

表4-4 一些体系的β^M值

表面活性剂	介质	β^M
$C_{12}H_{25}SO_4Na/C_8H_{17}O(C_2H_4O)_4H$	H_2O	−3.1
$C_{12}H_{25}SO_4Na/C_8H_{17}O(C_2H_4O)_{12}H$	H_2O	−4.1
$C_{12}H_{25}SO_4Na/C_{21}H_{25}O(C_2H_4O)_5H$	H_2O	−2.6
$C_{12}H_{25}SO_4Na/C_{12}H_{25}O(C_2H_4O)_8H$	H_2O	−3.9
$C_{12}H_{25}SO_4Na/C_{12}H_{25}O(C_2H_4O)_8H$	0.5mol/L NaCl	−2.6
$C_{12}H_{25}NC_5H_5Br/C_{12}H_{25}O(C_2H_4O)_8H$	H_2O	−0.85
$C_{10}H_{21}SO_4Na/C_{10}H_{21}N(CH_3)_3Br$	H_2O	−18.5
$C_8H_{17}N(CH_3)_3Br/C_8H_{17}SO_4Na$	0.1mol/L NaBr	−17.9
$C_8H_{17}N(CH_3)_3Br/C_7F_{15}COONa$	0.1mol/L NaBr	−26.8
$C_8H_{17}SOCH_3/C_{10}H_{21}SO_4Na$	0.1mol/L NaBr	−2.5

两组分混合表面活性剂增效作用的强弱顺序为：阴-阳离子＞阴-两性离子＞阴离子-非离子＞甜菜碱类两性-阳离子＞甜菜碱类两性-非离子＞非离子-非离子。

（2）相转变温度研究法 相转变温度法也称温度组成相图法。相转变温度（phase inversion temperature，PIT）被认为是温度组成相图最重要的特征，它能够全面反映表面活性剂的性能及各种因素的影响。比如非离子表面活性剂的一个重要特征就是亲水亲油的性质随温度改变，低温时亲水，高温时亲油。在某一中间温度亲水亲油性质达到平衡，这一温度为亲水亲油平衡温度（HLB-T）。由于此时相型发生变化，所以又称为相转变温度。

对于混合组分，PIT随组成不同而有变化。如图4-2和图4-3所示。

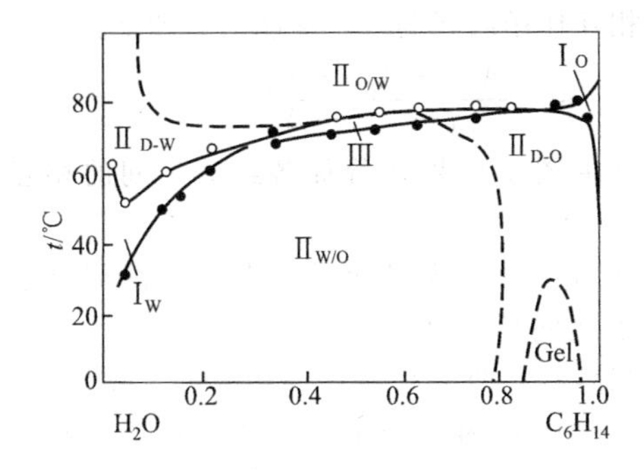

图 4-2 10%$C_{12}H_{25}O(CH_2CH_2O)_9H$-$C_6H_{14}$-$H_2O$ 的温度组成相图

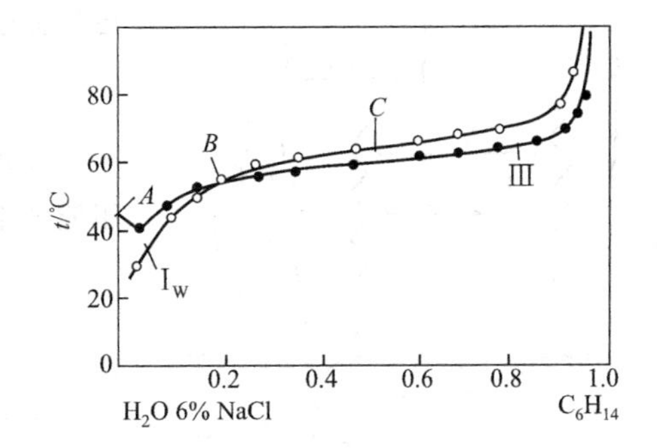

图 4-3 5%$C_{12}H_{25}O(CH_2CH_2O)_9H$-$C_6H_{14}$-NaCl 的温度组成相图

图 4-2 中$Ⅰ_W$区域表示增溶了正己烷的正胶束溶液，实线点是混合体系的浊点变化曲线，圆圈点是增溶曲线。$Ⅰ_O$区域为增溶了水的正己烷的逆胶束曲线，圆圈点是水在正己烷中的增溶曲线，实线点是浊点曲线。图中虚线表示未经精确测定。$Ⅱ_{D/W}$区域为水相和表面活性剂两相共存区；$Ⅱ_{D/O}$区域为油相和表面活性剂两相共存区；$Ⅱ_{O/W}$区域为 W/O 型乳状液；$Ⅱ_{W/O}$区域为 O/W 型乳状液；Gel 区域为表面活性剂的凝胶区；Ⅲ区是油相、水相、表面活性剂三相共存区。从图可见，PIT 随组成不同而略有变化。从对相图和相转换温度的研究可以得到许多对于复配有价值的规律。

从图 4-3 中可以看到盐效应的作用。盐的加入使相图向低温移动。

而在非离子复配的相图中，非离子表面活性剂聚氧乙烯链长的变化与 PIT 的变化平行。当整个聚氧乙烯链长减少时，相当于温度升高，而当聚氧乙烯链长增加时，相当于温度的降低。因此，通过非离子表面活性剂与非离子表面活性剂的复配可以连续调整系统的亲油性。

从相图的研究还得出，非离子表面活性剂与少量离子表面活性剂的复配可以大幅度提高温度稳定性和增溶能力。加入适当的助剂（如某些非离子表面活性剂和盐）有助于形成微乳液和增溶。离子表面活性剂的亲水亲油性几乎不受温度的影响。

从相图发现，表面活性剂在去污过程中也发生相转移，在高出浊点某个温度时，矿物油从聚酯/棉混纺布上释放达到其最佳值。这说明有可能通过添加剂控制浊点，从而使洗涤温度降低。

水/表面活性剂/油的三元体系的性质对于去除油污起着重要作用。三元体系的形成可用相转移温度（PIT）来表达，最佳洗涤效果在很大程度上与 PIT 有关，并与电导率曲线最大值相吻合。例如，研究体系为表面活性剂/正癸醇/正十六烷，结果表明，当添加 10%正癸醇到 $C_{12}EO_9$～$C_{15}EO_9$ 中时，有 80%的醇混入胶束相，促使层状相的形成，相当于增加了温度，或是说减少了环氧乙烷的链长。可见增加癸醇含量使体系亲水性下降了，因为 PIT 和最佳洗涤温度下降了。

(3) 热力学研究法　例如对 OS（油酸钠）、正十二烷、水和醇四组分构成的微乳液体系，用拟三元相图法表示，可得出一系列 4 种物质摩尔比的数据，通过作图计算出各种醇从有机相到微乳液界面的标准自由能，又从自由能随温度的变化，得到该过程热焓和熵的变化。证实了在 OS-正十二烷-水-醇的四元体系中，醇的烃链长短、含油量的多少、温度高低均能影响标准热力学函数。

① 随着醇的烃链增加，自由能绝对值与熵变大，有利于微乳液的形成。

② 体系中含油量增加，自由能绝对值增加，即 W/O 型微乳液比 O/W 型微乳液更易形成。

③ 体系的温度升高，自由能绝对值增加，有利于微乳液形成。

④ 在微乳液形成过程中，醇从油相进入界面相的自由能绝对值为零，意味着醇分子的转移过程无热效应。

(4) 内聚能理论研究方法　内聚能理论可以用来描述表面活性剂、油、水所构成的体系中，

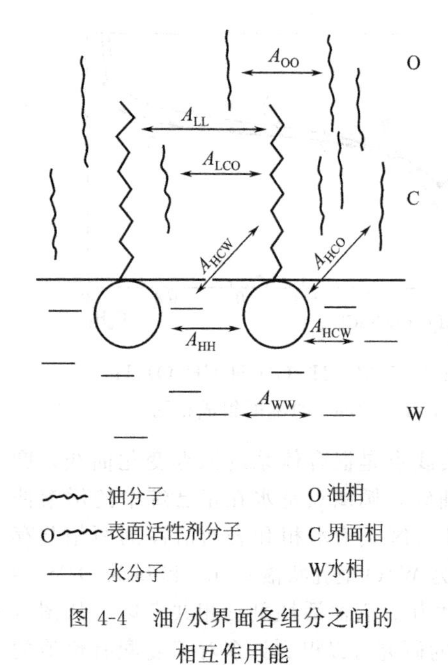

图4-4　油/水界面各组分之间的相互作用能

各种分子之间相互作用的强弱。内聚能公式如下：

$$R=\frac{A_{LCO}-A_{OO}-A_{LL}}{A_{HCW}-A_{WW}-A_{HH}} \tag{4-5}$$

式中的物理意义由图4-4油/水界面各组分之间的相互作用能图来表达。

在式（4-5）中，A_{LCO}为界面层中表面活性剂分子的疏水基与油分子之间的亲和能，它有助于表面活性剂与油分子之间的互溶，有助于C层向油相弯曲；A_{OO}为各向异性界面层中单位面积内油分子之间的内聚能，不利于表面活性剂与油的互溶，阻止C层向油层弯曲；A_{LL}为界面层中单位面积内表面活性剂疏水基之间的亲和能，不利于表面活性剂与油之间的互溶；A_{HCW}为界面层中表面活性剂极性基团和水之间的作用能，有助于表面活性剂和水之间的互溶，有助于C层向水层弯曲；A_{WW}为界面层C内单位面积内水分子之间的内聚能，阻止C层向水层弯曲；A_{HH}为界面层C单位面积内表面活性剂极性基之间的内聚能，有助于C层向水层弯曲。

内聚能理论可应用于洗涤剂体系，用于研究各组分之间的复配，无机盐、pH值等对体系的稳定性，以及乳液类型转换的可能性。

尚有许多物理化学方法、应用不同仪器的方法用于研究洗涤剂组分复配中的协同或负协同效应以及相应理论的研究。例如，研究表面活性剂与聚合物、助剂之间的作用不仅用到了传统的表面张力测定法，也用到了渗析平衡法、特殊离子电极法等，深入研究请参考有关专著和文献。

4.2.2　筛选配方研究法

理论上的研究对于揭示单一组分和多组分复配规律尽管有着深层的意义，但是由于具体对象的复杂性，一般在开发洗涤剂配方中多用筛选配方方法。

（1）线性研究法　线性研究法的应用非常普遍。它主要用于单因素实验中。首先根据基本原理、文献资料及经验构思出所需的主要成分，而后固定其他组分的量，变换某一种组分的量来考察这个组分对于配方性能（如去污力、泡沫、流变性、成本等）的影响，最后以最佳配方组合。横坐标为该组分的浓度，纵坐标为性能。

（2）直观立体图和平面图研究法　直观立体图法和平面图法可应用于双因素实验中。双因素实验就是使配方中的两个组分任意变化，测定随此两组分变化所导致的性能变化。平面图法是将两种组分的浓度作为两个坐标，在平面坐标内画出性能曲线，最后得到最佳性能区。立体图法是以两个变量组分分别作为X轴与Y轴，Z轴表示某种性能函数，这样可以得到一直观的立体图（图4-5）。

（3）三角平面图法　三角图法是以三角坐标表示三组分百分组成的方法，如图4-6所示。三角形顶点A、B、C分别代表纯组分A、B、C的单组分体系；AB边上的M点表示含60%的A组分（即坐标长度a'）及40%B组分（即坐标长度b'）的两组分体系；三角形中的N点表示含A组分的40%（即a坐标长度），B组分30%（b坐标长度）及C组分30%（c坐标长度）的三组分体系。

如果配方中还含有其他组分，则视为定值，其变量之和为100%。此时A、B、C三组分之和必须固定。假如三种组分的总和为40%，A组分的范围为

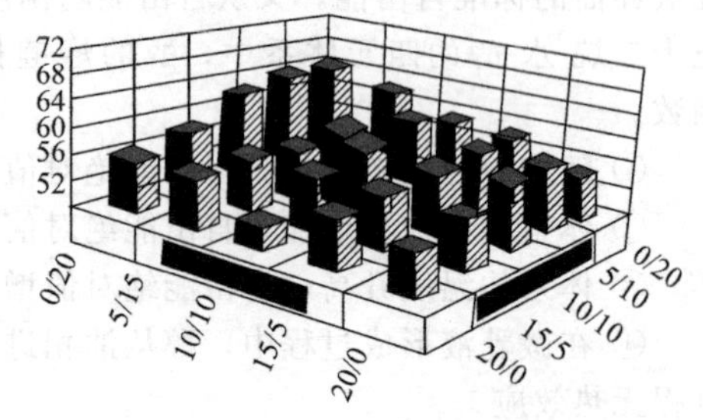

图4-5　两因子配方筛选图

20%～30%，B 为 7%～17%，则 C 只能 3%～13%，此时配方中已有 90%固定下来，变化的只是 10%，则三角坐标中最大值为 10%。图中各点表示的 A、B、C 三组分的组成为：各组分原来值×10%＋各组分的最低限量。如图 4-6 中的 N 点表示：

A 组分为 40%×10%＋20%＝24%

B 组分为 30%×10%＋7%＝10%

C 组分为 30%×10%＋3%＝6%

图 4-7 是三组分的配比，这种均衡的取点方式有利于比较客观地测定相关性能（如黏度、发泡力和去污力等）。将测得的性能值填在相应的点上，即得到某种性能分布图。一般目视即可划出性能优良区域，也可以用计算机进行回归，得出回归线，即等性能线（比如等去污力线）。

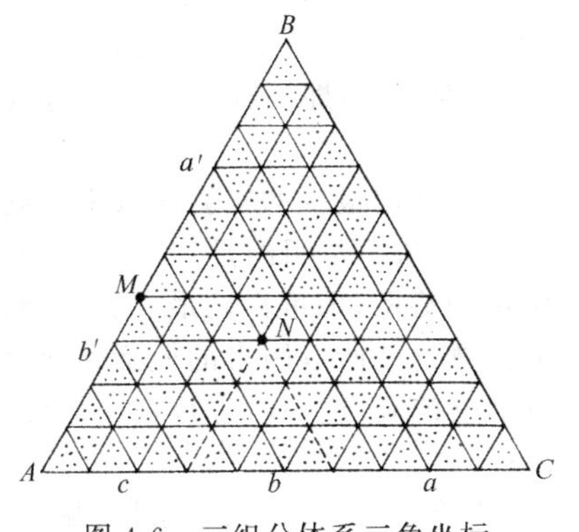

图 4-6　三组分体系三角坐标

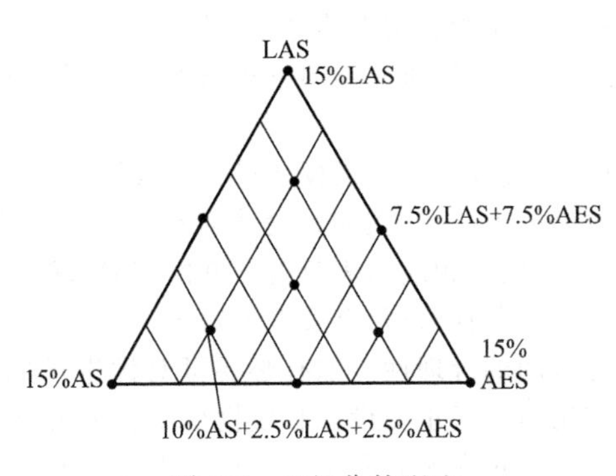

图 4-7　三组分的配比

图 4-8 用于研究 3 种活性物不同配比时对去污力的影响。3 种活性物为 LAS、AES［棕榈仁醇醚硫酸钠（EO 量为 40%）］及 AS（棕榈仁硫酸钠）。使用的人工污布为皮脂/棉及皮脂/混纺定型棉，去污机为 Terg-O-Tometer，洗涤时间 10min，漂洗 5min，洗涤剂用量 0.15%，三种活性物总和为 15%。处理后去污力分布图如图 4-8 所示，不同条件下的去污力分布图如图 4-9 中（a）、（b）、（c）、（d）。将以上四图叠加，则得到在较低温度下的最佳去污区域图 4-9（e）；3 种组分的等价格图见图 4-10（a），加上述诸因素复合后得到最佳去污力与价格综合图 4-10（b），即将图 4-9 的最佳去污区与三角价格区叠合，则得到效能/成本最佳区。

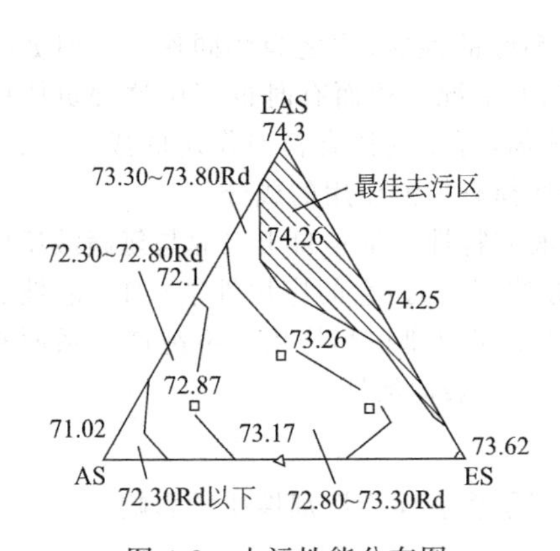

图 4-8　去污性能分布图

（50×10^{-6}硬水，37.8℃，皮脂/棉污布，助剂为 Na_2CO_3）

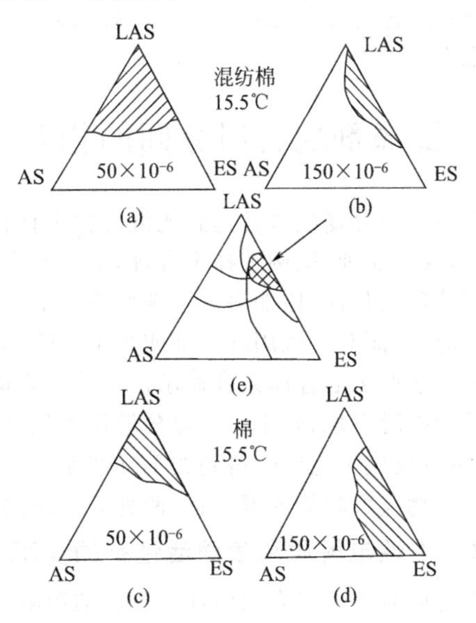

图 4-9　不同条件下最佳去污性能叠合示意

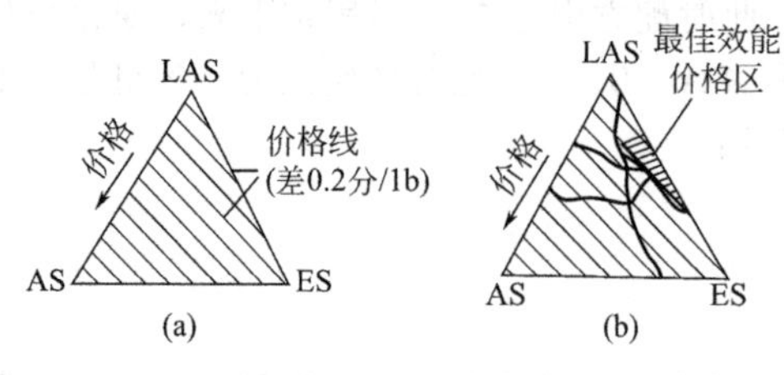

图 4-10　最佳去污力与价格叠合示意

相对模拟价格：LAS 3.46；ES 3.50；AS 3.65

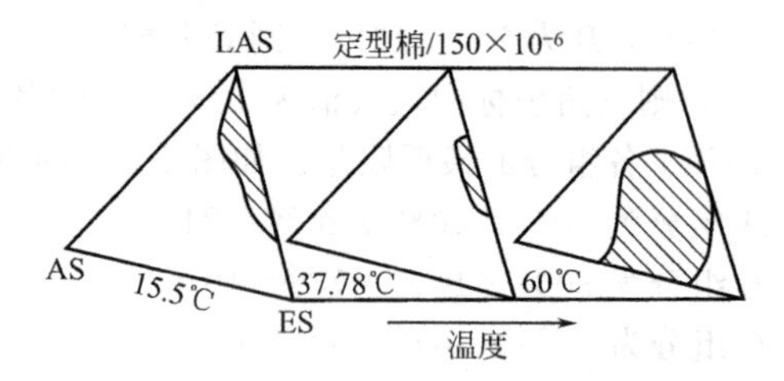

图 4-11　最佳去污力随温度变化

(4)三角立体图法　三角立体图法适用于四因素试验。例如3个组分，再加上一个温度条件，则为四因素实验。按上述方法绘图得图4-11，连接各个三角形上的曲线边缘，则得到等去污力曲面。实际上，上述所介绍的三角形作图法的叠加已经构成了四因素法，即3种变化的组分与价格因素。

(5)正交设计法和模糊变换正交设计法　正交设计方法是一种用最少的实验次数来得到最佳实验效果的方法，是在配方设计或有机合成优选条件中常用的方法。常用的是三因素、四水平实验，按正交设计相应的表只需做9次实验，求出最大级差，画出趋势图，即可得到最大影响因素，进而得到最佳条件，以及有关因素对于实验影响的显著性。需注意的是所取因素的概括性和因素水平设计区间的合理性。如有必要可对优选的因素或水平缩小或扩大，进一步进行正交设计实验。具体应用请参考正交设计和模糊变换有关书籍。

比如按正交实验测定了以皂荚素为主要原料的液体餐具洗涤剂的去污力、刺激性、黏度、泡沫及成本5个指标。模糊线性加权变换是将产品5个指标的评判结果用于形成模糊变换关系矩阵R(每一个指标的评判结果对应于矩阵R的一行)，同时根据指标的重要性赋以一定的权重。比如对餐具洗涤剂产品，认为去污力和成本是最重要的，因此分别赋权重0.3；至于刺激性，由于表面活性剂溶液对皮肤都具有一定的刺激性，但除了对专门从事洗涤的人员(可采用戴橡皮手套等措施加以保护)外，一般使用的时间不长，设赋权重0.1；黏度和泡沫，分别赋权重0.15。这些权重还应满足归一化要求，即$0.3\times2+0.1+0.15\times2=1$。

并用以组成论域U上的一个模糊向量$A=(0.3,0.3,0.1,0.15,0.15)$，将此向量通过模糊矩阵R线性变换。对各指标($y$)的实验结果采用公式：$r_i=(y_i-y_{min})/(y_{max}-y_{min})$或$r_i=(y_{max}-y_i)/(y_{max}-y_{min})$进行评分，最后得到成本低、去污力强，其他主要性能均达到或超过液体餐具洗涤剂标准的配方。

4.3　洗涤剂配方组分间的相互作用

不同的组分复配常常达到比混合物中任何单一组分都好的性能，称之为协同作用。但如果搭配不当，或是品种、比例选择不合理，也可能出现性能劣化的情况。然而有时也利用这种负协同作用达到特定的目标，比如对于手洗用洗涤剂和手洗用餐洗剂，可以选择有稳泡作用的成分，以产生持久的泡沫，而对于机用洗涤剂或是工业喷淋用产品，则选择有抑泡作用的成分。

表面活性剂混合体系常显示优于单一表面活性剂溶液的特性。早年自十二醇与氯磺酸反应制备硫酸酯盐时发现，若十二醇充分转化得到产率高纯度好的产品时，它的应用性能(如起泡性和乳化力)不及反应不完全时得到的不纯产品。实际上这就是复配规律在起作用。不纯产品系原料十二醇与产物硫酸酯盐的混合物，两种分子间的相互作用提高了表面活性。

4.3.1　中性电解质和表面活性剂的复配

电解质对离子型表面活性剂性质的影响远大于对非离子型表面活性剂性质的影响。

4.3.1.1　中性电解质和离子型表面活性剂的复配

表面活性剂离子周围存在离子雾，胶束和吸附层都具有扩散双电层结构的作用(图4-12)。加入电解质将改变离子的空间分布，压缩离子型表面活性剂的离子雾、吸附层和胶束双电层厚度，导致降低溶解度和临界胶束浓度，增加吸附量和表面活性。其中起主要作用的是与表面活性离子电荷相反的离子。不同的离子可起盐溶或盐析的作用，通常对阴离子的影响更为显著。

一般来说，在阴离子表面活性剂中加入无机盐往往使溶液的表面活性提高，*cmc* 降低。原因在于电解质的离子压缩表面活性剂离子的双电层，减低了表面活性剂极性头之间的斥力，或是说使其疏水性增加。例如，$C_{10}H_{21}SO_4Na$ 溶液中加入氯化钠，当离子强度 $I=0.1mol/kg$ 时，它的 *cmc* 自 $3.1\times10^{-2}mol/L$ 降至 $1.7\times10^{-2}mol/L$；$C_{10}H_{21}SO_4Na$ 中加入 NaBr 至 $I=0.13mol/kg$ 后，*cmc* 自 $4.2\times10^{-2}mol/L$ 降至 $2.8\times10^{-2}mol/L$。这称为一般离子表面活性剂的盐效应。

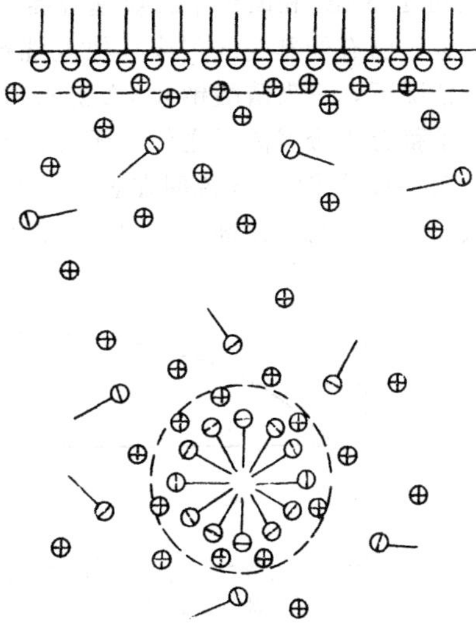

图 4-12　离子型表面活性剂吸附层及胶束的扩散双电层结构示意

盐对于离子型表面活性剂的 *cmc* 有如下线性关系：

$$\lg cmc=A-K\lg C \tag{4-6}$$

式中　*A*——对特定表面活性剂为常数；

K——斜率常数，意义是反离子在胶束上的结合度；

C——反离子总浓度（含表面活性剂及无机盐的浓度）。

这里的反离子是指表面活性离子带有相反电荷的离子，如离子型表面活性剂为钠盐，即电离出的钠离子为反离子。

对于多（*n*）价离子型表面活性剂，上式成为：

$$\lg cmc=A-nK\lg C \tag{4-7}$$

对于多价（*n*）反离子 M^{n+}，上式成为：

$$\lg cmc=A-(K/n)\lg C \tag{4-8}$$

一般负一价离子型表面活性剂的斜率常数约为 0.4～0.6。对于有两个离子基团的表面活性剂，斜率变为两倍值，例如 RCOOK 和 $RCH(COOK)_2$ 的 lg*cmc* 对 $\lg C_i$ 的斜率分别为 0.57 和 1.14。而对于表面活性离子为一价、反离子为二价的情形，则斜率约减半，例如曾测得 $C_{12}H_{25}SO_4Na$ 和 $C_{12}H_{25}SO_4Ca_{1/2}$ 的 lg*cmc*-$\lg C_i$ 斜率分别为 0.503 和 0.286。

但实际上，上述线性关系只能在有限的电解质浓度范围内适用。电解质浓度过大时，lg*cmc* 对 $\lg C_i$ 就要偏离原有的线性关系。从理论的角度来看，这时胶束大小和形状都会变化，导出上式的前提不再成立。表 4-5 列出 $C_{12}H_{25}SO_4Na$ 的胶束聚集数随电解质（NaCl）浓度变化的实验数据，可以看出当 NaCl 浓度为 0.3mol/L 时，$C_{12}H_{25}SO_4Na$ 胶束已比不加盐时大一倍。同时，实验还指示当 NaCl 浓度达到 0.45mol/L 时，胶束开始由球形转变为棒形。

表 4-5　加 NaCl 对胶束聚集数的影响（25℃）

NaCl 浓度/(mol/L)	$C_{12}H_{25}SO_4Na$ 胶束聚集数	NaCl 浓度/(mol/L)	$C_{12}H_{25}SO_4Na$ 胶束聚集数
0	58	0.2	104
0.1	91	0.3	116

若加入的电解质与离子型表面活性剂无共同离子，新加入的反离子将进入胶束并引起体系性质变化。当外加反离子的结合率较高、浓度较大时，可造成实际上的反离子变换，临界胶束浓度等性质也有相应变化。例如，在氯化十二烷基吡啶溶液中加入 0.1mol/L 浓度的 NaBr 或 NaI 时，临界胶束浓度分别变为 $2.75\times10^{-3}mol/L$ 和 $6.31\times10^{-4}mol/L$，分别与溴化十二烷基吡啶＋

0.1mol/L NaBr 和碘化十二烷基吡啶+0.1mol/L NaI 的 *cmc* 值相同。

近年已有配制餐洗剂或其他液洗剂时添加钙、镁离子的报道。图 4-13、图 4-14 是在无钙离子的情况下，三聚磷酸钠和4A 沸石对 LAS 的协同效应图示。可见在洗涤剂配方中，这两种化合物除了螯合重金属离子之外，还与其他电解质一样，存在与表面活性剂的协同效应。

图 4-15 与图 4-16 说明在表面活性剂和该两种助剂浓度确定时，存在一个钙离子的浓度，此时表面活性剂与钙助剂的协同作用最佳。

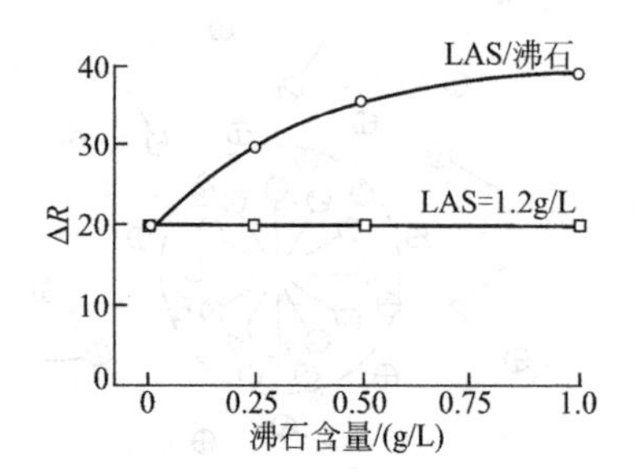

图 4-13　LAS 与沸石的协同效应
（30℃，Ca^{2+} 浓度为 0）

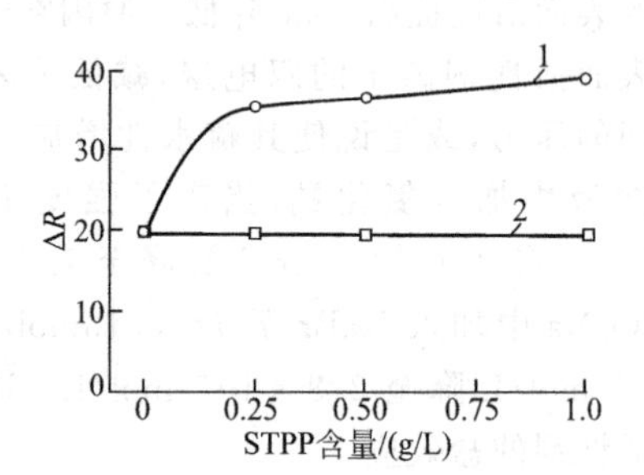

图 4-14　LAS 与 STPP 的协同效应
（30℃，Ca^{2+} 浓度为零）
1—LAS/STPP；2—LAS=1.2g/L

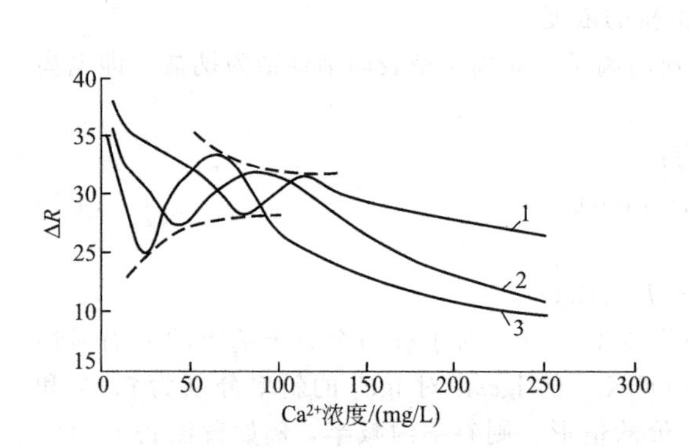

图 4-15　LAS-STPP 相对于 Ca^{2+} 浓度的
协同效应（LAS=1.2g/L）
1—1.0g/L STPP；2—0.5g/L STPP；3—0.25g/L STPP

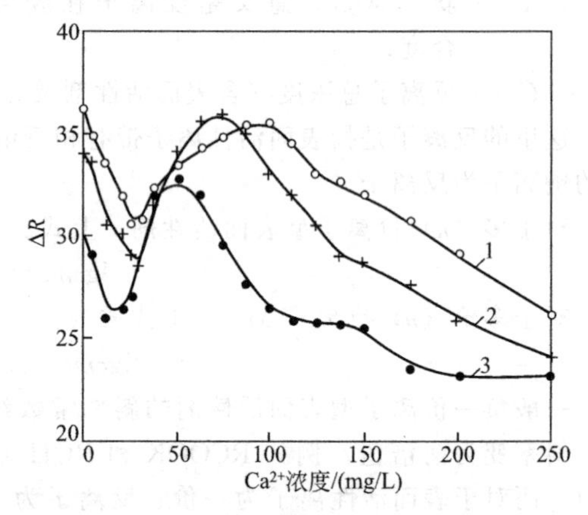

图 4-16　LAS-沸石相对于 Ca^{2+}
浓度的协同效应（30℃沸石 0.25g/L）
1—3g/L LAS；2—2g/L LAS；3—1.2g/L LAS

图 4-17 是阴离子表面活性剂 $C_{12}H_{25}SO_4Na$ 水溶液表面张力曲线在几种不同价态的电解质离子中的变化。图 4-18 是阳离子表面活性剂氯化十二烷基吡啶的表面张力曲线，在卤化物电解质存在下，表面张力明显下降，影响降低顺序 $I^- > Br^- > Cl^-$。

一切在水中有限溶解的电解质在加入另一种具有共同离子的电解质时溶解度将减小。这是同离子效应的结果，对于离子型表面活性剂也不例外。但作为其溶解特性的 Krafft 点随加入电解质的变化却无简单的规律。这是因为 Krafft 点具有临界胶束温度的意义，它取决于临界胶束浓度和溶解度的相对大小。由于两者皆随加入电解质而降低，Krafft 点的变化将依两者相对变化的程度而定。

中性电介质引起表面活性剂表面活性变化的原因还可以从溶液表面的吸附量增加得到解释。通常在分子大小相近的情况下，离子型表面活性剂的饱和吸附量比非离子型的要小。表 4-6 列出一些体系的饱和吸附量，其数据表明非离子表面活性剂癸基甲基亚砜的吸附量为十二烷基硫酸钠和十二烷基磺酸钠的 1.5 倍。

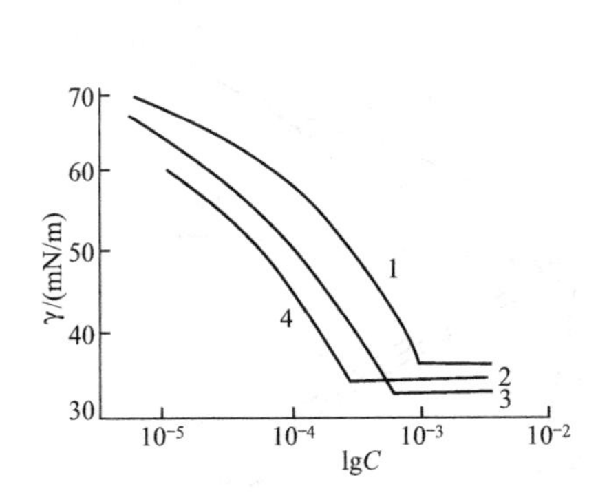

图 4-17　$C_{12}H_{25}SO_4Na$ 水溶液表面张力曲线（29℃）

1—NaCl；2—$MgCl_2$；3—$MnCl_2$；4—$AlCl_3$ 0.1mol/L

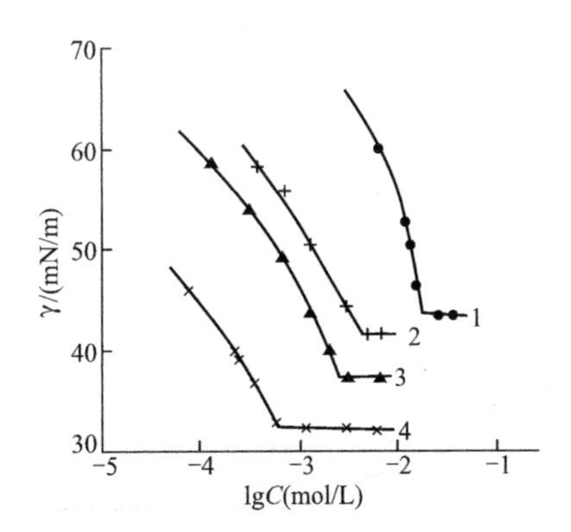

图 4-18　$C_{12}H_{25}C_5H_5NCl$ 水溶液表面张力曲线（25℃）

电解质浓度 0.1mol/L：1—0；2—NaCl；3—NaBr；4—NaI

表 4-6　表面活性剂溶液表面饱和吸附量 Γ_m 与 γ_{cmc} 值

体　　系	温度/℃	Γ_m/(mol/cm²)	γ_{cmc}/(mN/m)
$C_{12}H_{25}SO_4Na$	25	3.3×10^{-10}	40.7
$C_{12}H_{25}SO_3Na$	25	3.3×10^{-10}	38
$C_{10}H_{21}SOCH_3$	25	5.4×10^{-10}	24
$C_{12}H_{25}SO_4Na$+0.1mol/LNaCl	25	3.9×10^{-10}	36
$C_{12}H_{25}C_5H_5NBr$	25	2.8×10^{-10}	41.5
$C_{12}H_{25}C_5H_5NBr$+0.1mol/L NaBr	25	3.3×10^{-10}	36.2
$C_7F_{15}COONa$	30	2.5×10^{-10}	26
$C_7F_{15}COONa$+0.1mol/LNaBr	30	3.2×10^{-10}	24

显然，疏水基化学组成相同时，饱和吸附量越大，疏水基的表面覆盖率便越大，降低表面张力的能力越强。表 4-6 给出的一些体系的数据皆符合此规律。

4.3.1.2　中性电解质和非离子表面活性剂的复配

当无机盐浓度较小时（例如 0.1mol/L 以下），对非离子表面活性剂的表面活性几乎没有影响。只在盐浓度较大时，表面活性才显示某些改变，但也较离子型表面活性剂因加盐而产生的表面活性变化要小得多。从图 4-19 可见在 $C_9H_{19}C_6H_4O(C_2H_4O)_{15}H$ 水溶液加入 NaCl，盐浓度为 0.86mol/L 时溶液的 γ_{cmc} 几乎没有变化，*cmc* 也仅降低一半。而 0.4mol/L 的 NaCl 可使 $C_{12}H_{25}SO_4Na$ 的 *cmc* 降为原来的 1/16，γ_{cmc} 也降低 5mN/m 以上。

电解质对非离子表面活性剂溶解性质的影响反映在改变它的浊点。随着离子性质和浓度的不同，升高浊点和降低浊点分别是盐溶作用和盐析作用的结果，此为浊点现象。

图 4-20 示出一些电解质对辛基酚+聚氧乙烯醚水溶液（2%）浊点的影响。通常多价阳离子及 H^+、Ag^+、Li^+ 可使浊点升高，Na^+、K^+、NH_4^+ 则使浊点降低。阴离子中 OH^-、F^-、Cl^-、SO_2^{4-}、PO_3^{4-} 有降低浊点的作用，而 I^- 和 SCN^- 则升高浊点。有观点认为离子改变浊点的性质是它自身的特性，受其反离子的影响很小。表 4-7 给出各种离子改变辛基酚+聚氧乙烯醚 2%水溶液浊点的数值。加盐改变浊点的数值为它的正负离子改变值的代数和。数据表明阴离子的影响比阳离子的大。（图 4-21）。

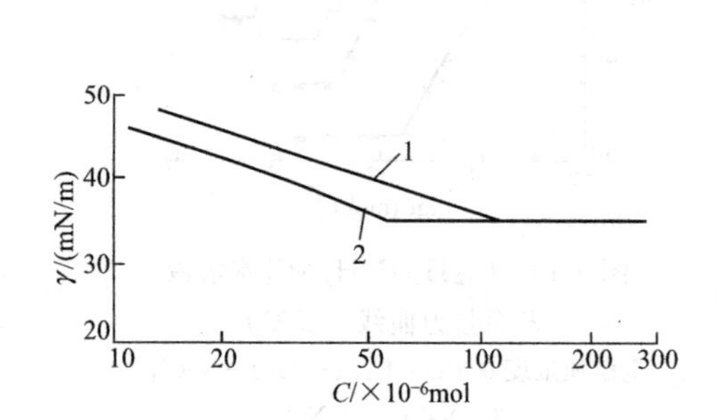

图 4-19　$C_9H_{19}C_6H_4O(C_2H_4O)_{15}H$ 水溶液的表面张力

1—H_2O；2—0.86mol/L NaCl

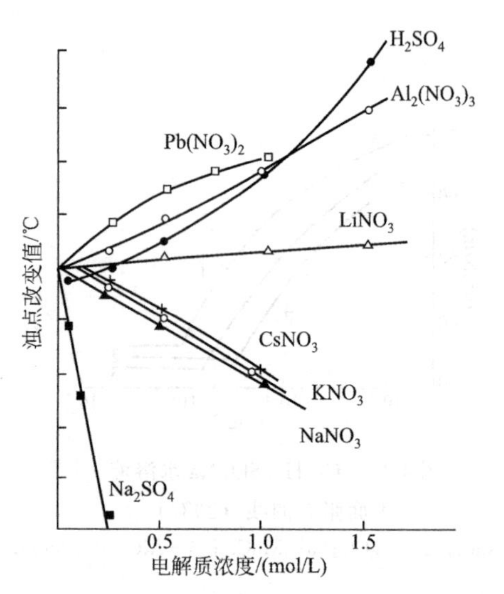

图 4-20　一些电解质对辛基酚＋聚氧乙烯醚水溶液（2%）浊点的影响

表 4-7　各种离子使辛基酚＋聚氧乙烯醚 2%水溶液的浊点改变值（Δ）

阳离子的Δ值/℃						阴离子的Δ值/℃					
阳离子	反离子					阴离子	反离子				
	NO_3^-	Cl^-	Br^-	I^-	$SO_4{}^{2-}$		H^+	Na^+	$NH_4{}^+$	Li^+	Mg^{2+}
Li^+	4	4			4	Cl^-		−10.5	−9.5	−10.7	
H^+	15	15.5			13.5	Br^-		0	−1		
Na^+	−6	−6.5			−5	I^-		17	17.5		
$NH_4{}^+$	−1	−0.5	−2		1	SCN^-		27	26		
$(CH_3)_4N^+$		−9.1	−9	−8.5		$SO_4{}^{2-}$	−29	−25	−26	−34	−34
$(C_2H_5)_4N^+$		3	2	−2							

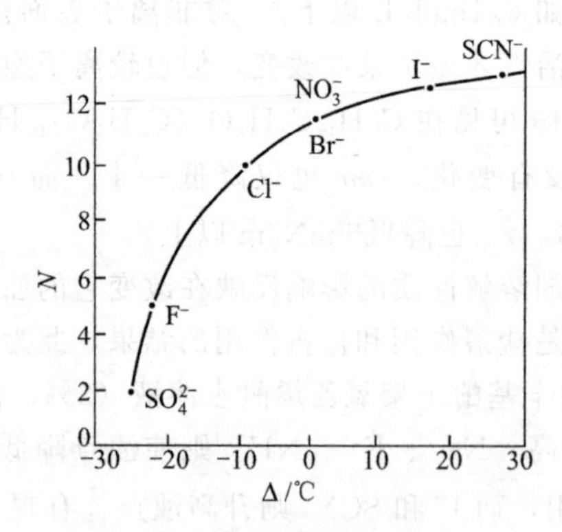

图 4-21　一些阴离子水化数 N 与浊点改变值 Δ 的关系

中性电解质的存在影响非离子表面活性剂溶液的胶束中分子数目，表 4-8 列出电解质对非离子临界胶束浓度的影响以及胶束聚集数 n 随加盐的变化。可见只有在盐的浓度加大时才有可察觉的影响。即在较多盐的存在下非离子胶束增大，表面活性也随之有相应的提高。

表 4-8　电解质对非离子临界胶束的影响

电解质	$C_9H_{19}C_6H_4O(C_2H_4O)_{15}H$		$C_9H_{19}C_6H_4O(C_2H_4O)_{50}H$	
(NaCl 浓度)/(mol/L)	*cmc*/(mol/L)	n	*cmc*/(mol/L)	n
0	1.1×10^{-4}	80	2.8×10^{-4}	20
0.43	0.65×10^{-4}		2.0×16^{-4}	19
0.86	0.55×10^{-4}	83	1.5×10^{-4}	26
1.29	0.45×10^{-4}		1.0×10^{-4}	26

而 NaBr 使得辛酸三乙醇胺的 *cmc* 大大下降，其原因可能是三乙醇胺酯的水合物是一个弱电解质，在稀溶液中电离化，形成相应摩尔数的表面活性阳离子，电解质中的负离子与其形成络合物之故：

$$RCOOC_2H_4N(C_2H_4OH)_2+H_2O \longrightarrow RCOOC_2H_4N^+H(C_2H_4OH)_2+OH^-$$

与离子表面活性剂另一点不同的是，对于非离子表面活性剂，电解质的负离子作用为主，阴离子的价数比阳离子的价数对降低非离子表面活性剂的 *cmc* 和浊点的影响更明显。这是因为电解质对于非离子表面活性剂的另一种作用是静电作用。比如 AEO 中醚链中的氧原子与水分子形成氢键，从而使得醚链氧原子带正电性，此时靠静电作用吸引电解质中的负离子，于是减少了醚链之间的斥力。负离子的作用与盐析作用产生相同的结果是降低了非离子表面活性剂 *cmc* 与浊点。

负离子降低非离子表面活性剂的 *cmc* 和浊点的作用的顺序为：$1/2SO_4^{2-}>F^->Cl^-$、NO^{3-}；相反，正离子（包括季铵盐）常常对于非离子表面活性剂有盐溶作用，可使其 *cmc* 增大和水溶性增加。作用顺序为：$NH_4^+>K^+>Na^+>Li^+>1/2Ca^{2+}$。

季铵盐正离子增加非离子表面活性剂的 *cmc* 的作用顺序为：$(C_3H_7)_4N^+>(C_2H_5)N^+>(CH_3)N^+$。而这与它们对非极性溶质的“盐溶”作用相一致。

4.3.2　极性有机物与表面活性剂的复配

极性有机物作用的基本原理也是通过混合吸附和形成混合胶束改变吸附层和胶束的性质，以及由于与水的强烈相互作用而影响疏水效应。醇对液-液界面张力和吸附层的影响与气-液界面的类似，但更复杂也更有实际意义，醇已成为配制微乳状液和超低界面张力体系时极其重要的成分。

极性有机物对于表面活性剂表面张力的影响如图 4-22 所示。在浓度大于 *cmc* 的十二烷基硫酸钠溶液中加入十二醇，溶液表面张力随之下降，当醇与表面活性剂的摩尔比为 0.08∶1 时，溶液表面张力降至 23mN/m。图 4-23 显示在 $C_8H_{17}OH/C_8H_{17}SO_4Na$ 体系中也有类似的情况。

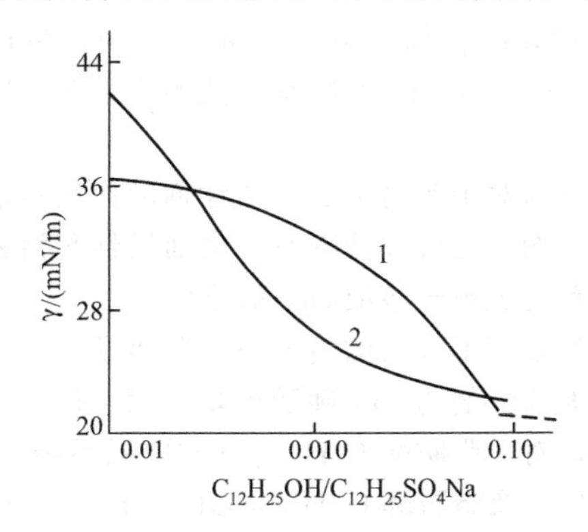

图 4-22　十二醇对十二烷基硫酸钠水溶液表面张力的影响

1—0.0174mol/L；2—0.00347mol/L（$C_{12}H_{25}SO_4Na$）

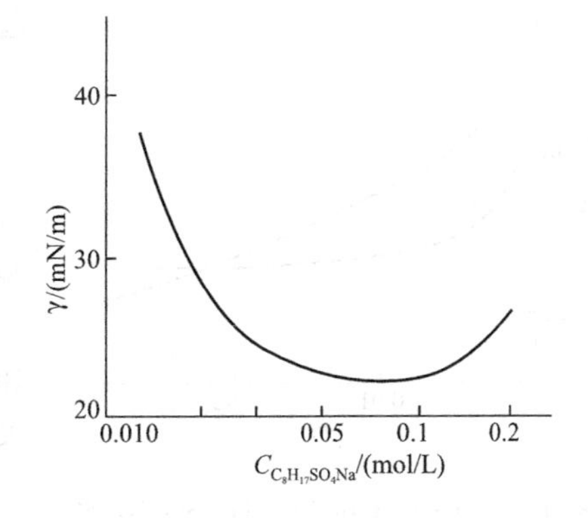

图 4-23　$C_8H_{17}OH/C_8H_{17}SO_4Na$ 混合溶液（摩尔比 0.109）的表面张力

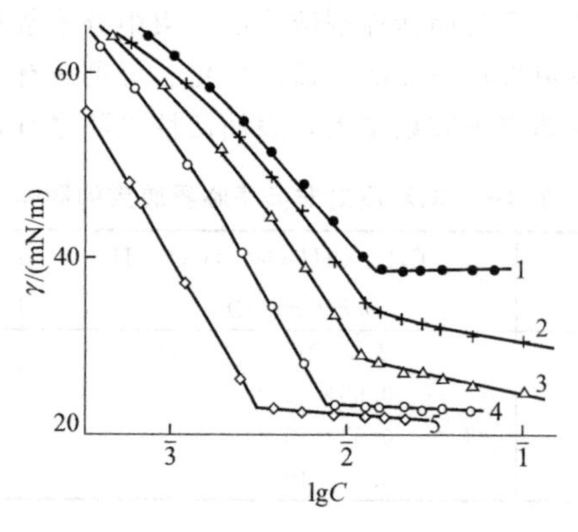

图 4-24 戊醇、己醇、庚醇、辛醇与 $C_{10}H_{21}SO_4Na$ 等摩尔混合水溶液的表面张力曲线

1—不加醇；2—$C_5H_{11}OH$；3—$C_6H_{13}OH$；4—$C_7H_{15}OH$；5—$C_8H_{17}OH$

图 4-24 和表 4-9 列出戊醇、己醇、庚醇、辛醇对癸基硫酸钠（$C_{10}H_{21}SO_4Na$）和全氟辛酸钠水溶液（离子强度 0.1mol/L NaCl）的降低表面张力能力和饱和吸附量的影响。

表 4-9 醇与癸基硫酸钠、全氟辛酸钠等摩尔混合溶液的最低表面张力和饱和吸附量

（30℃，0.1mol/L NaCl）

溶液	最低表面张力/(mN/m)	总饱和吸附量/($\times10^{-10}$mol/cm^2)	平均分子面积/nm^2
$C_{10}H_{21}SO_4Na$	37.4	3.65	0.450
$C_{10}H_{21}SO_4Na$-$C_5H_{11}OH$	33.5	4.41	0.376
$C_{10}H_{21}SO_4Na$-$C_6H_{13}OH$	28.0	5.08	0.326
$C_{10}H_{21}SO_4Na$-$C_7H_{15}OH$	23.0	5.66	0.294
$C_{10}H_{21}SO_4Na$-$C_8H_{17}OH$	22.4	6.10	0.272
$C_7F_{15}COONa$	24.4	3.41	0.487
$C_7F_{15}COONa$-$C_5H_{11}OH$	20.8	3.96	0.419
$C_7F_{15}COONa$-$C_6H_{13}OH$	16.0	4.38	0.379
$C_7F_{15}COONa$-$C_7H_{15}OH$	16.2	5.19	0.320
$C_7F_{15}COONa$-$C_8H_{17}OH$	17.4	5.69	0.292

醇增加吸附和降低溶液表面张力的能力随醇的碳链增长而增加的现象，一般以 C_{12} 以下的醇为宜，因为加入 $C_8\sim C_{10}$ 的醇使吸附的增加几近极限，再加长碳链效果已不明显，而高碳醇溶度很小，实用上受到限制。碳原子数很小的醇（例如 $C_1\sim C_3$ 醇）虽有良好的溶解性，但吸附能力弱，吸附膜的机械强度也很差，导致液膜不稳定，仅可起到消泡和破乳的作用。图 4-25 示出 $C_{12}H_{25}SO_4Na$ 和 $C_{12}H_{25}SO_4Na+7\%\ C_{12}H_{25}OH$ 水溶液的表面张力随时间变化的曲线。

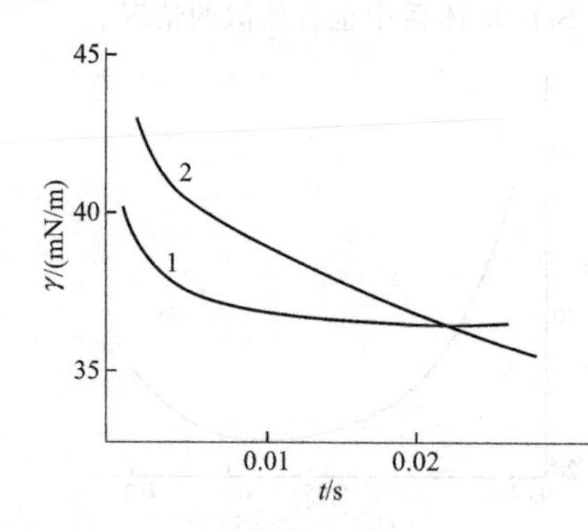

图 4-25 0.015 mol/L$C_{12}H_{25}SO_4Na$ 水溶液的表面张力随时间变化曲线

1—无添加物；2—加 7%$C_{12}H_{25}OH$

极性有机物对于非离子表面活性剂的作用也表现于对胶束化的影响。有机极性物对于表面活性剂溶液中的胶束化作用首先表现于溶液 *cmc* 的改变。

在脂肪醇浓度不太大的情况下，阴离子表面活性剂和阳离子表面活性剂的 *cmc* 随醇的增加而下降，呈线性关系，例如，对于脂肪酸 $C_nH_{2n+1}COOH$ 同系物（$n=5$，7，9，11，13）及脂肪醇 $C_mH_{2m+1}OH$（$m=2\sim10$），实验结果符合式（4-9）：

$$\ln\left(\frac{-\mathrm{d}cmc}{\mathrm{d}C_a}\right)=-0.69n+1.1m+K \tag{4-9}$$

式中，C_a 为醇浓度；$\frac{dcmc}{dC_a}$为 cmc 随醇浓度的变化率；K 为经验常数。cmc 随加入醇类而降低的事实也可以由醇分子参与胶束形成，插于表面活性离子之间而降低胶束的表面电荷密度来说明。一些碳原子数较小、水溶性很强的醇，在浓度很小时可使表面活性剂溶液 cmc 有所降低，而在浓度高时则反使 cmc 随醇浓度增加而变大。例如脂肪醇中的甲醇、乙醇、丙醇、丁醇、戊醇、己醇和环己醇就如此。升高和降低 cmc 的程度和作用的醇浓度范围随醇分子大小和结构而异。

另外，像尿素、N-甲基乙酰胺、乙二醇、1,4-二氧六环等极性有机物则只具有使表面活性剂溶液 cmc 升高的作用，见表 4-10 所列，这种一般被认为是添加剂与水分子强烈相互作用（特别是能生成氢键）的结果。这种强烈相互作用影响水结构形成，因而削弱了疏水效应及胶束形成的能力，导致 cmc 上升。如加尿素可使十二醇六聚氧乙烯醚的 cmc 增加 10 倍。而另一类极性有机物（主要是各种多元醇，如果糖、木糖、环己六醇等）则使非离子表面活性剂水溶液的 cmc 下降。例如加环已六醇可使 $C_9H_{19}O(C_2H_4O)_{13}H$ 水溶液 cmc 变小，醇浓度 0.5mol/L 时，溶液 cmc 变为原来的 1/4。

表 4-10　尿素对碘化十二烷基吡啶 cmc 的影响

介　　质	cmc/(mol/L)		
	未加尿素	3.4mol/L 尿素	5.9mol/L 尿素
H_2O	0.0053	0.0093	0.0136
$Na_2S_2O_3$　0.1mmol/L	0.0052	0.0093	0.0139
$Na_2S_2O_3$　1mmol/L	0.0048	0.0091	0.0133

有机极性物对于表面活性剂水溶性也有影响。一些常用的表面活性剂（如烷基苯磺酸钠）在水中溶解度较小，难于配入液体洗涤剂中。一些助溶剂（如尿素、甲酰胺等极性有机物）在增加表面活性剂水溶液临界胶束浓度的同时，也使其溶解度增加，如图 4-26。例如，$C_{16}H_{33}SO_4Na$ 在 28℃时几乎不溶于水，溶解度在 10^{-4} mol/L 以下。若加入 3mol/L $CH_3CONHCH_3$，则可使其溶解度增大 100 倍以上。更常用的助溶剂是二甲苯磺酸钠一类的化合物。

有机极性物对于非离子表面活性剂的影响表现在对其浊点的影响上。脂肪醇可使聚氧乙烯类表面活性剂水溶液浊点显著降低，例如，加入 $C_{10}H_{21}OH$ 或 $C_{12}H_{25}OH$ 可使异辛基酚聚氧乙烯醚（Tritonx-100）的浊点下降 30℃，脂肪醇降低浊点的作用随其碳氢基变大而加剧，这是由于醇类加溶于非离子表面活性剂胶束，使胶束变大。大胶束更易于发生相分离。

4.3.3　同系表面活性剂之间的复配

同系表面活性剂混合物的物化性质介于各纯表面活性剂之间。因为同系物的分子结构非常接近，有相同的亲水基和结构相同的憎水基，在结构上仅有链长的差别，其性质可以按理想溶液来计算。

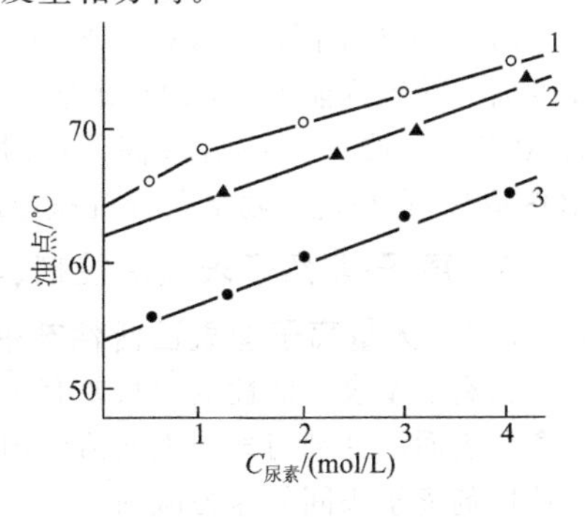

图 4-26　尿素对三种聚氧乙烯非离子表面活性剂浊点的影响
1—$C_{16}H_{33}O(C_2H_4O)_{10}H$ 1%溶液；
2—$C_{18}H_{37}O(C_2H_4O)_{10}H$ 1%溶液；
3—$C_{18}H_{35}O(C_2H_4O)_{10}H$ 1%溶液

同系表面活性剂混合溶液的表面张力及临界胶团浓度 cmc 均介于两个单一的表面活性剂之间，并与其混合比例有关。这是因为表面活性剂在溶液表面的吸附及在溶液内部生成胶团都是表面活性剂分子中碳氢链疏水作用所致，在本质上有着相似之处。比如，单一的 $C_{10}H_{21}SO_3CH_3$ 的 cmc 为 2.0×10^{-3} mol/L，单一的 $C_8H_{17}SO_3CH_3$ 的 cmc 为 2.7×10^{-2} mol/L，两种物质的混合物（前者的摩尔分数为 0.075）的 cmc 为 1.35×10^{-2} mol/L（理论计算值为 1.39×10^{-2} mol/L）。

对于一个两组分表面活性剂的混合体系，其中表面活性较高、*cmc* 值较低的组分在混合胶团中的比例大，即它在胶团中的摩尔分数较其在溶液中的摩尔分数大。也就是说，此种表面活性剂易在溶液中形成胶团；反之，表面活性较低，*cmc* 值较大的表面活性剂则不易形成胶团，在混合胶团中的摩尔分数较小。

4.3.4 阴-阴离子表面活性剂的复配

两种阴离子表面活性剂在复配时，性能最好的比例往往是以其中一种表面活性剂为主。如LAS/AES体系，混合体系的油/水界面张力和去污力均在以LAS为主的比例下显示出极大值，如图4-27与图4-28所示。从图中可以看出，这两类表面活性剂复配后，对于橄榄油/水的界面张力有明显的增效作用。在去油污和对混合污垢洗涤性能方面也都出现对应关系。

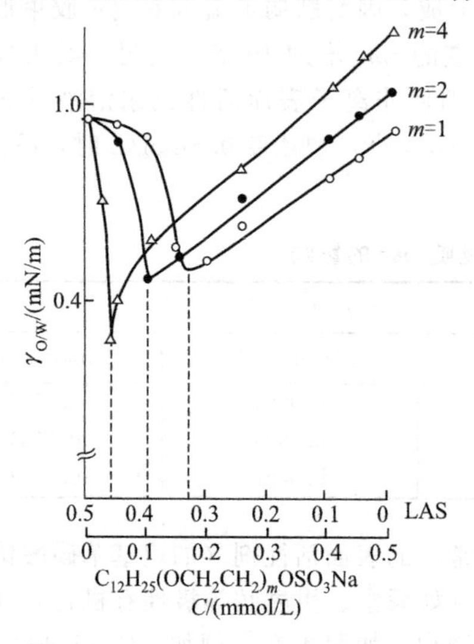

图4-27 LAS/AES水溶液与橄榄油间的界面张力

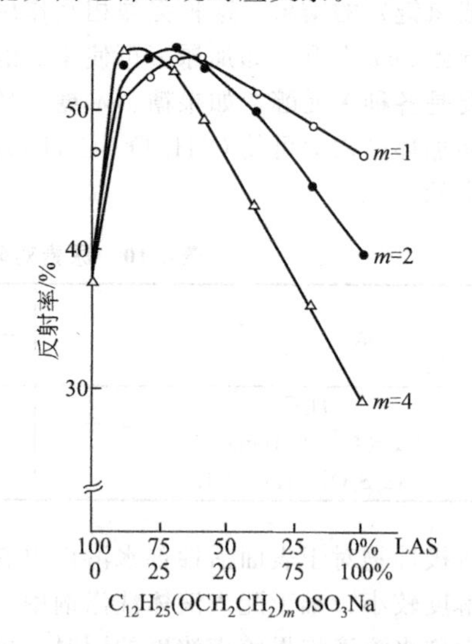

图4-28 LAS/AES不同配比对洗涤羊毛的影响
（温度30℃，皮脂/颜料污垢，总活性物 5×10^{-3} mol/L）

又如LAS-AOS的复配。直链烷基苯磺酸钠在硬水中洗涤性能显著降低。LAS与α-烯基磺酸盐（AOS）具有明显的协同作用。当AOS/LAS比为20/80时，AOS的降低水表面张力，临界胶束浓度（*cmc*）、钙皂分散能力，耐硬水能力和对LAS的去污力影响达到最佳值。其协同效应据认为是在水溶液/空气界面的混合单层中表面活性剂分子之间强烈的相互作用而形成混合胶束的结果。

图4-29为不同的LAS/AOS的比例对钙离子敏感程度的比较。从图中可见，LAS比AOS对硬度离子的容许能力差，LAS部分被AOS取代可降低LAS的硬度敏感性。同样，通过添加一定量的AOS可以改进LAS在较高硬度时的去污性，如图4-30与图4-31所示。另外，LAS中20%被AOS取代，在被洗涤物上灰分沉积量最少。

4.3.5 离子-非离子表面活性剂、非离子化合物的复配

4.3.5.1 大量离子型表面活性剂中有少量非离子

在离子型表面活性剂中只要有少量非离子表面活性剂的存在，即可使 *cmc* 大大降低，这是由于非离子表面活性剂与离子表面活性剂在溶液中形成混合胶团，非离子表面活性剂使得原来离子表面活性剂离子头间的斥力减弱之故。

离子型表面活性剂对温度很稳定，但亲水太强。因此，非离子与离子表面活性剂的复配可以取长补短。例如，在阴离子表面活性剂十二烷基硫酸钠（SDS）中加入少量三乙醇胺单酯（约10%质量分数）即可使 *cmc* 大为降低，甚至比纯粹单酯的 *cmc* 还低，表面张力 γ_{cmc} 也从单一表面活性剂的30～34mN/m降低到22.6mN/m。若将未经色谱提纯的三乙醇胺酯混合物粗产品（包括单酯、二酯等）与SDS按1∶1（质量）混合，其水溶液的表面张力如图4-32所示。从图中可见，溶液浓度在50×

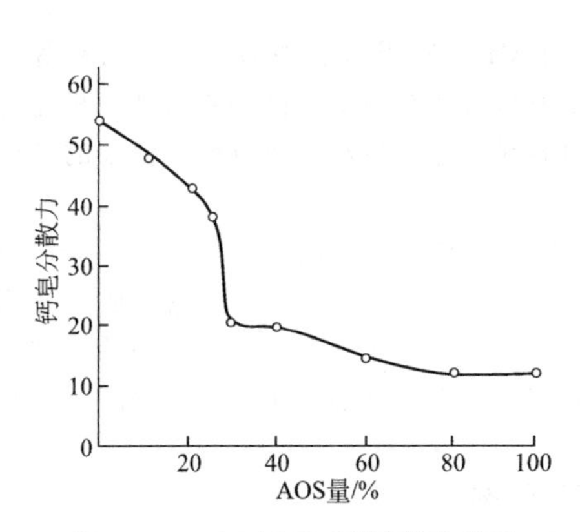

图 4-29　LAS/AOS 不同配比对钙离子敏感程度的比较

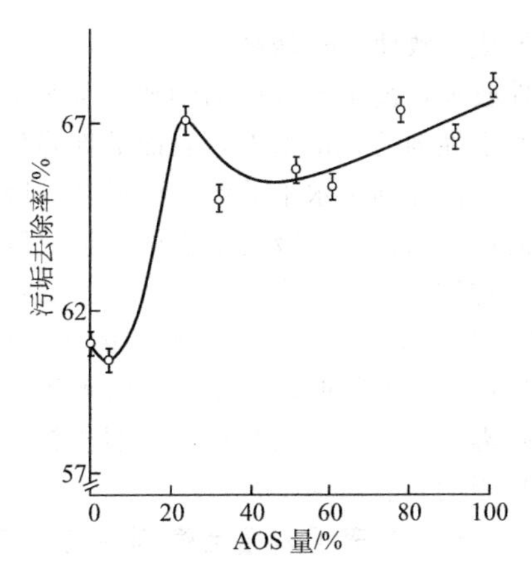

图 4-30　不同 LAS/AOS 配比对于棉布去污效率的比较

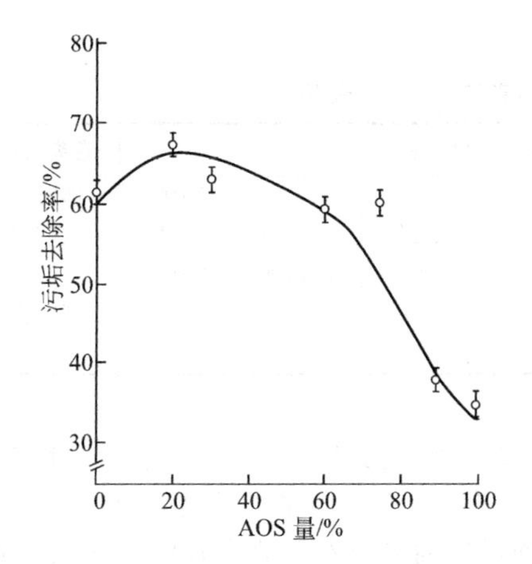

图 4-31　不同 LAS/AOS 配比对于聚酯/棉混纺（50∶50）去污效果比较

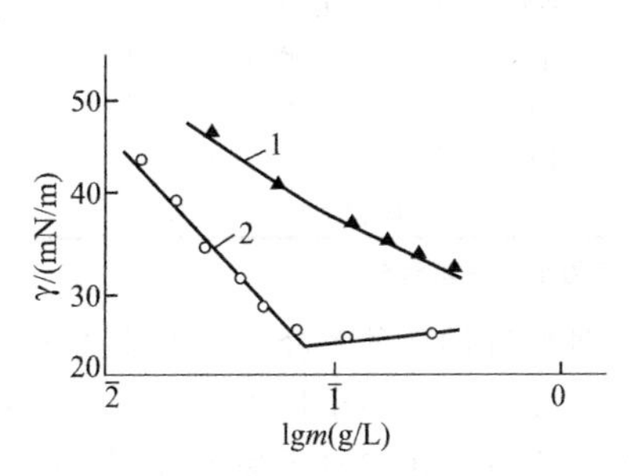

图 4-32　三乙醇胺酯混合物与 SDS 复配为（1∶1）与混合酯的表面张力比较

1—混合酯；2—混合酯-SDS

10^{-6}这样小的浓度即有很低的表面张力（25mN/m）。

复配物的去污力随着非离子表面活性剂含量的增大而增强。对于棉织物上的皮脂污垢，水硬度大于 100×10^{-6}时，非离子表面活性剂∶LAS=1∶4 时有很明显的协同作用。这时形成的混合胶束以非离子表面活性剂为主，胶束中的 LAS 可以结合钙离子而不致沉淀，使溶液中的钙离子浓度降低，游离的 LAS 即可发挥去污作用。

对于聚氧乙烯类非离子表面活性剂与离子表面活性剂的作用机制，可以认为聚氧乙烯链吸附溶液中的氢离子和钠离子形成盐，呈假阳离子性质。当阴离子表面活性剂加入时，由于异性相吸，两种表面活性剂在界面上更加紧密地排列，故增溶增大，对温度的稳定性增大。

多羟基类物质（如环已六醇、山梨醇、木醇、果糖等）也能使表面活性剂的表面活性降低，因为这类物质能使表面活性剂分子的疏水基在水中的稳定性降低，从而易形成胶束。环已六醇又比山梨醇的增效作用显著。

低分子醇（如甲醇和乙醇），在浓度低时对于表面活性剂的表面活性产生增效作用，而高浓度时随浓度的增大使 *cmc* 增高，但对于表面活性剂是助溶剂的作用。原因在于，当低分子醇的浓度增加时，易与水形成氢键，从而破坏水的结构，使表面活性剂吸附于表面，成为胶团的趋势变小。另外，低分子醇的浓度增加时，溶液介电常数减小，胶团离子头之间的斥力则增加，不利于胶团的形成，致使 *cmc* 增高。

极性较强，甚至水溶性的物质（如尿素、乙二醇、DMF、*N*-甲基乙酰胺、二氧六环等）反而使表面活性剂的 *cmc* 增大，表面活性降低。这种能使表面活性剂 *cmc* 升高的强极性有机化合物均能使表面活性剂在水中的溶解度增高，因此称之为助溶剂。它们与水形成氢键，使水的结构破坏，从而使表面活性剂吸附于表面，形成胶团的趋势减少。

这类物质在洗涤剂中主要是作为助溶剂，特别是在配制液体洗涤剂时是不可少的成分。要增加 ABS 这类表面活性剂在水溶液中的溶解度，必须添加尿素、二甲苯磺酸这些电解质。在用喷雾干燥法加工洗衣粉时，二甲苯磺酸可用来增加料浆的流动性，以保证在低水分、高活性物含量情况下喷雾正常进行。与其他助溶剂比较，二甲苯磺酸在显著改善表面活性剂的溶解性的同时，并不明显影响其表面活性。

4.3.5.2　大量非离子表面活性剂中有少量离子表面活性剂

还有一种非离子表面活性剂与离子型表面活性剂复配有时不产生增效作用的情况，即在大量非离子表面活性剂中配入少量阴离子表面活性剂时，起负作用，见表 4-11 所列。目前有些浓缩粉配方中就存在这一问题。

表 4-11　LAS 对 C_{12}AE 去污性能的影响(织物：聚酯)

表面活性剂体系	油　污	卷离时间/s	表面活性剂体系	油　污	卷离时间/s
0.1%$C_{12}(EO)_7$	矿物油	10	+0.005%SDS	矿物油+5%油酸	即时去除
+0.005%SDS①	矿物油	31	+0.0163%LAS	矿物油+5%油酸	去不掉
+0.001%SDS	矿物油	10	+0.0106%LAS	矿物油+5%油酸	23
0.05%$C_{12}(EO)_7$	矿物油+5%油酸	即时去除	+0.005%LAS	矿物油+5%油酸	即时去除
+0.0275%SDS	矿物油+5%油酸	12			

① SDS 为十二烷基硫酸钠。

对这种情况的一种解释是一般非离子表面活性剂降低表面张力的能力比离子表面活性剂强。也可能是由于小量阴离子插入对胶团的形成有破坏作用，使油/水界面张力升高，影响了去污效果。但也有例外，比如对于黏土/棉布体系，非离子表面活性剂中加入少量的 LAS 对去污有增效作用（图 4-33）。

但十六烷基溴化吡啶对于 C_{12} $(EO)_9$ 的浊点影响不大。这可能是由于分子中苯环与聚氧乙烯链存在着相互亲和作用，使得增溶作用大幅度增大的结果。

4.3.6　阴-阳离子表面活性剂的复配

阴-阳离子表面活性剂复配对表面活性的影响的决定因素很多，在双方结构合适的情况下有协同作用。

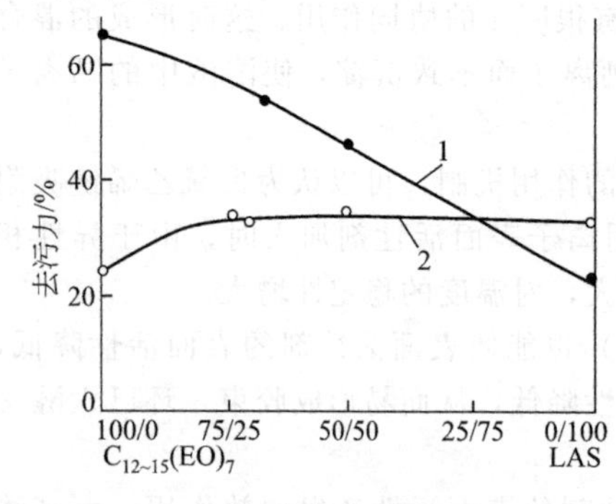

图 4-33　LAS/AE 不同配比对白棉布上去污的影响
1—皮脂/棉布；2—黏土/棉布

4.3.6.1　阴-阳离子表面活性剂复配对表面活性的影响

一般阳离子表面活性剂与阴离子表面活性剂混合后，在 *cmc* 以上会发生浑浊、沉淀或分相。链长在 8 个碳原子以上的 1∶1 烷基硫酸盐的烷基三甲基或吡啶季铵盐体系即是如此。但羧酸盐-季铵盐体系，如 C_8Na-$C_8H_{17}N(CH_3)_3Br$、C_{10}Na-$C_{10}H_{21}N(CH_3)_3Br$ 与 C_{12}Na-$C_{12}H_{25}N(CH_3)_3Br$ 却是例外。在 *cmc* 时，这些混合物溶液均未出现沉淀与分相。仅在 C_{12} 体系中有乳光，C_8 与 C_{10} 混合体系在超过单一表面活性剂 C_8Na 和 C_{10}Na 的 *cmc* 两倍时，溶液仍然澄清透明。

又如 C_8NaMe_3Br 与 $C_{12}SNa$ 的 1∶1 混合物临界胶束的表面张力 γ_{cmc} 为 23×10^{-5} N/cm，其 *cmc* 为 4×10^{-4}

mol/L。而单独 C_8NMe_3Br 的 *cmc* 为 2.6×10^{-1} mol/L，γ_{cmc} 为 41×10^{-5} N/cm，$C_{12}SNa$ 的 *cmc* 为 1.6×1^{-2}，γ_{cmc} 为 38×10^{-5} N/cm。不同配比的 $C_{12}H_{25}(OC_2H_4)_3SO_3Na/C_{16}H_{33}N(Me)_3Br^-$ (X_1/X_2) 水溶液的 *cmc*，见表 4-12 所列。

表 4-12　不同配比下 $C_{12}H_{25}(OC_2H_4)_3SO_3Na/C_{16}H_{33}N(Me)_3Br^-$ 水溶液的 *cmc*、π_{cmc}、Γ_m、A_{min}、β_s、X_{1s} 值［$C_{16}H_{33}N(Me)_3Br^-$ 为组分 1］①

X_1/X_2	T/℃	*cmc*/(mol/L)	π_{cmc}/(mN/m)	Γ_m/($\times10^{10}$ mol/cm²)	A_{min}/nm²	β_s	X_{1s}
0.8/0.2	25	2.09×10^{-5}	46.1	—	—	−42.81	—
0.6/0.4	25	1.48×10^{-5}	46.0	5.68	0.292	−37.52	0.5347
0.5/0.5	25	1.32×10^{-5}	45.9	5.69	0.292	−38.68	0.5273
0.3/0.7	25	1.66×10^{-5}	46.2	5.82	0.285	−41.92	0.5087
1/0	25	9.33×10^{-5}	38.6	3.29	0.505		
0/1	25	2.30×10^{-3}	29.0	1.93	0.860		
0.8/0.2	40	1.26×10^{-5}	42.6	5.44	0.305	−34.91	0.5590
0.6/0.4	40	1.29×10^{-5}	42.7	5.32	0.312	−33.99	0.5398
0.5/0.5	40	1.20×10^{-5}	42.9	5.38	0.309	−34.69	0.5301
0.4/0.6	40	1.51×10^{-5}	42.8	5.32	0.312	−32.66	0.5230
0.2/0.8	40	1.48×10^{-5}	42.8	—	—	−32.89	—
1/0	40	9.12×10^{-4}	39.0	2.91	0.5705		
0/1	40	1.20×10^{-3}	27.3	1.81	0.917		

① $\pi_{cmc}=\gamma_o-\gamma_{cmc}$；$\Gamma_m$ 为饱和吸附量；β_s、X_{1s}为表面层分子间相互作用参数；*cmc* 由 γ-lg$C$ 曲线求得；A_{min}为吸附层中每个碳氢链所占最小截面积。

从表 4-12 中数据可见，对于所实验化合物，在阴离子-阳离子表面活性剂的摩尔比为 1∶1 时，表面活性最大，但这些混合物具有高表面活性的现象并不限于 1∶1 混合物。这表明在一种阳离子表面活性剂中加入少量阴离子表面活性剂即可显著提高其表面活性，反之亦然。不过，对于相似长度的疏水基的表面活性剂，常常在等比混合时表面活性最高，增效作用最强。

对于不同的阴-阳离子表面活性剂的复配体系，特别是结构上体系中差别大的阴-阳离子复配或是不同溶液的复配，最佳摩尔比应从实验获得。

对于阴离子 $C_{12}H_{25}(OC_2H_4)_3SO_3Na$，分子中的 EO 基兼有弱的亲水性和弱的疏水性，它不仅使表面活性剂的极性增大，同时也增长了疏水基的长度。由 *cmc* 随碳链的变化经验公式：

$$\lg cmc=1.59-0.294m \tag{4-10}$$

式中，m 为 R 的碳数。

在 40℃，由 $C_{12}H_{25}(OC_2H_4)_3SO_3Na$ 的 *cmc* 求得 $m=15.3$，即相当于 $C_{15}H_{31}SO_3Na$ 的 *cmc*，即 $(EO)_3$ 相当于具有 3 个碳数的效应。

几种不同组合的阴-阳离子表面活性剂的复配的结果见表 4-13 所列，表明两种表面活性剂以不同比例的复配均引起（*cmc*）和 γ_{cmc} 值的减小。

表 4-13　某些表面活性剂的 *cmc* 和 γ_{cmc} 值（25℃）

表面活性剂	摩尔比	*cmc*①/(mol/L)	γ_{cmc}/(mN/m)
$C_8H_{17}N(CH_3)_3Br/C_{10}H_{21}SO_4Na$	1∶1	—	23
$C_8H_{17}N(CH_3)_3Br/C_{12}H_{25}SO_4Na$	1∶1	4.0×10^{-5}	26
$C_{10}H_{21}N(CH_3)_3Br/C_{10}H_{21}SO_4Na$	1∶1	4.5×10^{-4}	23
$C_{12}H_{25}N(CH_3)_3Br/C_8H_{17}SO_4Na$	1∶1	4.0×10^{-4}	23
$C_8H_{17}N(CH_3)_3Br/C_7F_{15}COONa$	1∶1	7.0×10^{-4}	15(30℃)
$C_8H_{17}N(CH_3)_3Br/C_8H_{17}SO_4Na$	1∶1	7.5×10^{-3}	23
$C_8H_{17}N(CH_3)_3Br/C_8H_{17}SO_4Na$	10∶1	3.3×10^{-2}	23
$C_8H_{17}N(CH_3)_3Br/C_8H_{17}SO_4Na$	1∶10	2.5×10^{-2}	23

续表

表面活性剂	摩尔比	cmc①/(mol/L)	γ_{cmc}/(mN/m)
$C_8H_{17}N(CH_3)_3Br/C_8H_{17}SO_4Na$	1∶50	5.0×10^{-2}	25
$C_8H_{17}N(CH_3)_3Br$		2.6×10^{-1}	41
$C_8H_{17}SO_4Na$		1.4×10^{-1}	39
$C_{10}H_{21}SO_4Na$		3.1×10^{-2}	38
$C_{12}H_{25}N(CH_3)_3Br$		1.6×10^{-2}	40
$C_7F_{15}COONa$		3.2×10^{-2}	25

① 1∶1 阴/阳离子表面活性剂复配体系的 cmc 按单一表面活性剂浓度计算，非等摩尔比复配体系的 cmc 则按总浓度计算。

阴-阳离子复配体系的胶团分子排列紧密，增溶于胶团的“栅栏”结构中的烷基醇分子不容易进入胶团，增溶量减少；而增溶于胶团的内核烷烃类，则由于棒状胶团会转变为有较大体积的球状胶团，内核“膨胀”有较大的增溶量。非等摩尔阴-阳离子表面活性剂混合体系，在相对较高的浓度下，还可能存在明显的浊点效应，可以看出总浓度不变时，浊点随某一组分过量程度的增加而增加，如图 4-34 所示。

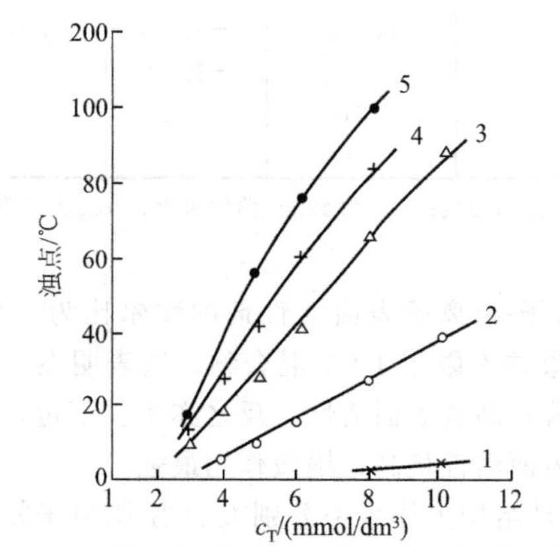

图 4-34 不同配比（c_N∶c_S）$C_{12}H_{25}N(C_2H_5)_3Br/C_{12}H_{25}SO_4Na$ 水溶液浊点与浓度的关系

阴-阳离子表面活性剂混合体系中，常出现“双水相”现象，但是只能在两个非常狭窄的区域形成，它们可能由不同浓度的胶束溶液、胶束溶液与液晶相或囊泡等组成。在一定的条件下，比较稳定的囊泡可以自发或经过超声处理形成。

在辛基三乙基溴化铵（TeAB）和十二烷基硫酸钠（SDS）的混合溶液，在总浓度为 0.4moL/L 形成的双水相体系中，高浓度相由长棒状胶束组成（因为浓度较大，易于形成网架结构，成为絮凝胶束相）；低浓度相则一般以分散的胶束溶液存在。当总碳原子数达到 19 时，烷基羧酸盐/烷基三甲基溴化铵混合体系能自发地形成囊泡，并能与胶团共存出现“双水相”。$C_8H_{17}NMe_3Br$ 和 $C_{11}H_{23}COONa$ 的水溶液混合后，在摩尔比为 1∶1、总浓度 $C_T=8.2\times10^{-2}$mol/L 条件下，也能自发形成很典型的单层囊泡。

在通常情况下由磷脂和单一离子表面活性剂分子形成的脂质体和囊泡，在无机盐的浓度接近或小于 0.1mol/L 时就已遭到破坏。但是在阴-阳离子表面活性剂混合体系中，两亲分子电性相互中和后近似于非离子，无机盐对此混合表面活性剂分子对的吸附及分子排布影响不太大。而 $CaBr_2$ 对以上各混合体系形成的囊泡有较强的破坏作用。这是由于 Ca^{2+} 与羧酸盐分子相互作用产生沉淀而造成的。

一些阴-阳离子表面活性剂混合溶液中形成的囊泡即使加入大量乙醇也不会破坏。甚至可以在乙醇中自发形成。

4.3.6.2 阴-阳离子表面活性剂的复配对起泡力的影响

一般说来，阴、阳离子表面活性剂混合体系的起泡性及泡沫稳定性皆高于同浓度的单一表面活性剂溶液。阴阳离子表面活性剂混合物剂稳定气泡及液滴能力较强的根源在于其表面吸附层的紧密性，因而具有较高的表面膜强度及表面黏度。

但 1∶1 的 $C_{10}Na/C_{10}H_{21}N(CH_3)_3Br$ 混合液的起泡性却比单一 $C_{10}Na$ 差。在相同浓度（2.5×10^{-3}mol/L）以及其他类似条件下振荡后，混合液的泡沫高度为 1.8cm，而 $C_{10}Na$ 溶液的

泡沫高度达 8.5cm。这表明，在羧酸钠皂中加入季铵盐可以大大提高表面活性，同时又可以抑制起泡性。这对于来自天然资源的脂肪酸皂优良复配体系在低泡领域的应用很有意义。

4.3.6.3　阴-阳离子表面活性剂体系的应用性能

此类混合体系的增效作用也表现在许多应用性能上，如乳化能力和润湿能力的增强。以 C_8NMe_3Br/C_8SNa 为例，单一表面活性剂溶液与 1∶1 混合溶液的润湿能力有显著差别。在同一浓度时（1×10^{-2} mol/L），混合物在石蜡上面的接触角为 16°，而单一成分约为 100°。这种混合体系较强的润湿性直接来源于较低的表面张力值。

阴-阳离子复配体系也应用到去除洗涤剂厂废水中阴离子表面活性剂中用一般泡沫法残余阴离子表面活性剂浓度仅能降到 10×10^{-6} 左右，若在此体系中添加少量阳离子表面活性剂，该浓度可降到 1×10^{-6} 左右。

阴-阳离子表面活性剂的复配应用于水基金属清洗剂中，配方为 AESA（C_{12}脂肪醇聚氧乙烯醚硫酸铵）∶BJH-1（脂肪胺类）∶OP-10（辛基酚聚氧乙烯醚）∶M550（卤化二甲基二丙基铵丙酰铵共聚物）=6∶4∶4∶1（摩尔比），并按质量比 95∶5 加入 Na-CP4（马来酸酐及丙烯酸共聚物的钠盐）及硅酸钠作助洗剂，应用时稀释到 5%，显示具有较强的去污能力和良好的防锈性能。

在阴-阳离子表面活性剂混合体系中，由于分子间正/负离子的强静电吸引作用，相互复配后容易形成棒状胶团，浓度超过 *cmc* 后会发生聚集，出现浑浊、分相等情况。控制疏水链的长度，用短链表面活性剂或增加亲水基团（乙氧基化），则有可能在溶液中不出现沉淀现象，并使表面活性较单一组分有大幅度提高。将乙氧基化的季铵盐（AQA）配入洗涤剂中克服了固有的沉淀障碍，而且对漂白剂和漂白活化剂产生增效作用。下面是某些 AQA 的结构：

$$\mathrm{R{-}\overset{+}{N}(CH_3)(CH_2CH_2O(CH_2CH_2O)_mH)(CH_2CH_2O(CH_2CH_2O)_nH)}\cdot X^-$$

$$m+n=0,1\sim30$$

$$\mathrm{X^-\,(OCH_2CH_2)_n{-}\overset{+}{N}(CH_3)(CH_2CH_2O)X^-{-}CH_2CH_2(CH_2)_m{-}\overset{+}{N}(CH_3)(CH_2CH_2O)X^-{-}(CH_2CH_2O)X^-}$$

配方：含乙氧基化的季铵盐的阳离子表面活性剂的含磷与无磷洗衣粉

组成	A(含磷)	B(无磷)
基粉：		
STPP	24.0	—
沸石 A	—	24.0
$C_{14\sim15}$烷基磺酸盐	8.0	5.0
MA/AA(1∶4),M=70000	2.0	4.0
LAS	6.0	8.0
牛油磺酸盐	1.5	—
AQA①	1.5	1.0
硅酸盐	7.0	3.0
CMC	1.0	1.0
FWA	0.2	0.2
皂	1.0	1.0
DTPMP(二乙基三胺五亚甲基磷酸盐)	0.4	0.4

组成	A(含磷)	B(无磷)
喷入物：		
$C_{14\sim15}EO_7$	2.5	2.5
$C_{12\sim15}EO_3$	2.5	2.5
硅抑泡剂	0.3	0.3
香精	0.3	0.3
干混物：		
碳酸钠	6.0	13.0
四水过硼酸钠	—	4.0
单水过硼酸钠	4.0	—
过碳酸钠	18.0	18.0
TAED	3.0	3.0
光学漂白剂	0.02	0.02
蛋白酶	1.0	1.0
脂肪酶	0.4	0.4
淀粉酶	0.25	0.25
硫酸钠	至100	至100
密度/(g/L)	630	670

① AQA为以下化合物：*N*-(2-羟乙基)-*N*,*N*-二甲基十二烷基氯化铵；*N*-(2-羟乙基)-*N*,*N*-二甲基椰油氯化铵；*N*-$(EO_{5\sim8})$-*N*,*N*-二甲基十八烷基；*N*-$(EO/PO)_4$-*N*,*N*-甲基、丙基、$C_{14}\sim C_{16}$烷基氯化铵；*N*-$(EO_{4.5})$-*N*,*N*-二甲基十二烷基氯化铵；*N*-(EO_{10})-*N*,*N*-二甲基十烷基氯化铵；*N*-(EO_{30})-*N*,*N*-二甲基十烷基氯化铵。

混合体系还可同时具有两组分各自的优点。阳离子表面活性剂是较好的抗静电剂和杀菌防霉剂，但洗涤作用不佳，与阴离子表面活性剂复配后可得到化纤产品的优良洗涤剂，兼有洗涤、抗静电、柔软、防尘等作用。

4.3.7　聚合物与表面活性剂的复配

4.3.7.1　聚合物与表面活性剂之间的作用力

聚合物与表面活性剂分子间的作用力主要是疏水基之间的作用与静电作用。影响水溶性高分子与表面活性剂相互作用强弱的因素为：表面活性剂的碳链越长，与聚合物的作用越强；聚合物的疏水性越大，与表面活性剂作用越强。

比如，水溶性聚合物只有含疏水成分时，才可以与表面活性剂作用。因此表面活性剂可以与甲基纤维素作用，而不能与未进行疏水改性的羟乙基纤维素作用；与聚氧乙烯-聚氧丙烯嵌段共聚物的作用高于与单纯聚氧乙烯的作用；与部分水解的聚乙酸乙烯酯的作用高于全水解的聚乙烯醇的作用。

对于聚乙二醇，由于其氧原子有未成对电子，可与水形成氢键而稍带正电性。因而可与阴离子表面活性剂形成复合物。

聚合物与阴离子表面活性剂相互作用的强弱为：聚乙烯醇＜聚乙二醇＜羧甲基纤维素＜聚乙酸乙烯酯＜聚丙二醇＜聚乙烯吡咯烷酮（PVP）。这些聚合物与阳离子和非离子表面活性剂的作用一般较弱。

聚乙烯吡咯烷酮/月桂基硫酸钠的胶束约有15个表面活性剂分子，远小于100个这个正常胶束的数字，因此一般称之为半胶束。

对于每一种聚合物，都存在一个最低相对分子质量，小于此相对分子质量就不会与表面活性剂形成胶束，如聚乙二醇与月桂基硫酸钠络合的最低相对分子质量为1500。

阴离子聚合物和阳离子表面活性剂形成类似的络合物，其强弱顺序为：聚苯乙烯磺酸盐＞葡聚糖硫酸酯＞聚丙烯酸酯＞脱氧核糖核酸＞藻朊酸盐＞果胶酸盐＞羧甲基纤维素钠。

4.3.7.2　聚合物与表面活性剂复配对表面活性的影响

图4-35是聚合物-表面活性剂络合物图示。图4-36是在有、无聚合物存在下，溶液表面张力的变化。在聚合物存在下，溶液的表面活性显著降低，直到达到表面活性剂的最低表面张力。这种复配对乳化力和起泡力都有正面的影响。

图 4-35　聚合物-表面活性剂络合物

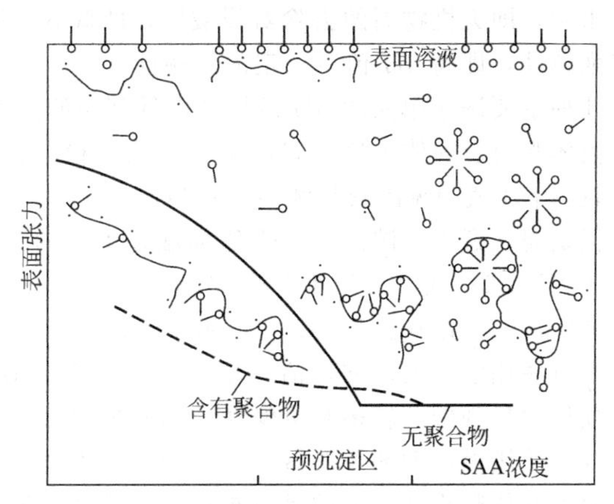

图 4-36　在有、无聚合物的存在下，溶液表面张力的变化

——仅月桂硫酸钠；- - -月桂硫酸钠＋0.1%阳离子聚合物

4.3.7.3　聚合物与表面活性剂复配对于溶液黏度、增溶性、浊点等性能的影响

聚合电解质溶于低离子浓度的水溶液时，分子内带电基团之间的排斥力使聚合物离子膨胀成高度伸展的构型，从而使溶液的黏度增加。未离子化聚合物与离子型表面活性剂络合时，表面活性剂的电荷转移到聚合物上，使络合物具有聚合电解质的性质，膨胀、伸展、黏度同样增加。当月桂基硫酸钠的浓度接近于阳离子羟乙基纤维素沉淀的浓度时，使其黏度极大增加，形成凝胶，需要高度剪切稀释，如图 4-37 所示。

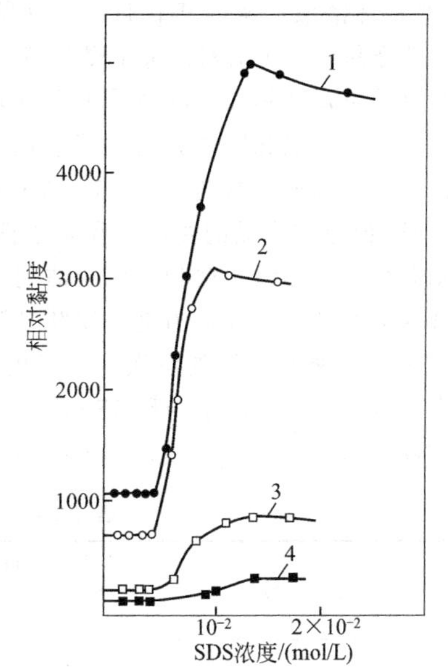

图 4-37　月桂基硫酸钠(SDS)与聚乙二醇(PEO)复配对黏度的影响

1—$M_W 2\times10^6$，6×10^{-1}g/L；

2—$M_W 1\times10^6$，6×10^{-2}g/L；

3—$M_W 2\times10^5$，5×10^{-1}g/L；

4—$M_W 7\times10^4$，5×10^{-1}g/L

盐对于聚合物-表面活性剂的络合物单链节内的比例有影响。0.1mol/L NaCl 使月桂基硫酸钠与聚乙烯吡咯烷酮的链节内摩尔比从 0.3 增加到 0.9。这与盐使表面活性剂的疏水性增强、并对阴离子内部极性基团之间的斥力起隔离作用，从而降低临界胶束浓度的道理相同。

表面活性剂能使溶解度低的聚合物增溶。如取代度在 0.05 以上的阳离子羟乙基纤维素与月桂基硫酸钠的络合物具有高度活性。当表面活性剂的浓度为其临界胶束浓度的 1/20 时，络合就已完成一半。因此，它们的增溶作用可在表面活性剂 *cmc* 之下发生。阳离子聚合物与阴离子表面活性剂的沉淀络合物可通过阴离子表面活性剂的加入重新溶解。

升温可破坏聚合物的由羟基、酰胺基、羧基与水形成的氢键，使聚合物聚集析出，此为聚合物的“浊点”。而离子型表面活性剂使得聚合物的疏水性链节周围半胶束化，克服了使聚合物分子络合物瓦解的疏水性内聚力，使其浊点上升。

4.4　洗涤剂产品的 pH 值规律

洗涤产品的 pH 值直接反映产品的酸碱性，影响产品的性能特征。性能特征包括去污作用、乳化润湿性、泡沫性能、自身防腐性能、对皮肤的刺激作用等。而且，洗涤剂的各个组分的复配性与其 pH 值密切相关。

水垢，即无机物垢的去除对强酸性，即低 pH 值有很强的依赖性；油垢特别是食用油垢的去除对强碱性，即高 pH 值有一定的依赖性。

几种主要洗涤用品的 pH 值标准由低到高的大致相对顺序为洁厕精、洗发液、洗手液、洗洁精、液体肥皂、固体香皂、固体肥皂、洗衣粉、厨房清洁剂。较低 pH 值的沐浴液与洗手液相当，较高 pH 值的沐浴液与洗洁精相当。

但是需注意不同洗涤品 pH 值标准是不同的，例如，洗衣粉 pH 值标准：0.1% 水溶液 pH 值小于等于 11；洗手液和沐浴液 pH 值标准：16.7% 水溶液 pH 值 4～10；洗洁精 pH 值标准：1% 水溶液 pH 值小于 10.5；洗发液 pH 值标准 9%：水溶液 pH 值小于 8。

大量使用强酸助剂的是洁厕精；少量使用弱酸性助剂的是洗发液和洗手液，以及部分沐浴液；使用少量强碱及较多有机碱性助剂的是厨房清洁剂；大量使用碱性助剂的是洗衣粉及固体肥皂；少量使用碱性助剂及弱碱性助剂的是液体肥皂及洗洁精。

对助剂依赖程度最大的是洁厕精，如果没有足量的强酸助剂使 pH 值达到 0.9（9%水溶液）以下，即使增加表面活性剂用量也达不到理想的效果。对助剂依赖程度较大的是厨房清洁剂、洗衣粉、肥皂、只有将产品的 pH 值维持于较高的水平，加入足量碱组分，才有可能达到满意的洗涤效果。对助剂依赖程度较小的是洗洁精和较高 pH 值的沐浴液，较少量的碱性助剂不可能对洗涤作用有多大的影响，其洗涤作用基本上是决定于表面活性剂组分。对于洗发液和洗手液及较低 pH 值的沐浴液，调节其 pH 值是为调理之目的，其洗涤作用完全倚赖于表面活性剂组分。

洗涤品的 pH 值对产品的防腐性能影响非常大。一般来讲，产品的酸碱性越强、含水越少，则自身的防腐性越强。洗涤品中自身防腐性最好的产品有洁厕精、厨房清洁剂、洗衣粉；较好的产品有固体香皂和固体肥皂，其余较差。一般来讲，pH 值靠中间段的洗涤品的终身防腐性差，往往有必要添加防腐剂 以增加其保存时间。

pH 值也与产品的腐蚀性和刺激性相关。低 pH 值产品和高 pH 值产品对皮肤难免有腐蚀性或刺激性，例如洁厕精和厨房清洁剂，只有在弱酸性条件下对皮肤的刺激性最小。像洗发液和洗手液这类产品，可以认为是对皮肤刺激性小的洗涤品，对应的 pH 值范围是 4～8。

表 4-14 列出不同的洗涤剂对于皮肤的影响。让受试者在含有一定量洗净剂的水中洗手 7min，和在此水中浸泡，并洗碗碟 15min，测定清洗前后表皮皮脂量，计算表皮皮脂减少率。说明洗涤剂的碱性越强，对与之接触的皮肤的皮脂的损失量越大。

表 4-14 水、肥皂、合成洗剂对皮肤的影响

洗剂	表皮皮脂减少率/%		洗剂	表皮皮脂减少率/%	
	洗 7min	浸泡 15min		洗 7min	浸泡 15min
水	25.3	41.9	十二烷基苯磺酸钠＋Na_2SO_4	46.1	60.4
肥皂	50.1	68.7	十二烷基苯磺酸钠＋三聚磷酸钠	64.0	87.9
十二烷基苯磺酸钠	44.6	53.4	三聚磷酸钠	55.0	85.0

第3篇　洗涤剂的生产

第5章　粉状洗涤剂的生产

洗衣粉生产通常分为喷雾干燥、附聚成型和干混3种工艺。喷雾干燥大多用于生产堆密度较小的普通洗衣粉，附聚成型和干混更适合生产堆密度较大的浓缩洗衣粉。

配制洗衣粉的基本原料，如表面活性剂、助剂和其他添加剂往往是以液体和悬浮液供应，因此，制造洗衣粉的生产过程首先要考虑去除其中的水分。

热喷雾法是将洗衣粉组分通到喷雾塔中的圆盘上，同时引入空气，名曰蒸发法，即利用热蒸除过量的水。这种方法粉尘含量过高，流动性也不好。

而生产中空颗粒洗衣粉的方法是将浆状的液体在高压下通过固定在塔顶的一系列喷嘴，这样所产生的液滴要比用圆盘法生成的液滴大，当这些液滴接触热空气时，就开始膨胀，形成比较粒度均一、流动性好、分散性好的中空颗粒。

洗衣粉的基本原料、配方和生产方法都影响产品性能：①基本原料活性的保证程度；②水分含量；③表观密度；④均匀度；⑤粒子分布；⑥流动性；⑦粉尘行为；⑧分散性等。洗衣粉越来越受经济因素和环境因素制约，因此任何一项新技术还必须按下述几方面进行评价：①投资、生产过程、原料和能量的消耗；②可提供的基本原料的弹性程度；③工厂运行、环境压力和产品特性的法律标准。

喷雾干燥塔加上附属的管道、泵、风机等代表着巨大的投资，而20%～40%水分的蒸发意味着巨大的能耗。于是相继又出现了在节能、设备投资上等方面占优势的复聚成型等方法。但是喷雾法是干燥-成型工艺合一，具有诸多优点，因此设备和工艺在不断改进中。

近年来，在计算机模型基础上喷雾干燥技术有了新的发展。数字模型回答了喷雾干燥过程中的许多问题，新的喷雾干燥设备（它们更多的是喷雾干燥塔、流化床一体化装置）可以提供较好的品质控制、耗能少、细粉少，而效率更高。

5.1　生产空心粉的高塔喷雾法

5.1.1　高塔喷雾法工艺流程

(1) 物质流向　第一步是制备一种在热空气中不分解、不蒸发的喷粉浆。个别液体物料和固体物料分别从相应的贮罐中引入，如图5-1所示。为了达到操作所需要的黏度，需加入水。料浆的浓度取决于干物料和干粉（其中也含一部分水）的量。

整个生产流程包括配料、料浆后处理、料浆加压、喷雾干燥、筛选等工序，如图5-2所示。

(2) 空心粉的形成　液滴从塔顶喷出后含有大量水分，当与热空气接触时便进行热交换，使液滴内部与表面产生温度差，表面的水分首先蒸发，从而又引起内部的水分向外扩散，液滴表面逐渐形成薄薄的膜。随着液滴的下降，温度升高，液滴薄膜增厚，液滴内部的蒸气压加大。但是薄膜对于内部蒸气形成阻力，内部蒸气使弹性薄膜膨胀而成为空心颗粒状，残余蒸气从薄膜处穿孔逸出。由于上升气流的浮动，使液滴下降速度减慢，在塔内停留约3～4s，足够使颗粒干燥。

已经被干燥的洗衣粉颗粒降到塔底，经塔底冷风冷却，温度下降，表面气化放慢，而内部扩

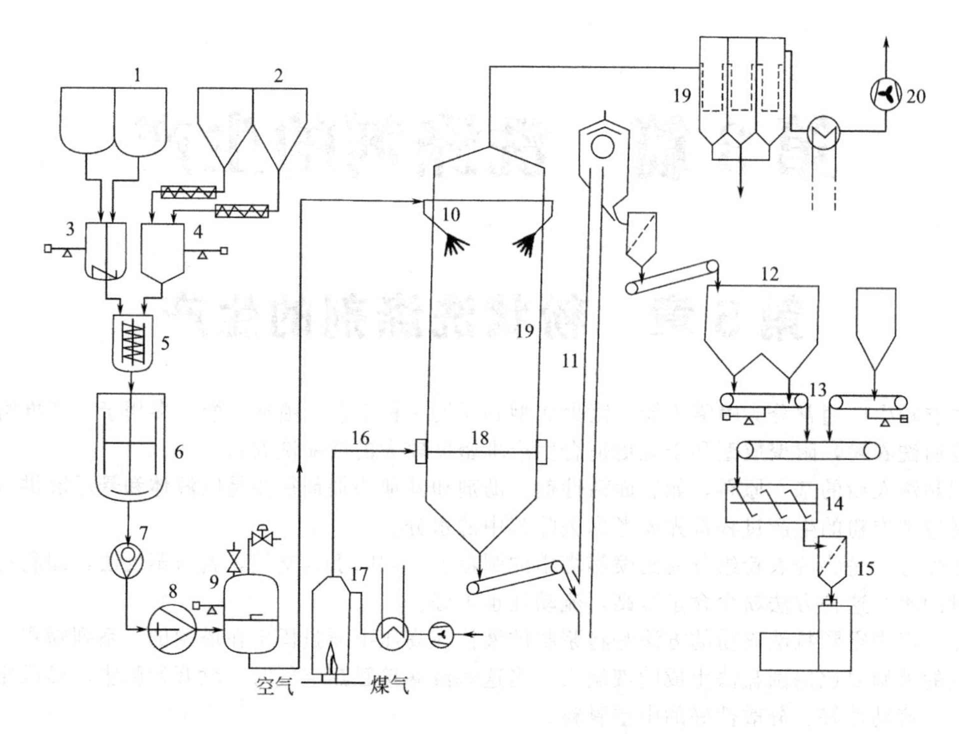

图 5-1　逆流高压自动喷粉塔流程

1—液体料贮罐；2—固体物料贮罐；3—液体物料称量器；4—固体物料称量器；5—混合器；6—中间贮料罐；7—升压泵；8—高压泵；9—空气贮罐；10—喷嘴；11—空气提升机；12—贮罐；13—传送称量带；14—粉混合器；15—筛子；16—空气入口；17—燃烧器；18—环形通道；19—喷粉塔；20—排风扇

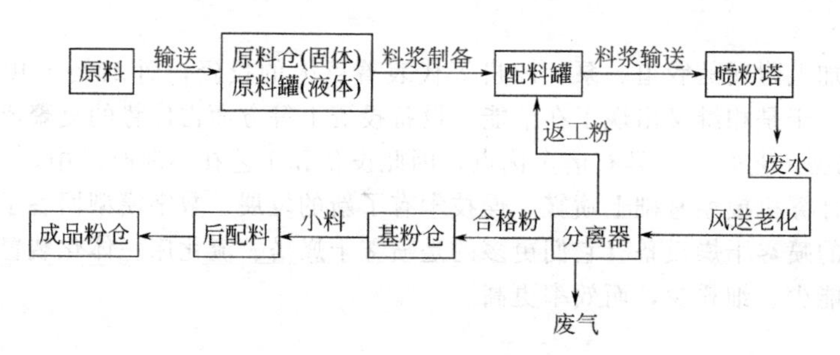

图 5-2　高塔喷雾法工艺流程

散还较快。在表面会积一些水分，一些无机盐（如沸石、三聚磷酸钠、芒硝、纯碱等）在温度下降时会吸附或吸收这些水分成为自身的结晶水，使洗衣粉具有较好的流动性。

(3) 并流与逆流喷雾塔　喷雾干燥的核心设备是喷雾干燥塔，主要有以下两种类型。

① 气液两相向下并流的喷雾干燥塔（图 5-3）并流喷雾干燥法是热风和料浆均从塔顶进入。

由于气液并流，雾滴在含水量最高时接触到最热的空气。水分的蒸发抑制了液滴的温度上升，因此该法的缺点是雾滴在高温急剧蒸发易膨胀而破碎，不易形成空心颗粒状产品。

② 逆流喷雾干燥塔（图 5-4）在逆流喷雾塔中，料浆从塔顶喷下，热风从塔底送入。

由于在逆流塔中，干燥开始于高湿度和低温区，干燥速度较慢，易形成厚皮颗粒，下降速度慢意味着在任何一个给定的时间内，在塔内有着较多的颗粒，这自然利于颗粒的凝聚。因此，在逆流塔中易于形成较重的和粗大的颗粒。由于逆流操作时传热和传质的推动力较大，热的利用率也较高。该法的不足之处在于成品粉以较高的温度离塔，使得老化、冷却步骤在塔外进行，如果温度控制不当，易产生黄粉或焦粉。

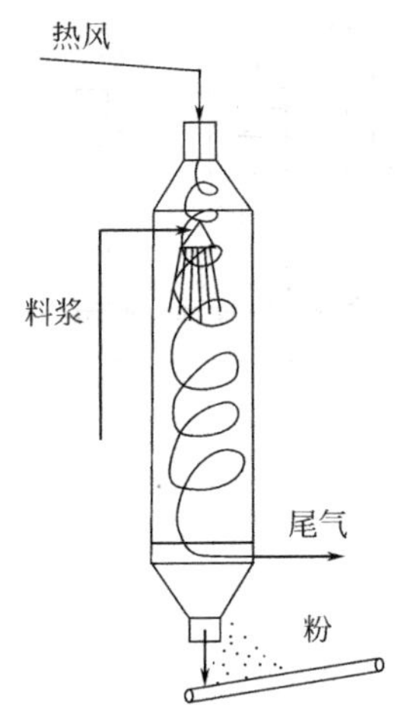

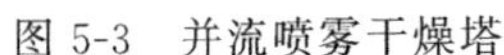

图 5-3　并流喷雾干燥塔

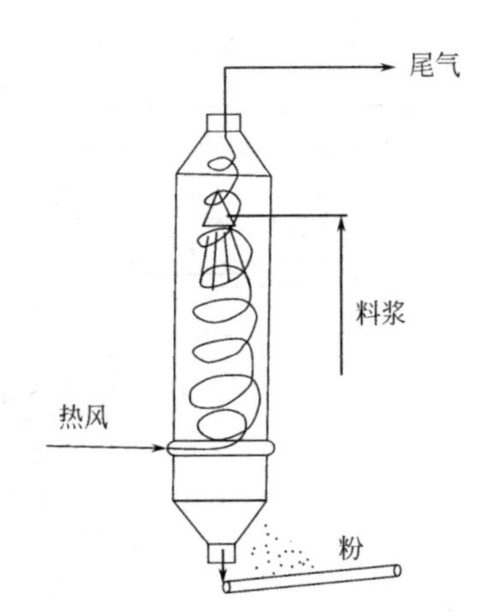

图 5-4　逆流喷雾干燥塔

液滴锥体之下的空气入口区和塔顶空气出口区的设计是关键因素。空气进入塔时呈螺旋状上升，即同时在水平方向和垂直方向加速，以确保热的传质均匀，减少对流。塔顶上部设有排风扇，以抽出水气、燃气和干燥空气。两个排风扇的抽气量使得塔内形成微小负压，这样可将粉尘一起抽走（尤其是在喷嘴附近）。如果热交换系统安装在空气入口和出口通道上，而且与水循环系统相连接，则能量可节省 10%～20%。

从实践角度来看，成品粉的质量可通过以下参数控制：

a. 料浆　质量、压力、温度和空气含量；

b. 干燥空气　质量、入口温度、出口温度、轴向速度和水平速度；

c. 成品特征　湿度、表观密度、粒度分布、流动性。最难确定的是生产过程中的最佳参数，因为这些参数具有内在的密切的相关性，它们之间相互影响非常强烈。

(4) 配料与投料　按照洗涤剂的配方计算出活性物和助剂的量，并按照一定次序在一定温度条件下均匀混合制成料浆的操作称为配料。配料过程中要发生一系列物理化学和胶体化学变化，配料要求总固体物含量均匀一致，流动性好，以利于雾化和干燥。这就要求配料锅有很强的快速搅拌能力。一般在锅内加上导流筒单速搅拌，物料可以上下翻腾，搅拌的转速也较快，如果采用双面双速搅则搅拌效果更佳。

间歇配料的缺点是易使物料的组成和浓度不稳定，从而影响喷雾干燥的稳定操作。

在连续配料系统中，固体原料由螺旋输送器送至定量配料器，液体物料经自动控制系统与称量器相联，通过这两种自动的、连续的精确称量和送料机构，将按比例配备的各种物料送至连续配料罐，再通过螺旋推进器连续溢流至老化罐。其优点是在配料过程中带进料浆中的空气很少，可在配料后省去脱气工序。而且料浆中总固体物含量比间歇配料高 3%～6%，可使配料能力提高约 30%。由于计量准确，料浆混合均匀稳定，成品粉质量好。图 5-5 为连续配料系统。

图 5-5 中液体物料包括活性物、泡花碱、工艺水及回收料浆。固体物料即沸石、纯碱、五钠和芒硝等，采用风送的办法将其送入各自的料仓。小批量的固体物料另行混合后再放入料仓。

液体料罐和固体料仓下面分别装有荷重传感器及指示仪表组成的电子秤，按预定质量控制配料罐的阀门或螺旋输送器，当达到预定质量时，停止送料，打开料罐或料仓阀门，自行卸下。固体物料先进入螺旋预混合器，边混合边推进，直到配料罐。配料罐中的料浆连续地经过磁滤器溢流到老化罐里，磁滤器可以滤去铁性杂质。老化罐可以使料浆进一步均匀化。

(5) 料浆的后处理　料浆的后处理包括过滤、脱气和研磨，其目的是使料浆均匀、细腻、流动性好。图 5-6 为后处理流程。

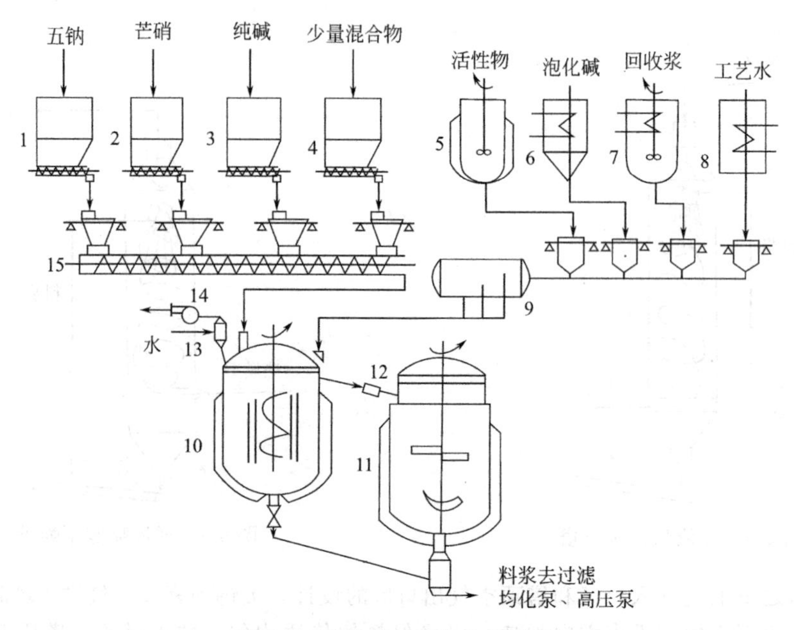

图5-5　连续配料工艺流程示意

1～4—固体料仓及电子秤系统；5～8—液体料罐及电子秤系统；9—液料调整器；10—配料罐；11—老化罐；12—磁滤器；13—水洗器；14—引风机；15—固料预混送料带

① 过滤　通过筛网滤去不溶性的石、沙、铁等杂质。在连续配料中，采用磁过滤器去除铁性杂质，而后进入老化罐，再经过滤器到胶体磨，以消除块状物与不溶物。

② 脱气　由于料浆具有表面活性和胶体性质，又经过高温搅拌，常常含有大量空气，使结构松弛，影响高压泵的压力升高和喷雾干燥的成品质量，如颗粒均匀度、流动性等。特别是在间歇操作中尤其严重，所以脱气是不可少的工序。连续真空脱气机采用的是薄膜真空脱气。

在连续配料中，或是在含非离子表面活性剂配方中，不需要进行脱气。前者是因为连续溢流罐之故，后者是非离子表面活性剂使得料浆的结构趋于紧密的原因。

③ 研磨　研磨常用胶体磨，目的是使浆料更加均匀，防止喷雾干燥时堵塞喷枪。

(6) 输送与老化

老化是指将从塔底卸出的洗衣粉降温，使配方内无机盐低温吸水形成结晶水，使洗衣粉颗粒内既含有一定量水分又能保持疏松状态。老化在向下一工序输送过程中完成。洗衣粉刚刚从塔底流出时为60～80℃，一般不超过100℃。

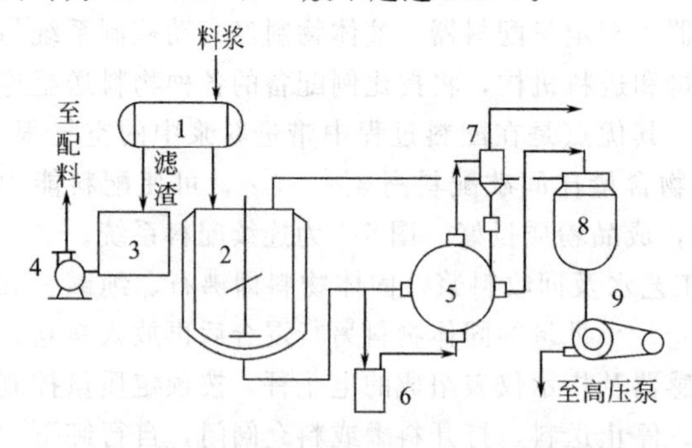

图5-6　料浆后处理工艺流程图

1—过滤器；2—过滤后料浆暂存罐；3—滤渣溶解罐；4—输送泵；5—离心脱气机；6—液体贮罐；7—料浆捕集器；8—脱气后料浆暂存罐；9—胶体磨

输送是指皮带传送和风力输送。

密相输送技术运用在洗衣粉的原料芒硝、纯碱、五钠和沸石输送上，其固气比可达到15以上，几公斤的压缩空气就可将原料输送到20～30m高的原料粉仓。

(7) 后配料　向已喷雾干燥制得的粉料中配入配方成分的工艺过程称为后配料。在后配料加入的配料一般是热敏性原料，如酶制剂、香精、漂白剂及一些非离子表面活性剂。

5.1.2 高塔喷雾法主要设备

(1) 热风系统　在喷雾干燥工艺中，洗衣粉料浆从塔顶经雾化喷下，热风从塔底送入，通过传热和传质将洗衣粉干燥成型。

热风是燃料燃烧后放出的热量将空气加热而形成的热气流。

热风炉产生热风燃烧的介质有柴油、重油、天然气、水煤气及煤炭等，柴油和重油价格太高，在能源紧张的形势下甚至稀缺，天然气和水煤气受到地域限制。煤洁净燃烧技术克服了以前直接式燃煤的热风不净的问题，其净化室可以有效除去燃烧后的粉尘杂质，并且温度也较稳定，有的厂油脂水解皂化项目中不仅将燃煤炉产生的热风作为导热油的加热源，同时加热后的尾气用来干燥洗衣粉料浆，导热油又被加热成高压蒸汽，热风炉、导热油炉和高压蒸汽发生炉形成“三炉合一”，这样比单独的 3 台炉子运转节煤万余吨，减排温室气体 CO_2 效应明显。

热风系统是洗衣粉喷雾干燥的关键装置，其核心设备是热风炉。近十年来，我国洗衣粉热风系统经历了由烧柴油到烧重油再到烧煤的演变过程。表 5-1 是几种常用燃料的投资成本和效果对比。

表 5-1 几种常用燃料的投资成本和效果比较

燃料品种	比 较
电	热风清洁度极高,但成本太高
发生炉煤气	设备投资大,存在安全隐患,热风清洁,成本较低
天然气	热风清洁,成本偏高
柴油	热风清洁,成本较高
重油	热风较清洁,成本较高
煤	间接加热空气时,热风清洁度极高;但热效率太低,成本偏高
煤	直接加热空气时,若设备先进,也能产生清洁热风,成本最低

① 燃煤热风系统 煤是当今最廉价的燃料。以前的管式热风炉采用间接加热空气（煤在燃烧室内燃烧，由产生的烟道气来加热风管中的空气），可产生清洁度极高的热风，但热效率太低，仅 45%左右，且设备体积庞大，管道腐蚀严重，此工艺已被淘汰。

新技术直接式燃煤热风系统主要由燃煤机、净化室、混风室、热风管道、热风环路、热风分布管、控制柜等设备组成。燃煤机采用自动进煤和自动出渣。煤在燃煤机中燃烧后产生的高温气体经净化室净化，烟气发生二次燃烧，烟尘发生高温聚结沉降，净化后高温热风在混风室内与冷空气混合，得到一定温度的清洁热风，通过热风管道、热风环路和 N 个（ϕ7m 塔一般为 16 个）热风分布口进入喷粉塔中。

净化室是该系统的核心部分，内部设计成多层隔栏的结构，以利于烟尘的聚结沉降。净化室由 3 级以上组成，使进入喷粉塔中的热风清洁度更高。与重油热风系统相比，燃煤热风系统取消了二次风机，以防炉膛产生正压。进塔热风的温度靠混风室两侧的自然风蝶阀调节。由于没有二次风机，进塔的 N 个热风分布口须加大，其总面积不能低于热风主管道的截面积，以防风量不足影响洗衣粉产量。该系统没有配置除硫设备，这是因为煤燃烧后产生的 SO_2 能大部分被碱性的洗衣粉料浆吸收，生成 Na_2SO_3。产生的炉渣用于制砖，无废渣污染。

与烧重油相比，直接式燃煤热风系统生产的洗衣粉，白度有明显提高，原因有：一是煤燃烧的温度高，烟气在第一级高温净化室内二次燃烧，烟气不会进入喷粉塔中；二是烟尘在多级净化室内得到充分沉降（大的直接沉降，小的聚结后再沉降）；三是煤燃烧后放出的 SO_2 对洗衣粉料浆有漂白作用。

有 3 个重要的工艺参数对产品质量影响较大，见表 5-2。

② 燃油热风系统 柴油热风系统包括柴油贮罐、齿轮泵、喷枪、热风炉、一次风机、二次风机、热风管道、热风环路、热风分布管等设备。立式炉体积小，热损失少，操作和维护方便；立式炉除便于维持负压外，还保证了塔内供热均匀。采用吸入式引风工艺，在低压喷雾的情况

表 5-2 炉膛、净化室和热风进塔温度对洗衣粉产品质量的影响

工艺参数	温度	对洗衣粉产品质量的影响
炉膛温度/℃	＜950 1050～1150	燃烧不良，有烟气，洗衣粉粉体发灰 无烟气，火焰透亮，粉体白度好
净化室温度/℃	＜900 950～1050	有烟气，粉体发灰 火焰透亮，粉体白度好
热风进塔温度/℃	＜250 300～350 ＞450	粉体不干，含水量大 粉体流动性好，含水适中，粉体白度好 粉体白度下降，有黄点

下，塔内负压仅通过尾风机提供。如热风炉采用立式炉，风温通过自然进风方式调节，便于维持塔内负压。

柴油的燃烧情况主要取决于油的雾化程度和一次风量的大小。油雾化得越好，燃烧越完全。一次风量要控制适宜，太大则炉膛温度低，燃烧不好；太小则供氧量不足，也会造成燃烧不完全。一些在保证燃烧充分的基础上，采取下列措施可进一步降低单位耗油量：良好的管道保温；在保证洗衣粉质量的前提下，尽可能提高热风进塔温度；在保证正常操作下，尽量降低热风离塔温度；提高料浆总固体含量。在工艺参数控制到位时，产量越大单位耗油量越低。吨粉消耗柴油量一般为 30～50kg。

为了使重油在进热风炉之前能达到像柴油一样的流动性，重油储罐内要通蒸汽盘管加热，罐体要保温，输油管道也要通蒸汽伴管加热保温。

某洗衣粉厂曾经对重油热风系统进一步改进，消除了燃烧不完全造成的洗衣粉外观污染，吨粉重油消耗下降，工艺参数调整结果见表 5-3 所列。

表 5-3 重油热风系统工艺参数调整结果

项目	改进前	改进后
罐中油温/℃	50～70	60～80
进炉油温/℃	80～100	90～120
油泵压力/MPa	1.0～1.5	1.5～2.0
炉膛温度/℃	1000～1200	1200～1400
热风进塔温度/℃	380～400	400～430

③ 煤气燃烧系统 煤气在 10～20kPa 压力下通过数个喷嘴与一次风混合后进入燃烧室燃烧。在煤气燃烧室内，温度可达 800～1100℃，产生的热空气被尾风系统产生的负压从喷粉塔的热风口送入塔内。热风为 $10000m^3/h$，进塔温度为 300～400℃。

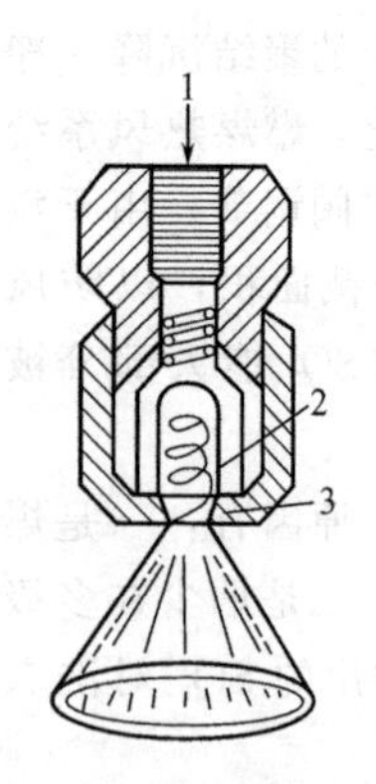

图 5-7 离心喷嘴与雾化装置

1—料浆；2—涡卷室；3—孔口

(2) 料浆输送设备 高压泵是料浆输送的主要设备。料浆必须在较高压力下进入喷枪，才能喷成雾滴而干燥成空心颗粒粉。

洗衣粉厂通用的泵是三柱塞卧式往复泵，操作压力 4～8MPa，用变速电机进行调速，出口处装有稳压器以保持压力平稳。较好的高压泵是六缸分两段升压，活塞内通蒸汽加热。

因为高压泵有入口压力要求，所以之前一般设置增压泵：有的采用均质泵，可以起研磨料浆的作用；也有的用输送黏稠物料的转子泵或者螺杆泵；简单些的直接利用老化罐的高位。为了在生产中调节基粉的视比重，在高压泵出口料浆管上再通入压缩空气，与料浆一并经喷雾干燥。

(3) 雾化装置 喷雾干燥所使用的压力喷嘴是像图 5-7 那样的离心

喷嘴，这种喷嘴适合干燥成空心球状颗粒。液体浆料在涡卷室以切线方向在一定角度进入，旋转回流形成双曲面的液膜不断喷射。

料浆经高压泵产生 4～8MPa 的压力，然后通过喷嘴上的切线槽使料浆产生离心力，在表面力和离心力的作用下，料浆呈旋涡状态向前移动，经过喷嘴时突然解除了压力，在离心力作用下被分散成大小均匀的雾滴，呈伞状向塔内喷射。喷嘴口径越大，压力越小，雾化粒度越大。喷嘴孔径一般在 1.5～3.0mm。喷嘴的加工精度很重要，如果不圆，雾化后的液滴会形状混乱。一般选用钨碳钢或其他高硬度材料制造喷嘴。

(4) 喷粉塔　逆流喷雾干燥塔的结构如图 5-8 所示，喷粉塔主体为圆柱形，塔顶和塔底呈圆锥形。最外层常用砖砌成，内层由不锈钢或普通碳钢板制成，也可以用红缸砖、耐火砖砌成，或由混凝土浇灌而成。内层之外为保温层，以防止热量损失和水汽凝结。保温层常由容重轻的岩棉包裹。在塔的四周装有泄压的防爆门，用强度很小的螺栓拉住，一旦压力增大，螺栓即脱落，防爆门自动打开，以防止喷粉塔内压的突然增加。

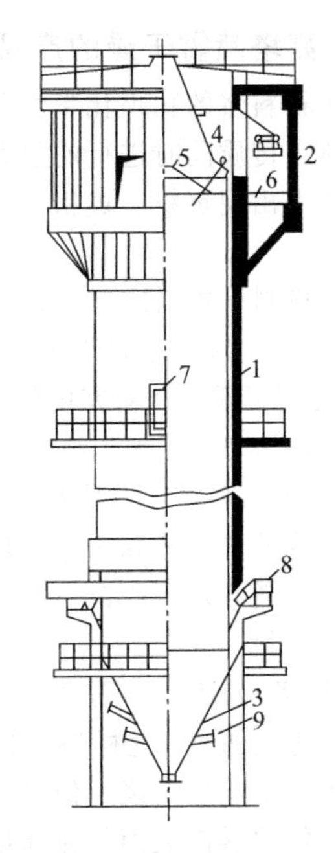

图 5-8　逆流喷雾干燥塔

1—塔身；2—塔顶；3—塔底；4—雾化装置；5—扫塔器；6—平台；7—防爆门；8—热风进口管；9—冷风管

塔内装有扫塔器，扫塔器环上装有竹制扫帚或弹簧刮刀，紧贴塔壁，由卷扬机带动扫塔器上下移动。

喷枪孔装在塔顶上，并附有视孔和灯孔。尾风从顶部排出，成品粉从塔底排出。

底部装有冷风管，使成品粉迅速冷却老化。热风管从底部经环形风管道再经 N 个孔道进入喷粉塔内。每个进风口装有能调向的导向板，以调节热风进塔方向，使得热风进塔内以后呈螺旋式上升。

直径 5m 的塔年产量可达 2 万～4 万吨，6m 直径的塔年产量可达 3 万～6 万吨。

塔高决定于雾滴干燥所需时间。如果按雾滴在塔内停留 4s 左右计，则塔最小不得低于 12m。如果塔太高，颗粒干燥过度，含水太少，会破碎成碎渣；但如果塔太低，会导致干燥不完全。一般塔的有效高度为 15～20m。

塔内喷嘴可安装单层、双层或多层，以提高塔的产量，并可以减少细粉。如果只安装两层，上下相距 5m 左右，最下一层离热风口不得低于 14m，并且错开，否则会相互干扰，如图 5-9。

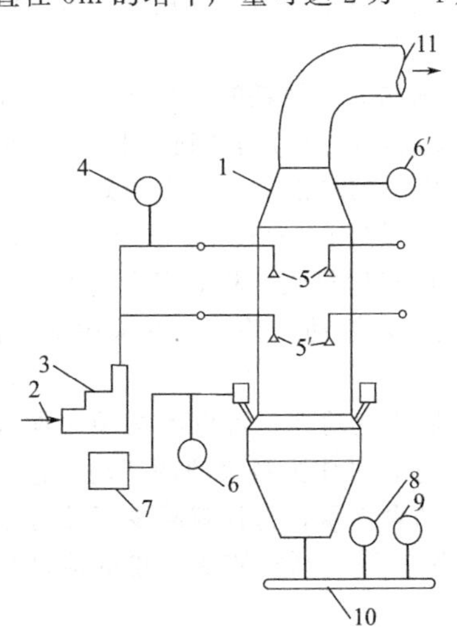

图 5-9　双层喷雾干燥装置

1—干燥塔；2—料浆输送管；3—料浆输送泵；4—压力表；5、5′—喷嘴；6、6′—温度计；7—加热炉；8—水分计；9—密度计；10—产品输送带；11—热风出口

在喷粉塔排出的尾气中，有时粉尘占产量的 35%以上。许多喷粉塔尾气净化系统主要是用旋风分离器，或再加沉淀室，或再加洗涤塔。

在旋风分离器中，粉尘沿切线方向进入旋风分离器，强烈旋转产生的离心力将尾气中的粉尘甩向器壁，并沿器壁降至锥底排出。净化后的尾气从分离器中央旋转上升排出器外。

沉淀室适用于粒度较大的粉尘的沉降。洗涤塔内装有填料，以湿式进行除尘，用无机盐加喷淋水消泡循环洗涤。

5.1.3 高塔喷雾干燥的产品质量控制

洗衣粉料浆的物理化学性质很复杂，其流变性质是浓度、温度、时间等因素的函数；喷雾干燥是传热、传质同时进行的复杂的化工单元操作，因此，洗衣粉的生产经验性很强。

生产中出现焦粉、黄粉、潮粉、成品粉水分不稳定、泡泡粉或产品溶解性差等情况，会严重影响质量。

（1）投料 投料顺序应该做到以下几点。

① 先难后易 比如荧光增白剂和CMC较难溶，宜先投入。

② 先轻后重 相对密度较大的物料自己有下沉的重力，可以克服料浆的浮力而下沉，经过搅拌容易混合均匀。五钠和纯碱相对密度相似，都小于芒硝，所以五钠和纯碱应该先于芒硝投料。

③ 先少后多 在总物料中，小比例的物料宜先投入，以保证均匀混合。

如果将原来的中和工序（用烧碱中和烷基苯磺酸）和配料工序合并，反应热就可使料浆加热。这样配料必须严格执行先放碱液，再加磺酸，而后是纯碱的次序。

（2）配料

① 料浆的温度 料浆的温度太低会增加黏度，影响流动性，因为硫酸钠等溶解度会降低，五钠的水合速度加快。这样喷雾时形成的颗粒大而重，使沉降的速度过快，不易干燥而形成湿粉。

对于喷雾前的料浆，似乎越热越节省热能，其实不尽然。如果料浆温度超过或接近塔顶热风温度时，料浆雾滴表面气化速度会立即达到极大值，形成薄壳，而内部水分还没有蒸发，最终极容易破损，而使成品粉碎粉含量增多。

料浆的温度提高，助剂易溶，不易结块，易于均质化。但是硫酸钠在30℃溶解度最大，温度提高，溶解度反而下降。而且升温会加速五钠的水解和降解。工业生产中控制在55℃±5℃。先开夹套升温，达到40～50℃，停止升温，此时加入荧光增白剂，而后加入其他助剂，利用夹套余热和纯碱等放出的热量就可以使料浆的温度达到60℃。

② 料浆的浓度 以前料浆的浓度一般在65%左右，为了减少干燥水分的热能，现在可以提高到70%左右，料浆仍能保持良好的流动性，节约了大约1/7的能量，但具体的浓度也要依据不同的配方而定。料浆必须经过高压泵输送和喷雾，因而限制了浓度。过于黏稠的料浆会使搅拌器搅拌负荷太大，有可能烧坏保险丝，而且产品中实心粒子增加。

反之，稀薄的料浆干燥时蒸发的水分多，使喷雾干燥负荷增大，消耗的热量增多。比如，一种料浆的总固体物从56%提高到62%，如使用同样的热风温度，产量可提高到131%。过稀的浆料还容易形成皮薄表观密度小的“泡泡粉”，一般控制料浆相对密度在1.15左右为好。

③ 料浆中的空气量 如果料浆不经脱气或脱气后仍有大量残存空气，会形成多孔状粒子，使成品粉密度减少，而且含空气的料浆黏度大，不易喷雾。脱气后料浆的相对密度应大于1.2。

搅拌过长会使料浆吸水膨胀而吸进大量空气致使料浆发松，流动性差。最好采用变速搅拌，可视料浆情况调整速度。

④ 个别物料的处理 水玻璃和对甲苯磺酸钠能改善料浆的流动性，可以不按顺序加入，在发现料浆发稠时可以随时加入。比如对甲苯磺酸钠水溶性极好，可作为料浆的调理剂。它可以使料浆的黏度降低0.03～0.05Pa·s，依此可以降低10%料浆的含水量，这样就减少了喷雾干燥时的水蒸发量，提高了产量。它还可以将成品粉的含水量提高2%～5%。使成品粉的流动性、手感、抗结块性能均有所提高。

在加入磷酸钠时切忌同时加入冷水，而且必须控制Ⅰ型的含量，有的国家将三聚磷酸钠二者之比控制为1∶8。但Ⅰ型也不是越少越好，因为它水合速率快，利于形成稳定的六水合物，使成品粉含有一定量的水分，使粉具有较好的流动性。六水合物在外界条件下会直接脱水或水解降解。

$$Na_5P_3O_{10}\cdot 6H_2O \longrightarrow Na_4P_2O_7 + NaH_2PO_4 + 5H_2O$$

$$2Na_5P_3O_{10}\cdot 6H_2O \longrightarrow Na_4P_2O_7 + 2Na_3HPO_4 + 5H_2O$$

在70℃，经过60h，水解可达到20%，在90～120℃，短时间内就有明显降解。即使在室温下也有降解现象。磷酸二氢钠和磷酸氢二钠的助剂作用均次于五钠。

(3) 喷粉塔运行时的质量控制

① 塔温　喷粉塔中的变化过程见图5-10。一般热风的进塔温度控制在350～450℃，出口温度在100℃左右，从热效率考虑，这样操作是合适的，但在热风圈口干燥好的基粉突然碰到了高温热风，使得黄焦粉的比例增高。并且，国内的塔一般是碳钢制作的，长期在高温下使用会使寿命大大下降，所以要合适控制进出口风温。

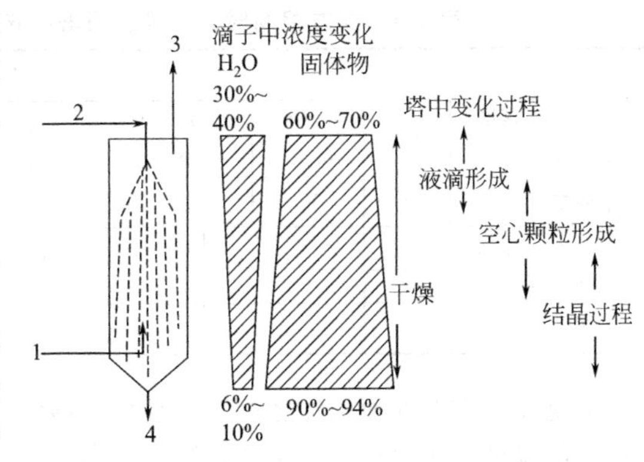

图5-10　喷粉塔中的变化过程

1—热空气250～350℃；2—料浆60～80℃；3—废气和水90～110℃；4—粉60～70℃

为了使进入塔内的热风更加均匀并减少管道阻力，可优化热风圈的截面，使得每一个进塔风量基本相同；也加大进塔口的截面积，使得进塔风速降低，减少风管阻力。基粉进入塔底后，通入一定量的冷风，可以使粉温迅速降低，但也降低了热风干燥的效率，所以这种方式要权衡使用。

塔温与塔的类型密切相关，比如一个塔的参数是：进口温度300～380℃，由于液滴干燥过程中吸热，使温度从塔底向塔顶逐渐降低；在塔中，温度130～160℃，塔顶温度90～100℃，喷嘴处100～110℃。在喷嘴处，热风与60～70℃的液滴进行热交换。塔底尾风在90～110℃。物料冷却后至出塔时温度在60～80℃。

② 风向、风压、风量　热风进塔的风向由导向板调节，一些工厂的方法是使热风先向下走，然后沿塔壁切线前进，呈螺旋式上升。这样提高了热风和液滴之间的传热和传质效果，并减少了粘壁现象。也有一些报道认为热风沿塔垂直上升可避免粉尘堆积，避免焦黄粉生成。

几个进风口的压力应保持均匀，否则造成粘壁，出现焦粉、黄粉或干燥不完全。塔顶负压控制在10～20Pa，塔底负压在40～120Pa。

风量应适宜。但风量过大会导致排风压力上升，细粉沉降不下来；同时风量过高，热损失加大。风量太小；又会导致热量不足，干燥不彻底。

③ 液滴雾化状态　雾化程度决定着成品粉的质量。雾化程度决定于以下几个因素。

a. 高压泵的压力　一般压力越高，雾化的液滴越小，而沉降速度越慢，成品粉含水量低，密度大；如压力太低，会雾化不良，而成疙瘩粉，产品潮湿结块。

b. 塔内喷嘴位置　比如一个直径7m的塔，产量至少在年产5万吨以上，塔中设双层喷嘴，每层12个。塔的截面应为雾化的料浆液滴均匀覆盖，而料浆液滴与热风要能紧密接触，以获得最佳传热效应。

c. 喷嘴的孔径　在雾化压力不变的情况下，喷嘴孔径越大，雾化程度越小，成品粉的密度越小；反之，孔径越小，雾化程度越大。孔径和压力应该进行平衡控制。

d. 喷枪的结构和喷枪的安装角度　喷枪的安装角度应该以雾滴均匀最大程度覆盖塔横截面为好。

(4) 有关粉的密度和水分　粉的密度问题牵涉到许多生产环节。

① 增加料浆压力，可以减小颗粒　以下是一个直径7m的钢塔调整前后的对比结果，之前是用长短枪的喷枪方式。洗衣粉的表观密度随之而变，如表5-4。

	喷雾压力/Pa	生产效果
调整前	0.98×10^6～1.47×10^6	操作不稳定，易生成泡泡粉，易堵枪。
调整后	1.47×10^6～2.45×10^6	操作稳定，颗粒良好，堵枪少。

表 5-4 配方相同时，新塔、旧塔洗衣粉的表观密度对照（统计时间相同）

表观密度范围/(g/cm)

新塔										
表观密度/(g/cm^3)	<0.26	0.26～0.27	0.27～0.28	0.28～0.29	0.29～0.30	0.30～0.31	0.31～0.32	0.32～0.33	0.33～0.34	>0.34
频数	6	17	18	36	37	31	28	24	11	7

旧塔							
表观密度/(g/cm^3)	<0.30	0.30～0.31	0.31～0.32	0.32～0.33	0.33～0.34	0.34～0.35	>0.35
频数	4	6	35	66	54	9	7

但是靠压力增加而增加密度，不是总能够做到。压力增加，雾化就增加，耗热增多。如果此时热风的温度仅能保持当前生产，则必然会出现潮粉甚至疙瘩粉。显然，在热风温度不够的情况下，增加料浆压力提高表观密度是不可能的。

② 提高脱气效果可以增加表观密度　但限于生产量不大的情况下。

③ 增加成品水分含量可以增加表观密度　但如果成品本身干燥不好，或是不皂化物偏高，或是有效物含量接近下限，均不能采用增加水分的方法来提高表观密度。

④ 提高料浆浓度可提高表观密度　但是如果在加料顺序上处理不好，会使料浆黏度变大，而影响过滤、脱气、加压及喷雾等工序，而且料浆黏稠并不一定就是浓度高。

影响水分和密度的因素很多，仅靠上述措施难于同时控制密度和水分。向量法与方程法是一个可以同时控制密度和水分的方法。

向量法是把热风温度、料浆密度等操作变量表示为以密度和水分为坐标的向量，通过向量分解来求得操作变量的方法，它可以同时控制密度和水分。从工业规模的实际情况来看，向量只适用于特定条件下的操作，因为向量法没有考虑到各个操作变量之间的相互影响，例如改变喷雾压力时，料浆流量和料浆密度也随之变化，料浆流量以及喷雾压力也就发生变化。向量法的另一个局限性是操作变量对密度以及水分是以向量为先决条件的，即是以直线变化为先决条件的，所以它的适用范围较小。

方程法是求解以喷雾干燥中的热风温度、料浆流量和喷雾压力为自变量，以粉粒状洗涤剂的密度和水分为因变量的指数方程的方法。可以通过调节这个方程式中的热风温度、料浆流量以及喷雾压力中一个以上的操作变量来控制粉粒状洗涤剂的密度和水分，操作变量中的料浆流量和喷雾压力可以用增减喷嘴数的方法来控制。

表 5-5 是当改变料浆流量、喷雾压力和热风温度的三个操作变量时，操作变量对粉粒状洗涤剂的密度和水分的影响。把表 5-5 的数据进一步累积，从这些众多的运转数据中导出以下的指数式：

$$密度=K_1(热风温度)\alpha(料浆流量)\beta(喷雾压力)\gamma \tag{5-1}$$

$$水分=K_2(热风温度)\alpha'(料浆流量)\beta'(喷雾压力)\gamma' \tag{5-2}$$

式中　α——$-(0.06\pm0.03)$；

α'——(-3.4 ± 0.2)；

β——0.015 ± 0.005；

β'——2.4 ± 0.2；

γ——0.23 ± 0.03；

γ'——$-(0.025\pm0.005)$；

K_1、K_2——比例常数。

选用喷嘴数的方法来调节料浆流量以及喷雾压力时，可以采用以下的补充公式：

$$F=K_3Nd_e\sqrt{P\rho} \tag{5-3}$$

式中　F——料浆流量；

表 5-5　操作变量对粉粒体物性的影响

项目		编号	1	2	3	4	5	6	7	8	9	10	11
喷雾干燥操作条件	料浆流量/（kg/h）		7250	7450	7550	7650	7750	8370	8370	8370	8370	8370	8370
	喷嘴（直径×只数）	上层	2.4mm×2 2.6mm×8	2.4mm×7	2.4mm×5 2.6mm×2	2.4mm×6 2.6mm×8	2.4mm×3 2.6mm×8	2.4mm×2 2.6mm×4	2.4mm×2 2.6mm×6	2.4mm×2 2.6mm×4	2.4mm×2 2.6mm×4	2.4mm×9	2.4mm×5
		下层	2.4mm×8	2.4mm×8	2.4mm×8	2.4mm×8	2.4mm×8	2.4mm×8	2.4mm×8	2.4mm×8	2.4mm×8	2.4mm×10	2.4mm×7
	喷雾压力/MPa		15	15	15	15	15	20	20	20	24	1.25	30
	热风温度/℃		360	360	360	360	360	360	380	400	400	400	400
	排风温度/℃		125	120	120	118	114	106	112	117	117	119	115
粉粒体物性	密度/（g/mL）		0.2306	0.2302	0.2302	C.2305	0.2310	0.2483	0.2472	0.2457	0.2562	0.2205	0.2702
	水分/%		5.70	6.02	6.33	6.82	7.63	9.20	7.62	6.41	6.38	6.50	6.30

注：料浆物性：水分 43%，温度 70℃，黏度 2Pa·s，相对密度 0.95。

N——喷嘴数；

d_e——喷嘴直径；

P——喷雾压力；

ρ——料浆密度；

K_3——比例常数。

根据式（5-1）～式（5-3），可以算出各操作变量的操作量，实际操作中有不改变喷嘴数和改变喷嘴数两种操作方法。可以按以上方程列出操作变量对粉粒体物性的影响表。

（5）洗衣粉的速溶解性 溶解，是水向粉粒内部渗透，使其湿润、潮解、不断扩散于水中的过程。造成洗衣粉溶解性差的原因有以下几方面。

① 产品中泡花碱含量过高 补加泡花碱是避免在配料后期补水可能破坏料浆胶体结构的一种权宜之计。但由于泡花碱自身的胶体性质，水向其干燥内部渗透困难，过多加入应该避免。

② 洗衣粉中不溶固体物含量高 在生产中，因原料水合反应不良的硬块粒，严重时甚至可能堵塞喷枪。为此可采用对甲苯磺酸钠等作调整剂，可增加产品速溶性。

（6）控制焦黄粉的生成 少量焦黄粉的存在就会影响产品质量。

① 配料顺序 可将少量助剂与增白剂预混合后加入配料锅溶解，即可减少黄色粉料的产生。

② 热能 热能过剩或热风与料浆接触时间过长，都会产生焦黄粉。

③ 热气流方向 使热风在塔内均匀垂直上升，而不能沿塔壁上升而产生贴壁。

④ 雾化系统 在雾化系统中，尤其注意喷雾量要均匀分布，要防止喷嘴堵塞。

⑤ 对热敏物料采用后配料工艺 比如非离子表面活性剂热敏性非常强，一是控制添加量；二是采用后配料工艺。

（7）增加洗衣粉粉体白度

① 增加主体原料的白度 严格控制磺化工艺条件，防止过磺化反应：重新对 SO_3 气体浓度进行校核计算，提高鼓风机效率，降低 SO_3 气浓。将磺酸和AOS色泽分别降至40.0klett和80.0klett以下。磺酸中和反应结束时，料浆温度不过40℃，以防止温度过高引起的少量碳化反应。

② 干燥工艺 控制热风进塔温度。

③ 选用合适的荧光增白剂，添加适量。

（8）洗衣粉的成型

① 活性物的影响 LAS含量高，洗衣粉颗粒的壁较厚，其表观密度较小，反之，则其颗粒壁较薄，洗衣粉视比重较大。但对高塔喷雾而言，洗涤剂料浆中LAS的含量上限为40%，否则会导致料浆黏度太大，影响喷粉塔的正常喷雾干燥操作。

② 喷粉塔的类型 塔型对洗衣粉成型有影响，因为涉及到许多因素。比如 D5.2m喷粉塔用来生产LAS≥14%的粉，当配方中LAS含量调整为11%时，尽管料浆浓度、温度等操作参数不变，但粉的颗粒度变差，而 D7m喷粉塔生产则颗粒度很好，见表5-6所列。

③ 塔的干燥强度 D7m钢塔是低压喷雾干燥工艺，其热风总管温度（400～500℃）、塔顶温度（105℃±10℃），干燥强度较D5.2m混凝土塔为大。因为低压喷雾虽放低了表观密度，但却使洗衣粉的颗粒度变大。适当提高干燥强度，可在表观密度合格的同时，又不致使洗衣粉粒径过大，保证洗衣粉良好溶解性。

5.1.4 喷粉干燥的技术进展

近几年来已经用数学模拟的方法成功地揭示了喷雾干燥过程的一些秘密，解答了许多问题，例如液滴如何雾化、雾滴如何干燥等。由此而开发的新装置能提供较好的控制，耗能较低，且产生的粉尘较少。

表 5-6　D5.2m 塔与 D7m 钢塔生产情况对比

塔型	操作条件	产品质量评价	可能出现的不良因素
D5.2m 钢筋混凝土塔	料浆浓度 61%～65% 料浆温度(65±5)℃ 塔顶温度(90±5)℃ 热风总管温度 350～400℃ LAS≥14%	洗衣粉成型尚可，但有实心粉，水分正常，洗衣粉的溶解性一般	高压喷雾方式，易堵枪，粉交叉现象严重，致使生成实心粉
	料浆浓度 61%～65% 料浆温度(65±5)℃ 塔预温度(90±5)℃ 热风总管温度 350～400℃ LAS≥11%	洗衣粉成型粒子为泡泡粉，实心粒子较多，水分含量低，洗衣粉的溶解性很差	通过强制干燥迫使洗衣粉成型，导致粉过度干燥，并有黄点
D7m 钢塔	料浆浓度 61%～65% 料浆温度(65±5)℃ 塔顶温度(105±10)℃ 热风总管温度 400～500℃ LAS≥11%	洗衣粉成型良好，颗粒均匀，细粉少，水分正常，特别是实心粒很少，洗衣粉溶解性最好	成型条件很好，但须防止颗粒过度成型，成为泡泡粉

英国的 AEA 技术开发建成了一个完全成熟的喷雾干燥塔数学模型，并发展了计算机流体力学规则（CFD）。应用 CFD 来计算液滴沿运动轨迹的大小或湿度变化，设计者能较好地设计干燥塔的内腔。

一个简称为 CFX 的软件包是用拉格朗日图式来计算颗粒在运动中颗粒和连续相间的质量、热和动量的传递过程。从数学模拟的角度讲，喷雾干燥过程仍然过于复杂，使得许多问题仍然需要深入研究。例如，液膜如何破裂、颗粒间如何聚结等等，这些都应被归入最终的数学模型中去。

欧洲一些喷雾干燥设备制造商已经使用计算机模型来开发喷雾干燥设备。丹麦的 APV Anhydro A/S 公司运用 CFD 通过模拟干燥塔内的流体分布情况，可使被喷雾的流体不至于到达塔的内壁，而避免在内壁物料的结块，减少了产品损失和清洗时间。

德国的 Caldyu Apparatebau GmbH 公司通过建立数学模型，模拟从喷嘴出来的液滴的雾化和干燥过程，进行预计并优化雾滴直径来改进喷雾干燥塔的塔体体积。通过数学模型发现，由于在降落过程中液滴在一定区域中的碰撞、附聚，液滴体积实际上是增大的。以此该公司对以往某些干燥塔进行了重新设计。上述数学模型被 Hoechst 公司采用，设计了一套带有 40 个喷头的聚氯乙烯干燥系统。

喷雾干燥技术的主要发展趋势之一是干燥塔-流化床一体化。例如，APV 公司在喷雾干燥塔底部设计一个流化床，使干燥和附聚在同一过程中进行。在该装置中，预热的料浆被加压的喷嘴系统雾化进入向下喷射的热空气流中。在干燥塔腔上部，湿粉和湿粉或干粉碰撞并形成具孔附聚体。重力驱使较重的颗粒进入流化床，而流化床起到第二个干燥塔，以及去除细粉的空气分级器的作用。该系统的干燥空气同样从顶部排出，细粉通过旋风分离器回收，并经喷嘴再进入湿的雾化区。如果需要第三次附聚，可以在塔外的次级流化床中安装喷水（或料浆）的另一套喷嘴，附聚过程可由诸如改变（被循环的）细粉的份数、速率以及调节喷嘴的方向等因素控制。整个设计使所需的水量从 10%降到 4%（以产物质量计）。因为需蒸发的水量减少，从而节省了能量。该装置中还设计有一个可转动的空气刷，以保持喷雾干燥塔内壁的洁净。这样，一些原先不能加工的浆料也能用喷雾干燥的方法加工。

荷兰 Stork Friesland 公司的是同轴喷雾干燥塔（concentric spray dryer，简称 CSD），减少了喷雾干燥塔塔体的体积，节省了投资。CSD 是喷雾干燥塔（主要进行蒸发）和喷雾造粒机（在流化床中干燥物料）的结合。在 CSD 中，干燥过程主要在底部实现。底部中央是一个具有良好混合作用的流化床，料浆被喷雾进入床中。一个同轴分配器将良好混合的流化床和柱塞流流化床分割开。整个工艺在60～65℃间进行，附聚产物的堆密度在500～600g/L之间。当料浆中固含量为50%，水蒸发速率为5000kg/h时，CSD的体积只是通常胖体干燥塔的三分之一，即小于300m^3。其单位能耗是1.05kW/kg，比普通干燥塔节省17%，这些还不包括管路、风机和旋风分离器等的节省。

另外，作为高压喷嘴之类雾化器的代用物，罗纳·普朗克公司开发了LEA Flas工艺，使料浆依靠重力送入一个闪烁混合器（flashmixer）头部的狭缝，在那里通过一个旋转热气流，使料浆在受挤压的瞬间所形成的微颗粒遭受到闪烁分散和蒸发。

喷雾干燥技术正在不断取得进展，而且由于计算机模拟技术的介入，这种进展愈加显著，使得喷雾干燥装置的投资更省，效率更高。

5.2　附聚成型法

5.2.1　附聚成型法生产洗衣粉的特点

相对于喷雾干燥法，附聚成型法能耗低、投资少、能生产多种类型产品。它的特点如下。

① 产品表观密度大。普通洗衣粉在0.2～0.5g/cm^3，一般为0.25～0.35g/cm^3，附聚成型粉的表观密度在0.5～1.0g/cm^3，通常为0.6～0.9g/cm^3。

② 表面活性剂含量可以高于普通粉，含非离子表面活性剂一般在8%以上。总活性物在15%～30%，甚至达到近40%。

③ 含硫酸钠仅5%左右，而喷雾干燥法中的产品硫酸钠的含量20%～30%。

④ 浓缩粉中抗污垢再沉积剂、漂白剂、漂白活化剂等助剂均有所增加。

一般来说，附聚法生产的洗衣粉溶解慢，流动性稍差；原料要求相对较严格，特别是固、液要求有一定比例。中等表观密度的STPP适于附聚法，其他粒度适于干态法和喷雾法，而粉状的只适于喷雾法。附聚法不常用阴离子表面活性剂，但必需时也不妨采用。而非离子在喷雾法中受到限制。

表5-7是附聚成型法与高塔喷雾法的能耗、投资与产品特性比较，显见前者的优越性。

表5-7　高塔喷粉-附聚法与高塔喷雾法的能耗、投资与产品特性比较（生产规模：5万吨/年）

项　目	高塔喷粉-附聚	高塔喷雾	项　目	高塔喷粉-附聚	高塔喷雾
装机容量/kW	189	295	设备投资/万元	250	880
油耗/(kg/t粉)	28～38	55～65	产品表观密度/(g/cm)^3	0.25～0.35	0.27～0.37
蒸汽/(kg/t粉)	无	500			
建筑投资/万元	80～100	600～700	产品含水量/%	6～14	3～7

5.2.2　附聚成粒的过程

（1）附聚成粒的过程　附聚成粒就是将细粉粒经过附聚增大造粒的过程，其过程是物理化学过程。通常是将硅酸盐溶液作为黏合剂，喷洒在干态物料上。STPP和碳酸钠等可水合盐类能使硅酸钠失水干燥，形成干态硅酸盐黏合剂，通过粒子间的桥接，形成近似于球状的附聚物，如图5-11所示。附聚的过程如下。

① 首先以流动相作为黏合剂喷洒在小颗粒表面，经过表面毛细管的吸收，在颗粒界面产生黏合力，小颗粒就被黏合在一起。这时喷洒的离散小液滴如透镜状的环将接触的固体颗粒拉在一起，成为一种悬挂状态的大颗粒，如图5-11（a）。

② 如果液滴继续增加，液滴环就凝聚，形成由空气隔开的网状结构，也称为索状态（funicular state）如图5-11（b）。

③ 当附聚的所有空隙都被充满，就达到了毛细管状态（capalary state），如图 5-11（c）。

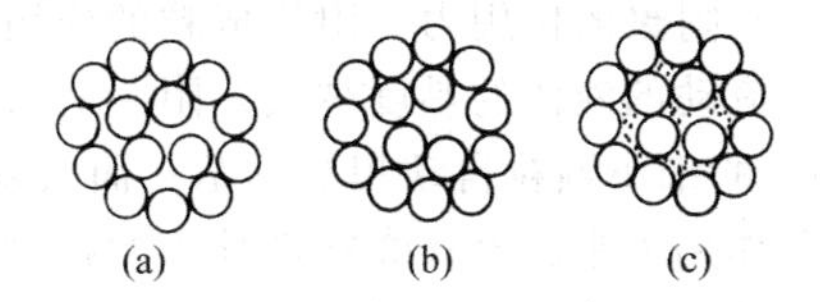

图 5-11　附聚成粒的 3 种状态
（a）悬挂状态；（b）索状态；（c）毛细管状态

当加入的液体量超过毛细管状态，液固之间的黏合桥就被破坏，附聚体被挤压发散，颗粒之间的附着作用和凝聚作用就不存在了。

（2）附聚成型洗衣粉生产洗衣粉的原料

① 非离子表面活性剂　一般多用 AEO-9 或 TX-10，它们常为无色透明黏稠状，附聚过程中作为黏合剂使用。

② 烷基苯磺酸　深棕色稠厚液体，成型过程中遇纯碱即发生中和反应，生成的烷基苯磺酸钠既是表面活性剂也是较好的黏合剂。

③ 三聚磷酸钠　颗粒或粉末状，能与水作用生成六水化物结晶，促进附聚体形成。

$$Na_5P_3O_{10}+6H_2O \xrightarrow{<90℃} Na_5P_3O_{10}\cdot 6H_2O$$

④ 碳酸钠　颗粒或粉末状，遇水亦形成水化物结晶：

$$Na_2CO_3+H_2O \xrightarrow{<109℃} Na_2CO_3\cdot H_2O$$

$$Na_2CO_3+7H_2O \xrightarrow{<35.4℃} Na_2CO_3\cdot 7H_2O$$

$$Na_2CO_3+10H_2O \xrightarrow{<29.4℃} Na_2CO_3\cdot 10H_2O$$

⑤ 硅酸钠溶液（泡花碱）和偏硅酸钠　后者遇水生成水化物结晶。前者为稠厚液体，大量无机组分吸收其中水分进行晶化，其本身在失水至一定浓度时也变成晶体。

$$Na_2SiO_3+9H_2O \xrightarrow{<100℃} Na_2SiO_3\cdot 9H_2O$$

大多数附聚工艺中，流态黏滞阶段发生在硅酸盐和干态物料接触时期，此时非水合物转变成化学结构上的水合物，而逐渐形成较干的颗粒。硅酸盐对制品性能的影响是其模数比率、浓度和黏度。一般认为，适宜的模数比率是 2.58，稀释的或加热的硅酸盐，可使黏度降到 0.1～0.2Pa·s，使干料易于湿润和分布。

⑥ 硫酸钠　晶形粉末，遇水可转化为水合晶体：

$$Na_2SO_4+10H_2O \xrightarrow{<32.4℃} Na_2SO_4\cdot 10H_2O$$

⑦ 羧甲基纤维素钠（CMC）　团粒或粉末状，是很好的黏合剂。

上述物料均有黏合或晶化作用，适量的水分可与无机组分形成水合晶体，同时在有机物料和硅酸盐溶液的黏合作用下，各物料间相互黏聚晶化即形成颗粒状微晶附聚体。

洗涤剂附聚成型过程中不同的温度下可能形成不同的水合物，见表 5-8 所列。适当的附聚温度，对于以后工序流态化干燥时达到所需水合度和附聚度很重要。第一附聚器中的温度 25～30℃有利于附聚。

表 5-8　附聚成型中可能形成的水合物

无水物料	水合水摩尔数	水合物分解温度/℃	无水物料	水合水摩尔数	水合物分解温度/℃
STPP	6	80	三氯异氰脲酸钠	2	100
碳酸钠	1	100	硅酸钠	1	55，80
	7	32		5	—
氢氧化钠	10	34		6	—
	1	68		8	—
硫酸钠	7	68		9	—
	10	24			

(3) 附聚的作用力 附聚成粒的作用力主要有3种：①来自流动液体的黏合力，这是主要作用力，流动的液体的黏度越大，附聚的力量越大；②在搅拌下分子间的引力与静电力，使直径小于1μm的细小颗粒自动相互黏结；而大颗粒由于本身的质量超过分子间引力与静电力，则不能靠这些作用力来凝聚；③在搅拌下的机械咬合力帮助细颗粒凝聚。后两种为辅助附聚力。

高黏度的液体加入后，在颗粒之间形成不流动液体黏结桥，使其他黏结力得到充分利用，于是颗粒之间的黏合力大大加强。一些无机盐，如硅酸钠、聚磷酸钠、纯碱，全可以增加液体黏度，但在增加液体的黏度时应该考虑到粒化后颗粒的流动性。

(4) 计算加液量 附聚成粒的加液量，实质是黏合剂顶替颗粒之间空气占有的空隙。因此有：

$$X=1/[1+(1-\varepsilon)\rho_2/\varepsilon\rho_1] \tag{5-4}$$

式中 X——液体的质量分数；

ρ_1——液体的密度；

ρ_2——颗粒的密度；

ε——空隙度。

应用式(5-4)计算的加液量往往小于实际加入数，这可能是造粒过程中动态因素造成的。比如固体盐的水合作用、水玻璃的沉积因素，使加水量发生变化。但公式经校正仍能用于计算加液量。

5.2.3 附聚成型法制备浓缩粉工艺与设备

(1) 附聚成型工艺

附聚成型工艺包括：附聚、调理（老化)、筛分和包装，工艺流程如图5-12所示。该生产工艺主要由原料输送系统、固体料和液体料计量控制系统、预混合系统、造粒系统、干燥老化系统及后配料系统组成。图5-13是附聚成型生产浓缩洗衣粉工艺流程。

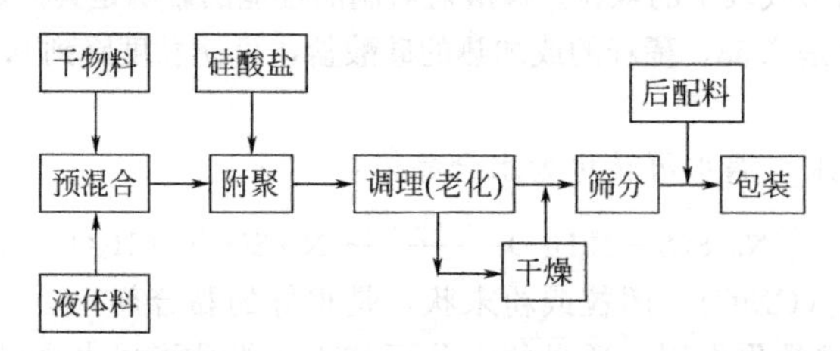

图5-12 附聚成型工艺流程

固体原料如五钠、沸石、元明粉、碳酸钠等通过斗式提升机1送至皮带输送机2上，而后通过其土地犁式卸料器进入3、4、5、6四个固体料仓。再经过螺旋给料器，输送到预混合器。固体原料的计量是用电子皮带秤，由中央微机控制。与此同时，经计量泵计量的液体物料，如非离子表面活性剂和水等，以雾化状态进入预混合器16内，以保证容器内有足够的水量，使水合盐类充分水合。

预混合器夹套内通有热水，以确保足够的热量使水合反应完全，得到稳定的水合物。水合后的物料再经过斗式提升机27、暂存仓和螺旋给料器29，连续不断地进入附聚造粒机中。

与此同时，各种物料如磺酸、泡花碱、水等经计量后从造粒机的各种部位喷入。液体料的计量采用闭环控制计量泵。

固体料进入造粒机后，一方面磺酸与纯碱、泡花碱进行中和反应，另一方面完成附聚造粒过程。整个中和造粒过程仅需1～2s。混合并附聚的产品沿一条空间螺旋的路线到达造粒机的出料口，然后由皮带输送机送入流化床内。

流化床分成两个工作区，物料流动高度在300mm左右。附聚造粒后的物料又经过斗式提升机流向振动筛，筛上大颗粒粉经捣碎机破碎后返回主工序，筛下的正品粉进入旋转混合器内，与

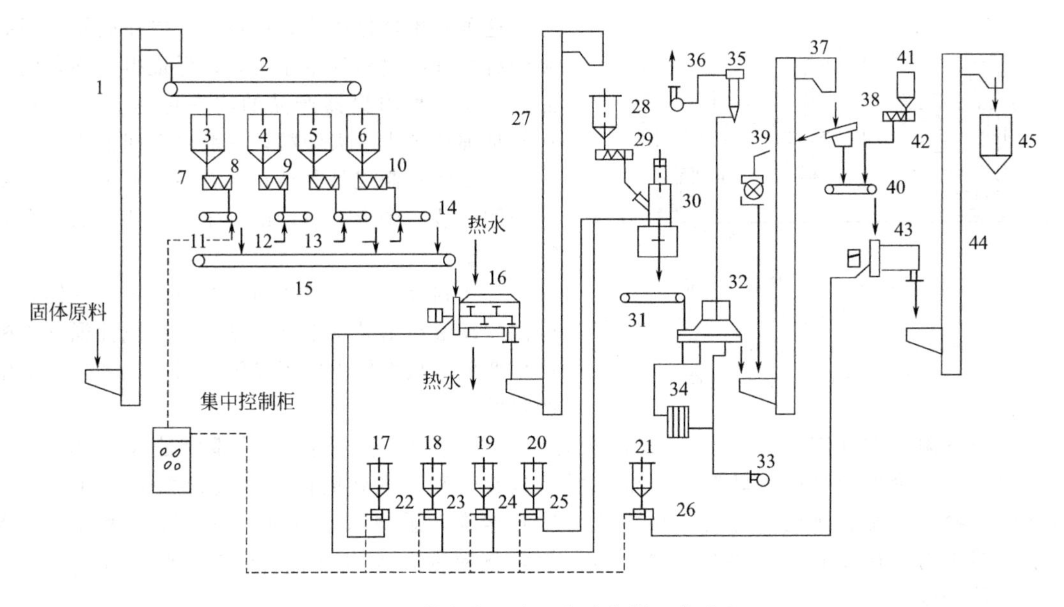

图 5-13 附聚成型法生产浓缩粉工艺流程

1，27，37，44—斗式提升机；2，15，31，40—皮带输送机；3—五钠粉仓；4—碳酸钠粉仓；5—硫酸钠粉仓；6—其他组分粉仓；7～10，29—螺旋给料器；11～14—电子皮带秤；16—预混合器；17—非离子贮罐；18—水贮罐；19—磺酸贮罐；20—硅酸钠贮罐；21—香精贮罐；22～26—计量泵；28—暂存仓；30—造粒机；32—流化床；33，36—风机；34—换热器；35—除尘器；38—振动筛；39—破碎机；41—酶粉仓；42—计量给料器；43—旋转混合机；45—成品粉仓

其他微量组分，如酶、漂白剂、液体香精等组分混合。

最后再由斗式提升机送至成品粉仓进行包装。整个工艺过程都是通过中央微机进行自动控制且连续生产的。

(2) 附聚成型生产洗衣粉的设备

① 附聚器 附聚器有不同的结构形式，如 Schugi 公司的立式附聚器、P. K. Niro 公司的 Zig-zag 的 V 型附聚器，以及带有搅拌的转鼓式附聚器等。图 5-14 是由弹性材料制造的直立圆筒附聚器，筒中间悬挂一搅拌轴，轴上装有两组刀架，每个刀架有 6 个叶片。叶片角度可调。固体粉粒从圆筒上部进入。液体物料从筒壁突出的喷嘴用压缩空气雾化喷洒。搅拌轴的转速可在 1000～3500r/min 之间调节。粉料在高旋转的叶片作用下形成湍流，被雾化的液滴均匀湿润，湿润的粉粒相互粘结，使粉粒增大。粉粒在圆筒内停留的时间约 1s。粉粒只占附聚器有效容积的 20%，其余 80%是湍流空间。附聚器的一般温度低于 2℃，附聚后的颗粒大小可限制在直径 2.5mm 以下，大部分在 0.5～1.5mm 范围内。颗粒大小决定于：a. 粉料与液体物料的特性以及相互配比；b. 湍流强度与停留时间。而湍流强度制约于叶片数量、角度及轴的转速。另外，筒壁上有可上下移动的橡胶滚筒防止内壁结块。

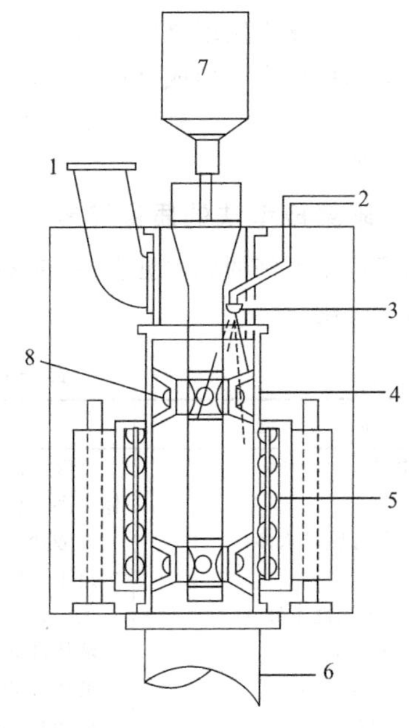

图 5-14 直立式附聚成粒器

1—粉料进口；2—液体进口；3—喷嘴；4—弹性器壁；5—气动带动的滚筒；6—物料出口；7—电动机；8—可调节的叶片

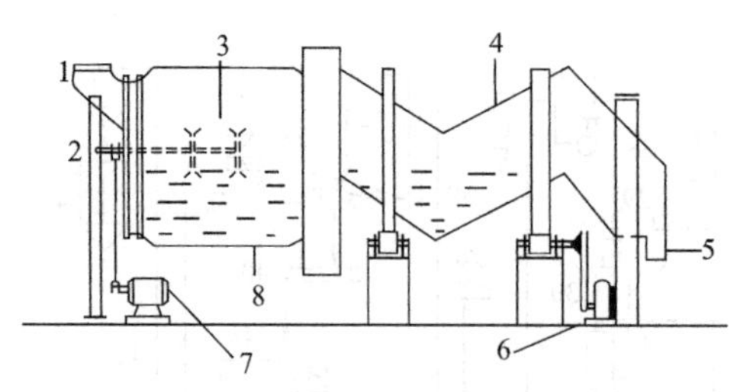

图 5-15 Zig-zag 附聚成粒器

1—粉料进口；2—液体料进口；3—液体分散板；4—V 型混合器；5—物料出口；6—旋转传动；7—喷洒液体用传动；8—转筒

这种附聚器体积小，产量大，操作简易，但必须配有准确的物料计量系统，以保证得到均匀的产品。使用这种附聚器产品的收率可达 90%，其余 10%是细粉与少量大颗粒，一般可返回使用。

为了防止制成品黏结在混合室内壁上，混合室内外侧安装一个上下运动的辊子架，使制品不会黏结在筒壁上。

一些附聚造粒机采用氯丁橡胶做柔性桶体，当外圆气动滚轮沿外壁上下运动时，使挠性桶壁不断产生变形，从而使内壁不黏附原料，达到自动清壁的目的。

Zig-zag 附聚器如图 5-15 所示，该附聚器的前部分是一只转筒，后部分是 V 形混合器。固体粉料从附聚器上部引入转筒内，液体料是从旋转轴引入转筒内，经过转轴上带有刀片的板条的狭缝，藉旋转轴的离心力作用而成为喷洒雾滴，湿润固体粉料，并附聚。接着进入 V 形混合器 4 内，在 V 形混合器物料进一步附聚，颗粒进一步均匀化。颗粒在整个附聚器的停留时间是 90s。

② 原料的预混合系统　原料的预混合系统是为保证进入附聚器的物料均匀。附聚器在造粒机前设置了一台预水合反应器。其目的是为了使水合反应完全，得到稳定的水合物。

③ 干燥/老化系统　从附聚器出来的颗粒是潮湿的，因为在混合过程中有中和反应，一般加入的液体物料占全部物料 20%～25%；又颗粒在附聚器内停留的时间短，颗粒水合老化时间不够。

干燥与老化在流化床进行，流化床高度在 100～600mm 之间，潮湿颗粒用 110～120℃的热风干燥，然后进入冷风区，在温度 50～55℃将颗粒冷却、老化。经干燥老化的颗粒含水量可在 10%左右（包括结合水和游离水）。

干燥流化床由振动电机驱动，以某一固定频率沿一定方向作周期振动。被处理料在激振力和介质的共同作用力下形成流化状态，从而使物料颗粒与介质充分接触，完成传热、传质过程，达到干燥、冷却的目的。料层厚度、物料在机内停留时间以及机器的振幅变更可以在设计范围内实现无级调速。

5.2.4 附聚成型法的质量控制

附聚成型不好的原因见表 5-9 所列。附聚成型法对物料比例要求比较严格，决定内在质量的主要因素是配方。

表 5-9 洗涤剂附聚成型不好的原因

问　题	原　因
不附聚	不够润湿；硅酸盐黏度过高；硅酸盐模数比率不合适；液体分散不好；低密度粉体太多；机械混合能太大；混合温度太高
过大尺寸颗粒太多	硅酸盐太多；原料中水分太多；分散不好；物料粒度太粗；混合不好
不溶	过干；硅酸盐模数比率太高；原料不合适；水含量不够
结块(流动性不好）	太湿；水合过头；表面活性剂太多；粒度分布太小；调理不够
表观密度太大	液体硅酸盐太多；太湿；物料不合适；调理过头
表观密度过小	液体硅酸盐太少；湿度不够；物料不合适或附聚机械功不够
抗磨性差	硅酸盐不够；过细；不干
低表面活性剂吸附性	太湿；硅酸盐多；表面活性剂不合适；机械功大
产品得率低	参见不附聚问题；大尺寸颗粒多
氯不稳定	太湿；所加组分次序不合适；硅酸盐比率大；漂白剂选用不合适

（1）表面活性剂　非离子表面活性剂有去油污性能较好、*cmc* 小等优点，而阴离子表面活性剂却有去除颗粒污垢好，有较好的负电荷性能等，两者相得益彰。在浓缩粉配方中，非离子表面活性剂的配入量要比喷雾干燥粉大，一般在 8%以上，整个表面活性剂量也比喷雾干燥粉大，一般在 15%～40%，

（2）助剂　附聚成型法对固体助剂要求比较严格，要求有一定的颗粒大小和一定的表观密度，无机械杂质。在附聚过程中如用磺酸与纯碱中和，要考虑到是在液、固表面进行，就要求所用的纯碱是比表面较大的轻质粉（表观密度 $0.5g/cm^3$），有利于在短暂时间内中和反应基本完成。又如对 STPP 要求适中的密度与含较多的Ⅰ型以便于成粒时能较快水合反应。又如使用沸石代替 STPP 时，沸石颗粒平均粒径要求 $<10\mu m$，经过附聚成粒成品有较好的颗粒结构，而沸石本身是浓缩粉的表面改性剂。作为填充剂的硫酸钠可尽量减少用量。

从反应热的大小可知，固体粉料水合性能按强弱程度排位的顺序是：三聚磷酸钠→纯碱→芒硝。实际上，由于水合热的产生使得混合体系温度升高，一般可达 35～45℃，在此情况下能形成水合结晶的固体料只有纯碱（一水合物）和三聚磷酸钠（六水合物）。由于三聚磷酸钠的水合作用很强，过分强烈的水合晶化易产生坚硬结晶块，给造粒工序带来困难。为了缓和晶化反应，应按照“纯碱-五钠-芒硝”的顺序投料。先投入纯碱可使水分得到分散，以便三聚磷酸钠可以与水分均匀接触晶化。

（3）黏合剂　用于附聚成粒的黏合剂有非离子表面活性剂、羧甲基纤维素、聚乙二醇、聚丙烯酸钠类羧酸盐、硅酸钠溶液与水等。黏合剂是将细粉附聚成大颗粒，并填入颗粒之间的空隙。所以选择合适的黏合剂与合适的固体粉料与液体料的比例是非常重要的，这对产品的颗粒结构、流动性，甚至在水中的溶解度都会有较大的影响。

以硅酸钠溶液为例，一般表面活性剂的量是确定的，硅酸钠的用量依实际需要而调整。

在温度为 35～45℃的物料体系（反应热所致）中，三聚磷酸钠、碳酸钠和硅酸钠的水合比分别为（$SiO_2/NaO \approx 2.5$）：

$$6H_2O : Na_5P_3O_{10} = 0.29 : 1$$

$$H_2O : Na_2CO_3 = 0.17 : 1$$

$$9H_2O : Na_2SiO_3 = 0.76 : 1$$

根据以上规律（即水合比）可计算出一个确定配方可能的最大含水量，从而进一步修正硅酸钠溶液的用量。硅酸钠溶液不能与无机组分直接相混，否则一经接触便强烈晶化，宜采用以有机活性剂稀释硅酸钠溶液的办法，将所有液体物料预先混合，当混合物为均匀流体时再投入使用。但当非离子表面活性剂与硅酸钠溶液混合时，配比不当易产生凝胶块，同样使得附聚无法进行。产生凝胶块的原因：一是当 AEO_9 与 H_2O 以 1∶(0.8～2.0) 的比例混合时产生凝胶体；二是硅酸钠溶液中的部分水分被 AEO_9 吸收转为凝胶体后，硅酸钠溶液浓度增加到一定程度开始形成“玻璃状”晶形块。避免产生这种现象的办法是控制硅酸钠溶液的使用量。正确的硅酸钠溶液使用量可通过实验得到，也可以根据配方计算得到参考数据，计算公式如下：

$$X_{硅}\% = \frac{0.8 \times X_{非}\%}{100 - W_{硅}\%} \tag{5-5}$$

式中　$X_{硅}\%$——硅酸钠溶液配方用量；

$X_{非}\%$——非离子 AEO_9 配方用量；

$W_{硅}$——硅酸钠溶液的含量；

0.8——AEO_9 最小胶体含水系数。

例如在下述配方（质量分数/%）中：

非离子表面活性剂	11	三聚磷酸钠	32
烷基苯磺酸	1.5	碳酸钠	19

硫酸钠	平衡	荧光增白剂	0.2
硅酸钠溶液	8～18	香精	适量
羧甲基纤维素钠	1		

$X_{非}\%=11\%$，$W_{硅}\%$以35%计，则硅酸钠溶液的配方用量应为13.5%。实验证明，本配方中硅酸钠溶液的用量为13.5%是可行的。

(4) 辅助剂 由于浓缩粉的使用量比惯用的喷雾干燥粉少，因此在配方中的小料助剂酶、荧光增白剂、羧甲基纤维素、香精等就需要相应的增加。为此，附聚成型生产浓缩洗衣粉对小助剂提出了更高的要求，比如，荧光增白剂应该有更好的溶解性和分散性，否则在浓缩粉中由于浓度的增大，可能在织物上不均匀沉积，而引起白花；复合酶的应用（如碱性蛋白酶与脂肪酶、蛋白酶与淀粉酶、蛋白酶与纤维素酶等的组合）显得更有必要。

在附聚成型制造洗衣粉中，各物料质点在搅拌机械不断混合与分散作用下，完成水合晶化和黏聚两个物理化学反应形成附聚体。因此，每投一料均要搅拌至均匀，但不宜长时间搅拌。

5.3 其他生产高密度洗衣粉的方法

5.3.1 压紧法

压紧法生产浓缩洗衣粉是用外力将细粉料模压成片，以增加密度，而后粉碎，最后在黏合剂的存在下造粒。图5-16为压紧法示意，主要设备是旋转模式压片机和挤压机。

压紧法的压紧力可用式（5-5）计算：

$$\lg\rho = mV_R + b \tag{5-6}$$

式中 ρ——压紧时所用的力；

V_R——V/V_s，其中V是ρ时的压紧体积，V_s是固体粉料体积（无空隙度）；

m，b——常数。

压紧法通常用于医药工业的药业生产，在洗涤剂行业，是将由喷雾干燥法的洗衣粉经压紧法成片，以提高密度，经破碎再二次附聚成粒而来，这样可得到表观密度0.7的高密度浓缩粉。

5.3.2 喷雾干燥-附聚成型结合法

洗衣粉的表观密度受粉粒之间的空隙度与粉粒内空隙的制约。

$$粉的表观密度=\sigma(1-\varepsilon_p-\varepsilon_b) \tag{5-7}$$

式中 σ——晶体密度；

ε_p——粒子内空隙度；

ε_b——粒子间空隙度。

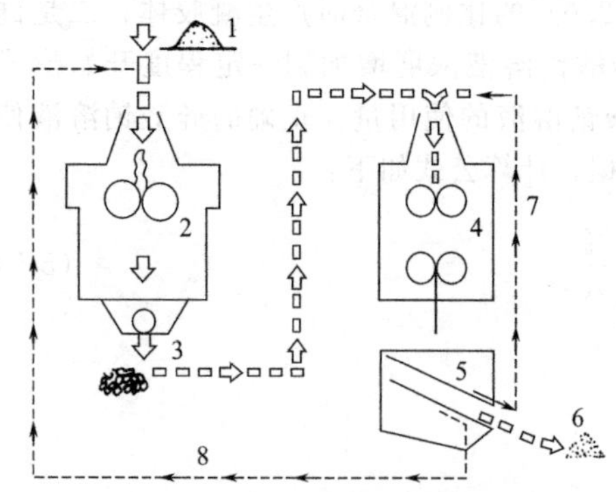

图5-16 压紧法示意

1—细粉；2—压紧机；3—片粉碎机；4—造粒机；5—筛子；6—成品粉；7—大颗粒返回；8—小颗粒返回

传统喷雾干燥的洗衣粉，若表观密度为0.3，可以笼统地说粉的体积内有70%的空气，这70%的空隙可分为粒子内空隙与粒子间空隙。如果设法降低ε_p和ε_b，就可以提高粉的表观密度。

P. K. Novo公司将喷雾干燥粉作为基粉，与其他固体粉料、非离子表面活性剂、黏合剂一起加入第一只Zig-zag混合附聚器中。先在滚筒中混合附聚，再在V型混合器中加深附聚化与粒度均匀化。从V型混合器出来的颗粒含15%～20%的水，进入流化床干燥老化后，颗粒的表观密度可达到0.8～0.9。

还可以在第二只 Zig-zag 混合器内加入热敏性物质，如过硼酸钠、酶、TAED（四乙酸二乙胺钠盐）及部分沸石等。以非离子表面活性剂作为黏合剂再次附聚粒化。颗粒的表观密度可达到 0.95。Zig-zag 附聚器与喷雾干燥相结合示意图见图 5-17。采用 Zig-zag 附聚法与喷雾法相结合的方法，基料粉（即喷雾干燥粉）与其他附聚物料的比例可在(30∶70)～(70∶30) 之间调节。

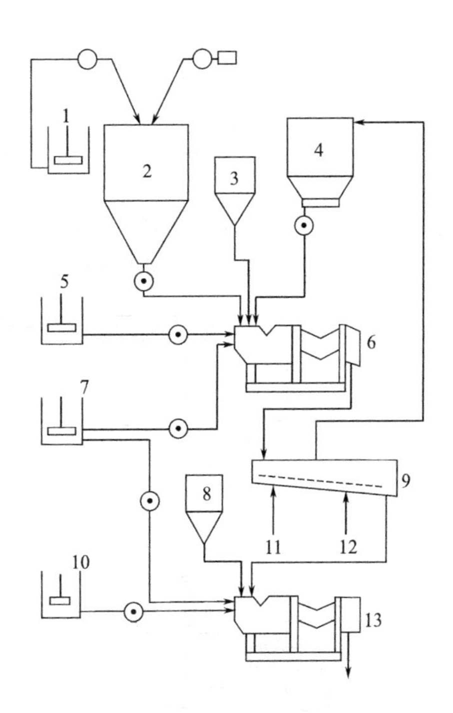

图 5-17 Zig-zag 附聚器与喷雾干燥

1—料浆制备；2—喷粉塔；3—固体粉料；4—袋式过滤器；5—附聚液；6，13—Zig-zag 附聚器；7—非离子表面活性剂；8—后加料粉；9—流化床；10—香精；11—热空气；12—冷空气

图 5-18 是 Ballestra 公司的 Combex 工艺示意。此工艺特点是采用三只卧式混合器，前两只是涡流式混合器，第三只是旋转式混合器。将洗衣粉和其他固体物料引入第二只涡流混合器，同时将黏合液和非离子表面活性剂泵入，混合附聚。如果在这过程中温度上升，可用冷空气冷却物料，然后进入第二只混合器，使颗粒增加密度。第二只混合器加入沸石、过硼酸盐、过碳酸盐作为颗粒改进剂。第三只混合器是简单的后加料混合器，加入少量热敏性物料。

国内流行的一种高塔-附聚法的工艺过程如下。首先将非热敏性原料，如部分硅酸盐、硫酸钠、碳酸钠、氢氧化钠、CMC 等用高剪切技术制备料浆，然后经过高压泵将料浆输入高压塔顶部，在高压下经喷嘴雾化。与此同时，热空气经过一次和二次高压风机从底部侧面吹入，在塔内形成高速、高温旋流，使自上而下的料浆迅速汽化，膨胀形成粒状的半成品后，经过封闭流化床老化后提升到粉仓（与采用流化床与风送管道提升相比，不仅破碎粉少，而且粉的表观密度降低 0.02g/cm^3）。然后经过粉体电子秤连续称量，同时添加一些热敏性物料如五钠、非离子表面活性剂，使在附聚造粒机中形成一种空心球状颗粒。最后采用静态混合技术复配香精和酶。这类设备可一机多用，可以生产表观密度为 0.25～0.45g/cm^3 的低密度粉，也可以生产 0.45～0.75g/cm^3 的高密度粉，还可以生产液洗产品。

将高塔喷粉与附聚成型结合起来，节省了能耗与设备投资，还可以实现产品低密度化、活性物浓缩化。

还可以在原来高塔的基础之上引入附聚技术的配料系统，这种对于多种后配料，采用静态混合技术。将大部分磺酸的中和安排到后配料中，可节省能源 50%。在该系列设备制皂粉装置中，使脂肪酸与纯碱在造粒机中中和，代替配入一般皂基，这样不仅从能源角度充分利用了中和热，而且有效地解决了一般皂粉溶解度差的弊病。

5.3.3 喷雾干燥-碰撞结合法

喷雾干燥-碰撞结合法生产高密洗衣粉的方法是对喷粉干燥出来的空心洗衣粉施加外力，使粉粒相互碰撞压缩变形，降低粒子间的空隙度，增大颗粒的密度。相撞的粉粒性质与粉的可塑性及撞击功的大小有关，粉粒在可塑状态下需要的功小，而且不会由于碰撞而破碎成小片。粉的可塑性决定于粉的配方、粉的温度与湿度。采用此工艺，浓缩粉的表观密度可达到 1.0g/cm^3。

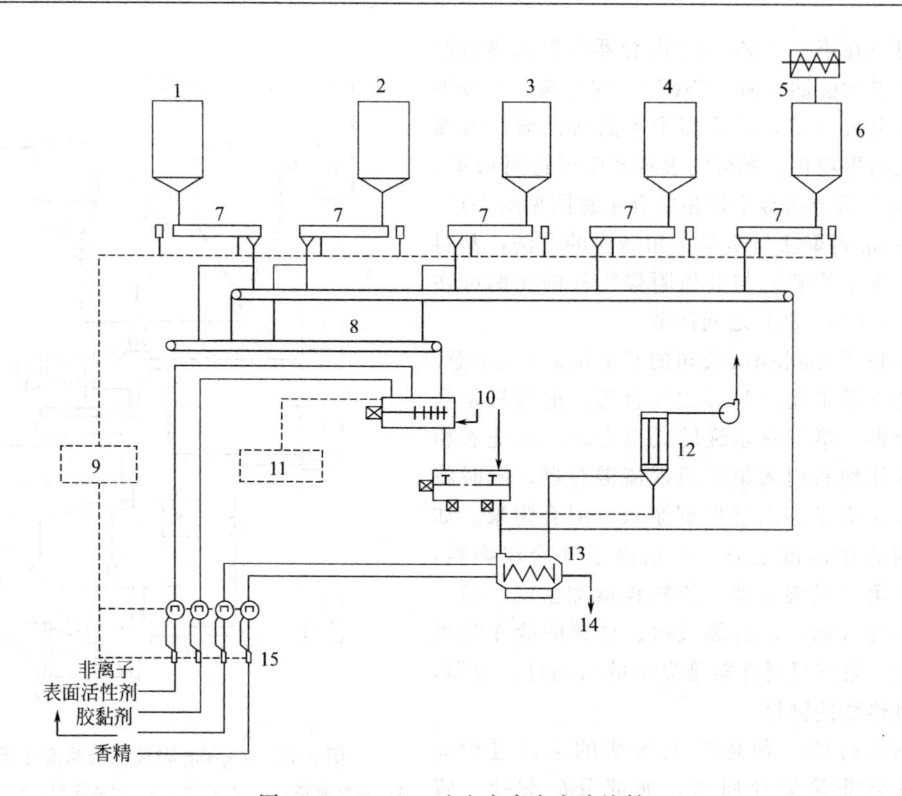

图 5-18 Combex 法生产高密度浓缩粉

1—喷粉料；2,3—STPP/沸石、碳酸盐；4—过氧化物盐；5—贮罐；6—TAED、酶、其他微量物；7—电子秤；8—传送带；9—控制计量系统；10—湍流混合器；11—空调；12—除尘系统；13—旋转混合器；14—成品粉；15—计量泵

第 6 章　液体洗涤剂的生产

与粉状洗涤剂相比，液体洗涤剂具有使用方便、溶解（分散）速度快、低温洗涤性能好、配方灵活、制造工艺简单、设备投资少、耗能低、加工成本低等优点。

6.1　液体洗涤剂生产工艺流程

液体洗涤剂生产的主要工序如下。

（1）备料

有的原料需熔化，有的需溶解或预混。一般用高位槽计量用量较多的液体物料，用定量泵输送并计量水等原料。有些原料需滤去机械杂质，所用水需进行去离子处理。

（2）乳化均质

仅仅经过乳化的液体，其稳定性往往较差。经过均质后，乳液中分散相中的颗粒更细小、更均匀，则产品更稳定。

（3）排气、过滤、老化、包装

由于搅拌和产品中表面活性剂的作用，有大量气泡产生，气泡有不断冲向液面的作用力，会造成溶液的稳定性下降、包装计量不准。一般采用抽真空排气工艺，快速将液体中的气泡排出。有些专用设备则无需排气处理。

过滤在包装前进行，以除去机械性杂质；在制备过程中进行，以除去絮状物。产品制备后在罐中静置贮存几小时，待其性能稳定后再进行包装，此为老化。正规生产使用罐装机、包装流水线；小批量可用高位手工罐装。

液体洗涤剂的工艺流程如图 6-1 所示，图中不包括水处理和原料预处理。

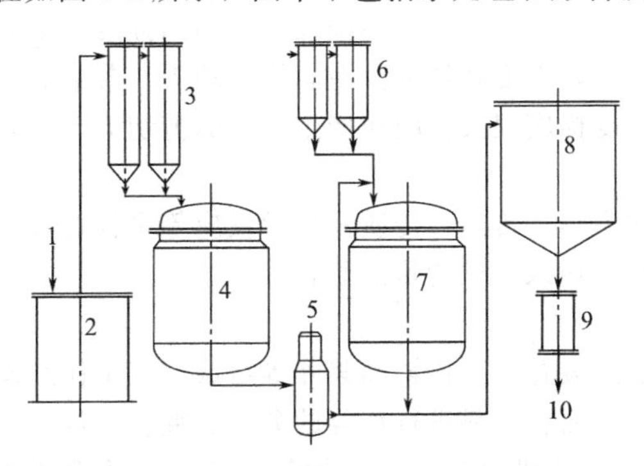

图 6-1　液体洗涤剂生产流程

1—进料；2—贮料罐（1～n）；3—主料加料计量罐（1～n）；4—乳化罐（混合罐）；5—均质机；6—辅料加料计量罐（1—n）；7—冷却罐；8—成品贮罐；9—过滤器；10—去成品包装

采用间隙式批量生产工艺的液体洗涤剂生产线及设备装置，主要包括水处理装置、高效乳化和均质设备、真空装置过滤、包装和灌装设备等生产单元。这种装置可生产出织物液体洗涤剂、餐具液体洗涤剂、发用清洁剂（洗发香波、护发素）、体用清洁剂（洗手液、洗脚剂、洗脸液、口腔清洁剂等）、家庭居室硬表面清洁剂（主要用于卫生设施、家具、墙壁等的清洗）等。

6.2 液体洗涤剂制备的主要设备

6.2.1 物料输送设备

① 动力式（叶轮式） 离心泵、轴流泵。离心泵主要是由叶轮和蜗壳组成，叶轮由电动机驱动而高速转动（1000～3000r/min），迫使叶片间液体靠离心力作用径向运动。离心泵流量均匀，使用范围广，容易达到大的流量，而且更适合于较低压头及大流量情况。除了高黏度物料外都可以输送，而且结构简单、造价低。

② 容积式（位移式） 往复泵、旋转泵。往复泵主要由泵体、活塞和活门组成。在曲柄连杆机构的带动下，活塞做往复运动，使液体交替地吸入或排出泵体，达到输送目的。往复泵效率高、压头高，适于流量不大的高压头输送任务。旋转泵、齿轮泵适于高黏度液体。

③ 其他类型 喷射泵、机械式真空泵和气动泵等。水喷射泵或机械式真空泵利用造成真空的方式可以吸入低黏度物料，但不适合于易挥发物料。易燃液体可用气动泵，即靠气动泵压缩空气推动物料运行。

6.2.2 混合和乳化设备

液体混合效果以调匀度来评价。对于互不相溶的几种原料组成的溶液体系，任何混合工艺和设备都不可能实现微观上的调匀，只能达到宏观上的均匀。调匀度是指混合样品各处浓度与平均浓度的比值。调匀度小于或等于1。该值越接近1，说明其混合度越均匀。如果提高标准，按分子大小来考察调匀度，则即使调匀度为1，实际上根本不均匀。搅拌就是最基本的提高调匀度的措施。

搅拌就是向体系提供能量，使得液体的微团体积减小，使各组分间的接触更紧密，接触面积更大，从而提高调匀度。在搅拌时，容器内形成液体总体流动，由于各组分的黏度不同，在流动时则存在速度梯度，形成液体互相分散时的剪切力。在这种剪切力的作用下，液体被撕成微小液团，即达到均匀混合的目的。

对高黏度液体，总体流动常处于层流状态，搅拌使两种液体间达到一定的均匀，总体流动中存在速度梯度，从而形成液体互相分散所需的剪切力。对于低黏度液体，在搅拌时总体流动处于湍流状态。湍流可看成是由平均流动与大量不同尺寸、不同强度的旋涡运动叠加而成。湍动越剧烈，旋涡尺寸越小，数量越多，强度就越高。在总体流动中，各处湍动速度不同。在湍动最剧烈处，旋涡运动十分强烈，速度梯度很大，因而产生很大的剪切力，在其作用下，液体被撕成微小液团，达到均匀混合目的。

搅拌操作原理涉及流体力学、传热、传质及化学反应等多种过程，而搅拌混合装置是为了使介质获得适宜的流动场而向其输入机械能量的装置。

6.2.2.1 搅拌设备

搅拌机主要由电机、控速装置、搅拌轴和桨叶等组成。其工作原理主要是通过将搅拌桨叶放入混合槽中进行剧烈搅拌，从而将物料进行反复的分散、混合，最终达到乳化的效果。从搅拌流体的流动特性角度，将新型搅拌机分为三类：抽气罩壳型（宏观循环流），定子与转子啮合型（局部高剪切流），组合型（宏观循环加局部高剪切）。搅拌机正在向着可实现反应、分散、破碎、均一及乳化等多种过程，多功能、多用途的方向发展。

(1) 叶轮类型 搅拌槽内的液体进行着三维流动，为了区分搅拌桨叶排液的流向特点，根据主要排液方向，按圆柱坐标把典型桨叶分成径向流叶轮和轴向流叶轮。

① 径向流叶轮 齿片式、平叶桨式、直叶圆盘涡轮式和弯曲叶涡轮式，在无挡板搅拌槽中除了使液体产生与叶轮一起回转的周向流外，还由于叶轮的离心力是液体沿叶片向槽壁射出，形成强大有力的径向流，故称这些叶轮为径向流叶轮。径向流叶轮搅拌器旋转时，将物料由轴向吸入，再径向排出，叶轮功率消耗大，搅拌速度较快，剪切力强。图6-2、图6-3所示为典型的径向叶轮。

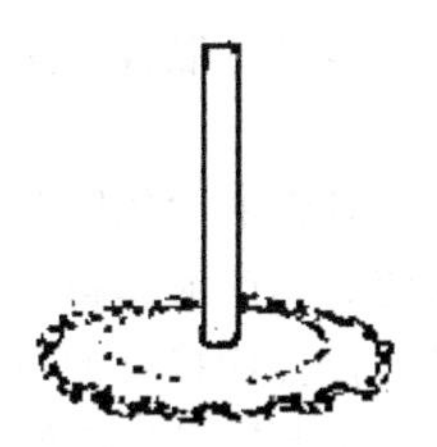

图 6-2　齿片式叶轮

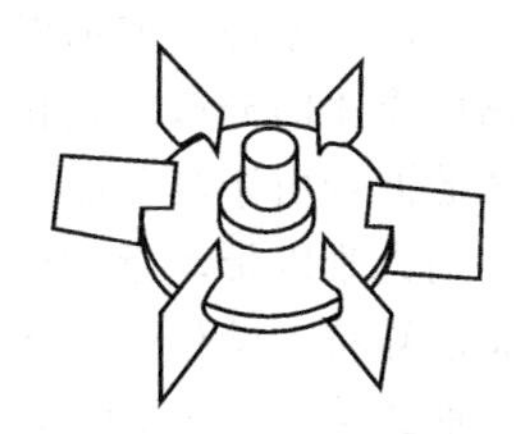

图 6-3　直叶圆盘涡轮式叶轮

② 轴向流叶轮　在通常情况下，大量的搅拌设备用于低黏物系的混合和固-液悬浮操作，要求叶轮能以低的能耗提供高的轴向循环流量。由于传统的推进式叶轮叶片为复杂的立体曲面，虽能满足要求，但制造却很困难，亦不易大型化。A310 和 A315 系列（图 6-4、图 6-5）是美国莱宁公司高效轴流搅拌器，其特点是叶片的倾角和叶片的宽度是随其径向位置变化的。

图 6-4　A310

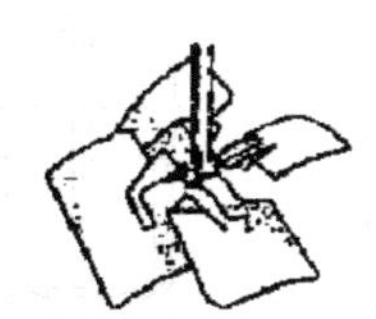

图 6-5　A315

泛能式、最大叶片式、叶片组合式等搅拌浆，如图 6-6～图 6-8 所示，其共同特点是，叶轮在搅拌槽的纵剖面上的投影面积占槽的纵剖面面积的比例很大，不仅适合于固-液悬浮及晶析等操作，也适合于液-液分散以及使气体从液表面吸入的气液传质过程，同时大叶片不仅使槽壁的局部传热膜系数较均匀，也提高了传热膜系数。

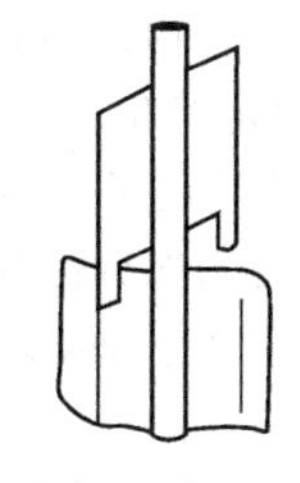

图 6-6　泛能式

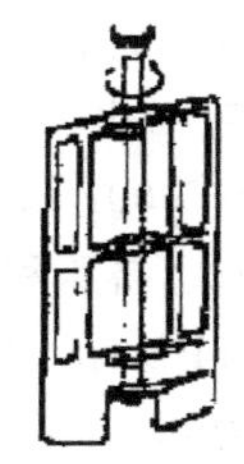

图 6-7　最大叶片式

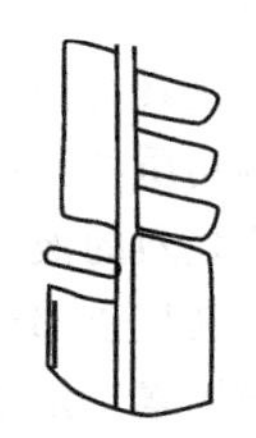

图 6-8　叶片组合式

瑞士卧式双轴全相（All Phase）型搅拌机是典型的高黏和超高黏物系的卧式自清洁搅拌设备。如图 6-9 所示，它的左边一根是主搅拌轴，上面有许多被捏合杆连在一起的盘片，轴和盘片中间是空的，提高了设备的传热能力。捏合杆略微倾斜，使物料被搅拌器进行径向混合的同时，能受到一个轴向的输送力；另一根为清洁轴，上面装有一排倾斜的捏合框，清洁轴以 4 倍于主搅拌轴的转速进行旋转，通过两根轴上的元件相互啮合，使搅拌器具有自清洁功能。

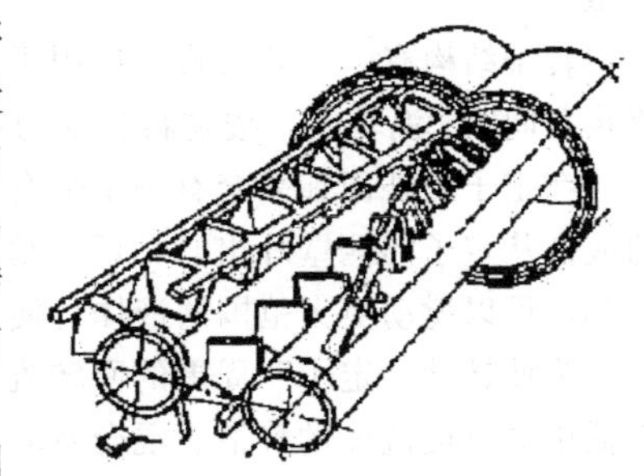

图 6-9　瑞士 LIST 公司卧式全相型自清洁反应器

(2) 辅助搅拌形式　为了使搅拌槽内所有液体都能得到均一良好的分散混合，需要设置辅助搅拌，以此来增加涡流，帮助液体循环，使整个体系均一化。

① 同轴搅拌　在高速转子的同一根轴上，再安装一个（或多个）搅拌翼，该搅拌翼应为轴流型，目的是增加体系循环，增加涡流，帮助轻质粒子进入整体物料进行混合。这种类型的搅拌机适合于低中黏度流体的分散、乳化以及轻质物料的混合溶解。

高黏度流体的混合由于其黏滞性过高而对静止的设备壁面产生较强的"依附"效应，单靠流体质点间相互作用力难以带动近壁处的流体一起运动。因此，要使高黏度流体得到充分的混合必须要求搅拌设备能够将近壁处的流体不停地刮下来，宜装有直径与搅拌槽接近的搅拌浆，比如螺带浆、锚式浆、框式浆、Ekato浆等。此外，有的垂直带式搅拌浆也能起到刮壁效应，或者直接在搅拌器上装刮刀以加速近壁处流体运动；还有的搅拌器动臂与附着在混合器壁的静止构件呈相互啮合状。

另外还有多条螺带、锚组合而形成的搅拌桨，如双螺带型、四螺带型、四臂锚型、内外螺带型、螺带螺杆型、螺带锚型等 。除了大直径搅拌桨外，宽黏度范围搅拌叶轮也可以较好地应用于立式单轴混合设备中，充分满足高黏度流体的混合需求。

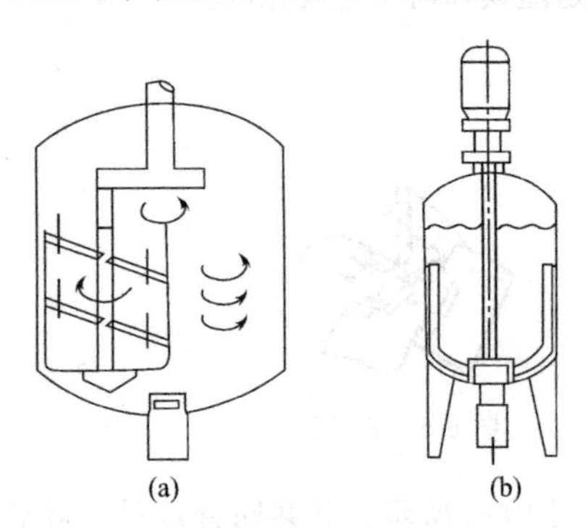

图 6-10　双轴搅拌机

② 双轴搅拌　适合于高黏度流体的分散乳化，在体系中另外设置一套搅拌机。该搅拌机可采用作行星运动的锚式搅拌［图 6-10(a)］，也可采用作圆周运动的锚式搅拌［图 6-10(b)］。

③ 卧式混合设备　按照结构形式分为：卧式单轴混合设备、卧式双轴混合设备等。卧式单轴混合设备因结构简单，其转子形式主要有：Z 形、E 形、圆盘型、螺带型、双旋型等。

④ 卧式双轴混合　设备通常具有多种形式，如偏心圆盘、椭圆盘、T 形叶片等。卧式双轴设备特别适用于高黏、超高黏和粉体物系的混合，转动时两轴上的搅拌构件之间以及它们与混合器壁之间相互刮擦，从而具有自清洁功能。

6.2.2.2　均质乳化机

均质乳化装备有胶体磨、高压均质机、离心式均质机、超声波均质机和剪切式均质机等。剪切式均质机具有独特的剪切分散机理和超细化、低能耗、高效化和性能稳定等优点。采用定-转子型结构均质器，在电动机高速（3000～7000r/min）驱动下，物料在转子与定子间隙内高速运动，形成强烈的液力剪切和湍流，在离心、挤压和碰撞等综合作用力下，得到充分的分散和破碎而乳化。其核心部件定-转子结构如图 6-11 所示。定子与转子间隙的大小是保证速度场和剪切力场的关键因素，定子和转子的间隙一般为 0.2～1.0mm。

定子结构有：圆孔式，用于高黏度物料的循环分散乳化；网孔式，用于低黏度精细乳液的制备及微小颗粒在液体中的迅速分散、细化；长方孔式，用于中高黏度物料的混合分散。

转子结构有：二叶桨式，适用于各种黏度的物料；梳状式，可根据各种物料的黏度大小调节梳状条间距；涡轮式，按物料黏度的不同设计满足各种黏度要求的转子。

在定子的外面如果套有一个带有叶片、能自由转动的"定子"（图 6-12），当高速转子使吸入的液体从定子的侧壁吐出时，可转动的"定子"受此液体的冲击，其转速约为高速转子的1/10～1/20，可以搅动更大范围的液体，使得高黏度液体的分散、混合成为可能。

为使转动"定子"周围的回转流变成上下循环流，可将搅拌机偏心设置，适用范围较大，适于低中高黏度流体的分散、混合及乳化。

高压均质乳化机又称高压均质乳化泵，有一个或数个往复运动的柱塞。需处理的物料在柱塞所造成的高压条件下进入可调节压力大小的阀组中，失压后的物料从可调节限流缝隙中以极高的

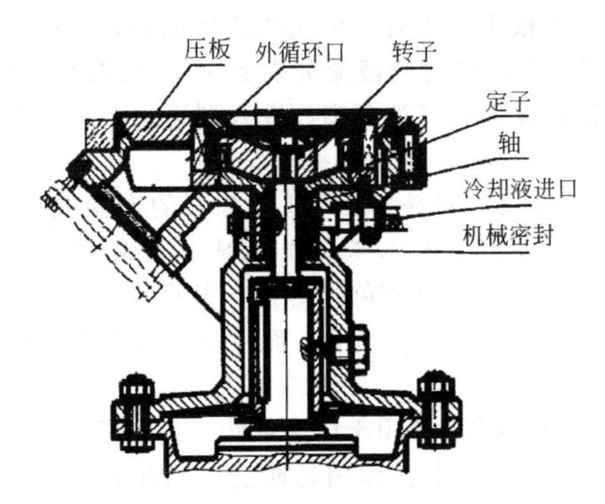

图 6-11　剪切式均质机定-转子结构

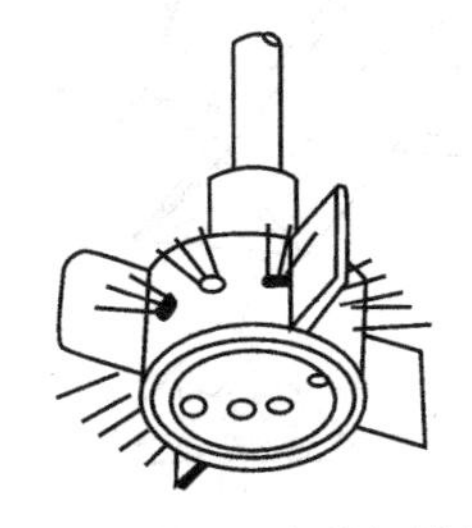

图 6-12　改良型高剪切搅拌机

流速（200～300m/s，最高可达 950m/s）喷出，撞在阀组件之一的碰撞环上，产生 3 种效应：①空穴效应，被柱塞压缩的物料内积聚了极高的能量，通过可调节限流缝隙时瞬间失压，造成高能释放，引起空穴爆炸，致使物料强烈粉碎细化；②撞击效应，通过可调节限流缝隙的物料以上述极高的线速度，撞击到用特殊材料制成的碰撞环上，造成物料粉碎；③剪切效应，高速物料通过泵腔内通道和阀口狭缝时会产生剪切效应。处理过的物料可均匀细化到 0.1～2 μm 粒径。

6.2.2.3　静态混合器

凡利用固定的元件（起混合作用的最小单元，可以是组件或零件）使不同组分形成均质混合物的设备均可称为静态混合器或乳化管。混合所需能量来源于运动流体本身。由于混合元件的作用，不均质的混合物以径向和轴向的分散，并且不断改变流动方向，不仅将中心流体推向周边，而且将周边流体推向中心，从而造成良好的径向混合效果。与此同时，流体直身的旋转作用在相邻元件连接处的界面上亦会发生。这种完善的径向环流混合作用，使流体在管子截面上的温度梯度、速度梯度和质量梯度明显减少。静态混合器的能量利用率高、体积小而又几乎无磨损，基本不需维修可直接装在管线上（即所谓在线混合器），无需动态机械密封。这些优点都是动态混合器所不能比拟的。

以下是几种在国际上有竞争能力的静态混合器。

(1) 苏尔兹型静态混合器　有苏尔兹 SMV 型和 SMX 型两种。SMV 型如图 6-13 所示，用于湍流条件，它的混合元件是由若干块金属波纹板叠成的圆柱体或方形体（根据外壳截面形状而定），相邻板的波纹方向相反，且同外壳成一角度。

图 6-14 是相邻波纹通道相交形成许多混合室的图示。几股流体进入某一混合室，由于拉力

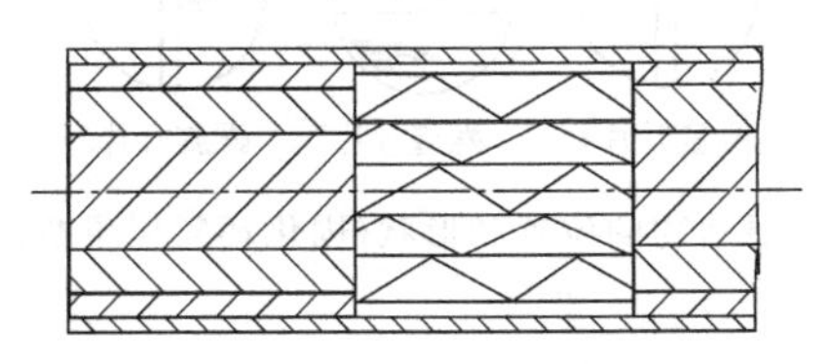

图 6-13　苏尔兹 SMV 型静态混合器

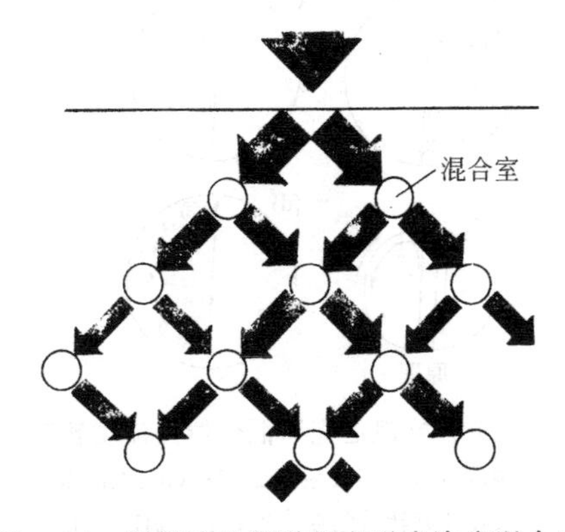

图 6-14　相邻波纹通道相交形成许多混合室

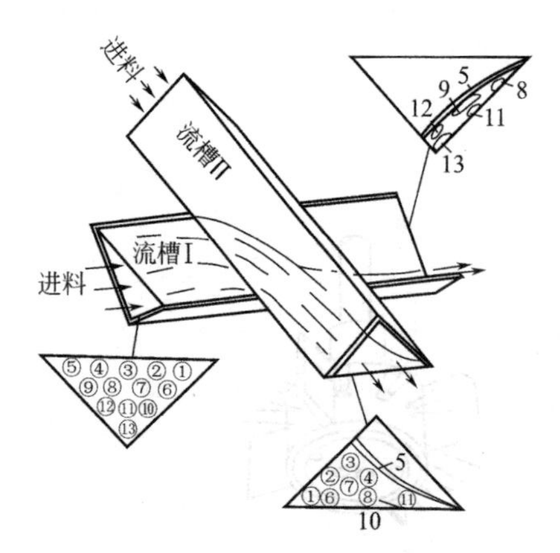

图 6-15 互支的2个三角形流槽里料流的流动

和剪切力的作用被重新组合，形成两股新的液流，以不同方向离开混合室。这两股液流分别到下一个波纹交叉点时，再重新组合随后又被分离，进入到下一个再组合再分离过程。

图 6-15 是模拟苏尔兹 SMV 型混合器的实验模型，它由2个三角形截面（高为15mm）构成，互成90°。往流槽Ⅰ给定位置注入不同颜色的物料。实验证明，大约有2/3物料从流槽Ⅰ流入流槽Ⅱ，而色点的分布也发生了变化。

苏尔兹 SMX 型混合器用于层流条件，其原理是基于流体的狭板流动效应。混合作用是通过分割和表面扩大达到的。当液体正对着平放狭板流动时，被分开的液流到了狭板后方汇合在一起，又成原来的状态，但当液体对着斜置狭板流动时，分开的液流到达板后方时，不但不立即汇合，且表面急剧扩张。若相邻两排狭板交错放置，混合效果会更好。这种混合器的混合元件是用若干斜置狭板条搭起来的一个构架，像一个用枕木搭起来的临时桥墩（图 6-16）。

（2）凯尼克斯型混合器 这种混合器（图 6-17）内的混合元件是左旋和右旋的金属螺旋叶片，头尾转180°，长径比一般为1.5～1，相反旋向的叶片头尾焊在一起，以保证互转90°。混合元件放在管子里，成为在线混合器。流体在各个叶片首端被一分为二，达到分流和径向混合的目的。

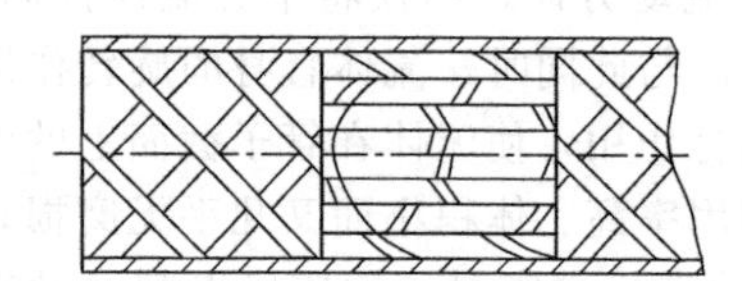

图 6-16 苏尔兹 SMX 型静态混合器

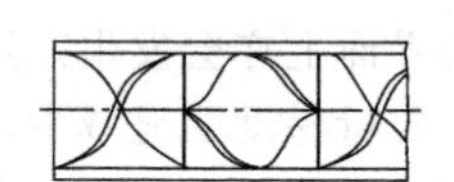

图 6-17 凯尼克斯型混合器

图 6-18 是凯尼克斯型混合器的流动轨迹。用注射器将不同颜色的物料注射在断面的不同点，并编号。图 6-19 是将环氧树脂作为液流，固化后切开的图示，显示了液流的混合情况。

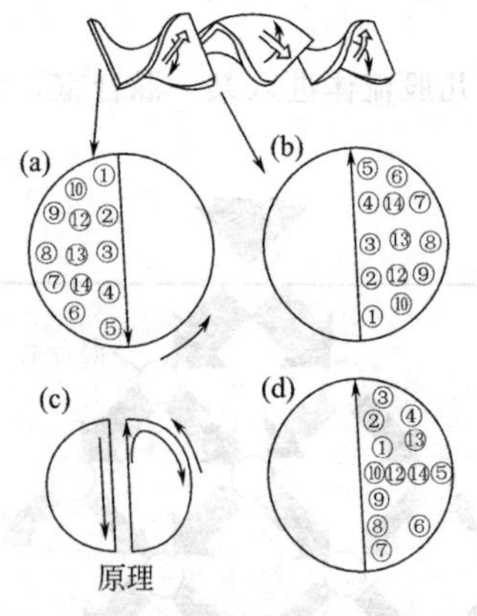

图 6-18 流体在凯尼克斯混合器内流动轨迹

(a)在螺旋叶片入口处色点分布；(b)无扭曲时随螺旋叶旋转后色点代置；(c)流体运动简图；(d)经过一个元件后色点实际分布

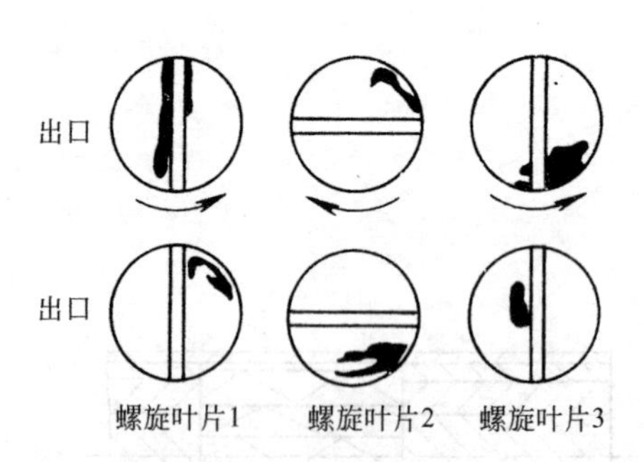

图 6-19 显示物的位置和形状(固化环氧树脂断面)

(3) 罗斯-ISG 混合器　这种混合器又称为界面发生器，其混合元件如图 6-20 所示。

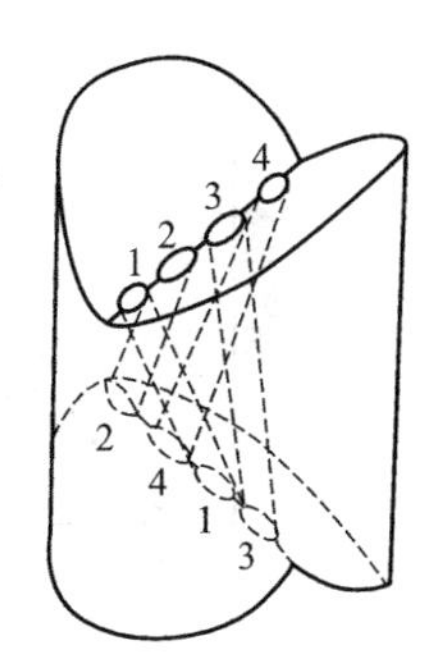

图 6-20　罗斯-ISG 混合元件

6.2.2.4　微射流乳化设备

微射流乳化技术能够达到超微分散、超微乳化。与常规技术相比，可以少加或不加乳化剂、分散剂，只需最低限度的加热，便可生产出一流的产品，而且没有机械产生磨损掉屑之忧。微射流原理如图 6-21 所示其工艺流程如图 6-22 所示。

原料经过预混合后被吸入高压泵增压至预定的压力 3.6～160MPa 后进入反应室，液流先一分为二，然后在冲击区内合流。由于超高流速及空化的作用，在百万分之一秒的时间内便有巨大的能量释放出来。流体自身产生 90%的压力降，即巨大的压能和动能同时被转化而用于流体的分散和微粒化。微射流技术具有高裂解效能，即使是脆弱易损的酶亦不致遭受破坏，亦可用作灭菌消毒和高压灭菌。通常经过 3～5 次微射流乳化便可得到颗粒极小、分布均匀的产品。

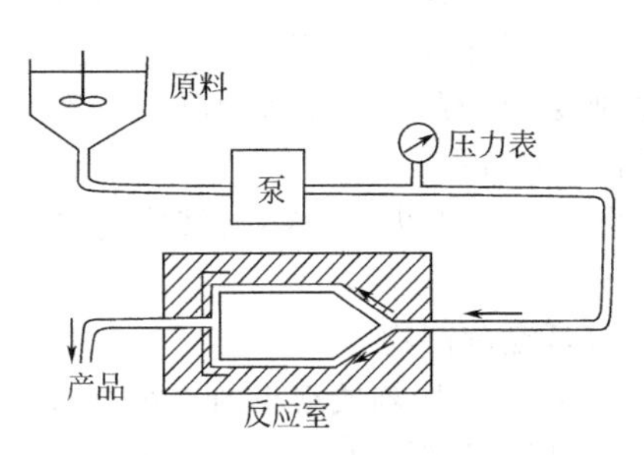

图 6-21　微射流乳化原理

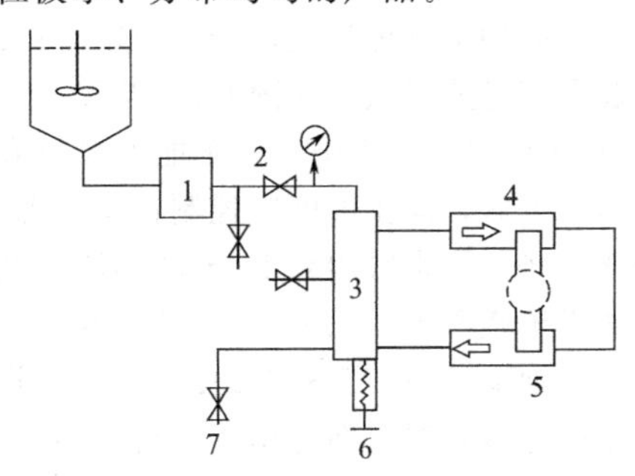

图 6-22　微射流乳化工艺流程

1—泵；2—初始阀；3—短管阀；4—反应室；5—反压组件；6—阀门控制器；7—产品

6.2.2.5　超声波乳化装置

超声波有 4 大基本作用：①线性的交振动作用；②周期性激波作用；③非线性的伯努利力作用；④空化作用。在这 4 种作用的复合下，使得油-水不相容的状态，瞬间变化，要比一般的机械搅拌、静态混合等方法要好。但是大规模应用还存在问题。

6.3　液体洗涤剂生产的质量控制

6.3.1　黏度的控制

黏度不仅是一个产品性能要求的指标，而且常常是达到顺利操作的一个控制因素。在第 3 章增稠剂部分对此有专门论述，实际除了增稠剂外，许多因素，如 pH 值、原料以及杂质和工艺等都对黏度有影响。

(1) 大部分原料对黏度都有贡献

许多助剂都是一剂多能，或是有多种影响。图 6-24 说明不仅增黏剂决定着产品的黏度，而且配方中许多组分都对黏度有影响，多投 0.5kg 甲苯磺酸钠可以使黏度下降 0.15Pa•s，多投 2kg AES 又可使黏度增加 0.25Pa•s。同样，柠檬酸是用来调整产品 pH 值的助剂，但多加 0.5kg 就可使黏度增加 0.5Pa•s。

① 有关 AES 的问题

在液体洗涤剂中常常使用 70%含量的浆状 AES，投料较困难。预加热不仅不能增加其流动

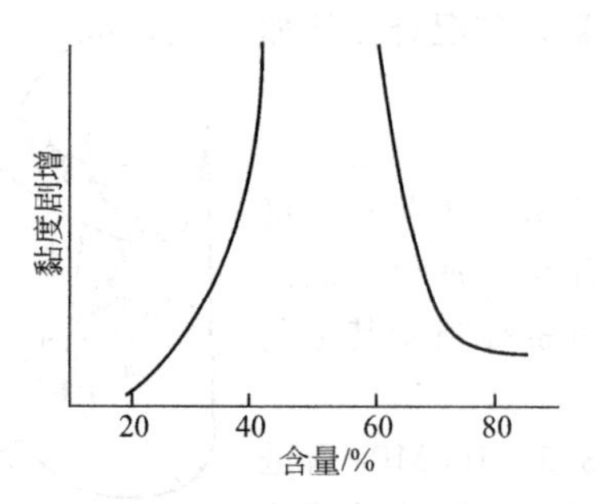

图 6-23　70%AES黏度与浓度的关系曲线

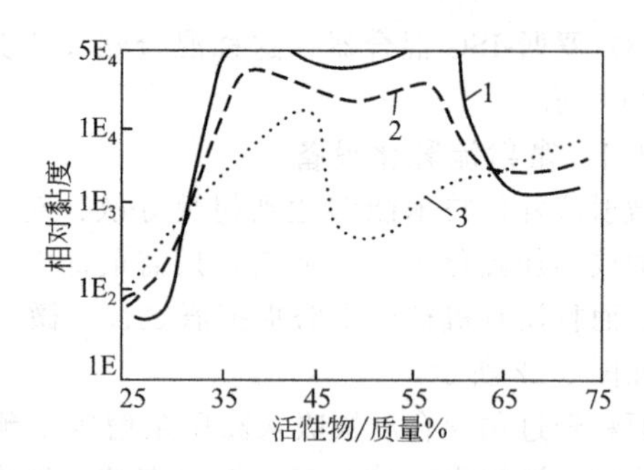

图 6-24　游离 NaOH 对 AES 黏度的影响曲线（温度为 45℃）

游离 NaOH 含量：1—＜0.2%；2—1.5%；3—3%

性，而且长期加热还会导致 AES 分解。10℃以后 70%AES 的黏度对于温度的依赖关系不大。如果采用常用的冲蒸汽稀释法，会使 AES 陷入黏度激增区而成为凝胶，如图 6-23 所示。NaOH 的存在引起黏度迅速下跌，如图 6-24 所示。Na_2CO_3 与聚乙二醇也有类似作用。

把 AES 慢慢加入水中，而不能加水来溶解 AES，否则会成为黏度非常大的凝胶。鉴于 AES 在高温容易分解，操作温度应控制在 40℃以下，最高不得超过 60℃。

液体洗涤剂中常常用到 LAS 和 AES，由于 AES 较难溶解，可以在 LAS 溶液中先加入增溶成分（如甲苯磺酸钠、尼纳尔），再投入 AES。

在 45℃或以下对 AES 以 20r/min 缓慢搅拌，可以得到低黏度产物。

利用静态混合器，即先用绞肉机式的切割方法将 70%的 AES 切割成很小的小块，而后用水流送至静态混合器，与水及其他成分按一定的比例混合，可以得到低黏度的产品，该法可以用于连续化生产。

② 表面活性剂复配的影响　在以 LAS、AES 主的表面活性剂体系中，加入少量的椰油酰胺基丙基甜菜碱（CAB）配伍使用时，只需加入少量的无机盐增稠剂就可迅速提高产品的黏度。

含难增黏表面活性剂（如 AESS，磺基琥珀醇醚酯）的液洗剂，用常用的椰油酸二乙醇酰胺和无机盐增稠有难度。但是如将 1∶2 型椰油酸二乙醇酰胺先溶于水中（10%活性物），呈分散状，外观为乳状液（黏度很低，＜20mPa·s），而后用 AESS 将其增溶至透明时（椰油醇二乙醇酰胺 8.8%，AESS 1.2%），黏度上升至 150mPa·s。即前者呈溶解状态，进入混合胶束才可发挥增黏效果。而如再引入氯化钠，又破坏了混合胶束，而使黏度下降。

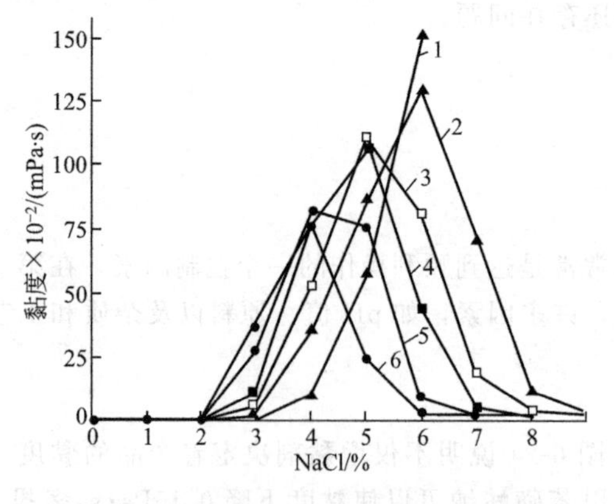

图 6-25　香精对 10%十二烷基醚硫酸钠活性物黏度的影响

香茅醇含量：1—0%；2—0.1%；3—0.2%；4—0.3%；5—0.4%；6—0.5%

③ 阳离子表面活性剂的贡献　柔软剂类产品的黏度应该考虑到阳离子表面活性剂的贡献。

④ 香精对黏度也有影响。稍高于 1%的香茅醇就可以使液洗剂黏度增至 4250Pa·s 这个峰值。但继续加则降低黏度。当氯化钠含量低于 5%～6%时，香茅醇可提高由 NaCl 产生的黏度，如图 6-25 所示。疏水的香精分子溶解在棒状胶束的碳氢内部，后来的溶胀过程又使胶束的形状重新向球形体转移，使黏度降低。

（2）原料中杂质也可能影响到黏度　许多表面活性剂，如 AES、脂肪醇聚氧乙烯醚羧酸盐、两性表面活性剂 BS-12 等成品中就含有盐分。因而，即使配方中未加 NaCl，某原料的加入量不同也会影响到黏度。图 6-26 表明应用不同批号原料的产品黏度的波动。产品检验中黏度不合格品有时是总有效物不达标所致。图 6-27 表明原料中 NaCl 含量对产品黏度的影响。

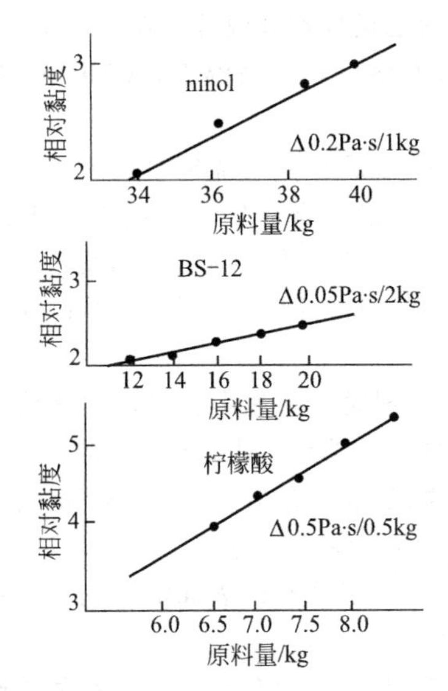

图 6-26　某一配方中三个原料投入量对产品黏度的影响

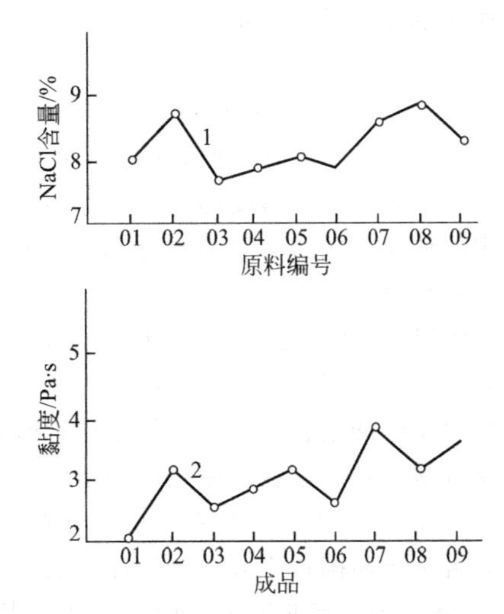

图 6-27　原料中杂质对黏度的影响

1—BS-12 中 NaCl 含量；2—对应曲线 1 中 9 批原料的产品黏度曲线

（3）需注意增黏剂的贮存稳定性　比如在弱碱液中不宜采用易碱性水解的聚乙二醇二硬脂酸酯作为增黏剂；而增稠 AESS 时，过量的二乙醇胺会导致琥珀酸酯的水解。

（4）工艺影响黏度　一般生产含有磺酸的洗涤产品都是先用磺酸与烧碱进行中和反应后，再加入其他表面活性剂。但有发现先将几种表面活性剂的混合物用水充分溶解后，再与烧碱进行反应，在原料的加入量相同的情况下，制得的洗涤剂黏度较高。另外，在磺酸与烧碱的反应中，若反应的温度和反应速度控制适当，也能使产品的黏度有一定程度的提高。

6.3.2　产品变质、变臭、变稀的避免

这属于防腐环节不利所产生的问题。

① 防腐剂只能在产品尚未发生腐败时起作用，一旦发生因细菌作用而发生腐败，再加入就不起作用。

② 在酸性条件下，这些防腐剂才能以质子化的形式通过疏水性的磷脂双分子的细胞膜；如 pH 较高，有机酸防腐剂带负电荷则不能通过细胞膜，就失去了活性。当溶液 pH 值高于 9.0 时，产品自身防腐能力得到了明显的加强。霉菌和酵母菌生长最适 pH 值都在 5～6，细菌的生长最适 pH 值在 7 左右。

关于防腐剂尼泊金甲酯（对羟基苯甲酸甲酯）的使用：a. CMC-Na 含量过高，会使防腐剂尼泊金甲酯失活；b. 微生物易在油-水界面繁殖，故防腐剂需在水中有一定的溶解度；c. 由于酚羟基原因，易受 pH 值影响。当 pH 值为 7 时，尼泊金甲酯的抗菌活性为原来的 2/3，而 pH 值为 8.5 时，抗菌活性降低为原来的一半。

③ 保持水处理系统自身的可靠性，尤其是离子交换柱，极易大量繁殖微生物。

④ 生产中使用的灭菌水不能长期储存，储存过夜的水要重新进行杀菌处理。

6.3.3　产品浑浊和分层的避免

产品质量受到多方面的影响，比如出现浑浊。

① 更换配方中杂质多，溶解度差，达不到质量要求的原料。

② 控制无机增稠剂量。增稠剂氯化钠的加入量过多时，黏度反而会降低，洗涤剂变浑浊。

③ 温度影响原料溶解性。避免产品生产环境中的温度高于产品运输和保存的环境的温度。三聚磷酸钠的溶解不能超过60℃，否则引起水解；非离子表面活性剂吐温等宜在35～40℃溶解，高温反而溶解度降低。CMC-Na与乙酰羊毛脂同样宜在35℃溶解，在高温下，CMC-Na易凝聚成团块。

④ 有关十二烷基苯磺酸（LAS）的问题。十二烷基苯磺酸通常先用烧碱进行中和，若加入量不够，反应体系呈酸性。而磺酸比磺酸钠溶解度小得多，产品也会产生浑浊现象。当LAS的用量比较大时，由于溶解度的原因，产品在放置一段时间后会发生分层。为控制分层现象，磺酸在体系中的使用比例量一般不超过18%。中和磺酸时加水量一般控制在50%～60%；反应LAS的温度不要超过50℃。

⑤ 助溶剂的使用条件。向表面活性剂溶液中添加粉状助剂时，应先用少量的温水将助剂溶解。当固体助剂的用量较大时，需加入一些助溶剂。常用的助溶剂有：对甲苯磺酸钠、二甲苯磺酸钠、异丙苯磺酸钠、尿素等。使用尿素时，液体洗涤剂的pH值一般在5.5～8.5，pH过高时，尿素很易分解，释放出氨。注意一些增溶剂会降低体系的黏度，引起分层。

⑥ 配制用水。如未经去离子化，应先加入螯合剂，先投入耐硬水的表面活性剂，后投不耐硬水的，否则产品搁置不久即产生浑浊沉淀。

⑦ 当体系中含有非离子表面活性剂，用无机盐进行增稠时，会降低非离子表面活性剂的“浊点”，使产品分层。可通过加入少量亲水性强、溶解度大的非离子表面活性剂表面活性剂，如丙基氧化胺或少量月桂氧化胺等物质来增溶。当产品的浓度较高或成分较多时，为提高各配伍组分的相溶性，可选择性地加入一些增溶剂以防止产品分层。

⑧ 搅拌速度不宜过快，以1200r/min为宜。搅拌过快，增加泡沫，影响配料溶解度。

⑨ 聚乙烯醇的作用是增加黏度与抗污垢再沉积作用。非离子表面活性剂吐温-80、烷基醇酰胺以及三聚磷酸钠加入量过高会影响聚乙烯醇的溶解度，比如烷醇酰胺一般不高于5%。

6.3.4 次氯酸钠消毒洗涤剂的稳定问题

（1）次氯酸钠在热力学上是不稳定的

① 自然分解 次氯酸钠是一种强氧化剂，在常温没有外在因素的情况下也会放出活性氧原子，发生自然分解。光照、高温、紫外线都会加速这一进程。氨、铵盐和胺也会加速次氯酸钠分解。

$$2NaClO \longrightarrow 2NaCl + 2[O] \longrightarrow 2NaCl + O_2 \tag{6-1}$$

② 水解和酸解 次氯酸是一种弱酸，其电离度很低，如在25℃时解离常数为219 $\times 10^{-8}$，所以极易发生水解反应，或者在酸性条件下与氢离子结合生成次氯酸而进一步发生分解。

$$NaClO + H_2O \longrightarrow NaOH + HClO \tag{6-2}$$

$$NaClO + H^+ \longrightarrow HClO + Na^+ \tag{6-3}$$

$$2HClO \rightarrow 2HCl + 2[O] \longrightarrow 2HCl + O_2 \tag{6-4}$$

③ 歧化反应 次氯酸钠在浓度极高情况下次会发生歧化，生成氯化钠与氯酸钠，其反应如下：

$$3NaClO \longrightarrow 2NaCl + NaClO_3 \tag{6-5}$$

④ 催化反应 钴、镍、锰、铜和铁多种过渡金属离子都可能会参与次氯酸根的分解：

$$2MO + NaClO \longrightarrow M_2O_3 + NaCl \tag{6-6}$$

$$M_2O_3 + NaClO \longrightarrow 2MO_2 + NaCl \tag{6-7}$$

（2）提高次氯酸钠溶液稳定性的方法 除了避光储存、避免耐腐蚀性能差的金属材料和含镍量高的耐腐蚀金属材料、用不透明的耐腐蚀塑料做容器、降低次氯酸钠溶液的初始浓度外，还有以下方法可提高次氯酸钠溶液的稳定性：

① 提高总碱度　pH值每提高一个单位，次氯酸钠分解速率下降20%，所以宜保持溶液总碱度。

② 添加稳定剂

a. 六羟基环己烷（又称环己六醇、肌醇）或它的磷酸盐　六羟基环己烷添加量在$100\times10^{-6}\sim1000\times10^{-6}$（质量分数）之间。

b. 硅酸钠　pH值为12.5时，2%硅酸钠和1%的AES明显增加次氯酸钠的稳定性。

c. 氯酸盐、碳酸盐和碳酸氢盐　增稳效果在次氯酸钠溶液浓度高时较为明显。

d. 磷酸盐及磷酸衍生物　氯化磷酸三钠、磷酸盐、磷酸一氢盐、磷酸三钠和磷酸氢二钠混合物等。

e. 氯化钠　　增加低浓度次氯酸钠溶液的稳定性。

f. 增稠剂　如羧甲基纤维素钠、纤维素、明胶有机增稠剂等。

但需注意在增加次氯酸钠稳定性的同时会降低次氯酸钠的活性导致杀菌、漂白效果下降，有的稳定剂在温度较高时反而会加速分解。

6.4　乳状液、结构型液洗剂、微乳状液洗涤剂、洗衣膏

6.4.1　乳状液

6.4.1.1　乳化和乳状液

两种互不混溶的液体，一种以微粒（液滴或液晶）分散于另一种中形成的体系称为乳状液。制备乳状液的过程称为乳化。要想得到稳定的乳状液，一般加入乳化剂，以降低油/水界面张力，而且界面张力降低越多、界面分子排列越紧密，相互作用越强，界面膜厚度越大，形成的乳状液也越稳定。

（1）乳状液的类型及其影响因素　常见的乳状液，一相是水或水溶液，另一相是与水不相混溶的有机物，如油脂、蜡等。水和油形成的乳状液，根据其分散情形可分为两种：油分散在水中形成水包油型乳状液，以O/W（油/水）表示；水分散在油中形成油包水型乳状液，W/O（水/油）表示。此外还可能形成复杂的水包油包水型乳状液，以W/O/W（水/油/水）表示，和油包水包油型乳状液，以O/W/O（油/水/油）表示。

乳状液中以液滴存在的那一相称为分散相（或内相、不连续相），连成一片的另一相叫做分散介质（或外相、连续相）。乳状液的类型与内相、外相以及乳化剂的性质相关，而且与容器的极性也有关系。在制备乳状液过程中与乳状液的贮存过程中，均有可能发生乳状液类型的转变。以下几个因素对于乳状液的类型有影响。

① 内外相体积比　有人认为内外相体积比大于0.74即发生相转变。但例外极多，有内外相体积比为0.45就发生相转变的情况，也有内外相体积比达到0.99而乳状液并未转型的情形。

② 乳化剂的两亲基团的体积　一般有较大极性头的一价（钠、钾）金属皂有利于形成O/W型乳状液，而有较大碳氢链的二价（钙、镁）金属皂有利于形成W/O型乳状液。

③ 乳化剂的HLB值　HLB值大的乳化剂易于形成O/W型乳状液，而HLB值小的乳化剂易于形成W/O型乳状液。因为从动力学上来考虑，在油/水界面膜中，乳化剂分子的亲水基是油滴凝聚的障碍，而亲油基为水滴聚集的障碍。在界面膜上乳化剂的亲水性强，则形成O/W型乳状液，若疏水性强，则易形成W/O型乳状液。

④ 乳化器壁材料的亲水性　一般来说，亲水性强的器壁（比如玻璃）易得到O/W型乳状液，而疏水性强的（如塑料）器壁易得到W/O型乳状液。但与乳化剂性质相关。如煤油或石油在2%环烷酸钠的水中，无论是玻璃或是塑料器皿。均形成O/W乳状液，但在0.1%浓度时，油在塑料中形成W/O乳状液。

（2）乳状液的鉴别 一般的乳状液外观呈乳白色，为不透明液体。如果质点大于1μm，乳状液呈乳白色；质点为0.1～1μm，乳状液为蓝白色；质点为0.05～0.1μm，呈灰色半透明液；质点为0.05μm以下时，乳状液变得透明。这种半透明和透明的乳状液称作微乳液，其性质与乳状液又有区别，在本章后面将讨论微乳液的性质与应用。

可以根据乳状液的性质鉴定出是O/W型还是W/O型。

① 染色法 依染料对乳状液连续相染色的性质区分乳状液类型。苏丹Ⅲ为油溶性染料，在乳状液中加入少量此种染料，如乳状液整体呈红色则为W/O型乳状液；如染料保持原状，经搅拌后仅液珠带色则为O/W型乳状液。若在乳状液中加入少量甲基橙，乳状液整体呈红色则为O/W型乳状液；染料保持原状，经搅拌后仅液珠带色则为W/O型乳状液。为提高鉴别的可靠性，往往同时以油溶性染料和水溶性染料先后进行试验。

② 稀释法 以“水”或“油”对于乳状液进行稀释试验，O/W型乳状液能与水混溶，W/O型乳状液能与油混溶，利用这种性质可判断乳状液类型。例如，将乳状液滴于水中，如液滴在水中扩散开来则为O/W型的乳状液，如浮于水面则为W/O型乳状液。还可以沿盛有乳状液容器壁滴入油或水，如液滴扩散开来则分散介质与所滴的液体相同，如液滴不扩散则分散相与所滴的液体不相同。

③ 电导法 乳状液的电导主要取决于连续相。O/W型乳状液较W/O型乳状液电导率大数百倍，所以在乳状液中插入两电极，在回路中串联氖灯。当乳状液为O/W型时灯亮，为W/O型时灯不亮。

④ 滤纸润湿法 原理在于滤纸由纤维素构成，纤维素的羟基使其表现出亲水性。O/W型乳状液的连续相的亲水性使这种类型的乳状液滴于滤纸上后能快速展开。若乳状液不展开，则为W/O型的。此法对于在纸上能铺展的油、苯、环己烷、甲苯等所形成的乳状液不适用。

⑤ 光折射法 利用水和油对光的折射率的不同可鉴别乳状液的类型。令光从左侧射入乳状液，乳状液粒子起透镜作用，若乳状液为O/W型的，粒子起集光作用，用显微镜观察仅能看见粒子左侧轮廓；若乳状液为W/O型的，与此相反，只能看到粒子右侧轮廓。

（3）影响乳状液稳定的因素 使一种液体以微粒分散在另一液体中所需的功（W）等于液体表面积增大值ΔA乘以表面张力γ：

$$W=\Delta A\gamma \tag{6-8}$$

从式（6-8）可看到，液体表面积增大值ΔA减小，表面张力γ减小，可使机械功明显减小。ΔA的增大不利于乳状液的稳定。所以乳状液的稳定从两方面着手，一是通过乳化剂减小表面张力，二是加强机械力度。但是，乳状液毕竟存在着相当大的界面和相应的界面自由能，这个不稳定体系总是力图减小界面面积使能量降低，最终发生破乳、分层。

乳状液的稳定性与下列因素有关。

① 内相分散程度 对于一个乳状液体系，内相分散程度越高，体系越稳定。所以，目前的乳化专用设备采用诸多方法，尽可能将液体粒子撕碎或撞碎。

② 界面膜的强度 混合乳化剂［即表面活性剂（水溶性）与极性有机物（如脂肪醇、脂肪酸和脂肪胺）的混合物］在界面上吸附量显著增多，定向排列紧密，使得界面膜强度高，不易破裂，液滴不易集结，乳状液稳定性加强。

③ 界面电荷的影响 液体粒子的电荷对乳状液的稳定性有明显的影响。稳定的乳状液，其粒子一般都带有电荷。液体粒子上吸附的乳化剂离子越多，电荷电量越大，防止液体粒子聚结能力也越大，乳状液体系就越稳定。

④ 连续相黏度的影响 分散介质的黏度越大，乳状液的稳定性越高。这是因为分散介质的黏度大，对液体粒子的布朗运动阻碍作用强，减缓了液体粒子之间碰撞，使体系保持稳定。

⑤ 固体粉末有可能稳定乳状液 固体粉末使乳状液稳定的原因在于，聚集于界面的粉末增强了界面膜，这与界面吸附乳化剂分子相似，固体粉末粒子在界面上排列得越紧密，乳状液越稳

定。如果用表面活性剂提前处理固体粉末，有可能改变其乳化作用性质，即可从形成某种形式（如 O/W）转变成形成另一形式乳状液（如 W/O）。

（4）破乳的条件　在液体洗涤剂的制备工艺中，破乳是乳化的逆过程。这里从乳状液的性质来讨论破乳的形成因素，从反面给制备稳定的乳状液以某种启示。

① 离心法　最常用的机械破乳法是离心分离法，水和油的密度不同，在离心力作用下，促进排液过程使乳状液破坏。

② 加热法　在离心破乳过程中对乳状液加热，使外相的黏度降低可加速排液过程，加快破乳。

③ 超声波法　超声波法本是制备乳状液的特效方法，但是如果强度不恰当，则可引起不同密度的内相和外相的混乱，引起分散相聚集成大液滴而破乳。

④ 过滤法　过滤破乳是使乳状液通过多孔材料（如碳酸钙层），它仅能令水通过，而油保留在层上，以达到破乳目的。黏土、砂粒经亲油性大的表面活性剂处理后，用作过滤层，它仅能令油透过，而水不能透过，也可达到破乳目的。蒸汽机用冷凝水中的油可用活性炭过滤除去。

⑤ 化学法　化学法破乳主要是改变乳状液的类型或界面性质，使它变得不稳定而发生破乳的。在 O/W 型乳状液中加入制备 W/O 型乳状液的乳化剂或反之，即可达到破乳目的。如用钠皂或钾皂为乳化剂的乳状液，加入强酸或适量的含多价离子盐的水溶液，即可破乳。前者是由于皂被强酸破坏形成自由脂肪酸，失去乳化活性而导致破乳的，后者是由于发生乳状液变型而破乳的。

6.4.1.2　乳化剂的选择和常用乳化剂

（1）乳化剂的选择规律　乳化剂泛指有乳化作用的物质。在乳化作用中对乳化剂的要求是：①乳化剂必须能吸附或富集在两相的界面上，使界面张力降低；②乳化剂可能赋予粒子以电荷，使粒子间产生静电排斥力，或可能在粒子周围形成一层稳定的、黏度特别高的保护膜。所以，用做乳化剂的物质必须具有两亲基团才能起乳化作用。

HLB 值是乳化剂的特性常数。HLB 值是表面活性剂亲水、亲油性的量度。亲水性强的易形成 O/W 型乳液，亲油性强的易形成 W/O 型乳液。一般 HLB 值在 3.5～6 的乳化剂适合于 W/O 型乳液，HLB 值在 8～18 的乳化剂适合于 O/W 型乳液。因此，不同的乳化要选用不同 HLB 值的乳化剂。有时，为了达到更好的乳化效果，可选用 HLB 值不同的混合乳化剂。在用水洗涤时，会产生 O/W 型乳化，所以洗涤剂适合的乳化剂 HLB 值为 13～15。表 6-1 是部分表面活性剂的 HLB 值。

表 6-1　部分表面活性剂的 HLB 值

序号	商品名称	化学成分	HLB	序号	商品名称	化学成分	HLB
1	Span 85	失水山梨醇三油酸酯	1.8	17	Arlacel C	失水山梨醇倍半油酸酯	3.7
2	Arlacel 85	失水山梨醇三油酸酯	1.8	18	Arlacel 83	失水山梨醇倍半油酸酯	3.7
3	Atlas G-1706	聚氧乙烯山梨醇蜂蜡衍生物	2	19	Atlas G-2859	聚氧乙烯山梨醇 4.5 油酸酯	3.7
4	Span 65	失水山梨醇三硬脂酸酯	2.1	20	Atmul 67	甘油单硬脂酸酯	3.8
5	Arlacel 65	失水山梨醇三硬脂酸酯	2.1	21	Atmul 82	甘油单硬脂酸酯	3.8
6	Atlas G-1050	聚氧乙烯山梨醇六硬脂酸酯	2.6	22	Tegin 515	甘油单硬脂酸酯	3.8
7	Emcol EO-50	乙二醇脂肪酸酯	2.7	23	Aldo 33	甘油单硬脂酸酯	3.8
8	Emcol Es-50	乙二醇脂肪酸酯	2.7	24	“纯”	甘油单硬脂酸酯	3.8
9	Atlas G-1704	聚氧乙烯山梨醇蜂蜡衍生物	3	25	Atlas G1727	聚氧乙烯山梨醇蜂蜡衍生物	4
10	Emcd Po-50	丙二醇脂肪酸酯	3.4	26	Emcol PM-50	丙二醇脂肪酸酯	4.1
11	Atlas G-922	丙二醇单硬脂酸酯	3.4	27	Span 80	失水山梨醇单油酸酯	4.3
12	“纯”	丙二醇单硬脂酸酯	3.4	28	Arlacel 80	失水山梨醇单油酸酯	4.3
13	Atlas G-2158	丙二醇单硬脂酸酯	3.4	29	Atlas G-917	丙二醇单月桂酸酯	4.5
14	Emcd PS-50	丙二醇脂肪酸酯	3.4	30	Atlas G-3851	丙二醇单月桂酸酯	4.5
15	Emcol EL-50	乙二醇脂肪酸酯	3.6	31	Emcol PL-50	丙二醇脂肪酸酯	4.5
16	Emcol PP-50	丙二醇脂肪酸酯	3.7	32	Span 60	失水山梨醇单硬脂酸酯	4.7

续表

序号	商品名称	化学成分	HLB
33	Arlacel 60	失水山梨醇单硬脂酸酯	4.7
34	Atlas G-2139	二乙二醇单油酸酯	4.7
35	Emcol DO-50	二乙二醇脂肪酸酯	4.7
36	Atlas G-2145	二乙二醇单硬脂酸酯	4.7
37	Emcol DS-50	二乙二醇脂肪酸酯	4.7
38	Atlas G-1702	聚氧乙烯山梨醇蜂蜡衍生物	5
39	Emcol DP-50	二乙二醇脂肪酸酯	5.1
40	Aldo 28	甘油单硬脂酸酯	5.5
41	Tegin	甘油单硬脂酸酯	5.5
42	Emcol DM50	二乙二醇脂肪酸酯	5.6
43	Atlas G-1725	聚氧乙烯山梨醇蜂蜡衍生物	6
44	Atlas G-2124	二乙二醇单月桂酸酯	6.1
45	Emcol DL-50	二乙二醇脂肪酸酯	6.1
46	Glaurin	二乙二醇单月桂酸酯	6.5
47	Span 40	失水山梨醇单棕榈酸酯	6.7
48	Arlacel 40	失水山梨醇单棕榈酸酯	6.7
49	Atlas G-2242	聚氧乙烯二油酸酯	7.5
50	Atlas G-2147	四乙二醇单硬脂酸酯	7.7
51	Atlas G-2140	四乙二醇单油酸酯	7.7
52	Atlas G-2800	聚氧丙烯甘露醇二油酸酯	8
53	Atlas G-1493	聚氧乙烯山梨醇羊毛脂油酸衍生物	8
54	Atlas G-1425	聚氧乙烯山梨醇羊毛脂衍生物	8
55	Atlas G-3608	聚氧丙烯硬脂酸酯	8
56	Span-20	失水山梨醇单月桂酸酯	8.6
57	Arlacel-20	失水山梨醇单月桂酸酯	8.6
58	Emulphorv N-430	聚氧乙烯脂肪酸	9
59	Atlas G-1734	聚氧乙烯山梨醇蜂蜡衍生物	9
60	Atlas G-2111	聚氧乙烯氧丙烯油酸酯	9
61	Atlas G-2125	四乙二醇单月桂酸酯	9.4
62	Brij 30	聚氧乙烯月桂醚	9.5
63	Tween 61	聚氧乙烯失水山梨醇单硬脂酸酯	9.6
64	Atlas G-2154	六乙二醇单硬脂酸酯	9.6
65	Tween 81	聚氧乙烯失水山梨醇单油酸酯	10.0
66	Atlas G-1218	混合脂肪酸和树脂酸的聚氧乙烯酯类	10.2
67	Atlas G-3806	聚氧乙烯十六烷基醚	10.3
68	Tween-65	聚氧乙烯失水山梨醇三硬脂酸酯	10.5
69	Atlas G-3705	聚氧乙烯月桂醚	10.8
70	Tween 85	聚氧乙烯失水山梨醇三油酸酯	11
71	Atlas G-2116	聚氧乙烯氧丙烯油酸酯	11
72	Atlas G-1790	聚氧乙烯羊毛脂衍生物	11
73	Atlas G-2142	聚氧乙烯单油酸酯	111
74	Myri 45	聚氧乙烯单硬脂酸酯	11.1
75	Atlas G-2141	聚氧乙烯单油酸酯	11.4
76	P. E. G. 400 单油酸酯	聚氧乙烯单油酸酯	11.4
77	Atlas G-2086	聚氧乙烯单棕榈酸酯	11.6
78	S-541	聚氧乙烯单硬脂酸酯	11.6
79	P. E. G. 400 单硬脂酸酯	聚氧乙烯单硬脂酸酯	11.6
80	Atlas G-3300	烷基芳基磺酸盐	11.7
81	—	三乙醇胺油酸酯	12
82	Atlas G-2127	聚氧乙烯单月桂酸酯	12.8
83	Igepal GA-630	聚氧乙烯烷基酚	12.8
84	Atlas G-1431	聚氧乙烯山梨醇羊毛脂衍生物	13
85	Atlas G-1690	聚氧乙烯烷基芳基醚	13
86	S-307	聚氧乙烯单月桂酸酯	13.1
87	P. E. G. 400 单月桂酸酯	聚氧乙烯单月桂酸酯	13.1
88	Atlas G-2133	聚氧乙烯月桂醚	13.1
89	Atlas G-1794	聚氧乙烯蓖麻油	13.3
90	Emulphor EL-719	聚氧乙烯植物油	13.3
91	Tween 21	聚氧乙烯失水山梨醇单月桂酸酯	13.3
92	Renex 20	混合脂肪酸和树脂酸的聚氧乙烯酯类	13.5
93	Atlas G-1441	聚氧乙烯山梨醇羊毛脂衍生物	14
94	Atlas G-75963	聚氧乙烯失水山梨醇单月桂酸酯	14.9
95	Tween 60	聚氧乙烯失水山梨醇单硬脂酸酯	14.9
96	Tween 80	聚氧乙烯失水山梨醇单油酸酯	15
97	Myrj 49	聚氧乙烯单硬脂酸酯	15.0
98	Atlas G-2144	聚氧乙烯单油酸酯	15.1
99	Atlas G-3915	聚氧乙烯油基醚	15.3
100	Atlas G-3720	聚氧乙烯十八醇	15.3
101	Atlas G-3920	聚氧乙烯油醇	15.4
102	Emulphor ON-870	聚氧乙烯脂肪醇	15.4
103	Atlas G-2079	聚乙二醇单棕榈酸酯	15.5
104	Tween 40	聚氧乙烯失水山梨醇单棕榈酸酯	15.6
105	Atlas G-3820	聚氧乙烯十六烷基醇	15.7
106	Atlas G-2162	聚氧乙烯氧丙烯硬脂酸酯	15.7
107	Atlas G-1471	聚氧乙烯山梨醇羊毛脂衍生物	16
108	Myrj 51	聚氧乙烯单硬脂酸酯	16.0
109	Atlas G-7596 P	聚氧乙烯失水山梨醇单月桂酸酯	16.3
110	Atlas G-2129	聚氧乙烯单月桂酸酯	16.3
111	Atlas G-3930	聚氧乙烯油基醚	16.6
112	Tween 20	聚氧乙烯失水山梨醇单月桂酸酯	16.7
113	Brij 35	聚氧乙烯月桂醇醚	16.9
114	Myrj 52	聚氧乙烯单硬脂酸酯	16.9
115	Myrj 53	聚氧乙烯单硬脂酸酯	17.9
116	—	油酸钠	18

续表

序号	商品名称	化学成分	HLB	序号	商品名称	化学成分	HLB
117	Atlas G-2159	聚氧乙烯单硬脂酸酯	18.8	119	Atlas G-263	*N*-十六烷基-*N*-乙基吗啉硫酸乙酯盐	25～30
118	—	油酸钾	20	120	—	纯月桂醇硫酸钠	约40

由于混合乳化剂比单一乳化剂效果更好，所以实践中多采用混合乳化剂。一般确定一组混合乳化剂要做大量实验，在实验之前需确定最佳 HLB 值和最佳乳化剂品种。程序是首先估计被乳化物所需 HLB 值，而后采用逐步逼近法确定一组混合乳化剂，并进一步实验。比如某乳化剂所需 HLB 值为 12，计划用 A 和 B 两种组成。可以采用解方程的方法求出两者各自百分数。已知 A 的 HLB 值为 14，B 的 HLB 值为 10。用解方程的方法就可以求出两者各自重量比为 50%就可满足要求。

在根据 HLB 值确定乳化剂时，有以下几点经验规律。

① 多组优选，乳化剂宜兼具乳化和防破乳　按 HLB 值的计算，总能找到合适的组合，但是，切记乳化和破乳是个动态平衡，如果亲水亲油失去平衡，则会发生破乳。乳化剂应该兼具乳化和防破乳作用。一般来说，组分间的 HLB 值有一些差别，但不要大于 5 为好。

② 确定为主组分，保证乳状液类型　对于 O/W 型乳状液，自然应以水溶液为主，而对于 W/O 型乳状液，则应以油溶物为主。

③ 计算为辅，实验为主　所计算的 HLB 值只是给出了大致范围，不必严格按照此值配制。乳状液组分的最后确定应以实验为准。

根据乳化剂的结构选择乳化剂需注意以下几点。

① 带电粒子同性相斥。如果乳状液粒子带电，则由于电的斥力，而难以凝聚成大的乳滴而破乳。所以由阴离子构成的乳化剂往往比较稳定。

② 疏水基相似相容。如果被乳化组分与乳化剂中疏水部分相同，则乳状液稳定性好。

③ 成难散则易，成易散则难。也就是说，乳状液制造过程越容易，则成品的稳定性越好；反之，制造过程越难，成品的稳定性越差。

（2）洗涤剂常用的乳化剂　在洗涤剂中作乳化剂的多是阴离子表面活性剂和非离子表面活性剂，阳离子和两性表面活性剂一般不作乳化剂。

① 高级脂肪酸金属盐　如硬脂酸、油酸等的钾、钠、三乙醇胺、异丙醇胺盐等。其亲油性随着脂肪酸的碳原子数增大而增大，其亲水性按 $Na^{+}>K^{+}>NH_4^{+}>$烷醇胺>环己胺的顺序而变小，由于碱性的减低，其对于皮肤的刺激性也按此顺序而减少。

② 高级脂肪醇硫酸盐　用得最普遍的是十二醇硫酸钠、十六醇硫酸钠或其三乙醇胺盐。它们乳化力高，有较好的去污力和泡沫力，但对皮肤的刺激性稍强，用高级醇或极性有机物复配可以得到缓解。

③ 多元醇脂肪酸酯及其衍生物　单硬脂酸甘油酯、山梨醇脂肪酸酯系列（商品名 SPAN）及其环氧乙烷加成物（商品名 TWEEN），以及蔗糖脂肪酸酯等，它们对于皮肤比较温和。

④ 聚氧乙烯醚非离子表面活性剂　主要是脂肪醇和环氧乙烷的共聚物以及环氧乙烷和环氧丙烷嵌段共聚物，而且它们的亲水亲油性变化范围广。

⑤ 具有乳化作用的一些天然物质或其改性物　如天然磷脂、酪朊、明胶、具有增稠作用的膨润土、水辉石、羧甲基纤维素钠、羟丙基或丁基纤维素，以淀粉为原料的改性物等。

⑥ 某些极性有机物　如高级脂肪酸、脂肪醇等也可作为辅助乳化剂。

6.4.1.3　乳化方法

（1）转相乳化法　这是一种应用非常广泛的乳化方法。比如制备 O/W 型乳状液，可将加有乳化剂的油类加热，使成为液体，然后一边搅拌，一边加入热水。此时加入的水分成细小的颗粒，形成 W/O 型乳液。接着继续加入水，随着水量的增加，乳状液渐渐变稠，黏度急剧下降。

当水量加到60%时，即发生转相，形成O/W型乳液。余下的水可以快速加入。在转相后，油相又成为细小而均匀的粒子。在转相过程中，搅拌应该充分。一旦相转变完成，再强的搅拌也难使分散的粒子变小。

(2) 自然乳化法　比如制备O/W型乳状液，可将乳化剂直接加到油相中，混匀后一起加入水中，油就会自然乳化分散。该法机理是由于水的微滴进入油中而形成自然通道，然后将油分散开来。矿物油这类容易流动的液体时常采用这种方法。对于高黏度油的乳化应在较高温度（比如40～60℃）下采用此法进行乳化。多元醇酯类不容易实现自然乳化。

(3) 机械强制乳化法　上述的转相乳化法和自然乳化法所用的机械相对比较简单，即只用一个带搅拌器的乳化釜即可。而机械乳化法是采用具有相当大剪切力的均质器，将被乳化体撕毁成细小而匀的粒子，形成稳定的乳化体。上文所述的专用乳化设备，如均质器、胶体磨、乳化管等就是强制乳化的机械，常用于制取转相法和自然乳化法不能制备的乳状液。

乳化工艺流程分为间歇法和连续法，间歇法用于小批量生产，年产上万吨规模的推荐使用连续生产装置。在间歇法乳化工艺中，首先将油相和水相分别加热到一定温度，而后进行混合和乳化，待乳化完成后逐步冷却至60℃以下，再加入香精等热敏性物质，继续搅拌至50℃左右，放料包装。

6.4.1.4　乳化稳定体系的考核

液体洗涤剂对于乳化稳定体系的考核要求与化妆品有所区别，即液体洗涤剂特别是工业用洗涤剂对外观要求比较低，它有时甚至要求使用时摇匀，不影响使用性能即可。大部分液体洗涤剂属于O/W型乳状液。甚至有些液体洗涤剂本身就是双相产品。

考核液体洗涤剂稳定性的方法一般有以下两种。

① 离心加速老化法　由于油和水的密度不同，离心作用会加速乳状液中的油相和水相分离，使得乳化体破坏。采用不同半径的离心机并以不同的转速旋转一定时间，可以折算成相当于正常情况乳状液的稳定时间。比如要求乳化体保存一年时间不分层，则相当于半径为10cm的离心机以3750r/min的速度转动5h不分层。

② 加热冷冻反复实验法　同样由于温度使油相和水相的密度的变化可能使乳状液破坏。一般高温考核温度为40～50℃，低温冷冻考核温度为0～－5℃甚至更低。考核时间1周至3个月，反复3～5次。一个稳定的乳化体系应该在上述反复加热冷冻的条件下不分层。需注意的是不同类型的产品会有不同的考核标准。

6.4.2　结构液洗剂

(1) 结构型与非结构型液体洗涤剂的区别　结构型与非结构型液体洗涤剂的区别如下。

① 结构型体系中表面活性剂，主要以阴离子表面活性剂为主，且含量也较低。

② 结构型中的助剂的种类增多，加入量也比非结构型液洗提高很多，可以应用本来由于溶解性差，而较难用于重垢液洗的如三聚磷酸钠、碳酸钠、4A沸石等助剂。其中可溶性助剂的使用浓度也可较高，因为结构化的体系对电解质具有较强的耐受性。

非结构浓缩液体洗涤剂的浓度为平均1.1kg/L；结构液体洗涤剂为1.25kg/L；含柠檬酸盐助剂无水液体洗涤剂为1.35kg/L；含磷酸盐助剂的无水液体洗涤剂可为1.5kg/L。高浓度会给洗衣机中的分散和溶解带来问题，另一种对无水技术的挑战是产品的物理稳定性。

(2) 结构液体洗涤剂的形成原理　为了制备结构不分层的液体洗涤剂，容纳下那么多的成分，最直接的方法是加入分子量较高的聚合物，使体系形成一种网络状的三维结构，阻止固体颗粒下沉。但这种方法制备的液洗黏度较高，使用时有时难以倾倒。

可靠的方法是利用电解质和聚合物的盐析和渗透等作用，使体系中的表面活性剂形成球形层状液晶（spherical lamellar droplets），这样可以悬浮大量的固体颗粒，从而使体系稳定。

下面从体系中两亲分子的自组特性及分子聚集结构的变化揭示其作用原理。

表面活性剂分子在溶液中的疏水效应使两亲分子可以形成多种多样的自组结构，包括各种形态的胶团、囊泡、液晶、微乳。缔合在一起的非极性基团在水溶液中形成非极性微区，聚集在一起的极性基团也在非水液体中形成极性微区。这些自组结构是两亲分子这样有序排列的结果，可以将它们概括为两亲分子有序组合体，称这类溶液为有序溶液。

定向排列的两亲分子单层是它们共同的基础结构单元，不同的是结构单元的弯曲特性和多个结构单元间的组合关系。表面和界面上的有序组合体就是单分子层，水环境中的球形胶团可以看做是一种曲率足够大的弯向疏水一侧的闭合单分子层；而反胶团则是弯向亲水基一方的闭合弯曲单层。随着弯曲程度的不同，弯曲的单分子层可以形成球形胶团、扁球形胶团、长球形胶团、棒状胶团、线状胶团等。

表面活性剂所形成单分子层的弯曲特性取决于形成它的分子的几何特征，亲油基与亲水基截面积的相对大小将决定其定向排列形成的单分子层的弯曲特性。两亲分子排列形成的单层必然弯向分子较小一头所在的一侧。作为表征这一特性的参数，定义了两亲分子的临界排列参数 CPP：

$$CPP = V_c / l_c a_0$$

其中 V_c 和 l_c 分别代表疏水基的体积和伸展长度；a_0 代表亲水基的截面积。临界排列参数值与体系自组结构有下列关系：CPP≤1/3 形成球形胶团；1/3＜CPP≤1/2 形成棒状胶团；1/2＜CPP≤1 形成囊泡；CPP≈1 形成层状胶团、液晶；CPP≥1 形成反胶团等。可见，在水环境中 CPP 值越大越趋向形成平的定向单分子层。根据 CPP 的定义不难看出，亲水基截面积越小，疏水基碳链长度相同时疏水基体积越大，则 CPP 值越大。

电解质的加入也可促使液晶相的形成。这种现象常被用于控制表面活性剂原料和最终产品的黏度。最广泛的应用是将氯化钠用于香波和餐具洗涤剂的增稠。

在一定的表面活性剂体系中，加入电解质可使其形成一种物理稳定，且可支撑固体颗粒的球形层状液晶结构，这种结构具有一定的屈服应力和剪切变稀特性，因而可以使体系悬浮大量的固体颗粒，也就是说体系中可以加入大量助剂，如三聚磷酸钠 、4A 沸石 、漂白剂及柔软剂等。

结构型液体洗涤剂的稳定性和黏度与球形层状液晶在体系中所占的体积分数密切相关。一般，当其体积分数在 0.6 左右时，体系中的球形层状液晶之间刚好接触，即球形层状液晶正好满堆积，此时体系具有合适的黏度且有良好的稳定性。当体积分数小于 0.6 时，体系黏度一般较低，悬浮的固体颗粒很容易发生沉淀。而当其体积分数太高时，球形层状液晶之间就容易发生絮凝，使黏度上升，最终可能导致分层。另外，球形层状液晶的大小及尺寸分布亦会影响体系的稳定，一般体积较小、尺寸分布均匀的体系稳定性好。

(3) 结构型液体洗涤剂的稳定化　结构型液体洗涤剂的稳定性主要受体系中球形层状液晶稳定性的影响，而球形层状液晶稳定性又受到表面活性剂层之间的作用力、空间效应及渗透作用的影响。

① 电解质　制备稳定、均一、易倾倒的结构液洗的最基本方法是向体系中加入一定量的电解质。电解质（如柠檬酸钠）的加入压缩了阴离子表面活性剂亲水基的双电层，降低了其表面 ζ 电位，使表面活性剂层之间的排斥力减小，压缩了表面活性剂之间的水层，结果使球形层状液晶抗絮凝聚合物的空间阻碍作用变小。同时，电解质的加入还改变了连续相的离子强度，使连续相中的表面活性剂浓度降低，影响球形层状液晶的体积分数。另外，连续相中离子强度的变化，改变了球形层状液晶的 ζ 电位，使球形层状液晶之间的作用力发生变化，结果会影响体系的稳定性。故在体系中加入一定量的电解质会有利于体系的稳定。

但如果电解质的加入量太大反而会使体系不稳定，因为如果体系中电解质浓度太高，会使表面活性剂之间的水层降低太多，甚至会降低非离子表面活性剂极性基团的水化层；同时，相中的离子强度过高时，会大大降低球形层状液晶表面的 ζ 电位，使球形层状液晶之间的排斥力减小，容易发生絮凝，最终使体系发生相分离。

不同的电解质对体系的影响程度也不一样，一般“盐析”式电解质要比“盐溶”式电解质对体系的影响大，NaI 对液体洗涤剂中球形层状液晶体积分数和稳定性稳定区域明显大于 NaCl 和

Na_2SO_4，三者之中，Na_2SO_4 的稳定区域最小。

② 聚合物 电解质主要是在总固体物浓度较低时起降低黏度和稳定体系的作用。当体系的总固体物稍高时，必须向体系中加入一些聚合物（如聚乙烯醇、聚丙烯酸等）来降低黏度和稳定体系。加入的聚合物一般都在连续相中，这样就改变了连续相和球形层状液晶中水层之间的渗透压，使球形层状液晶中的水减少，从而改变了球形层状液晶的大小，达到稳定体系的作用。离子型聚合物也会改变连续相的离子强度，起到电解质的作用。但聚合物的用量有个不能过大，否则渗透作用太强，使球形层状液晶中的水层变得很薄，球形层状液晶的体积大大降低，而使其体积分数小于0.6，使得体系的稳定性变差。聚苯乙烯磺酸盐、丙烯酸-马来酸共聚物、葡萄糖磺酸盐等也都具有改变液洗流变学特性的性能、都可用来配制结构型液体洗涤剂。

③ 抗絮凝聚合物 结构型液体洗涤剂中的固体物如果达到60%～70%，此时就不能简单地通过减少表面活性剂之间的水层来稳定体系，而是通过加入抗絮凝聚合物（deflocculating polymers）来完成。这类聚合物一般都是在一亲水性的主链上接上一个或几个疏水基（一般6～20的烷基），将其加到表面活性剂体系中后，疏水基就插到球形层状液晶的表面活性剂之间，而亲水主链则在球形层状液晶的外部。这样亲水主链既可起到渗透作用，又能起到空间阻碍作用，防止球形层状液晶絮凝在一起。它们的使用浓度一般在1%以下时即可起到明显的效果。常用的抗絮凝聚合物有以下几种。

a. 改性聚丙烯酸

$$H\!\left(CH_2\underset{\substack{|\\COOH}}{CH}\right)_x\!\left(CH_2\underset{\substack{|\\C=O\\|\\A\\|\\R}}{CH}\right)_y\!H$$

其中A为—O—或—S—，R为6～20个碳的烷基或烷基乙氧基化物，X与Y的比为（6∶1）～（250∶1）、相对分子质量为2000～20000。

b. 改性聚丙烯酸和马来酸酐共聚物

$$R-A\left(CH_2\underset{\substack{|\\COOH}}{CH}\right)_m\left(\underset{\substack{|\\COOH}}{CH}-\underset{\substack{|\\COOH}}{CH}\right)_nH$$

其中A为—O—或—S—，R为6～20个碳的烷基或烷基乙氧基化物，相对分子质量为5000左右。

④ 其他化合物 其他抗絮凝聚合物还有烷基聚甘氨酸盐、脂肪醇乙氧基化物、烷基多苷等。脂肪醇乙氧基化物只适用于电解质浓度较低的体系。

6.4.3 微乳液洗涤剂

微乳状液与乳状液的区别在于以下几点。

① 一般乳状液的分散相液滴直径在0.1～10μm（或更大），可见光的波长为0.4～0.8μm，故乳状液中光的反射显著，呈不透明的乳白色状。而微乳状液的液滴直径在0.1μm以下，其外观是半透明和透明的，不呈乳白色。

② 结构上两者全有O/W和W/O之分，但微乳状液是热力学稳定体系，久放不分层。

③ 乳状液的形成需要外界提供能量，而微乳状液可以自发形成。

④ 溶液的表面张力不同，微乳状液的表面张力常常低至不可测。

⑤ 微乳状液增溶能力极强，可以同时增强表面活性剂的亲水和亲油能力，稀释若干倍后仍可长期贮存，并保持透明的微乳液状态。它有可能在不用除油溶剂和相关成分的情况下，达到优良的去污性能。

6.4.3.1 胶束溶液、微乳液、乳状液和液晶的联系与区别

油-水-表面活性剂构成的体系叫做胶体缔合结构，包括胶束、微乳液、液晶和乳状液等。

表面活性剂溶于水后，随着浓度增大，其在界面上吸附增大，当浓度增大到 *cmc* 时达到饱和，此时，其界面张力达到一个常数，在溶液中形成胶束。这是一种热力学稳定体系。

在离子型胶束溶液中引入非极性油类物质，当加入量不太大时，会溶解于正常胶束的非极性环境中，此即增溶现象，由增溶产生的增溶体系仍然属于热力学稳定的胶束溶液。

如果体系中引入助活性剂，比如非离子表面活性剂或醇类物质，可能使得胶束与水之间的界面张力下降，但如果达不到超低值（即 10^{-5} N/m）时，则增溶物的加入会形成乳状液。这种热力学不稳定体系，静止后会分离成两层液体。

如果体系中油-水界面张力 γ_i 达到极小，即 $\gamma_i < 10^{-5}$ N/m 时，但表面活性剂在油-水界面无规则排列，而成任意分布，即活性剂吸附达到饱和，但不形成周期性的排列，或熔化的微晶状态，则形成微乳液。微乳液是由水（或者盐水）、油、表面活性剂和助表面活性剂在适当的比例下自发形成透明或半透明、低黏度和各向同性的稳定体系。

对微乳液的理论分析指出，在油、水共存的溶液中：

$$\gamma_i = \gamma_{O/W} - (\pi_O + \pi_W) \tag{6-9}$$

式中　$\gamma_{O/W}$——体系中不加任何表面活性剂或者助活性剂时的油-水界面张力；

　　π_O——混合膜油侧的界面压力；

　　π_W——混合膜水侧的界面压力。

助活性剂的加入有利于降低油-水界面张力，如使 $\gamma_{O/W}$ 降低到 $(\gamma_{O/W})_a$ 时，而 γ_i 降到超低界面张力时，则形成微乳液。此时

$$\gamma_i = (\gamma_{O/W})_a - (\pi_O + \pi_W) < 10^{-5}\ \mathrm{N/m} \tag{6-10}$$

式中　$(\gamma_{O/W})_a$——体系中存在表面活性剂时的界面张力。

体系中油水比例决定了微乳液的结构，油水比例不同，π_O 与 π_W 不同。如图 6-28 与图 6-29 所示，当油量少时，$\pi_W > \pi_O$，形成 O/W 型微乳液；若体系中油量和水量相当，形成结构复杂的双连续型（bicontinue）微乳液，当体系中水量少时，$\pi_W < \pi_O$，形成 W/O 型微乳液。而当 $\pi_W = \pi_O$，可能形成层状液晶。

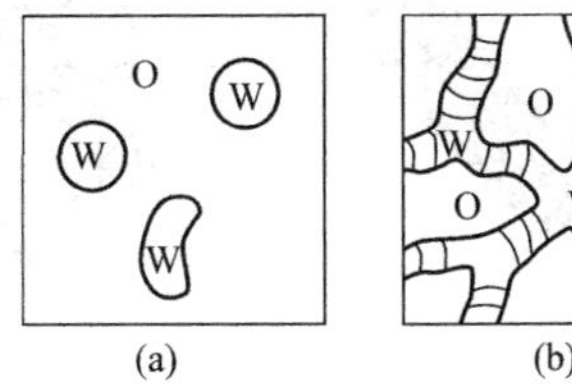

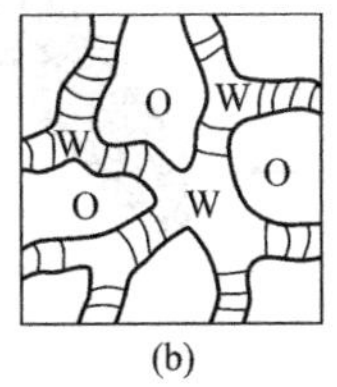

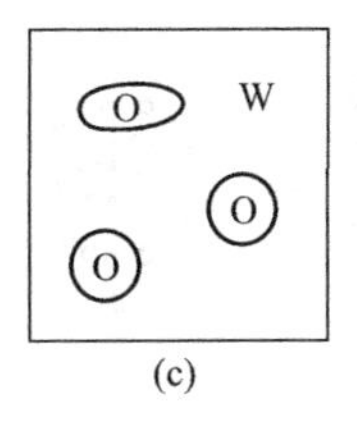

图 6-28　油-水比所决定的微乳液结构

(a) W/O≪1，为 W/O 型微乳液；(b) W/O=1，为双连续型；(c) W/O≫1，O/W 型微乳液

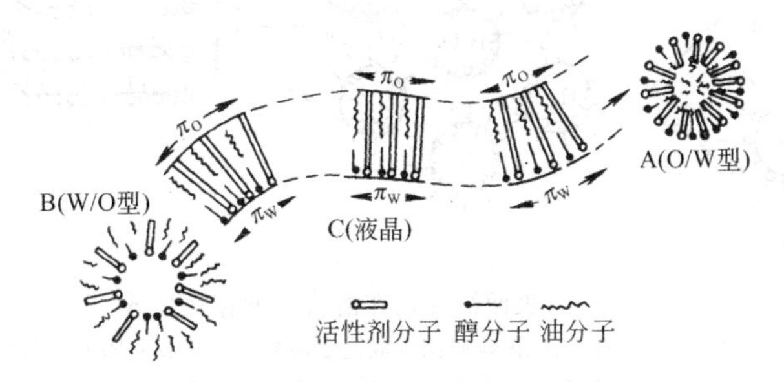

图 6-29　微乳液类型转变示意

微乳液和胶束溶液的相同点在于：全能自发形成无色透明、各向同性和低黏度的溶液体系。胶束和微乳液之间的主要差别归纳于表 6-2。

表 6-2　胶束溶液和微乳液之间主要区别

性　　能	类　　别	
	胶　束　溶　液	微　乳　液
组成	二组分，活性剂，水(或油) 三组分，活性剂，水，油	三组分，非离子型活性剂，油，水(或盐水) 四组分，离子型活性剂，油，助活性剂、水(或盐水)
类型	O/W，W/O	O/W，B.C.，W/O
粒径	1～10nm 或 0.1～10μm	10～几百纳米
界(表)面张力	10^{-3}～0.04N/m	10^{-9}～10^{-5}N/m
O/W 型的增溶量	2 个油分子/1 个活性剂分子	10～25 个油分子/1 个活性剂分子
W/O 型的增溶量	10～30 个水分子/1 个活性剂分子	75～150 水分子/1 个活性剂分子

在含有助活性剂或非离子表面活性剂的体系中，当油-水界面张力达到极小甚至趋近于零时，体系中颗粒变小。即油-水界面的总面积增加时，除了形成微乳液的可能性之外是形成液晶或介晶相（liquid crystal or mesophase）体系。此时表面活性剂在油-水界面以层状、六角状或立方状等结构单元呈周期性排列，其中立方状较少见。由于是加入溶剂而得称为溶致液晶（通过加热方式而得为热致液晶）。液晶的严格定义为："若一个相在 0.45nm 范围内出现扩散光晕，而在小角度范围内出现 X 衍射线条的体系，称作液晶"。通俗地说，晶体的特征是长程和短程都有序，而液晶的特征是长程有序而短程无序。液晶的特点是兼有某些晶体和流体的物理性质。从结构上看，这种相至少总有一个方向上是高度有序的。

热致液晶的结构和性质决定于体系的温度；而溶致液晶则取决于溶质分子与溶剂分子间的特殊相互作用。除了天然的脂肪酸皂，所有表面活性剂液晶都是溶致液晶。

图 6-30 示出表面活性剂在溶液中的各种存在形式，它的范围从高度有序的结晶相到完全无序的单体稀溶液。在两极端之间存在一系列中间相态，包括胶束溶液、乳状液、液晶和微乳液。随着体系各种内部与环境因素的改变，其存在形式可以互相转化。

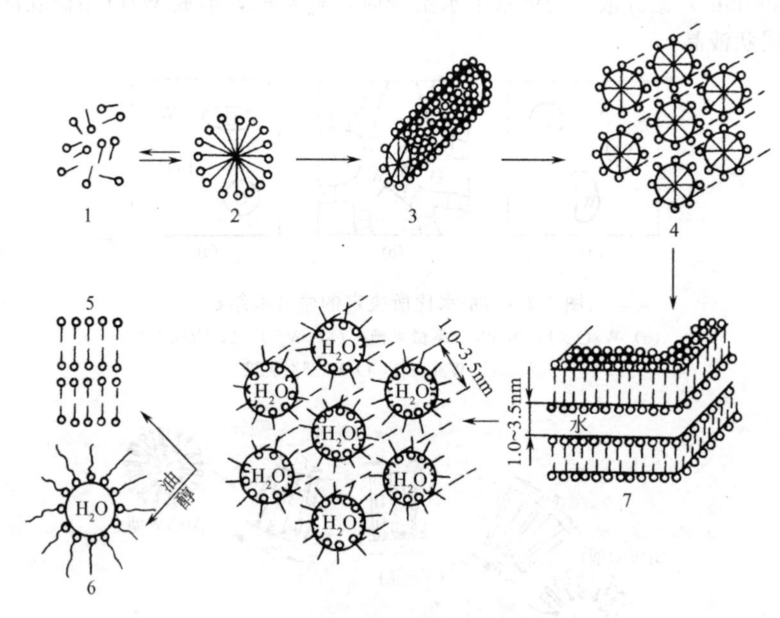

图 6-30　表面活性剂在溶液中的存在形式

1—单体；2—胶团；3—棒状胶团（混乱定向）；4—棒状胶团的六角束；5—表面活性剂结晶；6—微乳状液；7—层状胶团

6.4.3.2　微乳液的微观结构

（1）W/O 型结构　W/O 型微乳液由油连续相、水核及表面活性剂与助表面活性剂组成的界

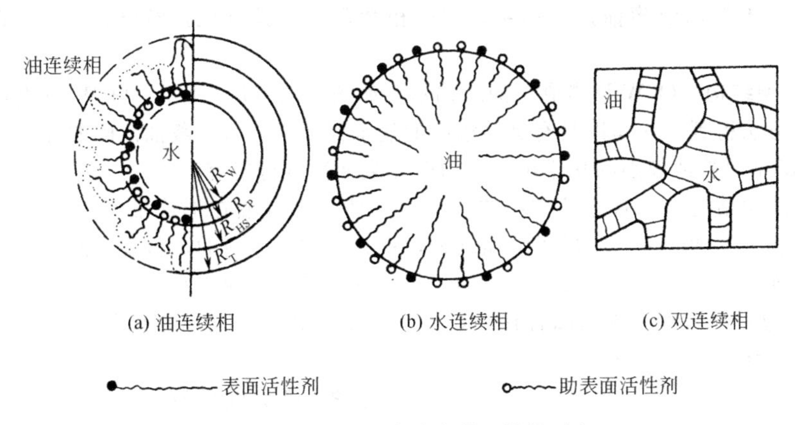

图 6-31　W/O 型微乳液微观结构示意

面膜三相构成。W/O 型微乳液微观结构示意如图 6-31 所示。

图 6-31（a）是油连续相微乳液结构示意图，图中物理量的意义如下。

R_W 为水核半径，水核内含水及少量溶于水的醇、助活性剂（如脂肪醇等）。

R_P 为极性范围，包括表面活性剂和助活性剂的极性基团，以及脂肪链的若干个 CH_2。

R_{HS} 为界面膜，由于表面活性剂的链长相差很大，所以它们在界面膜上位置带有随机性，但仍视为硬球，它们属于表面活性剂与助活性剂的 CH_2、CH_3 组成的第一脂肪链层。

R_T 为脂肪链层。由表面活性剂的 CH_3 和部分 CH_2 与大量渗进的油连续相组成。

R_W、R_P、R_{HS} 和 R_T 的数值可由微乳液液滴的化学组成和表面活性剂、助表面活性剂之间平均位置的差别计算而得，其中微乳液液滴的化学组成可通过稀释过程来确定。

稀释过程是指在拟三元相图上建立一条稀释线，沿着这条稀释线，微乳液连续相的体积增加，但不引起水液滴的大小、形状和组成的变化。在稀释过程中，分散相中的水/表面活性剂比值必须保持不变，以保证水液滴大小恒定。稀释步骤如下。

① 首先在透明的微乳液体系中滴加油至浑浊。

② 然后滴加具有一定醇/水比的混合物至体系重新透明。

③ 重复上述二步若干次。

④ 以所滴加的醇体积对所加油的体积作图，可得到一条滴定曲线。图 6-32 表示了 SDS/正丁醇/甲苯/水的 W/O 微乳液滴定曲线。由于正丁醇与甲苯能互溶，其混合物又能溶解少量水，因此图 6-32 中的直线型稀释线所对应的正丁醇/水体积比恰好对应于 W/O 型微乳液连续相中的正丁醇/水体积比。直线型稀释线可表示为：

$$V_a = KV_S + gV_O \qquad (6\text{-}11)$$

式中　V_S——表面活性剂的体积；

V_a——滴加的醇的体积；

V_O——滴加的油的体积；

g——连续相中醇/油体积比（假定分散相，即液滴内部仅含有水，表面活性剂分子仅存在于界面上）；

K——界面上醇/表面活性剂体积比。

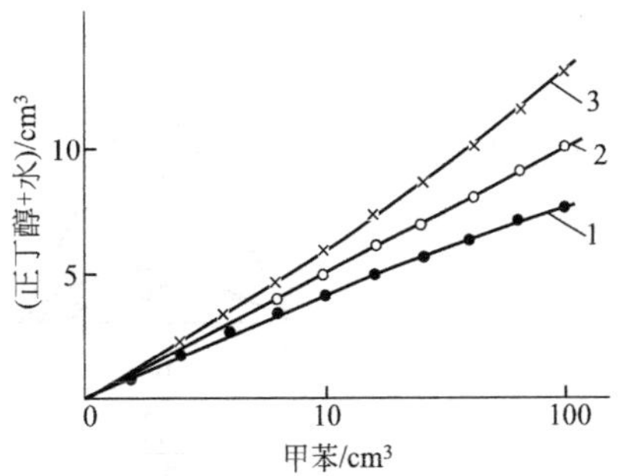

图 6-32　SDS/正丁醇/甲苯/水的 W/O 型微乳液滴定曲线

水/正丁醇体积比：1—0/100；2—3/97；3—5/95

上述 W/O 型微乳液的稀释线对应于拟三元相图中单相区与两相区之间的相界线，在单相区内无稀释线。但利用制作稀释线的方法确定微乳液的拟相组成，仅对具有完好液滴结构、液滴之间作用力很弱的体系及液滴体积分数比较少的体系有效。而对分散相体积分数比较大的体系和结构不能用液滴描述的体系，如中相微乳液（具有双连续结构），上述稀释方法则无效。

（2）O/W型结构 O/W型微乳液的结构示意如图6-31（b）所示。O/W型微乳液的拟相组成不能用稀释方法得到，除非以具有足够浓度的盐水代替水，以屏蔽油滴间的静电排斥力。

无盐O/W型微乳液液滴的化学组成可由荧光衰变法进行研究。

（3）双连续型结构 在双连续相结构范围内，任一部分油在形成液滴被水连续相包围的同时，亦与其他部分的油滴一起组成了油连续相，将介于油滴之间的水包围。同样，体系中的水液滴也组成了水连续相，将介于水液滴之间的油相包围，形成了油、水双连续相结构。双连续相结构具有W/O和O/W两种结构的综合特性，但其中水滴和油滴均不是球状，而是类似于水管在油相中形成的网络［图6-31(c)］。

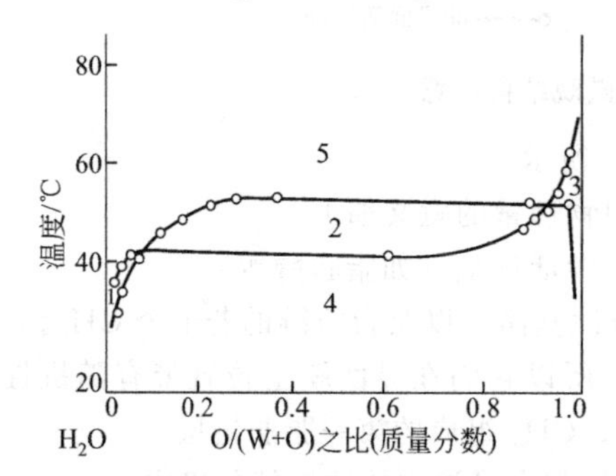

图6-33 烷基醇聚氧乙烯醚-水-十四烷体系的状态及其随温度的变化

1—O/W型微乳；2—三相区（油、中相微乳、水），WinsorⅢ型；3—W/O型微乳；4—二相区WinsorⅠ型；5—二相区WinsorⅡ型

6.4.3.3 微乳液的制备

制备微乳液无需外加功，只需依靠体系中各成分的匹配。

（1）HLB值法 体系的HLB为4～7的表面活性剂可形成W/O型乳状液，HLB为9～20的表面活性剂则可形成O/W型乳状液。对于微乳液也遵从这个规律。

通常离子型表面活性剂的HLB值很高（如十二烷基硫酸钠的HLB=40），需要加入中等链长的醇或HLB值低的非离子型表面活性剂进行复配。经过试验可以得到最佳比例。

如图6-33所示，含有非离子型表面活性剂的体系随着温度的提高，会出现各种类型的微乳液。当温度恒定时，可以通过调节非离子型表面活性剂的亲水基和亲油基比例达到所要求的HLB值。

（2）盐度扫描法 当体系中油的成分确定，油-水比值为1（体积比），以及体系中活性剂和助活性剂的比例与浓度确定，如果改变体系中的盐度，即由低到高增加，往往得到3种状态，即WinsorⅠ、WinsorⅢ和WinsorⅡ，这种方法称为盐度扫描法。图6-34为微乳液的拟三元相图。对于离子型表面活性剂溶液，往往有四个组分形成微乳液：水、油、活性剂和助活性剂。在实际使用时，经常把活性剂和助活性剂作为一个组分，即占三角相图的一个顶点，如图6-34所示。

图6-34(a)分为单相微乳液区和二相区，即微乳液和油相达到平衡。称之WinsorⅠ型体系。

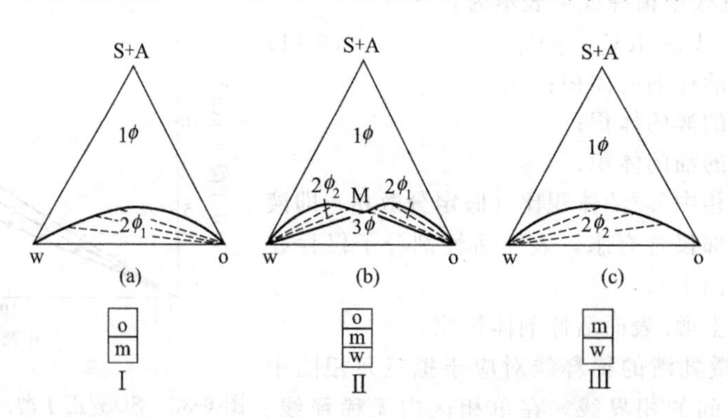

图6-34 （表面活性剂+醇）(S+A)-水（W）-油（O）四组分的拟三元相图

(a) 单相微乳液区（1ϕ），WinsorⅠ型区（2ϕ_1）；(b) 单相微乳液区（1ϕ），WinsorⅠ型区（2ϕ_1），WinsorⅡ型区（2ϕ_2），WinsorⅢ型区（3ϕ）；(c) 单相微乳液区（1ϕ），WinsorⅡ型区（2ϕ_2）

图 6-34(c)也分为单相微乳液区和二相区，即微乳液和水相达到平衡，称之 WinsorⅡ型体系。

图 6-34(b)有一个单相微乳液，二个二相区(WinsorⅠ型和Ⅱ型)。还有一个三相区，即微乳液和水相、油相同时达到平衡，称之 WinsorⅢ型体系。WinsorⅠ是指 O/W 型微乳液和剩余油达到平衡的状态；WinsorⅢ是指双连续型微乳液与剩余油和剩余水达到三相平衡的状态；WinsorⅡ是指 W/O 型微乳液和剩余水达到平衡的状态。

这种现象的解释如下：当体系中含盐量增加，在水溶液中活性剂和油受到“盐析”作用而离开，并压缩微乳液的双电层，其斥力下降，“粒子”之间更加接近。

含盐量的增加使 O/W 型微乳液进一步增溶油量，微乳液“粒子”的密度降低，以增加浮力。上述这些效果使得 O/W 型微乳液“粒子”与盐水相分离而形成新相。

对于这种扫描方法，改变组成中其他成分也能达到这种效果，其相态变化见表 6-3 所列。

表 6-3　盐度扫描法中阴离子型表面活性剂体系的相态变化

扫描变量(增加)	相态的变化	扫描变量(增加)	相态的变化
含盐量	Ⅰ→Ⅲ→Ⅱ	较高分子量	Ⅰ→Ⅲ→Ⅱ
油(烷烃碳数)①	Ⅱ→Ⅲ→Ⅰ	活性剂 LCL③	Ⅰ→Ⅲ→Ⅱ
醇　低分子量②	Ⅱ→Ⅲ→Ⅰ	温度	Ⅱ→Ⅲ→Ⅰ

① 对直链烃是烷烃碳数，对于支链和芳烃是等效烷烃碳数。
② 醇是指浓度的增加，低分子量的醇为 C_1～C_3 醇，较高分子量为 C_4～C_8 醇。
③ 指同种亲水基活性剂的亲油基的长度。

微乳液的形成除了油、水主体以及作为乳化剂的表面活性剂之外，还需加入相当量的助活性剂——极性有机物（一般为醇类）。以下是制备 O/W 型微乳状液的操作：选择一种稍溶于油相的表面活性剂；将其溶于油相；搅拌，使油相分散于水相；添加水溶性表面活性剂和助活性剂，产生透明的 O/W 型乳状液。

微乳状液洗涤剂还存在一些不足之处：黏度低，给人以有效成分含量少的误解，但增加黏度会减低透明性，增加不稳定性；消耗表面活性剂比较多；任何不均匀和沉淀物容易被发现；可配成微乳状液体系的表面活性剂还少，研究还不够深入。

6.4.3.4　微乳液的构成组分之间的相互作用

（1）表面活性剂与助表面活性剂的相互作用

① 降低界面张力　助表面活性剂（一般为中等链长的醇），能使溶液的界面张力进一步降低，直至负值，如图 6-35 所示。此时，界面扩展生成了完好的液滴，导致更多的表面活性剂和助表面活性剂在界面上吸附，从而大大降低了体系溶液中表面活性剂和助表面活性剂的浓度，界面张力重新为正值（10^{-3}～10^{-5}mN/m)，生成了微乳液。热力学稳定的微乳液的油-水界面张力与不稳定微乳液的油-水界面张力之间的临界数值通常为 10^{-2}mN/m。当 $\gamma<10^{-2}$mN/m 时，微乳液自发生成，$\gamma>10^{-2}$mN/m，生成乳状液。

有些离子型表面活性剂（如带有一个极性头和两个羟基）能使油-水界面张力降低至临界值，因而无需助剂也能生成微乳液。非离子型表面活性剂在 HLB 温度附近，也具有此性能。

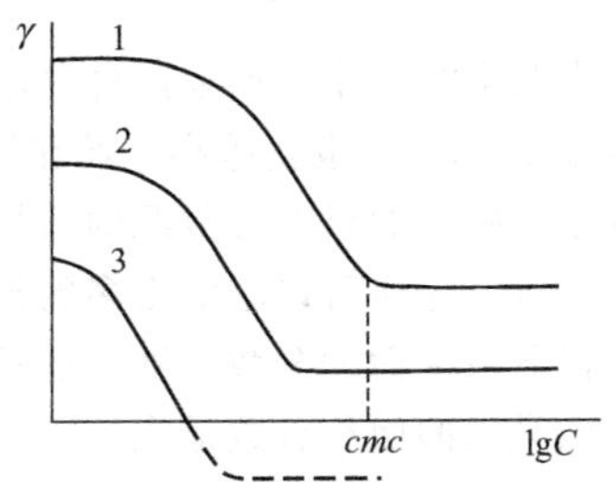

图 6-35　不同助表面活性剂浓度下，界面张力随表面活性剂浓度对数的变化
助表面活性剂浓度：1＜2＜3

② 增加界面膜的流动性　加入助表面活性剂，可以降低界面的刚性，增加界面的流动性，减少微乳液生成时所需的弯曲能，使微乳液液滴容易自发形成。因为生成微乳液液滴时，界面发生弯曲，需对界面张力和界面压力做功，由大液滴分散成小液滴时，需要界面变形、重整，这些都需要界面弯曲能。表面活性剂与助表面活

性剂的链长比为2时，对增加界面的流动性比较有利。

③ 调节表面活性剂的HLB值　因为微乳液体系属于复配体系，所以表面活性剂的HLB影响着微乳液的形成和稳定，适当选择助表面活性剂可以调整表面活性剂体系的HLB值，满足微乳液形成的需求。

(2) 多种表面活性剂复配对于微乳液的影响

① 表面活性剂分子间的作用　两种阴离子表面活性剂之间的相互作用，可近似地分解成憎水基的相互吸引（由于碳氢链“疏水作用”产生的内聚力）和亲水基间的静电排斥。在AS（烷基磺酸钠）+DC（羧酸钠）体系，$C_{12}SO_3Na+C_{17}COONa$体系中，由于两种分子的碳氢链长相差较大，致使亲水基间的斥力相对小些，而憎水基的侧向内聚力将使两种分子在胶束中排列的更紧密，分子相互作用较强。这使得该体系的β_M比$AS+C_{11}COONa$体系的β_M有更大的负值。

见表6-4所列，3个AS+DC混合体系的β_M均为负值，这说明AS与DC分子在胶束中的相互作用比同种分子间的作用强。而且AS与DC的碳氢链长差别越大时，β_M的负值也大，表示两种表面活性剂分子之间作用大。

表6-4　β_M与活性剂碳氢链长的关系

混合体系	烷基碳数关系	β_M①
$AS+C_6COONa$	$C_{12}\sim C_6$	−2.84
$AS+C_{11}COONa$	$C_{12}\sim C_{11}$	−0.58
$AS+C_{17}COONa$	$C_{12}\sim C_{17}$	−4.90

① 分子相互作用参数平均值。

② 表面活性剂复配对于微乳液区面积分数和微乳液结构的影响　微乳液区范围用滴定法在拟三元相图中确定。微乳液区包括O/W型、双连续型IZ型和W/O型。微乳液的面积分数=5个截面中微乳区总面积/5个截面的总面积。微乳液区面积分数介于两个单一活性剂体系的面积分数之间，且两种活性剂的烷基碳数相差越大，面积分数也越大，见表6-5所列。

表6-5　单一和二元混合体系的微乳液面积分数

体　系①	微乳液区面积分数/%	混合体系②	微乳液区面积分数/%	烷基碳数关系
AS	18.76			
C_6COONa	15.56	$AS+C_6COONa$	17.38	$C_{12}\sim C_6$
C_7COONa	15.81	$AS+C_7COONa$	17.14	$C_{12}\sim C_7$
C_9COONa	18.02	$AS+C_9COONa$	15.02	$C_{12}\sim C_9$
$C_{11}COONa$	19.47	$AS+C_{11}COONa$	14.75	$C_{12}\sim C_{11}$
$C_{17}COONa$	16.80	$AS+C_{17}COONa$	16.95	$C_{12}\sim C_{17}$

① 即AS-正丁醇-正辛烷-水或DC-正丁醇-正辛烷-水体系。

② 即AS+DC-正丁醇-正辛烷-水体系。

在胶束溶液中，如果两种复配的活性剂分子间存在较强相互作用时，活性剂在溶液中更容易形成胶束，cmc_{12}也就越小。而在微乳液体系中，表面活性剂和助表面活性剂在油-水界面上吸附形成混合膜。如果两种复配的活性剂分子间相互作用较强，分子在界面上将排列得更紧密，增加膜的强度，这样可以增溶更多的油或水，微乳区面积也就越大。

微乳液区面积分数与油、活性剂与助剂的烷基碳数存在相关性，当烷基碳数满足式(6-12)时，微乳液的面积分数最大。

$$L_s=L_a+L_o \tag{6-12}$$

式中　L_s——活性剂烷基碳数；

L_a——助剂烷基碳数；

L_o——油的烷基碳数。

③ 表面活性剂的复配对于微乳液结构的影响

微乳液的结构类型取决于混合膜水侧膜压 π'_W 和油侧膜压 π'_O 的相对大小。参见图 6-29。$\pi'_O>\pi'_W$ 时形成 W/O 型微乳液；$\pi'_W>\pi'_O$ 时形成 O/W 型。如果体系中部分膜是 $\pi'_W>\pi'_O$，另一部分膜是 $\pi'_O>\pi'_W$ 时，则形成油、水双连续结构的 IZ 型。由表 6-6 可知，对这 3 个体系而言，当油含量为 10%时，随着体系中水含量的增加，混合膜两侧的膜压经历了 $\pi'_O>\pi'_W$，部分膜 $\pi'_W>\pi'_O$ 到全部膜 $\pi'_W>\pi'_O$ 的转变，这导致微乳液结构发生 W/O 型→IZ 型→O/W 型的连续转变。

表 6-6　3 个 AS 与 DC 体系的微乳液结构类型

<table>
<tr><th>体系
油含量/%</th><th>C_7COONa[1]</th><th>AS[1]</th><th>AS+C_7COONa[2]</th></tr>
<tr><td>10</td><td colspan="3">W/O 型→IZ 型——→O/W 型[3]</td></tr>
<tr><td>25</td><td colspan="3">W/O 型————→　I Z 型[3]</td></tr>
<tr><td>50</td><td>W/O 型</td><td>W/O 型</td><td>W/O 型</td></tr>
<tr><td>75</td><td>不形成</td><td>W/O 型</td><td>W/O 型</td></tr>
<tr><td>90</td><td>不形成</td><td>W/O 型</td><td>W/O 型</td></tr>
</table>

①，② 同表 6-5。

③ 表示 3 个体系中微乳液结构随含水量增加的变化情况。

6.4.4　洗衣膏

洗衣膏又称作浆状衣用洗涤剂。洗衣膏严格来说，应该属于液体洗涤剂。它与一般的液体洗涤剂相同的是，全是用水来替代洗衣粉中的硫酸钠。

经典洗衣膏含表面活性剂和助洗剂，其组成大体与普通洗衣粉相同，功能也大体相同，但其生产工艺简单，相当于洗衣粉的配料工艺再加研磨工艺，不需干燥，因此节能、经济。

洗衣膏由于含水较多，在储存过程中可能引起质量变化。比如三聚磷酸钠可能会逐渐水解，影响洗衣膏的去污能力。无磷洗衣膏中可用沸石代替三聚磷酸钠，沸石在洗衣膏中不会被水解。由于膏状物体比表面积小，不利于溶解，洗衣膏使用时宜事先溶解，也可涂抹在衣物上搓洗。

也可将肥皂也做成膏状称为肥皂膏或皂膏。它以肥皂为主体成分，适量配入其他表面活性剂和助洗剂，易于溶解，使用方便。产品适于手洗和洗衣机用，泡沫适中、易漂洗。

第7章　肥　　皂

肥皂是个广义的概念，包括碱性皂和金属皂。把脂肪酸非碱金属盐通称金属皂，金属皂不溶于水，不能用于洗涤。在用途上肥皂又分为家用和工业两类。家用皂指香皂、洗衣皂和特种皂，工业皂主要是纤维用皂。而从化学结构来讲，肥皂是指至少含有8个碳原子的脂肪酸或混合脂肪酸的（包括无机或有机的）碱性盐类的总称。

7.1　肥皂制造化学

将原料油脂、脂肪酸或脂肪酸甲酯与碱反应都可以制得肥皂，这里着重讨论油脂水解制造肥皂。

7.1.1　油脂皂化

（1）油脂皂化　天然油脂和水在高温高压条件下经过均相催化反应生成脂肪酸和甘油的化学过程，称为油脂高压水解。油脂于密闭的高塔内，由5.5MPa压力的直接蒸汽加热到250℃左右，在足够量的水作用下进行反应，最后裂解为甘油和脂肪酸。

油脂从塔底进入，水则从塔顶加入，油脂和水在工艺环境中逆流运动，以充分洗涤甘油，尽量避免产生再酯化，使甘油溶解于水中，从塔底部排出甘油甜水。脂肪酸向上运动时也被塔顶清水逐渐洗涤，移去甘油分子，最终从塔顶排出，完成反应全过程。

脂肪酸二聚体的形成，使水解逆反应不再容易，需要一定能量才能打开联结。在脂肪酸分离工程如脂肪酸精馏、表面活性剂分离油酸等工艺工程中，这种结构形式就变得十分具有现实意义。

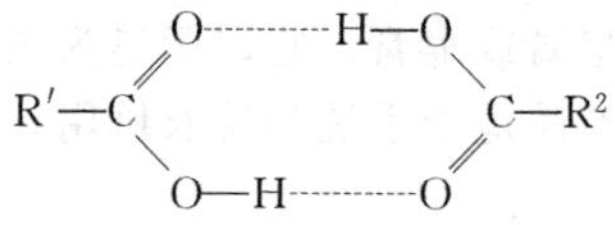

```
         O---------H—O
        //            \
R′—C                  C—R²
        \             //
         O—H---------O
```

（2）水对油脂皂化-水解的影响　在水解反应过程中，除温度和催化剂外，唯有加入适量的水，水解才能进行到底而达到平衡，与温度高低和催化剂量无关。

对于硬脂酸酯，水解反应需 3×18/890＝6.1%的水，但实际上需要过量的水，见表7-1所列。

表7-1　油脂水解度比较

试验编号	水		油相的皂化值（S.V.）	油脂水解度/%	
	摩尔数	占油质量的%		按公式求得	实际测得
1	1	2.08	193	25.1	30.6
2	2	4.16	193	40.1	42.5
3	3	6.25	193	50.1	52.0
4	6	12.50	195.3	66.5	66.4
5	10	20.9	198.3	76.5	73.9
6	18	37.5	200	85.3	82.8
7	33.6	70	202	91.5	90.0
8	60	125	202	95.0	93.9
9	120	250	202	97.4	95.3
10	300	625	203	99.0	96.8
11	600	1250	204	99.5	98.0

$$平衡状态下油脂水解度=3100\times W/(31W+S.V.) \tag{7-1}$$

油脂水解是平衡反应。反应的完成程度是油相中甘油浓度的函数，而甘油在水与油相中又存在着一个溶解平衡。图 7-1 是 Twitchell 法三级裂解椰子油时，一级裂解 16h 内甘油酯或甘油含量与时间的关系。达到平衡后，按游离脂肪酸为准，这时总裂解度为 75%。未裂解脂肪物中一、二、三级甘油酯所占比例，在反应早期（约 3h）已保持不变。

根据质量作用定律，水相中甘油浓度决定了脂肪的最大裂解度，且与温度无关。油相中甘油浓度上升，水解度下降；甘油浓度下降，水解度上升，如图 7-2 所示。

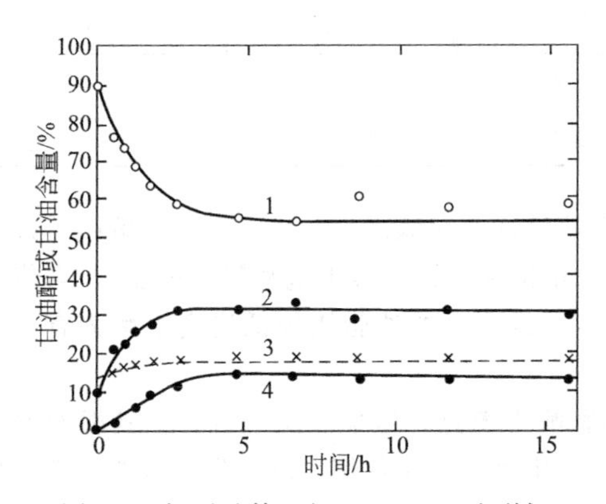

图 7-1 椰子油第一级 Twitchell 法裂解过程中未裂解脂肪物的组成

1—三甘酯；2—二甘酯；3—单甘酯；4—结合甘油含量

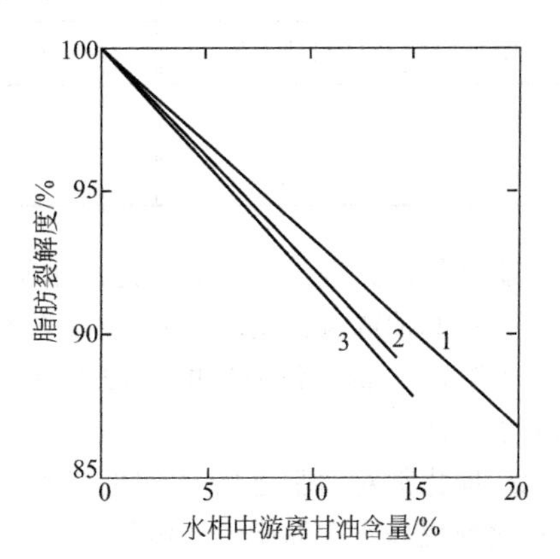

图 7-2 水相甘油含量与脂肪最大裂解度的关系

1—Twitchell 法裂解棕榈核仁油；2—压热釜法裂解牛脂；3—压热釜法裂解椰子油

拉斯卡勒公式说明在平衡时水解度为甘油浓度的函数，该公式在甘油浓度低于 20%时有效：

$$H=100-0.8G \tag{7-2}$$

式中 H——平衡时油脂水解度；

G——液相的甘油浓度。

(3) 温度对油脂皂化-水解的影响　油脂水解的平衡点与温度无关，这说明油脂裂解的反应热为零。图 7-3 是用 6%的水压热釜裂解牛脂时温度对裂解度的影响。

但是温度在加速反应达到平衡上起到了极大的作用。一方面，温度升高，增大了水在油相中的溶解度，使反应变成均相反应，增大了油和水的接触面积，从而加快了反应速度；另一方面，温度升高有利于离子化。表 7-2 是温度与水的裂解度的关系。从 25℃到 218℃水的裂解度几乎增加了 460 倍，所产生的 H^+ 和 OH^- 在裂解过程中起催化作用。在低温无催化剂时，油脂水解的速度非常慢，从表 7-3 可见在 220℃的水中裂解速度相当于 100℃时的 1000 多倍，相当于 150℃的 33 倍。

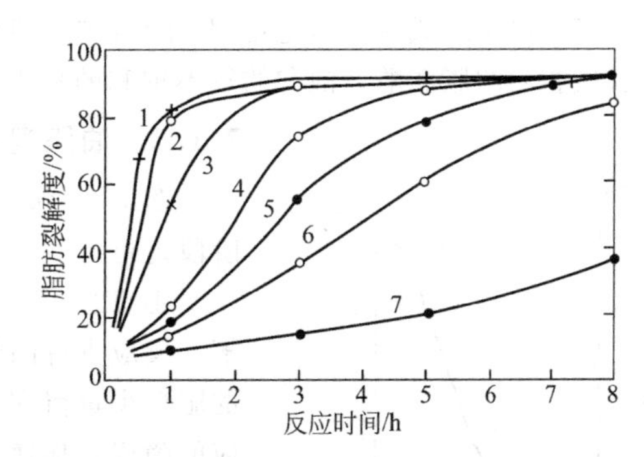

图 7-3 用 6%水压热釜裂解牛脂

1—220℃(2.22MPa)，0.5%NaOH；2—185℃(1.02MPa)，0.51%ZnO；3—200℃(1.45MPa)，0.5%NaOH；4—185℃(1.02MPa)，0.5%NaOH；5—185℃(1.02MPa)，无催化剂；6—170℃(0.69MPa)，0.5%NaOH；7—140℃(0.26MPa)，0.5%NaOH

表 7-2 温度与水的裂解度关系

温度/℃	水的分散度	氢离子浓度	离子浓度积/(mol/L)	温度/℃	水的分散度	氢离子浓度	离子浓度积/(mol/L)
0	0.5×10^{-9}	0.28×10^{-7}	0.14×10^{-14}	100			58.2×10^{-14}
25	1.8×10^{-9}	1.0×10^{-7}	1.04×10^{-14}	156			223×10^{-14}
50	4.2×10^{-9}	2.3×10^{-7}	5.6×10^{-14}	218			461×10^{-14}

表 7-3 不同温度下油脂水解的相对速率

温 度/℃	相对速率	温 度/℃	相对速率	温 度/℃	相对速率
100	0.03	170	2.4	200	13.9
150	1	185	5.5	220	33.3

油脂水解的先进工艺是高温连续水解，但对于含热敏性共轭双键、非共轭系的热敏键、含羟基的（如蓖麻油或氢化蓖麻油）、含4个或4个以上的不饱和双键的聚不饱和酸（鱼油），碘值大于140（含7～9的亚油酸）的豆油不宜采用高温高压，这一类的油脂用较低温度水解为宜，比如加酶水解法。

（4）催化剂对油脂皂化-水解的影响　催化剂不影响平衡点，但加速反应进行。其根本原因在于催化剂提高水在油脂中的溶解度，增加溶解在油脂中水的离解作用。高压裂解显然无需催化剂和乳化剂，因为高温高压保证了水在脂肪中的溶解度比其他方法都高。油脂水解工业中用到碱性催化剂和酸性催化剂。

① 碱性催化剂　按活性递增顺序，油脂水解用碱性催化剂按下式排列（测定条件：牛油在185℃下用60％水和0.5％NaOH或相当量的其他物质进行裂解，与用纯水裂解进行比较）。

催化剂：	H_2O	NH_3	KOH	NaOH	LiOH	CaO	MgO	ZnO
相对活性：	1.0	1.1	1.4	1.7	2.0	2.3	3.1	6.0

② 酸性催化剂　酸性催化剂中往往含有游离硫酸，目的是抑制磺酸水解，从而增加磺酸催化剂的脂溶性。几种酸性催化剂的催化活性按递增顺序排列为：硬脂酸苯磺酸＞石油磺酸＞磺基二甲苯脂肪酸＞烷基芳基磺酸。

（5）油脂组成对油脂皂化-水解的影响　低分子量的脂肪酸较高分子量的脂肪酸易水解；碳链长度相同的脂肪酸，饱和的较不饱和的易于水解。

7.1.2 油脂皂化三阶段

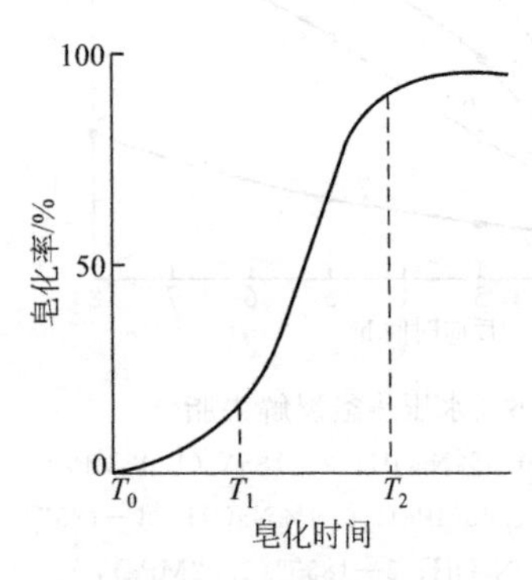

图 7-4 油脂皂化反应
T_0—T_1 乳化皂化；T_1—T_2 急速皂化；T_2—最终皂化

图7-4为油脂皂化时皂化率与时间对应关系。皂化反应分为三阶段进行。

① T_0～T_1 阶段　乳化皂化阶段，开始油脂与苛性钠互不溶解，反应进行困难。因此，间歇皂化时，通常是把上一次皂化得到的肥皂少量留在釜内，利用脂肪酸钠的乳化作用，使克服非均相反应的障碍，加速皂化反应。在连续皂化时，由高效能的混合装置使油脂和苛性钠紧密接触，也是由于油脂中游离脂肪酸生成肥皂的作用，使皂化速度加。

② T_1～T_2 阶段　急速皂化阶段。在这段时间反应激烈进行。这个阶段反应为均态，并产生大量热，要控制加油脂和碱液的速度，以防反应激烈而溢锅。

③ T_2～反应结束　最终皂化阶段。此时反应已经达到90％，

反应大大变慢，最后达到平衡。为了将油脂全部皂化，必须加入过量5%～10%的碱，并延长反应时间。而且甘油尽量除去，以加速反应。还常常配一些酚类、低分子油脂、不饱和油脂，以及带羟基的脂肪酸，以缩短诱导期。

7.1.3　皂水体系相图

在皂水体系中，脂肪酸的钠盐与钾盐能以不同的形态存在，如各向同性的肥皂溶液、各相异性的（非均质的）或结晶状态液体的皂基纤维、中间皂（简单的水中肥皂胶束）、液体结晶相的超净皂及蜡状的锅蜡等。中间皂接近透明，很黏稠，在直径12mm的管内不能流动；皂基是混浊和半透明的流体；超净皂与皂基极其相像，清晰程度稍优，各向同性液体比较清晰和较易流动。在谈到相图时，所用的“皂基”与煮皂和配方时所用“皂基”概念不同，这里是指各向同性溶液被冷却时所呈现的形态，无水的或接近无水的肥皂甚至呈现更多的形态。图7-5与图7-6分别为油酸钠和商品皂的相图。两图均被分成若干区域，无阴影的地方表示单相区域，阴影线区域表示复相区域，在这个区域内相邻的相以平衡混合物形态存在。

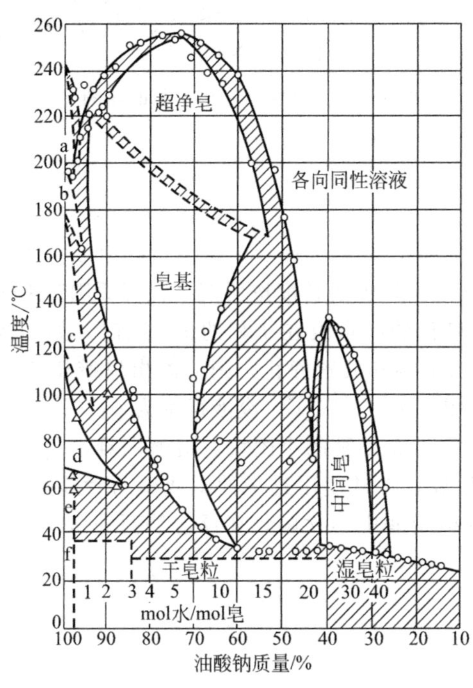

图7-5　油酸钠-水系相图

a—次净皂；b—超蜡状皂；c—蜡状皂；
d—次蜡状皂；e—超皂粒；f—皂粒相

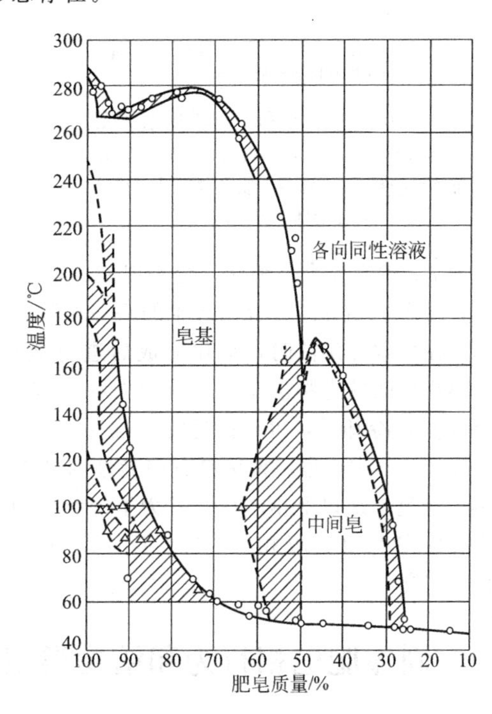

图7-6　商品皂和水的相图

肥皂-水体系相图可以表示出肥皂的溶解度。各向同性区左下角的点 T_s 就是“克拉夫点”(Krafft point)。在这点，各向同性溶液和皂粒纤维各向同性溶液之间的交界线几乎是水平的，而且温度略有变化，会引起溶解度的极大变化。图7-6显示这一温度为49℃，在这一温度下，肥皂的溶解度（以一般各向同性溶液计算）约为26%，而在45℃其溶解度为2%。

由相图向前扩展则得到肥皂的溶解度曲线，如图7-7所示。

7.1.4　煮皂体系相图

图7-8为100℃时皂锅中肥皂、水和电解质体系相图。图中纵坐标代表无水皂的质量百分率，横坐标代表苛性钠与食盐含量之和，但统一以食盐来表示。水的含量为100%减去皂和盐的百分率。因此，任何比例的皂、水、盐组成的体系，均能以图中各点来表示。A、B、D、J区为单相区，其意义是：A——皂基（纯皂液晶皂）；B——中间皂；D——皂蜡；J——蜡相。

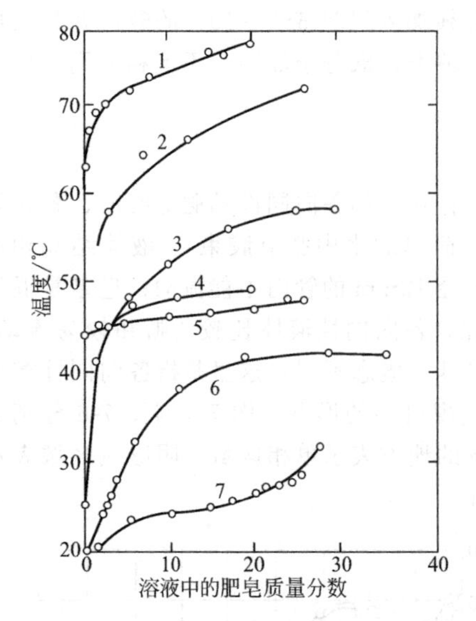

图7-7　100℃皂、水和电解质体系相图

1—硬脂酸钠；2—棕榈酸钠；3—肉豆蔻酸钠；4—市售牛脂皂；5—市售牛脂及椰子油家用皂；6—月桂酸钠；7—油酸钠

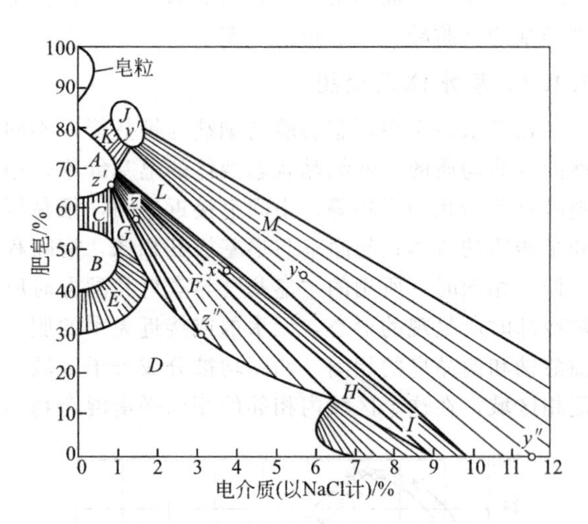

图7-8　表明煮皂时相关系的相图

图7-8中有6个二相区，分别以C、E、F、I、K和M阴影区表示，当体系的组成落入这些区时，就产生相分离。分离产生的每一相数量可以通过测量连线长度按所谓“杠杆原则”来进行计算。在采取煮沸法时，皂化完成后进行盐析，把皂化的终点设在I相的x。这时，如加入食盐，皂化物的状态将由x沿横轴向右移动到y点，如果将其放置静止，则分离出皂蜡相J的y'和废液y''，冷却后，得到白色的皂粒（酪皂）。皂粒得率为$yy''/y'y''$，废液得率为$yy'/y'y''$。

B区——中间皂。该区是各向异性的半透明皂，是非常黏稠的小团块，溶解困难，煮沸中应该尽量避免。从以上相图可知，为了抑制中间皂的生成，常常使用过量的碱或碱与食盐混合液，使皂化物在I、L、M相状态进行反应。另外，也希望废液中不含碱，在反应物过量5%～10%条件下皂化。

7.2　固体肥皂相行为和结构类型

7.2.1　固体肥皂相行为

肥皂有多种晶型，最主要的是β、ω、δ型三种，其中，β、ω最常见，但一般3种晶型是混在一起的。钠皂的α型含有微量水，当完全失水时，转变为β型。在一般商品制造范围内，不大可能有α型。

表7-4列出了3种均由20%椰子油、80%牛羊油同一批制成皂的3种不同晶型样品的性质。β型样品是由机制加工而成，ω型是在一密闭容器内加热至87.8℃做静置冷却至室温而成。δ型是将β型皂在50～60℃进行加工而成。

表7-4　典型商品皂3种相的性质

性　质	β	ω	δ
坚硬度(相对单位)	8.0	7.2	3.0
在水中皂块被擦去的百分率/%	2.4	0.5	1.7
浸泡在水中时对水的反应	膨胀和分裂	不膨胀或分裂	开裂并稍膨胀

表7-4显示，与ω型皂比较，β型皂易膨胀、易软化，因而泡沫强，但又比ω皂结实坚硬。δ型皂的起泡程度介于两者之间，但要软得多。

影响形成的条件包括温度与加工方法，并随着脂肪酸的组成和加工方法而变化。当温度升高时，δ型自发转成β型，β型自发转成ω型。但是当冷却时，逆变化比较难发生。加工方法如辊筒研磨、压条混合、压缩、挤塑等机械加工促进转相，在该加工条件下能形成最稳定的晶型。一般来说，温度高、水分含量低、低分子量下，对形成ω型有利；而温度低、水分含量高、高分子量利于δ型形成。低分子量的椰子油皂不生成δ型和β型，即使有可能转成β型也非常缓慢。在临界温度71℃，在搅拌下，20%椰子油、80%的牛羊油含水量为26%的肥皂可以转变成β型。

框法制皂主要得到ω型，机制皂主要得到β型。把β型皂放在密闭容器中加热110℃再冷却到室温，就得到ω皂。把β皂在50～60℃重新搅拌就得到δ型肥皂。图7-9综合了δ、β、ω型皂的形成条件。

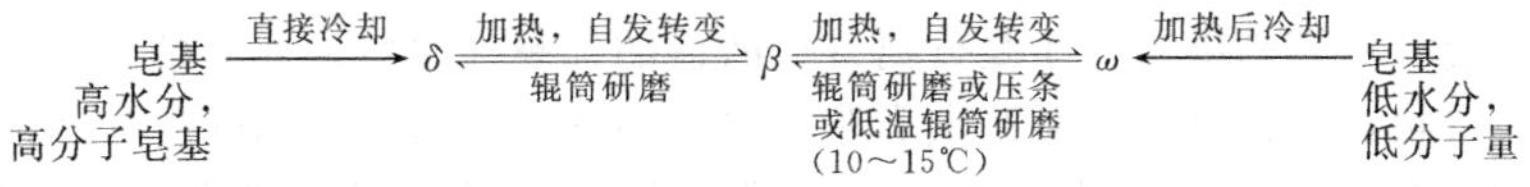

皂基 高水分，高分子皂基 —直接冷却→ δ ⇌（加热，自发转变 / 辊筒研磨）β ⇌（加热，自发转变 / 辊筒研磨或压条或低温辊筒研磨（10～15℃））ω ←加热后冷却— 皂基 低水分，低分子量

图7-9 肥皂晶型转化

结晶的不同显示不同的性能，原因在于温度及加工方式影响到肥皂的定向和集合状态。在用机械加工，如用压条机压缩或研磨肥皂混合物时，增加了肥皂的定向作用，其结果增加了致密性，使得到β型肥皂相对更坚实，透明度减小。而且压条机挤出的肥皂侧面（相对出条方向）比平面易溶解于水约10%。框制肥皂放冷时，固化后肥皂的外侧比内部显示出约2倍的硬度。其原因在于内部冷却比外部慢，外侧的肥皂增加了结晶的定向作用，从而增加了致密性之故。

7.2.2 固体肥皂的结构类型

一种被称为"Bricks"和"Mortar"的模型可以解释肥皂糊烂开裂等质量现象。这种模型假定固体晶皂分散于非晶皂相中。固体晶相由肥皂中的链长及链的排列所决定，可由X射线衍射谱图鉴出，包括以下几种。

Kappa相（K-相）——通常是月桂酸钠、棕榈酸钠及硬脂酸钠的混合体。这些饱和脂肪酸链的任何混合配比都可能得出相同的X射线衍射，但在富脂皂的情况下，可能存在游离脂肪酸。

Zeta相（Z-相）——是棕榈酸钠及硬脂酸钠的混合体，其结晶体较小。

Delta相（G-相）——也是棕榈酸钠及硬脂酸钠的一种混合体，但其晶体排列与Zeta相不同，晶粒较大。

Eta相（H-相）——是油酸钠或固体的油酸钠/月桂酸钠的一种固体相型。

酸性肥皂是游离脂肪酸及任何饱和长链皂的一种混合体，呈稳定的理想配比固体颗粒相型。

常见的有：K-相存在于富脂皂或非富脂皂；Z-相存在于水分高的非富脂皂或少量椰仁油富脂皂中；G-相主要存在于40℃下生产的椰仁油含量高的富脂皂以及糊烂发软的富脂皂和非富脂皂中。

按定义的结构来讲，液晶相是一种有足够多的各种易溶性高皂富水相。在非富脂皂中，正常的液晶为紧密排列的六方结构。因为这样可使肥皂的极性基团之间的间距最大。在富脂皂中，脂肪酸分子也是存在于液晶之中，并嵌插在肥皂分子之间，以减少电荷密度，最终结果可趋于形成一种层状结构。也就是说非富脂皂是紧密排列的六方晶系，它呈黏稠性质，并含有大约50%皂。富脂皂是层状结构，它比六方结构的黏性小，皂含量高达80%。

应用Bricks和Mortar模型可以解释加工工艺过程与肥皂质量的相关性（参见本章7.9肥皂质量控制）。从干燥器出来的肥皂将有下列组成：固体的K-相、液晶相、溶液相。K-相结构将包含许多月桂酸盐/硬脂酸盐，或许也有一些固体油酸盐；液晶相将包含剩余的油酸盐和少量的月桂酸盐。在富脂皂的情况下，液晶相及K-相也含有游离脂肪酸。

在肥皂加工过程中给予充分有效的处理（剪切），激烈的冲击可使干燥时形成的不平衡固体K-相/液晶相/溶液相组成变为平衡。也就是使月桂酸盐从硬脂酸盐及棕榈酸盐中分离开。这种分离作用使得：①分离出月桂酸盐，以增加发泡性；②改善液晶相组成，促使减少膨胀性而降低糊烂程度。分离发生的机理为：①在温度及剪切效应的影响下，月桂酸盐皂从K-相逐渐溶解到液晶相；②从硬脂酸盐/棕榈酸盐分离出的月桂酸盐同油酸盐混合。这种油酸盐/月桂酸盐不是保留在液晶相，就是在加工后的冷却中可结晶为固相。这种新形成的液相与水分接触时，不会吸太多的水分，因此也就不太膨胀，成为含水较低的糊状物。而富油酸盐的液晶相与水分接触时会吸收大量的水分，而引起膨胀，成为含高水分的糊状物。

随着温度及加工能量的增加，K-相中的月桂酸盐从棕榈酸盐/硬脂酸盐分离及月桂酸盐在液晶相中的溶解也随之增加。而留在Z-相或G-相中的棕榈酸盐及硬脂酸盐仍不太溶于液晶相。在低温下月桂酸盐不溶解。但是，如果升高温度它将开始溶解。当肥皂继续冷却时，棕榈酸盐/硬脂酸盐及月桂酸盐将再结晶出来。于是分离月桂酸盐的优越性也将因此而消失。

对于液晶为层状，并含有游离脂肪酸和脂肪物含量高的富脂肥皂来讲，棕榈酸盐/硬脂酸盐的溶解度可增加，在温度40℃或大于40℃时则明显增强，但与富脂剂的含量关系不大。因此，富脂皂的临界操作温度是40℃，即可得到较优质的皂条和好的留香性。如果操作温度太低，可能出现开裂问题。使用凝固点高的油脂所制成的肥皂则更易发生这种问题。

非富脂皂的结构及性质对正常的操作温度（35～45℃）不太敏感。为使月桂酸盐从K-相中得到最大分离，操作就应当在较高温度范围内进行。

7.3 脂肪酸组成和肥皂性能

表7-5汇总了几种单体脂肪酸钠皂的性质。

（1）脂肪酸的组成和溶解度　直链饱和脂肪酸钠的临界温度随着肥皂的碳原子数增加而增加，溶解度随着碳原子数的增加而降低，饱和的又比不饱和的溶解度小，但相差并不大，如图7-10所示。

表7-5 几种单体脂肪酸钠皂的性质

单体脂肪酸钠皂的名称	分子式	性质(对肥皂的影响)
月桂酸钠	$C_{11}H_{23}CO_2Na$	C_{12}饱和脂肪酸皂在肥皂中是最短链的脂肪酸皂，在冷水中溶解性好，耐硬水，起泡性强，泡沫稳定，去污力次于其他长链脂肪酸皂，是硬皂
肉豆蔻酸钠	$C_{13}H_{27}CO_2Na$	C_{14}饱和酸皂，水溶性稍差，可改善去污力，产生丰富的泡沫
棕榈酸钠	$C_{15}H_{31}CO_2Na$	C_{16}饱和酸皂在中温、高温水中去污力极高，常温去污力比硬脂酸皂强，在冷水中溶解性差，生成硬皂
硬脂酸钠	$C_{17}H_{35}CO_2Na$	C_{18}饱和酸皂，生成极硬的皂，在冷水中不溶，耐硬水性也最差，起泡性小，但在中温、高温水中，只要溶解，去污力最好
油酸钠	$C_{17}H_{33}CO_2Na$	C_{18}不饱和酸皂有利于水溶性，起泡性和耐硬水性都很好，在低温和中温下洗净力极大，不能单独使用，复配的皂柔软
亚油酸钠 亚麻酸钠	$C_{17}H_{31}CO_2Na$ $C_{17}H_{29}CO_2Na$	这两种皂有2个或3个双键，与油酸皂相比，水溶性增强，但去污力降低，容易引起酸败，造成着色和异味，适合在冷水中使用
蓖麻醇酸钠	$C_7H_{14}(OH)C_{10}H_{18}CO_2Na$	分子中各有一个羟基和双键，水溶性增高，生成硬皂，可防止皂结晶，在制造透明皂时复配，但去污力低，起泡性也差

有机脂肪酸的有机碱盐在有机溶剂中有很好的溶解性。胺皂碱性比较弱，如三乙醇胺盐还具有很好的发泡性，可以用于对皮肤温和肥皂的制造。异丙醇胺皂比乙醇胺皂易溶于碳氢化合物，因此适于做干洗皂。

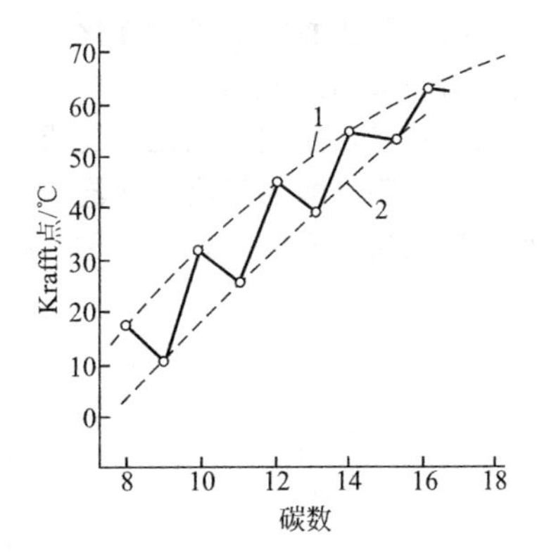

图 7-10 单一脂肪酸钠的碳原子数

1—偶数脂肪酸钠；2—奇数脂肪酸钠

(2) 脂肪酸的组成和表面张力 肥皂的表面张力与碳链的长短有关。在一定范围内，碳链越长，其表面张力越小，如图 7-11 所示。当温度增加时，高分子脂肪酸皂的分散部分增加，使其接近最适宜的胶体状态，因而表面张力下降。而低分子脂肪酸皂及不饱和酸皂升高温度时，影响不大，如图 7-12 所示。

电解质的存在使肥皂的 *cmc* 急剧减少，例如，月桂酸钾的 *cmc* 是 0.022mol/L，如果在溶液中有 0.1mol/L 及 0.5mol/L 硝酸钾，则 *cmc* 分别降至 0.012mol/L 及 0.0055mol/L。这是因为少量电解质增加了水的极性，相对增加了皂液的表面活性。但是如果电解质太多，则无此效果，太多的电解质反而会使皂液发生盐析。

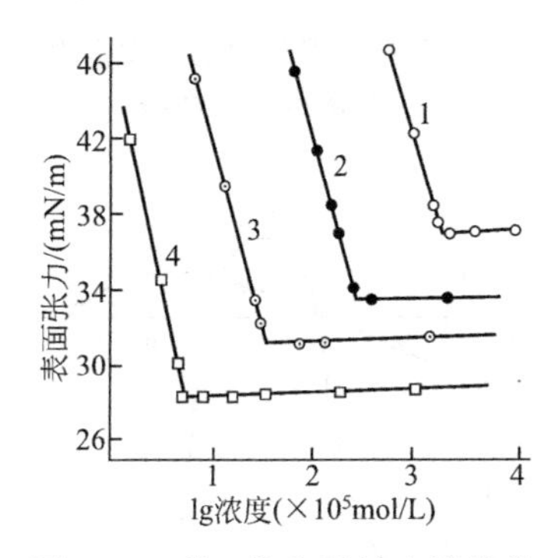

图 7-11 单一饱和酸钠水溶液的浓度-表面张力曲线

1—月桂酸；2—肉豆蔻酸；3—棕榈酸；4—硬脂酸

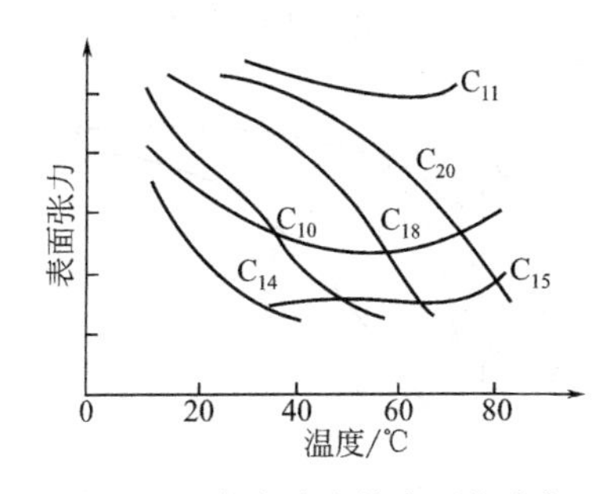

图 7-12 脂肪酸皂的表面张力与温度的关系曲线

(3) 脂肪酸的组成与增溶性 一种肥皂增溶力的大小决定了这种皂的抗污垢再沉积力。增溶力系指肥皂在其临界胶束浓度以上时，使得不溶性油进入胶束内部而分散的能力。如图 7-13 所示。

随着肥皂的碳原子数增加，其增溶力上升。图 7-14 显示当几种肥皂共存时，增溶量大的肥皂使得总的增溶量增加（0.3mol/L 肉豆蔻酸钾溶液加入其他肥皂溶液时的增溶量变化）。

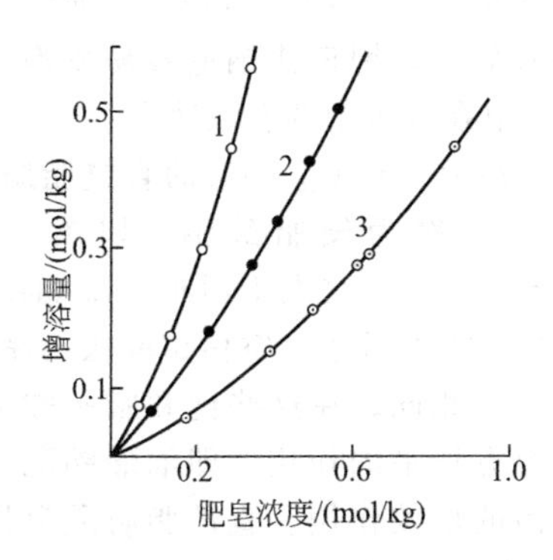

图 7-13 钾皂对乙基苯的增溶性的影响（25℃）

1—十六酸钾；2—十四酸钾；3—十二酸钾

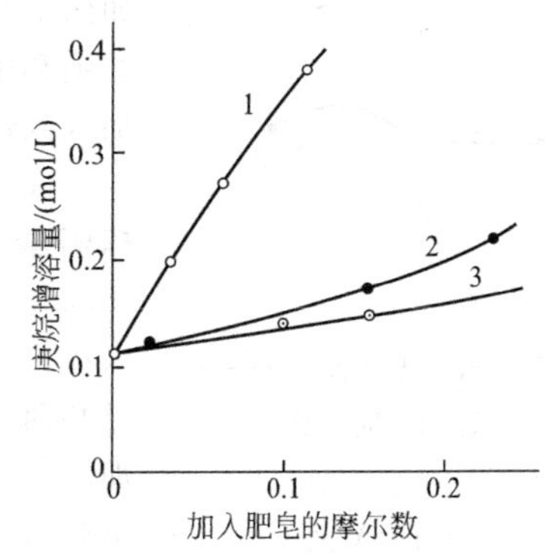

图 7-14 混合肥皂对正庚烷的增溶性

1—十六酸钾；2—十四酸钾；3—十二酸钾

（4）脂肪酸的组成和乳化力　肥皂因其对油污的乳化作用可以增加去污力。在C_{10}～C_{18}直链饱和脂肪酸钠溶液的乳化性中，C_{12}及C_{14}的乳化力最低，从C_{16}以上乳化力急剧增加。但在溶液中加入等量油酸钠，乳化力变成大体相等，如图7-15所示［0.25%水溶液，(35±1)℃］。

（5）脂肪酸的组成和起泡力　肥皂溶液浓度在低于临界胶束浓度时，就迅速显示发泡性，这种泡沫迅速上升的起始浓度称为临界发泡浓度，如图7-16和图7-17所示。

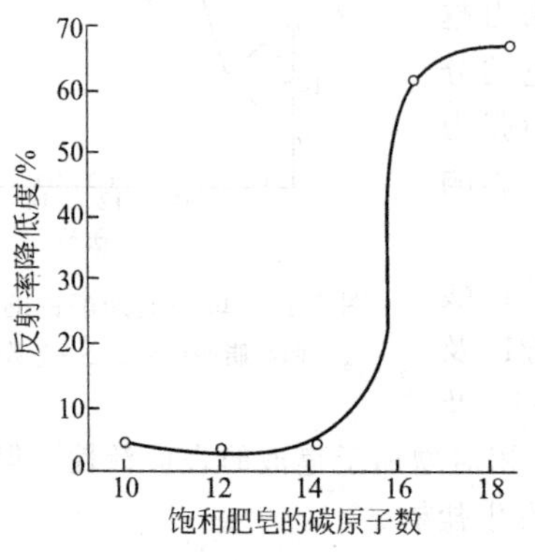

图7-15　肥皂碳原子数与乳化力的关系

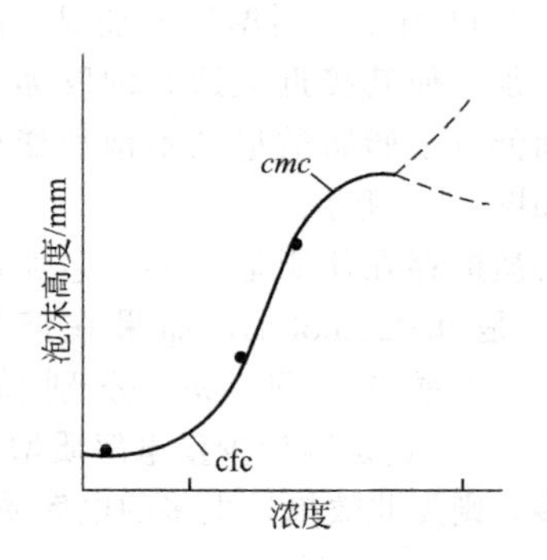

图7-16　典型肥皂的发泡力与浓度关系曲线

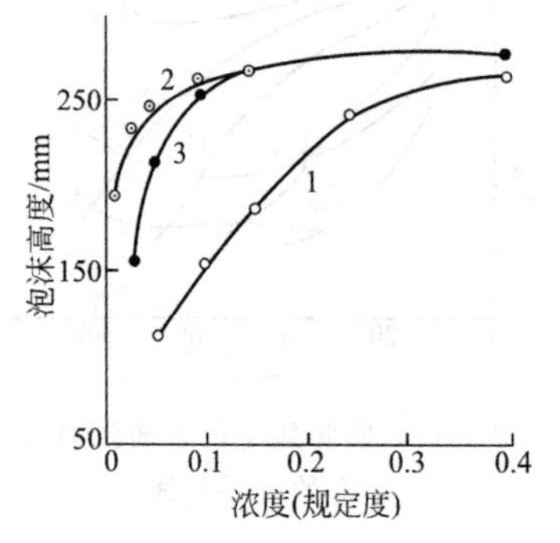

图7-17　在最佳pH值时，饱和脂肪酸钠皂的发泡力和浓度的关系（57℃）

1—月桂酸；2—棕榈酸；3—肉豆蔻酸

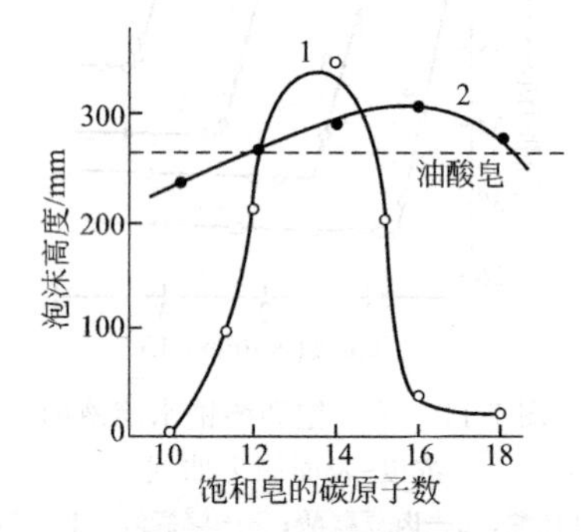

图7-18　肥皂的碳原子数和发泡力的关系

1—单独；2—与等量的油酸皂配合

在C_{10}～C_{18}直链脂肪酸钠中，最大的发泡性在C_{14}附近。对于各种化合物，泡沫的稳定性大致相等，但在其溶液中加入等量的油酸钠后，发泡力差异变小，如图7-18所示［0.25%自来水溶液，(35±1)℃］。油酸钠对棕榈酸钠和硬脂酸钠发挥了增效效果。钾皂比钠皂容易发泡，将钾皂加入到钠皂中，可以改善肥皂在冷水中的发泡性。

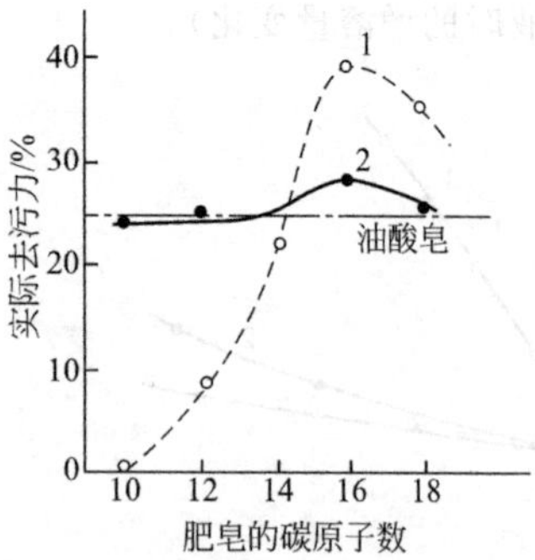

（6）脂肪酸的组成和去污力　在C_{10}～C_{18}的直链脂肪酸皂中，棕榈酸钠的去污力最高，其次为硬脂酸钠。如图7-19所示［0.25%自来水溶液，(35±1)℃，平纹人工污布，Lander-O-meter去污机。实际去污效率=样品的去污率－空白试验去污率］。油酸皂和肉豆蔻酸皂的去污力基本相同。在这些饱和脂肪酸皂中如果加入等量油酸皂，其去污力有拉平的作用。即油酸钠配入月桂酸钠和肉豆蔻酸钠，都有去污的增效作用。直链脂肪酸皂比枝链脂肪酸皂的去污力要强。

图7-19　肥皂的碳原子数与去污力的关系

1—单独；2—等量配合油酸皂

7.4 制皂的原料

7.4.1 油脂

油脂是指天然动、植物油脂，即高级脂肪酸甘油酯。随着油脂品种的不同，其所含的脂肪酸的碳数和饱和程度不同。油脂的熔点或凝固点在40℃以上的，称之为“脂”；而在40℃以下的称为“油”，两者无严格界限。

最主要的皂用油脂是牛羊油和椰子油。选择制皂油脂配比的主要原则是油脂需含有适当的饱和脂肪酸/不饱和脂肪酸比例以及长链脂肪酸/短链脂肪酸比例，符合成品皂具有的质量规格，如稳定性、溶解度、泡沫量、硬度、洗涤能力等。

制皂油脂通常是牛羊油/椰子油为75/25～85/15的混合油脂。

表7-6表示了用牛油、椰子油制备固体肥皂时的最佳混合油脂比例。图7-20所示为混合原料比例和主要脂肪酸组成。

表7-6 牛油、椰子油皂最佳混合油脂比

肥皂的性状	牛油/椰子油最佳混合比	肥皂的性状	牛油/椰子油最佳混合比
起泡速度	85/15	溃散性	75/25
用手摩擦时的发泡	75/25	固体皂坚硬性	影响小
溶解性(机械摩擦)	75/25	糊烂	不影响
溶解性(手摩擦)	75/25	干裂	不影响

为了达到肥皂在硬度、色泽、外观、溶解度、去污力等方面的质量标准，对制皂的原料油脂和脂肪酸的要求指标有以下几点。

① 凝固点　一般制皂用油脂凝固点在38～42℃。

② 中和值和皂化值　中和1g脂肪酸所需要的KOH毫克数叫做中和值，皂化1g油脂所需要的KOH毫克数叫做皂化值。中和值及皂化值表示了脂肪酸和油脂制皂所需要的碱量，也反映了脂肪酸或油脂分子的大小。

③ 碘值　100g油脂所能吸收碘的克数叫做碘值。它反映了脂肪酸和油脂的饱和度。不饱和度越高，碘值越高。碘值太高的物质容易生成大分子物质，在表面形成硬膜，不适合制皂。在分子中碳数相同时则碘值越高制得的皂越软。

④ 酸值　中和1g油脂中游离脂肪酸所需要的KOH毫克数称为酸值。一般新鲜天然油脂酸值很低。酸值高表示除了存在游离脂肪酸以外，还是油脂酸败变质的表征。使用酸败变质的油脂制皂，会使肥皂变质，出现出汗、发臭等现象。

⑤ 不皂化物　油脂中所含脂肪酸以外的脂肪成分，如甾族化合物（胆固醇、VD）与萜烯类（类胡萝卜素、VA等）。这些成分不发生中和及皂化，是制造肥皂的杂质，使肥皂的质量降低。通常含1%以上不皂化物的油脂不能直接用作制皂原料。

表7-7显示了制皂用油脂的特性。

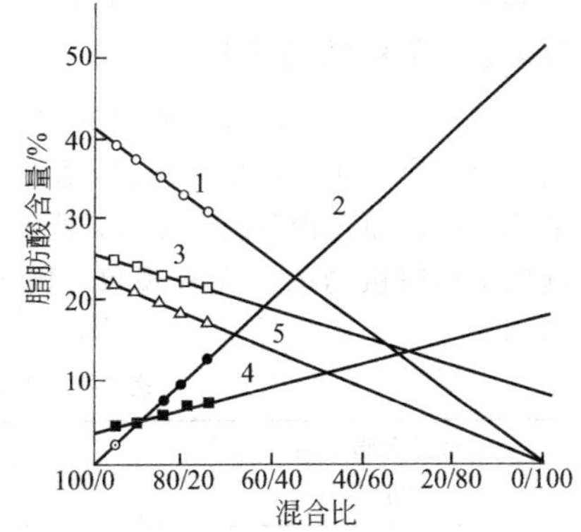

图7-20 牛油、椰子油混合油脂的脂肪酸组成

1—油酸；2—月桂酸；3—棕榈酸；4—肉豆蔻酸；5—硬脂酸

表 7-7 皂用油脂的特性

油 脂	凝固点/℃	碘值	皂化值
椰子油	20～24	7～11	250～264
牛羊油	40～48	40～48	195～205
香皂理想用油	36～38	38～40	215～225

7.4.2 油脚、皂脚、脂肪酸甲酯和脂肪酸

(1) 油脚、皂脚 油脂脱胶工艺中排出的油脚以及在碱炼工艺中排出的皂脚，均可作为制肥皂原料。一般来说，油脚中含有10%～20%的乳化油，皂脚中除含有皂脚油外还含有肥皂，用硫酸破乳后可以回收其中油脂。如果回收的油色泽差、有臭味、氧化稳定性差，只能做低档皂，用于价廉的工业皂。

(2) 脂肪酸甲酯 把原料油脂和过量的甲醇在碱的存在下进行醇解反应，得到混合脂肪酸甲酯，然后将其分馏，得到的目的产物即脂肪酸甲酯。

以从牛油得到的硬脂酸甲酯，和从椰子油得到的月桂酸甲酯为主要的脂肪酸甲酯为原料制皂的优点是远比油脂容易皂化，在低温下和苛性钠反应可生成无水皂。

(3) 脂肪酸 肥皂用的脂肪酸最主要的是牛油硬脂酸和椰子油液体酸。月桂酸加到硬脂酸中制造香皂，油酸可直接或与硬脂酸一起作纤维皂或婴儿香皂。表7-8为不同沸点的石蜡馏分经空气氧化得到的脂肪酸的组成。

表 7-8 合成脂肪酸的组成

原料石蜡的沸点/℃	合成脂肪酸组成/%			原料石蜡的沸点/℃	合成脂肪酸组成/%		
	$C_{5\sim9}$	$C_{10\sim20}$	$>C_{21}$		$C_{5\sim9}$	$C_{10\sim20}$	$>C_{21}$
240～350	25.0	54.5	20.5	350～420	10.5	75.0	14.5
300～400	14.5	79.5	6.0	420～500	4.0	60.0	36.0

合成脂肪酸的特性是含有奇数脂肪酸和支链脂肪酸，而且不含不饱和酸。

香皂用$C_{10}\sim C_{16}$馏分，而洗衣皂用$C_{17}\sim C_{20}$馏分，支链酸的存在会增加肥皂的泡沫，呈膏状。如果配入透明皂，可以抑制肥皂的结晶化，使之长期保持透明性。$C_{18}\sim C_{21}$酸作为合成脂肪酸，可做橡胶行业助剂，$C_{10}\sim C_{13}$酸作成尼纳尔或磺化脂肪酸盐作为钙皂分散剂，加到肥皂中，改进了肥皂的质量，使肥皂升级换代（见钙皂分散剂部分）。

7.4.3 无机辅助原料

(1) 泡花碱 洗衣皂所用的泡花碱偏碱性，两者比例为1∶2.44。泡花碱具有碱性电解质作用，可以作缓冲剂，起调节pH值的作用。中性泡花碱会使肥皂外观呆板，容易冒白霜。凝固点低的肥皂可以加入较多的泡花碱，脂肪酸含量高时也需要加入较多泡花碱。但是如果过量，可能引起肥皂组织粗糙的三夹板现象，因为肥皂胶体容不下这样多的电解质。较合适的用量见表7-9所列。

表 7-9 配制1000kg肥皂所需的皂基和泡花碱量

成品含脂肪酸/%（或肥皂型号）	脂肪酸为63%的皂基/kg	泡花碱量		碳酸钠量/kg
		浓度(Bé)	kg	
30	475	12～14	513～519	6～12
35	555	12～14	433～439	6～12
42	668	18～19	322～327	5～10
47	745	18～25	247～251	4～8
53	840	30～40	152～156	4～8

(2) 碳酸钠与滑石粉 碳酸钠也为碱性电解质，对肥皂的酸败变质有控制作用。加入少量碳酸钠（0.5%～3.0%）可以提高肥皂的硬度，特别是配方中液体油脂较多时，还可以节约部分固体油脂，但也容易引起肥皂粗糙、松软、冒白霜。一般方法是将其配入泡花碱的溶液中。如果以粉状加入，则容易在肥皂中结成疙瘩。

颜色较深的肥皂中加入滑石粉，能使肥皂反光发白，改进肥皂颜色。如肥皂太软，不耐用，可加入80目的陶土、高岭土，与水以1∶1的比例合成糊状加入。

(3) 钛白粉 钛白粉即二氧化钛，颜色纯白，具有不透明度和遮盖力。在肥皂内加入0.2%可以解决真空压条皂的透明和发暗现象，且光泽好，可减弱油腻感觉。白色香皂中也加入少量钛白粉。

7.4.4 香料与着色剂

许多洗衣皂中，特别是透明皂中多加入香草油。香草油也称香茅油，其主要成分是香叶醇和香草醛。在洗衣皂中也常常加入樟脑油、萘油、二苯醚、茴香油、芳樟油及香料厂的副产品来调配，其价格较廉，加入量一般为0.1%～0.3%。

真空冷却压条的肥皂，由于采用真空闪急冷却，香料不能在调合时加入，因而成型时使肥皂表面沾上一点香料，以掩盖合成脂肪酸的不良气味。

洗衣皂常用的着色剂是酸性皂黄和群青等。

7.5 钙皂分散剂

肥皂最大的一个缺陷是抗硬水性差，比如在含 $CaCO_3$ 300×10^{-6} 以上的硬水中泡沫只有在普通软水中的一半。而钙皂分散剂（lime soap dispersing agent，LSDA）克服了肥皂的这一缺陷。加有钙皂分散剂的肥皂有时称为复合皂或合成皂。

7.5.1 钙皂形成机理

肥皂在硬水中与钙、镁、铁离子易形成不溶性的皂膜或皂渣，如图7-21所示。钙皂的溶度积（$K_{sp}=10^{-12}\sim10^{-17}$）远较烷基磺酸盐的（$K_{sp}=10^{-3}$）小得多。

织物表面大都带负电荷（棉纤维电动电位－38mV，羊毛－48mV），油污也带负电，而 Ca^{2+}、Mg^{2+}、Fe^{2+} 等多价阳离子恰恰成为污垢黏附物的桥梁，使得污垢难以去除，甚至去除后也被牢牢地吸附于织物上。

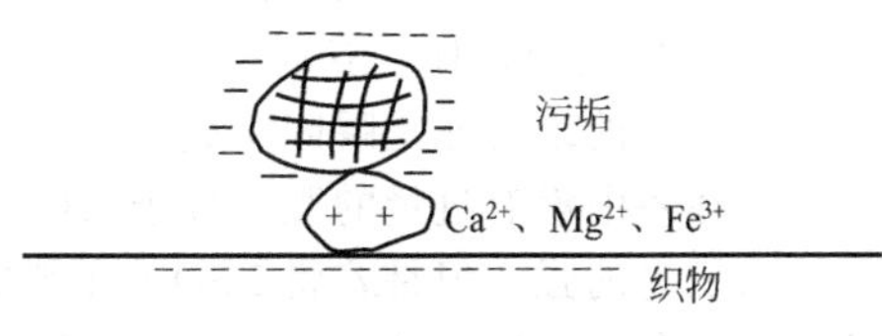

图7-21 污垢借多价离子桥梁作用黏附织物示意

钙皂皂膜分为表面皂膜与凝聚皂渣两种。钙皂以其强疏水基的分子作用力，吸附脂肪酸及油污，黏附于织物上成为屏障，阻碍洗涤液进入内部，氧化、酸败，使织物变灰泛黄、脆裂，牢度减弱。

Ca^{2+}、Mg^{2+}、Fe^{2+} 不仅来自硬水，也来自污垢、织物纤维及汗液，因此，对于非硬水地区洗涤，仍存在钙皂的问题。

肥皂的Krafft点是45～47℃，在冷水中溶解度低，而且易水解，不耐酸。

7.5.2 钙皂分散剂的作用机理

LSDA是一种表面活性剂，其特点是有庞大的基团，在肥皂中能阻止洗涤时形成钙皂，增加其溶解度，从而提高肥皂的洗涤力。

钙皂分散剂的作用机理可以用混合胶束分散模型来解释，如图7-22所示。该图表示肥皂与LSDA形成混合胶束。图中：(a) 表示脂肪酸分子定向排列于水界面；(b) 为在一价阳离子存在下，在水中形成典型的肥皂胶束；(c) 为在二价阳离子如钙、镁离子的存在下，肥皂胶束倒转发生沉淀；(d) 表示如果胶束里有LSDA存在，会形成包括LSDA、肥皂、脂肪酸、水以及其他增

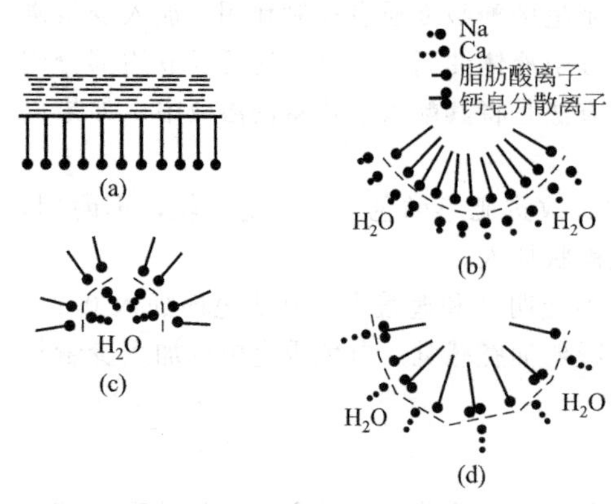

图 7-22 肥皂-LSDA 体系的简化模型

溶物性的混合胶束。此时即使有二价阳离子存在，LSDA 的庞大基团就像许多楔子一样阻止胶束倒转。内层为疏水基，借分子引力排列比较紧密，疏水基外面的曲面，除本身所带的负电荷外，周围有束缚反离子及扩散反离子，胶束外面覆有水化膜、少量极性分子（如脂肪酸），未反应物则穿插增溶其间，增加了膜的弹性，使胶束分子更加分散，更趋于稳定。

进一步通过对 α-磺基棕榈酸甲酯钠（PMSNa）-棕榈酸钠（$C_{16}Na$）-Ca^{2+} 体系水溶液的透光率、电导率的测定，以及对体系中生成的不溶性悬浮物组成的红外光谱分析，有可能进一步解释：①LSDA 能否阻止钙皂的生成；②钙皂的分散是仅由 LSDA 实现的，还是由 LSDA 和未结合 Ca^{2+} 的肥皂一道实现的；③LSDA 与肥皂以何种比例混合可获最佳分散效果。

α-磺基棕榈酸甲酯钠（PMSNa）是一种典型的 LSDA，对 $C_{16}Na$-PMSNa-Ca^{2+} 体系水溶液中所得滤渣的实验结果说明：尽管 $C_{16}Na$ 与 PMSNa 的浓度比变化，所得滤渣中仅含有少量的 PMSNa（表 7-10）。这一结果说明：无论加入的 PMSNa 与肥皂的比例如何，PMSNa 均不能阻止 Ca^{2+} 与肥皂的结合。

表 7-10 自 $C_{16}Na$-PMSNa-Ca^{2+} 体系水溶液中所得滤渣的组成

加入体系中各物质的总浓度/(mol/L)	$C_{16}Na$	0.0024	0.0018	0.0012	0.0006
	PMSNa	0.0006	0.0012	0.0018	0.0024
	Ca^{2+}	0.003	0.003	0.003	0.003
加入的 $C_{16}Na$/PMSNa(摩尔比)		8/2	6/4	4/6	2/8
滤渣中检出的 1/2$C_{16}Ca$/PMSNa		≈0.99/0.01	>0.99/0.01	>0.99/0.01	>0.99/0.01

在 PMSNa-$C_{16}Na$ 混合溶液中加入 Ca^{2+} 后，溶液的电导率一直不变。但如果在上述体系中再加入少量的 $C_{16}Na$ 时，溶液的电导率便会发生明显变化。由此可知，即使体系中加有 LSDA，Ca^{2+} 与肥皂的结合亦是瞬间完成的。

若体系中没有过量的肥皂分子（Ca^{2+} 浓度≥肥皂浓度）时，单独的 PMSNa 的分散钙皂作用尚不及肥皂的强。但是若将 LSDA 和肥皂（自由的）一同作用于钙皂时，所表现出来的一个引人注目的现象是：PMSNa 与 $C_{16}Na$ 二者以某些比例混合时，体系的钙皂分散力就会远远强于两者单独的分散力，尤其是在 PMSNa 的摩尔分数为 0.1～0.2 范围内，这一现象最明显。

可见，①钙皂分散剂只能大大减缓钙皂分子之间的聚结，不能阻止 Ca^{2+} 与肥皂的结合；②在肥皂-LSDA-Ca^{2+}（Ca^{2+} 浓度<肥皂浓度）体系中，钙皂的分散是 LSDA 与自由肥皂离子复合作用的结果，二者有一定程度的协同作用，单独 LSDA 的钙皂分散作用不如单独肥皂的钙皂分散作用强；③α-磺基棕榈酸甲酯钠-棕榈酸钠混合物中，前者的摩尔分数为 0.1～0.2 时，可获最佳分散效果。

另外，肥皂-LSDA 混合物有互溶现象，即相互抑制对方的 Krafft 点。两性 LSDA 的这种现象十分明显。如图 7-23 所示。皂比 LSDA 为 80∶20 时，加低 Krafft 点的 LSDA 会使高 Krafft 点的肥皂下降 20℃。

LSDA 降低皂的 Krafft 点的意义是提高了肥皂的溶解度，加钙皂分散剂后，在 20℃肥皂的溶解度大为改善，25℃的溶解度几乎和合成洗涤剂相同。复合皂可以减少肥皂在硬水中的无形损耗。普通肥皂在钙离子浓度 300×10^{-6} 洗涤时，几乎有半数损耗于不溶性的钙皂，而复合皂仅损耗 1.2%。

7.5.3　钙皂分散力和钙皂必需量

钙皂分散力（lime soap dispersing power）简称 LSDP，钙皂必需量（lime soap dispersing requirement）简称LSDR。钙皂必需量用来表示钙皂分散剂的分散力。其值越小，表示钙皂分散力越大。

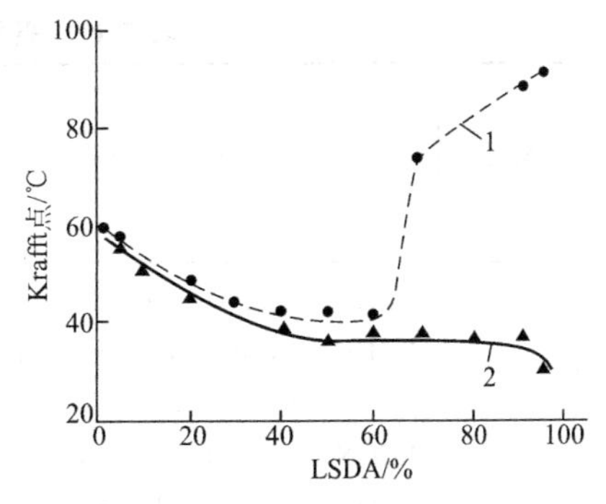

图 7-23　肥皂与两性 LSDA 混合体的 Krafft 点

1—棕榈酸钠＋$C_{16}H_{33}N^{+}(CH_3)_2C_2H_4SO_3^{-}$；2—棕榈酸钠＋$C_{15}H_{31}CONHC_3H_6N^{+}(CH_7)_2C_3H_6SO_3^{-}$

测定钙皂分散力的方法主要有比浊法和滴定法两大类。LSDR 是指在 300×10^{-6} 的硬水中，为防止 100g 油酸钠产生钙皂沉淀所需钙皂分散剂的最小量。比浊法：首先配制钙皂液，将油酸钠加入硬水，使生成钙皂的凝结沉淀物，钙离子与镁离子之比为 6∶4；接着向钙皂液中加入钙皂分散剂，直到溶液呈半透明，标志是无大块絮状物；最后计算 LSDR＝(分散钙皂的分散剂克数/油酸钠重)×100％。

酸量滴定法测定钙皂分散力是将钙皂分散力定义为 1g 分散剂可以完全分散的肥皂的量，以克（g）表示。该法是用盐酸标准溶液滴定分散液中的钙皂的方法。钙皂絮凝层是在表面，滴定下层溶液中存在的钙皂是以溴甲酸绿（$C_{21}H_{24}Br_4O_5S$）的氢氧化钠溶液为指示剂，蓝色突变绿色为终点。

7.5.4　钙皂分散剂的结构和性能特点

钙皂分散剂应该具备以下基本条件：①良好的钙离子稳定性和钙皂分散能力，低的临界胶束浓度与低的表面张力；②能与肥皂互溶，结合成混合胶束；③有强大的极性基和电动电位，胶束分散稳定，能抑制二次粒子的形成；④能使疏水性胶束转化成亲水性胶束。

从化学结构看，仅是那些长直链末端附近有双官能团的亲水基，或者分子一端有大极性，而疏水基有一个以上酯基、酰胺键、磺基、醚键等中间链的表面活性剂。它们大多是阴离子型和两性离子型。非离子虽然对肥皂去污稍有影响，但钙皂分散力却很好。过多亲水基官能团的存在对钙皂分散力并无增进。

在典型的工业用钙皂分散剂中（表 7-11），阴离子表面活性剂对钙皂分散适中，LSDR 为 7～30，与脂皂有较好的配伍性，并能有效地提高肥皂的去污力。如果分子中嵌入环氧乙烷，如脂肪醇醚硫酸盐和脂肪酰胺聚氧乙烯（EO4～5），其钙皂分散力最高，LSDR 为 4。疏水链上有一个酰胺键的磺酸盐，或是油酰胺与强亲水基磺酸盐间隔有两个次甲基（或苯环）的分散性也较优越，如依捷邦 T 型（*N*-甲基牛磺酸脂肪酰胺）。反之，分子中疏水基直接与位于一端的小体积亲水基相联，如脂肪醇硫酸盐、烷基苯磺酸钠等分散性就差了。如 LAS，其 LSDR 为 40，烷基硫酸盐的 LSDR 为 35～40 之间。但如果有酯基引入磺酸盐表面活性剂的极性基团附近时，LSDR 降至 9，如 *α*-磺基脂肪酸甲酯。同系物中疏水基碳原子数的分布及其异构体的分布也有影响。例如同样的 AES（脂肪醇醚硫酸盐），仲醇较强，其 LSDR 值为 2，而伯基较弱，LSDR 为 4。AES 的疏水基中含水 18 个碳的分散性又较含水 12 个碳的分散性低。

7.5.5　钙皂分散剂的复配规律

复合皂中皂基配比一般为 50％以上，钙皂分散剂 3％～5％二元复配为好。

在加有钙皂分散剂的配方中同时加入螯合剂等助剂，常常起到增效作用。但是肥皂-阴离子钙皂分散剂有时不能耐受硫酸钠，而两性离子表面活性剂甜菜碱类则可加到 20％以上。

通过评价牛油皂、钙皂分散剂 TMS（*α*-磺基脂肪酸甲酯）和助剂硅酸盐的复配去污力，发现存在一最佳去污区，该区的去污力要比单一化合物的去污力高。如图 7-24 所示。三角形中去污力的数据是以纤维棉布污布在洗涤之后折射率的增值来表示。较显著的去污力变化区是在浓度 50％～100％时，TMS 和硅酸盐助剂的浓度各为 0～50％。图中曲线是近似相等去污力的组分联接而成。可见在硅酸盐助剂存在下，肥皂与 LSDA 配比为 75∶25 时，约获得最大效能。据这些去污力实验，可得到下列配方：牛油皂 64％，LSDA 19％，硅酸钠 14％，CMC 1％，其他或不

表 7-11 各种钙皂分散剂的钙皂分散性质及去污力

编号	结构式	LSDR	EMPA 预污棉布去污力	TF65%与35%棉涤混纺布去污力
			对照物的百分比/%	对照物的百分比/%
1	$RCH(SO_3Na)CO_2CH_3$	9	95	70
2	$RCH(SO_3Na)CON(CH_2CH_2OH)_2$	8	97	79
3	$RCO_2(CH_2)_3SO_3Na$	7	87	78
4	$RCON(CH_3)(CH_2)_2SO_3Na$	5	95	65
5	$RCON[CH_2CO_2(CH_2)_3SO_3Na]_2$	5	85	48
6	$RCONHCH_2CH(OSO_3Na)CH_3$	5	97	64
7	$RCONHCH_2CH_2OCH_2CH_2OSO_3Na$	4	97	66
8	$RO(CH_2CH_2O)_3OSO_3Na$	4	—	—
9	$ArSO_2NHCH_2CH_2OSO_3Na$	7	94	90
10	$RCONH(CH_2CH_2O)_{11}H$	3	53	69
11	$RCON(CH_2CH_2O)_7H$	2	50	95
12	$ROO(CH_2)_3SO_3Na$	9	75	73
13	$RNHCOCH_2CH(SO_3Na)CO_2CH_3$	7	90	86
14	R—N(CO—CH_2)(CO—$CHSO_3Na$)（环状结构：R—N 连接 CO—CH_2 与 CO—$CHSO_3Na$，CH_2 与 $CHSO_3Na$ 相连）	9	100	68
15	$ArCOCH_2(SO_3Na)CO_2CH_3$	8	87	100
16	$RN^+(CH_3)_2CH_2CO_2^-$	12	65	46
17	$RN^+(CH_3)_2(CH_2)_3SO_3^-$	3	92	108
18	$RCONH(CH_2)_3N^+(CH_3)_2(CH_2)_3SO_3^-$	2	89	91
19	$RN^+(CH_3)_2(CH_2)_3OSO_3^-$	4	102	92
20	$RCONH(CH_2)_3N^+(CH_3)_2(OH_2)_3OSO_3^-$	3	91	96
21	$RCOOCH_2CH_2SO_3Na$	10		
22	$RCH(SO_3Na)COOCH_3$，TMS	8		
23	$RCH(SO_3Na)COOCH_2CH_2SO_3Na$	5		
24	$RCON(CH_3)CH_2CH_2SO_3Na$，IgT	6		
25	$RO(CH_2CH_2O)SO_3Na$	4		
26	$RCONHCH_2CH(CH_3)OSO_3Na$，TAM	4		
27	$RC_6H_4SO_2NHCH_2CH_2OSO_3Na$	6		
28	$RC_6H_4COCH(SO_3Na)CH_2COOCH_3$	8		
29	$C_9H_{19}C_6H_4(OCH_2CH_2)_{9.5}OH$	5		
30	$RCONH(CH_2CH_2O)_{15}$	3		
31	$RN^+(CH_3)_2CH_2CH_2CH_2SO_3^-$	3		
32	$RCONHCH_2CH_2CH_2N^+(CH_3)_2CH_2CH_2CH_2SO_3^-$	3		
33	$RC_6H_4SO_3Na$	40		

注：1. 配方为64%牛羊油皂，19%LSDA，14%硅酸钠，1%CMC及2%其他添加物。此为0.2%溶液配方在300×10^{-6}硬水中去污力。

2. 对照物为加有50%STPP的商品洗涤剂。

3. EMPA为EMPA101标准棉花纤维的人工污布。

4. TF为65%聚酯和35%棉花混纺的人工污布。

纯物2%。其中LSDA可为TMS（牛磺酸盐）、LgT（*N*-甲基脂肪酸酰胺）、TAM（氢化牛脂酰胺硫酸酯盐）和TSB（牛脂磺基甜菜碱）。这种配方在（50～300）$\times 10^{-6}$硬水中仍具有良好的去污力。

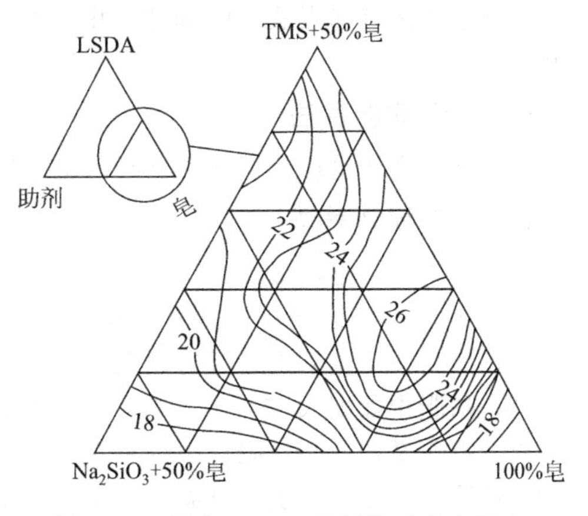

图7-24　肥皂-LSDA-助剂体系的去污力

7.5.6　复合皂和复合皂粉配方

较典型复合皂有添加羟乙基磺酸碱金属盐类的多脂皂，其中含10%～40%硬脂酸皂和水分；添加甘油醚磺酸酯的ZEST皂；添加脂肪醇硫酸盐的钠皂和镁皂；添加硫酸化单甘酯的VEL皂；添加脂肪酰基甲基牛磺酸盐皂等。

制造复合皂的油脂原料为C_{12}～C_{18}饱和脂肪酸与油酸。高度不饱和酸和异构酸对肥皂有不良影响。正构酸与异构酸的凝固点相差较大，异构酸凝固点低，去污力差。但有报道说，75%正构饱和酸与25%异构饱和酸组成的油脂皂基制成的复合皂抗硬水和发泡力好。复合皂典型的油脂配比为牛油∶椰子油＝80∶20。复合洗衣皂由于加有表面活性剂，不要求干皂含量，只要求总有效物含量（这里也包括有干皂），但另有抗硬水的要求，即要求在50mL 0.2%的皂液中加入3mL硬水（3g Ca^{2+}/L）、没有或只有少许胶体出现。

配方1　复合皂（质量分数/%）：牛脂钠皂56，椰子油钠皂24，十二烷基苯磺酸镁10，香料、色素2，水为余量。

配方2　复合皂（质量分数/%）：脂肪酸钠皂40，烷基聚氧乙烯醚硫酸钠$C_{12\sim15}$（EO3）10，碳酸钠10，硅酸钠（Na_2O∶SiO_2＝1∶2.35）10，荧光增白剂1.05，香料0.15，硫酸钠18.80，水10。

配方3　漂白皂粉（质量分数/%）：皂基（80%牛脂、20%椰子油）48，偏硅酸钠8，三聚磷酸钠10，月桂酸单乙醇酰胺2，cmc 0.3，过硼酸钠16.5，TAED 3.5，EDTA 0.2，香精、增白剂痕量，水分余量。用常规方法制得含水40%的皂浆，加入辅料后进行喷雾干燥。进入喷雾塔的热空气温度为140℃，出口温度为78℃，将从塔底收集起来的含水22%的潮湿皂粉输送至流化床进一步干燥。通入流化床的气体温度为130℃，出口温度为50℃。最后加入过硼酸钠、TAED和香精。

配方4　洗衣机用重垢型复合皂粉（质量分数/%）：38%钠皂皂浆630，EDTA 4，24%磺化脂肪酸甲酯水溶液234，荧光增白剂、香精1.6，椰子油脂肪酰胺乙氧基化物（EO6）20，硫酸钠40，偏硅酸钠76，cmc 8，水640.4，其中脂肪酸甲酯和脂肪酸酰胺乙氧基化物为钙皂分散剂，硫酸钠可增强粉体内聚力。制备：先将钠皂皂浆加热至80℃，再依次加入上述组分，温度始终维持在80℃左右。用高压泵将过滤后的皂浆送至热风喷雾塔进行喷雾干燥。塔进口温度300～500℃，塔内喷雾区温度75～80℃，压力6～7MPa。皂粉产品表观密度在0.25～0.29g/cm^3，含水量5%～9%。

7.6　制皂方法

制皂工序流程如下：

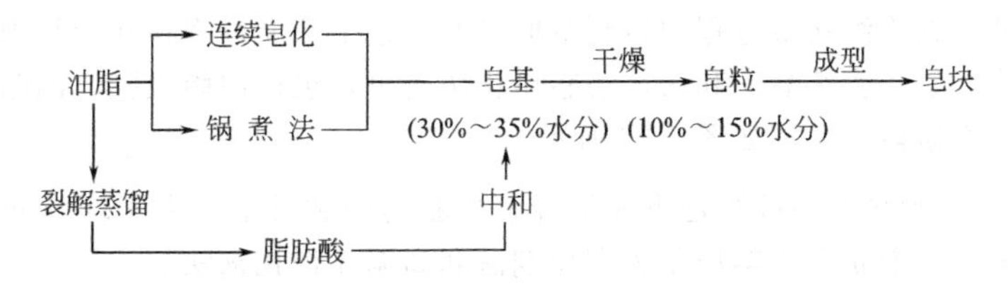

制皂方法有沸煮法、中和法、甲酯法、冷制法和水合法。其中最普遍应用的是沸煮法和中和法。

7.6.1　间歇沸煮法

间歇沸煮法也称盐析法，是利用肥皂溶于电解质的稀溶液而不溶于电解质浓溶液的性质。

7.6.2　连续制皂法

(1) 中性油皂化法

① 皂化　蒙萨蓬皂化器由胶体磨、反应器及皂化锅组成。油脂与碱液通过胶体磨达到致密混合，然后在反应管中进行皂化反应，皂胶进入粗皂锅。利华公司的十字喷头皂化器的特点是效率高，油脂中如配入15%～20%的脂肪酸，皂化时间只需1min。阿法-拉伐尔连续皂化器采用了恒组分控制系统，利用肥皂中的电解质含量的变化引起黏度变化的特性，用黏度传感器进行控制。该法采用全封闭法，只需2min，效率达99.8%。

现代机械公司和麦佐尼公司的皂化器由加压釜和冷却釜两部分组成。是带有一组轴向搅拌器的四室组合设备，皂化反应完成后，经过后两室里装的冷却盘管，温度降低到90℃，使肥皂在废液中的溶解度大大降低，两相分离更完全。

② 洗涤　中性油脂皂化后，需将肥皂从含甘油的废液中洗出来，以提高皂基的质量和甘油的回收率。先进的方法是全逆流洗涤工艺。图7-25是连续逆流洗涤器的3种形式。

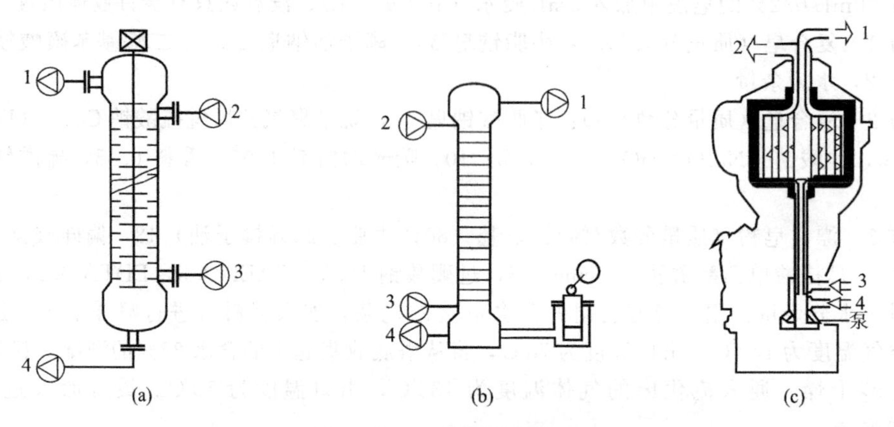

图7-25　连续逆流洗涤器

(a) 转盘洗涤塔：1—洗涤皂；2—洗液；3—皂化皂；4—甘油废液

(b) 脉冲筛板洗涤塔：1—洗涤皂；2—洗液；3—皂化皂；4—甘油废液

(c) 阿法-拉伐尔旋转螺旋状萃取器：1—肥皂；2—洗液；3—废液；4—盐水

图7-25 (a) 是利华公司和麦佐尼公司开发的转盘式洗涤器，全塔一般有50组静/转盘。其洗涤效果非常显著，甘油浓度可达25%～30%。

图7-25 (b) 是脉冲筛板洗涤塔。它是一个筛板塔，含甘油的皂化皂从洗涤段下部进入，盐/碱洗涤液从上部进入，两者逆向流动。塔底有活塞式脉冲泵，使物料中的甘油转入洗涤液中。最后静置引出塔外。皂化皂则向上浮动，从塔顶引出塔外。

图7-25 (c) 是阿法-拉伐尔的旋转螺旋萃取器。它是根据离心分离机原理制造的。在高速旋转时，肥皂进入外管，洗涤液进入内管，由于两者密度相差较大，因此在离心作用下，皂粒内移，洗涤液则外移，在连续接触过程中达到萃取目的。整个洗涤过程在几十秒内完成。

(2) 脂肪酸中和法　脂肪酸中和法比油脂皂化法简单，包括油脂脱胶、油脂水解、脂肪酸蒸馏和脂肪酸中和4个阶段，工艺如图7-26所示。

① 油脂水解　油脂水解的目的是将油脂分解成脂肪酸和甘油。由于环境问题，现代工艺已经不用催化剂水解法，而是采用热压釜无催化剂法和高温无催化剂法。

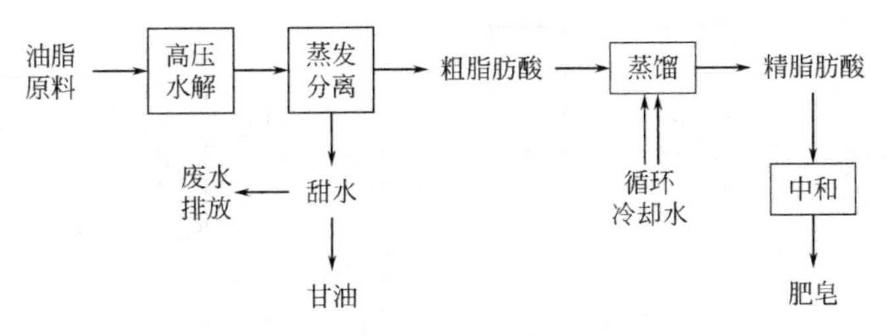

图 7-26 脂肪酸中和法工艺制皂流程

较先进的方法是单塔连续水解法（图 7-27），在高 25～30m 的水解塔中，维持温度 250～260℃、压力 5.5～6.0MPa 水解率可达 98%～99%，生产完全自动化、连续化。油与水在逆向流动中完成水解反应。

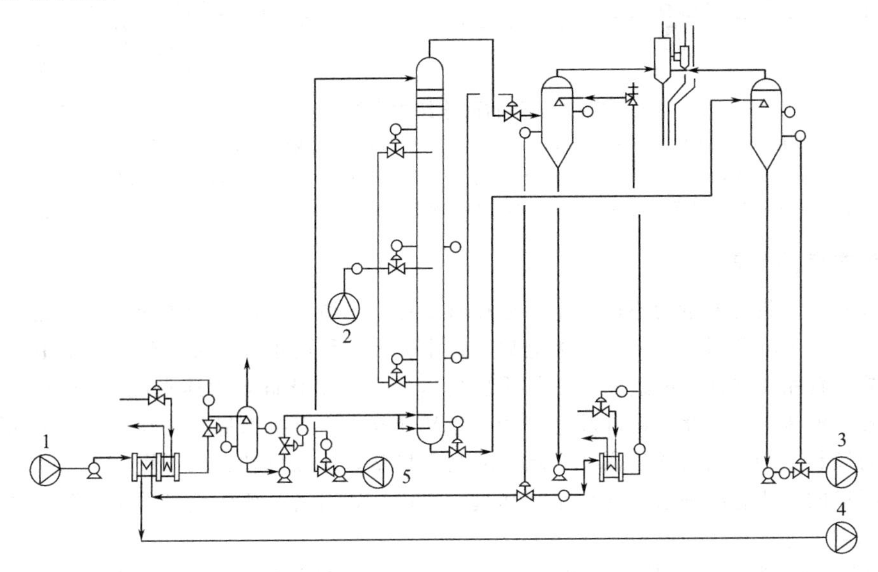

图 7-27 单塔连续分解工艺流程

② 脂肪酸蒸馏 水解所得的脂肪酸所含水分一般小于 1.0%，含 97%～98%的游离脂肪酸，2%～3%中性油脂。因为色泽差、杂质多，只能作低级肥皂，因此必须蒸馏后才能用。现代化脂肪酸蒸馏均是高真空连续化方式，采用膜式加热器，这样缩短了脂肪酸受热时间，提高了脂肪酸的得率与质量。较先进的蒸馏型式有德国鲁奇（Lurel），美国的维克托米-而斯（Wurster-Sance），胡塔斯-逊哥（Wurster-Sange）、意大利的佳娜查（Cianazza）和麦佐尼（Mazzoni）等。

③ 脂肪酸中和制皂基 由于没有甘油的存在，因此无需盐析和碱析等洗涤工序。中和在皂化塔内完成，反应温度 110℃，压力 0.28～0.35MPa，循环比 20∶1。

图 7-28 是“SCC”脂肪酸连续中和制皂法工艺流程。脂肪酸和纯碱溶液从各自的贮缸流入定量泵，按一定比例，通过一预热器后进入第一级涡轮分配器（使用纯碱中和脂肪酸），反应混合物再通过二氧化碳分离器（薄膜反应-分离器），在这里二氧化碳全部排除。接着，这种酸性皂进入皂化段，加入少量的苛性碱和盐水，皂化全部完成。

“SCC”脂肪酸连续中和制皂法的主要特点是可以使用廉价的纯碱代替苛性碱制皂。脂肪酸通常使用蒸馏后的精制脂肪酸或粗脂肪酸。在这种方法中，大部分脂肪酸（80%）先与纯碱中和，然后再使用苛性钠中和剩余部分。这种制皂法可以显著地改进肥皂的气味。苛性钠的定量泵是通过电极电位（mV）来自动调节的。

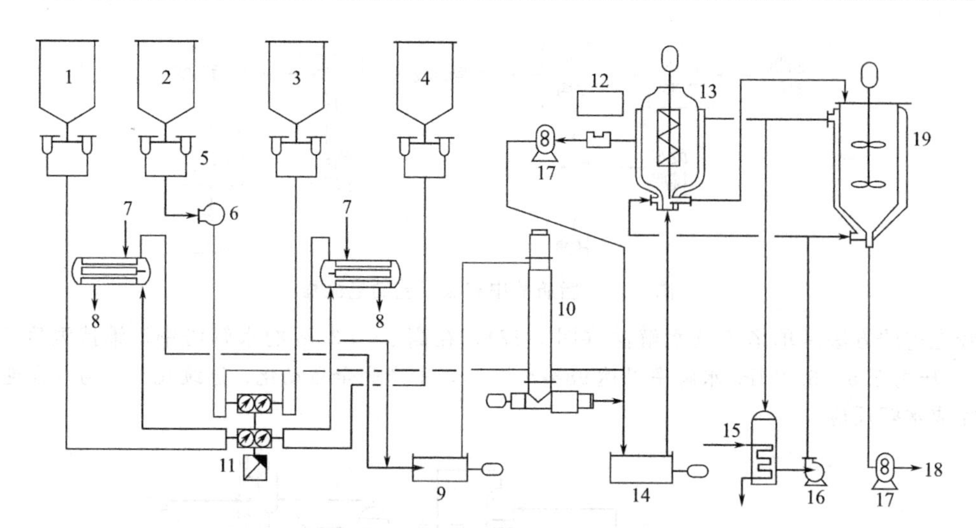

图7-28　"SCC"脂肪酸连续中和制皂法的工艺流程

1—脂肪酸；2—盐水；3—苛性碱；4—纯碱；5—过滤器；6—顺位槽；7—蒸汽；8—预热器；9—一级涡轮分配器；10—CO_2分离器；11—定量泵；12—mV控制仪；13—混合罐；14—二级涡轮分配器；15—热水发生器；16—循环泵；17—输送泵；18—干燥器；19—贮罐

7.6.3 洗衣皂的生产

根据洗衣皂含脂肪酸量的不同，生产途径有3种。①填充型，其脂肪酸类含量低于皂基的脂肪酸含量，需添加泡花碱等添料。这类皂缺点是水分高，硬度不佳，在自然条件下由于水分的蒸发，易收缩、冒霜和冒汗。改进的方法是添加高达18%的氧化硅，而通常仅含3%左右。这种皂洁白、坚硬、泡沫丰富，此所谓硅胶皂。②纯皂基洗衣皂，直接以皂基冷却成型，不加除颜料等小料以外的填料。③高脂肪酸洗衣皂，脂肪酸高于皂基，所以皂基必须干燥。

生产肥皂的方法有冷桶法、冷板车法和真空干燥法，后者是比较先进的生产肥皂法。麦佐尼公司的真空干燥冷却法包括以下工序。

① 配料　皂基脂肪酸一般在60%～63%，若生产53型洗衣皂，配料缸中的肥皂料浆只需配到49%，其降低部分用泡花碱及其他配料来填充。洗衣皂配料中直接加入1：2.44波美泡花碱，加水稀释会降低皂中的二氧化硅含量，造成皂软烂。另外还加入以下几种小料：0.1%～0.2%钛白粉，以减少透明度，增加白度；0.3%～0.5%香精；0.03%～0.2%荧光增白剂及某些着色剂。为了改进肥皂的不耐硬水性，还可加钙皂分散剂或其他配料。

② 真空冷却　冷却室压力3.3kPa，使室内水的沸点降低到26℃以下，当90℃的料浆从喷口喷出时，水分激烈汽化，肥皂立即在器壁固化，用刮刀铲下，成为皂片，落入锥底下的压条车料斗里。与真空冷却室配套的是带夹套的双螺杆压条机，夹套内通20℃以下的冷水，用真空制冷系统来实现。

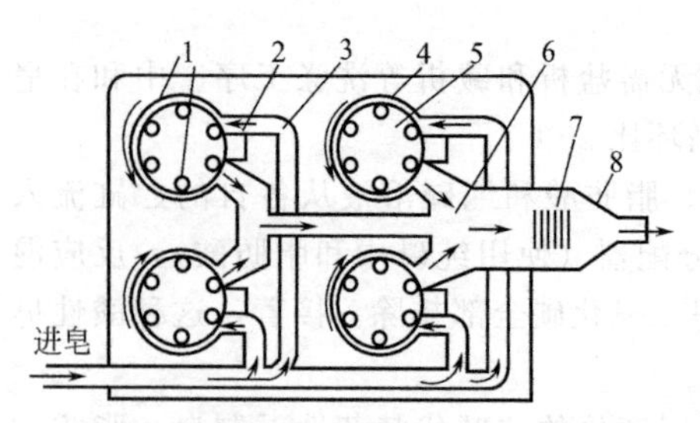

图7-29　冷却出条机示意

1—转环；2—固定刮刀；3—进料室；4—水冷却夹套；5—转鼓；6—集料室；7—工作单元；8—压缩锥头

③ 切块、晾干、打印、装箱　压条机压出的连续皂条，被切块机切成皂块。在烘房内15～20min，先吹热风，后吹冷风干燥，接着打印。

意大利现代机械公司用的是冷却挤压法。其技术关键是冷却出条机，如图7-29所示。

冷却出条机由3部分组成：①肥皂料浆冷却凝固的冷却辊筒；②固体皂组织均化的调晶器；③挤压出条的压条机。冷凝室是由辊筒和固定外壳之间的空间构成，间隙为5mm，辊筒和固体外壳均通有20～28℃冷却水。辊筒外表安装有4个滚轮，使冷凝室形成4个隔离区域，冷凝肥皂靠各滚轮推动向前，直至被出料处的挡板刮下为止。所刮下的肥皂进入压条机，先经过两层3mm和9mm的多孔挡板，再进调晶器，最后再经过两层固定的挡板，通过孔板成型出条。调晶器由3个固定的圆筛筒和两个旋转的圆筛筒组成，目的是将由冷板车形成的ω型转为β型，使肥皂的性能得到优化。

真空出条工艺已经比较普遍，和传统的冷板工艺相比，使洗衣皂的成型加工基本上实现了机械化、自动化、连续化的流水作业，一次合格率显著提高，同时也提高了劳动生产率，改善了劳动环境，降低了水、电的消耗，肥皂的内在质量和外观质量也大大提高。

7.6.4　香皂的生产

由意大利麦佐尼、现代机械、荷兰联合利华、德国韦勃-锡兰德、日本佐藤等公司提供的香皂生产工艺与设备有典型性。研压法生产香皂工艺如下：皂基→干燥→拌料（加入添加剂）→均化→真空压条→切块→打印→包装→成品

（1）干燥　皂基脂肪酸含量在62%～63%，要制备脂肪酸含量为80%的香皂，必须进行干燥。真空干燥法是较先进的方法。

图7-30是德国韦勃-锡兰德和日本佐藤公司的真空装置。其真空室不是采用空心转轴-喷头-刮刀的形式，而是固定喷头、固定刮刀、锥底旋转的形式。其特点为：①喷嘴固定在真空室下面，对着旋转的锥体喷出皂液，这样旋转的锥体成为一种缓冲器，减少皂液的飞溅；②旋转锥体比真空室体积小，易于加工，达到较高精度，皂片容易刮下；③真空室高大，分离效率高，皂粉不易被带走，而且由于内部无其他机械零件，不会产生皂粉积聚。

（2）混合　香皂往往需加入香精、着色剂、抗氧剂、杀菌剂、多脂剂以及钙皂分散剂等，因此对混合工序要求较高。如图7-31所示，搅拌机是螺旋式的，可使物料前后翻动，然后送到研磨机研磨。全部操作由自动程序控制。

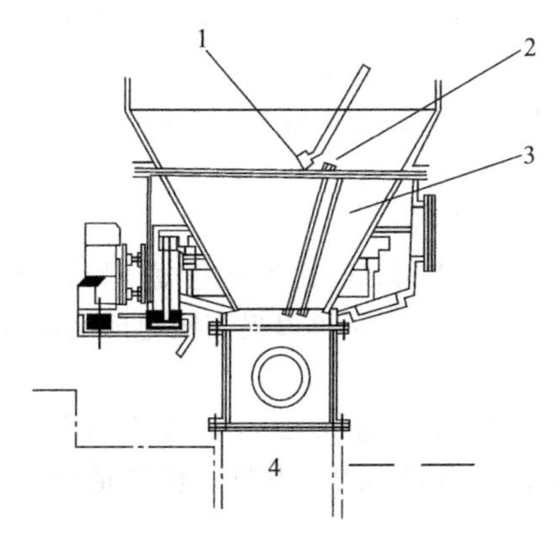

图7-30　锥底旋转的真空干燥器

1—喷嘴；2—刮刀装置；3—旋转圆锥体；4—真空压条机

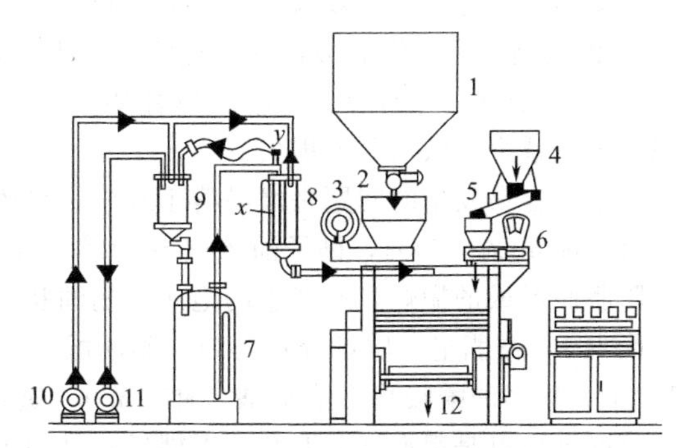

图7-31　“BDM”拌料系统

1—皂粒皂；2—下料阀；3—秤；4—固体加入料斗；5—送料器；6—秤；7—液体贮罐；8—液体计量罐；9—高位槽；10—空气压缩机；11—真空泵；12—分批拌料锅

（3）均化　均化作用是使皂粒与添加物进一步均化，并有一定塑性，同时改变肥皂的晶型，使最大限度地转化为β型。机械研磨机采用辊筒研磨机-精制压条机，一级使用精制机，二级使用研磨机串联可发挥各自的优点。

（4）成型压条　经研磨的皂粒即进入真空压条机。真空压条的目的是可以消除气泡。它由两台串联的压条机组成，中间以真空室联接。真空室的真空度在0.05～0.08MPa，从研磨机来的皂片进入上压条机，由真空室抽去空气，经下压条机挤压成型。成皂的皂心温度在35～45℃。

7.7 肥皂的花色品种

7.7.1 富脂皂

添加过脂剂的肥皂称为富脂皂、过脂皂或润肤皂。这些过脂剂在皮肤上保留一层疏水性薄膜而提供润湿柔软效果，所添加的过脂剂包括下面几类。

① 油脂类型 羊毛脂及其衍生物、矿物油、椰子油、可可脂、水貂油、海龟油等。洗涤时肥皂和水一起从皮肤上洗掉，而过脂剂呈薄膜残留于皮肤上。使用量为0.5%～1.5%。为了克服加入油脂抑制泡沫的缺点，可以加入聚乙二醇和聚丙二醇。还可以是作成直径40～50μm的微胶囊。微胶囊用淀粉、糊精、阿拉伯胶、明胶等制成。皂中加入3%的微胶囊，使用时微胶囊破坏，油脂留在皮肤上形成薄膜，滋润皮肤。

② 脂肪酸类 如牛油/椰子油（50/50），再加2%～10%的脂肪酸。法国的佳美（Cambag）富脂香皂有3种不同类型的商品：加10%游离脂肪酸，适用于干性皮肤；加7.5%的游离脂肪酸，适用于一般性皮肤；加6.5%的游离脂肪酸，适用于油性皮肤。

③ 脂肪酸包层填充物 这种填充剂即有富脂作用，又有降低成本的效果。采用的填充剂一般是与脂肪酸能形成盐的化合物，如碳酸钙、氢氧化钙、碳酸锌、氧化锌等。将这种脂肪酸包层的填充物加入香皂时，会产生一种润滑和富脂感。甚至富脂效果还优于采用游离脂肪酸或其他的富脂剂，而且成本降低许多。

④ 聚合物 阳离子纤维树脂聚合物可以降低洗涤性皮炎和减少脱脂的干燥。聚氧乙烯聚合物能赋予肥皂滑溜感。丁二酸乙二醇聚酯、聚丙二醇-1，4-丁基醚配入香皂可以减少皮肤的损失。硅氧烷可以使香皂温和，具有增湿的效果。如含聚二甲基硅氧烷和纤维素季铵盐的浴皂保湿性好，使皮肤光滑，易冲洗干净。

⑤ 高沸点烃类 将熔点37～46℃，无芳香杂质的高碳烃，或凝固点－15～20℃的中碳烷烃组合物填加到香皂中，其效果不亚于羊毛脂。

⑥ 湿润盐 可溶性乳酸盐或谷氨酸盐对皮肤有明显的湿润效果，使用浓度为10%～45%。

⑦ 非离子型 鲸蜡醇、硬脂酸单甘酯、乙二醇硬脂酸单酯、聚丙二醇丁基醚等配入香皂，起保湿作用减少皮肤水分的损失。

富脂皂容易发生的问题是极易溶于水中，皂体易糊烂，使其使用时间比传统皂短。如果配方中含有牛油60%～70%，椰子油30%～40%，游离脂肪酸6%～7%，则可以提高肥皂的坚硬度，减少膨胀而形成的糊烂，所产生的泡沫呈奶油状。

配方1 富脂皂（质量分数/%）：椰油酸乙酯基磺酸钠33.1，硬脂酸29.8，羟乙基磺酸钠9.1，丁二酸椰油酰胺基乙酯磺酸二钠15.0，氯化钠0.35，钛白粉0.2，香料、色素适量，水10，该配方特点是起泡好，温和，不糊烂，易加工。

配方2 富脂皂（质量分数/%）：十二烷基葡糖苷10.0，牛油/椰子油88.3，香料1.5，色素0.2，该配方特点是手感好。

7.7.2 美容皂和低刺激皂

美容皂除具一般清洁肌肤的特性外，还可滋润皮肤、营养机体、促进皮肤新陈代谢、延缓皮肤衰老的作用。配方中含有比较高档的化妆品香精和营养润肤剂。美容皂一般具有幽雅清新的香气、美观别致的造型和精致华丽的包装。美容皂有以下品种。

① 牛奶皂 在皂中加入0.5%～0.2%的奶粉。

② 燕麦皂 燕麦中含有不饱和脂肪酸，在皂中加入少量燕麦片，能使皮肤产生兴奋感。

③ 明胶皂 水解明胶对皮肤有亲和力，对皮肤角质有营养作用，还能防止皮肤的水分损失。

④ 维生素E皂 基于维生素E的抗衰老作用。

⑤ 添加天然物的香皂　比如添加芦荟、霍霍巴油、散沫花、玉米胚芽油、丝瓜汁等。霍霍巴油是由长链脂肪酸三甘油酯和醇组成的蜡，含大量11-二十烯酸，有卓越的氧化性，对皮肤没有刺激性，而有着很高的皮质亲合性，可形成无油脂层，显示适度的保湿性和很高的柔软性。而澳洲坚果油含脂肪酸80%以上，对皮肤有卓越的展延性和良好的触感性。生长在北美的一年生植物道氏池花油由95%的 C_{20} 以上的长链脂肪酸组成，其中80%是二十烯酸，也具良好的稳定性和对皮肤的低刺激性。

芦荟大黄素类　　芦荟苦素类　　芦荟宁

7.7.3　药皂、除臭皂

药皂也称除臭皂，主要是供个人卫生和消除体臭之用。这种肥皂中加有杀菌剂和消毒剂，可以防止在汗液分解时无味化合物变为有味的物质，还可以防治粉刺和剃须时的感染。

用于肥皂的杀菌剂有二苯脲系、水杨酰替苯胺系化合物和酚类物质，如氯代二甲苯酚、2,4,4′-三氯-2′-羟基二苯醚、3,4,5-三溴水杨酰替苯胺、TCC（三氯均二苯脲）、盐酸双氯苯基胍基乙烷、3-三氯甲基-4,4′-二氯均二苯脲、福美双、对氯间二甲酚、对氯间甲酚、十一烯酸单乙醇酰胺等作为杀菌皂用杀菌剂。

常用的消炎剂有：感光素、日柏醇、氨基乙酸、溶菌酶、维生素类、尿囊素、甘菊环、硫黄、蓝香油等。

除臭皂的另一种做法是以非杀菌物质代替合成药物，比如用祛臭香料或清香型香料等。为了延缓香气或是为了防止相杀作用，可以将香料做成胶囊。

7.7.4　彩纹皂

彩纹皂也称多色皂。如大理石花纹皂、彩带皂、木纹皂、涡流纹皂、斑点纹理皂等。

采用固-固混合技术是把两种或几种不同色经研磨的肥皂，以一定比例混合挤压出来，使成为彩纹。图7-32是连续固-固法彩纹皂加工过程示意，两种不同色调的皂条分别通过预挤压机和料槽，靠其本身重力在通道中混合，形成双色条流束。在漏斗出口处限制其横向和纵向运动，以便产生一致的色彩效果。

液-固加工技术是最简单的生产彩纹皂的方法，是将与皂基不同的染料制成液体染料混合物，直接引入末级挤压机的漏斗中，与皂基混合挤压、出条、打印。要求所采用的液体染料的

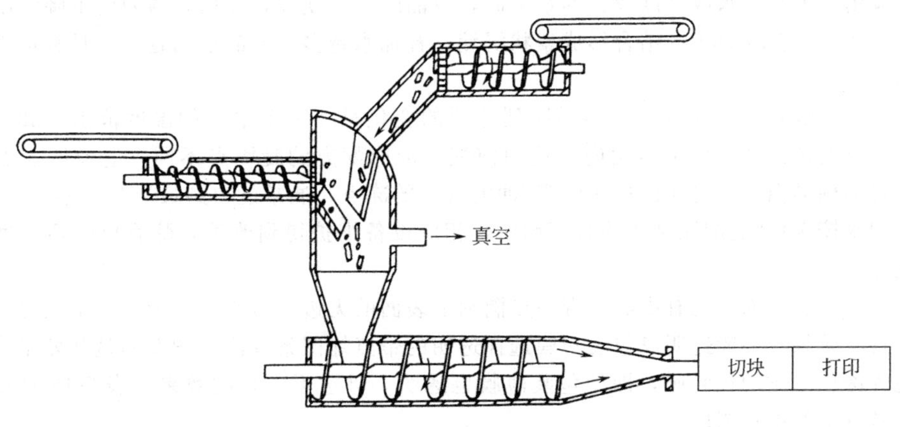

图7-32　彩纹皂加工过程示意

黏度不低于5Pa·s，最好是凝胶似的染料。用微胶囊染料可以改进彩条渗色和颜色不鲜艳的问题。

常用的彩纹皂染料载体一般为能溶解于水的纤维素衍生物，如纤维素醚、纤维素酯、羟乙基纤维素和羧甲基纤维素纳等。也可采用淀粉、明胶、海藻酸钠和聚乙烯醇等。皂用染料含量一般为1%～5%。还需要加微量的防腐剂和部分表面活性剂，以使染料具有良好的分散性。

7.7.5 透明皂

透明皂之所以透明，就是因为它具有极小的结晶颗粒，这种结晶颗粒小得能使普通光线通过。如果把透明皂加热熔化后再冷却，可以使之变成不透明，这是由于形成了较大的结晶。透明皂有加入物法生产的透明皂（也称全透明皂）和研压法生产的半透明皂。

但目前市场上销售的几乎全是半透明皂，其商品名均称为透明皂。透明皂的原料如下。

通常采用纯净的浅色原料，以保证成品皂的透明外观。多采用牛羊油、漂白的棕榈油、椰子油、蓖麻油和松香油做油脂的原料，以多元醇，如糖类、香茅醇、聚乙醇、丙醇或甘油或蔗糖作透明剂。表7-12是典型的透明皂、半透明皂、不透明皂的物料比。

表7-12 透明皂、半透明皂、不透明皂的组成与差别

组成/%	透明	半透明	难透明	性状	透明	半透明	难透明
肥皂	35	79	85	可塑性	小	大	大
甘油	24	6	0.8	透明性	大	大	无
水分	30	14	13	和添加剂的混合性	小	小	大
其他	11	1	1.2				

配方 透明皂（质量分数/%）：含水12%的牛油/椰子油（80/20）67，2-羟基十二烷基二甲基乙基膦酸内铵10，山梨醇10，水13。

在配方中加入结晶阻化剂可以有效地提高透明度，以上配方的2cm厚的样品透光率为41%，如果不加磷酸内铵（结晶阻化剂），透光率仅为6%。

2-[*N*-甲基-(2-羟基十二烷基）氨基] 乙基膦酸三乙醇铵盐、某些阳离子［如添加5.5%的二水合十四烷基二甲基氧化胺，或者聚（二甲基二烯丙基氧化胺)］可制得使皮肤光滑、湿润的透明皂。

在研压法生产透明皂中，油脂配方影响透明度。透明皂的油脂配方与香皂配方基本一致，配方中椰子油比例越大，产品透明度越好。但是如果将椰子油改成15%，而代之以棕榈油5%，可以得到质量与成本都更好的产品。

如果应用一般自来水或硬度较大的水配制，成品颜色会变浅，发白，透明度下降。因为硬水中的Ca^{2+}、Mg^{2+}与RCOONa结合形成絮状沉淀。补加水越多，成品透明越差，且补加水后，产品易冒霜。

透明皂的形成是一个相变，从不透明到透明的变化只在一个很窄的温度范围（38～45℃)。当超过这个温度范围会使皂由透明向不透明演变。油脂配方的凝固点不同，皂粒所需温度应不同。可以将皂糊的温度设置在已皂化的脂/油混合物的冻点，通常能得到最透明的皂。

甘油和水按1∶9的配比制成的脱膜剂使得相应设备维护得到改善，晾后皂的透明度及外观质量得到提高。

精研、出条、冷冻水也有影响。带一点椭圆形表面的无边皂透明，因为减少了反射光线，增加了皂体透明效果。一般透明皂包装塑膜选择透明的带点绿图案或浅红图案的包装效果为好，而带有蓝色等深色图案的包装膜，即使包装薄膜也透明，仍达不到好的效果。表7-13是说明β晶相的肥皂具有最好的透明度。

表 7-13 肥皂的4种晶相简明对照

晶相	晶格间距 /$\times10^{-10}$m	性能				
		泡沫	溶解度	透明度	硬度	去污力
α①	2.45和3.65	—	—	—	—	—
β	2.75	丰富	较大	最好	坚硬结实	最强
δ	2.85和3.55	较少	一般	较差	较软	一般
ω	2.95	差	较小	不透明	较硬	较差

① 一般商品皂中不大可能出现 α 型。

7.8 肥皂生产的质量控制

(1) 控制肥皂冒霜

肥皂冒霜是一个维持平衡的过程。如果皂体内的水分与外界湿度失去平衡，随着水分向外流动，把溶在其中的电解质和低级脂肪物也带到皂面上，最终形成白霜，所以干燥季节易发生冒霜。

冒霜和油脂配方也有关系，若配方中增加胶性油脂和保持一定量的松香，以提高皂基容纳电解质的能力，也可减轻无机霜的生成，但这往往受到资源和成本的限制。

① 控制无机电解质含量　适量的无机电解质对去污、防止酸败都是有益处的。但若超过一定限度，肥皂本身无法容纳，则会随着水分和其他挥发物从肥皂内向外移动而被带到表面。

传统的“冷法工艺”使得皂中含有大量游离碱；较先进的逆流洗涤沸煮法工艺，在肥皂体内也存在着游离氢氧化钠和氯化钠。合理的电解质总量，以皂基中0.5%（$NaOH \leqslant 0.3\%$，$NaCl \leqslant 0.2\%$）为宜，这样，即使在干燥季节也不会出现严重的冒白霜。

皂霜的成分除了 Na_2CO_3 以外，还有 SiO_2。宜选用碱性泡花碱，并控制添加量。皂中 SiO_2 含量3%～3.5%。

② 控制低级脂肪酸的含量　低级脂肪酸的存在是造成有机霜的主要原因。对所收集的白霜分析结果例（质量分数/%）：Na_2CO_3 1.19、NaCl 0.29、脂肪酸89.61、SiO_2 1.62，其余为水分及挥发物。对提取出的脂肪酸进行分段冷凝、分步凝固点测试，结果是40%的混酸凝固点为20.5℃，60%的混酸凝固点为9.8℃。已知辛酸凝固点为16.3℃，可见有机霜是由于肥皂体内存在着大量低碳脂肪酸盐造成的。不同碳链长度的酸的溶解度见表7-14所列。

表 7-14 不同碳链饱和脂肪酸在水中溶解度

脂肪酸	100g水中溶解酸的克数/g			脂肪酸	100g水中溶解酸的克数/g		
	0℃	20℃	60℃		0℃	20℃	60℃
己酸	0.864	0.968	1.171	肉豆蔻酸	0.0013	0.0020	0.0034
辛酸	0.044	0.068	0.113	棕榈酸	0.00046	0.00072	0.0012
癸酸	0.0037	0.0055	0.0087	硬脂酸	0.00018	0.00029	0.00050

油脂在光、温度和催化剂的作用下发生氧化，这种氧化不仅发生在不饱和的双键处以及双键相邻的亚甲基上，同时饱和脂肪酸也会慢慢通过生成过氧化物而酸败。在铜铁金属存在下氧化会加速，其结果同样会生成比原分子量小得多的低碳脂肪酸盐。生成的过氧化物发生断键迅速转化为低碳链的醛，进而氧化生成低碳酸，此过程也称醛式酸败。另外，含有的低分子脂肪酸甘油酯，水解时可直接生成低碳的游离脂肪酸。

① $R^1CH{=}CHR^2 + O_2 \longrightarrow R^1CH{-}CHR^2$（CH—CH 间经 O—O 相连成环）

```
R¹CH—CHR²
   |    |
   O————O
```

② $R^1CH{=}CHCH_2R^2 + O_2 \longrightarrow R^1CH{=}CHCHR^2$（$CHR^2$ 上连 O—OH）

$$\begin{array}{c} R^1CH{=}CHCHR^2 \\ \quad\quad\quad | \\ \quad\quad\quad O{-}OH \end{array}$$

③ $R^1(CH_2)_mCH_2(CH_2)_nCOOR^2 + O_2 \longrightarrow R^1(CH_2)_mCH{-}(CH_2)_nCOOR^2$（CH 上连 O—OH）

$$\begin{array}{c} R^1(CH_2)_m\underset{\displaystyle O{-}OH}{\underset{|}{C}H}{-}(CH_2)_nCOOR^2 \end{array}$$

酸值升高是油脂氧化变质主要特征，酸值越高，油脂的腐败程度越大；氧化程度越深，低碳脂酸也就越多，因此油脂的酸价必须严格控制在适宜范围内。

如果皂化不好，一些高分子聚甘油酯在皂基中形成未皂化物，在贮存过程中也会慢慢分解成游离脂肪酸和甘油，会随水被带到表面形成多种氧化物或酸类。

(2) 控制肥皂上形成“软白点”　松香与月桂酸类油脂的量不足是造成软白点的直接原因。冷板成型工艺的油脂配方中松香最多可用至30%，而真空出条油脂配方中松香最多只能用8%，其次配方中应加入4%～10%的胶性油脂，主要是椰子油和棕榈仁油。这样有利于真空出条，提高了肥皂出条时的硬度，保证了出条容易和皂面光滑，避免了“软白点”。这是由于其容纳电解质的量加大，可以增加泡化碱的用量。

采用胶体磨生产洗衣皂可增加皂中 SiO_2 的含量，替代了配方中的椰子油。以下是工艺流程：

棉油酸(预热70～80℃)→计量 ↘
皂用泡花碱(预热60～70℃)→计量 ↗ 喷射器→胶体磨→皂液→计量存罐→调压罐(加皂基)→

真空冷却→压条→滚印→切条→冷却→装箱

在乳化液（肥皂液）存在条件下，棉油酸和泡化碱起反应，所生成的钠皂和硅酸胶粒迅速通过高速剪切的胶体磨后，得到了质点小于20μm成乳胶状的皂基胶体，它的加入使成皂中 SiO_2 容量加大。表7-15是胶体磨皂化皂配方。

表7-15　胶体磨皂化皂配方

名　　称	配方1	配方2	配方3
皂用泡花碱	61%	62%	63%
棉油酸(皂化价202)	29	30	32
水	10	8	5

另外，诸多工艺细节处理不当，都会引起“软白点”。

(3) 控制肥皂开裂和粗糙　在配方中泡花碱浓度过高，皂基内电解质含量太多，或是松香、椰子油或液体油太少，粒状油多，容纳电解质能力较差，都易造成开裂。

含80%的牛油和20%椰子油的标准配方，脂肪酸凝固点为38℃，氯化钠含量为0.42%～0.52%，水分13%～14%，香料1%，可得到满意的塑性，但如果氯化钠含量超过0.55%，在调和搅拌时搅入空气，就易造成粗糙和开裂。

上述配方中水分降至10%以下，肥皂的可塑性大大下降。工业上称之为“缺水”。而水分高于16%时，肥皂在40℃时可塑性太大，失去刚性。加工时温度控制在35～45℃为宜。温度太低，往往出现开裂。

在香皂中加入少量羊毛脂、非离子表面活性剂、CMC、C_{16}醇、硬脂酸等，以及将香精用量增加，都有助于减少开裂。在生产过程中，调合不匀、冷却水开得过早、打印时过分干燥，都可能造成开裂。

(4) 控制肥皂“冒汗”　“冒汗”是指肥皂冒水或冒油。在黄梅季节或空气中相对湿度达到85%以上时，肥皂可能出现冒汗。肥皂中水分含量越小，越容易出现冒汗，这是由于空气中水分与肥皂中水分不平衡引起的。

由于肥皂中所含大量电解质、不饱和脂肪酸及其油的吸湿性也引起肥皂冒汗。肥皂的冒汗会引起肥皂水解，进而产生酸败。防止肥皂冒汗，宜采取下列方法：①将配方中脂肪酸的碘价控制在85以下；②将总游离电解质除碳酸钠与硅酸钠外，控制在0.5以下；③皂箱木料水分含量在25%以下；④皂箱内衬蜡纸，以防潮湿，保持皂箱于空气流通处。

（5）控制肥皂“糊烂” 肥皂遇水发生糊烂，则不耐用。配方中不饱和脂肪酸含量愈多，即碘价越高，糊烂越严重。硬脂酸与棕榈酸之比以（1∶1）～（1∶1.3）为宜，椰子油用量增加，可以改善糊烂程度。皂块水分含量高也容易糊烂。另外，水分的渗透性、液晶相的膨胀性、可溶物质的分散性及相型转变等都与糊烂有关。

肥皂的结构模型可以对糊烂等给予解释。肥皂的糊烂部分是G-相，在富脂皂及非富脂皂中，棕榈酸盐/硬脂酸盐呈大形结晶（像带状）。水分通过皂液相渗透，从而导致液晶相的膨胀。如果液晶中月桂酸的含量较高，它们能很快分散，膨胀就较小。如果在糊烂之前皂条中的大量固相肥皂就已是G-相，这表明富脂皂的糊烂部分是在温度低于40℃下加工的。容易糊烂的肥皂容易酸败、产生斑点或白芯。

（6）肥皂耐用度和硬度 如果肥皂的硬度低，必然组织松弛，导致耐磨度低和耐用度差。

由长链饱和脂肪酸钠组成的肥皂，耐磨度高，由长链不饱和脂肪酸钠组成的肥皂，耐磨性差。含水分较高的肥皂，其耐磨性差，反之则高。对于给定的脂肪酸原料来讲，皂硬度是由固体晶相及液体相（液晶相+溶液相）的相对比例来决定。液晶相比例越大，肥皂便越软。液晶相的总体积测量可借助于核磁共振，即随机质子的弛豫时间来测定。

典型的非富脂皂的液相含量约接近于实际水含量的两倍，其总量可为25%～28%。典型的富脂皂的液相含量应接近于实际水分含量的3～4倍，其量可为35%～40%。这是因为在液晶组分中有较多的可溶性肥皂。因此可以预料，因为含有较多的液体组分，富脂皂就比非富脂皂软。富脂皂的层状液晶也比非富脂皂类型的六方液晶的黏性小得多。

在肥皂中加适量的无机盐，如硅酸钠，随着硅酸钠（以SiO_2计）数量的增加，肥皂的耐磨性随之增大，而且肥皂的泡沫不受影响。

（7）肥皂泡沫性能 在脂肪酸钠系列中，C_{14}酸钠盐泡沫最丰富，但肥皂的配料是脂肪酸钠盐的混合物。椰子油、棕榈油、木油（柏油和梓油的混合物）、猪油、牛羊油、棉籽油、樟子油等油脂制成的肥皂有丰富的泡沫，而菜油、花生油、硬化豆油和鱼油制成的肥皂不易起泡。松香、蓖麻油、磷脂、磺化油、硅酸钠和磷酸钠本身虽然不易起泡，但对其他油脂有助起泡作用。

在实际生产中，月桂酸钠是比油酸钠更好的发泡剂。适宜工艺制成的富脂皂不仅泡沫丰富，而且泡沫 有光滑感。富脂皂不仅促使K-相中的月桂酸盐转变到液晶相，而且层状液晶结构能够促使水分渗透，从而使可溶的发泡物质进入洗涤液。

适当增加松香和硅酸钠的用量对泡沫有调整作用，而其他一般电解质含量高不利于起泡。因为电解质的同离子或离子强度作用导致肥皂的盐析。

第4篇　洗涤剂分论

第8章　洗涤剂配方设计策略

洗涤剂有许多分类方式：①按原料；②按物理状态；③按用途范围；④按洗涤对象；⑤按专用洗涤对象，如衣料洗涤剂、餐具洗涤剂、浴液、地毯清洗剂和发用洗涤剂等。

随着洗涤剂行业的发展，以上分类越来越不严密。即使是肥皂与合成洗涤剂也越来越互相渗透，肥皂向复合皂和各种花色品种发展，大量加入了合成特色原料；而合成洗涤剂为了满足低泡、温和、降解等对人体的刺激或环境的要求，也常常配入来自天然原料的肥皂。又如公用设施洗涤剂与家用洗涤剂，人们习惯认为公用设施洗涤剂，或是高碱性，或是高溶剂型，但是手洗公用设施洗涤剂正在发展。高泡沫工业洗涤剂固然有利于洗涤，但是先进洗涤方法的应用（如用高压喷射法洗涤机器与零件时），更适应于先进的设备。

"重垢"与"轻垢"并不是指脏污程度。重垢洗涤剂也可称强力洗涤剂。重垢洗涤剂可洗涤棉纤维织物，因为棉纤维表面的羟基具亲水性，使其易于吸附淀粉、蛋白质、脂肪以及无机污渍，而且棉纤维的中空结构使其吸附的污渍难以洗净，久而久之，易发生变质、变色现象。棉纤维对于碱性的耐抗性等构成了重垢洗涤剂的特色。轻垢洗涤剂在国外称作易护理型洗涤剂，用于洗涤丝、毛、尼龙等织物。这类纤维不大容易窝藏污渍，尼龙、聚酯等合成纤维由于其疏水性，对于亲水性污垢较难吸附，但如污染上汽油则难以去除。一些手洗洗涤剂（如手洗餐洗剂）也叫轻垢洗涤剂。

硬表面洗涤剂范围非常广泛，涉及亲水、疏水各种基质，污垢类型包罗万象。硬表面洗涤剂包括了家用、公共设施与工业用洗涤剂，其中大部分属于原位洗涤。实际上，以上所列各类洗涤剂之间是互相交叉的。

8.1　通用硬表面洗涤剂

硬表面洗涤剂（hard-surface cleaners）的范围较广，也包括非多孔性和半多孔性的硬表面、原位洗涤剂（in situ cleaners），如餐洗剂、机车清洗剂和金属清洗剂等。

一般来说，硬表面洗涤剂的配方针对广泛的污渍，包括来自许多不同来源的食品（碳氢化合物、脂肪和蛋白质）、矿物油和油脂、体液、黏土和炭粒等。典型的硬表面有玻璃、陶瓷、聚乙烯和聚丙烯、大理石、金属、木材和瓷器等的表面。这些硬表面遍及家庭和工作场所内外，如镜子、窗户、脸盆和浴池、浴室和厨房设施、厨房用具和微波炉及烤箱内壁、桌子和台面以及地板等。

当设计一个硬表面洗涤剂配方时，其主要目的不仅是除去油污，而且要保持硬表面完好如初，如果可能，应该不留洗涤剂痕迹。

配方设计的另一种因素就是要考虑对人体健康和环境的影响。所加的表面活性剂宜选择可完全降解成无害物质的品种，溶剂宜选用无毒溶剂。对于消费品，应注意高 pH 值对皮肤和眼睛有害，应该采用封闭清洗。

由于阴离子表面活性剂在对油性和粒子污渍的去除性能价格比上有优势，所以在这类洗涤剂中总是配有阴离子表面活性剂。最常用的阴离子表面活性剂是用氢氧化钠中和的直链烷基苯磺酸钠（LAS），其他的阴离子表面活性剂还有烷基硫酸盐（AS）和醇醚硫酸盐。在高硬度水中，这两种阴离子表面活性剂要比 LAS 具有更好的去污效果，而且对皮肤温和。

非离子表面活性剂配入配方后利于除去油性污垢（特别是烃类污渍），同时可减少由于阴离子表面活性剂产生的大量泡沫。但非离子表面活性剂在水中溶解度比较小，因此，在液体洗涤剂中比阴离子表面活性剂的稳定性要差。通常解决这个问题的方法是加入水助溶剂，可以增加对水微溶性有机物质的水溶性。这类水助溶剂有二甲苯磺酸钠、甲苯磺酸钠、异丙基苯磺酸钠和有机磷酸酯等。

在选择硬表面洗涤剂所涉及的表面活性剂时，需根据其主要作用（即是作为乳化剂、润湿剂，还是洗涤组分）来确定其亲水-亲油平衡值 HLB。其 HLB 值越低，亲油性越强，HLB 值越大，其亲水性越强。HLB 值与表面活性剂功能的关系如下：油包水中的乳化剂要求 HLB 为 4～6；润湿剂要求 HLB 值为 7～9；水包油中的乳化剂要求 HLB 值为 8～18；洗涤剂要求 HLB 值为 13～15；助溶剂要求 HLB 值为 10～18。

原位清洗配方中如果同时配入 LAS 和非离子表面活性剂，使其比例为 80∶20，其 HLB 值为 12.5～13.2，可以达到最佳清洗效果。

配方中加入溶剂，以去除未皂化的脂肪食品污垢。所用溶剂应该具有较高的闪点和油溶性。在原位洗涤剂体系中，使用较广泛的是乙二醇单丁基醚和丙基醚系列。异丙醇（IPA）是脂肪食品污垢的水助溶剂和溶剂。常用的低分子量的溶剂和水助溶剂是甲醇和乙醇，但对所制备的最终产品的闪点应该引起注意。水溶性差的溶剂常常用到松油和另一种新型的物质 D-萜烯。松油是从木材中提取而来，不仅对脂肪食品污垢具有较好的溶解性，而且具有杀菌效果。D-萜烯多从柑橘中提取，不仅具有溶剂要求的较好的溶解性，而且能赋予洗涤剂以令人愉快的柑橘味。

原位洗涤剂多为碱性，其皂化油脂、中和脂肪酸，及去除这类污垢的能力，与其碱性密切相关。碱性来源于氢氧化钠、硅酸盐、正磷酸钠及其钾盐、铵盐、烷醇胺（如单乙醇胺和三乙醇胺等）以及一些螯合剂，如焦磷酸四钾（TKPP）和次氨基三乙酸盐（NTA）等，它们也提供碱性。抗腐蚀非常重要。硅酸钠和硅酸钾除了提供碱性外，还可以对金属、陶器和玻璃表面在与洗涤剂各组分的相互作用中起到保护作用。螯合剂由于可去除水中硬度离子，故可保护表面活性剂，从而保证了洗涤剂的有效性。洗涤条件下的 pH 值、水中硬度以及成本均影响对螯合剂的选择。

液体通用洗涤剂要比固体洗涤剂含有较多的表面活性剂、溶剂和较低浓度的碱性助剂。液体洗涤剂可以配成使用浓度，也可以配成浓缩液，稀释后使用。固体洗涤剂比液体洗涤剂容易配制高助剂产品。这是因为固体洗涤剂较少存在不相容问题。但是却带来对抗硬水和酸性污渍的问题。以下是一些通用硬表面洗涤剂的典型配方（质量分数/%）。

配方 1：工业用高碱性粉状洗涤剂

	A	B		A	B
壬基酚乙氧基化物（EO9）	5.0	10.0	硅酸钠（5 水合物）	35.0	—
轻质碳酸钠	40.0	45.0	无水偏硅酸钠		30.0
三聚磷酸钠	20.0	—	粒状氢氧化钠		15.0

配方 2：家用和工业用液体洗涤剂

	A	B		A	B
无水偏硅酸钠	2.4	1.0	40%二甲苯磺酸钠		3.5
60%焦磷酸四钾	3.0	3.0	二丙二醇单甲醚	6.0	
磷酸酯	3.0		乙二醇正丁基醚		6.0

	A	B		A	B
辛基酚乙氧基化物（EO9～10）	5.0		$C_{12\sim16}$直链醇乙氧基化物（EO3）		2.5
辛基酚乙氧基化物（EO5）	2.5		松油		0.3
$C_{12\sim16}$直链醇乙氧基化物（EO6.5）		5.0	水	余量	余量

配方 3：家用和公共无碱液体洗涤剂

$C_{12\sim16}$直链醇乙氧基化物（EO6）	25.0	丙二醇	3.5
100%烷基苯磺酸钠	12.0	水	44.5
2∶1椰子油二乙醇酰胺	15.0		

配方 4：硬表面喷洒清洗剂（工业用碱性液洗剂）

水	88.6	乙二醇正丁基醚	3.0
无水偏硅酸钠	2.4	乙二胺四乙酸	1.0
三聚磷酸钠	2.0	$C_{9\sim11}$直链醇乙氧基化合物（AEO_6）	3.0

配方 5：硬表面清洗浓缩液（家用碱性无磷洗涤液，擦洗或喷洒）

水	62.2	液体硅酸钠（模数1∶2.0，44%固体，清亮液）	6.8
烷基苯磺酸钠	15.0	100%氢氧化铵	5.0
EDTA 钠盐	4.0	乙二醇正丁醚	7.0

配方 6：微乳状液酸性硬表面清洗剂

适合于对酸敏感的硬表面的清洗，该产品适用于清洗淋浴瓷砖、浴室瓷砖、厨房瓷砖等，可去除顽固性油腻与皂疤。

	A	B		A	B
烷基磺酸盐	4.0	4.0	酸性混合物（琥珀酸/己二酸/戊二酸）	5.0	5.0
脂肪醇聚氧乙烯醚（$C_{12\sim15}EO_7$）	3.0	3.0	磷酸（85%）	0.027	0.027
香精	0.8	0.8	NaOH（49%）	0.03	0.03
苯甲酸钾	0.3	0.3	水	平衡	平衡
β-羟乙基三甲基氯化铵	2.0	1.0	pH 值	3.0	3.0

制备方法：首先将烷基磺酸盐、醇醚加入水中，使溶解，而后在搅拌下加入香料与氢氧化钠以外的水溶性物质。将溶液的 pH 调至 3.0 后，加入香精，连续搅拌，直至形成微乳液。产品黏度为 0.002～0.02Pa·s。为了提高黏度，可加入 0.5%的羧甲基纤维素钠（CMC）、羟丙基甲基纤维素、聚酰胺、聚乙烯醇或它们的混合物。

该产品清亮、透明、利于保护硬表面光泽。非稀释使用也无需漂洗，无可见残留。

配方 7：微乳液碱性硬表面消毒洗涤剂

	A	B	C	D
烷基磺酸盐（$C_{14\sim17}$）	3.0	3.0	3.0	3.0
烷基硫酸盐（$C_{12\sim14}$）	2.0	2.0	2.0	2.0
椰油脂肪酸	1.0	1.0	1.0	1.0
氢氧化钾	1.0	1.0	1.0	1.0
叔丁醇	10.0	10.0	10.0	10.0
支链烷烃（$C_{9\sim13}$）	1.0	0.34	0.34	—
香精	—	0.7	0.7	1.0
次氯酸盐（按有效氯计）	2.0	2.8	3.2	2.0
去离子水	平衡	平衡	平衡	平衡
pH 值		13～14		

制备方法：首先将烷基磺酸盐和烷基硫酸盐溶于占配方 40%的水中，升温至 40℃，之后加入熔融的椰油脂肪酸和氢氧化钾水溶液。也可将熔融的椰油脂肪酸与氢氧化钾溶于另外的 50%的水中，将此溶液与上述溶液混合。

在 40℃加入次氯酸盐，而后加入香料和支链烷烃，最后加入叔丁醇。

配方中如果加入过碘酸钾，有利于活性氯的稳定。

8.2 织物重垢洗涤剂

8.2.1 粉状重垢洗涤剂

重垢洗衣粉的典型配方见表 8-1。

表 8-1 重垢洗衣粉配方例（质量分数/%）

原料	配方 1	配方 2	配方 3	配方 4	配方 5
直链烷基苯磺酸钠(LAS)		15.0	18.0	19.0	11.0
脂肪醇聚氧乙烯醚硫酸钠(AES)				4.0	
十六烷基磺酸钠	12.0				
1α-烯基磺酸钠	6.0				
脂肪醇聚氧乙烯醚			5.0	8.0	11.0
牛油脂肪酸甲酯磺酸盐(MES)					1.6
椰子油脂肪酸乙醇酰胺(1∶1)					
椰子油脂肪酸二乙醇酰胺				2.5	
4A 沸石	10.0	31.0		15.0	
EDTA 二钠		0.6		2.0	
硅酸钠(模数 2.5)	25.0				
二硅酸钠		6.0			
无水偏硅酸钠			10.0		
碳酸钠		16.0	16.0	15.0	59.5
碳酸氢钠			14.0		
柠檬酸				1.0	
过硼酸钠	1.0			5.0	
无水硫酸钠	27.0	21.0	24.5	20.0	
羧甲基纤维素钠	0.5	1.8	1.7	1.0	
马来酸-丙烯酸共聚物			1.5		2-0
碱性蛋白酶、混合酶	0-1.5	0-1.5		1.5	1.5
壬酰苯酯磺酸盐				1.0	
水玻璃					14.9
荧光增白剂、光学漂白剂、香精	适量	适量	适量	适量	适量
水∶甘油＝1∶1				适量	
水	适量	适量	适量		适量

配方1：高含量非离子表面活性剂洗衣粉（质量分数/%）：

原料	质量分数/%	原料	质量分数/%
牛油皂	2	聚乙二醇（相对分子质量6000）	2
沸石A（平均粒径4μm）	40	椰油脂肪酸二乙醇酰胺	5
非结晶铝硅酸盐	8	羧甲基纤维素钠	2
碳酸钠（平均粒径290μm）	10	聚丙烯酸钠（相对分子质量8000）	2
偏硅酸钠	5	酶	0.5
芒硝	4.7	香精	0.3
十二烷基聚氧乙烯醚	18	荧光增白剂	0.5

制备：先将牛油皂、25%的沸石A、非结晶铝硅酸盐、碳酸钠、偏硅酸钠、芒硝、羧甲基纤维素钠、聚丙烯酸钠和荧光增白剂分批加入搅拌机中，再慢慢加入十二烷基聚氧乙烯醚和椰油脂肪酸二乙醇酰胺，然后加入融化的聚乙二醇，得到粒径平均为402μm的粉状洗涤剂基质，再加酶、香精和剩下的沸石，得到最终产品，其表观密度为0.75g/mL。

非结晶的铝硅酸盐的制备方法如下：将700g硅酸钠水溶液（Na_2O 2.71%，SiO_2 8.29%，SiO_2/Na_2O摩尔比为3.15）加热至60℃；加入1010g铝酸钠水溶液（Na_2O 1.63%，Al_2O_3 2.26%，Na_2O/Al_2O_3摩尔比为1.18），同时以1500r/min搅拌；完全混合后再以上述温度热处理15min，产生的湿饼块在110℃下干燥，研磨得到铝硅酸盐细粉。X射线检测证明为非结晶型，最终组分为：$Na_2O:SiO_2:Al_2O_3=29.4:44.5:26.1$。其离子交换能力为121mg$CaCO_3$/g，吸油能力为225mL/100g，在2%NaOH水溶液中的溶解度为0.01g，5%分散体pH值为11.2。

高密度浓缩粉中非离子加入量一般在8%以上，因为配料中的大量助剂和黏合剂为非离子的吸附创造了条件。

表8-2是速溶高密洗衣粉的典型配方。

表8-2 P&G速溶高密洗衣粉配方（质量分数/%）

原料	配方7	配方8	配方9
$C_{12\sim13}$烷基苯磺酸钠	13.16	10.64	14.43
$C_{14\sim15}$烷基硫酸钠	5.64	4.56	6.18
柠檬酸	3.50	3.00	6.00
三聚磷酸钠	—	—	7.27
偏磷酸钠	—	—	29.07
A型沸石(1～10μm)	26.30	21.30	
碳酸钠(总量)	20.53	23.10	12.37
碳酸钠(后配料)	11.06	15.81	12.37
硅酸钠($NaO/SiO_2=1.6$)	2.29	2.86	8.00
二乙酰三胺五乙酸钠	—	0.43	—
聚乙二醇	1.73	1.44	0.61
聚丙烯酸(M_w为4500)	3.39	2.72	1.52
蛋白酶(1.8Anson单位/g)	1.09	0.75	0.84
过硼酸钠一水合物	0.82	4.21	0.41
壬酰基苯酯磺酸盐	—	1.00	—
硫酸钠	10.33	8.28	11.41
FWA、香精、抑泡剂	适量	适量	适量
水	平衡	平衡	平衡

制备方法：喷雾加干混法。柠檬酸以及碳酸钠、酶、香精、过硼酸钠和壬酰苯基磺酸盐等，在其余部分喷雾干燥后配入。该配方在 0～10℃均有速溶解性。由于柠檬酸的存在使得洗衣粉溶后无残余物，洗后洗衣机内无残留。

配方 2 是一个具有柔软和抗静电性能的二合一洗衣粉配方，其中用到阳离子表面活性剂 AQA，这是一组具有亲水基团的新型阳离子表面活性剂。

配方 2：洗涤-柔软二合一洗衣粉（质量分数/%）

	A（含磷）	B（无磷）		A（含磷）	B（无磷）
基粉：			喷入物：		
STPP	24.0	—	$C_{14\sim15}EO_7$	2.5	2.5
沸石 A	—	24.0	$C_{12\sim15}EO_3$	2.5	2.5
$C_{14\sim15}$烷基磺酸盐	8.0	5.0	硅抑泡剂	0.3	0.3
MA/AA（1∶4），M=70000			香精	0.3	0.3
	2.0	4.0	干混物：		
LAS	6.0	8.0	碳酸钠	6.0	13.0
牛油磺酸盐	1.5	—	四水过硼酸钠	—	4.0
AQA 表面活性剂①	1.5	1.0	单水过硼酸钠	4.0	—
硅酸盐	7.0	3.0	过碳酸钠	18.0	18.0
CMC	1.0	1.0	TAED	3.0	3.0
FWA	0.2	0.2	光学漂白剂	0.02	0.02
皂	1.0	1.0	蛋白酶	1.0	1.0
DTPMP（二乙基三胺五亚甲基磷酸盐）			脂肪酶	0.4	0.4
	0.4	0.4	淀粉酶	0.25	0.25
			硫酸钠	至 100	至 100
			密度（g/L）	630	670

AQA 为以下化合物：N-(2-羟乙基)-N,N-二甲基十二烷基氯化铵，N-(2-羟乙基)-N,N-二椰油基氯化铵，N-($EO_{5\sim8}$)-N,N-二甲基十八烷基氯化铵，N-(EO/PO)4-N,N-甲基，丙基 $C_{14\sim16}$烷基氯化铵，N-($EO_{4.5}$)-N,N-二甲基十二烷基氯化铵，N-(EO_{10})-N,N-二甲基十烷基氯化铵，N-(EO_{30})-N,N-二丁基十烷基氯化铵。

8.2.2 液体重垢洗涤剂

液体洗涤剂容易定量、易溶解，可以高浓度形式施用于领口和袖口等脏污处，而且无粉尘。

浓缩液体洗涤剂与高密度浓缩洗衣粉一样具有节省包装、方便运输、无效组分少的优点。有时含有 30%～50%的阴离子表面活性剂，会造成黏度太大，几乎成为膏状。解决方法有两种：一是制备时使用高剪切混合器；二是选择合理制备工艺和合理投料顺序。

“结构型”（structured liquids）浓缩产品含 STPP 或沸石、漂白剂和酶制剂，其密度可达到 1.2g/cm³。“非结构型”浓缩产品密度约为 1.0g/cm³。而超浓缩型产品含高达 70%以上的悬浮物，密度达 1.3g/cm³。结构型液洗剂内含富含表面活性剂的层状液滴，可以高度分散，除掉污垢。

透明的液体重垢洗涤剂是各向同性溶液，其中表面活性剂与助剂均呈溶解状态。透明的条件是组分的充分溶解性。低分子量的烷基苯磺酸盐、尿素及一些醇类溶剂如乙醇、乙二醇、丙二醇、甘油等对表面活性剂都有一些增溶作用。不同的表面活性剂的复配可以降低其 Krafft 点，起到增溶的作用。

所用的助剂常常是溶解度大的钾盐，如焦磷酸四钾（TKPP）、柠檬酸、EDTA 和 NTA 等螯合剂。阴离子表面活性剂也常用钾碱、氨、乙醇胺等作为中和剂。不含助剂的轻垢液洗剂需要增稠，含 LAS 与 AES 为主的液洗剂，可以用氯化钠增稠，可以添加乙醇酰胺类或聚乙二醇来增效。

不透明液洗剂多为乳化/悬浮体，其有效物质含量可以达到 60%以上，如果以某些有机液体作为分散介质，有效物质可达到80%。其中的固体物质颗粒要细小，要包裹在表面活性剂形成的层状胶束中，这样排列紧密，以防由重力引起的分层。这种层状胶束在体积上比例要足够大，其中的非离子表面活性剂一般不能高于5%。

在洗衣液中，由于存在着大量的水和碱性的环境，酶分子中的肽链就易于发生水解而断裂．使酶逐渐地失去生物活性。在含酶的液洗剂中，尽量多应用非离子表面活性剂，添加硼砂-丙二醇等酶组合稳定剂，选用耐水特性的酶制剂。表8-3是液体重垢洗涤剂的典型配方。

表8-3 液体重垢洗涤剂配方例（质量分数/%）

原料	配方1	配方2	配方3	配方4
直连十二烷基苯磺酸钠(LAS)			15	15
脂肪醇聚氧乙烯醚硫酸钠(AES)	5.0	16	10	25
十二烷基磺酸钠				
十二烷基硫酸钠(AS)				
脂肪酸甲酯磺酸钠(MES)		13		
1α-烯基磺酸钠				
十二烷基二甲基苄基氯化铵(消毒)/三氯生				1.0/0.5
脂肪醇聚氧乙烯醚(AEO9)	8.0	4.0	20.0	
十二烷基磷酸酯(MAP)	4.0			
油酸钠			0.5	
十二烷基醚羧酸盐(AEC)	6.0			
三聚磷酸钠				
EDTA二钠	1.0			
柠檬酸钠		5.0	15	
六偏磷酸钠				
三乙醇胺			3	5
焦磷酸钾				
乙醇			7	10
椰油二乙醇酰胺		3.0		
脂肪醇单乙醇酰胺				
羧甲基纤维素钠		1.0		
聚乙烯吡咯烷酮	0.6			
氯化钾				2.5
荧光增白剂、光学漂白剂、色素、香精	适量	适量	适量	适量
水	余量	余量	余量	余量

配方3：结构型液洗剂配方（含硼砂和山梨糖醇）（质量分数/%）

组分	A	B	组分	A	B
LAS-酸型	15.1	15.1	Narlex DC-1(33%)①	3.0	3.0
AEO_9	6.9	6.9	PAA(相对分子质量为12500)	0.0	5.0
NaOH 50%	3.8	3.8	H_2O	加至100	加至100
硼砂	5.0	5.0	流变学性质Sisko指数	0.36	0.5
山梨糖醇	20.0	20.0	倾倒黏度(2L/s)/mPa·s	952	311
Na_2SO_4	2.5	2.5			

① 为月桂基甲基丙烯酸酯，用做抗絮凝剂。

制备工艺：首先按山梨糖醇、硼砂、NaOH 水溶液和 Na_2SO_4 的顺序加至 55℃的去离子水中，接着加入抗絮凝剂和 PAA，搅拌，保持恒温，待混合均匀后，降至室温，加入 PAA 或等量去离子水搅拌均匀即成。加入 PAA 可降低产品的倾倒黏度且黏度指数（Sisko 指数）增加。

配方 4：结构型液洗剂（含柠檬酸钠）（质量分数/%）

LAS-acid	31.0	Narlex DC-1(33%)	3.1
AEO_9	13.2 总活性物 44.2	PAA	定量
NaOH 50%	7.9	H_2O	加至 100
柠檬酸钠二水合物	16.4		

制备工艺：将柠檬酸盐和 NaOH 加入到 55℃去离子水中，接着加入抗絮凝剂和 PAA，恒温连续搅拌，得均匀溶液。冷至室温，加入定量 PAA 或等量去离子水混合均匀即得。

8.2.3　无水液体重垢洗涤剂

无水液体洗涤剂（nonaqueous liquid/water-free liquid/anhydrous liquid）中，总有一部分常用的洗涤剂组分并不溶于液体之中，因此，在很大程度上避免了互相反应。在能耗比上，生产具有相同去污力的洗涤制品，喷雾干燥粉∶混合液洗∶干混粉∶非水液洗＝190∶50∶100∶23。如按每吨洗涤剂来估算，每吨产品的能量消耗比为：喷雾干燥粉∶混合液洗∶干混粉∶非水液洗＝190∶50∶100∶70。

但即使各组分之间的反应得以避免，稳定性也是一个致命的问题。因为无水液体洗涤剂实际上是一种悬浮液，其中不溶性的固体物质总有一种沉淀下来的倾向。所选择的组分必须既保证足够的洗涤力，又能保持体系稳定，不至于分层。

无水液洗剂中非离子表面活性剂 8%～25%；非水、低极性有机溶剂包括乙二醇单烷基醚、低分子量的聚乙二醇、低分子量的甲酯和酰胺等。而乙醇和丙醇这类物质最好不用。但非水液体洗涤剂提供了加入过氧漂白剂的可能性。

非水液体洗涤剂的生产方法是首先将各种类型的洗涤助剂和表面活性剂粉碎，将得到的极细的固体分散相分散在聚乙二醇中，使其在高剪切力的混合器中混合，再经球磨机，使固体颗粒降低到 2.5μm。热敏性物质，如酶和香精等，在最后混合阶段加入即可。

无水液洗剂对于聚酯和棉花织物洗涤的结果表明，1/3 质量的非水制品即可达到传统制品的同样效果。因此在包装上和污水处理上都对环境很有利。

无水液洗剂也有“结构型”或“非结构型”产品。二者区别在于“结构型”产品含有无机助剂、沸石、漂白剂、蛋白酶、淀粉酶等洗涤助剂。有时产品黏度在贮存过程中发生变化，变得太稠，不易倾倒出；或是变稀，出现水层；或是使透明产品变浊，甚至成为凝胶。其原因在于颗粒密度高于液体基质密度。解决的途径是提高液体黏度或是降低固体粒径。降低固体粒径的途径一般是研磨，通常粒径达 3～4μm 即可满足要求。研磨过的固体组分含量至少应为 40%，以使其与液体非离子表面活性剂充分混合。

配方 5：ICE 无水液洗剂（质量分数/%）

组分	加酶	加漂白剂/酶	组分	加酶	加漂白剂/酶
STPP	40.0	32.8	四乙酰基乙二胺	—	3.0
碳酸钠	5.5	—	$C_{13\sim15}$脂肪醇丙氧基化物	7.5	7.5
硅酸钠	2.0	2.0	脂肪醇聚氧乙烯(3)醚	2.5	2.5
EDTA(乙二胺四乙酸)	0.2	0.2	PEG200	40.0	40.0
羧甲基纤维素	1.0	1.0	酶	0.3	0.3
FWA	0.2	0.2	香料	0.8	0.8
过硼酸钠单水合物	—	10.0			

但配方中的STPP可以用柠檬酸钠代替，适当加一些EDTA。

配方6：Unilever无水液体洗涤剂（质量分数/%）

非离子表面活性剂	36.7	碳酸钠	24.0
甘油三乙酸酯	12.0	方解石	5.0
硬脂酸钠皂	0或1.0	烷基苯磺酸	3.0
单水合过硼酸钠	13.0	其余	余量

皂不仅去污垢能力高，而且还能控制泡沫和柔软织物。但是皂难以加到无水液体洗涤剂之中。因为它使体系流动性不好，且不稳定，使体系变稠，甚至沉淀。配方4中各组分如果直接混合，则得到黏度5.7～6.2Pa·s的不合格产品。虽然加入乙醇可以减少黏度，增加稳定性，但弊病是带来了不愉快气味，还稀释了产品。

而利用高温预分散法，不用溶剂也可以得到初始黏度为2.1Pa·s，一周以后黏度为1.9Pa·s的合格产品。该法是在130℃将皂与15%浓度的部分非离子表面活性剂预混合，在该温度下至少放置20min，冷却至40℃以下后用球磨机研磨。另外将其余的无水固体在干燥容器中与液体混合后用胶体磨研磨，粒径为1～10μm，尽可能使其窄范围分布。而后将两部分物料混合。在研磨过程中由于输入能量使温度升高，所以热敏性物质如香料、酶、漂白剂应最后加入。

8.3 特种织物洗涤剂

所谓特种洗涤剂（specialty cleaners）包括易护理和带色纤维洗涤剂，毛、丝、窗帘洗涤剂及织物手洗洗涤剂等。丝、羊毛织物应该避免毡化与缩皱，带颜色的纤维应该避免褪色。

特种洗涤剂大部分不含过硼酸钠，丝毛洗涤剂不含有荧光增白剂；对于一些由于染料易氧化或造成染料转移的纤维，特种洗涤剂还有添加染料转移抑制剂等添加剂，比如聚乙烯吡咯烷酮、一些以铁为中心原子的卟吩衍生物等。

鉴于构成丝和毛的蛋白质的对碱的耐受性差，丝毛洗涤剂的pH值（1%溶液）为6.0～8.5为宜。由于酶破坏蛋白质纤维结构，从而影响丝、毛织物的牢度和光泽，丝毛洗涤剂不需添加酶制剂。

手洗用洗涤剂用于盆洗少量衣物，要求泡沫丰富。大件衣物（如罩布和帘子等）用洗涤剂宜含有较多的抗污垢再沉积剂。表8-4是各类特种洗涤剂的典型配方。

表8-4 各类特种洗涤剂的典型配方/%

组分	精细色织物洗涤剂	毛织品用洗涤剂	罩布、窗帘用洗涤剂	手洗剂	组分	精细色织物洗涤剂	毛织品用洗涤剂	罩布、窗帘用洗涤剂	手洗剂
阴离子表面活性剂	5～15	0～15	0～10	12～25	硅酸钠	2～7	2～7	3～7	3～9
非离子表面活性剂	1～15	20～25①	2～7	1～4	抗再沉积剂	0.5～1.5	0.5～1.5	0.5～1.5	0.5～1.5
肥皂	1～5	0～5	1～4	0～5	酶	0～0.4			0.2～0.5
阳离子表面活性剂		0～5			荧光增白剂	0～0.2		0.1～0.2	0～0.1
软水剂	25～40	25～35	25～40	25～35	香精	+	+	+	+
过硼酸钠			0～12		染料和水分	平衡	平衡	平衡	平衡

① 仅在液体洗涤剂中才配入大量的非离子表面活性剂。

液体丝毛用洗涤剂常常不含有阴离子表面活性剂，而是含有阳离子和非离子表面活性剂的混合物，配方1～5（表8-5）和配方6是丝毛液体洗涤剂的典型配方。

表 8-5　丝毛液体洗涤剂配方例　　单位：%（质量分数）

洗涤剂原料	配方 1	配方 2	配方 3	配方 4	配方 5
双十八烷基二甲基氯化铵	5	5		3	
十二烷基二甲基氯化铵			2		
十六烷基三甲基溴化铵	3				
十二烷醇硫酸钠			2		
脂肪醇聚氧乙烯醚硫酸钠	5	5			2
十二烷基苯磺酸钠					10
二十烷基甜菜碱			4		
脂肪醇聚氧乙烯醚(AEO7、ADO9、OP10 等)	10		8	15	1.5
牛油(硬脂基)咪唑啉硫酸酯盐		8			
羟基改性聚硅氧烷乳液		15			
氧化叔胺			2		
羧甲基纤维素钠		5			0.3
聚乙烯吡咯烷酮	0.6				
EDTA 二钠					0.2
烷醇酰胺			3	5	
硫代硫酸钠	3				
氯菊酯				0.8	
柠檬酸			8		10
硫酸铜					0.4
氯化钠					1
香精、色素	适量	适量	适量	适量	适量
水	余量	余量	余量	余量	余量

配方 6：含茶皂素的丝毛洗涤剂（质量分数/%）

茶皂素	2.0～3.0	CMC	1.0
6501	6.0～8.0	香精	适量
AES	7.0～9.0	水	余量
烷基苯磺酸钠	5.0～6.0		

8.4　干洗剂

干洗是典型的利用溶剂溶解力和表面活性剂的增溶能力的洗涤方法，也称作溶剂洗涤。它可防止水洗所造成的羊毛织物和真丝织物的不可逆收缩。但干洗剂配方中也常含少量水（5%以下），使得油溶性污垢溶于有机溶剂的同时，水溶性污垢可因为表面活性剂的反向胶束的增溶而去除。

阴离子表面活性剂在溶剂中增溶水时，是极性键和氢键起作用。先增溶的水分子与形成胶束的反离子牢固结合，后期增溶的水分子与先按极性键结合的水分子以较弱的氢键结合，干洗剂中聚氧乙烯型非离子表面活性剂的反胶束中，聚氧乙烯键在胶束内侧，由其醚键和水分子之间的氢键而发生增溶。

干洗剂中水的含量对于洗涤效果影响很大。洗涤液中的水分要在液体、液体上面的空气及衣物上吸附水分的三者之间迅速达到平衡，且湿度大致相等。对于水溶性污渍，高水分含量对洗涤是有利的。但当湿度大于 75%时，会使织物（羊毛、真丝）产生皱折和收缩。对于织得不够紧密的羊毛，70%湿度就可以引起收缩。所以干洗时必须控制水分。

配方1：喷雾型干洗剂（质量份）（推进剂异丙醚）

推进剂	异丙醚	5.0	三氯乙烷	163.0
	1，2-环氧丁烷	5.4	肥皂	60.0
	硝基甲烷	1.8	水	60.0
	异丁醇	3.2		

配方2：气溶胶抗静电干洗剂（质量分数/%）

脂肪醇聚氧乙烯醚（EO7～15）	0.01～3.5	乙醇	10～25
双十八烷基双甲基氯化铵	0.05～3.0	去离子水	65～85
硅油	0.05～1.5	香料	适量
十二烷基苯磺酸钠	0.01～2.5		

推进剂与干洗剂比例为20∶10。采用气溶胶喷雾器或手动气压式喷雾器，适用于毛料服装。喷雾后，待溶剂挥发，即完成了去污、除皱过程。

配方3：干洗袋（质量分数/%）

水	80～95	乳化剂	0.07～0.20
溶剂	5～25	其余添料	0.1～10
1，2-辛二醇（OD）	0.5～10		

配方中水的量要确保每6g水/kg织物；溶剂的量要达到0.5～2.5g溶剂/kg织物；1，2-辛二醇（OD）为0.01～3g/kg织物；其余添料包括香精及一般的表面活性剂等。可选用丁氧基丙氧基丙醇做为溶剂。它可以使得价格相对较高的辛二醇用量减少，而且可以免去添加表面活性剂。添加聚丙烯酸钠可增加体系与水的互溶性。

将其涂于无纺布或纸巾，最好是不易燃的，稳定性强的无纺聚酯上。无纺布的尺寸以18～45cm、厚0.2～0.7mm为宜，涂敷质量30～100g/m^2。将以上涂有干洗剂的无纺布与待洗织物装入一个特制的聚酯袋内，将袋密封，置于滚筒洗衣机的转鼓内加热洗涤。这样通过消费者自己操作也能达到干洗效果。

8.5 汽车清洗剂

8.5.1 车辆表面清洗剂

工业车辆清洗通常采用高压喷洒法（high pressure spray，HPS）或喷洒与机械法相结合的方法。洗涤液通常是热溶液，含有适当浓度的碱性物质，并尽量减小泡沫。

车辆污垢包括油腻、黏土和积炭，还有鸟的排泄物等。车辆的污垢荷载比较高，特别是卡车和罐车。因此，这类洗涤剂的活性成分高，活性成分包括碱性助剂、有机螯合剂、污垢分散剂，有时还有溶剂。由于道路污垢的原因，螯合剂添加的浓度往往较高，以去除水中的硬度离子，否则消耗表面活性剂。

车辆清洗剂涉及油漆、瓷、铝合金和玻璃等不同性质的表面。这些表面在高碱性溶液条件下极易腐蚀或划破。铝对于化学腐蚀最为敏感，呈微蓝色划痕，称作铝蓝。在中等和高碱性条件下，硅酸盐对铝、漆和有机玻璃表面可以提供保护，同时增加碱性，增加污垢的分散力。车辆表面的氧化会使铝零件失去光泽。加入氢氟酸、氟化物和磷酸可以使其恢复光泽，除去氧化膜和污膜。但对氟化物应该谨慎处理。

在现代轿车和商品车辆上，常常有作为缓冲器和轮罩的阳极化铝部件。阳极化铝有一层由浸在硫酸中形成的表面膜，之后，将铝作为阳极，通电，这样就形成了保护性的氧化膜，再与乙酸镍反应。这个两性阳极保护层在pH值4以下会被酸溶解，而在pH值10以上又被大部分碱溶解。腐蚀机理通常是OH^-将膜溶解，螯合剂从涂层上除去镍（螯合红）。为了防止碱的侵蚀，配方中SiO_2对活性Na_2O的最小质量比应为0.8。而杜绝螯合发白现象（chelate blush）就更复杂了，要求 SiO_2 对于螯合剂的最小质量比为：磷酸盐 4.0、三聚磷酸钠 4.2、焦磷酸四钠 8.2、有机螯合剂（柠檬酸钠、NTA、EDTA）16.0。

配方 1：轿车和卡车无磷液体洗涤剂（质量分数/%）

组分	含量	组分	含量
无水偏硅酸钠	1.0	50%氢氧化钠	0.7
40%乙二胺四乙酸钠盐	19.3	非离子/咪唑啉两性表面活性剂	3.0
磷酸酯（低泡水助溶剂）	2.0	水	74.0

配方 2：轿车和卡车粉状洗涤剂（质量分数/%）

组分	A	B	组分	A	B
无水偏硅酸钠	20.0		三聚磷酸钠	40.0	44.0
五水偏硅酸钠	30.0		磷酸钠	5.0	
轻质碳酸钠	20.0	10.0			

其中配方 B 具有低泡表面活性剂，可用于高压喷洒系统。

为了将配方转换成无磷体系，用 25%～30%的 EDTA 来代替磷酸盐。为了增加污渍的分散性和防止钙、镁盐的沉淀，加入 1%～3%的相对分子质量为 4500～20000 的聚丙烯酸和丙烯酸和马来酸酐共聚物的盐。填充物可为碳酸钠或硫酸钠。

配方 3：铝卡车体清洁-增亮酸性液体洗涤剂（质量分数/%）

组分	A	B	C	组分	A	B	C
85%磷酸	35～40	10	47.2	氟化钠	1～2		
非离子表面活性剂（辛基酚乙氧基化物，EO7～9）	5～10	4	2.0	48%氢氟酸		15	
乙二醇单丁基醚			16.0	水	平衡	平衡	34.8

8.5.2　汽车玻璃清洗剂

汽车挡风玻璃清洗剂应该在施用后能够防止雾滴、雨滴附着在玻璃表面；应该使得被处理的玻璃表面无结晶物质附着；而且能够除去油膜，防止尘埃、油烟和油脂附着。

配方 4：汽车玻璃清洗剂（质量分数/%）

组分	A	B	C	D
十二烷基硫酸钠	2			
十二烷基苯磺酸钠		5	4	1
三乙醇胺	5	5		5
二乙醇胺			10	
十二烷基苯聚氧乙烯硫酸三乙醇胺盐			1	
椰子油脂肪酸二乙醇胺				3
乙二醇			2	
甘油		2		
水玻璃	1			
偏硅酸钠	3.5～5.1	3.5～5.1	3.5～5.1	3.5～5.1
水	92	88	83	91

使用方法：以水稀释、涂布或喷于玻璃表面。气溶胶喷雾法更适于汽车挡风玻璃，喷雾后用雨刮进行擦拭。

通常有以下三种性能试验方法。

① 防结晶物质析出性试验　将垂直的玻璃擦净，用纱布蘸清洗剂涂布至不流下。将此玻璃板置于 50℃、相对湿度 15%～20%的恒温恒湿箱中放置三昼夜，观察玻璃表面有无白色结晶物质析出。

② 防雾性试验　将玻璃表面用大豆油污染后，把过剩油用布擦去，用（1）所述方法涂布处理剂。然后将玻璃板涂布的一面向下，或 30°～40°倾斜，覆盖于 80℃的恒温水箱上，观察玻璃表

面因水气到达发生水滴和结雾时间。

③ 防水滴性试验 将玻璃用机油污染后，用布擦去剩油，再用（1）所述方法涂布处理。然后将此玻璃板的一面向上，或60°～70°倾斜立起，在雾状水滴散布下，观察达到水滴发生的时间。

8.5.3 其他汽车清洗剂

配方5：发动机碳垢清洗剂（质量分数/%）

	A（发动机外部）	B（发动机外部）
邻二氯苯	61	—
二甲苯	—	35
甲基溶纤剂(乙二醇单甲醚)	—	32
甲酚(三种酚混合物)	24	—
油酸	10	—
三氯苯(以1，2，4-三氯苯为主)	—	22
丁胺	—	10
氢氧化钠	2	—
水	余量	余量

使用方法：涂于碳垢层上，然后清洗。发动机内部可采用浸泡法。

配方6：轿车洗后干燥促进剂（质量分数/%）

双十八烷基双甲基氯化铵	5.0	异丙醇	15.0
2-十二烷基咪唑啉鎓	5.0	AEO9	3.0
油酸异辛酯	6.0	香精	0.5
AEO7	7.0	水	余量

用法：喷于洗后的湿表面上，使表面呈疏水性，在空气流中使表面快速干燥。

配方7：汽车水箱清洁剂（质量分数/%）

煤油	30.0	油酸	3.0
对二氯苯（杀菌剂）	52.0	5%氢氧化钠溶液	15.0

制备与使用：将煤油、对二氯苯和油酸混合，搅匀后加入汽车水箱中，加入量约为水箱体积的2/3，让发动机开动15min，然后停车，排出溶液。再加入氢氧化钠溶液，继续开动发动机30min，排出溶液。最后加入清水，在发动机开动下用清水清洗水箱。

8.6 金属清洗剂

工业生产过程普遍需要清洗金属，典型的有：①金属电镀前的清洗；②涂漆前的准备；③上釉或涂瓷；④金属加工，如拉制管线、组装等；⑤金属化学表面的涂层，如阳极氧化处理，铝、铜和不锈钢的电抛光等；⑥热浸涂、镀锌等；⑦废金属融化之前的清洗等。

金属清洗过程中所涉及的污垢有作为润滑油的脂肪油和矿物油、染料、烟尘，有其他上游工序带来的颗粒性污垢、金属氧化物、缓蚀物质，还有冲压、拉丝等过程使用的化合物等。为了去除这些顽固的污垢，需要高洗涤活性体系。洗涤体系中包括溶剂、表面活性剂、碱性物质或单独使用酸性物质，以及采用高温（60～90℃）、机械能（高压喷洗或刷洗）或电物理能（电解清洗等）等方法。

涂敷牛油的冷轧钢的有效洗涤方法是用高碱性洗涤体系刷洗。这种方法是通过形成可溶性皂来去除脂肪性润滑剂。而污垢经历长时间变化，经历加热、干燥等过程的化学反应，如油性污垢的聚合，或形成金属皂等都增加了去除的难度。有必要在清洗之前进行一系列软化和破碎污垢颗粒和分子。金属的清洗常包括如浸泡或浸渍、喷洗和电解等步骤。

浸渍和喷洗通常用以下洗涤体系：①溶剂清洗；②乳化洗涤；③酸清洗；④洗涤剂清洗；⑤高碱性清洗；⑥电解去污等。最后一种是金属在通有电流的情况下使用重垢洗涤体系。在洗涤中，水电解成氧气（从阳极放出）和氢气（从阴极放出）。金属可放于阳极和阴极任何一个电极，或是采用周期转换性电流，将金属放于两个电极的中间。在金属表面产生的气体可帮助除去沉积的污垢，反向电流可以防止任何金属性膜和带电污染物沉积。在该法中使用的洗涤剂即为电解洗涤液。

配方 1：金属洗涤液（浸渍和/或喷洗，质量分数/%）

壬基酚乙氧基化物（EO9～10）	2.0	无水偏硅酸钠	12.0
50%磷酸酯	6.0	焦磷酸四钾	12.0
氢氧化钾	12.0	水	56.0

配方 2：重垢金属清洗剂［黏度（25℃）mPa·s］（质量分数/%）

聚丙烯酸	4.4	辛基酚聚氧乙烯醚（EO9）	8.0
10%氢氧化钠	2.6	87%月桂酸二乙酸胺	2.3
无水焦磷酸钾	5.0	染料	0.002
无水焦磷酸钠	5.0		

配方 3：万能清洗剂/%（质量）

39%二羧化咪唑啉衍生物二钠盐	4.0	45%氢氧化钾	1.6
椰子二乙醇酰胺	4.5	辛基酚聚乙二醇醚	4.0
焦磷酸钾	2.4	水	80.0
40%次氨基三乙酸三钠	3.5		

配方 4：金属铝碱性无磷清洗-上光液（浸渍或喷洗，质量分数/%）

乙二胺四乙酸	2.0	有机硅消泡剂	3.0/2.0
葡萄糖酸	2.0	辛基酚乙氧基化物（EO9）	2.0/3.0
液体硅酸钠（模数 1：3.22，42 波美度）	20.0	水	51.0
45%氢氧化钾	20.0		

配方 5：紫铜和黄铜清洗抛光剂（质量分数/%）

A　苯并三唑	0.2	B　石油溶剂	30.0
天然绿陶土	1.5	油酸	8.0
硅藻土	15.0	椰子油脂肪酸二乙醇酰胺	1.5
氢氧化铵	1.0		

配制方法：将苯并三唑溶于水中，在高速搅拌下慢慢加入绿陶土、硅藻土和氢氧化铵。将 B 各组分混合后，在搅拌下加入到组分 A 中。

使用方法：以少量产品湿润擦布擦拭器件，然后用水清洗，擦净。

配方 6：软膏型银制品清洁抛光剂（质量分数/%）

3-巯基丙酸十八烷基酯	5.0	膨润土	5.0
AEO	45.0	对羟基苯甲酸甲酯	0.1
5%羟乙基纤维素	20.0	水	余量
无水硅酸钠	14.5		

配方 7：气溶胶型铬制品清洁抛光剂（质量分数/%）

二甲基聚硅氧烷	1.8	萘酚溶剂油	25.0
油酸	1.9	三乙醇胺十二烷基硫酸盐	2.5
松油	0.5	AEO 非离子表面活性剂	0.5
吗啉	1.4	丙烯酸共聚物	4.6
沸石	14.0	水	余量
硅藻土	9.0		

配方8：钻孔用切削液（质量分数/%）

油酸聚氧乙烯（EO6.5）酯	2.5	油酰基肌苷酸钙/丁醇（1∶1）	1.7
油酰肌氨酸苷	0.8	矿物油	95.0

配方9：锌去锈剂（质量分数/%）

氨基磺酸	10.0	桂皮酸	0.1
十八烷基二甲基苄基氯化铵	0.1	水	余量

8.7 家用电器清洗剂

厨房油污主要成因是食用油，特别是不饱和度高的油脂。这些油脂在高温下发生氧化聚合反应，并和其他油污夹杂在一起，受到高温后蒸发浓缩，形成像油漆一样的黏性油垢，进一步成为能干燥成膜的氧化油和聚合油。随着污渍积累时间的延长，不饱和油脂在空气中会慢慢变黏，甚至变干，硬结，这些氧化聚合物是油烟污垢清洗的重点和难点。

因此，这类清洗剂应该是高强力、高活性的洗涤系统。常常含有下列一种或几种体系的组合：①高碱性，通常是碱金属的氢氧化物；②浓溶剂体系，如乙二醇醚；③摩擦剂，比如磨碎的浮石。

高碱性是为了通过中和皂化以除去油腻；溶剂、碱和表面活性剂配合可除去可溶性油脂；摩擦剂，比如浮石粉末，通过物理作用除去黏附牢固的污垢。许多气溶胶型或喷洒型炉壁清洗剂中加有增稠剂，以增加黏挂性。

配方1：炉壁清洗剂（家用气溶胶喷雾型，质量份）

三丙二醇甲醚	20.0	30%氢氧化钠	12.0
硅酸镁铝（络合胶状增稠剂）	1.5	45%阴离子表面活性剂	15.0
壬基酚乙氧基化物（EO9）	1.0	异丁烷	4.5

配方2：厨房油垢清洗液（质量份）

AEO9	2.0～3.0	碳酸氢钠	1.0～1.5
AEO7	0.5～1.0	三乙醇胺	1.0～2.0
TX-10	2.0～3.0	丙二醇丁醚	2.0～3.0
TX-6	0.5～1.0	多乙二醇乙醚	2.0～3.0
6501（1∶1.5）	1.0～2.0	二甲苯磺酸钠	1.0～2.0
AES	0.8～1.5	苯并三氮唑	0.05～0.2
LAS	0.8～1.5	香精、色素	适量
偏硅酸钠	2.0～3.0	去离子水	余量
碳酸钠	1.0～1.5		

配方3：家电外壳、线路板清洗剂（质量分数/%）

三氟三氯乙烷（AR）	31.0	二甲苯	7.0
二氯甲烷（AR）	62.0	水	余量

配方4：洗衣机水渍清洗剂（质量分数/%）

柠檬酸	8.0	28%氢氧化铵	2.5
AEO9	5.0	香精	0.5
AEO7	2.0	水	余量

配方5：计算机显示屏和电视屏幕清洁剂（质量分数/%）

1，2-二氟-1，1，2，2-四氯乙烷	50.0	丙醇	50.0

配方6：唱片、磁带驱动器清洗剂（质量分数/%）

乙酸乙烯酯/乙烯醇共聚物	19.0	NH_4HCO_3	0.005
甘油	1.7	水	余量
乙醇	24.0		

8.8　玻璃清洗剂

玻璃清洗剂是硬表面清洗剂中涉及基质强度最弱的一种。设计配方最重要的是减少洗涤液对玻璃表面的划痕和与玻璃表面的相互作用。典型的配方中的溶剂（如异丙醇）和阴离子表面活性剂含量很低，常利用氨的弱碱性来除去脂肪油腻。通常，玻璃清洗剂不能用来清洗厨房用具和污垢较重的其他硬表面。一些玻璃的组成见表 8-6，表 8-7 为碱对于不同组成玻璃的损伤程度。

表 8-6　一些玻璃化学组成

类　型	化学成分/%												
	SiO_2	Na_2O	K_2O	Li_2O	CaO	MgO	ZnO	B_2O_3	Al_2O_3	ZrO_3	PbO	BaO	AgCl BrF
一般玻璃	68.3	8.0	9.4		8.4		3.5		2.0				0.4
光致变色眼镜	55.4	1.9		2.6				16.1	9.0	2.1	5.0	6.7	0.77
瓶子、窗玻璃	71.1	14.0			9.9	3.2			0.3				
硼硅酸盐玻璃	81.0	4.5						12.5	2.0				
玻璃纤维(硅酸铝)	54.5				17.5	4.5		10.0	14.0				
硅酸铅玻璃	56.0	2.0	13.0							29.0			

表 8-7　碱对于不同组成的玻璃损伤

组　成	质量损失/(g/cm²)	组　成	质量损失/(g/cm²)
95%硅玻璃	0.9	高铅玻璃	3.6
硼硅酸盐玻璃	1.4	硅酸铝玻璃	0.35
铅玻璃	1.6		

注：条件：5%NaOH 水溶液 100℃浸泡 6h。

配方 1：玻璃一擦净（喷涂后擦拭，质量分数/%）

十二烷基苯磺酸钠	6.0	氨水（28%）	2.30
OP-8	2.0	水溶性硅油	3.0
OP-10	1.5	白兰花香精	0.1
异丙醇	30	水	余量

适用于玻璃器具、建筑玻璃墙体，以及不锈钢、有机玻璃、塑料、瓷制品等硬表面的去污和增光，具有防尘能力，无须过水一喷稍擦即可。

配方 2：眼镜清洗液（质量分数/%）

聚乙二醇	1.0	乙醇	6.0
乙二醇碳酸酯（划痕填充）	0.2	乙基汞硫代水杨酸钠（防腐）	0.0004
硅-乙二醇聚合物（抗雾）	1.0	去离子水	平衡

配方 3：防雾玻璃清洁剂（质量分数/%）

乙二醇	7.750	12%乙酸溶液	0.417
$C_{6\sim12}$醇醚	0.006	50%戊二醛溶液	0.020
香精	0.020	10%食品染料蓝 1# 溶液	0.290
有机硅①	0.050	10%食品染料蓝 10# 溶液	0.300
萘磺酸钠	0.040	去离子水	平衡
EDTA-2Na（1.0%溶液）	0.600		

配方3中的有机硅有以下两种结构：

① $(CH_3)_3SiO-\left[\begin{matrix}CH_3\\ |\\ SiO\\ |\\ CH_3\end{matrix}\right]_{5\sim15}-\left[\begin{matrix}CH_3\\ |\\ SiO\\ |\\ \end{matrix}\right]_{5\sim15}-Si(CH_3)_3$

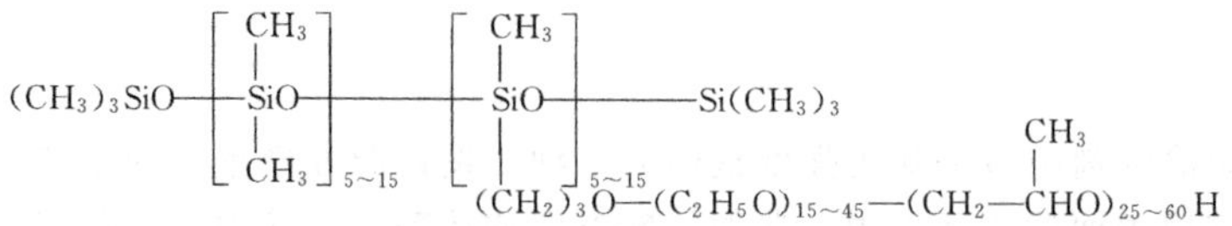

$(CH_2)_3O-(C_2H_5O)_{15\sim45}-(CH_2-\overset{CH_3}{\overset{|}{C}}HO)_{25\sim60}H$

② 环状结构：三个 Si 原子（Si—Si 相连成环），每个 Si 原子上各连两个 CH_3

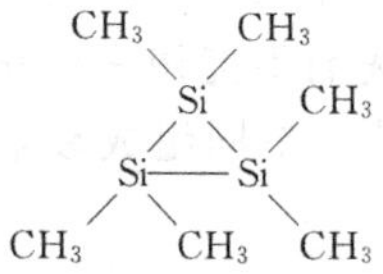

配方4：镜面抗雾剂（适于寒带，气溶胶型）

乙二醇	35.0	苯甲酸铵	0.2
乙醇	63.0	液体二氧化碳	2.3

8.9 卫生间清洗剂

卫生间清洗剂（toilet cleaner，lavatory cleaner）用于清洗抽水马桶、便池、浴室等，应该具有杀菌、除臭、保护金属镀层、陶瓷、塑料表面和皮肤等多种功能。按作用机理来分，可分为以下几类。

① 摩擦型　含有摩擦剂、少量表面活性剂、助溶剂、香料及溶剂等，常为粉状。

② 溶解型　主要靠酸的作用，可迅速溶去无机盐、金属氧化物及碱性有机物等污垢。但对于油性污渍如高碳醇、甾醇、多糖、蛋白质等则效率低，对铁等金属有腐蚀作用。

③ 物理化学作用型　借其乳化、增溶等作用去污。不损伤处理对象表面，但对铁锈、脲的去除作用弱。

碱性产品较少见，中性产品由于对被处理对象损伤较小，所以是重点开发对象。液状（溶液、乳液、悬浮液）产品使用较多；溶剂型产品对油污去除较强，但欠安全。

卫生间便池内的主要污物有尿碱，钙、镁的磷酸、碳酸盐，铁锈、灰尘、有机酸盐及含氮有机物等。污垢呈黄色或黄褐色。卫生间异臭味由便溺物产生，主要是胺类物质，在细菌作用下分解出氨气和硫化氢，滋生传染性细菌。

卫生间清洗剂主要由去污成分、祛臭成分、缓蚀成分和杀菌成分组成。

表面活性剂尽管有促进乳化的作用和渗透的作用，但含量大并不会提高清洗力。在应用的少量表面活性剂中，以LAS为多，因为非离子表面活性剂有时会引起某些塑料的开裂。

（1）祛臭成分　卫生间产生臭味的物质是排泄物中的挥发性醇、羟基化合物、有机酸、含氮化合物（氮、三甲胺、吲哚、甲基吲哚）、含硫化合物（如硫化氢、二甲磺胺、二甲二磺酰胺、三羟磺胺、苯并噻唑）、芳香族化合物等数百种物质造成的。清洗是除臭的主要方法之一，但对易挥发气味或少量残留物还需采用以下方法。

① 感官除臭　加入香料等物质，以抵消或掩盖臭味。

② 化学除臭　采用中和反应、成盐反应、氧化反应和络合反应等方法。如铁盐对硫化合物的成盐、络合作用；氨臭利用乙酸、柠檬酸、酒石酸去除等。

以下化合物对于含氮化合物的臭味有去除效应：磷酸、二元羧酸（$C_4\sim C_5$）、苹果酸、柠檬酸、酒石酸、乳酸、烟酸等，它们靠与臭味化合物的中和反应；乙二醛、戊二醛等与含氮化合物进行缩合反应。

乙二醛、马来酸衍生物可以和臭味物质发生加成、聚合和缩合反应。碱土金属钙、镁、锌化合物对除去低级脂肪酸产生的臭味较为有效。柠檬酸乙酯对氨及低级胺有较好的抑制作用。另外还有臭氧、高锰酸钾、二氧化氯等氧化剂、亚硫酸钠、硼氢化钠等还原剂也多用。

③ 物理除臭　物理除臭法主要是靠吸附作用降低挥发性物质的蒸气压。常用的吸附剂有活性炭、多孔硅酸盐、二氧化硅、沸石、膨润土、活性白土、合成高分子材料如尼龙 12、聚丙烯酸酯、碳纤维、纤维素衍生物以及天然高分子材料（如糊精）等。

有些表面活性剂，如两性和阳离子表面活性剂具有除臭作用，其机理上与吸附和形成分子复合物的物理化学作用有关。表面活性剂中配入水、乙醇、烷烃等有机溶剂的方法也为物理除臭方法。物理除臭法作用温和，但产生效果慢或较弱。

④ 生物处理法　采用酶及微生物对臭味进行分解作用。

(2) 缓蚀成分　酸性卫生间清洗剂对金属表面有损伤，首先宜选择建筑材料，在耐酸性能上建筑陶瓷不如卫生陶瓷，而卫生陶瓷又不如耐酸陶瓷。

为了防止酸性清洗剂对金属表面的损伤，需加入缓蚀剂。抑制酸对金属腐蚀常用的缓蚀剂有以下化合物。①脲类化合物：硫脲、苯硫脲、丁基硫脲、丁基二硫脲和乙硫脲；②硫醇硫醚类：C_2～C_6 硫醇、甲基硫酚、2-萘硫酚和乙基硫醚等；③醛类：甲醛、巴豆醛；④酸等其他物质：草酸、羟基酸、膦酸、三戊胺、脱水松香酸、氨基吡啉、苯并三氮唑以及植物碱等也有应用。

阳离子表面活性剂也具有缓蚀作用，为了更好地保护皮肤，常加入高碳醇、CMC、尿囊素、氧化叔胺和聚乙烯吡咯烷酮（PVP）等。

磷酸系、草酸系、铬酸系缓蚀剂较为常见。EDTA 对金属的腐蚀有抑制，但对陶瓷有损伤。

(3) 杀菌成分　常用的杀菌成分有：苯酚的同系物煤酚皂液 K 来苏尔（甲酚的肥皂溶液）易得、便宜、灭菌广谱，且有去污性，还有异丙基甲酚、二丁基甲酚、壬基或苯亚甲基甲酚及其盐等。

含卤素杀菌剂有：次氯酸盐、氯酸盐、氯化磷酸三钠、三氯异氰脲酸、六氯蜜胺、三氯羟基二苯醚和六氯苯碘伏等。

利用氧化作用的杀菌剂有：过氧化氢、过氧乙酸、过碳酸钠、过硫酸钾等。

醛类杀菌剂：乙二醛、戊二醛具有较好的杀菌效果。

阳离子和其他杀菌剂组成合成杀菌剂，如：对氨基苯甲酸、异噻唑啉酮、*N*-三溴水杨酰基苯胺、洗必泰等。

(4) 研磨剂　研磨剂有二氧化硅、氧化铝、氧化镁、铝硅酸盐、碳化硅、氧化铁和硅石粉碎物等。

配方 1：中性卫生间清洗剂（质量分数/%）

	Ⅰ	Ⅱ	Ⅲ	Ⅳ	Ⅴ	Ⅵ
十二烷基苯磺酸钠	2.0			1.0		
十二烷基醚硫酸钠		2.0			1.0	
十二烷基-烯基磺酸盐			3.0			1.0
十二烷基聚氧乙烯醚(EO10)	2.0	2.0	2.0	2.0	2.0	2.0
十二烷酸二乙醇胺	0.5	0.5	0.5	1.5	1.5	1.5
月桂酸	1.0		0.3		0.3	
部分交联聚丙烯酸(聚合度 10^4)	0.5	0.5	0.5	0.4	0.4	0.4
二氧化硅	10.0				10.0	
沸石		10.0				10.0
膨润土			10.0			
煅烧氧化铝				10.0		
三乙醇胺(中和剂)	调节酸碱度（pH 值为 6.0～8.0）					
水	平衡					

所用的多糖是用微生物有氧发酵而成，选用低乙酰化（0～0.3%）的产品。选用钾盐易于形成清晰、透明的凝胶。产品是结实，清晰、透明的凝胶，耐用，不易糊烂。

配方2：块状卫生间清洗剂（质量分数/%）

	A	B	C	D
$C_{9\sim13}$烷基苯磺酸钠	70	50	45	45
无水硫酸钠	22			31
方解石		32		
黏土			32	
尿素				16
柠檬香精	8	8	8	8

可配入适量杀菌剂、漂白剂和染料等。如用碳酸钠代替硫酸钠，泡沫下降。用常规肥皂挤压机挤出，切成50g/块。

配方3：便池、马桶清洗剂（质量分数/%）

TX-10	5.0	硫酸钠	0.5
十二烷基苯磺酸钠	0.2	氢氧化钠	3.5
次氯酸钠	0.8	水	余量

配方4：卫生间瓷砖清洗剂（质量分数/%）

三乙醇胺	0.05	AEO9	5.0
羟乙基纤维素	0.5	水	余量
十二甲基苄基氯化铵	1.0		

8.10　下水道清洗剂

洗手盆、大便池和浴缸的阻塞物质主要有脂肪、蛋白质、纤维素和钙皂等。其中的钙皂来自洗涤用肥皂与重金属离子钙、镁离子的反应物和一些脂性污垢经碱分解的产物。它们与身体污垢、头发污垢等混合，附于管壁，造成下水道堵塞。

下水道清洗剂有以下类型。

(1) 强酸、强碱、氧化剂型　这类清洗剂消除堵塞有效，但不安全。

氢氧化钠、铝粉等组成的管道疏通剂依据其强碱性，对堵塞物及下水道管壁上黏附的油脂及其他有机污染物皂化，进而腐蚀、破坏，直到溶解堵塞下水管道中的毛发、纤维、布条、菜叶等有机物，并可将管道内的微生物消灭，去除臭味。铝粉同氢氧化钠强烈反应，生成氢气，并升温，产生松动的机械推动力。铝粉的粒度越小，发热越快。其中30～42目的占到80%左右为好。一些助剂和表面活性剂具有对泥土、油类有悬浮、分散、胶溶及乳化作用，酶的生化反应加速疏通作用。

(2) 温和型下水道清洗剂

其中最常用的消堵成分是化妆品中做脱毛剂的含硫化合物（如巯基乙酸钠和巯基羧酸盐等），它们可以分解堵塞物中最难处理的头发。

表面活性剂的有助于去除油渍，增加污垢的悬浮性和分散性的功能。鉴于下水道清洗的高难度与特殊性，含氟表面活性剂在加入量为0.3%～0.5%时就很有效。这类氟表面活性剂有：

$$CF_3CF_2CF_2CF_2CH_2CH_2O(CH_2CH_2O)_nH \qquad CF_3CF_2CF_2CH_2CH_2SCH_2CH_2COONa$$

因为下水管的壁常呈垂直形，清洗剂黏稠可使其在管壁上的滞留时间延长。常用的增稠剂有价廉的羧甲基纤维素钠等。但在氧化还原型清洗剂中配进增稠剂有一定难度。

在无机盐中，常用氯化钠。无机盐利于清洗剂沉到底部的堵塞物上，而发挥消堵作用。重金属离子与脱毛剂、羧甲基纤维素钠形成不溶盐，宜严格避免。

硫化物和脲素是有效的钢管缓蚀剂；有机溶剂有助于溶解、分散、乳化油腻和钙皂。

配方 1：发热型下水管道化堵清洗剂（质量分数/%）

苛性钠	35～50	铝屑	10～20
磷酸盐	20～25	二氯异氰尿酸钠	2～7
硝酸盐	15～20		

配方 2：氧化型液体下水道清洗剂（质量分数/%）

次氯酸钠	5.0	十二烷基硫酸钠	1.0
氢氧化钠	2.0	月桂酰基肌氨酸钠	0.30
硅酸钠	1.5	水	余量
烷基醇醚硫酸盐	0.30		

所用的增稠剂是一个由三种阴离子表面活性剂的组合，使得洗涤剂具有一定黏度，又能耐次氯酸盐的氧化，其中次氯酸盐的活性半衰期在半年以上，黏度为 0.1～0.225Pa·s。

配方 3：无碱金属氢氧化物的管道疏通剂（质量分数/%）

烷基苯磺酸钠	1.5	CMC	3.0
巯基乙酸	3.0	*N*-甲基-2-吡咯烷酮	3.0
氯化钠	15.0	水	余量

N-甲基-2-吡咯烷酮除了作溶剂之外，还可以与硫化物等产生有效的协同消堵作用。

配方 4：不含碱金属氢氧化物厕所下水道疏通剂（质量分数/%）

乙醇	2～4	苯胺	0.5～1
碎纸纤维剥离剂	1～3	硫氢酸钠	0.5～1
表面活性剂	0.1～1	乌洛托品	0.5～1
盐酸	3～8	水	78～91.4
磷酸	1～3		

8.11 餐洗剂

8.11.1 餐洗剂的分类

餐洗剂用于洗涤食品器具上的象脂肪酸、酯类、蛋白质、碳氢化合物等污垢的洗涤剂，洗涤消毒剂则是具有消毒功能的餐洗剂。

(1) 手洗餐洗剂　手洗餐洗剂要求：①使用对于皮肤温和的表面活性剂及其他配料；②中性，pH 值为 6～9，碱性过高引起皮肤脱脂，洗后变得很干燥，甚至皱裂；③含较大量的阴离子表面活性剂，较少量的碱。油污主要靠溶解和乳化方式去除，有时配合机械擦洗。

常用的表面活性剂是有强力去污作用的烷基苯磺酸盐，和对皮肤温和的、且抗硬水较好的烷基硫酸盐和醇醚硫酸盐，以及少量的醇醚和酚醚类非离子表面活性剂。

其他非离子，如烷醇酰胺与烷基氧化胺由于具有 N→O 结构，使它具有较高离子化倾向，在酸性水溶液中作为阳离子，在中性或碱性溶液中离子化倾向减弱则为非离子，因此具有广泛的 pH 适应性，而且具有良好的脱脂力、对泡沫的稳定性和低刺激性。

PO/EO（环氧丙烷和环氧乙烷共聚物）嵌段型表面活性剂具有优良的抑泡性，可与 LAS/AES 组成适于餐洗剂的三元配方。α-磺基脂肪酸甲酯（MES）具有优良的耐硬水性，MES 配制餐洗剂可减少助剂用量，适合配制高活性物液洗剂，与 LAS/AES 也可以组成合适的三元配方。一些温和型表面活性剂如甜菜碱、氨基酸型表面活性剂、烷基多苷、醇醚羧酸盐等正在手洗餐洗剂中获得越来越多的应用。

烷基多苷是与阴离子性质相近的非离子表面活性剂。因其不对称的胶束形状而具有异常高的黏度，将其与其他表面活性剂（特别是那些能被电介质增稠的表面活性剂）一起复配，容易配成高黏度产品。对皮肤刺激指数随 APG 含量的增加而显著降低。存在极少量增溶性阴离子表面活性剂就可以改变 APG 这种大疏水性产品的凝聚性，比如 AES 只有 0.5%时，就可以获得透明溶液。

醇醚羧酸盐属于无刺激型温和表面活性剂，可使餐洗剂在高碱性下仍保持性能稳定。在醇醚羧酸盐表面活性剂为主的配方中，二价阳离子的存在，能改善洗涤力，并使之对皮肤温和。这是因为二价阳离子提高了在油/水界面上存在的烷基乙氧基羧酸盐的敛集作用，从而降低了界面张力，改进了对油污的洗涤作用。其技术关键是钙或镁螯合剂的选择。选择中等螯合强度的螯合剂时，只要能防止钙与碳酸盐离子或镁与氢氧根离子相互反应即可。若缔合度太强则会明显降低稀释溶液中钙或镁离子的量，以至影响去油脂效果。

公共手洗餐洗剂则以碱性、粉状产品居多。但因为产品呈碱性的原因，需要加入抗腐蚀剂（如铝化合物和硅酸盐）来保护玻璃器皿和铝器的表面。

(2) 机用餐洗剂　机用餐洗剂为高碱性，通常含有水软化剂和污垢胶溶剂聚磷酸盐和焦磷酸盐等。加入硅酸盐是为防止瓷器、玻璃、金属旧器在高碱性下的腐蚀。硅酸盐也有助于提高碱性和抗污垢沉积。配入含氯漂白剂有助于漂洗，减少污斑。通常配入少量表面活性剂，起润湿、去污的作用。配入少量的聚丙烯酸盐增加污垢的悬浮性，并加强漂洗效果。在公共食堂与饭店的机用餐洗剂中，加入氢氧化钠和氢氧化钾以提高碱性，中和酸性污垢。

通过高压可获得很大的机械摩擦力。油污皂化会产生泡沫，所以还需加入抑泡剂。泡沫太多会妨碍机械作用，对洗涤不利。

机用餐洗剂包含两类产品：一是家用自动洗碗机用产品（automatic dishwashing detergents，ADD)；二是用于公共的机洗餐洗剂（machine dishwashing detergents，MDD)。

为了安全起见，家用自动餐洗剂（ADD）碱性要低。必须加入适当的螯合助剂，配合碳酸钠使用，才能得到满意的、洗后无污斑的 ADD 产品。在 ADD 中使用的硅酸钠为 SiO_2 对 Na_2O 之比为 1.6～2.88 的产品。一般来说，硅-钠比越高，其防腐蚀作用越好。对于粉状 ADD 产品，二者比例以 2.0～2.4 最好。在这个比例范围内，配制的产品有较好的溶解性，其他的抗腐蚀剂还有各种铝化合物，如铝酸钠和硅铝酸钠等。

含氧漂白剂过硼酸钠和过碳酸钠和含氯漂白剂有助于打碎蛋白质分子，避免在漂洗中有不连续水珠，干后而成污斑。氯漂白剂对于瓷器、玻璃器皿表面有腐蚀。

在自动餐洗剂中表面活性剂的作用相对于手洗产品作用极小，它们只起润湿和加强水的铺展、起动去污作用，但却绝不可少。一般加入抑泡性表面活性剂，如磷酸酯以减少泡沫。ADD 产品也可加入相对分子质量为 3000～70000 的聚丙烯酸及聚丙烯酸和马来酸共聚物，这些合成聚合物对于软化硬水和消除粉状污斑非常有效。分子量高的聚合物对于分散和悬浮污垢较为有利，也有利于改进漂洗时水的结斑与水层的铺展。

公共机用餐洗剂（MDD）的特点是强碱性，粉状配方通常有偏硅酸钠和正磷酸三钠，经常还要加入粒状碱性助剂氢氧化钠。偏硅酸钠有助于预防玻璃、瓷器和金属表面的腐蚀。

(3) 餐具洗涤消毒剂（消洗剂）　餐用洗涤消毒剂还应该符合以下两点：①产品应具有广谱杀菌能力，杀菌效率高，消毒时间短（最好在 5min 以下)；②产品使用安全，对人体无毒害，对皮肤没有明显的刺激作用，手洗后皮肤不粗糙、不干裂。

严格说，一般餐洗剂也具有一定的消毒作用。比如，LAS 就有一定的杀菌除菌效果，对附着在大白菜上的大肠杆菌，用 0.2%浓度的 LAS 水溶液洗涤 3min，除菌率达 90.2%，而用清水洗涤除菌率只有 45.0%。LAS 在 25×10^{-6} 浓度时可使沙门菌、变形菌、大肠杆菌的鞭毛完全丧失，使其活动完全停止。AOS、AES 分别在 100×10^{-6}、500×10^{-6} 时表现有杀菌能力。但一般所谓餐具洗洗涤消毒剂是指加了杀菌剂的洗涤消毒剂。表 8-8 是几种含活性氯消毒剂的特性。

表 8-8　几种含活性氯消毒剂的特性

名　称	溶解度	状态	含量/%	有效氯/%	特　性
次氯酸钠	极易溶解	水溶液	2～15	1～7	碱性稳定
次氯酸钙	能溶解	粉状	100	35	增加水硬度
氯胺 T	15%	粉状	100	25	价高、作用慢、高温稳定
三氯异氰脲酸	1.2%	粉状	100	70	无刺激、稳定、腐蚀小
二氯异氰脲酸钠	25%	粉状	100	61	稳定无刺激、作用慢、腐蚀小
氯化磷酸三钠	30%	粉状	100	3.5	无危害

（4）漂洗剂　漂洗剂的作用是促使餐具表面迅速干燥，有光泽、不留水渍。对于低温洗涤用品，宜选用浊点低的表面活性剂，加入醇类和异丙基苯磺酸钠等水溶助长剂增加稳定性。漂洗助剂中的酸可选用柠檬酸、琥珀酸、乙二酸和戊二酸等。

常常餐洗剂无配套漂洗剂，有效的办法是加入酶制剂和漂白剂，以去除一般表面活性力、机械力不能除去的顽固污垢，或是添加抗沉积剂，以加强污垢的分散和胶溶。

8.11.2　餐洗剂的卫生、安全要求

对餐洗剂的性能、卫生与安全要求宜及时参阅国家相应的标准。表 8-9 是一些常用表面活性剂和日用化学物质的急性毒性和慢性毒性实验数据。表 8-10 为国际公认的按动物急性毒性实验的半致死量 LD_{50} 的数值来划分化学物质毒性等级。餐洗剂中常用的表面活性剂的 LD_{50} 值在 500～5000mg/kg 范围内，属于低毒物质，与食用盐在同一毒性等级。慢性毒性试验是在受试物长期慢性作用下呈现的毒性。

表 8-9　表面活性剂和日用化学物质的急性毒性和慢性毒性实验数据

实验物质		急性口服 LD_{50} mg/kg	投料方式	慢性无作用量	
				浓　度/%	持续时间/a
表面活性剂	LAS	650～2480	喂食	0.5	2
	AS	1000～15000	喂食	1.0	1
	AOS	1300～2400	喂食	0.5	2
	SAS	2000～3000	饮水	0.01	1
	AES	1700～>5000	喂食	0.5	2
	AE	870～>2500	喂食	1.0	2
	APE	1000～30000	喂食	1.4	2
食品添加剂	苯甲酸钠	2700			
	乳酸	3700			
食用物质	食盐	3100～4200			
	碳酸氢钠	4300			
	乙醇	13700			
日用品	香皂	7000～20000			
	洗衣粉	3000～7000			
	餐洗剂	4000～12000			

表 8-10　化学物质的毒性等级

毒性	LD_{50}/(mg/kg)	对人可能的致死量/(mg/60kg)	毒性	LD_{50}/(mg/kg)	对人可能的致死量/(mg/60kg)
高毒	1～50	300	微毒	5000～515000	>1000000
中毒	50～500	30000	无毒	>15000	—
低毒	500～5000	250000			

根据世界卫生组织（WHO）联合国食品农业组织（FAH）关于使用化学物质在食品卫生上安全评价的考虑方法，和美国食品药品局（FDA）的食品添加物法规，添加物若合乎下式，则认为是安全的。

$$安全率=(最大无影响量/最大摄取量)\geqslant 100$$

8.11.3　餐洗剂的典型配方

（1）家用自动洗碗机用餐洗剂（ADD）配方（质量分数/%）

配方1：家用干混无磷自动粉状餐洗剂（质量分数/%）

	A	B	C
柠檬酸钠	15.0	24.0	
水合聚硅酸钠（模数1∶2.0含17.5%水分）	20.0	20.0	20.0
碳酸钠	25.0	25.0	30.0
低泡表面活性剂	3.0	3.0	3.0
丙烯酸和马来酸共聚物（M_W70000）	2.0	2.0	2.0
二氯异氰酸钠	2.0	2.0	2.0
乙二胺四乙酸			18.0
沸石A	15.0		
硫酸钠	18.0	24.0	25.0

配方2：洗碗机用超浓缩无磷加酶餐洗粉（质量分数/%）

组分A	A	B	C
无磷基粉	63.00	38.00	63.00
沸石A	22.94	13.84	
碳酸钠	11.89	7.17	28.00
聚丙烯酸钠	4.43	2.67+10.00	10.00
硫酸钠	3.88	2.34	
柠檬酸钠($2H_2O$)	3.4	1.76+15.00	25.00
对甲苯磺酸钠	0.05	0.03	
水	16.41	9.90	
组分B			
硅酸钠	25.00	25.00	25.00
非离子表面活性剂	4.00	4.00	4.00
蛋白酶	6.00	6.00	6.00
淀粉酶	2.00	2.00	2.00

产品密度为0.7～0.9g/cm^3，1%溶液pH值为11.0，宜作为机用餐洗剂。

制备方法：组分A用一般的喷雾干燥法制成。将4%的非离子表面活性剂吸附于占配方63%的基粉上，再将25%的粉状水合硅酸钠混入吸附有表面活性剂的基粉中，而后加入蛋白酶和脂肪酶。

（2）手洗餐洗剂配方

配方1：家用手洗餐洗液（质量分数/%）

	一般	浓缩型
60%$C_{12\sim15}$醇硫酸钠乙氧基化物（EO3）	12.5	22.5
60%烷基苯磺酸钠	25.0	27.8
脂肪酸二乙醇胺	2.5	4.5
乙醇	3.0	
水、色素、香精、防腐剂	57.0	45.2

最后，用氢氧化钠、单乙醇胺或三乙醇胺中和至pH值6.5～7.0。

配方 2：水白色清亮餐洗剂（质量分数/%）

A 组分　26%月桂醚硫酸盐水溶液	93.2	二甲苯磺酸钠（减黏剂）	23 份
B 组分	6.8	无机盐（柠檬酸钠、硫酸钠等）	2 份
月桂和肉豆蔻酸单乙醇胺	40 份	水	35 份

水白色，透明清亮。稀释至 0.02%～0.5%使用。

配方 3：含烷基多苷和镁盐的餐洗剂（质量分数/%）

α-磺酸钠 $C_{12\sim14}$脂肪酸甲酯	7	二甲苯磺酸钠	3.0
$C_{12\sim13}$烷基多糖苷	21	乙醇	7.5
$C_{12\sim14}$烷基双甲基甜菜碱	4.0	香料和颜料	0.15
镁盐（$MgCl_2 \cdot 6H_2O$）	0.76	水	平衡

镁离子的存在对阴离子活性剂制品泡沫性能有很大改善。而增加表面活性剂或加增泡剂的含量，都会增加产品成本或加大维持产品贮藏稳定性的难度。

比如在烷基硫酸盐（a）、烷基乙氧基硫酸盐（b）、烷基苯磺酸盐（c）三种阴离子表面活性剂组成的洗涤剂中，三种表面活性剂组成比例为 $(a+c)/b \leqslant 5:1$。此系统中，当镁离子含量与烷基硫酸盐含量在一定比例时，有泡沫最大值。镁和烷基硫酸盐在泡沫中的紧密组合结构增加了产品稳定性。镁离子最佳含量为 $0.45x$～$0.55x$（烷基硫酸盐的摩尔数），此时产品的凝固点小于 0℃。

阴离子表面活性剂能补偿烷基多糖苷泡沫性差的不足。当烷基多苷与 α-磺基脂肪酸酯的质量比在 70/30～80/20 范围时，不但对手有好的柔和性，还能获得优良的泡沫性能。如添加一种增泡剂（如甜菜碱、氧化胺和脂肪酸酰胺），效果更好。双烷基磺基琥珀酸酯与烷基葡糖苷适宜的配合也可提高制品的去油污性。

配方 4：浓缩餐洗剂配方（质量分数/%）

去离子水	24.3	硫酸钠	1.2
异丙基苯磺酸钠（45%）	4.7	$C_{13\sim14}$烷基单乙醇酰胺（A）	8.0
二甲苯磺酸钠（40%）	12.0	十二烷基苯磺酸	44.3
丙二醇	2.3	总固体（不含溶剂）	60.9
氧化镁	2.7	有效表面活性剂（A+直链烷基苯磺酸镁）	54

加料顺序为：水溶性助长剂（异丙基苯磺酸钠＋二甲苯磺酸钠）→镁化合物→泡沫促进剂（烷基单乙醇酰胺）→烷基苯磺酸。

用低剪切力混合器制得产品黏度为 8.8Pa·s(25℃)，在室温下贮存无凝胶形成。但是如果先加入十二烷基磺酸，即使总固体物在 44%，也会得到黏度为 12Pa·s、近似浆状的产品。只有用高剪切混合器才能得到合格品。如果总固体物含量高达 65%以上，黏度将达到 16.8Pa·s，也需使用高剪切混合器。

结构型浓缩式超浓缩液洗剂的另一个难点在于支持大配比助剂。解决途径一是降低助剂粒径，二是寻找合适支持体。

（3）公共设施用餐洗剂配方

配方：公共设施用无磷餐洗剂（质量分数/%）

偏硅酸钠五水合物	55.3	二氯异氰酸酯	2.0
次氨基三乙酸钠	41.0	低泡表面活性剂	0.7

（4）餐具消毒洗涤剂

配方 1：含氯消洗剂（质量分数/%）

硅酸钠	2.0	分散剂改性聚丙烯酸	4.0
氢氧化钠	12.0	防腐剂	0.2
焦磷酸钠	10.0	香精	0.5
三聚磷酸钠	4.0	水	余量
次氯酸钠（有效氯含量 13%）	6.0		

配方 2：碘伏消洗剂（质量分数/%）

C_{12}氧化叔胺（30%活性物）	20.0	防腐剂、缓蚀剂	适量
异丙醇	15.0	香料	0.3
正磷酸	1.4	染料	适量
碘-AEO9（含 21%活性碘）	15.0	去离子水	余量

配方 3：阳离子消洗剂（质量分数/%）

己基磺酸钠	1.0	EDTA	0.1
二癸基二甲基氯化铵	8.0	香精	0.2
AEO3	2.0	色素	适量
椰子单乙醇酰胺	0.8	去离子水	余量
甲醛	0.2		

注意配方中含短链阳离子表面活性剂、非离子表面活性剂和适量短链阴离子表面活性剂。

8.12 家居洗涤剂

8.12.1 墙纸清洗剂

墙纸清洗剂要求不损伤墙纸质量，不使墙纸褪色。

配方 1：墙纸清洗液（质量分数/%）

面粉	9.0	硫酸铝钾（水解时生成氢氧化铝胶状沉淀）	0.2
硫酸铜（防腐剂）	1.5	水	平衡

使用：将制剂涂于墙纸表面。待干后，用洁净软布把残留物抹去即得干净的表面。

配方 2：墙纸、古画清洗剂（质量分数/%）

A	双氧水	2.5	B	CMC	20.0
	TX-10	5.0		硫酸铵	50.0
	水	92.5		二氧化硅	30.0

使用前按 A∶B＝2∶1 混合，将制剂涂于墙纸表面，待干后，把残留物抹去即可。

8.12.2 家具抛光剂

配方 1：家具用有机硅抛光剂（质量分数/%）

十八烷醇	1.0	硅油（上光剂）	2.0
氧化微晶蜡（上光剂）	2.0	石油溶剂	4.0
鲸蜡聚氧乙烯（EO20）油酰（乳化剂）	2.0	水	余量

配方 2：地板、门窗、家具上光蜡（质量分数/%）

蜂蜡（熔点 62～66℃）（上光剂）	8.0	亚麻籽油（上光剂和增溶剂）	8.0
石蜡（上光剂）	32.0	松油（溶剂和防腐剂）	52.0

配方中蜂蜡的主成分为棕榈酸蜂酯和蜡酸的混合物，为工蜂腹部分泌物，松油的主成分为萜醇、萜烃、醚、酮、酚等，为松树茎和叶提取物和分馏物。

制备：在一容器中将亚麻籽油和松油混合，在另一容器中熔化蜂蜡和石蜡，趁热倒入上述亚麻籽油和松油混合物中，快速搅拌至均匀。

使用：涂抹后，待干燥用洁净布擦拭抛光。

8.12.3 地板清洗剂

配方 1：地板清扫剂（质量分数/%）

木屑	67	机油	11
岩盐	22		

配方中岩盐也称石盐，主成分为 NaCl，作填料和消毒剂。将制剂撒在地板上，片刻后进行

清扫。适于各种材质地板。

配方 2：打蜡木地板清洗剂（质量分数/%）

三聚磷酸钠	2.2	AEO9	7.0
焦磷酸四钾	2.2	水	余量

配方 3：通体砖地板清洁剂（质量分数/%）

柠檬酸	12.0	壬基酚聚氧乙烯醚	1.0
85%磷酸	2.0	三聚磷酸钠	0.5
磷酸二氢钠	20.0	氯化钠	4.0
酸性焦磷酸钠	0.5	水	余量
二甲苯磺酸钠	4.0		

该制剂不仅清洁地板，且可提高地板湿后的摩擦系数，减小打滑性。

8.12.4　地毯清洗剂

地毯易于富集污垢，而且食物、饮料、食油残留，人和动物的皮屑都构成了微生物或其他生物的培养基。灰螨（表皮螨 dermatophagoides spp）是家庭和工业环境中的一种微生物，它可以引起红鼻病，引起气喘，是儿童和成人免疫过敏反应的根源。死螨在其消化系统中仍留有变应原，并将这些变应原释放到周围环境中，通过人在地毯上行走等行动促使其释放。活螨将排泄物排泄到它们的生长环境中，每天排放高达 20 次，大量的灰螨变应原威胁着人类的健康。

雌性螨在地毯绒面内产下卵，3～4 周孵化成幼虫。而多数家用化学药品、杀虫剂和洗涤剂不能渗透其卵囊。灰螨孳生源不能被氧化剂、还原剂、二三价金属离子、碱、弱酸、醛以及蛋白酶所消灭。高效碳氟表面活性剂尽管具极低表面张力，也不能“润湿”灰螨。

灰螨的外壳、灰螨的脱落皮和灰螨幼虫的完全疏水性是开发市售杀螨洗涤剂的主要障碍。苄醇和 2-苯酚乙醇和苯氧基乙醇是杀螨的有效成分。加入低级醇和一些水溶助长剂，如尿素、二甲苯磺酸钠或对甲苯磺酸钠可促进体系的溶解。

二元醇型溶剂，如 1,2-乙二醇与芳醇复配具有杀螨的协同作用。加入少量的萜烯后，可促使芳醇对于灰螨的杀伤作用。它们促使配方克服螨皮肤的疏水性，克服螨卵囊的外层固有的不透水性。

配方中的表面活性体系宜对石蜡油、润滑油、橄榄油显示自然乳化性能。非离子体系优于离子体系，烷醇酰胺的加入促进了配方产品对于螨皮的润湿能力，有助于溶解变应原蛋白质。烷基二甲基氯化铵具有广谱的微生物杀伤作用。

配方 1：地毯清洗液（质量分数/%）

过氧化氢	9	水	平衡
TX-10	1	氢氧化铵（调节 pH 值至 9.5 左右）	约 10
异丙醇	10		

该配方适用于合成纤维织成的地毯，如聚烯烃、聚酰胺（尼龙）、聚酯（聚乙二醇与对苯二甲酸等）以及聚丙烯腈等纤维织成的地毯。

使用方法：施加洗涤剂后，残留物可通过漂洗、刷洗、真空抽吸等方式除去。

配方 2：粉状地毯清洗剂（质量份）

纤维粉（0.09mm）	30.0	正丙氧基丙醇	3.0
十水合硼砂	15.0	月桂硫酸钠	0.3
硼酸钠（60/200 目）	5.0	香精	0.01
水合无定形硅胶或沸石	3.0	水	1.8
乙醇	3.0		

制备：干混。过量液体会使粉成为浆状，而加再多的纤维素也不能将其再转成粉状。如加入少量无定形硅胶即可再成粉状，这里硅胶起到附聚控制剂的作用。

使用：喷洒后用真空器可将泡沫，连同污垢残留一同吸走。

配方3：干洗地毯清洗液（质量分数/%）

次甲基化脲	55.0	硅酸钠	2.0
非离子表面活性剂	3.0	荧光增白剂	0.5
十二烷基苯磺酸钠	1.7	香精	适量
三聚磷酸钠	3.5	水	平衡
碳酸钠	1.7		

次甲基化脲兼具高吸附性和耐磨性。制作反应时裹入适量的纸浆纤维作基骨料。0.01～0.1mm植物纸浆纤维具有较好的抗静电积聚性能，能使载体适用于各种羊毛、化纤及混纺的地毯和毛绒织物。将纤维长度控制在标准筛250目以下，使干洗剂能渗入各种织型的绒毛制品。

制备方法：①将37%的甲醛溶液和含氮量46%的尿素按300∶600比例混合，搅拌速度80r/min；②尿素溶解后，滴入1mol/L NaOH，至pH值为8；③加热至60℃，反应1h；④待溶液成黄色透明后，加入1∶10的纤维素溶液150份；⑤混合后冷却至20～25℃；⑥加入1.3% H_2SO_4 500份，反应结束；⑦过滤，滤饼为准载体，放入烤箱（105℃）烘烤，至含水率1%以下时，粉碎至35目，为载体；⑧将其他配料在40℃溶于250份蒸馏水中；⑨将溶液⑧喷在载体上，即成成品。

应用：施加后用吸尘器吸除，不用水漂洗。

配方4：水性杀螨地毯清洗剂（质量分数/%）

$C_{12}AEO_8$	4.0	单乙醇胺	2.0
两性表面活性剂	2.55	乙醇	7.5
十二烷基二甲基氧化胺	1.0	尿素	3.0
80%烷基二甲基苄基氯化铵	3.0	焦磷酸四钾	1.25
二甘醇单乙基醚	18.0	聚丙烯酸钠分散体	2.5
苄醇	9.0	水	平衡

使用方法：用3～6份自来水稀释后预喷洒，并保留1～2h，目的在于预先除去斑点和污点。再用工业喷射（蒸汽压力）洗涤机喷射1份产品和15～40份水的混合物，真空抽提到回收罐。上述配方对灰螨杀死时间如下：

稀释度	1/2	1/4	1/8	1/16	1/32
杀死时间/min	6	14.5	17	23	50

8.13 塑料和皮革制品清洗剂

皮革清洗剂（leather cleaner and conditioner）具有清洁皮革表面和护理的双重作用，洗涤对象为人造或真皮服装、鞋、马鞍、马缰、沙发垫、汽车坐垫，以及皮带、皮手套等物品。而一般的织物与硬表面洗涤剂和皮革加脂剂或鞋油之类产品，或是如肥皂和洗衣粉易引起皮革皲裂，或是如后者引起表面堆积，堵死皮革的毛孔，影响透气性和使用寿命。

配方1：塑料及皮革制品清洗剂配方（质量分数/%）

硅氧烷油	4.8	脂肪酸和树脂酸的聚环氧乙烷酯混合物	2.0
油酸	2.0	丙烯酸聚合物	0.2
石油溶剂	19.0	水	余量
吗啉	1.0		

本品在清洗后可在被洗涤物品表面上留一层有机硅薄膜，使其以后更易清洗。

配方2：皮革清洗剂（质量分数/%）

聚硅氧烷乳液（羟基封端调理剂、渗透剂）	25	八甲基环四硅氧烷（去污、调理剂）	2
壬基酚聚氧乙烯醚（乳化剂）	12	去离子水	61

使用方法：先喷洒于皮革表面，而后用布擦干。

8.14　建筑物外墙清洗剂

由于长期的风吹雨打以及大气层中的尘埃、有害气体（如 H_2S、SO_2、CO_2、NO_2）和阳光紫外线等作用，建筑物表面形成一层薄厚不均的黏附层，使其失去了原有的色泽和光亮度。而且随着工业化程度的增高和烧煤量增多而加剧。这不仅对建筑物表面形成腐蚀，而且影响其使用寿命。因此对建筑物外墙进行定期清洗越来越重要。

建筑外墙主要清洗技术如下。

（1）水清洗　用水或水蒸气在压力下喷洗建筑物表面，可用于釉面砖、水刷石、马赛克等光滑外墙的清洗。该法对于油污的去除效果不理想，且易损伤基体内部的结构。

（2）喷砂法　用压缩空气把细砂对着墙面上喷，用机械的方法把积存的污垢从墙表面上去除，有干式喷砂和湿式喷砂。一般适用于比较坚硬的建筑物表面的清洗，但对石质材料建筑物表层的损伤难以避免，露出的新表面在潮湿及腐蚀环境下会加快墙面材料的风化。

（3）离子交换法　阴离子交换树脂的粒度小于 0.1μm 时具有较强的扩散性，在添加到 NH_4CO_3 溶液中去后，能有效地吸附且移去污垢中的 SO_2^{-4} 离子，达到破坏石材表面由硫酸钙造成的污垢结构而去污，并且不会形成二次破坏。

（4）微生物转化法　利用生物酶将污垢由一种物质转换成另外一种性质稳定的物质，而使建筑物表面达到清洁目的的一种方法。例如，脱硫弧菌亦称为“硫酸盐还原细菌”，是在缺氧环境中能使硫酸盐还原成硫化氢的一种特殊细菌。采用此法处理含有硫酸钙污垢的碳酸盐石质表面后，石质表面形成方解石，达到净化且促使石质稳定。

（5）激光清洗技术　该技术是采用激光发射器，用高频率的光波冲击基体表面的外来微粒，使之获得一定的能量，而摆脱黏附力的束缚。干式清洁就是用激光直接冲击基体表面的外来微粒，把它们从基体表面清除。较好的是湿式激光清洁，是首先在基体的表面敷上一层液体薄膜，然后用激光冲击基体，当激光到达基体表面的液体薄膜时，它首先使内部液体蒸发，形成气泡，随着气体压力的增大，气泡会突然爆炸，并且形成强大的冲击力，从而达到清除外来微粒的要求。该法适用于雕塑、壁画、纪念碑和小型建筑物外表的清洗。

（6）表面涂膜（覆贴法）去污法　使用剥离剂覆盖在建筑物表面，待剥离剂干燥形成膜，将膜从建筑物表面剥离，吸附在建筑物表面的污染物将随膜一起被剥离下来。剥离剂含有水溶性的高分子聚合物，适用于混凝土、石材和不能使用溶剂清洗的物体表面。其工作原理是渗透-作用-抽提。便于垂直面和天花板的作业，比较适于石材的化学清洗。

（7）超声波清洗　超声清洗是利用超声空化力学效应而使浸在液体中的零部件和表面污物迅速除去。用一定功率的超声换能器直接加载于屏幕玻璃上，而使屏幕玻璃产生超声共振，从而清除黏附的灰尘和雨雾。

（8）干冰清洗　与喷砂相似，通过干冰清洗机在高压气流中喷出干冰，冲击被清洗表面。干冰颗粒温度极低（-78℃），与清洗表面间迅速发生热交换，致使固体 CO_2 迅速升华变为气体，体积膨胀近 800 倍，而污垢层温度降低、脆性增大，由于破碎而剥离。

（9）化学清洗剂清洗　就是施加一定化学配方的清洗剂，按照某种工艺进行清洗。建筑物外墙化学清洗剂可分为中性清洗剂、酸性清洗剂、碱性清洗剂。其中中性清洗剂主要用于玻璃幕墙、铝合金墙面；碱性清洗剂主要用于清洗石灰岩、大理石墙面；酸性清洗剂主要用于花岗石、釉面砖、马赛克、水刷石墙面。花岗石耐酸，而大理石不能使用酸性溶液清洗，否则会被腐蚀而使表面失光。

在建筑物外墙的清洗中，化学清洗还是主要的方法，但是常常与上述物理方法或物理-化学方法配合使用。

建筑外墙化学清洗剂配方如下。

配方1：通用建筑清洗剂（质量分数/%）

聚氧乙烯烷基酚醚	2	十二烷基苯磺酸钠	10～15
乙二醇单丁醚	1～2	乙二胺四乙酸钠	4
异丙醇	0.5	水玻璃	0.5～1
草酸	适量	水	余量

配方2：建筑物外墙酸性清洗剂（釉面砖、马赛克、无釉面砖、泰山砖、花岗岩、水刷石等材料，质量分数/%）

盐酸	5～15	草酸	2～8
聚氧乙烯辛基醚	5～10	月桂酸酰胺钠	1.5～5.0
氟离子	0.05～2.7	缓蚀剂	0.01～0.1
增效剂	0.1～0.3	水	70～88

配方3：建筑外墙瓷砖清洗剂（质量分数/%）

TX-10	2～5	甜菜碱	1～4
无机酸铵类盐	20～50	磷酸三钠	10～15
尿素	25	三聚磷酸钠	10
草酸	5	羧甲基淀粉	1
香料	0.1	水	余量

配方4：窗玻璃清洁光亮剂（质量分数/%）

十二烷基苯磺酸钠	3.0～15.0	OP-8	1.0～8.0
OP-10	0.5～10	异丙醇	20～35
28%氨水	2.0～3.0	水性硅油	2.0～5.0
香精	0.1	水	余量

配方5：玻璃饰面墙清洗剂（质量分数/%）

脂肪醇聚氧乙烯醚（EP-7）	0.3	乙醇	3
聚氧乙烯椰酸酯	3	氨水	2.5
乙二醇单醚	3	染料，香料	适量
水	88		

配方6：建筑物外墙酸雨痕迹清洗剂（质量分数/%）

盐酸	3～5	氢氟酸	1～2
缓蚀剂	0.2～0.5	水	余量

配方7：玻璃幕墙和大理石墙面清洗去污膏（质量分数/%）

三聚磷酸钠	1.5～3.0	方解石粉	20～35
硫酸	0.8～2.0	硅酸钠	6～15
羟甲基纤维素钠	0.5～1.5	液体石蜡	0.8～1.5
40%液体烧碱	0.8～5	水	余量

配方8：石材墙面的污垢、油泥、锈斑等（质量分数/%）

有机酸	1～40	双氧水	5～30
水	余量		

8.15 洗面奶、洁面膏霜、面膜、沐浴露

浴液（沐浴露）、洗面奶、面膜、洗手剂、发用洗涤剂等都属于人体用洗涤剂，基本功能是使皮肤清洁、舒适、润滑，并且可能兼具一些其他诸如护肤、养颜、收敛、嫩肤等功效，与发用洗涤剂一样需要更低刺激性。人体皮表pH值一般在4.5～6.2之间，使用pH值接近于皮肤的洗剂，即弱酸及中性产品清洗皮肤才有可能免于皮肤粗糙受损。

8.15.1　洗面奶

洗面奶和面膜都是洁面用品，但是面膜的功能性更强调一些。洗面奶中的表面活性剂的含量较香皂要低，另外又多以油性成分作为溶剂，以溶解皮肤中的油污和化妆品等残迹。洗面奶一般都是乳化型乳液，有通用型、磨砂型和疗效型三类。针对使用对象还可分为适于油性皮肤、干性皮肤和混合型皮肤的产品。

洗面奶的组成有油性成分、水性成分、部分游离态的表面活性剂和营养成分等。由于洗面奶是一种液态乳化体系，要求保持奶液的流动性以及储存过程中的稳定。因此需调整配方中水相和油相的密度，使二者接近相同；选用适当的两种以上的乳化剂，较单独采用一种乳化剂效果较佳；提高连续相的黏度；使用高效乳化设备，如均质乳化，以获得稳定的乳化体系。

油性组分在洗面奶配方中作为溶剂和润肤剂。常用的矿物油是一种很好的除去油污和化妆品残迹的溶剂。油性组分还有肉豆蔻酸异丙酯、棕榈酸异丙酯、辛酸/癸酸甘油酯以及羊毛脂、十六醇、十八醇等。

具有良好洗净作用的温和型阴离子、两性、和非离子型表面活性剂，如十二烷基硫酸三乙醇胺、月桂醇醚琥珀酸酯磺酸二钠、椰油酰胺丙基甜菜碱、月桂酰肌氨酸盐、椰油单乙醇酰胺、椰油酰基羟乙基磺酸钠/混合脂肪酸复合物等作为乳化剂，常用的有自乳化型单硬脂酸甘油酯、吐温-20、吐温-80、聚氧乙烯（30）二聚羟基硬脂酸酯等。

凝胶型洗面奶外观为一种凝胶状态，不含或者含有很少的油脂。

营养洗面奶中添加了具有营养皮肤功效的活性成分，如一些天然动植物提取物，具生物活性的组分等，使产品在清洁肌肤的同时兼具护肤功能。

磨砂洗面奶应该属于深度清洁用品。一般来讲，适用于皮肤较为粗糙、油脂分泌较多者。磨砂洗面奶中添加一些微小的粒子，通过摩擦作用，以清除皮污垢和皮肤表面老化的角质细胞，可以挤压出皮肤毛孔中过剩的皮脂，使毛孔通畅，防止粉刺的产生。

磨砂洗面奶的天然磨料有植物果核颗粒，如杏核壳粉、桃核壳粉等；天然矿物粉末，如一些氧化物粉、硅石粉等；常用的合成磨料有聚乙烯、聚苯乙烯树脂以及尼龙等微细粉末或颗粒。

甘油、丙二醇都是保湿剂。水溶性高分子物质具有稳定增稠作用。

另外还有一些具有特殊功效的添加剂，如美白剂、瘦脂剂等。

配方 1：无泡洗面奶（质量分数/%）

白油	16.0	辛酸/癸酸三甘油酯	8.0
异壬基异壬醇酯	3.0	橄榄油	2.5
单硬脂酸甘油酯	2.0	聚甘油酯	3.0
月桂基醚磷酸酯	5.0	1,3-丁二醇	5.0
防腐剂、香精	适量	去离子水	余量
丙二醇	5.0	乳化硅油	2.0
柠檬酸、防腐剂、香精	适量	去离子水	余量

配方 2：液体皂洗面奶（质量分数/%）

月桂酸	5.0	棕榈酸	7.0
肉豆蔻酸	9.0	硬脂酸	8.0
油酸	1.5	PEG（25）羊毛醇醚	2.0
甘油	7.5	氢氧化钾	5.0
香精、抗氧剂、防腐剂	适量	去离子水	余量

配方 3：凝胶洗面奶（质量分数/%）

月桂基醚硫酸铵	8.00	月桂醇醚琥珀酸酯磺酸二钠	6
癸基葡糖苷	6.0	椰油酰基丙基甜菜碱	4.0
赛而可 SC80	4.0	葡聚糖	1.0
3-丁二醇	5.0	三乙醇胺（调节 pH 值到 7.5）	适量

防腐剂、香精、色素	适量	去离子水	余量

配方4：磨砂洗面奶（质量分数/%）

辛酸/癸酸三甘油酯	2.0	十六醇	1.0
乙酰化羊毛醇	2.0	白油	7.0
霍霍巴油	2.0	聚乙二醇（400）硬脂酸酯	2.0
吐温80	2.5	聚乙二醇600	6.0
天然果核粉（180目）	3.0	防腐剂、抗氧剂、香精	适量
去离子水	余量		

配方5：祛斑洗面奶（质量分数/%）

十六醇	1.0	吐温80	3.5
白油	8.0	熊果苷	2.0
角鲨烷	3.0	汉生胶	0.6
凡士林	2.5	丙二醇	8.0
PEG（6）十八醇醚	1.0	EDTA-2Na	0.2
PEG（21）十八醇醚	4.0	香精、防腐剂	适量
去离子水	余量		

8.15.2　洁面膏霜

洁面霜是固体膏状对油垢的清洁效果优于香皂，更多被使用在卸妆方面。

洁面霜可在皮肤表面形成一个油性薄膜，对干燥型肌肤有着润护作用，使用多采用干洗的方式。

油包水型清洁霜一般油腻感较强，适用于干性皮肤或秋冬季天气干燥时节。水包油型清洁霜较为清爽，适用于中性和油性皮肤，适用于夏季。

配方1：O/W非离子型洁面霜（质量分数/%）

蜂蜡	3.0	凡士林	11.0
白油	38.0	十六醇	1.5
单硬脂酸甘油酯	2.0	吐温60	4.0
甘油	1.5	PEG（21）十八醇醚	8.0
去离子水	余量	防腐剂、抗氧剂、香精	适量

配方2：W/O型非离子清洁霜（质量分数%）

蜂蜡	3.0	石蜡	7.0
凡士林	10.0	白油	51.0
羊毛醇	4.0	失水山梨醇单异硬脂酸酯	2.5
司盘80	0.5	防腐剂、香精	适量
去离子水	余量		

8.15.3　面膜

面膜是通过在面部涂抹一层液膜，干燥后将其揭掉或用水洗去，而达到去污、美容、护肤的方法。其机理是面膜的吸附作用，将皮肤上的分泌物、皮屑、污垢等随面膜除去。

面膜有剥离型、黏土/石膏型、膏霜型、与贴面型。主要成分有成膜剂、润肤剂、保湿剂等。面膜制品要求与皮肤贴敷紧密，快速干燥和固化，易于从面部剥或洗去，对皮肤具有足够的清洁作用。

剥离型面膜通常为膏状或透明凝胶状产品，使用时将其涂抹在皮肤表面，经过10～20min后，水分挥发形成一层薄膜，然后揭去即可。

剥离型面膜中，成膜剂是关键成分。一般多采用水溶性高分子聚合物，如聚乙烯醇（PVA）、聚乙烯吡咯烷酮（PVP）、丙烯酸聚合物（如Carbopol 940等）、羧甲基纤维素等。天然明胶和天然胶质也可以当作成膜剂使用。

剥离型面膜的配方中通常还含有保湿剂（如甘油、丙二醇、透明质酸等）、吸附剂（氧化锌、滑石粉、高岭土等）、溶剂（乙醇、丙二醇、1、3-丁二醇及去离子水等）和一些活性添加剂（营养及功效型添加剂)。

黏土/石膏型面膜也称为粉状面膜，其中含有有吸附作用和润滑作用的粉类原料，如胶性黏土、高岭土、滑石粉、氧化锌和无水硅酸盐等，以及天然或合成凝胶，如淀粉、硅胶粉等。

贴面膜通常在美容院使用，现在也有了家用产品。但这类面膜用后一般不用清洗。

无纺布面膜是采用无纺布纤维织物剪裁成人面部图形，将眼、鼻和唇部暴露出来的固定形状面膜。将这种无纺布用面贴液浸润后，贴敷在面部，面膜液被皮肤慢慢吸收，再将无纺布面贴取下。这类面膜更多地用来进行面部皮肤养护，作为洁面的目的并不多见。然而由于它良好的贴敷性，同样具有深层清洁皮肤毛孔的效果。

配方1：剥离型面膜（质量分数/%）

聚乙烯醇	10.0	丙二醇	5.0
Carbopol 941	0.4	乙醇	10.0
PEG（75）羊毛脂	2.0	三异丙醇胺	0.5
防腐剂	适量	香精	适量
色素	适量	去离子水	余量

配方2：祛斑贴面膜液（质量分数/%）

甘油	5.0	1,3-丁二醇	4.0
透明质酸	0.1	熊果苷	2.0
卡波树脂	0.5	泛醇	0.5
维生素C脂质体	3.0	三乙醇胺	0.4
PEG（60）氢化蓖麻油	0.3	防腐剂	适量
去离子水	余量		

8.15.4 沐浴露

浴用洗涤剂，也叫浴液或沐浴露。除了可以祛除身体污垢，除去身体表面皮屑和过剩的皮脂外，一般还具有一定的润护、保湿作用，一些药用或功能型浴用产品还兼有一定的皮肤病防治效果。其基本配方包括洗净剂、泡沫剂、润肤剂、调理剂、酸碱调节剂、黏度调节剂、增溶剂或珠光剂、香精、防腐剂及其他功能性添加剂等成分。

浴油的主要成分是液体的动物油脂、植物油脂、碳氢化合物、高级醇以及作为乳化分散剂的表面活性剂等。

配方1：沐浴液（质量分数/%）

月桂酰肌氨酸钠	7.0	月桂基醚硫酸钠	7.0
椰油酰丙基甜菜碱	4.0	烷基醇酰胺	2.0
聚乙二醇硬脂酸酯	1.5	甘油	4.0
乳酸钠	2.0	防腐剂、香精	适量
去离子水	余量		

配方2：沐浴凝胶露（质量分数/%）

月桂基醚硫酸铵	15.0	椰油酰胺丙基甜菜碱	8.0
硬脂基二乙醇酰胺	2.0	吐温80	3.0
阳离子瓜尔胶	0.2	防腐剂、香精、色素、柠檬酸	适量
去离子水	余量		

8.16 洗手剂

8.16.1 液体洗手剂

配方1：液体洗手剂（质量分数/%）

三乙醇胺油酸皂	5.0	椰子油醇酰胺	4.5

十二烷基苯磺酸钠	20.0	丙三醇（助溶与润滑性）	1.0
羊毛脂（柔软、润滑、防脱脂）	0.1	香料	0.1
去离子水平衡			

配方2：稳定而又迅速局部破乳的洗手剂（质量分数/%）

改性丙烯酸聚合物	0.2	鲸蜡醇（增稠剂、乳化剂）	0.5
辛酸/癸酸三甘油酯（溶剂）	2.0	矿物油（溶剂）	13.0
PEG-8（聚乙二醇EO8润滑剂和润湿剂）	0.8	三乙醇胺（中和剂）	0.4
		对羟基苯甲酸甲酯（防腐剂）	0.1
咪唑啉基脲（防腐剂）	0.3	水	余量
香精	适量		

产品pH值为5.6，25℃黏度5.1Pa·s。该配方洗手剂贮存期间稳定，接触皮肤时破乳而释放出油性成分。

配方3：仿生液体皂（质量分数/%）

月桂基聚氧乙烯醚硫酸钠	28.0	琥珀酸月桂酯磺酸铵	12.5
月桂酸二乙醇酰胺	3.0		
椰油酰胺基丙基二磷酸酯基丙基二甲基氯化铵（仿生法改性磷脂）			2.50
氯化钠	1.2		
50%柠檬酸调节pH值至	5.5～6.0		
防腐剂、香精、色素	适量		
水	余量		

8.16.2 免洗洗手剂

免洗洗手剂是指使用时不用水洗即能将油污擦除干净，且具有护肤作用。免洗洗手剂尤其适于司机、机械操作和维修人员以及野外作业人员使用。

免洗洗手剂有乳液手套型、膏型等。无水洗手剂乳液手套的活性物选用阴离子和非离子型表面活性剂：十二烷基苯磺酸钠、月桂醇硫酸钠、月桂醇聚氧乙烯醚硫酸钠、硬脂酸钾、烷基酚聚氧乙烯醚、脂肪醇聚氧乙烯醚、椰子油酸二乙酰胺等。常以异丙醇和水为溶剂，聚乙烯醇（PVA）为成膜物质，甘油为皮肤保护剂。除垢原理在于：表面活性剂和水可将附在手上的亲水性污垢溶解，洗手时两手互相揉搓几秒钟后异丙醇和水挥发，污渍集聚在PVA中，手上形成橡胶状皮膜，搓去皮膜，污物随皮膜脱去，手就洁净了。制品中甘油对皮肤起缓和剂作用。其中PVA对产品黏度影响较大，对去污力无甚影响。

配方1：透明乳液型免洗洗手剂（质量分数/%）

十二烷基硫酸钠	6	椰子油烷基醇酰胺	4
氯化钠（增稠剂，具抑菌作用）	2	甘油（皮肤调理剂，润湿、润滑）	1
柠檬酸（抑制烷醇酰胺碱性，螯合硬度离子，抑菌）	0.2	甲基硅油（皮肤调理剂，润湿、润滑）	0.05
尼泊金甲酯（抑菌剂）	0.1	维生素C（营养，调理皮肤）	0.01
玫瑰香精	适量	色素	适量
水	平衡		

配方2：机油型机械工洗手膏（质量分数/%）

机油	80	碳酸钠	3.0
皂粉（乳化，去污）	6.5	洗衣粉	4.0
氯化钠	1.5	钠皂/钾皂	4.0
甘油（护肤、防裂）	2.5		

配方中的机油为皂化后的石油产品，对皮肤褶皱渗透性强，洗后无油腻感。氯化钠的作用是防膏体离析与表面干裂，并可防腐抑菌、增稠，增加触变性，使得洗手时无黏感。

配方 3：免洗洗手剂（质量分数/%）

A：卡伯波 Carbopol Ultrez 21	0.3%	B：丙二醇	3.0%
去离子水	22.9%	DP300	0.5%
乙醇	70.0%	C：甘油	3.0%
氨基甲基丙醇	0.3%		

8.16.3　摩擦型洗手剂

配方 1：矿工洗手剂（质量分数/%）

月桂醇硫酸钠	15	植物纤维	30
硅盐矿石（100～180 目）（擦拭剂）	20		

其余为润湿剂、杀菌剂、皮肤调理剂和香精等。

配方中的植物纤维是将植物纤维粉碎、脱脂、脱色后作为污垢载体和擦拭剂。作为摩擦剂的填料还有细砂、锯屑、白垩粉、黏土及高岭土粉碎物等。使用时，取 1g 左右膏体在手掌中揉搓，待脏物溶解后，搓掉或用清水冲洗。适于油性污染严重和皮肤粗糙者使用。

配方 2：迅速破乳型无水洗手剂（质量分数/%）

矿物油（馏程 150～200℃）	30.0	羊毛脂	10.0
浮石	5.0	改性聚丙烯酸	0.3
三乙醇胺	0.6	去离子水	余量

调整后配方中的改性聚合物分散于矿物油中，以高达 44%的固体分散形式。使贮存稳定，又迅速破乳。

8.17　发用洗涤剂

发用洗涤剂应该同时满足洗涤剂及化妆品的要求。

8.17.1　调理香波

调理香波（hair conditioner and cleaners）是指香波兼具洗涤和调理的双重作用。调理成分的加入赋予头发柔软和滋润感。具有调理功能的有以下几类化合物。

① 季铵型阳离子表面活性剂　硬脂基二甲基苄基氯化铵、二氢化牛脂基二甲基氯化铵、C_{12}～C_{18}烷基三甲基氯化铵、十六烷基或硬脂基二甲基氧化胺、酯铵类和咪唑啉类化合物，或上述各化合物的混合物。但单纯使用阳离子表面活性剂常常产生柔软性不持久或发硬的效果。

② 阳离子聚合物　聚二甲基二烯丙基氯化铵（P-DADMAC）、季铵化聚乙烯吡啶、聚硅氧烷季铵盐等。

$$\left[CH_2—CH \right]_n$$（吡啶环，$\overset{+}{N}$—CH_3）

季铵化聚乙烯吡啶

常用的阳离子聚合物还有：瓜尔胶羟丙基三甲基氯化铵、聚季铵盐-7（二甲基二烷基氯化铵/丙烯胺共聚物）、聚季铵盐-10（羟乙基纤维素三甲基氯化铵）、聚季铵盐-39（二烯丙基二甲基氯化铵单体均聚物）、聚季铵盐-47（丙烯酸/二烯丙基二甲基氯化铵/丙烯酰）三元共聚物等。阳离子泛醇也具有优异的滋润头发的作用。

③ 油溶性物质　早期皂型香波采用未皂化的植物油。许多油溶性蜡状物可作为香波调理剂，如高碳醇、甘油酯、硅油、羊毛脂、甘油酯及其他多元醇脂肪酸酯。鲸蜡醇是常用的物质。添加醇后产品要均质，否则影响稳定性，同时黏度上升很快。较理想的方法是 2.5%～7%阳离子表面活性剂加上 1%油溶性物质。矿物油不常用，因为难以洗掉，留在头发上会发光。肉豆蔻酸-乙醇酰胺或二乙醇酰胺也具有使头发柔软的效果。可配入的保湿剂有甘油、丙二醇和山梨醇。

④ 纤维素衍生物　甲基纤维素、乙基纤维素、瓜尔胶等纤维素衍生物等，它们与皮肤、头发具有很好的相容性，可称作保护胶体。

⑤ 磷酸酯类　由磷酸和乙氧基化多元醇的单、双酯组成的多元醇醚磷酸酯，可用于调理漂洗剂和调理香波，能增加头发的光泽度。

配方1：二合一调理香波（质量分数/%）

月桂酰胺丙基甜菜碱	18	柠檬酸	3.5
牛脂二甲基氯化铵	4.0	氯化钠	1.5
椰子酰胺乙氧基化物（EO3）	1.0	色料、香精、防腐剂	适量
月桂基乙二醇醚	1.0	去离子水	平衡
聚氧乙烯二硬脂酸酯	0.4		

配方2：漂洗调理剂（质量分数/%）

1.5%硬脂基二甲基苄基氯化铵	1.5	去离子	水平衡
羟乙基纤维素	4.5%		

配方3：茶皂素洗发香波（质量分数/%）

茶皂素	2～3	山茶油	1.2
6501	6～8	甘油	12～14
AES	8～10	硅油	0.5～0.8
BS-12	4	柠檬酸、香精	适量
硼砂	5	去离子水	余量

茶皂素使得发质有光泽，有山茶油香气和一定的保湿作用。

实际上，香波与护发素还是分开用效果更佳，但是香波本身还是尽可能具有调理功能。

配方4：护发护色摩丝（质量分数/%）

辛基丙烯酰胺/丙烯酸酯/甲基丙烯酸丁氨基乙酯共聚物	0.50	氨甲基丙醇	0.10
聚季铵盐-4/羟丙基淀粉共聚物	2.00	PEG-12 聚二甲基硅氧烷	0.25
双丙甘醇	0.20	聚山梨醇酯-80	0.40
月桂醇聚醚-4	0.30	鲸蜡醇聚醚-10	0.10
乙内酰脲（及）防腐剂	0.75	异丁烷（及）丙烷	6.00
水	至100		

配方5：发膜（质量分数/%）

水	至100		
淀粉羟丙基三甲基氯化铵	5.0	异硬脂酰胺丙基吗啉乳酸盐（25%）	10.0
鲸蜡醇	6.5	香料、防腐剂	适量

配方6：弹力素（质量分数/%）

A相　水	5.00	聚季铵盐-11	1.4
B相　水	最后至100		
丙烯酸（酯）类/$C_{1\sim2}$琥珀酸酯/羟基丙烯酸共聚物			5.6
C相　氨甲基丙二醇	0.6		
D相　甘油	1.8		
E相　矿物油	9.0	二甲聚硅氧烷	1.8
F相　PEG-150/癸醇/SMDI共聚物	7.0		
丙烯酸/山嵛醇聚醚-25甲基丙烯酸酯共聚物			2.7
G相　苯氧乙醇（及）甲基异噻唑啉酮	0.45		
香料	0.10		

工艺过程：将C相加入到B混合相中；将D相和A混合相相加入到B/C相中；搅拌，加热到70℃；将加热到70℃的E混合相加入到体系中，缓慢加入F相；40℃时，将G相加入体系。

8.17.2　止痒去头屑香波

头皮的正常代谢包括表皮细胞在基底层逐渐增殖成熟向外推移，形成角质层而脱落。但是如受到微生物、细菌的作用，或遇皮脂分泌激素过多、精神紧张、疲劳等情况，则会使头皮正常代谢变异，头皮细胞变大增厚，聚集而脱落成头皮屑，每片头皮屑大约由100～500个头皮细胞组成。

去头屑止痒香波（anti-dandruff）就是添加有杀菌、抗霉、抗氧化、抑制皮脂分泌、使头皮恢复正常代谢的物质的香波。去屑止痒化合物有以下几种。

① 吡啶硫酮锌（zinc. pyridine thione，简称Z. P. T）　该物质对细菌和真菌病毒有强力的杀灭和抑制繁殖的作用，且能抗皮脂溢出。不易配成透明香波，在乳化香波中用量1%～1.5%。Z. P. T在pH为4.0～9.5稳定。须注意Z. P. T见光变色，与铁生成蓝色络合物，与铜生成灰绿色络合物。

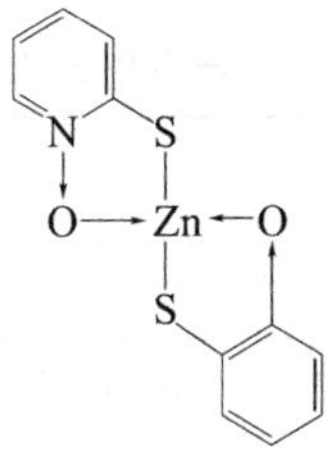

② 活性甘宝素（limbazole）　具有抗真菌性能，对能引起人体头皮屑的卵状芽孢菌属以及卵状糠疹菌属、白色念珠菌和发藓菌有抑制作用，达到去屑止痒目的，广泛用于香波与护发素中。它与Z. P. T有协同作用，推荐用量0.5%～1.5%。pH值3.0～8.0稳定，易制成透明香波。

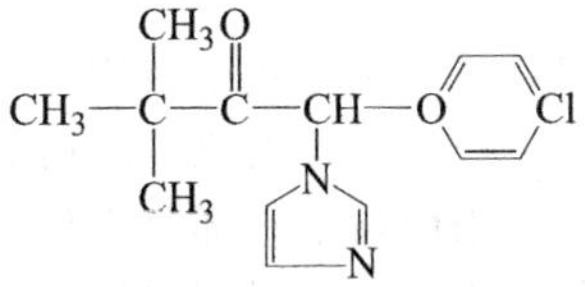

③ P. O（piroctone olamine）　P. O通过杀菌的抗氧化作用阻断头屑产生的外部渠道，具广谱抗菌性，还可用于去体臭香皂及膏霜；还可取代防腐剂，制成无防腐剂类日化用品。添加量为：洗发香波0.1%～0.5%，养发液和护发素0.05%～0.1%。

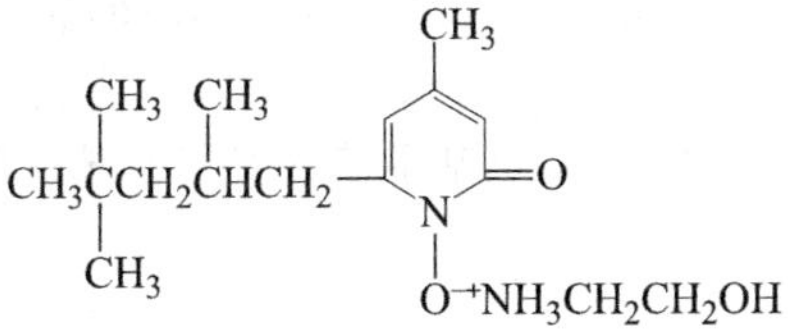

④ 双吡啶硫酮（SPT）　其分子结构与Z. P. T类似，用量0.2%。由于SPT对金属离子的敏感程度比Z. P. T低得多，所以加强了香波颜色稳定性。

配方1：去头屑止痒香波（质量分数/%）

Z. P. T（粒径2.0μm）	1.0	烷基磺酸三乙醇胺	19.4
椰油单乙醇酰胺	3.0	乙二醇二乙酸酯	3.0
氯化钠（按需要黏度添加）	2.5	丙二醇	0.5
防腐剂	0.03	香精	0.6
柠檬酸	0.65	1%染料水溶液	0.30
水平衡			

最后加入Z. P. T防腐剂，香精以及部分剩余水。

配方2：去头屑二合一调理香波（质量分数/%）

丙烯酸酯/烷基 $C_{10\sim30}$ 丙烯酸酯交联聚合物	0.75	三乙醇胺（99%）	0.35
月桂醇聚氧乙烯醚乙酸钠（AEC）	14.0	癸基APG（50%）	12.0
椰子酰胺基烷基乙酸酯（32%）	6.50	EDTA	0.20

月桂基甲基聚氧乙烯（10）甘油醚羟丙基二甲基氯化铵			3.00
蓖麻醇酰胺基丙基三甲基氯化铵	0.60	二甲基硅氧烷乙二醇共聚物	0.45
聚氧乙烯月桂醇醚磺基琥珀酸二钠	2.00	聚甲氧基二环噁唑烷	0.20
P.O	0.40	染料、香精	适量
去离子	水平衡		

8.17.3 洗染香波

染发香波是将洗发、染发和护理一次完成的洗涤美容品。表 8-11 为染发剂的分类和性能。

表 8-11 染发剂的分类和性能

类型		代表物	性能与使用情况
植物性		指甲花 甘菊花	无毒无刺激，色调稳定；但费时，易沾污，不易得，主要用于漂洗剂
矿物性		乙酸铅 硝酸铋	不能渗入头发，维持时间短。且铅、铜、银等金属有毒，已淘汰
合成染发剂	暂时性	酸性、碱性染料 有机酸及其盐	方便、染着时间短，与香波一起使用；适于浅色头发的欧美人
	永久性	苯胺类 氨基酚类	可渗入头发，色调范围广；耐光耐洗，持续时间长；是目前使用最多的染发剂

氧化性染发剂一般由两部分组成，其一由芳胺衍生物、表面活性剂、酚类化合物等组成；其二为氧化剂部分，由氧化剂、抗氧剂、稳定剂等组成。所用氧化剂通常是双氧水溶液、尿素过氧化氢片剂、过硼酸钠或过碳酸钠等，临用前与第一部分充分混匀。不同的苯胺化合物与相应的耦合剂作用后，可将头发染成不同颜色。为了使染料能尽快地扩散到头发中去，常在配方的第一部分中加入适量的乙醇胺、脂肪胺类、氨水、油酸胺等碱性试剂，pH 值一般在 9.5～10.5 之间。

染发过程主要由小分子芳胺类衍生物和多元酚类耦合剂组成，芳胺类化合物在渗透到头发内部后，被氧化成活性中间体——吲哒胺类衍生物。在碱性条件下，中间体再与耦合剂无规则缩合，成为有颜色聚合物，形成染料复合物。在毛发内部形成的偶合染料很难被洗掉，风吹雨淋和日晒，基本不退色，染发效果持久，故称之为永久性染发剂或氧化染发剂。

黑色染发剂多含有对苯二胺、2，5-二氨基甲苯或对甲基苯二胺等。其耦合剂多为间苯二酚、儿茶酚、联苯二酚等。

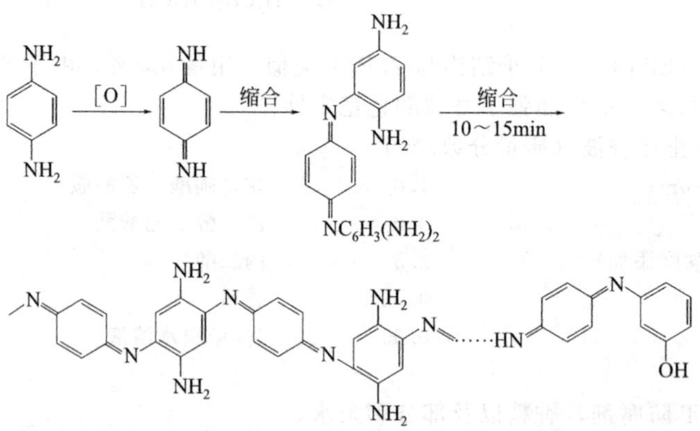

NH_2 NH_2 $\xrightarrow{[O]}$ NH NH $\xrightarrow{缩合}$ NH_2 N NH_2 $NC_6H_3(NH_2)_2$ $\xrightarrow[10\sim15min]{缩合}$

NH_2 N NH_2 N NH_2 N HN N OH NH_2 NH_2

按照缩合分子的大小色泽自黄至黑。按以上反应形式，采用苯胺及其衍生物可以得到其他颜色。一些氧化性染发剂的染发颜色如表 8-12。

对苯二胺遇光、空气氧化变质，所以制成盐酸盐贮存，遇强碱释放出对苯二胺。间苯二酚有助染效果。

表 8-12 氧化性染发剂染发颜色

Ⅰ	化合物	染发后颜色	Ⅱ	化合物	染发后颜色
苯胺类	对苯二胺 邻苯二胺 氯代对苯二胺 对甲苯二胺 对氨基联苯胺	黑色 金黄色 褐色 红棕色 棕黑色	氨基酚类	对氨基酚 邻氨基酚 2,5-二胺酚	浅茶褐色 橘红色 红棕色

配方中加入适量亚硫酸钠、硅酸镁、EDTA，可抑制过氧化氢的有效氧损失，并起柔软，护发作用。

一些低毒性、天然植物性染发剂已有应用。它们多来自指甲花叶、西洋甘菊花和核桃壳等。可将干指甲花叶粉煮成黏稠液，用柠檬酸、己二酸等有机酸调至 pH 为 5.5，涂在头发上，保温即可。但初染时为黑色，洗过二次头发之后有发红趋势。

配方 1：一洗黑两剂型染发香波（质量分数/%）

组分 A：

对苯二胺	2.0	对氨基苯酚	0.5
壬基酚聚氧乙烯醚	20.0	月桂醇聚氧乙烯醚	10.0
己二醇	15.0	亚硫酸钠	0.4
去离子水	余量		

组分 B：

89% 磷酸	1.0	二亚乙基三胺五乙酸钠	0.1
35% H_2O_2	17	月桂酸硫酸酯三乙醇胺	1.0
十六醇聚氧乙烯醚	5	十六醇	1.0
去离子水	余量		
pH 值（用磷酸调节）	2.1		

使用方法：取等量 A 与 B 剂涂于头发上，10～15min 洗掉，漂净即可。

配方 2：红色洗染香波（质量分数/%）

	A	B		A	B
月桂醇聚氧乙烯醚（EO15）	10.00	10.00	羟乙基纤维素	0.10	0.10
月桂醇聚氯乙烯醚（EO3）	3.00	1.00	硅油	1.00	1.00
月桂基二甲基氧化胺	1.00	—	碱性染料红 76#	0.08	0.08
葡糖苷（$C_{10}H_{21}$）	5.00	2.00	碱性染料蓝 99#	0.01	0.01
月桂酸单甘油酯	1.00	3.00	碱性染料黄 57#	0.01	0.01
油酸单异丙醇酰胺	3.00	—	香精	适量	适量
阴离子纤维素	0.30	0.30	去离子水	平衡	平衡

特点：长效红色。利用上述配方基质，随意变换染料可以得到不同色泽，如碱性染料棕 17#，棕 16#、红 76#、黄 57#、蓝 99#、紫 1#、紫 3# 等，可以单独或混合与非离子表面活性剂复配。

8.17.4 防晒洗发香波

本部分对于防晒洗涤剂有参考作用。

日光中破坏性大的是中波紫外线 UVB（290～320nm）和长波紫外线 UVA（320～400n m）。日光中紫外光一般占 5%左右。尽管紫外线占很小一部分，但是能量非常大。因辐射线的能量与其波长成反比，紫外线的波长最短，但能量最高。UVB 对头发的损伤最为严重。头发在 UVB 的照射下，头发纤维中的二硫键断裂，导致头发张力强度变化，使头发呈现多孔性的状态，头发表皮变得粗糙易脆。头发中的黑色素也受到影响，导致褪色，还导致光损伤的头发对染料的吸收不均。就日光对所染过的红色头发研究发现，UVA导致染过的红色头发褪色、发黄、分叉、断裂，所以有的高档香波和调理剂中加入防晒剂。

表8-13是一些防晒剂的化学键能与波长对应关系。头发中的主要化学键的键能均在紫外光的范围内。

表8-13 化学键键能与相应能量的波长对应关系

化学键	键能/(kJ/mol)	相应能量的光波长/nm	化学键	键能/(kJ/mol)	相应能量的光波长/nm
O—H	1922.8	259	C—O	1463.42	340
C—F	1835.02	272	C—C	1447.53	342
C—H	1720.91	290	C—Cl	1367.28	364
N—H	1626.86	306	C—N	1210.53	410

化学防晒剂是一类紫外吸收剂，见表8-14。不同的防晒剂有不同的紫外吸收区，以UV_A或UV_B来表示。其溶解特性以溶解度参数SP来表示。人的头发兼有亲水性与亲油性，头发的吸水性是由于其分子链中存在侧链氨基酸的缘故。头发的SP值为9.8，属于中等水平。

表8-14 发用洗涤剂用防晒剂

防晒剂	可溶性(SP)	光谱	防晒剂	可溶性(SP)	光谱
樟脑苯亚甲基硫酸铵	水	UV_B	水杨酸三乙醇胺	水	UV_B
4-甲基苯亚甲基樟脑	油/溶剂	UV_B	2,2',4,4'-四羟基二苯酮	油/溶剂	UV_B/UV_A
聚乙二醇(25)对氨基苯甲酸酯	水	UV_B	2-羟基-4-甲氧基二苯酮	油/溶剂	UV_B/UV_A
2-氰基-3,3-二苯基丙烯酸-2-乙基己酯	油/溶剂	UV_B	5-苯甲酰-4-羟基-2-甲氧基苯磺酸	水	UV_B/UV_A
2-氰基-3,3-二苯基丙烯酸-2-乙酯	油/溶剂	UV_B	2,2'-二羟基-4-甲氧基二苯酮	油/溶剂	UV_B/UV_A
对二甲氨基苯甲酸辛酯	油/溶剂(9.01)	UV_B	3,3'-羰酰二(4-羟基-6-甲氧基苯磺酸)二钠	水	UV_B/UV_A
甲氧基肉桂酸辛酯	油/溶剂(9.10)	UV_B	辛基三嗪酮	油/溶剂	UV_B
氨茴酸甲酯	油/溶剂(9.89)	UV_B	4-异丙基二苯甲酰甲烷	油/溶剂	UV_A宽
水杨酸辛酯	油/溶剂(10.17)	UV_A弱	丁基甲氧基二苯甲酰甲烷	油/溶剂	UV_A宽
对氨基苯甲酸	溶剂/水(14.82)	UV_B	水杨酸三甲环己酯	油/溶剂(10.29)	UV_B
2-苯基苯并咪唑磺酸	水(含碱)	UV_B	甲氧基肉桂酸二乙醇胺	水	UV_B

这些化合物主要是二苯甲酮类、水杨酸酯类和三嗪类。以二苯甲酮为例，在分子结构中必须有一个邻位羟基与相邻的羰基形成螯合环形的分子内氢键，当吸收紫外线能量后，分子发生振动，氢键破坏，螯合环打开，把有害的紫外光变成无害的热能放出。同时，羰基也会激发，产生互变异构现象，生成烯醇式结构，也消耗部分能量。

二苯甲酮无论是在水基固发液，还是在乙醇/硅氧烷基光泽喷发剂中对发色（黑素）和发结构（角蛋白）都有保护作用。2-羟基-4-甲氧基二苯甲酮及其水溶性磺化类似物的防晒效果要大于氨基苯甲酸酯、苯基苯并咪唑磺酸盐或二苯甲酰甲烷衍生物。

UV_B防晒剂也是护肤品的主要成分。它们预防低辐射剂量的日光晒伤比较有效。例如，对二甲基氨基苯甲酸辛酯的SP为9.01，甲氧基肉桂酸辛酯的SP为9.10。在乳液中，这两种活性物有类似化妆品用酯的作用，分别具有所需要的HLB10和HLB8。它们通过增溶可进入水性系统。

其他油溶性或溶剂可溶性UVB防晒活性物有丙烯酸二苯酯、2-氰基-3，3-二苯基丙烯酸-2-乙基己酯和2-氰基-3，3-二苯基丙烯酸-2-乙酯。两者的摩尔UV_B吸光度约为对氨基苯甲酸衍生物或甲氧基肉桂酸酯的1/2。准确地说，它们的防晒效力为水杨酸酯的2倍以上。

聚硅氧烷-15 除了具有聚硅氧烷亮泽、调理和柔顺头发的功效外，还具有额外的紫外线防护作用。肉桂酰胺丙基三甲基氯化铵是一种水溶性的用于头发防晒产品的阳离子表面活性剂，也为头发提供一定的保护作用和调理作用。

大部分防晒剂不溶于水，需要进行增溶。常用的增溶剂有油醇高乙氧基化物和壬基酚乙氧基化物。溶剂有乙醇和硅氧烷聚乙二醇等。有些水溶性的防晒剂 5-苯甲酰-4-羟基-2-甲氧基苯磺酸和磺基异苯甲酮具有很宽范围的溶解度和稳定性，但其 pK 值很低，兼有酸和盐的作用。

保证防晒剂在发上的残留很必要，如果是水溶性防晒剂需考虑阴阳离子相容性。需注意防晒成分在头发上要形成连续膜，否则将大大减低防晒效果。由此也可见，气溶胶式喷发用品就有这个缺点。

8.18　剃须剂

使用剃须剂可提高剃须速度、减少皮肤损伤，并使皮肤产生舒适感。

泡沫剃须膏通常多为水包油型的乳化膏体，使用时泡沫可以贴敷在皮肤和胡须上，使须毛快速润湿和润滑。一个好的剃须用品还应该具有护肤、润肤、杀菌、消炎和缓解刺激的功能。

① 乳化剂、泡沫剂和去污剂　主要是一些阴离子表面活性剂和非离子表面活性剂。

② 润肤剂　棕榈酸异丙酯、辛酸/癸酸三甘油酯、角鲨烷、霍霍巴油、羊毛油、羊毛酸异丙酯及苯甲酸 12～15 醇酯等。一些乳化剂还有润护肤作用，如聚氧乙烯甲基葡萄糖醚、聚氧乙烯羊毛脂、聚氧乙烯羊毛醇醚和聚氧乙烯油醇醚等。

③ 抗菌剂和抗炎剂　防治创面被细菌感染的抗炎剂有 α-红没药醇、尿囊素等。

④ 清凉剂　常用的清凉剂有天然薄荷脑等，它本身还有消炎作用。

⑤ 收敛剂　氯化羟基铝、乳酸等温和的收敛剂的作用是通过控制脂肪而使皮肤收紧。

⑥ 推进剂　剃须摩丝，即后发泡式气溶胶剃须剂属于简便、舒适的气雾剂型产品。其内容物为 O/W 型乳液，推进剂多为 LPG（丁烷、异丁烷等混合物）或二甲醚等。当揿动罐时，液体喷出，内容物中的推进剂蒸发膨胀，通过含有一定量的表面活性剂的外相而形成后发泡的泡沫。

由于环境的原因，氟里昂正在逐步为 LPG 体系所替代。20℃时，正丁烷、异丁烷或丙烷所保持的压力分别为 1.1×10^5 Pa、2.1×10^5 Pa 和 7.3×10^5 Pa，一般情况下，使用的均为混合型推进剂。可以由 21℃时混合物的压力来确定各混合物的比例，如推进剂 A-46 是指 21℃时压力为 3.22×10^5 Pa 的混合推进剂，它通常由 80%的异丁烷和 20%的丙烷组成，当然，21℃下产生这种压力的任何比例的 LPG 都可以用 A-46 命名，它是很常用的摩丝产品推进剂。

剃须摩丝配方中 LPG 推进剂的用量为 5%～15%，推进剂用量太少，容易喷出高密度的泡沫，在接近用完时泡沫变成软而黏的稠羹状，或有部分内容物残留在罐内；推进剂用量太多，喷出物坚硬、不圆润，涂抹时泡沫发飘，在揿动阀门时声响较大且伴有推进剂损失，喷出的泡沫不连续。

配方 1：泡沫剃须剂（质量分数/%）

成分	用量	成分	用量
短链椰油酸	13.5	二羟基乙基椰油氧化胺	1.0
硬脂酸	31.5	甘油	5.0
50%氢氧化钾	15.3	水	余量
50%氢氧化钠	1.9	香精和防腐剂	适量

配方中的短链椰油酸可使产品具有闪烁性泡沫，硬脂酸可形成稠密的泡沫，而二羟基乙基椰油氧化胺使产品增加润滑性。在泡沫剃须剂中，不提倡使用三乙醇胺，因为它可能引起色泽变深。矿物油、鲸蜡醇和凡士林等可提高润滑性，但过量会影响起泡性。

配方中含有 35%～40%总脂肪酸和 4%～5%自由脂肪酸，脂肪酸中含 75%硬脂酸、25%椰油酸为好。如果单纯用氢氧化钠，而不用氢氧化钾，产品显得僵硬，在气候热时会失去流动性。

配方2：气溶胶式剃须剂（质量份）

A：三乙醇胺	17.7	水	843.4
34.2%氢氧化钾	17.1	B：二压硬脂酸	53.6
24.8%氢氧化钠	4.8	椰油脂肪酸	11.2
甘油	38.5	C：硬脂酸	3.4
硼砂（影响配方与皮肤相容性）	0.4	椰油	1.2
水玻璃	0.2	D：香精	8.5

制备方法：将组分A加热到75℃，而后加入B组分，充分搅拌。在70℃加入C组分。冷却至35℃后，加入D组分。将160g产品装入容量为170g的气溶胶罐，然后再在压力下通入10.0g混合异丁烷和丙烷推进剂（质量比87/13）。

由于在罐内推进剂与乳化液实际是以气-液二相存在的，所以使用前需振摇。

硬脂酸的钾盐和三乙醇胺盐在浓度达到20%～30%时仍可避免生成凝胶。硬脂酸钠过多会形成凝胶。加入少量的阴离子或非离子表面活性剂可有助于去除刮下的胡须。甘油和山梨醇增加润滑性，鲸蜡醇和硬脂酸单甘酯可以改进配方与皮肤的相容性，增加舒适感。

配方3：多功能剃须摩丝（清凉型）（质量分数/%）

油相：鲸蜡醇	1.5	玉洁新DP300（杀菌剂）	0.3
辛酸/癸酸三甘油酯	3.0	水相：透明质酸	0.05
硬脂酸单甘油酯	3.5	丙三醇	5.0
聚乙二醇（400）单硬脂酸酯	2.5	吐温20	1.2
白油（15＃）	3.0	香精、防腐剂	适量
油酸异癸酯	4.0	去离子水	至100.0
维生素E	0.3	薄荷脑，α-红没药醇（消炎）（后加）	适量
羊毛油	1.5		

分别将油相、水相加热升温至75℃，搅拌下将水相慢慢加入油相中，均质5min后冷却，60℃时加入α-红没药醇及薄荷脑，40℃加香，30℃出料。灌装：内容物90%；推进剂A-46 10%。

配方4：无泡沫剃须膏（质量分数/%）

白油	9.5	三乙醇胺	2.5
羊毛脂	0.5	三异丙醇胺	0.5
硬脂酸	14.5	防腐剂、香精	适量
Carbopol 934	0.5	水	余量

第9章　预洗剂、增强剂、柔软剂、挺括剂、纤维成型剂、脱水辅助剂

预洗剂（laundry pretreatment aids）和增强剂都是加强洗涤效果，或是对于某种污渍进行预先重点洗涤。洗涤后处理剂（laundry aftertreatment aids）有织物柔软剂、上浆剂、挺括剂、纤维整形剂及织物干燥助剂等。

洗涤后处理剂是指洗涤之后，污垢基本去除，但洗过的纤维尚需再处理，其目的是修复被洗涤物在洗涤过程中被损坏和降低的性能，包括恢复和增强弹性、刚性、尺寸上的适应性、织物本身各部位大小的匹配性，还有手感性、光泽、硬度（台布和餐巾）、合适的垂感（窗帘）、蓬松感和柔软感（内衣、毛巾和睡衣）、抗静电性（由合成纤维制成的易护理物品）等。

9.1　预洗剂和洗涤增强剂

9.1.1　预洗剂

预洗剂包括硬水软化剂、浸泡剂和污斑去除剂。可将硬水软化剂配入洗涤剂配方中，也可将将商品软化剂与洗涤剂分开，预先或同时配合使用。在预洗中，溶胀作用在洗涤中起主要作用。硬水软化剂是几种螯合剂的复配，有时添加碳酸钠。作为洗涤辅助剂的预浸泡剂通常调成强碱性（pH 值 12～12.5），以使得顽固性污垢变得疏松。表 9-1 是硬水软化剂配方，但是随着对于磷酸盐的禁用的扩大，磷酸盐部分正在逐步被其他老的或新兴的螯合剂所代替。表 9-2 是欧洲预洗剂框架配方。

表 9-1　硬水软化剂的配方　　单位：质量分数/%

组　分	欧洲	美国	组　分	欧洲	美国
三聚磷酸钠	20～50	50～60	聚羧酸盐	1～5	—
次氨基三乙酸盐	10～20	—	碳酸钠	—	15～20
4A 沸石	20～40	—	其他(硫酸盐等)	平衡	平衡

表 9-2　欧洲预洗剂的框架配方　　单位：质量分数/%

组　分	含量	组　分	含量	组　分	含量
烷基苯磺酸盐	2～7	碳酸钠	50～80	染料、香精	+
醇醚	0～2	硅酸钠	5～10	水	平衡
肥皂	0～2	羧甲基纤维素钠	0～2		

污斑预去除剂通常含有较高含量的表面活性剂，以便加强局部污斑的去除，如表 9-3 所示。使用方法是首先施于污渍表面，接着立即按一般洗涤方法洗涤。污斑去除剂有浆状和喷雾型。除了加强洗涤，还可以避免污渍在袖口和领口的沉积。

喷雾型污斑去除剂大部分由溶剂和表面活性剂混合而成。所用的溶剂类似于在干洗中使用的溶剂。喷雾型比浆状产品去污迅速。此外，喷雾型产品使用后在污渍周围没有污渍环，而用纯溶剂时污渍环常常不可避免。在预去斑剂中有时用到酶产品。

表 9-3 污斑预去除剂的典型配方 单位：质量分数/%

组 分	浆状型	气溶胶型1	气溶胶型2	液体型1	液体型2	气溶胶型3
阴离子表面活性剂（烷基苯磺酸钠、醇硫酸钠、醇醚硫酸钠）	15～30				5～20	
非离子表面活性剂（醇醚、脂肪酸乙醇胺、脂肪酸酯）	3～10	20～40（醇醚）	15～30（醇醚）	5～10（醇醚）	5～15	20～30（醇醚）
烃类		20～45	20～70			50～70
二氯甲烷		20～35				
二甲苯磺酸钠				0～5		
推进剂（CO_2、丁烷、丙烷）		1～4	10～15			10～15
染料、香精、FWA、水	平衡	平衡	平衡	平衡	平衡	平衡

配方1：领洁净（质量分数/%）

丁基溶纤剂	3～8	AEO3	3～8
三乙醇胺	2～6	AEO7	3～8
油酸	2～6	香精	适量
乙醇	6～10	水	余量
十二烷基硫酸钠	2～5		

配方2：衣领净（质量分数/%）

烷基苯磺酸钠	6～12	尿素	1～3
三乙醇胺 适量、丙二醇	2～6	过硼酸钠	1～4
乙醇	6～12	丁二酸钠	3～6
液体蛋白酶	0.5～1.5	香精	适量
AEO9	10～25	水	余量
氯化钙	0.01～0.05		

配方3：污斑去除剂（质量分数/%）

四氯乙烷	18.0	庚基乙二醇十二烷基醚	14.0
尿素	5.0	香精	适量
十二烷基苯磺酸钠	2.0	水	余量
乙二醇单丁醚	38.0		

9.1.2 洗涤增强剂

洗涤增强剂（laundry boosters）是一类与洗涤剂分别使用的产品，目的是对洗涤过程施加特殊的影响，增强洗涤效果。

以漂白剂作为洗涤增强剂在美国和日本非常普遍。粉状漂白剂含有过硼酸钠或过碳酸钠，也有的液体漂白剂含有5%～6%次氯酸钠溶液。洗涤增强剂在美国市场上很多，通常含有螯合剂和碳酸钠，常常配有表面活性剂和酶。还有一种洗涤增强布，它由一片浸有表面活性剂和漂白活化剂的纤维组成。使用方法是直接加入到洗涤液中，一次性使用，当洗涤完成后，这块纤维被抛弃。这种洗涤增强纤维布在较低的温度条件下对油渍去除效果非常佳。

9.2 织物调理剂

用洗衣机洗涤衣物要比用手洗受的扭曲等机械力大得多，机洗后纤维表面（特别是天然纤维）受到很大的损害。在干燥过程中，如果在相对静态的空气条件下，比如在室内，被洗涤的衣物会感到发硬。但是如果在洗涤后的漂洗中加入调理剂，则被洗涤的衣物感到柔软、舒适。当衣物的干燥和熨烫在洗衣机的干燥器中进行时，使用柔软剂的目的则是增加抗静电性。

织物调理剂多为复配物，含有：①主活性剂，大多数是单一或复合阳离子表面活性剂，起抗静电、柔软作用；②辅活性剂，多数是具有多亲水基的阳离子聚皂或非离子表面活性剂，它们本身具有一定的柔软或抗静电活性，与主活性剂复配之后，使产物性能更优越；③助剂，如低碳醇、无机盐、抗氧剂、防腐剂、漂白剂、香精等。

本书第 9 章 9.5 所述的脱水辅助剂也是一种织物柔软剂的形式。

9.2.1　织物调理剂的作用机理

一种观点认为，阳离子表面活性剂对织物的柔软抗静电机理是由于其亲油基吸附于纤维的疏水基上，亲水基一端在纤维表面，与空气中的水分子形成水合物，促使电荷逸散。

另一种解释是，通过电子显微镜测试，在溶液中多数纤维表面带负电荷，但并非负电荷密布其上，而是有负电荷活化中心。中心之外，是纤维的疏水部分，或称疏水活性中心。当织物接触到调理剂溶液时，活性剂分子分别被吸附到两种活性中心上。由于分子结构空间位阻和纤维表面的不均匀性，吸附并不均匀。有的部分吸附了单层，有的部分吸附了多层，所以纤维表面吸附的活性物质形成了一种分子状态各异的不均匀、多层、不连续的薄膜。活性剂的亲水基吸附在纤维表面的负电荷活性中心，活性剂分子流水基伸向纤维表面，对纤维起柔软、润滑作用，使织物变得蓬松、丰满、柔软，同时减轻了摩擦、抑制了静电。如果使用浓度适当，阳离子表面活性剂会定量地吸附于天然纤维上，而在合成纤维上则吸附差得多，如表 9-4 所示。

表 9-4　双十八烷基双甲基氯化铵在各种纤维上的吸附量

织物	吸附量				织物	吸附量			
	mg/g	mol/g	mg/m^2	%		mg/g	mol/g	mg/m^2	%
羊毛	1.20	2.06	301	100	聚酰胺	0.96	1.63	66	79
树脂改性棉花	1.18	2.01	133	98	聚丙烯腈	0.90	1.53	68	74
棉花	1.17	2.00	169	96	聚酯	0.57	0.97	109	47
聚酯/棉花	1.17	2.00	110	98					

注：1. 平衡条件：时间 60min，温度 23℃，浴比 1∶10，初始浓度 120mg/L。

2. 基于质量和纤维表面积。

对于抗静电性和柔软性，阳离子表面活性剂在织物表面上的吸附起关键作用。影响吸附作用的因素包括纤维结构、辅活性剂和助剂种类、处理条件（温度、pH 值）等。除了棉、毛织物，处理液 pH 值对尼龙绸的影响也很大，尼龙织物有较强的极性和形成氢键的能力（NH），易吸附活性分子。当 pH＞7 时，表面负电荷增加，对阳离子表面活性剂有较多的吸附，而 pH＜ 7 时，纤维表面负电荷部分被氢离子中和，吸附量下降；涤纶纤维分子缺少形成氢键的氢原子，相比之下吸附力较小，受 pH 值影响也小。在碱性条件下，阳离子调理剂在织物上吸附会不均匀，而且还易产生潮解作用。所以阳离子配制的调理剂在漂洗液呈微酸性或中性使用为好，并且最好单独使用。

极性低的合成纤维，由于其具有高表面电阻，相互摩擦使织物表面具有较高的静电荷。经过阳离子表面活性剂处理后，可以明显地降低其表面电阻，消除静电，克服织物在穿着时常出现的“贴身”或“静粘”，以及易于吸尘或变脏等缺点。但是柔软剂用得过量并无好处，比如，毛巾尤其会产生过量吸附，从而产生滑腻感的负效应。

9.2.2　织物调理剂主成分

9.2.2.1　季铵类化合物

（1）二烷基二甲基季铵化合物型

① $\left[R-\underset{R}{\overset{CH_3}{N}}-CH_3 \right]^+ Cl^-$　（R 表示氢化牛油脂肪基）

② $\left[R-N(CH_3)_2-R \right]^+ \ CH_3SO_4^-$ （R表示氢化牛油脂肪基）

(2) 二酰胺乙基烷氧基季铵化合物型

③ $\left[RCONHCH_2CH_2-N(CH_3)((CH_2CH_2O)_nH)-CH_2CH_2NHCOR \right]^+ \ CH_3SO_4^-$ （R表示牛油脂肪基）

④ $\left[RCONHCH_2CH_2-N(CH_3)((CH_2-CH(CH_3)O)_nH)-CH_2CH_2NHCOR \right]^+ \ CH_3SO_4^-$ （R表示牛油脂肪基）

(3) 酰胺乙基咪唑啉季铵化合物型

⑤ $\left[R-C(=N-CH_2-CH_2-)-N(CH_3)-CH_2CH_2NHCOR \right]^+ \ CH_3SO_4^-$ （R表示牛油烷基）

上述三类5种阳离子化合物常作为调理剂其主要的调理性能如下。

柔软效果：①>②>⑤>③>④（专家组手感）；

抗静电效果：⑤>②>①>③>④（Simco静电探测器测表面电阻）；

再润湿性能：③=④>⑤>①=②（染色液体上升法）。

其中二烷基二甲基季铵盐（DSDMAC）是传统上大量应用的柔软剂。但是生物降解性差。另外它只能配制4%～8%活性含量的产品。

从其使用效果考虑，单一的DSDMAC的不足在于：①对于聚酯系、聚酰胺系、丙烯酸系列合成纤维吸附量小，纤维表面几乎没有得到改质，柔软效果欠佳；②反复使用DSDMAC，易使荧光增白剂的效果降低，使纤维变成黄色或灰色；③其杀菌效果不如单烷基三甲基季铵盐，在水中的分散液于高温下长时间放置后，易繁殖细菌；④给柔软整理的纤维增加了疏水性，使其吸湿性降低，增加了穿着的不舒适感。

酯铵类和多种咪唑啉类化合物含酯键和酰胺键，具有优良的调理性能，还可以配出高浓度产品。

(4) 酯铵类化合物

⑥ 酯铵盐

$$\left[(H_3C)(HO-CH_2-CH_2)N(CH_2-CH_2O-\overset{O}{\overset{\|}{C}}-R)(CH_2-CH_2O-\underset{O}{\underset{\|}{C}}-R) \right]^+ CH_3SO_4^- \quad R=C_{15\sim17}$$

⑦ 丙二醇胺脂肪酸酯铵盐

$$\left[H_3C-N(CH_3)_2-CH_2-CH(O-\overset{O}{\overset{\|}{C}}-R)CH_2-O-\underset{O}{\underset{\|}{C}}-R \right]^+ Cl^- \quad R=C_{15\sim17}$$

⑧ 天冬氨酸或谷氨酸酯铵盐

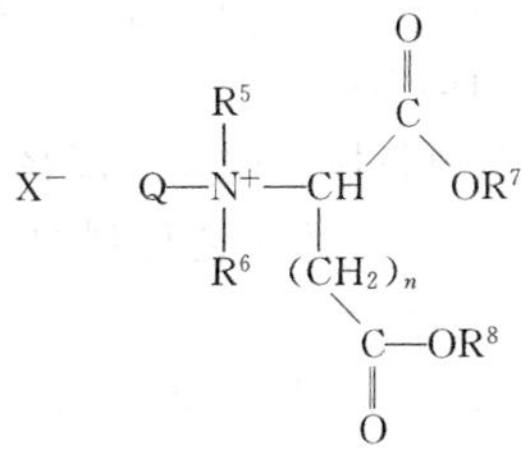

$$X^- \quad Q-N^+(R^5)(R^6)-CH(COOR^7)-(CH_2)_n-C(=O)-OR^8$$

n=1 或 2，$R^5 \sim R^8$ 是相同或不同的烷基或烯基，其中至少有两个含 $C_{8\sim24}$，两个含 $C_{1\sim4}$，Q 为 $C_{1\sim6}$ 的烷基或羟烷基。

（5）咪唑啉类化合物

① 烷基咪唑啉脂肪酸酯及其季铵盐

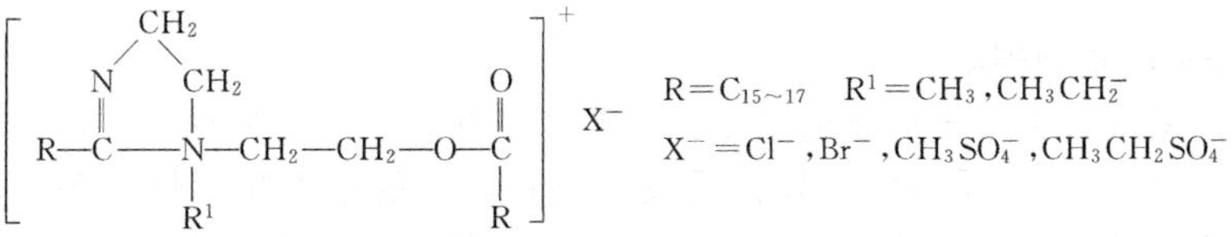

$$\left[R-C(=N-CH_2-CH_2-)-N^+(R^1)-CH_2-CH_2-O-C(=O)-R\right]^+ X^-$$

$R=C_{15\sim17}$　$R^1=CH_3, CH_3CH_2^-$

$X^-=Cl^-, Br^-, CH_3SO_4^-, CH_3CH_2SO_4^-$

② 羟乙基烷基咪唑啉

$$R-C(=N-CH_2-CH_2-)-N-CH_2-CH_2-OH$$

$R=C_{15\sim17}$

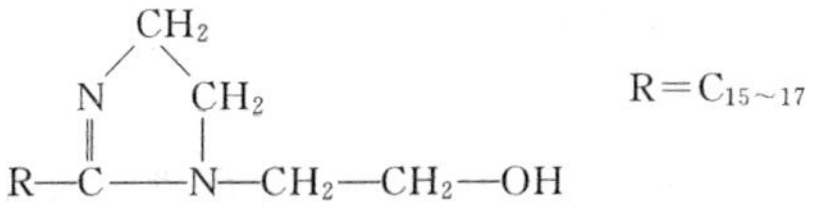

③ 酰胺乙基烷基咪唑啉季铵盐

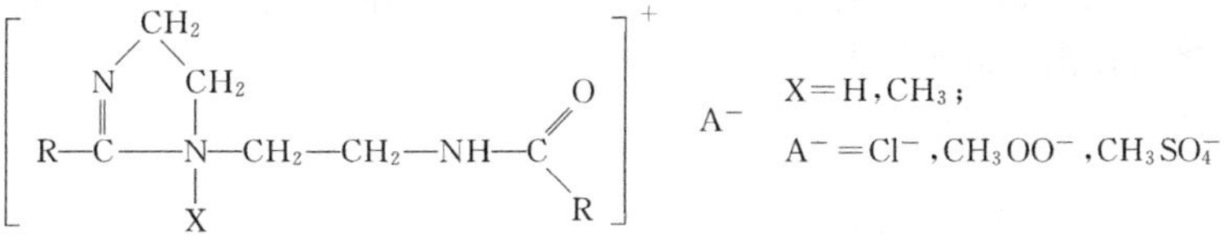

$$\left[R-C(=N-CH_2-CH_2-)-N^+(X)-CH_2-CH_2-NH-C(=O)-R\right]^+ A^-$$

$X=H, CH_3$；

$A^-=Cl^-, CH_3OO^-, CH_3SO_4^-$

配方 1：粒状调理剂（质量分数/%）

其主要组分是非离子表面活性剂多羟基醇的脂肪酸酯和一种单长链烷基阳离子表面活性剂。

	A	B	C	D	E
十六烷基三甲基溴化铵(CTAB)	22.9				
氯化月桂酰胆碱(LCC)		17			
氯化肉豆蔻酰胆碱(MDC)			17	25	
十六烷基吡啶氯化铵					25
脱水山梨糖醇硬脂酸酯(SMS)	68.2		50		75
甘油单硬脂酸酯(GMS)				56	
蔗糖双硬脂酸酯(SUDS)		50			
三甘油双硬脂酸酯(TGDS)				19	
二牛油基甲基胺		33	33		
香精	3.3				
多孔硅胶	5.7				

制备方法 1——低温粉碎法：将 82.5 份脱水山梨醇单硬脂酸酯（SMS）与 27.5 份十六烷基三甲基溴化铵（CTAB）混合后用液氨冷却，粉碎成细粉，放入一个干燥器中，使其升至室温，得到流动性很好的细粉粒。

制备方法2——造粒法：将混合物在88℃融化，从45cm高处以65g/min落入一个加热至150℃的以2000r/min转动的圆盘中，当融化的粒子转出盘时被空气冷却，得到ϕ50～500μm的近球形颗粒。可以进一步溶于水成为液体产品。

制备方法3（加香的调理剂）：首先制备加香硅胶，即将1.2份香精与2.1份多孔硅胶与3份SMS、1份CTAB拌合；而后将加香硅胶与上述工艺得到的产品掺合则得。

制备方法4——冷冻法：①将13.1份柠檬酸与3.1份柠檬酸钾加入36.6份融化的二牛油基甲胺中形成一预混合物；②将18.7份月桂酰基胆碱氯化物和55份蔗糖二硬脂酸酯混合成棕色浓浆状物，将浆状物冷冻成自由流动的细粉末（50～500μm）

配方2：柔软剂（质量分数/%）：

氯化双十八烷基二甲基氯化铵	4～8	氯化钠	0.05～1.5
壬基酚聚氧乙烯醚	0.5～1.5	色素、香精	适量
乙二醇	2～6	水	余量
异丙醇	1～2		

9.2.2.2 膨润土织物调理剂

膨润土是以蒙脱石为主要矿物的黏土。蒙脱石是含水的层状硅酸盐矿物，其理论分子式为［$(OH)_4Si_8Al_4O_{20}$］。钠质膨润土较钙质或镁质膨润土的物理化学性质和工艺技术性能优越，主要表现在其微质点在水中更易离子化并亲水，易于被水带入织物毛细管中。微质点的巨大比表面积及端面电荷作用也使其易于吸附在纤维表面。借助于蒙脱石微粒子的润滑性、吸湿性（吸水率＞400%）而使纤维之间产生润滑、膨松作用，从而达到织物的柔软滑爽、穿用舒适的感觉。

以膨润土为主体，经改性充分发挥其高膨润性、分散性、黏结性、吸附性及阳离子交换性等特性，可以全部或部分代替阳离子表面活性剂作洗衣粉柔软添加剂。对膨润土的改性，有过氧化氢活化处理、烷氧基表面活性剂改性处理等方法。膨润土存在于自然界，可以通过加入膨润土总量5%的碳酸钠将其转化成钠膨润土。

配方1：膨润土配方（质量分数/%）

	A	B	C		A	B	C
膨润土	90	67	90	硫酸钠	—	—	10
碳酸钠	10	33	—	染料等	适量	适量	适量

配方2：含膨润土型柔软剂的洗涤剂配方（质量分数/%）：

C_{13}烷基苯磺酸钠	9.0	荧光增白剂	0.3
C_{12}烷基（EO3）醚硫酸钠	2.0	CMC	0.2
膨润土	12.0	二氧化钛	0.5
4A沸石	15.7	色素	0.8
碳酸钠	1.0	香精	0.5
N-椰油烷基异硬脂酸酰胺	5.0	水	余量

9.2.2.3 有机硅织物调理剂

硅原子的每个甲基可以绕Si—O轴旋转、振动，其键长长于C—O轴，这些氢原子由于甲基的旋转要占据较大的空间（图9-1），从而增加了相邻分子之间的距离，所以聚硅氧烷分子之间的作用力比碳氧化合物弱得多，要比同分子量的碳氢化合物黏度低，表面张力小，成膜性强。这使得硅油具有疏水、消泡、润滑、上光等多项优良特性。但是作为柔软剂，聚二甲基硅氧烷（简称甲基硅油）由于其聚合度不高，本身不能交联，对纤维也不起反应，整理后的织物手感、牢度及弹性均不理想，因此它不能直接作为柔软剂使用。

有机硅柔软剂是指改性有机硅化合物，是通过在硅氧烷侧链上引入氨基、环氧基、聚醚、羟基等各种活性基团，赋予织物耐洗性、防缩性、亲水性等。

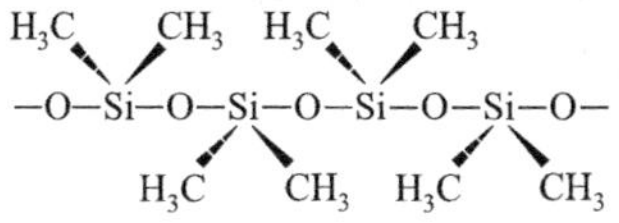

H_3C　CH_3　H_3C　CH_3

$$-O-Si-O-Si-O-Si-O-Si-O-$$

H_3C　CH_3　H_3C　CH_3

图 9-1　聚硅氧烷的几何分子构型

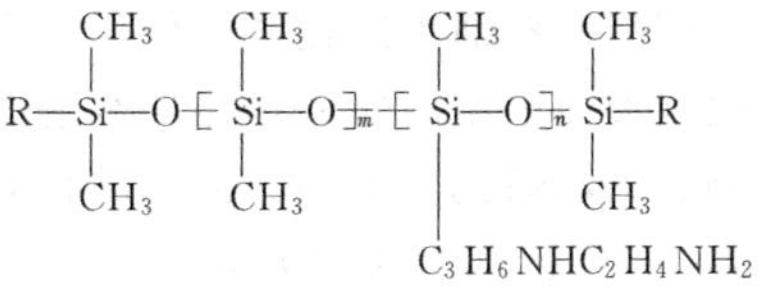

$$R-\overset{CH_3}{\underset{CH_3}{Si}}-O-[\overset{CH_3}{\underset{CH_3}{Si}}-O]_m-[\overset{CH_3}{\underset{C_3H_6NHC_2H_4NH_2}{Si}}-O]_n-\overset{CH_3}{\underset{CH_3}{Si}}-R$$

$R=OH$，OCH_3，CH_3

图 9-2　典型氨基硅油的分子结构式

氨基硅油（图 9-2）可以自身交联。氨基硅油在纤维上吸附后，由空气中的二氧化碳及水分形成碳酸后，与氨基产生交联的高度聚合，在纤维表面和内部生成高聚合度的弹性网状结构，赋予织物超柔软、平滑性和耐洗涤性。氨基的亲水性，使其可乳化成透明的或半透明的微乳状液。氨基硅油微乳液的粒径为普通微乳液的 1/10，浓度相同的乳液中有效粒子在理论上增加约 1 000 倍，使得氨基硅油和织物接触的机会大大提高，增加了表面铺展力，可形成连续膜，对纤维和织物有很强的渗透力、吸尽性和涂布性。由于粒子细小，还有利于细纤维的浸润和包覆，这对于比表面大的超细纤维织物和羊绒织物的柔软整理十分有益。氨基硅油的不足之处在于有时有黄变、使织物亲水性下降、因而不宜用于浅色织物的处理。

氨基硅油的氨基含量影响其柔软性、滑度及弹性。氨基含量常用氨值来表示，用作织物整理剂的氨基硅油的氨值一般在 0.2～0.6 之间。其分子量决定其黏度，用作织物整理剂的氨基硅油的黏度一般在 1000mPa·s 左右，氨基硅油的端基以甲基的居多。

为保证产品的抗静电性与柔软性，可加入季铵盐，为了产品的稳定，可加入酸性物质（如脂肪酸、烷基磺酸和烷基磷酸等）。

配方 1：含有氨基硅油的柔软剂（质量分数/%）

	A	B	C		A	B	C
二氢化牛脂基硫酸甲酯铵	70	23	70	硅 SL	2	20	10
硬脂酸	10	7	20	司盘 60		50	

配方 2：含有氨基硅油的柔软剂（质量分数/%）

	A	B	C	D
二氢化牛脂基二甲基氯化铵	1.15	0.83	2.92	0.42
1-氢化牛脂酰胺乙基-2-氢化牛脂咪唑啉硫酸甲酯铵				2.50
矿物油	1.92	2.78	1.39	1.39
硅 SL	1.41	1.02	0.50	0.50
硬脂酸	0.52	0.37	0.19	0.19
NaCl			痕量	
$CaCl_2$				痕量
色素、香精、防腐剂	适量			
水	平衡			

9.3　挺括剂

挺括剂（stiffeners）可使衣物挺括。传统挺括剂的组分通常是从稻米、玉米、马铃薯等制作的淀粉。而合成聚合物制成的挺括剂常常是液体，比天然淀粉产品使用方便。有些商品挺括剂呈悬浮状，除含有少量淀粉外，还含有聚乙烯醇乙酸酯，后者部分水解成聚乙烯醇。

挺括剂的形式除悬浮液外，还有气溶胶和喷雾型。这种挺括剂称作永久型挺括剂，因为它们与淀粉不同，可经受一定时期的洗涤。永久型挺括剂的不足之处在于纤维表面的聚乙烯醇膜会吸附污垢和染料，因此可能导致衣物退色。

有些商品挺括剂采用化学胶体作为定型喷雾剂，在衣服局部喷涂，经熨烫（或不熨烫）形成薄膜，起到加强定型的作用。比如水解明胶、乙醇、工业纯水、防腐剂和香精组合，以及聚乙烯吡咯烷酮、氧乙烯化羊毛脂、无水酒精和香精组合等气溶胶产品。

配方1：挺括剂（质量分数/%）

醇醚、烷基酚醚	0.1～2.0	荧光增白剂	0.01～0.3
部分皂化的聚乙烯醇乙酸酯	15.0～40.0	染料	0.1～0.4
淀粉	0～5.0	水	余量
聚乙二醇	0.5～1.5		

配方2：挺括剂（质量分数/%）

聚丙烯酸树脂	10.0	香精	1.0
羧甲基纤维素	2.0	低毒溴氢菊酯	0.02
羧甲基纤维素钠	1.0	除霉剂	0.02
广谱杀菌剂	0.05	75%酒精	余量

9.4 纤维成型剂

纤维成型剂（fabric formers）与挺括剂不同，用纤维成型剂处理过的纤维尽管变硬，但并不形成一个僵硬的层，主要成分有乙烯乙酸酯与不饱和有机酸的共聚物。聚蜡类添加剂使得纤维易于熨烫，使纤维表面格外光滑。

配方：纤维成型剂（质量分数/%）

烷基磺酸盐、醇醚	0～2.0	荧光增白剂	0.01～0.3
抑泡剂	0.1～2.0	防腐剂	0.1～0.4
乙烯乙酸酯和有机酸共聚物	20.0～45.0	香精	0.3
聚酯	0.5～2.5	水	余量

纤维成型剂不会从洗涤液中吸附污垢和染料，产生沉淀，它可溶于弱碱介质中，很容易洗涤。另外，纤维成型剂还有所谓的污垢释放作用，利于下次洗涤。

9.5 脱水辅助剂

脱水辅助剂（laundry dryer aids）是在衣物进行旋转脱水的同时放入的，它们可在脱水的过程中赋予衣物以柔软性和香味。最重要的是可以防止静电在纤维表面积聚，这一点对于合成纤维尤其重要。还有一个原因，就是洗衣机通常没有用于分别加入柔软剂的分配器。

脱水辅助剂按应用方式可分为以下3类：

① 气溶胶型，先喷到一件或某些衣物上，而后将其放入脱水器中其他湿衣物中。也可以首先用气溶胶喷洒空的脱水器内部，而后加入被脱水衣物；

② 将用活性物饱和的垫子黏附于脱水器转鼓的一个叶片上；

③ 将聚氨酯泡沫或无纺布片作为载体，使其浸渍纤维柔软剂和耐温香精。

在脱水过程中，通过摩擦接触脱水助剂转移到纤维上。布片一次性使用，洗涤完成就扔掉。用聚氨酯泡沫（特别是纤维素或聚酯无纺布）制作的布片效果更好。

用于载体布片浸渍的物质如果含有季铵盐，以双十八烷基双甲基硫酸甲酯盐比相应的氯化物为好，后者会引起脱水器的损坏。

参考文献

[1] 刘云编著．洗涤剂——原理·原料·工艺·配方．北京：化学工业出版社，1998.
[2] 刘云主编．日用化学品原料手册．北京：化学工业出版社，2003.
[3] 朱步瑶，赵振国编著．界面化学基础．北京：化学工业出版社，1999.
[4] 马政生编著．无磷洗涤助剂．北京：化学工业出版社，2005.
[5] 廖文胜．液体洗涤剂．第2版．北京：化学工业出版社，2005.
[6] 焦学瞬．贺明波主编．乳状液与乳化技术新应用．北京：化学工业出版社，2006.
[7] 宋晓岚，詹益兴编著．绿色化工技术与产品开发．北京：化学工业出版社，2005.
[8] 陈旭俊．工业清洗剂及清洗技术．北京：化学工业出版社，2001.
[9] 沈永嘉，李红斌，路炜编著．荧光增白剂．北京：化学工业出版社，2004.
[10] 马承恩，彭英利主编．高浓度难降解有机废水的治理与控制．北京：化学工业出版社，2006.
[11] 李树本等编著．酶化学．北京：化学工业出版社，2008.
[12] 刘云，张兰英主编．有机分析．长春：吉林大学出版社，1992.
[13] 张天胜，张浩，高宏等编．缓蚀剂．北京：化学工业出版社，2008.
[14] 颜肖慈，罗明道编著．界面化学．北京：化学工业出版社，2005.
[15] 许时赢，张晓鸣，夏淑琴等编．微胶囊技术．北京：化学工业出版社，2006.
[16] 罗贵民主编．酶工程．第2版．北京：化学工业出版社，2008.
[17] 沃尔夫冈·埃拉主编．工业酶——制备与应用（原著第2版）．林章凛，李爽译．北京：化学工业出版社，2006.
[18] 谢亚杰，王伟，刘深编著．表面活性剂制备技术与分析测试．北京：化学工业出版社，2006.
[19] K. Robert. Lange Detergents And Cleaners. A Hand Book For Formulators. Munich Vienna：Hanser Publishers，1994.
[20] 计石祥．建设行业和谐共谋更好发展．中国洗涤用品工业，2008，(1)：21-27.
[21] 边 峰．2009年上半年洗涤用品行业运行情况及浅析．中国洗涤用品工业，2009，(4)：40-43.
[22] 中国洗涤用品工业协会．中国洗涤用品工业走过辉煌60年．中国洗涤用品工业，2009，(5)：32.
[23] 曹文，赵剑宇，杨科．新型专用彩漂液洗剂的研制．云南民族大学学报（自然科学版），2008，17 (1)：64.
[24] 黄俊，曹平．中国衣物柔软剂的现状及对未来发展趋势的思考．日用化学工业，2004，27 (8)：5.
[25] 韩富，张高勇，王军．有机硅柔软剂．日用化学工业，2001，31 (2)：38-41.
[26] 姬海涛，许海育．新型季铵盐类衣物用柔软剂的合成和应用．印染助剂，2007，24 (12)：15.
[27] 杨若木，刘云．微乳液在化妆品和洗涤剂中的应用．日用化学工业，2005，35 (1)：49-51，57.
[28] 王蔚君，刘云．TiO_2光催化有机污染物降解．化学试剂，2002，24 (2)：80-85.
[29] 刘云．过碳酸钠洗涤性能和稳定性影响因素研究．精细化工，2002，19 (9)：506-509.
[30] 刘云，赵进，孙玉梅．阳光因子的洗涤漂白性能研究．精细与专用化学品，2004，12 (23)：12-15.
[31] 韩富，周雅文，徐宝财，武丽丽．废旧新闻纸中性脱墨剂的研究．精细化工，2009，26 (7)：707-710.
[32] 杜志平，王万绪．阴离子表面活性剂与阳离子表面活性剂的相互作用（Ⅳ）-应用性能．日用化学工业，2006，36 (6)：388-391.
[33] 夏志国，刘云．脱漆剂的研究进展与展望．日用化学工业，2004，34 (4)：235-238.
[34] LiuYun，Sun Yumei. Supermolecular phenomena of FWA. Proceedings of 96th AOGS annual meeting & expo，May，2005：111-112.
[35] Liu Yun，Zhao Jin. Study on black area in laundry. Proceedings of 96th AOGS annual meeting & expo，May，2005：111.
[36] 王云斐，刘云．Gemini表面活性剂的合成进展．精细化工，2004，21 (2)：98.
[37] Liu Yun，Zhao Jin. The effectiveness of molecule absorption in aqueous solution to fluorescent whitening agents. Chemical Journal on Intenet，2004，4：064024pe.
[38] 刘云，尹素红．几种哌啶化合物的合成及其氧化催化性能．精细化工，2004，21 (Suppl)：49.
[39] Dow Corning，et al. US 6147038. 2000-11-14.
[40] Liu Yun. Synthesis of polymeric Fluorescent Whitening Agents. J. Surfactants & Detergents，2001，4：151-154.
[41] 刘云．21世纪洗涤剂面临的挑战．第六届国际表面活性剂/洗涤剂学术会议（R）．2000. 9.
[42] 杨效益，张高勇，张威，王安邦．SDS与CTAB混合表面活性剂体系对合成4A沸石的影响．应用化工，2006，35 (4)：246-248，258.

[43] 吴远馨．略论国内油脂化学工业的技术改造．中国洗涤用品工业，2007，(2)：21-25.
[44] 柳荣祥，朱全芬．茶皂素表面活性剂及其应用研究进展．日用化学工业，1996 (5)：32-35.
[45] 李玉善，薛海兵．油茶皂素化学和物理特性及其开发利用研究：西北植物学报，1994，15 (5)：149-153.
[46] 鲁国锋，郭朝华，王万绪．我国洗衣粉装置现状及发展趋势．日用化学品科学，2006，29 (6)：4-12.
[47] 舒金华．黄文钰，高锡芸．含磷洗衣粉对太湖富营养化影响评估的研究．日用化学品科学，1999，22 (5)：129-145.
[48] 王高雄，李临生，兰云军等．有机硅皮革手感剂的合成与应用．中国皮革，2007，36 (3)：48 -52.
[49] Zana R. Mixed Micellization of Dimeric (Gemini) Surfactants and Conventional Surfactants. Journal of Colloid and Interface Science，1998，197：370-376.
[50] 徐良，广丰．实用化妆品防腐技术概述（下）．中国化妆品（行业)，2009，5：82.
[51] 李建军，徐宝财，肖阳．餐具洗涤剂复配技术进展．精细化工，2004，21 (Suppl.)：9.
[52] 王祥荣．阳离子 Gemini 型表面活性剂的合成及其应用性能研究．印染助剂，2002，19 (1)：12-15.
[53] 赵忠奎，乔卫红，李宗石．Gemini 表面活性剂．化学通报，2002，65：1-5.
[54] Francis L D，Martinus C F，et al. Synthesis and Properties of Di-*n*-dodecyl α，ω-Alkyl Bisphosphate Surfactants. Langmuir，1997，13：3737-3743.
[55] Mariano J，Castro L，Kovensky J，et al. Gemini Surfactants from Alkyl Glucosides. Tetrahedron Letters，1997，38 (23)：3995-3998.
[56] Kunio E，Masaya G，Yoshifumi K. Adsorption and Adsolubilization by Monomeric，Dimeric or Trimeric Quaternary Ammonium Surfactant at Silica/Water Interface. Journal of Colloid and Interface Science，1996，183：539-545.
[57] 范歆，方云．双亲油基-双亲水基型表面活性剂．日用化学工业，2000，30 (3)：20-24.
[58] Liu Yun. There is a black Area in Laundry. Chemical Journal on Internet，2003，5 (7)：59.
[59] 尹素红，刘云，张军，孙玉娥．过氧漂白影响因素．北京轻工业学院学报，2001，19 (1)：23-28.
[60] Liu Yun，Xiao Yang. Stabilization of Percarbonate with Inorganic Materials Chemical Journal on Internet，2004：c099pe.
[61] Liu Yun. Synthesis of A New Type of Bleaching Activator-Pypridone and its Derivatives. 93rd AOCS Annual Conference，Abstracts，2002：S167.
[62] Liu Yun. Synthesis and Composition of Ethoxylated Cationic Surfactants. Montreux，Switzerland：5th World Conference on Detergents，Oct. 2002.
[63] 李俊博．半透明皂的透明度影响因素及其工艺过程控制．日用化学工业，2002，32 (6)：70-72.
[64] 梁红艳，严方．透明皂透明度的测定．日用化学品科学，2005，1 (28)：40-42.
[65] 杨亚莉，郭广恩．液体洗涤剂常见质量问题的生产控制对策．中国高新技术企业，2009，14：175-176.
[66] 陈锡康．从皂粉到 MES 型洗衣粉的探讨．中国洗涤用品工业，2006，4：34-36.
[67] Liu Yun. Synthesis and Application of Phthalimidoperoxycaproic Acid. Proceedings of 4th World Conference on Detergents，1998：238.
[68] 蒲敏，洪瑞金，李娜，庄菁．α-磺基脂肪酸甲酯（MES）的性能与应用．宁波化工，2009，1：20-26.
[69] 陈静，郑彦琦．α-磺基脂肪酸甲酯钠盐的性能研究．日用化学工业，2002，32 (6)：13-15.
[70] 徐培鸿．α-磺基脂肪酸甲酯的物理化学性能综述．山东化工，2002，31 (6)：25-29.
[71] 刘云，王培祥．微胶囊制备技术及应用．2005 表面活性剂技术经济文集：407-413.
[72] Luis A A，et al. US 5972038. 1999-10-26.
[73] Bonelli J J，et al. WO 03018738. 2003-03-06.
[74] Petr K，et al . US 6291412. 2001-09-18.
[75] Fisher，et al. US 6042603 2000-03-28.
[76] 黄俊，曹平．柔软剂中国衣物柔软剂的现状及对未来发展趋势的思考．日用化学品科学．2004，27 (8)：5-7.
[77] Atsuro F，Yoshikazu Y，Shigeru. US 7393821. 2008.
[78] Zulina Abd Maurad，Razmah Ghazali，et al. Alpha-sulfonated methyl ester as an active ingredient in palm-based powder detergents. Journal of Surfactants and Detergents，2006，9 (2)：161.
[79] Tanaka，Atsushi K，Satoru K，Makoto. US 7566688. 2009.
[80] 陈培丰．清洗型护发素研制探讨．福建轻纺，2007，4：2-4.
[81] 张颂培，王华．茶皂素及其在化妆品中的应用北京工商大学学报（自然科学版)，2009，27 (3) 11-15.
[82] 朱碧霞，胡玉群，周旭玲等．含漂白成分洗涤剂洗涤对棉织物风格的影响．2009，26 (3)：331-333.
[83] 贺兵红，吴超．建筑物外墙清洗技术综述．工业安全与环保，2006，32 (4)：38-42.

[84] 孙少云，李俊峰．氨基硅柔软剂的开发应用研究．纺织导报，2007，12：80-85.
[85] 陆亲亲，杨原梅，黄飞．有机硅柔软剂的发展及应用现状．河北纺织，2007，3：42-51.
[86] 姬海涛，许海育．新型衣物洗涤用两性柔软剂的合成及应用研究．染料与助剂，2008，30 (3)：33-37.
[87] 张红艳，马齐，张强，李文孝．去血渍复合酶的配比及去污研究．应用化工，2007，36 (12)：1224.
[88] 刘延春，高振艳，马疆．新型光漂剂的漂白性能研究．日用化学工业，2006，36 (3)：155-158.
[89] 张贵民．环保型光学漂白剂．中国洗涤用品工业，2006，1：61-64.
[90] 王正武，李干佐等．模糊变换-正交设计法在配方筛选中的应用．日用化学工业，2001，3：15-16，21.
[91] 马彦斌．有机硅表面活性剂在油污清洗剂中的应用．化学工程与装备，2009，8：50-51.
[92] 阎佳，杨军，王尔茂，赵奇志．油污-油腻性重垢金属清洗剂的研究．化工时刊，2009，8：37-39.
[93] 宋彦，董银卯，王友升．化妆品用防腐剂、表面活性剂与功效添加剂的相互作用效应．日用化学品科学，2006，29 (8)：25.
[94] 夏宏宇，刘云军．常见六种漂白剂的漂白原理及应用．安庆师范学院学报：自然科学版，2007，13 (1)：114-115.
[95] 魏斌，李兰盈．餐洗的新原料—OMSS. 中国洗涤用品工业，2007，1：58-60.
[96] 张广钰，孙胜甫，刘淼等．洗衣粉生产中热风炉燃烧系统的改进．河南化工，2004 (12)：43-44.
[97] 鲁国锋，郭朝华，王万绪．我国洗衣粉装置现状及发展趋势．日用化学品科学，2006，29 (6)：4-7.
[98] 范伟莉，张彪．洗衣粉热风系统技术进展．中国洗涤用品工业，2008，(3)：61-64 .
[99] 鲁国锋，郭朝华，王万绪．我国洗衣粉装置现状及发展趋势．日用化学品科学，2006，29 (6)：4.
[100] 陈锡康．用生命周期分析方法评估纳爱斯天然皂粉的生态性．日用化学品科学 . 2009，32 (1)：5-6.
[101] 黄建红．采用二次进风工艺提高洗衣粉质量．中国洗涤用品工业，2000，(4)：39-40.
[102] 乔当致，阎秀芳．洗衣粉喷雾干燥工艺的改进．日用化学工业，1995 (2)：20-22.
[103] 周文杰，钟振声．AOS 的生产工艺、性质及应用．广东化工，2003 (2)：51-53.
[104] 董万田，耿涛，姚学柱等．CN，200720071555. 0. 2008-05-21.
[105] 胡立红，周永红，宋湛谦．绿色表面活性剂烷基糖苷的合成及应用．林产化工通讯，2005，39 (6)：25-28.
[106] 张杰．含镁助剂对烷基糖苷双氧水漂色效果的影响．精细石油化工进展，2006，7 (3)：48-50.
[107] 韩丹，李龙，程云山，徐峰．叶轮式搅拌器的研究进展．合成橡胶工业，2005，28 (1)：71.
[108] 施昌松，蔡晓真，张洪广，陈培峰．化妆品中微生物与防腐体系的构建．日用化学品科学，2006，29 (12)：12.
[109] 李长海．锅炉清洗酸洗剂的选择及其应用．清洗世界，2008，24 (1)：22.
[110] 邓艳文，张栋栋，张利萍．次氯酸钠溶液对荧光增白剂的氧化．日用化学工业，2008，38 (1)：24.
[111] 熊双丽，金征宇．硫酸软骨素肽的分离纯化和鉴定．食品科学，2006，27 (4)：67.
[112] 蔡金，蔡妙颜，肖凯军．茶皂素的提取过程中的色素抑制研究．现代食品科技，2005，21 (21)：80.
[113] 于淑娟，郑玉斌，杜杰等．防晒剂的发展综述．日用化学工业，2005，35 (4)：248-251.
[114] Fukuhara，Masaki N，Takafumi F，Yasuyuki. US 7582124，2009.
[115] 李双双 . 2009 年洗涤用品行业经济运行分析及发展趋势预测．日用化学品科学，2009，(9)：8.
[116] 刘云，肖阳，尹素红．安全温度稳定型增稠剂合成．精细化工，2002，19 (12)：4-6.
[117] 李秋小．我国油脂深加工研发现状．日用化学品科学，2007，30 (8)：15.
[118] 王燕，潘华．我国洗涤用品工业发展与酶制剂应用浅析．中国洗涤用品工业，2009，5：40.
[119] 郭晶．超强稳定型蛋白酶在衣领净中的应用．科学与技术，2003，5：24-26.
[120] 杜志平，王万绪．阴离子表面活性剂与阳离子表面活性剂的相互作用 (Ⅲ)．日用化学工业，2006，36 (5)：317-320.
[121] 刘云．壬基酚聚阳乙烯醚在环境中的降解．全国第 11 次工业表面活性剂技术经济与应用开发会议，2002：74-76.
[122] 李运玲，李秋小，李明等．阳离子表面活性剂与 LAS 的复配性能研究．精细与专用化学品，2006，14 (13)：19.
[123] Penninger，Josef. DE 7375072. 2008.
[124] Dasque，Bruno M D，et al. US 7304023. 2007.
[125] Liu Yun . Proceedings of 94th International Seminar on Surfactants and Detergents. 1994：234.
[126] Yin Fushan. 96 Intcrnational Scminar onSurfactants and Detergents. 1996：37.
[127] Liu Yun . 96th International conference on Surfactants and Detergents. Nanjing，1996：329.
[128] Jomes. (Colgate Pamotive Com.) . EP 633307A1. 1994.
[129] Trowbridge J R. JAOCS，1983，60 (6)：1155.
[130] Quebedeaux (Albemarle Corporation) . WO 96/04362. 1996.
[131] Jobing (Unilever NV) . WO 96/02224. 1996.
[132] Murthy，Geetha F，et al. US 7307052. 2007.

[133] Kapur，Neha B，et al. US 7282472. 2007.
[134] Hocking，Edward Reyes，Dimas. US 7270131. 2007.
[135] Frederick E H，Alan D W. US 5616281. 1997.
[136] Morton D L. US 6815170. 2004-09-09.
[137] Kilkenny，Andrew S，et al. US 7576047，2009.
[138] Smets，Johan W，et al. US 7601681. 2009.
[139] Scheuing，David R F，et al. US 7618931. 2009.
[140] Gust Jr，et al. US 6183727. 2001-02-26.
[141] Kischkel，Ditmar W，et al. US 7375071. 2008.

附录　洗涤剂部分标准

标准号	标准名称
GB 9985-2000	手洗餐具用洗涤剂
GB/T 11543-2008	表面活性剂　中、高粘度乳液的特性测试及其乳化能力的评价方法
GB/T 11983-2008	表面活性剂　润湿力的测定　浸没法
GB/T 13171.1-2009	洗衣粉(含磷型)
GB/T 13171.2-2009	洗衣粉(无磷型)
GB/T 13173.2-2000	洗涤剂中总活性物含量的测定
GB/T 13173.6-1991	洗涤剂发泡力的测定(Ross-Miles 法)
GB/T 13173-2008	表面活性剂　洗涤剂试验方法
GB/T 13174-2008	衣料用洗涤剂去污力及循环洗涤性能的测定
GB/T 15816-1995	洗涤剂和肥皂中总二氧化硅含量的测定—重量法
GB/T 16801-1997	织物调理剂抗静电性能的测定
GB/T 18748-2002	表面活性剂和合成洗涤剂中活性组分分离的标准测定方法
GB 19877.1-2005	特种洗手液
GB/T 20198-2006	表面活性剂和洗涤剂在碱性条件下可水解的阴离子活性物可水解和不可水解阴离子活性物的测定
GB 22115-2008	牙膏用原料规范
GB/T 22237-2008	表面活性剂　表面张力的测定
GB/T 23343-2009	纺织品　色牢度试验　耐家庭和商业洗涤色牢度　使用含有低温漂白活性剂的无磷标准洗涤剂的氧化漂白反应
GB/T 24691-2009	果蔬清洗剂
GB/T 24692-2009	表面活性剂　家庭机洗餐具用洗涤剂　性能比较试验导则
GB/T 5174-2004	表面活性剂　洗涤剂　阳离子活性物含量的测定
GB/T 5549-2010	表面活性剂　用拉起液膜法测定表面张力
GB/T 5551-2010	表面活性剂　分散剂中钙、镁离子总含量的测定方法
GB/T 5559-2010	环氧乙烷型及环氧乙烷-环氧丙烷嵌段聚合型非离子表面活性剂 浊点的测定
GB/T 6368-2008	表面活性剂　水溶液 pH 值的测定　电位法
GB/T 6372-2006	表面活性剂和洗涤剂　样品分样法
GB/T 7381-2010	表面活性剂　在硬水中稳定性的测定方法
GB/T 7462-1994	表面活性剂—发泡力的测定—改进 Ross-Miles 法
GB/T 7463-2008	表面活性剂　钙皂分散力的测定　酸量滴定法(改进 Schoenfeldt 法)
HJ/T 459-2009	环境标志产品技术要求　家用洗涤剂
QB/T 1224-2007	衣料用液体洗涤剂
QB/T 1913-2004	透明皂
QB/T 1974-2004	洗发液(膏)
QB 1994-2004	沐浴剂
QB/T 2116-2006	洗衣膏
QB/T 2117-1995	通用水基金属净洗剂
QB/T 2387-2008	洗衣皂粉
QB/T 2485-2008	香皂
QB/T 2486-2008	洗衣皂
QB/T 2487-2008	复合洗衣皂
QB/T 2623.7-2003	肥皂试验方法　肥皂中不皂化物和未皂化物的测定
QB 2654-2004	洗手液
QB/T 2738-2005	日化产品抗菌抑菌效果的评价方法
QB/T 2850-2007	抗菌抑菌型洗涤剂